Der Jahresabschluß

Rechnungslegung nach Handels- und Steuerrecht

Von
Professor
Dr. Manfred Kühnberger

R. Oldenbourg Verlag München Wien

Die Deutsche Bibliothek - CIP-Einheitsaufnahme

Kühnberger, Manfred:
Der Jahresabschluß : Rechnungslegung nach Handels- und Steuerrecht / von Manfred Kühnberger. - München ; Wien : Oldenbourg, 1996
ISBN 3-486-23510-9

Gesamtherstellung: R. Oldenbourg Graphische Betriebe GmbH, München

ISBN 3-486-23510-9

ÜBERSICHT

Seite

VORWORT

Trotz erheblicher konzeptioneller Defizite kann die Bedeutung von Jahresabschlüssen in Praxis und Theorie kaum überschätzt werden. Das vorliegende Buch entstand vor dem Hintergrund langjähriger Lehr- und Lernerfahrungen mit Praktiken des Rechnungswesens und Studenten. Aus diesen Erfahrungen wurden einige Konsequenzen gezogen:

- Theorien über den Jahresabschluß sind wichtig, werden aber besser angenommen, wenn sie problemorientiert anhand konkreter Anwendungsfälle dargeboten werden. Es gibt deshalb keinen abstrakten Theorieteil, der mehr oder weniger isoliert am Anfang steht.
- Die Bilanztheorien (soweit von Theorie die Rede sein kann) dienen in erster Linie dazu, Probleme zu erkennen und zu strukturieren. Sie helfen, den Blick für die Systematik, aber auch die Brüche und Lücken im geltenden Bilanzrecht zu schärfen. Viele scheinbar unverbundene Detailprobleme lassen sich auf wenige Grundfragen zurückführen.
- Da es primär um Bilanzrecht geht, sind die Rechtsgrundlagen ausführlich berücksichtigt. Dies verhindert, daß nur theoretisch über das Erwünschte statt über das Geltende geschrieben wird.
- Angesichts der Fülle an Literatur und Rechtsprechung ist eine vollständige Darstellung des Bilanzrechts unerreichbar. Es wurde aber Wert darauf gelegt, daß zentrale aktuelle Probleme aus Rechtsprechung, Praxis und Literatur ausführlich behandelt werden. Viele Fragen können deshalb gar nicht oder nur kursorisch bearbeitet werden. Dieses Lehrbuch kann die Arbeit mit Kommentaren und die Lektüre von Gerichtsurteilen nicht ersetzen.
- Rechnungslegungsfragen stehen nicht im luftleeren Raum: Die Verbindungen zu Fragen des Gesellschaftsrecht, der Unternehmenspolitik, der Finanzierung und vorrangig der Besteuerung sind immer wieder herzustellen. Nur so kann deutlich werden, um welche Probleme es 'eigentlich' geht.
- Es nicht geringer Teil der Kritik an Jahresabschlüssen rührt daher, daß sie für Zwecke/Interessen genutzt werden sollen, für die sie gar nicht konzipiert sind. Möglichen Fehldeutungen und Überinterpretationen soll durch die Darlegung der Konstruktionsprinzipien des Jahresabschlusses entgegengewirkt werden.
- Die Lesbarkeit leidet, wenn jedes Wort durch einen großen Fußnotenapparat unterlegt wird. Für ein Lehrbuch scheint dies entbehrlich.

- Jedem Kapitel wird ein kurzer Überblick und ein Lehrzielkatalog vorangestellt. Dies entlastet eilige Leser/innen, dient aber primär der gezielten Aufmerksamkeitslenkung. Anhand der umfangreichen Wiederholungsfragen kann kontrolliert werden, inwieweit der Inhalt aufgenommen wurde.

Für eventuelle Mängel und Fehler in diesem Buch bin ich allein verantwortlich; diese konnten auch von denjenigen nicht verhindert werden, die mich unterstützen: Praktikern und Studenten habe ich für eine Vielzahl von Anregungen zu danken. Frau Karin Buß hat zuverlässig und zügig das Rohmaterial in die vorliegende Form gebracht, und Herr Weigert hat die problemlose Zusammenarbeit mit dem Verlag gewährleistet.

Völlig anderer Art, aber um so bedeutsamer, war die Unterstützung durch meine Familie: Meine Frau hat mir von vielem den Rücken freigehalten, und meine Kinder Florian [6] und Lisa [4] haben mich eher auf unkonventionelle Art im mentalen Bereich gefördert.

Berlin

INHALTSVERZEICHNIS

Seite

KAPITEL 1: ZWECKE DER HANDELSRECHTLICHEN RECHNUNGSLEGUNG

KAPITEL 2: DIE VERKNÜPFUNGEN VON HANDELS- UND STEUERBILANZ

KAPITEL 3: DIE GRUNDSÄTZE ORDNUNGSMÄSSIGER BUCHFÜHRUNG I: RECHTSNATUR UND ERMITTLUNG

KAPITEL 4: DIE GRUNDSÄTZE ORDNUNGSMÄSSIGER BUCHFÜHRUNG II: DAS VORSICHTSPRINZIP

KAPITEL 5: DIE GRUNDSÄTZE ORDNUNGSMÄSSIGER BUCHFÜHRUNG III: VERGLEICHBARKEIT - STETIGKEIT

KAPITEL 6: DIE GRUNDSÄTZE ORDNUNGSMÄSSIGER BUCHFÜHRUNG IV: AUSGEWÄHLTE GoB

KAPITEL 7: DIE BILANZIERUNG DEM GRUNDE NACH

KAPITEL 8: DIE BILANZIERUNGSHILFEN

KAPITEL 9: DIE BEWERTUNG VON VERMÖGENSGEGENSTÄNDEN I: BEWERTUNGSSYSTEMATIK UND BESTIMMUNG DER AUSGANGSWERTE

KAPITEL 10: DIE BEWERTUNG VON VERMÖGENSGEGENSTÄNDEN II: PLANMÄSSIGE ABSCHREIBUNGEN

KAPITEL 11: DIE BEWERTUNG VON VERMÖGENSGEGENSTÄNDEN III: AUSSERPLANMÄSSIGE ABSCHREIBUNGEN UND ZUSCHREIBUNGEN

KAPITEL 12: DIE BEWERTUNG VON VERMÖGENSGEGENSTÄNDEN IV: BEWERTUNGSVERFAHREN - DER GRUNDSATZ DER EINZELBEWERTUNG UND SEINE DURCHBRECHUNGEN

KAPITEL 13: DAS BILANZIELLE EIGENKAPITAL

KAPITEL 14: SONDERPOSTEN, VERBINDLICHKEITEN, RECHNUNGSABGRENZUNGSPOSTEN, EVENTUALVERBINDLICHKEITEN

KAPITEL 15: DIE BILANZIERUNG UND BEWERTUNG VON RÜCKSTELLUNGEN

KAPITEL 16: DIE GEWINN- UND VERLUSTRECHNUNG

KAPITEL 17: DER ANHANG UND DER LAGEBERICHT

KAPITEL 18: GRUNDLAGEN DER BILANZPOLITIK

ABKÜRZUNGSVERZEICHNIS

A.	Abschreibung(gen)
AB	Anfangsbestand
ADS	Adler/Düring/Schmaltz: Rechnungslegung und Prüfung der Unternehmen, 5. Auflage, Stuttgart 1989
AfA	Absetzungen für Abnutzung
AfaA	Absetzung für außergewöhnliche (technische oder wirtschaftliche) Abnutzung
AfS	Absetzung für Substanzverringerung
AG	Aktiengesellschaft(en)
AK	Anschaffungskosten
AktG	Aktiengesetz
ANK	Anschaffungsnebenkosten
AO	Abgabenordnung
AV	Anlagevermögen
Bf.	Buchführung
BGB	Bürgerliches Gesetzbuch
BH	Bilanzierungshilfe
Bh.	Buchhaltung
c.p.	ceteris paribus
EB	Endbestand
EGHGB	EinführungsG zum HGB
EK	Eigenkapital
ESt	Einkommensteuer
EStDV	Einkommensteuer-Durchführungsverordnung
EStG	Einkommensteuer-Gesetz
EStR	Einkommensteuer-Richtlinien
EUGH	Europäischer Gerichtshof
EW	Ertragswert
FGK	Fertigungsgemeinkosten
FiBu	Finanzbuchhaltung
FK	Fremdkapital
FW	Firmenwert
GenG	Genossenschaftsgesetz
GewESt	Gewerbeertragsteuer
GewKapSt	Gewerbekapitalsteuer
GewStDV	Gewerbesteuer-Durchführungsverordnung
GG	Grundgesetz
GJ	Geschäftsjahr
GK	Gemeinkosten
GmbHG	GmbH-Gesetz
GMZ	Grundmietzeit
GoB	Grundsätze ordnungsmäßiger Buchführung
GuV	Gewinn- und Verlustrechnung
GV	Geschäftsvorfälle
GWG	Geringwertige Wirtschaftsgüter

HB	Handelsbilanz
HdJ	Handbuch des Jahresabschlusses in Einzeldarstellungen, hg. von K. von Wysocki und J. Schulze-Osterloh, Köln
HFA	Hauptfachausschuß
HGB	Handelsgesetzbuch
HK	Herstellungskosten
HURB	Handwörterbuch unbestimmter Rechtsbegriffe im Bilanzrecht des HGB, hg. von U. Leffson, D. Rückle, B. Großfeld, Köln 1986
IdW	Institut der Wirtschaftsprüfer e.V.
IKS	Internes Kontrollsystem
JA	Jahresabschluß
JF	Jahresfehlbetrag
JÜ	Jahresüberschuß
KapGes	Kapitalgesellschaft(en)
KGaA	Kommanditgesellschaft(en) auf Aktien
KoRe	Kostenrechnung
KSt	Körperschaftsteuer
KWG	Kreditwesengesetz
MGK	Materialgemeinkosten
MwSt	Mehrwertsteuer
ND	Nutzungsdauer
NWP	Niederstwertprinzip
oHG	Offene Handelsgesellschaft(en)
PersGes	Personen-Gesellschaft(en)
PRAP	Passive Rechnungsabgrenzungsposten
RAP	Rechnungsabgrenzungsposten
RBW	Restbuchwert
RHB	Roh-, Hilfs- und Betriebsstoffe
SOPO	Sonderposten mit Rücklageanteil
StB	Steuerbilanz
StGB	Strafgesetzbuch
TDM	Tausend D-Mark
TRW	Teilreproduktionswert
TW	Teilwert
UE	Umsatzerlöse
USt	Umsatzsteuer
UStG	Umsatzsteuergesetz
UV	Umlaufvermögen
VAG	Versicherungsaufsichtsgesetz
VG	Vermögensgegenstände
WG	Wirtschaftsgut
WP	Wirtschaftsprüfer

Kapitel 1: Zwecke der handelsrechtlichen Rechnungslegung

A. KURZINHALT

Selbst für Studenten und Praktiker, die mit der Buchhaltungstechnik selbst bestens vertraut sind, ist deren zusammengefaßtes Ergebnis, der Jahresabschluß (JA), ein Buch mit sieben Siegeln. Dies liegt einmal daran, daß es eine ganze Reihe von Sachverhalten gibt, die auf völlig verschiedene Arten buchhalterisch abgebildet werden können, ohne gegen die Regeln der Doppik zu verstoßen. Hinzu kommt, daß die externe Rechnungslegung bei weitem nicht so standardisiert und durch (technische) Regeln kodifiziert ist, wie viele Laien glauben.
Die Kenntnis der Buchhaltungstechnik stellt also keine hinreichende Bedingung für das Verständnis von JA dar. Sie erlaubt aber, komplexere Sachverhalte zu strukturieren und damit Probleme handhabbar zu machen. Als Darstellungsmittel ist sie oft kaum ersetzbar.
Im weiteren werden Grundkenntnisse der Technik zwar nicht vorausgesetzt, sie erleichtern aber den Zugang.

Um die Vielzahl der theoretischen und praktischen Probleme, die Erstellung und Nutzung von JA mit sich bringen, einordnen zu können, bedarf es einiger allgemeiner Grundlagen.

Da Bf. und JA keine teuren Selbstzwecke sind, sondern helfen sollen, bestimmte Zwecke zu erreichen (= instrumenteller Charakter), geht es in dieser Einheit darum, die Zwecke des JA zu analysieren.

Nach der Einleitung wird zunächst untersucht, welche Adressaten ein JA überhaupt haben kann und welche Interessen diese mit der Rechnungslegung von Kaufleuten verknüpfen. Hierbei zeigt sich, daß fast beliebig viele Interessen denkbar sind.

Da diese Interessen zum Teil widersprüchlich sind, zum Teil ein höchst komplexes Vielzweck-Informationssystem erfordern würden, muß anschließend geklärt werden, welche Interessen vom Gesetzgeber konkret als schutzwürdig privilegiert werden. Dabei stellt sich heraus, daß der Gesetzgeber nur sehr allgemeine Zwecke vorgegeben hat, deren Konkretisierung äußerst strittig und schwierig ist.

Eine eindeutige Interessenregelung ist dem HGB kaum zu entnehmen; dies ist einer der Hauptgründe für die Meinungsvielfalt zu vielen Bilanzierungs- und Bewertungsfragen, die in den weiteren Lehreinheiten zu behandeln sind.

B. LEHRZIELE

Dieses Kapitel soll Sie in die Lage versetzen,

- zu begründen, warum man einen JA als Modell bezeichnen kann und welche Konsequenzen dies für seine Aussagefähigkeit hat,
- darzulegen, warum es notwendig ist, über JA-Zwecke nachzudenken,
- zu erläutern, wie solche Zwecke ermittelt werden können,
- den Kreis potentieller JA-Benutzer zu skizzieren und deren spezifische Interessen bezüglich des JA herauszuarbeiten,
- zu zeigen, warum in einer Wirtschaft mit vollkommenem Kredit-, Kapital- und Informationsmarkt JA nicht notwendig sind,
- zu zeigen, warum in einer realen Wirtschaft JA gleichwohl unersetzbar sind,
- die Zwecke des Gesetzgebers (des HGB) darzustellen.

C. INHALT

1. DER JAHRESABSCHLUSS ALS VEREINFACHTES MODELL DES UNTERNEHMENSGESCHEHENS

Die Finanzbuchhaltung (FiBu) eines Unternehmens dient dem Zweck, alle Sachverhalte einer Periode, die einen sogenannten Geschäftsvorfall darstellen, abzubilden/festzuhalten. Hierzu wird eine mehr oder weniger große Anzahl von Bestands- und Erfolgskonten eingerichtet, auf denen Vermögen, Kapital, Aufwendungen, Erträge etc. verzeichnet werden. Obwohl sämtliche Buchungen letztlich auf künftigen oder vergangenen Zahlungen basieren, muß die Erfassung in der Buchhaltung (Bh.) keineswegs zeitlich mit den Zahlungsvorgängen zusammenfallen.

Die laufende Bh. wird in regelmäßigen Abständen (in der Regel zum Ablauf des Geschäftsjahres [GJ]) abgeschlossen, d.h.

- die Bestandskonten werden zur zeitpunktbezogenen Bilanz,
- die Erfolgskonten zur zeitraumbezogenen Gewinn- und Verlustrechnung (GuV)

zusammengefaßt. Dabei schlägt sich der Saldo der GuV in der Bilanz als Erhöhung (= Gewinn) oder Verminderung (= Verlust) des Eigenkapitals (EK) nieder. Die gesamte GuV ist, so gesehen, nichts anderes als eine detaillierte Aufgliederung einer Änderung des Bilanzpostens EK.

Wie die einzelnen Konten zum JA zusammenzufassen sind (Abschlußtechnik und Hauptabschlußübersicht [HÜ]), sollen hier nicht im Detail interessieren.

Der Umfang des JA ist im HGB rechtsformspezifisch geregelt:

- bei Einzelunternehmen und Personengesellschaften (PersGes) besteht er aus Bilanz und GuV (§ 242 Absatz 3 HGB),
- bei Kapitalgesellschaften (KapGes) (und Genossenschaften) beinhaltet er zusätzlich den sogenannten 'Anhang' (§ 264 Absatz 1 Satz 1 HGB). Außerdem ist ein Lagebericht (§ 289 HGB) zu erstellen.

Diese Grundregelung wird im Gesetz noch größenabhängig modifiziert für kleine und mittelgroße KapGes.

Nun werden in der FiBu nicht alle Sachverhalte eines Unternehmens dargestellt, sondern nur die sogenannten GV. Der JA stellt nur einen Ausschnitt aus dem betrieblichen Geschehen dar, nämlich die Vermögenssituation zum Bilanzstichtag und die Vermögensentwicklung der abgelaufenen Periode. Bilanz und GuV sind also zahlenmäßige Abbildungen eines bestimmten Ausschnitts der ökonomischen Realität.

Bitz u.a. (1991, S. 9 f.) vergleichen JA mit Landkarten: diese bilden bestimmte geographische Realitäten ab. Die Realität ist jedoch so komplex und vielschichtig, daß es weder möglich noch sinnvoll ist, sie vollständig und in allen Details wiederzugeben. Es ist notwendig, sich auf bestimmte, für besonders wichtig erachtete Details zu beschränken. Erst eine solche Vereinfachung ermöglicht dem Benutzer, sich ein Bild von den dargestellten Sachverhalten zu machen, einen 'Überblick' zu bekommen. Eine solche vereinfachte Abbildung der Realität wird üblicherweise 'Modell' genannt.

Aus dem Modellcharakter lassen sich einige Folgerungen ableiten:

- Wie eine Landkarte (als vereinfachendes Modell) aussehen soll, damit sie nützlich ist, hängt natürlich vom Zweck des Benutzers ab: ein Binnenschiffer benötigt offenbar eine völlig andere Karte als ein Fernfahrer oder ein Geologe, der Steinproben sucht.
- Damit ein potentieller Benutzer die Landkarte überhaupt lesen kann, muß er wissen, wie sie die Realität abbildet. Daraus folgt, daß die Abbildung nach bestimmten Regeln erfolgen muß, und diese müssen dem Benutzer bekannt sein (zum Beispiel Höhenlinien, Wassertiefen, Richtungs- und Entfernungswiedergaben, Straßengrößen etc.). Damit kann der Benutzer aus der Landkarte bestimmte Sachverhalte herauslesen, aber auch nur diese. Aus dem Modellcharakter ergeben sich demnach zwangsläufig auch Informationsgrenzen.

Auch ein handelsrechtlicher JA bedarf eines Satzes von Abbildungsregeln, die die (eingeschränkte) Benutzbarkeit überhaupt erst herstellen. Diese Regeln werden üblicherweise 'Grundsätze ordnungsmäßiger Buchführung' (GoB) genannt. Für den JA sind drei Gruppen solcher Regeln zu unterscheiden:

1. **Abgrenzungsregeln**, die festlegen, welche Sachverhalte zu welchem Zeitpunkt in den JA aufzunehmen sind. Für die sachliche Zuordnung, die Frage also, wer einen Vermögensgegenstand (VG) oder eine Schuld in der Bilanz aufzunehmen hat, gibt das HGB selbst keine eindeutigen Regeln vor.

Gemäß § 240 Absatz 1 HGB hat der Kaufmann zum Beispiel 'seine' VG zu bilanzieren. Damit ist aber nicht geklärt, ob ein Kaufmann zum Beispiel eine geleaste Maschine, unter Eigentumsvorbhalt gekaufte Waren etc. bilanzieren muß/darf oder nicht. Das zivilrechtliche (juristische) Eigentum ist hierbei nicht allein entscheidend.
Auch im Rahmen der zeitlichen Abgrenzung, also bei der Frage, wann ein Posten zu bilanzieren ist, wird häufig von juristischen Definitionen abgewichen. Durch einen Vertrag über den Verkauf von Handelswaren verpflichtet sich der Verkäufer zwar dazu, bestimmte Waren zu übereignen und erwirbt im Gegenzug den Anspruch auf den Kaufpreis (vgl. § 433 BGB). Solange der Vertrag aber beiderseits noch nicht erfüllt ist (= schwebendes Geschäft), hat er in der Regel keinerlei bilanzielle Auswirkungen.

2. Wenn geklärt ist, was wann zu bilanzieren ist, muß festgelegt werden, wie die Bilanz und die GuV zu gliedern und wie die einzelnen Posten abzugrenzen/zu benennen sind (**Gliederungsregeln**). Ohne Kenntnis der Posteninhalte kann ein JA nicht verstanden werden. Da für bestimmte Posten zum Teil auch verschiedene Bewertungsregeln einschlägig sind (zum Beispiel für das Anlagevermögen [AV] und das Umlaufvermögen [UV]), geht es hierbei nicht nur um formelle Fragen.

3. Wenn auch diese Fragen geklärt sind, ist im dritten Schritt festzulegen, mit welchem Wertansatz die Posten aufzuführen sind. Solche Bewertungsregeln sind erforderlich, da der JA eine reine Geldrechnung ist; um so unterschiedliche Dinge wie Bankguthaben, Schreibmaschinen und Rohöl in einer Bilanz überhaupt zusammenfassen zu können, sind sie mit Geldwerten zu versehen. Die damit zusammenhängenden Bewertungsfragen sind in Theorie und Praxis häufig am schwersten zu lösen.
Entscheidend hierbei ist, daß eine solche Bewertung oft sehr subjektiv ist: so kann zum Beispiel ein in Öl gemaltes Portrait des Firmengründers, das im Vorstandszimmer einer Aktiengesellschaft (AG) hängt, für seinen Sohn einen Wert von 50 TDM haben, während für eine Bank, die mögliche Kreditsicherheiten bewerten soll, das Bild nur 5 TDM 'wert' ist. Für den Sammler von Ölgemälden gerade dieses Malers mag ein Wert von 25 TDM zutreffend sein, während ein Museum in Südfrankreich höchstens 7 TDM dafür bezahlen würde. Daraus folgt, daß der Wert einem Gegenstand nicht innewohnt, sondern von einem Subjekt zugeschrieben wird.
Damit ein JA ein für verschiedene Benutzer zweckmäßiges Modell ist, müssen aber möglichst präzise Bewertungsregeln definiert werden. Nur bei

nachprüfbaren und objektivierten (= nicht rein subjektiven) Wertansätzen ist ein JA verständlich.

Wenn das Modell JA durch zweckmäßige Abbildungsregeln konstruiert sein soll, so erfordert dies zumindest die Klärung folgender Fragen:

a) Für welche Benutzer (JA-Adressaten) wird der JA erstellt?
b) Welche Ziele und Interessen wollen diese Benutzer mit Hilfe des JA verfolgen?
c) Treten hierbei Konflikte auf, was sehr wahrscheinlich ist, so muß geklärt werden, welche Interessen der JA nach dem HGB privilegiert.

2. DIE ZWECKE DES MODELLS 'JAHRESABSCHLUSS'

2.1 Einführung: Die Notwendigkeit präziser Zwecksetzungen

Obwohl die Formulierung 'Zwecke des JA' zugegebenermaßen problematisch ist, da nicht der JA selbst Zwecke verfolgen kann, sondern nur Personen (JA-Ersteller, Benutzer), wird diese Formulierung der Kürze halber beibehalten.

Solche Zwecke präzise herauszuarbeiten, ist aus folgenden Gründen unabdingbar:

- Die Regelungen des HGB sind vielfach nicht eindeutig, sondern interpretationsbedürftig. Die Auslegung von Gesetzen durch Rechtsanwender hat sich an der juristischen Auslegungslehre zu orientieren. Zentrale Bedeutung kommt hierbei der teleologischen oder zweckgerichteten Auslegungsmethode zu (gr. telos = Ziel). Sind die Zwecke unbekannt, so fehlt es an einem Maßstab für eine solche Gesetzesinterpretation.
- Bekanntlich regelt das HGB nicht alle denkbaren Sachverhalte vollständig. Die GoB sind nicht abschließend fixiert. Durch diese Offenheit der Rechnungslegungsnormen bestehen das Erfordernis und die Möglichkeit, das Bilanzrecht weiterzuentwickeln, wenn wirtschaftliche/technische Entwicklungen dies sinnvoll erscheinen lassen. So konnte das HGB von 1897 keine Regelungen zur Bilanzierung von Leasingverhältnissen enthalten, da es zur damaligen Zeit diese Vertragsform nicht gab. Grundsätze ordnungsmäßiger EDV-Bf. machen erst Sinn, wenn es Computer und FiBu-Software gibt. Gerade in den letzten Jahren ist eine Vielzahl neuartiger Vertragstypen in

der Realität aufgetreten, deren buchhalterische Darstellung nicht explizit gesetzlich geregelt ist.
Eine zweckorientierte Fortbildung der GoB (zum Beispiel durch Gerichte, Bilanzersteller etc.) zur Abbildung dieser Neuerungen im JA setzt logisch die Existenz solcher Zwecke voraus.

- Gesetzliche Regelungen werden von Menschen erlassen, sind also mehr oder weniger unvollkommen. Um sie sinnvoll kritisieren zu können, ist der Gesetzeszweck als Maßstab unerläßlich. Erstrebenswerte Rechtsänderungen sind nur auf diese Weise begründbar. Nicht nur die Kenntnis des Gegebenen, sondern auch des Wünschenswerten ist nützlich.
- Schließlich ist die Existenz eines Gesetzes überhaupt kritisch zu hinterfragen. Einige informationsökonomische Modelle legen zum Beispiel den Schluß nahe, daß JA und deren Veröffentlichung für die Beteiligten unter bestimmten Bedingungen unsinnig sind. Das HGB würde somit nur eine gigantische Ressourcenverschwendung erzwingen.

Welche Folgen es haben kann, wenn Gesetzeszwecke nicht geklärt sind, verdeutlicht die folgende Glosse von Streim (1988, 9 f.):

> „Der Gesetzgeber hat ein neues Gesetz verabschiedet. Darin verpflichtet er alle Privathaushalte zur Anschaffung einer Waage (= Meßinstrument). Am 31.12. jeden Jahres hat sich jedes einzelne Haushaltsmitglied zu wiegen und sein Gewicht genau zu verzeichnen. Für das Wiegen sind die im Gesetz enthaltenen Bestimmungen (zum Beispiel die Gewichtsermittlung ist nur vor dem Frühstück und unbekleidet erlaubt) zu beachten. Bestimmte Haushalte werden verpflichtet, das Wiegen nur unter der Aufsicht eines sachverständigen unabhängigen Dritten durchzuführen; einige Haushalte haben das Gewicht ihrer Mitglieder unter Angabe der Vorjahreszahlen im Bundesanzeiger zu veröffentlichen.
>
> Weil der Gesetzgeber nicht angibt, was er mit diesem 'Wiegegesetz' bezweckt, beginnt die Spekulation über den Gesetzeszweck. Einige werden sagen, der Gesetzgeber verfolge damit eindeutig gesundheitspolitische Absichten; die Menschen sollen durch die periodische Überprüfung ihres Gewichts zu einer gesünderen Ernährung angereizt werden. Für andere ist das Gesetz einzig und allein aus wirtschaftspolitischen Überlegungen erklärbar: der Gesetzgeber will lediglich die Hersteller von Waagen wirtschaftlich fördern. Es wird auch die Meinung aufkommen, daß zumindest für die offenlegungspflichtigen Haushalte ein ganz anderer Zweck verfolgt wird: das Gesetz dient zur Einsparung von Informationskosten bei den Inhabern von Feinkostgeschäften.
>
> Irgendwann werden die Spekulationen und der literarisch ausgetragene Streit über die 'gesetzlichen Zwecke' aufhören. Man wird sich auf die Formel von der 'Dokumentations- und Informationsfunktion' einigen. Die Verpflichtung zur jährlichen Gewichtsfeststellung dient dazu, so wird behauptet werden, die Körpergewichte der Haushaltsmitglieder zu 'dokumentieren' und sie selbst (= Selbst-

information) wie auch externe Dritte (= Fremdinformation) über ihr Gewicht zu 'informieren'.

Nach dieser 'Klärung' der gesetzlichen Zwecke wird sich das wissenschaftliche Interesse dem Vorgang des Wiegens als solchem zuwenden. Es wird ausführlich und kontrovers diskutiert werden, welcher Waagetyp am besten geeignet ist, welchen Einfluß die Lichtverhältnisse auf das Ablesen der Meßergebnisse haben, auf welchem Untergrund die Waage stehen muß, ob es zulässig ist, auf volle Kilogramm zu runden und vieles andere mehr. Im Laufe der Zeit entwickeln sich die 'Grundsätze ordnungsmäßigen Wiegens', die von Fachleuten kurz GoW genannt werden.

Der Gesetzgeber wird den Kreis der prüfungspflichtigen Haushalte ausweiten, was zu einer drastischen Erhöhung der Zahl der 'Wiegeprüfer' führt. Nach einigen Gesetzesnovellierungen hat sich auch die Zahl der offenlegungspflichtigen Haushalte deutlich erhöht.

Am Ende dieser Entwicklung hat sich ein 'Berg an einschlägiger Literatur' aufgetürmt. Diese Literatur informiert über alles, nur über eines nicht: weshalb hat eigentlich der Gesetzgeber alle Privathaushalte zur Produktion von 'Gewichtszahlen' gezwungen?"

Unklar ist, wie solche Zwecke zu eruieren sind, wenn für die bilanzrechtliche Literatur nicht ein ähnliches Fazit herauskommen soll. Dazu gibt es mindestens zwei Möglichkeiten:

a) Ein Teil der (vorwiegend ökonomischen) Fachliteratur definiert schlicht bestimmte Zwecke als erstrebenswert und analysiert, welche Rechnungslegungsinstrumente zu einer möglichst optimalen Zielerreichung führen. So wird zum Beispiel in bilanztheoretischen Arbeiten der Zweck darin gesehen, Informationen für eine optimale Betriebssteuerung bereitzustellen oder das Haftungsvermögen im Liquidationsfall mittels einer Bilanz zu zeigen. Informationsökonomische Arbeiten unterstellen, daß JA durch die Bereitstellung von Informationen eine optimale Ressourcenallokation auf Kapital- und Kreditmärkten sichern sollen. Es wird untersucht, welche Informationen hierzu erforderlich sind.
   Diese eher theoretische Vorgehensweise hat den Nachteil, daß die postulierten Zwecke nicht ohne weiteres mit dem Anliegen des Gesetzgebers deckungsgleich sind.

b) Durch Auslegung des Gesetzes, der Gesetzesmaterialien und der historischen Entwicklung der Rechtsbildung. Dieses Vorgehen stellt primär auf das geltende Bilanzrecht und seine Ausdeutung ab. Während dieses Verfahren unerläßlich ist, um eine gesetzeskonforme Rechtsanwendung in der Praxis zu sichern, hat es den Nachteil, daß der Blick für alternative Rechnungslegungsinstrumente verengt wird und grundsätzliche Verbesserungen unbeachtet bleiben.

Im folgenden wird zunächst der eher theoretische Zugang (a) gewählt, um den gesellschaftlich-ökonomischen Hintergrund aufzufächern. Im Anschluß ist zu prüfen, welche der vielen möglichen Zwecke dem HGB (eventuell) zugrunde liegen.

2.2 Analyse möglicher Jahresabschlußadressaten und deren Interessenlagen

Die Rechnungslegungsvorschriften des HGB gehen auf die 4. EG-Richtlinie zurück, die den deutschen Gesetzgeber verpflichtet hat, die Vorgaben dieser Richtlinie in nationales Recht umzusetzen. Für Unternehmen ist ausschließlich das deutsche Recht maßgebend, EG-Recht bindet nur den Gesetzgeber.

Die 4. EG-Richtlinie macht die Vorgabe, „diejenigen Schutzvorschriften zu koordinieren und gleichwertig zu gestalten, die in den Mitgliedsstaaten den Gesellschaften im Interesse der Gesellschafter sowie Dritter vorgeschrieben sind“ (BR-Drucksache 257/83 vom 03. Juni 1983), regelt aber nur das Recht der KapGes. Der deutsche Gesetzgeber hat im Rahmen der HGB-Novellierung durch das sogenannte 'Bilanzrichtliniengesetz'zugleich die Rechnungslegungsnormen für alle Kaufleute im HGB kodifiziert. Diese Änderungen (für PersGes und Einzelunternehmen) gehen also nicht auf EG-Recht zurück.

Im folgenden werden zunächst nur KapGes betrachtet.

Stellt man vereinfachend auf rein finanzielle Interessen ab, so sind die Interessen der Eigentümer und Gläubiger eines Unternehmens zentral: Bei einer AG sind die Aktionäre de jure Eigentümer der Gesellschaft, diese wird aber in der Regel von angestellten Managern (dem Vorstand) geführt. Die Positionen des Kapitalgebers und des Verfügungsberechtigten können zwar von einer natürlichen Person ausgefüllt sein, im Regelfall gibt es aber (zumindest auch) nichtgeschäftsführende Eigentümer.

Die Aktionäre tragen vornehmlich folgende Risiken:

- Sie erhalten gar keine/eine zu geringe Dividende.
- Der Wert ihrer Anteile an der AG (zum Beispiel der Kurswert von börsennotierten Aktien) entwickelt sich negativ.
- Im Falle einer Insolvenz verlieren sie das eingesetzte Kapital (bei Konkursen gibt es in der Regel keine Rückflüsse an Eigner).
- Vom angestellten Management können sie getäuscht und übervorteilt werden.

Aktionäre können/müssen zu bestimmten Zeitpunkten oder laufend Entscheidungen bezüglich ihres Eigentums treffen: ob vorhandene Gewinne zu entnehmen sind oder nicht, ob sie Anteile verkaufen/halten/zukaufen, ob sie mit dem Vorstand zufrieden sind oder ihn absetzen wollen etc. Um diese Entscheidungen rational treffen zu können, benötigen sie Informationen. Der Verwalter (Vorstand) ihres Vermögens soll ihnen also Rechenschaft ablegen. So gesehen, dient Rechnungslegung der effizienten Allokation von Kapital.

Da am **Kapitalmarkt** nicht nur derzeitige Aktionäre interessiert sind, sondern auch potentielle Käufer von Gesellschaftsanteilen, müssen diese Informationen allgemein publiziert werden (= öffentlich verfügbar sein).

Gläubiger stellen einem Unternehmen ebenfalls Geld zur Verfügung, sind also auch Kapitalgeber. Ihre Position unterscheidet sich idealtypisch von der der Eigentümer dadurch, daß sie

- keine Mitgliedschaftsrechte haben (zum Beispiel Stimmrecht, Informations- und Einblicksrechte),
- unbedingte Ansprüche auf Zins/Tilgung haben. Das bedeutet, daß Kredite auch dann zu bedienen sind, wenn das Schuldnerunternehmen keinen Gewinn erzielt. Umgekehrt haben sie aber nur Anspruch auf die vertraglich vereinbarten Zinsen, auch wenn das Unternehmen hohe Gewinne macht. Im Falle der Unternehmensbeendigung haben sie keine Ansprüche auf Anteile am Liquidationserlös.

Auch Gläubiger müssen laufend Entscheidungen über ihr Kreditengagement treffen: sollen Kredite gekündigt, verlängert werden? Ist eine Kürzung oder Erhöhung des Kreditvolumens sinnvoll? Ist eine Besicherung, zum Beispiel durch Hypotheken, Sicherungsübereignung etc., erforderlich? Um diese Entscheidungen rational treffen zu können, benötigen Gläubiger Informationen, ob das Unternehmen in der Lage ist, bestehende (ggf. weitere) Kredite in der Zukunft pünktlich zu bedienen. Für einen effizienten Kreditmarkt sind demnach ebenfalls Informationen notwendig.

In einer Ökonomie mit vollkommenem (Kapital- und Kredit-)Markt sind diese Informationen kein Problem, strenggenommen wäre eine Rechenschaft durch die Geschäftsführung nicht einmal erforderlich. Die für Eigentümer und Gläubiger relevanten Informationen könnten durch die Ermittlung des Effektivvermögens des Unternehmens zur Verfügung gestellt werden. Dazu ist der Ertragswert mittels einer Gesamtbewertung zu ermitteln. Im Kern geht es darum, die Ertragserwartungen (genauer: künftige Einnahmenüberschüsse) des Unternehmens zu ermitteln und auf den Bewertungsstichtag abzuzinsen.

Beispiel: Eine Metzgerei biete eine Entnahmemöglichkeit von DM 10.000 jährlich, der Kapitalmarktzins liege bei i = 0,1.
Nach der Formel für ewige Renten ergibt sich ein Ertragswert E = 10.000 : i = DM 100.000. Für diesen Ertragswert und für die Entscheidungen von Eigentümern über den Verkauf oder das Halten des Unternehmens ist es völlig unwichtig, ob die vorhandene Sachausstattung DM 90.000 oder DM 200.000 gekostet hat oder bei einer Einzelveräußerung des vorhandenen Vermögens erbringen würde. Erbrächte eine Liquidation und Einzelveräußerung des Vermögens der Metzgerei nach Begleichung aller Schulden einen Überschuß von DM 90.000, so ist es, wenn man rein finanzielle Interessen unterstellt, rational, das Unternehmen fortzuführen. Umgekehrt ist unter der Bedingung Liquidationswert > Ertragswert eine Liquidation sinnvoll.
Die Entscheidungsrelevanz des Ertragswertes wird auch nicht dadurch beeinträchtigt, daß die künftigen Einnahmenüberschüsse nicht kontinuierlich anfallen, sondern die jährlichen Gewinne schwanken (auch Verlustjahre sind möglich): da der Kreditmarkt vollkommen ist, kann der Eigner bei zu geringen Periodengewinnen jederzeit beliebige Kredite zum Marktzins von 10% aufnehmen, um das gewünschte Konsumniveau von DM 10.000 zu finanzieren. Ebenso könnten überschießende Gewinnanteile jederzeit in beliebiger Höhe zu diesem Zins angelegt werden. Verfügt der Eigentümer über eine alternative Geldanlagemöglichkeit, die ihm eine höhere Redite als 10% erbringen würde, so könnte er jederzeit seine Anteile am vollkommenen Kapitalmarkt verkaufen (ohne Kosten). Auf diese Weise wäre gesichert, daß Kapital in die rentabelsten Investitionsobjekte fließt, der Kapitalmarkt wäre effizient.
Die Gläubigerinteressen wären ebenfalls abgesichert, da sie aufgrund der Einnahmen-Ausgaben-Darstellung in Form eines Finanzplanes sofort sehen könnten, ob Zins- und Tilgungsleistungen pünktlich möglich sind. Liquiditätsprobleme wären aufgrund der Vollkommenheit des Kreditmarktes nicht möglich.

Nimmt man dieses Modell samt seiner Annahmen ernst, so würde dies auch bedeuten, daß alle Marktteilnehmer (Gläubiger und Eigentümer) über sämtliche Informationen jederzeit und vollständig verfügen, ohne daß die Beschaffung der Informationen Geld kostet. Dann würde sich folglich eine Rechnungslegung durch JA erübrigen, da sie nur bereits vorhandenes Wissen widerspiegelt.

Tatsächlich liegen dem Modell aber einige idealisierende Prämissen zugrunde, die eine Anwendbarkeit praktisch ausschließen und das Konzept des Ertragswertes für Rechnungslegungszwecke stark entwerten (auf die Vielzahl teilweise sehr anspruchsvoller Modelle zur Behebung der im folgenden angesprochenen Mängel soll hier nicht weiter eingegangen werden, zum einen wegen der Begrenzung des Kapitels hinsichtlich Umfang und Komplexität, zum anderen liegen konsensfähige und umsetzbare Resultate (noch) nicht vor).

Im wesentlichen handelt es sich um folgende Faktoren, die in der realen Welt eine andere Form der Rechenschaft erzwingen:

1. Die Berechnung eines Ertragswertes setzt die Kenntnis aller künftigen Einnahmen und Ausgaben voraus. Da die Zukunft ungewiß ist, können diese Größen aber nur subjektiv geschätzt werden. Es kann auch nicht davon ausgegangen werden, daß Geschäftsleitung, Eigner und Gläubiger über den gleichen Informationsstand zur Prognose der künftigen Zahlungsströme verfügen (= asymmetrische Informationsverteilung). Regelmäßig ist davon auszugehen, daß die Unternehmensleitung einen Informationsvorsprung bei der Beurteilung der Entwicklungsmöglichkeiten des Unternehmens hat. Unter diesen Bedingungen ist es aber möglich, daß Eigner und Gläubiger getäuscht werden oder die Geschäftsleitung die Chancen/ Risiken aufgrund subjektiver Merkmale (zum Beispiel Risikoneigung, Informationsverarbeitungsmöglichkeiten) anders einschätzt als die Geldgeber. Rechnungslegung für Outsider (Gläubiger, Eigner) macht aber nur Sinn, wenn der zur Rechenschaft Verpflichtete (Insider) nachprüfbare (objektivierte) Informationen gibt. Notwendigerweise subjektive Prognoserechnungen sind unbrauchbar. Statt dessen erzwingt der handelsrechtliche JA deshalb eine vorwiegend vergangenheitsbezogene Rechnungslegung, indem das Bilanzvermögen und die Schulden für einen (zurückliegenden) Bilanzstichtag zu ermitteln sind und der Erfolg der abgelaufenen Periode berechnet wird.

2. Die Annahme, daß keine Informationskosten entstehen, ist ebenfalls eine grobe Vereinfachung. So ist eine Ertragswertermittlung ein sehr aufwendiges Verfahren, um eine Unternehmensbewertung vorzunehmen. Eine solche Gesamtbewertung wird zwar fallweise bei Unternehmensverkäufen vorgenommen, ist aber für eine laufende (jährliche) Vermögensermittlung zu teuer. Statt dessen wird im handelsrechtlichen JA eine wesentlich einfachere und intersubjektiv besser nachprüfbare Vermögensermittlung verlangt: die Werte der einzelnen VG werden addiert und die Schuldposten davon abgesetzt. Dabei werden besonders schwer bewertbare Positionen zum Teil nicht als Aktiva eingeschlossen, um den subjektiven Spielraum des JA-Erstellers zu begrenzen (zum Beispiel selbst geschaffene immaterielle Werte wie der Firmenwert, eigene Patente etc.). Das so ermittelte Bilanzvermögen kann größer, gleich oder kleiner als der Ertragswert sein. In welchem Verhältnis die beiden zueinander stehen, ist einem Bilanzleser in der Regel unbekannt.

3. Das Modell vernachlässigt, daß an Unternehmen mehrere Personen beteiligt sind. Dies wird zum Beispiel daran deutlich, daß unterschiedliche Risikopräferenzen und Prognosen der Beteiligten keine Rolle spielen.
Bei mehreren Eignern ergibt sich auch ein Problem durch die unterschiedlichen Alternativanlagemöglichkeiten. Hat Aktionär A beispielsweise die Möglichkeit, außerhalb des Unternehmens eine Rendite von $i_0 = 0{,}15$ zu erzielen und beträgt die Rendite im Unternehmen $i = 0{,}10$, so ist für ihn eine Vollausschüttung der Gewinne zweckmäßig, um diese außerhalb des Unternehmens anzulegen. Hat Aktionär B nur eine Alternativrendite von $i_1 = 0{,}08$, so ist es für ihn besser, die Gewinne im Unternehmen zu belassen.
Verschärft werden solche Interessenunterschiede noch, wenn unterschiedliche Steuersätze vorliegen. Das AktG sieht aber vor, daß alle Aktionäre mit der gleichen Dividende zu bedienen sind. Das fixierte Ausschüttungsniveau tangiert die Eignerinteressen demnach unterschiedlich.

4. Nachteilen hierdurch kann der Eigner auch nicht einfach durch den Verkauf seiner Anteile entgehen, da die Annahme eines vollkommenen Kapitalmarktes irreal ist. Zum einen fallen hier Transaktionskosten an (zum Beispiel Bankprovisionen), zum anderen sind nicht alle Gesellschaftsanteile unbegrenzt handelbar. Für Anteile an GmbH (und PersGes) gibt es keinen geregelten Markt, für Aktien auch nicht durchgängig. Aber selbst bei börsennotierten Aktien ist unsicher, ob jederzeit der (wie auch immer ermittelte) Marktpreis für eine beliebige Anzahl von Aktien erzielt werden kann. Man kann bezweifeln, daß der Börsenkurs immer den Marktpreis im Sinne eines Ertragswertes widerspiegelt.
Ergeben sich aber Unterschiede in der Handelbarkeit von Gesellschaftsanteilen, so sind auch die Informationsbedürfnisse der Eigner unterschiedlich. Verfügt ein Kleinaktionär über Anteile an mehreren börsennotierten AG, so ist sein Informationsbedarf durch die Streuung des Risikos und den geringen Kapitaleinsatz relativ niedrig. Hohe Informationskosten lohnen sich für ihn nicht. Demgegenüber hat ein Großaktionär, der einen Großteil seines Vermögens in eine AG investiert hat, einen wesentlichen höheren Informationsbedarf.

5. Die Gläubigerposition ist real schlechter als im Modell unterstellt. Kann ein Ertragswert aus praktischen Gründen nicht ermessensfrei ermittelt werden, fehlt also eine Darstellung der künftigen Einnahmen und Ausgaben, so ist die Fähigkeit des Schuldners, seinen Verpflichtungen künftig nachzukommen, ungewiß. Da zusätzlich der Kreditmarkt unvollkommen

ist, das Unternehmen also nicht beliebig Kredite zum Kapitalmarktzins aufnehmen kann, um Zinsen und Tilgungsraten zu finanzieren, können realiter Liquiditätsprobleme auftreten. Die künftige Zahlungsfähigkeit eines Unternehmens kann einem aus Vereinfachungs- und Objektivierungsgründen überwiegend vergangenheitsorientierten handelsrechtlichen JA nicht entnommen werden.

Im Interesse der Gläubiger ist es deshalb sinnvoll, wenn die Eigentümer dem Unternehmen möglichst wenig Mittel entnehmen. Dies gilt insbesondere bei KapGes, die ausschließlich mit dem Gesellschaftsvermögen haften. Bei KapGes sind deshalb die Entnahmemöglichkeiten auf Gewinne der laufenden (oder früheren) Periode(n) begrenzt. Diese Begrenzung ist aber wiederum nur sinnvoll, wenn die Gewinnermittlung weitgehend ermessensfrei möglich ist. Viele GoB sind Ausfluß einer möglichst objektivierten und vorsichtigen Gewinnermittlung. 'Vorsichtig' bedeutet in diesem Zusammenhang, daß der im JA ausgewiesene Erfolg (und damit die Entnahmemöglichkeiten der Eigner) eher zu niedrig als zu hoch sein darf.

6. Gibt man die Annahme der Informationssymmetrie auf und unterstellt, daß die Unternehmensleitung besser informiert ist als Eigner und Gläubiger, so wird deutlich, daß die Unternehmensleitung ihren Informationsvorsprung gegenüber den anderen Beteiligten zu deren Lasten ausnutzen kann. Entscheidend hierbei ist, daß der JA von der Unternehmensleitung erstellt wird. Lassen die Gewinnermittlungsregeln hierbei Spielräume, so kann es für den Vorstand einer AG beispielsweise rational sein, den Gewinn niedriger auszuweisen als er ist. Dadurch werden zwar die Entnahmeinteressen der Aktionäre beschnitten, aber die eigene Stellung wird möglicherweise gesichert. Die stillen Reserven sichern zum Beispiel die Existenz des Unternehmens und damit den Arbeitsplatz des Vorstandes. Werden Fehlentscheidungen getroffen, können deren negative Folgen vielleicht durch eine verdeckte Auflösung der stillen Reserven kaschiert werden. Eigner fehlen dann die notwendigen Informationen, um personelle Entscheidungen aufgrund der Fehler zu treffen.

   Andererseits kann es auch im Vorstandsinteresse sein, zu hohe Gewinne zu zeigen, um kreditwürdig zu erscheinen. Die Verzögerung einer Liquidation durch neue Kredite schädigt zwar die Geldgeber, sichert aber zumindest eine Zeit lang den Arbeitsplatz. Gelingt mit den Neukrediten eine Sanierung, kann dies auch dauerhaft sein. Die Gläubiger haben dann gleichwohl ihr Risiko falsch eingeschätzt und einen zu niedrigen Zins (= Risikoprämie) erhalten.

7. Da auf den Märkten keine vollkommene Information herrscht, muß ein extern zugängliches Informationsinstrument in einer Wettbewerbswirtschaft einen Mindestschutz für Unternehmen gewährleisten. Aus Gründen des Konkurrenzschutzes liegt die Geheimhaltung bestimmter Informationen im Interesse der Erhaltung eines Unternehmens auf der Hand. Diese dient allen Unternehmensbeteiligten, nicht aber der Konkurrenz.

8. Der Kreis der finanziell Interessierten am Unternehmen ist aber weiter als bisher unterstellt. Selbstverständlich haben auch die Mitarbeiter eines Unternehmens Informationsbedürfnisse. Auf Unternehmensebene betrifft dies zum Beispiel die Frage der Arbeitsplatzsicherheit und damit der häufig wichtigsten Einkunftsquelle. Diese hängt unter anderem von der Ertrags- und Finanzentwicklung des Unternehmens ab. Auf der Ebene der Tarifparteien gibt die Gewinnentwicklung Anhaltspunkte für die Aushandlung von Tariflöhnen. Aufgrund der relativ hohen Gewinne der Banken in den letzten Jahren hat beispielsweise die Gewerkschaft HBV einen größeren Anteil an der Wertschöpfung im Unternehmen für die Mitarbeiter gefordert.

9. Läßt man auch nicht-finanzielle Interessen zu, so sind noch weitergehende Informationsinteressen denkbar. Für Arbeitnehmer sind zum Beispiel Informationen über die technische Arbeitsplatzsicherheit, geplante Rationalisierungsinvestitionen, Personalentwicklung etc. wichtig, um Mitbestimmungsrechte wirksam ausüben zu können. Umweltschutzverbände und Behörden sind an Daten einer Öko-Bilanz interessiert, die zum Beispiel Schadstoffimmissionen, Altlasten etc. wiedergibt. Staatliche Stellen wünschen Informationen für Devisenkontrollmaßnahmen, Plandaten für die gesamtwirtschaftliche Planung. Entwicklungsländer wünschen einen Nachweis über die Verwendung heimischer oder importierter Rohstoffe und über die Nicht-Diskriminierung einheimischer gegenüber ausländischen Arbeitskräften etc.
   All diese Dinge sind von verschiedenen Interessengruppen als sinnvolle Rechnungslegungsinhalte tatsächlich auch schon gefordert worden. Die Liste potentieller JA-Adressaten und zugehöriger Informationsbedürfnisse läßt sich fast beliebig verlängern.

10. Ein ganz wichtiger, praktisch oftmals der wichtigste Adressat von JA, blieb bisher ausgeklammert: das Finanzamt. Da ein Großteil der Steuern, nämlich die Ertragsteuern, gewinnabhängig sind, ist selbstverständlich eine möglichst objektive, zutreffende Gewinnermittlung für die Finanzverwal-

tungen notwendig. Diese knüpft zwar an den handelsrechtlichen JA an, die Verbindungen zwischen Handels- und Steuerbilanz sind aber so komplex, daß sie in einem eigenen Kapitel gesondert behandelt werden.

11. Erschwert wird die Fixierung von Rechnungslegungszwecken schließlich noch dadurch, daß Unternehmen verschiedener Rechtsformen möglich sind und diese unterschiedliche Unternehmensverfassungen haben. Sie unterscheiden sich zum Beispiel bezüglich der Kriterien Haftungsbegrenzung, Handelbarkeit der Anteile, Geschäftsführungsrechte und Kontrollrechte der Eigner, Entnahmerechte, Zugang zum Kredit- und Kapitalmarkt etc. Da Teile dieser Unternehmensverfassungen durch Gesellschaftsvertrag/ Satzung veränderbar sind (speziell bei PersGes) und Mischformen auftreten können (zum Beispiel GmbH & Co. KG), sind auch die Interessen der Beteiligten höchst differenziert. Rechnungslegungsnormen, die diesen unterschiedlichen Chance-Risiko-Positionen ausreichend Rechnung tragen, müßten demnach entsprechend verschiedenartig sein.

Diese Ausführungen lassen den Schluß zu, daß theoretisch beliebig viele JA-Adressaten und -zwecke denkbar sind. Die diesbezüglichen Interessen konfligieren häufig. Ein Vielzweckinstrument JA könnte gar nicht alle Aufgaben erfüllen und wäre hoffnungslos überfrachtet.

Das HGB ist – wie jedes Gesetz – unter dem Einfluß von Interessenverbänden in einem politischen Entscheidungsprozeß entstanden. Ein theoretisches System liegt nicht zugrunde. Havermann (1988, 613 ff.) nennt das HGB deshalb einen „Kompromiß ohne Konzept“.

2.3 Analyse gesetzlich legitimierter Jahresabschlußzwecke

Da eine Vielzahl von JA-Adressaten und -zwecken möglich ist, muß nun geprüft werden, welche davon im HGB berücksichtigt wurden und mit welchem Gewicht. Ein Blick in das Gesetz zeigt den Umfang und die allgemeinen Grundsätze für handelsrechtliche JA (Baetge 1991, S. 28).

Bestandteile des Jahresabschlusses

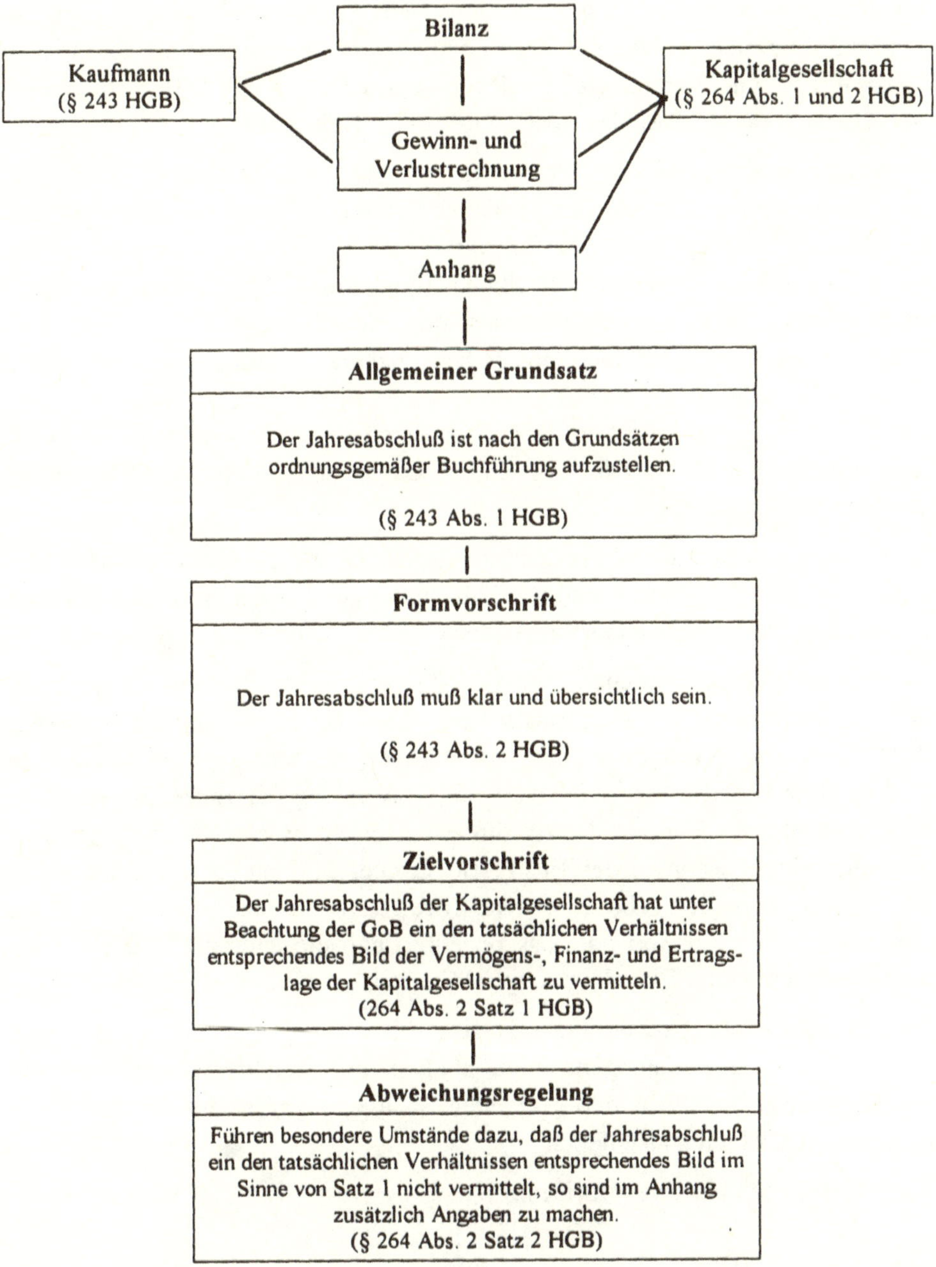

Wenn wir zunächst einmal die Generalnorm des § 264 Absatz 2 Satz 1 HGB für KapGes näher betrachten, so wird deutlich, welche Probleme die Zweckermittlung macht. Der Jahresabschluß soll unter Beachtung der GoB ein den tatsächlichen Verhältnissen entsprechendes Bild der Vermögens-, Finanz- und Ertragslage vermitteln. Meines Erachtens wurde zu Recht bemängelt, daß die Formulierung nicht gerade gelungen ist: statt von 'Vermögenslage' sollte von 'Vermögens- und Kapitallage' die Rede sein und statt von 'Ertragslage' von der 'Ertrags- und Aufwandsentwicklung' (oder 'Erfolgslage').

Wichtiger ist aber, daß im Gesetz nicht definiert wird, was unter 'Vermögen' und 'Erfolg' genau zu verstehen ist. Unter 'Vermögen' wird offenbar nicht das Gesamtvermögen im Sinne des Ertragswertverfahrens verstanden. Auch das Vermögen im Falle einer Unternehmensliquidation (Zerschlagungsbilanz) ist nicht gemeint, also eine Bilanzierung und Bewertung von Vermögen und Schulden unter der Annahme, daß das Unternehmen liquidiert wird (vgl. § 252 Absatz 1 Nr. 2 HGB).
Mit 'Finanzlage' wird nicht auf Finanzplandaten abgezielt, wie die HGB-Regelungen deutlich machen. Die 'tatsächliche Lage' ist vielmehr unter Beachtung der GoB darzustellen.

Damit wird logisch ein Zirkelschluß produziert: die JA-Zwecke sollen der Ableitung von GoB dienen, und die GoB dienen der Definition der JA-Zwecke Darstellung der tatsächlichen Vermögens-, Finanz- und Ertragslage.

In einer berühmt gewordenen Protokollerklärung haben Rat und Kommission der EG festgestellt, daß es normalerweise ausreicht, die Richtlinie anzuwenden, damit das gewünschte, den tatsächlichen Verhältnissen entsprechende Bild entsteht. Im Klartext heißt dies: die Anwendung der Einzelnormen führt zum tatsächlichen Bild. In diesem Sinne entspricht es also der tatsächlichen Vermögenslage, wenn in der Bilanz ein Grundstück mit den Anschaffungskosten von vor vielen Jahren bewertet wird, auch wenn es inzwischen einen vielfach höheren Zeitwert hat. Das bedeutet, daß die unpräzise Generalnorm durch die Summe der Einzelregelungen konkretisiert wird.

Die Ermittlung der JA-Zwecke setzt also die Kenntnis der Einzelregelungen voraus. Diese sind dahingehend zu analysieren, welchem Zweck/welchen Zwecken sie dienen. Aus den geregelten Sachverhalten ist auf die zugrundeliegenden Absichten zu schließen.

Dieses Vorgehen hat zwei Nachteile:

1. Es ist sehr mühselig.
2. Sind die GoB selbst auslegungsbedürftig, so kann die Generalnorm hierbei nur wenig helfen.

Dies gilt um so mehr, als die Ziele 'Einblick in die Vermögenslage' und 'Einblick in die Ertragslage' konfligieren können. Die Bewertung von Rohstoffen nach der Lifo-Verbrauchsfolge führt zum Beispiel dazu, daß die Bestände am Bilanzstichtag mit relativ alten Einstandswerten angesetzt werden. Bei steigenden Preisen führt dies zu einem niedrigen Wertansatz, die Vermögenslage wird unzureichend abgebildet. Dagegen wird der Verbrauch von Rohstoffen in der abgelaufenen Periode mit aktuellen Einstandswerten angesetzt, die Erfolgslage also tendenziell zutreffend gezeigt.

Für Nicht-KapGes sind die Gesetzesvorgaben noch allgemeiner. Klar ist, daß der Einblick in die tatsächliche Lage nicht gefordert wird. Nicht-KapGes müssen auch keinen Anhang erstellen und publizieren. Aus dem Zusammenspiel dieser beiden Faktoren wird in der Literatur zum Teil gefolgert, daß Bilanz und GuV für alle Rechtsformen weitgehend identischen Zwecken dienen und der Anhang bei KapGes die Einhaltung der Einblicksforderung gewährleisten soll (Abkoppelungsthese). Nicht Bilanz und GuV allein können das leisten, sondern nur die Verbindung mit den Informationen des Anhangs.

Im folgenden soll eine kurze Vorstellung der handelsrechtlichen JA-Zwecke erfolgen, wobei auf Standardliteratur zurückgegriffen wurde. Es wird gezeigt, wo und in welcher Weise sich diese postulierten Zwecke im HGB niedergeschlagen haben. Der umgekehrte Weg, von den Einzelnormen auf die Bilanzzwecke zu schließen, wird nicht verfolgt, da hierbei die Kenntnis des Bilanzrechts zu weitgehend vorausgesetzt werden müßte.

Die dem JA üblicherweise zugeordneten Aufgaben lassen sich dem folgenden Schema entnehmen:

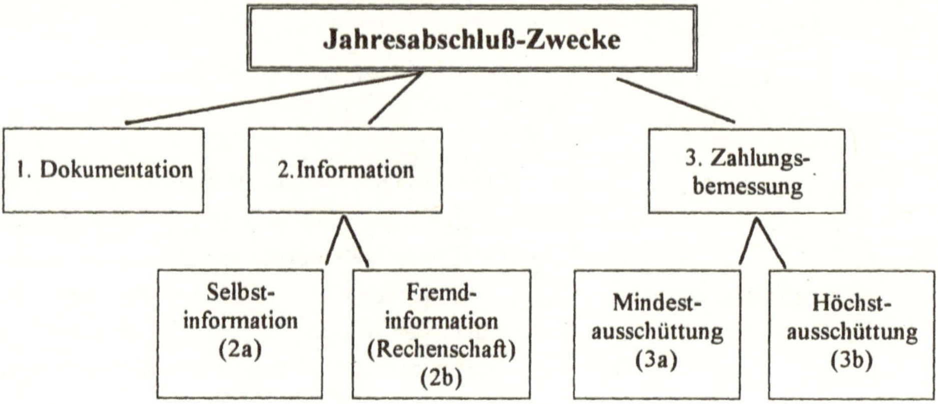

zu 1:

Dokumentation war der ursprünglich vorrangige Zweck von Bh. und Bilanzierung. Durch vollständige Aufzeichnung aller Geschäftsvorfälle (GV) im Rechenwerk werden Urkundenbeweise erstellt und gesammelt, mit deren Hilfe im Bedarfsfall gewisse Vorgänge und Ereignisse rekonstruiert werden können. Dabei kommt dem JA als zusammenfassende Gesamtdarstellung des buchhalterischen Kontensystems im Zusammenhang mit Form- und Aufbewahrungsvorschriften die Aufgabe zu, die gesammelten Urkundenbeweise gegen nachträgliche Änderungen zu schützen. Sämtliche Bf.-Unterlagen sind Urkunden. Nachträgliche Änderungen stellen Urkundenfälschungen im Sinne der §§ 267 f. StGB dar.

Ob der JA diese Aufgabe erfüllen kann, ist zweifelhaft: die starke Aggregation der einzelnen Positionen kann nachträglich Änderungen in der Bf. zulassen, die nicht bilanzwirksam werden.

Den wichtigsten Fall, in dem Bh. und Bilanz Urkundenbeweise liefern, stellt der Konkurs eines Unternehmens dar. Der betroffene Kaufmann kann durch Vorlage der entsprechenden Rechenwerke zum Beispiel den Beweis erbringen, daß er sich keiner der in den §§ 283 bis 283d StGB aufgezählten strafbaren Handlungen schuldig gemacht hat. In diesem Fall dienen Bf. und Bilanz der Dokumentation, daß die Geschäfte in einer Weise geführt wurden, wie es einem 'ordentlichen Kaufmann' obliegt. Der Konkurs wurde nicht in leichtfertiger oder gar vorsätzlicher Weise herbeigeführt.

Die vollständige Dokumentation aller Vermögensposten soll zum Beispiel gewährleisten, daß in die Haftungsmasse fallende Vermögenswerte nicht kurz vor der Liquidation unbemerkt beiseite geschafft werden können. Rechtsgeschäfte mit nahestehenden Personen können vom Konkursverwalter zum Beispiel angefochten werden, wenn die Gläubigerposition durch die Geschäfte verschlechtert wurde (zum Beispiel Verkauf von wertvollen Gegenständen weit unter dem Marktpreis an Familienangehörige des Kaufmanns).

zu 2a:

Für den Kaufmann ist ein Überblick über seine Schuldendeckungsfähigkeit, seine Liquidität und Ertragslage unabdingbar. Der Gesetzgeber zwingt jeden Kaufmann dazu, sich wenigstens einmal im Jahr einen groben Überblick zu verschaffen, indem ein JA zu erstellen ist. Dies gilt auch dann, wenn der JA nicht publiziert werden muß. Daraus ist zu folgern, daß der Gesetzgeber die **Selbstinformation** des Kaufmanns als Zweck des JA ansieht.

Offenbar war ein solcher gesetzlicher Zwang erforderlich, um Kaufleute zu etwas zu bewegen, was eigentlich in ihrem ureigensten Interesse liegt. Man kann zwar füglich bezweifeln, daß JA eine geeignete Grundlage darstellen, um die wirtschaftliche Entwicklung eines Unternehmens darzustellen, aber sie sind auf jeden Fall besser als gar kein Informationsinstrument. Insbesondere kleinere Unternehmen verfügen häufig nicht über eine KoRe, Finanzplanung oder ähnliche Informationssysteme.

Allerdings kann mit den Regelungen des HGB natürlich nicht erzwungen werden, daß ein Kaufmann die Informationen aus seinem JA auch für seine Dispositionen nutzt. Welche Informationen er seinen Entscheidungen zugrunde legt und woher er sie beschafft (zum Beispiel von der Kartenlegerin, dem JA oder einem Unternehmensberater), bleibt ihm überlassen.

zu 2b:

Der Aspekt der **Fremdinformation oder Rechenschaft** stellt auf die Interessen von Outsidern ab: die Unternehmensleitung als Verwalterin fremden Vermögens soll Geldgebern (Eigner, Gläubigern) zumindest einmal im Jahr Rechenschaft legen über den Erfolg ihrer Tätigkeit. Dies soll in standardisierter und nachprüfbarer Weise erfolgen. Deshalb wird vorwiegend über Vergangenes berichtet, die für Kapitalgeber eigentlich erwünschten Informationen über die Zukunft sind nicht gefordert. Für die Benutzer heißt dies, daß sie von der Entwicklung in der Vergangenheit auf die Entwicklung der Zukunft schließen müssen, eine komplexe und unsichere Angelegenheit. Ob dies auf plausible und zuverlässige Weise möglich ist, hängt davon ab, welche Informationen über die Vermögens-, Finanz- und Ertragslage der JA im einzelnen enthält. Eine Einschätzung ist erst möglich, wenn die entsprechenden Regelungen des HGB bekannt sind.

zu 3a:

Neben den Regelungen zur Bestimmung des maximal ausschüttbaren Betrages, um Gläubiger zu schützen, enthält das HGB auch eine ganze Reihe von Vorschriften, um einen Mindestgewinn und damit bei KapGes eine **Mindestausschüttung** zu sichern. Diese Regelungen dienen dem Schutz der Gesellschafter: das angestellte Management soll nicht die Möglichkeit haben, erwirtschaftete Gewinne durch Bilanzpolitik vorzuenthalten. Bereits das AktG 1965 verfolgte ausdrücklich das Ziel, Aktionärsinteressen zu schützen. Damit sollte die Aktie als Kapitalanlage für Kleinaktionäre attraktiver werden. Der Eignerschutz schlägt sich im HGB zum Beispiel in der Bestimmung nieder, daß Rückstellungen (zulasten des Erfolges) nur für bestimmte Fälle zulässig sind (§ 249 Absatz 3 HGB). Abschreibungen auf VG sind zumindest bei KapGes begrenzt. Fallen die Gründe für außerplanmäßige Abschreibungen weg, so sind Zuschreibungen vorzunehmen (§ 280 Absatz 1 HGB).

Ein Teil dieser Schutzvorschriften für Gesellschafter gilt allerdings nur für KapGes, während PersGes/Einzelunternehmen davon abweichend bilanzieren dürfen. Der Grund liegt darin, daß vollhaftende Eigner auch ohne Gewinne ein Entnahmerecht und weitergehende Informations- und Kontrollrechte haben als Eigentümer von KapGes. Sie werden deshalb vom Gesetzgeber als weniger schutzwürdig eingestuft.

zu 3b:

An Gesellschafter einer KapGes darf vor Auflösung der KapGes nur der Bilanzgewinn (oder Gewinn aus früheren Perioden) ausgeschüttet werden. Vorab sind ggf. gesetzliche, satzungsmäßige oder freie Rücklagen aus dem Periodenerfolg zu bedienen. Der ausschüttbare Betrag knüpft also an den ermittelten Überschuß an (vgl. § 58 AktG, §§ 29 f. GmbHG, ähnlich: § 19 GenG). Damit soll sichergestellt werden, daß das Privileg der Haftungsbegrenzung dieser Rechtsformen die Gläubigerposition nicht zu sehr beeinträchtigt. Kreditausfälle aufgrund von Verlusten sind zwar nicht zu verhindern, aber eine Entnahme durch die Gesellschafter ohne die Existenz von Gewinnen ist unzulässig. Sinn macht eine solche **Ausschüttungssperre** aber nur, wenn die Gewinnermittlung in nachprüfbarer Weise fixiert ist. Dies wird zum einen dadurch erreicht, daß nur bestimmte Positionen aktiviert werden dürfen (im wesentlichen VG). Zum anderen, indem Höchstwerte für diese Aktiva (und spiegelbildlich Mindestwerte für die Passiva) normiert werden. So bestimmt beispielsweise § 253 Absatz 1 HGB, daß VG höchstens mit den Anschaffungskosten (AK) oder Herstellungskosten (HK) angesetzt werden dürfen. Im übrigen wird der Zeitpunkt, wann Gewinne als realisiert gebucht werden dürfen und damit den ausschüttungsfähigen Betrag erhöhen, durch das sogenannte Realisationsprinzip (§ 252 Absatz 1 Nr. 4 HGB) relativ streng definiert. Ein Ausweis unrealisierter Gewinne soll verhindert werden.

Ebenfalls dem Gläubigerschutz dient das sogenannte Imparitätsprinzip, das zugleich verlangt, daß noch nicht realisierte, aber bereits wirtschaftlich verursachte Verluste bilanziell zu berücksichtigen sind (§ 252 Absatz 1 Nr. 4 HGB). Auch dies mindert den ausschüttbaren Höchstbetrag und sichert somit die Haftungsmasse.

Bei PersGes/Einzelunternehmen sind zwar die Entnahmemöglichkeiten zumindest für die vollhaftenden Gesellschafter nicht auf den Gewinn begrenzt, die vorsichtige Gewinnermittlung hat aber wenigstens indirekt Gläubigerschutzfunktion. Die Eigner sollen mindestens Kenntnis davon haben, wenn sie mehr als den Gewinn entnehmen, das Unternehmen also schrumpft. Ordentliche und vorsichtige Kaufleute werden dies nur in besonderen Situationen hinnehmen.

3. FAZIT

Der handelsrechtliche JA dient allgemein den Zwecken Dokumentation, Information und Bemessung des (maximal) ausschüttbaren Betrages (= Gewinn/ Verlust). Unstrittig dient er den Interessen von Gläubigern und Anteilseignern. Andere Interessenten können die JA-Daten für eigene Zwecke selbstverständlich nutzen, soweit sie ihnen zugänglich sind. Man kann aber bezweifeln, daß deren Interessen vom Gesetzgeber vorrangig berücksichtigt wurden.

Da der JA kein Selbstzweck ist, sondern instrumentellen Charakter hat, sind die Abbildungsregeln einer Reihe von Nebenbedingungen unterworfen:

- Objektivität und Nachprüfbarkeit,
- Wirtschaftlichkeit und Einfachheit,
- Konkurrenzschutz durch Geheimhaltung.

Soll der JA unterschiedlichen Zwecken gerecht werden, die zum Teil konfligieren, ergibt sich im Rahmen der Auslegung von einzelnen HGB-Regelungen oder GoB oft das Problem, daß eine Reihenfolge der Zwecke bestimmt werden muß, um eindeutige Lösungen zu ermöglichen. Da die Generalnorm hierbei in der Regel wenig hilfreich ist, ist die Rechtsauslegung schwierig und umstritten. In einem Teil der Literatur wird die Ansicht vertreten, daß im Zweifel der Gläubigerschutz alle anderen Interessen dominiert und dies damit begründet, daß dies der gesetzgeberischen Wertung entspricht, da sich der Gläubigerschutzgedanke an sehr vielen Stellen des Gesetzes niedergeschlagen hat.

Einer gegenteiligen Meinung zufolge ist dies gerade der Grund dafür, anderen Interessen hier den Vorrang einzuräumen: da dem Gläubigerschutz schon hinreichend Rechnung getragen wird, soll er nicht auch noch zusätzliche Berücksichtigung finden.

Zu beachten ist bei der Rechtsauslegung schließlich, daß die juristischen Auslegungsmethoden (grammatikalische, historische, systematische und teleologische) allein nicht immer ausreichen. Führen sie zu einem bestimmten Ergebnis, so muß noch geprüft werden, ob dieses mit dem übergeordneten, supranationalen EG-Recht vereinbar ist. Für einige HGB-Regelungen wird das teilweise bestritten.

D. WIEDERHOLUNGSFRAGEN

1. Welche Eigenschaften hat ein JA, wenn man ihn als Modell des Unternehmensgeschehens interpretiert?
2. Sind diese Eigenschaften ein Laster oder eine Tugend?
3. Wie lassen sich die Abbildungsregeln für einen JA systematisieren?
4. Warum ist die Aussage 'die Maschine xy hat einen Wert von z DM' ungenau?
5. Warum ist die Kenntnis von Aufgaben des JA überhaupt notwendig?
6. Wie können die Zwecke des JA ermittelt werden?
7. Welche Adressaten hat ein JA?
8. Skizzieren Sie die typische Interessenlage eines
   a) Kleinaktionärs,
   b) Großaktionärs,
   c) Gläubigers.
9. Auf welche Weise wird das Vermögen eines Kaufmanns ermittelt, wenn die Annahme vollkommener Märkte zutrifft?
10. Wie wäre in diesem Fall der Schutz von Eigentümern und Gläubigern gewährleistet?
11. Aufgrund welcher realen Marktunvollkommenheiten kann die laufende Rechnungslegung von Unternehmen nicht auf das Ertragswertmodell zurückgreifen? Weche Konsequenzen hat dies?
12. Kann es sein, daß das Bilanzvermögen eines Kaufmanns vom Effektivvermögen im Sinne des Ertragswertes abweicht? Begründen Sie Ihre Ansicht.
13. Begründen Sie, warum das Rechnungslegungsrecht als 'Kompromiß ohne Konzept' charakterisiert wurde.
14. Auf welchem Wege können die mit dem JA vom Gesetzgeber verfolgten Zwecke ermittelt werden?
15. Die handelsrechtlichen Rechnungslegungsnormen für KapGes und Nicht-KapGes unterscheiden sich zum Teil. Halten Sie diese Differenzierung für sinnvoll? (Begründung!)

16. Erläutern Sie die JA-Zwecke Dokumentation, Information und Zahlungsbemessung. Welche JA-Adressaten werden hierdurch geschützt?

17. In der Literatur wird die These vertreten: Bilanz und GuV dienen der vorsichtigen Ermittlung des maximal ausschüttbaren Betrages (Gewinn) und haben fast keinen Informationswert für JA-Adressaten. Informativ ist ein JA höchstens durch einen Anhang (ggf. Lagebericht). Halten Sie diese Behauptung aufgrund Ihres derzeitigen Wissensstandes für zutreffend oder nicht?

Kapitel 2: Die Verknüpfungen von Handels- und Steuerbilanz

A. KURZINHALT

In Deutschland hat es eine lange Tradition, daß Handels- und Steuerbilanz (HB und StB) auf vielfältige und höchst komplexe Weise miteinander verknüpft sind. Die Diskussionen um die Maßgeblichkeit der HB für die StB und die Umkehrmaßgeblichkeit zählen zu den strittigsten und schwierigsten des gesamten Bilanzrechts.

Den historischen Ausgangspunkt dieser Verknüpfung bildet die Idee der Vereinfachung: der Kaufmann soll mit einer Einheitsbilanz zugleich den handels- und steuerrechtlichen Rechnungslegungspflichten genügen. Um gleichwohl dem auf Artikel 3 Grundgesetz (GG) zurückgehenden Grundsatz der Gleichmäßigkeit der Besteuerung Rechnung zu tragen, muß die Einheitsbilanz auf vielfache Weise durchbrochen werden: steuerliche Vorbehalte (= zwingende Spezialnormen des Steuerrechts) führen zu Differenzen zwischen HB und StB.

Ein zweites Problem dieser Konzeption führt zur sogenannten 'Umkehrmaßgeblichkeit'. Da Subventionen an Unternehmen häufig an die steuerlichen Gewinnermittlungsvorschriften anknüpfen (Sonderabschreibungen, erhöhte Abschreibungen und steuerfreie Rücklage), muß gesondert abgesichert werden, daß diese Subventionen auch handelsrechtlich zulässig sind. Diese Abschreibungen und Rücklagen sind in aller Regel nicht mit den GoB konform. Deshalb enthält das HGB eine ganze Reihe von Vorschriften, die es ermöglichen, diese rein steuerlich motivierten Bewertungen und Bilanzposten auch in die HB aufzunehmen.

Die Kritik an der Verknüpfung von HB und StB orientiert sich zum einen an den damit erstrebten Zwecken, zum anderen an den Funktionen des handelsrechtlichen JA. Es wird gezeigt, daß die Informations- und Gewinnermittlungsaufgabe des JA nur höchst unvollständig erreicht werden kann.

Hinweis: **Die theoretische und praktische Bedeutung der Maßgeblichkeit und Umkehrmaßgeblichkeit kann kaum überschätzt werden. Ohne Kenntnis dieser Zusammenhänge sind viele Regelungen im HGB und EStG und deren praktische Folgen kaum verständlich. Im Verlauf der folgenden Kapitel ist darauf wiederholt zurückzukommen. Dieses Kapitel sollte deshalb besonders gründlich durchgearbeitet werden, zumal die Sachverhalte höchst komplex sind.**

B. LEHRZIELE

Dieses Kapitel soll Sie in die Lage versetzen,

- die (historischen) Zwecke der Maßgeblichkeit der HB für die StB zu erläutern,
- den Grundsatz der Maßgeblichkeit präzise formulieren zu können,
- die Notwendigkeit steuerlicher Vorbehalte zu begründen,
- den Unterschied zwischen formeller und materieller Maßgeblichkeit darzulegen,
- Wirkungsweise und Anwendungsfälle der Maßgeblichkeit zu erörtern,
- Durchbrechungen der Maßgeblichkeit aufgrund steuerlicher Vorbehalte beispielhaft zu erklären,
- die Zweckmäßigkeit der Maßgeblichkeit und ihrer Durchbrechungen zu würdigen,
- den Grundsatz der Umkehrmaßgeblichkeit und seine rechtliche Umsetzung zu erläutern,
- Beispiele für die Umkehrmaßgeblichkeit zu benennen und deren Folgen für die HB und StB zu verdeutlichen,
- die Umkehrmaßgeblichkeit und ihre Folgen für das Handelsrecht kritisch zu hinterfragen.

C. INHALT

1. EINLEITUNG: DIE ZWECKE VON HANDELS- UND STEUERBILANZ ALS AUSGANGSPUNKT

Aufgrund des vorhergehenden Kapitels sind die handelsrechtlichen Zwecke sofort einsichtig:

- Dokumentation von Vermögen, Schulden, Eigenkapital etc. und deren Änderungen im Vergleich zum Vorjahr,
- Information für den bilanzierenden Kaufmann über die Vermögens-, Finanz- und Ertragslage sowie Rechenschaft über diese Sachverhalte gegenüber Unternehmensexternen (= Selbst- und Fremdinformation),
- Ermittlung des Erfolges einer Periode, wobei als Gewinn der Betrag ermittelt werden soll, der dem Unternehmen ohne Gefährdung von Gläubigeransprüchen entziehbar ist (von inflationsbedingten Scheingewinnen sei abstrahiert). Bei KapGes und Genossenschaften hängen die Entnahmemöglichkeiten der Eigner direkt vom Jahreserfolg (oder früheren Erfolgen) ab.

Die Ertragsteuerbelastung eines Kaufmanns (vor allem Einkommen-, Körperschaft- und Gewerbeertragsteuer [ESt, KSt, GewErtrSt]) soll nach dem Gleichheitsgrundsatz des Artikels 3 GG an die wirtschaftliche Leistungsfähigkeit der Steuerpflichtigen anknüpfen. Der daraus abgeleitete Grundsatz der Gleichmäßigkeit gilt als gewahrt, wenn die Steuerbelastung von der Leistungsfähigkeit abhängig ist (lineare Belastung bei der KSt, progressiv steigende Belastung bei der ESt). Die wirtschaftliche Leistungsfähigkeit eines Steuerpflichtigen wird operationalisiert durch die Größen Gewinn/Verlust in der Steuerbilanz.

Daneben benutzt der deutsche Gesetzgeber die StB schon seit langem, um bestimmte Subventionen den Unternehmen auf indirekte Weise zugute kommen zu lassen. Die wichtigsten Formen bestehen in der Gewährung von steuerlichen Sonderabschreibungen oder erhöhten Abschreibungen und den sogenannten 'steuerfreien Rücklagen' (handelsrechtlich: Sonderposten mit Rücklagenanteil).

Damit ergibt sich für die HB und StB zusammenfassend:

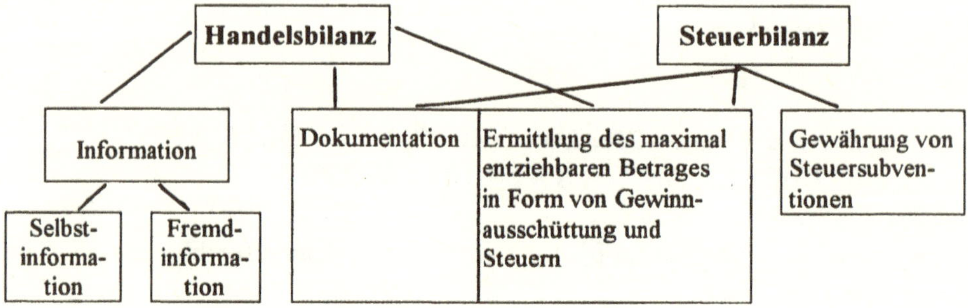

2. DER GRUNDSATZ DER MASSGEBLICHKEIT

2.1 Historische Entwicklung und inhaltliche Konkretisierung der Maßgeblichkeit

Da zwischen den Zwecken zumindest teilweise Übereinstimmung besteht, bot es sich seit jeher an, die handelsrechtlich erforderliche Gewinnermittlung zugleich für die Besteuerung als Bemessungsgrundlage zu nutzen. Tatsächlich erfolgt dies auch. In § 5 Absatz 1 Satz 1 EStG ist die sogenannte 'Maßgeblichkeit der HB für die StB' normiert: „Bei Gewerbetreibenden, die aufgrund gesetzlicher Vorschriften verpflichtet sind, Bücher zu führen und regelmäßig Abschlüsse zu machen, oder die ohne eine solche Verpflichtung Bücher führen und regelmäßig Abschlüsse machen, ist für den Schluß des Wirtschaftsjahres **das Betriebsvermögen anzusetzen [...], das nach den handelsrechtlichen Grundsätzen ordnungsmäßiger Buchführung auszuweisen ist**" (H.d.V.).

Mit dieser Verknüpfung von HB und StB verfolgte der Gesetzgeber gleichzeitig eine ganze Reihe von Zielen:

a) Vereinfachung der steuerlichen Gewinnermittlung durch Bezugnahme auf das Handelsrecht: der Kaufmann muß nur eine Bilanz erstellen (Einheitsbilanz),

b) Anwendung gesicherter handelsrechtlicher Regelungen bei der steuerlichen Gewinnermittlung: Schutz für den Fiskus vor willkürlichen Bilanzierungs- und Bewertungsmaßnahmen des Steuerpflichtigen,

c) die Bindung an die handelsrechtlichen GoB sollen den steuerpflichtigen Kaufmann vor einer fiskalischen Auslegung von Gesetzen durch die Finanzverwaltung und die Rechtsprechung schützen,

d) Zulässigkeit von Gestaltungsrechten des Bilanzierenden im Rahmen der vernünftigen kaufmännischen Beurteilung sichern (Schätzung der 'variablen Elemente').

Obwohl der Grundsatz der Maßgeblichkeit nicht nur die nach HGB buchführungspflichtigen Vollkaufleute betrifft, werden im folgenden nur diese betrachtet.

Eigentlich sieht die Regelung des § 5 Absatz 1 Satz 1 EStG auf den ersten Blick recht eindeutig und einleuchtend aus: ein handelsrechtlicher JA ist für die Besteuerung maßgeblich, wenn er den GoB entspricht. Gleichwohl ist er völlig verschiedenen Interpretationen zugänglich. Diese sollen kurz vorgestellt werden.

Die **erste Unklarheit** rührt daher, daß im Gesetz lediglich verlangt wird, das Betriebsvermögen nach den handelsrechtlichen GoB anzusetzen. Ein Beispiel soll das Problem deutlich machen: In der HB sei es nach den GoB zulässig, abnutzbares Anlagevermögen mit den Anschaffungskosten von DM 100 oder einem vorübergehend niedrigeren Zeitwert von DM 80 zu bewerten (§ 253 Absatz 2 Satz 3 HGB). In der HB wird ein Ansatz von DM 80 gewählt. Was folgt daraus für die StB aufgrund der Maßgeblichkeit?

- Zum Teil wird die Ansicht vertreten, daß steuerlich auch ein Ansatz von DM 100 zulässig sei, da dieser den GoB entspricht und § 5 Absatz 1 Satz 1 EStG lediglich eine Übereinstimmung mit den GoB verlange (materielle Maßgeblichkeit der handelsrechtlichen GoB für die StB). Diese Interpretation kann sich auf den Wortlaut des Gesetzes stützen und würde eine selbständige Bewertung in HB und StB, also auch eine entsprechend differierende Bilanzpolitik, ermöglichen.
- Demgegenüber haben vor allem Verwaltung und Finanzgerichte die Maßgeblichkeit seit jeher restriktiver interpretiert und eine Übernahme des in der HB gewählten GoB-konformen Wertansatzes verlangt (**formelle Maßgeblichkeit**). Dies ist zwar, strenggenommen, nicht durch den Wortlaut des Gesetzes gedeckt, soll aber dem Sinn und Zweck der Maßgeblichkeit Rechnung tragen. Demnach wäre im obigen Beispiel in der StB nur der Wert von DM 80 zulässig.

Eine wichtige Konsequenz hieraus ist, daß eine selbständige Steuerbilanzpolitik insoweit ausgeschlossen ist. Praktisch bedeutet dies, daß der bilanzierende Kaufmann bereits bei der Erstellung des handelsrechtlichen JA die steuerlichen Konsequenzen bedenken muß. Materiell beeinflussen also steuerliche Folgen die HB. Man spricht deshalb auch von einer indirekten Maßgeblichkeit der StB für die HB.

Obwohl eine über den Wortlaut hinausgehende restriktive Auslegung von § 5 Absatz 1 Satz 1 EStG problematisch ist, entspricht die formelle Maßgeblichkeit der gängigen Auslegungspraxis von Verwaltung und Gerichten. Man kann hierüber zwar theoretisch räsonieren, praktische Konsequenzen wird dies kaum haben.

Die zweite Unklarheit geht auf die Formulierung zurück, daß „das Betriebsvermögen anzusetzen" ist. Im Bilanzrecht wird nämlich streng zwischen Fragen des Bilanzansatzes (Bilanzierung dem Grunde nach) und Fragen der Bewertung (Bilanzierung der Höhe nach) unterschieden. Wendet man diese Differenzierung auf den Wortlaut des Gesetzes an, hätte dies zur Folge, daß Maßgeblichkeit nur für den Bilanzansatz und nicht auch für die Bewertung in der StB gilt.

Mit dem Verweis auf die Gesetzesmaterialien (historische Auslegung) und die ansonsten unverständliche Formulierung in § 5 Absatz 1 Satz 2 EStG (systematische Auslegung) läßt sich aber die **herrschende Meinung**, daß die Maßgeblichkeit für Fragen der Bilanzierung und Bewertung gilt, rechtfertigen. Praktisch ist diese Auslegungsdivergenz aber schon deshalb fast unbeachtlich, da sich aus den gleich zu erläuternden Gründen für Bewertungsfragen eine vom Handelsrecht weitgehend losgelöste steuerrechtliche Bewertungskonzeption herausgebildet hat.

Das Handelsrecht läßt in weitem Umfang Bilanzierungs- und Bewertungswahlrechte zu. Diese ermöglichen es dem Kaufmann, den Jahreserfolg mehr oder weniger stark zu beeinflussen. Aus fiskalischer Sicht war dies eine Zeit lang unproblematisch, da der relativ geringe Finanzbedarf des Staates mit Steuersätzen von 0,6% bis 4% (zum Beispiel 1891) durch solche Gestaltungsfreiheiten kaum berührt wurde. Erst der zunehmende Finanzbedarf des Staates nach den beiden Weltkriegen, der zu Steuerbelastungen von 60% bis 95% (!!) des Jahresgewinns führte, rückte das Problem der Steuergerechtigkeit und der Gleichmäßigkeit der Besteuerung in das Zentrum von Diskussionen.

Um das hohe Steueraufkommen zu sichern und die Steuerpflichtigen dabei gleichmäßig zu belasten, wurde die Forderung nach der Erfassung des **vollen Gewinns** in der StB erhoben. Aus der Sicht der Steuergesetzgebung waren deshalb handelsrechtliche Gestaltungsspielräume für die steuerliche Gewinnermittlung zu begrenzen oder ganz auszuschließen. Dies hat sich in § 5 Absatz

6 EStG niedergeschlagen: „Die Vorschriften über die Entnahmen und die Einlagen, über die Zulässigkeit der Bilanzänderung, über die Betriebsausgaben, über die Bewertung und über die Absetzung für Abnutzung oder Substanzverringerung sind zu befolgen."

Vereinfachend heißt dies: Der Grundsatz der Maßgeblichkeit der HB für die StB gilt nicht, wenn steuerliche Vorbehalte, zum Beispiel Bewertungsregeln, gegeben sind. Solche steuerlichen Vorbehalte betreffen im wesentlichen Bewertungsvorschriften (§§ 6 ff. EStG), aber auch Bilanzierungsfragen (§ 5 Absätze 3 bis 5 EStG).

Vor einer Übernahme von HB-Posten in die StB ist demnach immer zu prüfen, ob steuerliche Spezialvorschriften ein Abweichen von der HB erfordern. Außerdem kann es erforderlich sein, zusätzliche Aktivposten in die StB einzustellen.

2.2 Der Anwendungsbereich des Maßgeblichkeitsgrundsatzes und seine Durchbrechungen

Im Einzelfall ist es häufig nicht einfach zu entscheiden, ob der Maßgeblichkeitsgrundsatz gilt oder nicht. Im folgenden wird der Anwendungsbereich der Maßgeblichkeit anhand von typischen Kombinationsfällen erläutert und mit Beispielen unterlegt.

Theoretisch sind folgende Varianten möglich:

Fallgruppe	Handelsrecht	Steuerrecht
(1)	Zwingende Vorschrift	Wahlrecht
(2)	Zwingende Vorschrift	Zwingende Vorschrift
(3)	Wahlrecht	Zwingende Vorschrift
(4)	Wahlrecht	Wahlrecht

Die Fallgruppe 4 wird in Abschnitt 3 dieses Kapitels behandelt, da es hierbei um die sogenannte 'Umkehrmaßgeblichkeit' geht, die gesetzlich gesondert geregelt ist.

zu (1):

Im Prinzip gilt bei dieser Konstellation die Regel, daß die handelsrechtlich zwingende Norm auch steuerlich wirksam wird. So besteht für Pensionsrückstellungen an Mitarbeiter, die auf Zusagen nach dem 31. Dezember 1986 beruhen, handelsrechtlich eine Passivierungspflicht (§ 249 Absatz 1 Satz 1 HGB in Verbindung mit Artikel 28 EGHGB). Steuerlich besteht insoweit ein Wahlrecht gemäß § 6a EStG, ob eine Pensionsrückstellung gebildet wird oder nicht. Gilt Maßgeblichkeit, so kann das steuerliche Wahlrecht nicht ausgeübt werden (von den steuerlichen Vorbehalten für die Zulässigkeit von Pensionsrückstellungen, die über das Handelsrecht weit hinausgehen, sei hier abgesehen).

Auch das steuerliche Wahlrecht, Gegenstände des UV mit den Anschaffungs- oder Herstellungskosten oder dem niedrigeren Teilwert (= vereinfacht: Zeitwert) anzusetzen, läuft leer, da handelsrechtlich der niedrigere Zeitwert angesetzt werden muß (§ 253 Absatz 2 HGB: strenges Niederstwertprinzip). In diesen Fällen schränkt der Maßgeblichkeitsgrundsatz steuerliche Wahlmöglichkeiten ein.

Eine aktuelle Diskussion von besonderer Reichweite hat die Anwendung des Lifo-Verfahrens für gleichartige VG des Vorratsvermögens ausgelöst. Dieses Verbrauchsfolgeverfahren unterstellt, daß die zuletzt zugegangenen VG zuerst verbraucht oder veräußert wurden (Last in – first out). Der am Bilanzstichtag noch vorhandene Bestand an Vorräten ist deshalb mit den älteren Einstandswerten anzusetzen, während der Verbrauch mit den aktuellen Zugangswerten bewertet wird. In Zeiten steigender Preise führt dies dazu, daß das Vermögen niedrig bewertet wird. Nach § 256 HGB ist die Lifo-Methode zulässig, wenn sie den GoB entspricht.

Die handelsrechtliche Literatur forderte hierzu fast einhellig die Erfüllung folgender Voraussetzungen:

- Die Verbrauchsfolgefiktion darf nicht der Realität widersprechen. Daraus folgt, daß für schnellverderbliche Gegenstände Lifo ebensowenig zulässig ist wie für Gegenstände, die in Silos gelagert werden, so daß die Zugänge oben eingefüllt und Abgänge unten entnommen werden.
- Die Lifo-Bewertung kann für ganze Gruppen gleichartiger Gegenstände angewandt werden, wobei Gleichartigkeit konkretisiert wird als Zugehörigkeit zu einer gleichen Gattung (Strümpfe verschiedener Größe) oder Funktionsgleichheit (Kisten aus Holz oder aus Plastik) und annähernde Preisgleichheit.

Steuerlich ist die Lifo-Methode als Verbrauchsfolgefiktion erst seit 1990 anerkannt. Um eine Besteuerung von inflationsbedingten Scheingewinnen zu vermeiden, wurde in § 6 Absatz 1 Nr. 2a EStG die Bewertung nach dieser Methode wahlweise zugelassen, soweit es den GoB entspricht.

Aus den Gesetzesmaterialien und den Verlautbarungen der Finanzverwaltung geht zunächst hervor, daß Lifo auch unter weniger restriktiven Voraussetzungen als im Handelsrecht zulässig sein soll. Sowohl das Merkmal der Gleichwertigkeit als auch ein Abweichen von der (bekannten) realen Verbrauchsfolge sollen der Anwendung nicht entgegenstehen (zur aktuellen Situation vgl. R 36a EStR 1994).

Dies läßt sich damit begründen, daß eine Besteuerung von Scheingewinnen in Abhängigkeit von der Lagerfähigkeit der Gegenstände und der konkreten Lagertechnik dem Grundsatz der Gleichmäßigkeit der Besteuerung widerspricht. Warum solle ein Gemüsehändler der Scheingewinn-Besteuerung unterliegen und ein Autohändler nicht?

Andererseits führt die gängige Interpretation des Maßgeblichkeitsgrundsatzes eindeutig dazu, daß der steuerliche Spielraum eingeschränkt wird. Zum Teil wird deshalb gefordert, die handelsrechtlichen GoB müßten weiterentwickelt werden, um dieser steuerlichen Entwicklung Rechnung zu tragen. Würde man dem folgen, hätte man zwar formal die Maßgeblichkeit der HB für die StB gewahrt, materiell aber hätte eine steuerliche Gesetzesänderung die handelsrechtlichen GoB beeinflußt. Dies wäre aus Gründen, die im Rahmen der Diskussion um die umgekehrte Maßgeblichkeit noch genannt werden, eine rechtssystematisch äußerst bedenkliche Verknüpfung von HB und StB.

zu (2):

Im Prinzip wesentlich einfacher sind die Fallgestaltungen, bei denen im Handels- und Steuerrecht zwingende Normen vorliegen. Völlig unproblematisch ist es, wenn beide Regelungsbereiche das gleiche erzwingen. Weichen die Regelungen voneinander ab, so führt dies zu einem Auseinanderfallen von HB und StB, der steuerliche Vorbehalt greift für die StB immer.

Anwendungsfälle ergeben sich insbesondere im Bereich der Rückstellungen. So sind handelsrechtlich für Jubiläen von Mitarbeiter und mögliche Patentrechtsverletzungen aufgrund von § 249 Absatz 1 Satz 1 HGB Rückstellungen zu bilden. Nach § 5 Absätze 3 und 4 EStG sind diese Rückstellungen dagegen nur unter relativ einschränkenden Bedingungen zulässig.

Daraus folgt, daß handelsrechtlich notwendige Rückstellungen aufgrund der steuerlichen Vorbehalte zum Teil aus vollversteuerten Gewinnen zu bilden sind. Einige Unternehmen sind deshalb dazu übergegangen, auch in der HB nur die steuerlich zulässigen Rückstellungen zu passivieren. Dadurch wird zwar der Vorteil einer Einheitsbilanz gewahrt, aber zugleich liegt eindeutig ein Verstoß gegen das Handelsrecht vor. Bei einer AG zum Beispiel führt dies dazu, daß der JA nichtig ist (§ 256 Absatz 5 AktG).

Kollidierende Regelungen sind auch bei Rückstellungen für drohende Verluste aus schwebenden Geschäften möglich, besonders wenn es sich um drohende Verluste aus Arbeitsverhältnissen handelt. Während handelsrechtlich eine Rückstellung zwingend erforderlich ist (§ 249 Absatz 1 HGB), wird dies von der Finanzverwaltung und Rechtsprechung für die Steuerbilanz oft versagt. Zwar existiert kein gesetzlicher steuerlicher Vorbehalt, die Auslegung der GoB erfolgt aber zum Teil in einer Weise, die kaum noch mit dem Handelsrecht vereinbar ist. Teilweise wird mit der Unterstellung eines verdeckten Kreditgeschäftes sogar eine Abzinsung langfristiger Rückstellungen verlangt (vgl. hierzu ausführlich Kapitel 15).

Solche Steuerverschärfungen sind meines Erachtens ausschließlich dem Gesetzgeber vorbehalten. Solange dieser keine Vorbehalte normiert, müßte § 249 Absatz 1 HGB in Verbindung mit § 5 Absatz 1 Satz 1 EStG die Finanzverwaltung und die Finanzrechtsprechung binden. Einer der eingangs genannten Zwecke der Maßgeblichkeit, nämlich den Steuerpflichtigen vor einer fiskalisch orientierten Auslegung von Gesetzen zu schützen, wird sonst nicht erreicht.

zu (3):

In § 253 Absatz 4 HGB ist geregelt, daß Abschreibungen außerdem im Rahmen vernünftiger kaufmännischer Beurteilung zulässig sind. Nach § 279 Absatz 1 HGB sind diese Ermessens-(Willkür-)Abschreibungen bei KapGes unzulässig. Da dieses Abschreibungswahlrecht demnach nur Nicht-KapGes offensteht, ergäbe sich bei steuerlicher Anerkennung offenbar ein Verstoß gegen den Gleichbehandlungsgrundsatz. Es ist deshalb steuerlich unzulässig.

Die Ermittlung der HK für VG ist in § 255 Absätze 2 und 3 HGB ausführlich geregelt. Ohne auf Details hier schon einzugehen, ist festzustellen, daß demnach als Mindestwert die sogenannten 'Einzelaufwendungen' anzusetzen sind. Das sind die dem VG direkt (= einzeln = ohne Schlüsselung) zurechenbaren Aufwendungen wie Aufwendungen für Rohstoffe, Akkordlöhne etc. Die nur mittels Schlüsselung zurechenbaren (indirekten) Gemeinaufwendungen können wahlweise einbezogen werden. Hierunter fallen zum Beispiel Gehälter, Aufwendungen für Räume, Aufwand für die Lagerung von Rohstoffen, Abschreibungen etc.

Steuerlich wird das Minimum der aktivierungspflichtigen Herstellungsaufwendungen wesentlich umfassender festgelegt, einige Arten von Gemeinaufwendungen (zum Beispiel Fertigungs-, Materialgemeinaufwand, Abschreibungen auf Sachanlagen) müssen in die HK einbezogen werden. Insofern besteht ein steuerlicher Vorbehalt, der dazu führt, daß der Kaufmann eine Einheitsbilanz nur dann erreichen kann, wenn er auch in der HB den steuerlichen Mindestaufwand ansetzt.

Interessant an diesem Beispiel ist, daß die Definition der steuerlichen HK in R 33 EStR 1994 zu finden ist, also einer schlichten Verwaltungsanweisung. Rechtlich verbindlich ist diese Anweisung nur für die Finanzverwaltung, nicht aber für den steuerpflichtigen Kaufmann oder die Rechtsprechung. Da ein steuerlicher Vorbehalt aber nur aufgrund eines Gesetzes möglich ist, wurde zum Teil gefordert, die EStR insoweit dem geltenden Handelsrecht anzupassen. Dies erscheint um so dringlicher, als das HGB auf das supranationale EU-Recht (4. Richtlinie) zurückgeht. Wenn diese GoB-konformen Wahlrechte steuerlich unzulässig sein sollten, wäre es Sache des Gesetzgebers, dies zu regeln.

Ein anderer steuerlicher Vorbehalt geht auf den Beschluß des Großen Senats des BFHs aus 1969 zurück. Um steuerlich den vollen Gewinn zu erfassen, legte er fest, daß

a) handelsrechtliche Aktivierungswahlrechte zu steuerlichen Aktivierungsgeboten und
b) handelsrechtliche Passivierungswahlrechte zu Passivierungsverboten

führen.

Begründet wurde diese Durchbrechung der Maßgeblichkeit mit dem Erfordernis, den vollen Gewinn steuerlich zu erfassen. Durch die Ausübung von Bilanzansatzwahlrechten soll sich der Kaufmann zumindest für die Besteuerung nicht ärmer oder reicher rechnen dürfen.

Das bedeutet, daß ein in der HB zulässigerweise nicht aktiviertes Disagio oder ein erworbener Firmenwert in der StB anzusetzen ist. Umgekehrt sind handelsrechtlich zulässige Rückstellungen, die keiner Passivierungspflicht unterliegen, steuerlich untersagt.

Die Kritik bezog sich insbesondere auf zwei Aspekte: Zum einen ist die Ansicht, daß die handelsrechtlichen Aktvierungswahlrechte bestehen, damit der Kaufmann sich nach Belieben ärmer oder reicher rechnen kann, bestritten worden. Das Aktivierungswahlrecht für den Firmenwert und das Disagio haben wohl eher ihren Ursprung darin, daß handelsrechtlich nicht eindeutig feststellbar war, ob eine Aktivierung zweckmäßig ist oder nicht.
Zum anderen wurde dem BFH das Recht abgesprochen, das gesetzlich verankerte Maßgeblichkeitsgebot eigenmächtig zu durchbrechen. Ein gesetzlich verankerter steuerlicher Vorbehalt lag nicht vor. Bezüglich der Aktivierungswahlrechte sind diese inzwischen in das EStG aufgenommen worden. Für die Durchbrechung der Maßgeblichkeit bezüglich der Passivierungswahlrechte fehlt eine ausdrückliche gesetzliche Grundlage noch immer.

Kurioserweise gibt es aber auch einen steuerlichen Vorbehalt, der dazu führt, daß ein handelsrechtlich zulässigerweise aktivierter Posten nicht in die StB zu übernehmen ist. Nach § 269 HGB dürfen KapGes Aufwendungen für die Ingangsetzung und Erweiterung des Geschäftsbetriebes unter bestimmten Bedingungen als sogenannte 'Bilanzierungshilfe' aktivieren (vgl. Kapitel 8). Der BFH lehnt dies für die StB in ständiger Rechtsprechung ab, da gemäß § 5 Absatz 1 Satz 1 EStG das Betriebsvermögen anzusetzen sei. Zum Betriebsvermögen gehören auf der Aktivseite der Bilanz Wirtschaftsgüter. Bilanzierungshilfen sind laut BFH aber keine Wirtschaftsgüter.

2.3 Zwischenfazit

Der Grundsatz der Maßgeblichkeit besagt, daß die HB für die StB bindend ist, wenn

- sie den GoB entspricht und
- kein steuerlicher Vorbehalt besteht.

Die unter 2.1 angeführten Zwecke der Maßgeblichkeit werden praktisch meines Erachtens nur unvollständig erreicht:

- Die Vielzahl der Durchbrechungen der Maßgeblichkeit führt kaum zu Vereinfachungen, eher zur Unübersichtlichkeit.
- Die Bindung von Finanzgerichten und Finanzverwaltung durch die handelsrechtlichen GoB wird durch die Praxis zum Teil widerlegt, da Rechtsprechung und Verwaltung selbst steuerliche Vorbehalte ohne eindeutige Rechtsgrundlage formulieren.

3. DER GRUNDSATZ DER UMKEHRMASSGEBLICHKEIT

3.1 Hintergrund und gesetzliche Regelung

Da in Deutschland die StB schon seit langem dazu genutzt wurde, Steuerpflichtigen Subventionen auf indirekte Art, nämlich in Form erhöhter Abschreibungen/Sonderabschreibungen oder steuerfreier Rücklagen, zu gewähren, mußte zur Wahrung einer Einheitsbilanz ergänzend zur Maßgeblichkeit noch die sogenannte 'Umkehrmaßgeblichkeit' treten. Diese besagt, daß nur steuerlich zulässige Abschreibungen und Rücklagen auch in der Handelsbilanz zu bilanzieren sind, wenn sie steuerwirksam werden sollen.

Formal ist dann zwar immer noch die HB für die StB maßgeblich, materiell ist das Abhängigkeitsverhältnis aber umgekehrt. In § 5 Absatz 1 Satz 2 EStG findet man die steuerliche Rechtsgrundlage: „Steuerrechtliche Wahlrechte bei der Gewinnermittlung sind in Übereinstimmung mit der handelsrechtlichen Jahresbilanz auszuüben."

Diese steuerlichen Wahlrechte betreffen im wesentlichen die oben genannten Subventionsformen (Abschreibungen, Rücklagen). Sie führen in aller Regel dazu, daß ein Bilanzausweis erforderlich ist, der nicht den GoB entspricht (vgl. auch die Beispiele unten). Es mußte demnach sichergestellt werden, daß diese Bilanzierung und Bewertung auch handelsrechtlich zulässig ist. Das seit 1987 geltende HGB geht auf die zwingenden Vorgaben der 4. EG-Richtlinie zurück. Diese verpflichtete den deutschen Gesetzgeber, das in weiten Bereichen einheitliche EG-Recht in nationales Recht (= HGB) zu transformieren.

Für diese Umsetzung gab es zwei politische Vorgaben:

- Die Grundsätze der Maßgeblichkeit und der Umkehrmaßgeblichkeit sollten beibehalten werden.
- Es sollte keine Steuerverschärfung für deutsche Unternehmen geben.

Das HGB enthält konsequenterweise einige Vorschriften, die rein steuerlich motivierte Abschreibungen und Rücklagen handelsrechtlich wahlweise zulassen. Die zentralen Vorschriften im allgemeinen Teil des HGBs finden sich in § 247 Absatz 3 und in § 254. Für KapGes wurde einschränkend festgelegt, daß diese steuerlichen Wahlrechte nur dann in der HB ausgeübt werden dürfen, wenn das Steuerrecht die Umkehrmaßgeblichkeit vorschreibt (§§ 273, 279 Absatz 2 HGB). Dies war bis zur oben genannten gesetzlichen Regelung in § 5 Absatz 1 Satz 2 EStG aus 1990 in vielen Fällen nicht gegeben oder strittig.

Inzwischen gibt es kaum noch Unterschiede zwischen KapGes und Nicht-KapGes, da die Formulierung in § 5 EStG umfassend für alle steuerlichen Wahlrechte gilt. Die Umkehrmaßgeblichkeit hat des weiteren einen Niederschlag in § 280 Absatz 2 und 3 und § 281 HGB gefunden.

3.2 Typische, angestrebte Auswirkungen der Umkehrmaßgeblichkeit

Die Reichweite und Bedeutung von § 5 Absatz 1 Satz 2 EStG wird wahrscheinlich aber erst deutlich, wenn man sich vor Augen führt, welche Fälle davon erfaßt werden. Dies soll an zwei Beispielen illustriert werden.

Beispiel 1: Ein Unternehmen in den neuen Bundesländern kauft eine Maschine für 100 TDM. Die Nutzungsdauer beträgt zehn Jahre. Es soll linear abgeschrieben werden. Das Regionalförderungsprogramm der Bundesregierung sieht vor, daß im ersten Jahr eine steuerliche Sonderabschreibung von 50% der Anschaffungskosten neben der normalen Absetzung für Abnutzung (AfA) zulässig ist.
Am Ende des ersten Jahres hat die Maschine bei Inanspruchnahme dieser Sonderabschreibung noch einen Buchwert von 40 TDM in der StB. Der GoB-konforme HB-Wert liegt dagegen bei 90 TDM. Würde dieser in der HB angesetzt, wäre er via Maßgeblichkeit auch in die StB zu übernehmen. Es träte das paradoxe Ergebnis ein, daß das Unternehmen das Steuergeschenk gar nicht in Anspruch nehmen kann. Durch das HGB muß also gewährleistet werden, daß auch der Wertansatz von 40 TDM zulässig ist. Dies regelt § 254. Deshalb kann – nicht: muß – das Unternehmen die steuerliche Sonderabschreibung vornehmen, aber nur in beiden Bilanzen gleichermaßen.
In den folgenden vier Jahren sind dann jeweils die normalen linearen Abschreibungen von 10 TDM vorzunehmen, ab dem sechsten Jahr sind dagegen keine Abschreibungen mehr möglich. Das bedeutet, daß ab diesem Zeitpunkt wieder Folgen der Umkehrmaßgeblichkeit auf die HB spürbar werden, da die normalen GoB-konformen Abschreibungen von 10 TDM p.a. dann nicht mehr möglich sind.

Beispiel 2: Ein Kaufmann besitzt ein nicht betriebsnotwendiges Grundstück, das mit den Anschaffungskosten von vor 20 Jahren (500 TDM) zu Buche steht. Er will es veräußern, um ein anderes Grundstück zu erwerben, das für eine Betriebsausweitung nötig ist. Es gelingt ihm, einen Käufer zu finden, der ihm den üblichen Marktpreis von 3,5 Mio. DM bezahlt.

Buchung:

Kasse	3,5 Mio.	an	Grundstück	0,5 Mio.
			Sonstiger betrieblicher Ertrag	3,0 Mio.

Der Veräußerungsgewinn erhöht den Gewinn des Jahres und müßte voll versteuert werden.
Um den Verkauf nicht betriebsnotwendiger VG mit in langen Jahren aufgebauten stillen Reserven und die Finanzierung von Ersatzinvestitionen zu fördern,

ging der Gesetzgeber den Weg, den Veräußerungsgewinn (befristet) steuerfrei zu stellen. Das Mittel dazu sind steuerfreie Rücklagen, handelsrechtlich: Sonderposten mit Rücklagenanteil (§ 247 HGB, § 6b EStG).

Dem Kaufmann wird damit folgende Buchung ermöglicht:

Sonstiger betrieblicher Aufwand an SOPO 3,0 Mio.

Damit ist der Erfolg aus dem Grundstücksverkauf neutralisiert, die Bilanzen vor und nach der Transaktion zeigen (verkürzt) das gleiche Eigenkapital (EK) (in Mio. DM):

Soll	**Vorher**		**Haben**
Grundstück	0,5	EK	0,5

Soll	**Nachher**		**Haben**
Kasse	3,5	EK	0,5
		SOPO	3,0

Dieser SOPO muß später wieder aufgelöst werden, wobei die Modalitäten davon abhängen, ob eine Ersatzinvestition getätigt wird oder nicht. Dies soll uns aber an dieser Stelle nicht weiter interessieren.

3.3 Einige, möglicherweise unerwünschte, Nebeneffekte

Die Umkehrmaßgeblichkeit zeitigt aber noch weitere Folgen in HB und StB, die auf den ersten Blick vielleicht gar nicht auffallen. Einige davon sollen kurz besprochen werden, um die Komplexität und Reichweite der Verknüpfung von HB und StB deutlich zu machen.

Für KapGes bestimmt § 280 Absatz 1 HGB, daß außerplanmäßige Abschreibungen aus Vorperioden durch eine Zuschreibung auszugleichen sind, wenn der Grund für diese Abschreibungen entfallen ist (Wertaufholungsgebot). Diese auf Artikel 35 und 39 der 4. EG-Richtlinie zurückgehende Regelung soll gewährleisten, daß

- stille Reserven durch unterlassene Zuschreibungen unterbleiben,
- der JÜ und damit das Ausschüttungsvolumen der KapGes erhöht wird; durch die im Nachhinein unnötige außerplanmäßige Abschreibung war das Ausschüttungsvolumen in der Vergangenheit fälschlich vermindert worden.

Da eine solche Zuschreibung aber möglicherweise auch das zu versteuernde Einkommen erhöht und eine solche steuerschädliche Regelung im HGB vermieden werden sollte, bestimmt § 280 Absatz 2 HGB, daß in diesem Fall eine Zuschreibung unterbleiben kann. Diese Ausnahmeregelung sollte für besondere Fälle greifen, um eine Einheitsbilanz zu ermöglichen.

In § 6 Absatz 1 Nr. 1 und 2 EStG ist geregelt, daß Zuschreibungen wahlweise möglich sind. Durch die Bestimmung in § 5 Absatz 1 Satz 2 EStG ist dieses Wahlrecht aber in Übereinstimmung mit der HB auszuüben. Daraus folgt, daß das Wertaufholungsgebot fast immer leerläuft. Die Ausnahmeregelung des § 280 Absatz 2 HGB (Wahlrecht) ist zum Regelfall geworden (vgl. hierzu auch Kapitel 11).

Eine zweite Besonderheit betrifft ebenfalls nur KapGes: Diese dürfen bei nur vorübergehenden Wertminderungen keine Abschreibungen auf immaterielle und Sachanlagen vornehmen (§ 279 Absatz 1 Satz 2 HGB). Steuerlich ist dagegen eine Abschreibung auf den niedrigeren Teilwert auch in diesen Fällen zulässig. Über die Umkehrmaßgeblichkeit dürfte dies dazu führen, daß diese Abschreibungen als steuerliche Abschreibungen gemäß § 254 HGB auch handelsrechtlich zulässig sind. Das Abschreibungsverbot des § 279 Absatz 1 HGB wird damit unterlaufen (vgl. Kapitel 11).

Diese Beispiele haben dem deutschen Gesetzgeber den Vorwurf eingebracht, die 4. EG-Richtlinie nicht in Übereinstimmung mit den damit verfolgten Vereinheitlichungsgedanken umgesetzt zu haben.

Ein letztes Beispiel weist etwas kuriose Züge auf. Es geht um die gewinnmindernde Berücksichtigung von Zuwendungen an rechtlich selbständige Unterstützungskassen. Soweit diese Zuwendungen während des abgelaufenen Jahres geleistet wurden und bestimmte Grenzen nicht überschreiten, sind sie unstrittig handels- und steuerrechtlich abzugsfähig. In § 4d Absatz 2 EStG sind aber zwei Ausnahmen zugunsten des Steuerpflichtigen geregelt, die zu Problemen führen können:

- Zum einen dürfen Zuwendungen, die nach dem Bilanzstichtag geleistet werden, zum Teil für das abgelaufene Jahr noch gewinnmindernd berücksichtigt werden, indem eine Rückstellung in die StB eingestellt werden darf. Als handelsrechtlicher Aufwand sind sie aufgrund des Realisationsprinzips nicht anzusehen.
- Übersteigen die Zuführungen den steuerlich zulässigen Höchstbetrag, dürfen sie zum anderen gleichwohl gewinnmindernd einbezogen werden. Es darf insoweit ein passiver Rechnungsabgrenzungsposten (RAP) gebildet werden.

Handelsrechtlich liegt insoweit unstrittig Aufwand der Periode vor, ein Abgrenzungsposten (AP) ist wegen des klaren Wortlauts in § 250 Absatz 2 HGB aber unzulässig.

In beiden Fällen existieren also steuerliche Wahlrechte, denen handelsrechtlich zwingende Verbote entgegenstehen. Nach dem Wortlaut von § 5 Absatz 1 Satz 2 EStG sind steuerliche Wahlrechte aber in Übereinstimmung mit der HB auszuüben. Aufgrund der zwingenden HGB-Regelung ist dies jedoch gar nicht möglich, das steuerliche Wahlrecht könnte demnach gar nicht ausgeübt werden.

Um die steuerlichen Wahlmöglichkeiten zu retten, muß § 5 Absatz 1 Satz 2 EStG dann so interpretiert werden, daß er nur auf die Fälle anzuwenden ist, in denen Handels- und Steuerrecht gleichermaßen Wahlrechte ermöglichen.

Da dies durch den Wortlaut des Gesetzes nicht ohne weiteres gedeckt ist, wird diese Auslegung noch kontrovers diskutiert.

4. KRITISCHE WÜRDIGUNG DER MASSGEBLICHKEIT UND DER UMKEHRMASSGEBLICHKEIT

Es dürfte kaum ein Problem aus dem Bilanzrecht geben, das so kontrovers diskutiert wurde und wird wie die Regelungen zur Umkehrmaßgeblichkeit. Gegen alle Bedenken aus der Literatur hat der Gesetzgeber 1989 die Umkehrmaßgeblichkeit mit der Formulierung in § 5 Absatz 1 Satz 2 EStG aber erst in jüngster Zeit umfassend und wahrscheinlich dauerhaft neu im Gesetz verankert.

Die Vorläuferregelung in § 6 Absatz 3 EStG, die allseits als ausgesprochen mißglückt kritisiert wurde, da sie mehr Unklarheiten als Klarheiten schuf, wurde damit zwar aus dem EStG eliminiert und eine relativ eindeutige Rechtsgrundlage geschaffen. Es wird aber weiterhin vehement bestritten, daß die damit gewonnene Rechtssicherheit auch zu wünschenswerten Ergebnissen führt.

Die Diskussion über diese Regelung soll im folgenden referiert werden. Dazu werden die wichtigsten Argumente der Vertreter einer umfassenden Umkehrmaßgeblichkeit vorgestellt, und es wird geprüft, ob diese plausibel und tragfähig ist. Hierbei ist unter anderem auf die eingangs formulierten JA-Zwecke zurückzugreifen.

1. Argument: Maßgeblichkeit und Umkehrmaßgeblichkeit führen zu einer Vereinfachung, da der Kaufmann nur eine Einheitsbilanz erstellen muß.

a) Zunächst ist festzuhalten, daß dies nur als Hilfsargument angesehen werden kann, da die Zweckmäßigkeit der Einheitsbilanz nicht nur unter dem Aspekt der Einfachheit gesehen werden kann. Eine einfache Regelung, die zu handels- und steuerrechtlich völlig unerwünschten Konsequenzen führt, wäre kaum akzeptabel. Insofern hängt die Tragfähigkeit dieses Arguments auch von den unten noch zu besprechenden Punkten ab.

b) De facto führen die vielfältigen Wechselbeziehungen zwischen HB und StB und deren Durchbrechungen eher zu erhöhter Komplexität als zur Vereinfachung. Umfang und Inhalt der fachlichen Diskussionen zum Thema sind hierfür ein indirekter Beleg.

c) Der handelsrechtliche JA soll unter anderem auch der Selbstinformation des Kaufmanns dienen, zum Beispiel eine Kontrolle der Schuldendeckungsfähigkeit ermöglichen, eine Erfolgskontrolle etc.

   Nun kann man insgesamt bezweifeln, daß ein JA hierfür ein geeignetes Instrument ist und dem Kaufmann statt dessen eine KoRe, Finanzplanung oder ähnliches empfehlen. Es ist aber durchaus möglich, daß besonders kleine und mittelgroße Unternehmen tatsächlich den JA als Informationsinstrument benutzen.

   Sind die JA-Zahlen von steuerlichen Subventionen beeinflußt, so schränkt dies deren Verwendbarkeit drastisch ein. Die Konsequenz ist, daß die Unternehmen entweder ein anderes Informationssystem zusätzlich einführen oder zumindest in statistischen Nebenrechnungen die steuerlichen Auswirkungen auf die handelsrechtliche Rechnungslegung eliminieren müssen. Da die steuerlichen Subventionen in der Regel zunächst zu einer Erfolgsminderung und in späteren Perioden zu einer Erfolgserhöhung führen, sind solche Steuereinflüsse auf Jahre hinaus wirksam.

   Ergänzend sei darauf hingewiesen, daß KapGes, sofern sie einen Anhang erstellen müssen, zu einer solchen Nebenrechnung aufgrund § 285 Nr. 5 HGB verpflichtet sind. Dies kann man schwerlich 'Vereinfachung' nennen.

d) Geht man davon aus, daß der Ersteller eines JA unterschiedliche bilanzpolitische Zwecke verfolgt, so führt die Verknüpfung von HB und StB möglicherweise zu schwierigen Entscheidungssituationen. Da der JA eine der wichtigsten Beurteilungsgrundlagen für Kreditwürdigkeitsanalysen von

Kreditgebern ist (vgl. zum Beispiel § 18 KWG), kann es zweckmäßig sein, Vermögen und Erfolg möglichst positiv darzustellen. Das gleiche gilt für angestellte Manager, die den Eigentümern den Erfolg ihrer Tätigkeit nachweisen wollen oder müssen. Dies kann dazu führen, daß steuerliche Wahlrechte nicht umfassend ausgeschöpft werden können, also steuerlich nur eine suboptimale Bilanzpolitik realisiert wird.

Empirische Untersuchungen legen den Schluß nahe, daß sogenannte 'managerkontrollierte' Unternehmen tatsächlich auf Steuersubventionen verzichten und die Bilanzpolitik an Zielen wie Dividendenglättung, Orientierung an durchschnittlichen Branchengewinnen etc. ausrichten.

e) Häufig wird behauptet, deutsche Unternehmen hätten eine im internationalen Vergleich viel zu niedrige EK-Ausstattung. Neben anderen Ursachen tragen auch steuerlich motivierte stille Reserven dazu bei, daß das bilanzielle EK recht niedrig ist. Einige Großkonzerne sind deshalb dazu übergegangen, zumindest im steuerlich irrelevanten Konzernabschluß stille Reserven aufzulösen, um eine bessere EK-Ausstattung darzustellen. Damit kann Anforderungen des internationalen Geld- und Kapitalmarktes Rechnung getragen werden. Dies erfordert aber die Erstellung einer zusätzlichen HB II, die vom normalen JA der steuerpflichtigen einzelnen Konzernunternehmen abweicht, also Doppelarbeit.

f) Unterstellt man, daß JA weniger dem Ersteller als externen Adressaten zur Information dienen sollen, kann man ebenfalls kaum von 'Vereinfachung' sprechen. Um sinnvolle Auswertungen vornehmen zu können, sind aufwendige und (immer unvollständige) JA-Analysen erforderlich. Diese zielen zum Teil darauf ab, die steuerlichen Einflüsse auf die HB zu eliminieren.

Zusammenfassend ist festzuhalten: Die Informationsfunktionen des handelsrechtlichen JA werden durch die Verknüpfung mit der steuerlichen Gewinnermittlung erheblich gestört. Um die steuerlichen Einflüsse zu eliminieren, bedarf es einer zum Teil erheblichen Mehrarbeit, die man nicht als 'Vereinfachung' bezeichnen kann.

2. Argument: Der Staat gewährt Steuersubventionen, um Unternehmen zu fördern. Diese Subventionen sollen nicht ausgeschüttet und von den Anteilseignern privat konsumiert werden können. Sind zum Beispiel steuerliche Sonderabschreibungen auch handelsbilanziell zu erfassen, mindern sie den Jahresüberschuß (JÜ) und entsprechend das Ausschüttungsvolumen. Diese Ausschüttungssperre sichert zugleich, daß der spätere Rückfluß an den Staat erfolgen kann (bei Auflösung der stillen Reserven).

a) Dieses Argument hat im Kern nur Bedeutung für die haftungsbegrenzten KapGes, da grundsätzlich nur bei diesen Entnahmen der Anteilseigner an den ausgewiesenen JÜ anknüpfen. Deshalb wurden auch im Hinblick auf § 3 GG (Gleichheitsgrundsatz) Bedenken geltend gemacht: die ungleiche Realisierung der Entnahmesperre wird gerügt.

b) Zusätzlich wird kritisiert, daß eine Ausschüttungssperre auch auf andere Weise bei KapGes realisiert werden könnte. Sind steuerliche Sonderabschreibungen zum Beispiel nur in der StB und nicht in der HB erfaßt, ist das handelsrechtliche Ergebnis entsprechend höher. Deshalb müssen KapGes gemäß § 274 Absatz 1 HGB (aber auch Nicht-KapGes, schon wegen § 249 Absatz 1 Satz 1 HGB) für die künftigen höheren Steuerbelastungen eine Rückstellung für latente Steuern bilden. Dadurch sind die entsprechenden Beträge bereits ausschüttungsgesperrt. Wird dagegen, wie derzeit der Regelfall, die steuerliche Abschreibung auch in der HB vorgenommen, sind größere Beträge für Entnahmen gesperrt als für die späteren Steuerzahlungen erforderlich sind.

c) Verschiedentlich wird darauf hingewiesen, daß der Steuerpflichtige mit der Durchführung einer subventionierten Investition bereits die Voraussetzungen für die steuerliche Vergünstigung vollständig erfüllt hat; eine zusätzliche Selbstfinanzierung sei nicht erforderlich. Soll durch Sonderabschreibungen die Investitionsbereitschaft in den neuen Bundesländern stimuliert werden, kann dieser Zweck durch den erzwungenen Entnahmeverzicht bei KapGes gefährdet werden.
Wovon soll im Extremfall der Gesellschafter einer GmbH leben, wenn die GmbH seine einzige Einkunftsquelle ist? Warum soll er Kapital zur Verfügung stellen, wenn er auf Jahre hinaus vielleicht keine akzeptable Ausschüttung erhält? Man mag zwar darauf hinweisen, daß der Wert der GmbH, also auch seiner Anteile, steigt, aber ob er von dieser Wertsteigerung etwas sieht, und wann er daran in Form von liquiden Zuflüssen teilnimmt, ist ungewiß.

3. Argument: Aus rechtssystematischen und praktischen Gründen ist ein einheitliches Bilanzrecht für Handels- und Steuerrecht wünschenswert (Einheitlichkeit der Rechtsordnung).

a) Für jeden Rechtsanwender mag es durchaus erfreulich sein, wenn die Begriffe und deren Auslegung in verschiedenen Gesetzen einheitlich sind. Zugunsten von mehr Rechtssicherheit käme tatsächlich eine Vereinfachung zum Tragen. Allerdings macht die Forderung nach Übereinstimmung nur dann Sinn, wenn die verschiedenen Gesetze auch das gleiche regeln sollen. Da die Zwecke von HB und StB nur teilweise übereinstimmen, kann man dies nicht unterstellen.

b) Nimmt man die Forderung gleichwohl ernst, so müßte das meines Erachtens bedeuten, daß die steuerliche Gewinnermittlung sich am Handelsrecht orientiert, zumindest, soweit dieses auf bindende Vorgaben des supranationalen, vorrangigen EG-Rechts zurückgeht. Tatsächlich führt die Umkehrmaßgeblichkeit dazu, daß steuerliche Wahlrechte eine EG-einheitliche handelsrechtliche Rechnungslegung zum Teil behindern. So läuft das Wertaufholungsgebot des § 280 Absatz 1 HGB genauso leer wie das Abschreibungsverbot des § 279 Absatz 2 HGB. Die Zulässigkeit von Sonderposten mit Rücklagenanteil wird vor dem Hintergrund des Bilanzschemas der EG-Richtlinie ebenfalls angezweifelt.

c) Von einem einheitlichen Bilanzrecht kann im übrigen sowieso kaum gesprochen werden. Die Anzahl und Bedeutung von steuerlichen Vorbehalten, zum Teil auch nur in Richtlinien oder durch die Rechtsprechung eingeführt, stehen dem entgegen. Warum der verbleibende Bereich einheitlich geregelt sein sollte, mit den angeführten Konsequenzen für die Informations- und Zahlungsbemessungsaufgaben der HB, ist meines Erachtens kaum verständlich.
   Außerdem wird eine Anbindung an andere relevante Rechtsgebiete gerade aus steuerlicher Sicht nicht angestrebt. Typische Beispiele sind die Abweichungen von zivilrechtlichen Zuordnungen bei Fragen des wirtschaftlichen Eigentums oder die steuerliche Behandlung von Ein-Mann-GmbH bei sogenannten 'eigenkapitalersetzenden Darlehen'.

Ohne auf diese Diskussion näher einzugehen, sei abschließend angemerkt, daß selbst der prinzipielle Weg des Gesetzgebers, Subventionen in indirekter Form über steuerliche Gewinnermittlungsvorschriften zu gewähren, Gegenstand heftiger Kritik ist. Diese bezieht sich zum Beispiel darauf, daß die Subventionswirkung vom Steuersatz abhängt, nur Unternehmen mit Überschüssen zugute kommt und zum Teil falsche Investitionsanreize bietet.

D. WIEDERHOLUNGSFRAGEN

1. Erörtern Sie, warum eine sogenannte 'Einheitsbilanz' grundsätzlich zweckmäßig sein kann.

2. Was besagt der Grundsatz der Maßgeblichkeit?

3. Dieser Grundsatz ist auf zwei Arten interpretiert worden: als formelle und als materielle Maßgeblichkeit der HB.
   a) Wodurch unterscheiden sich diese Auslegungen?
   b) Welche Auslegung ist aus der Sicht des bilanzerstellenden Kaufmanns, aus der Sicht eines Kleinaktionärs und aus der Sicht der Finanzverwaltung wünschenswert? (Begründen Sie bitte Ihre Ansicht.)

4. Steuerliche Vorbehalte führen zu Durchbrechungen der Einheitsbilanz und laufen dem Zweck der Vereinfachung zuwider. Sind sie gleichwohl notwendig?

5. Pensionsrückstellungen sind mit dem Barwert anzusetzen. Handelsrechtlich ist eine Abzinsung mit einem Faktor von 4% bis 6% als allgemein zulässig anerkannt. Nach § 6a Absatz 3 EStG ist ein Zinssatz von 6% vorgeschrieben.
   a) Kann ein Kaufmann den handelsrechtlichen Spielraum voll ausschöpfen?
   b) Welche Konsequenzen resultieren daraus?

6. Der Große Senat des BFH formulierte in einem Beschluß 1969 steuerliche Vorbehalte.
   a) Wie lauten diese?
   b) Wie werden sie begründet?
   c) Ist diese Begründung überzeugend?

7. Werden durch die Maßgeblichkeit (in der von der ständigen Rechtsprechung angewandten Fassung) die angestrebten Zwecke umfassend erreicht?

8. Nach § 255 Absatz 4 HGB darf ein entgeltlich erworbener Firmenwert aktiviert und in maximal fünf Jahren abgeschrieben werden. Alternativ ist eine Abschreibung über die Nutzungsdauer zulässig. Nach § 5 Absatz 2 EStG sind entgeltlich erworbene immaterielle Wirtschaftsgüter des AVs zu

aktivieren. Nach § 7 Absatz 1 EStG hat ein aktivierter Firmenwert eine 'betriebsgewöhnliche Nutzungsdauer' von 15 Jahren.

a) Kann der Kaufmann, der einen Firmenwert gekauft hat, diesen in seiner HB nicht aktivieren?
b) Kann er eine Einheitsbilanz erstellen?
c) Welche Konsequenzen ergeben sich in den Folgeperioden?

9. Was besagt die sogenannte 'Umkehrmaßgeblichkeit'? Wo ist sie gesetzlich verankert?

10. Ein Kaufmann hat ein Gebäude angeschafft, das er gemäß § 7 Absatz 3 EStG in 25 Jahren mit 4% p.a. abschreiben kann. Gemäß § 7 Absatz 5 EStG darf er auch nach folgender Staffel abschreiben:

- im Jahr des Erwerbs und in den drei Folgejahren: jeweils 10%,
- in den folgenden drei Jahren: jeweils 5%,
- in den folgenden 18 Jahren: jeweils 2,5%.

a) Muß der Kaufmann auch in seiner HB eine Nutzungsdauer von 25 Jahren zugrunde legen?
b) Liegt ein Anwendungsfall der Maßgeblichkeit, der Umkehrmaßgeblichkeit oder ein steuerlicher Vorbehalt vor?
c) Welche Konsequenzen hätte dies für die HB des Kaufmanns?

11. Halten Sie die Umkehrmaßgeblichkeit für wünschenswert
a) aus der Sicht des Vorstandes einer Publikums-AG?
b) aus der Sicht eines Kleinaktionärs dieser AG?
c) aus der Sicht eines Gläubigers dieser AG?
Begründen Sie Ihre Meinung.

12. Steuerliche Subventionen in Form von Sonderabschreibungen sollen dem Unternehmen und nicht dem Unternehmer zugute kommen. Deshalb ist die Umkehrmaßgeblichkeit notwendig.
a) Wie läßt sich diese These begründen?
b) Ist das die volle Wahrheit?

13. Dem deutschen Gesetzgeber wurde vorgeworfen, das HGB nicht gerade den Buchstaben und dem Geist der EG-Vorgaben entsprechend umgesetzt zu haben. Zeigen Sie beispielhaft auf, worauf sich der Vorwurf gründet.

Kapitel 3: Die Grundsätze ordnungsmäßiger Buchführung I: Rechtsnatur und Ermittlung

A. KURZINHALT

Nach unbestrittener Ansicht sind die Grundsätze ordnungsmäßiger Buchführung (GoB) von überragender Bedeutung für Inhalt und Aussagefähigkeit des JA, sie bilden die wichtigsten Konstruktionsprinzipien. Einigkeit besteht nach Moxter darüber hinaus bezüglich der Orthographie (vgl. Moxter 1980, S. 254). Hinsichtlich Ermittlung, Umfang und Bedeutung der GoB bestehen dagegen weitreichende Meinungsunterschiede. Diese resultieren zum Teil aus unterschiedlichen Zwecken, die ein JA erfüllen soll, zum Teil wird gar unterstellt, die GoB bestimmten die JA-Zwecke und nicht umgekehrt.

Ich halte es deshalb für zweckmäßig, die GoB ausführlich zu behandeln und in diesem Kapitel auf eher rechtliche Probleme einzugehen; es geht schließlich überwiegend um **Bilanzrecht** in diesem Buch.

Im ersten Abschnitt dieses Kapitels wird die rechtliche Bedeutung und der begriffliche Umfang von GoB abgehandelt. Ausführungen zur Ermittlung und Rechtsnatur von (nicht- kodifizierten) GoB schließen sich an (zweiter Abschnitt).

Juristische Auslegungsmethoden und ihre Bedeutung für die Auslegung des unbestimmten Rechtsbegriffs ‘GoB’ werden kurz im dritten Abschnitt dieses Kapitels vorgestellt. Der traditionelle Kanon der juristischen Methodenlehre muß dabei erweitert werden, da GoB zumindest teilweise auf EG-einheitliche und -verbindliche Vorgaben zurückgehen. Da die damit zusammenhängenden Probleme noch nicht abschließend geklärt und die Zusammenhänge für Nicht-Juristen höchst komplex sind, werden diese Aspekte nur angerissen.

Ein kurzes Fazit und eine Begründung für das Vorgehen in den folgenden Kapiteln (= inhaltliche Behandlung wichtiger GoB) beenden das Kapitel.

B. LEHRZIELE

Die Lektüre dieses Kapitels soll Sie in die Lage versetzen,

- zu begründen, warum Bilanzrecht überwiegend Richterrecht und in der Hauptsache der BFH damit befaßt ist,
- darzulegen, warum es zweckmäßig ist und welche Folgen es hat, wenn man als GoB nur rechtsform- und größenunabhängige Regeln bezeichnet,
- zu erläutern, warum das HGB die GoB nicht umfassend und abschließend kodifiziert,
- die Bedeutung betriebswirtschaftlicher Erkenntnisse für die GoB zu skizzieren,
- die induktive und die deduktive Methode der GoB-Ermittlung mit ihren Schwächen und Stärken zu erläutern,
- die Grundgedanken des Moxterschen GoB-Systems darzustellen und kritisch zu würdigen,
- die Aufgaben und Methoden der Gesetzesauslegung zu erklären,
- die Bedeutung der JA-Zwecke für GoB darzulegen,
- anzugeben, warum die Auslegung deutscher GoB durch EG-Recht beeinflußt wird und welche Stellung dem EUGH dabei zukommt,
- mögliche Konsequenzen des EG-Rechts für die deutsche Rechtsauslegung zu diskutieren.

C. INHALT

1. RECHTLICHE BEDEUTUNG UND MERKMALE VON GRUNDSÄTZEN ORDNUNGSMÄSSIGER BUCHFÜHRUNG

Die Rechnungslegungspflichten von Kaufleuten sind nicht nur im Gesetz selbst geregelt, sondern das HGB verweist an vielen Stellen (zum Beispiel §§ 238 Absatz 1; 243 Absatz 1; 256; 264 Absatz 2) auf die **Grundsätze ordnungsmäßiger Buchführung** (GoB). Obwohl diese GoB den Charakter verbindlicher Rechtsnormen haben, fehlt eine gesetzliche Begriffsbestimmung; es liegt also ein **unbestimmter Rechtsbegriff** vor, der auslegungsfähig und auslegungsbedürftig ist. Daraus folgert Moxter (1985, S. 1): „Bilanzrecht ist weniger Gesetzesrecht als Richterrecht. Das Gesetz bleibt in seinem Wortlaut so allgemein, daß richterliche Normanwendung zwangsläufig zur Normsetzung wird. Vertrautheit mit Bilanzierungsfragen erfordert deshalb Vertrautheit mit der Bilanzrechtsprechung."

Tatsächlich trägt die Last der GoB-Findung fast ausschließlich die (obere) Finanzgerichtsbarkeit. Ursächlich ist, daß die handelsrechtlichen GoB für die steuerliche Gewinnermittlung maßgebend sind (§ 5 Absatz 1 Satz 1 EStG), soweit keine steuerlichen Vorbehalte gemäß § 5 Absatz 6 EStG greifen (vgl. Kapitel 2).

'Eigentlich' wären für die Anwendung des Handelsrechts Zivilgerichte, eventuell Strafgerichte (zum Beispiel bei Konkursvergehen) zuständig. Da häufig potentiellen Streitparteien (Eigentümer, Gläubiger etc.) Informationen über mögliche GoB-Verstöße eines Kaufmanns fehlen, gibt es kaum rechtliche Auseinandersetzungen über GoB, bei denen diese Gerichte angerufen werden. Solche Informationsdefizite hat die Finanzverwaltung hingegen nicht, wenn die auf der handelsrechtlichen Rechnungslegung basierende steuerliche Gewinnermittlung auf Einhaltung der GoB überprüft wird.

Welche Konsequenzen die Tatsache hat, daß ein Teil der kaufmännischen Rechnungslegungspflichten nicht gesetzlich kodifiziert ist, ist ebenso umstritten wie die Wünschbarkeit dieser Konsequenzen. Schülen (1981, S. 72) zitiert einen unbekannten Autoren (ungefähr aus dem Jahre 1500): „Es gibt viele Kaufleute, die das Buchhalten nicht anders ansehen können, dann wie eine Kuh ein neu Tor ansieht." Moxter führte 1980 (S. 255) aus: „Heute herscht hinsichtlich der GoB Rechtsunsicherheit in einem mit den Grundnormen unserer Verfassung nicht mehr zu vereinbarenden Maße: Man versuche zum Beispiel das Ergebnis höchstrichterlicher Urteile, in denen die handelsrechtlichen GoB entscheidungsrelevant sind, zu prognostizieren [...].“ Der BFH verweise darauf, „daß er die GoB aus dem ‘gesetzlichen Zweck’ abzuleiten gewillt ist, doch hat er bis heute diesen ‘gesetzlichen Zweck’ nicht präzisiert. Im Ergebnis ist das einem Urteilen nach ‘geheimen Normen’ vergleichbar“ (Moxter 1980, S. 255).

Im Jahre 1985 formuliert der gleiche Autor: „Es existiert ein System der GoB im Sinne eines wohlgeordneten Normengefüges, das einem wohldefinierten Zweck der Handelsbilanz adäquat ist“ (Moxter 1985a, S. 19). Praktische Irritationen gehen nicht mehr auf unklare Bilanzzwecke oder auf eine problematische Rechtsprechung der Finanzgerichte zurück, sondern darauf, daß die Praxis die ‘tieferen Begründungszusammenhänge’ nicht versteht: „Objektiv herrscht in Bilanzfragen praktisch Rechtssicherheit; subjektiv, das heißt in der Sicht der Bilanzierungspraxis, gilt der bilanzrechtliche Richterspruch dagegen als nahezu unberechenbar“ (Moxter 1985, S. 1).

In einem Lehrbuch ist kein Raum für eine tiefgreifende Analyse, ob diese Position Moxters, die von einigen literarisch tätigen BFH-Richtern geteilt wird (zum Beispiel Beisse, Groh), haltbar ist. Einige Zweifel sind aber anzumerken.

Uneinigkeit besteht in der Fachliteratur zum Beispiel schon darin, ob als GoB nur die allgemeinen (= oberen) **Grund**-Sätze oder auch die auf speziellere Sachverhalte zugeschnittenen ‘unteren’ Grundsätze zählen sollen (in diesem Kapitel werden nur sehr allgemeine Prinzipien betrachtet).

Unter GoB werden des weiteren nicht nur die Go **Buchführung** im engeren Sinne verstanden, d.h. diejenigen Grundsätze, die sich auf die laufende Buchführung beziehen; eingeschlossen sind auch die Go Inventur und die Go Bilanzierung und Bewertung. Im Rahmen von Detailuntersuchungen mag es fallweise zweckmäßig sein, diese Grundsätze zu differenzieren; hier ist dies nicht erforderlich. Laufende Buchführung und Inventar bilden schließlich das ‘Rohmaterial’, aus dem der hier interessierende JA abzuleiten ist.

In der Begründung zum Regierungsentwurf des Bilanzrichtliniengesetzes heißt es, daß die HGB-Regeln „aufgrund einer bindenden Entscheidung des Gesetzgebers jeweils für ihren Geltungsbereich Grundsätze ordnungsmäßiger Buchführung“ sind. In dieser Formulierung deckt sich die Begründung nicht mit der weit überwiegenden Ansicht in der Literatur und Rechtsprechung. Nach herrschender Meinung sind GoB nämlich **rechtsform- und größenunabhängig**, eben allgemein. Begründet wird dies vornehmlich mit § 5 Absatz 1 EStG: da die handelsrechtlichen GoB für die steuerliche Gewinnermittlung bindend sind, können sie nicht von Rechtsform oder Größe abhängen. Dies wäre ein Verstoß gegen das auf Artikel 3 GG zurückzuführende Gebot der Gleichmäßigkeit der Besteuerung. Schließt man sich dieser Ansicht an, so hat dies weitreichende Konsequenzen:

- Als GoB kommen nur die allgemeinen Vorschriften des HGB (§§ 238 bis 261 HGB) in Frage, **die speziellen Vorschriften für KapGes** (§§ 264 ff. HGB) **sind keine GoB,** es sei denn, sie gelten auch für Nicht-KapGes.
- Das bedeutet auch, daß die Generalnorm des § 264 Absatz 2 HGB, die Forderung nach einem unter Beachtung der GoB den tatsächlichen Verhältnissen entsprechenden Bild der Vermögens-, Finanz- und Ertragslage ('true and fair view') kein GoB ist. Nach herrschender Meinung soll diese Generalnorm bei der Auslegung der GoB zu beachten sein. Das wäre unzulässig, da diese GoB rechtsformspezifisch für KapGes an anderen Kriterien zu messen wären, als bei einer Anwendung auf Nicht-KapGes. Da die 4. EG-Richtlinie nur rechtsformspezifische Schutzvorschriften für KapGes umfaßt, muß in jedem Einzelfall geprüft werden, ob ein allgemeiner GoB vorliegt, soweit ins HGB EG-Recht transformiert wurde.
- **Regelungen in Spezialgesetzen** (AktG, GmbhG, KWG, VAG etc.) sind nicht allgemein, also keine GoB. Es ist aber möglich, daß eine branchenspezifische Regelung als Konkretisierung eines allgemeinen GoB für eine bestimmte Anwendung anzusehen ist.
- GoB sind **genuin Handelsrecht**; d.h. steuerliche Aspekte sind grundsätzlich unbeachtlich. Auch wenn der BFH über GoB entscheidet, sind nur handelsrechtliche Kriterien zu beachten. Dies wird zwar auch vom BFH so vertreten; gleichzeitig werden in der Literatur des öfteren Zweifel geltend gemacht und dem BFH eine fiskalische Rechtsauslegung unterstellt.
- **Steuerliche Vorbehalte**, zum Beispiel die Passivierungsnormen zu den Schutzrechtsverletzungen (§ 5 Absatz 3 EStG) oder Pensionsrückstellungen (§ 6a EStG), sind keine GoB.
- Die **steuerlichen Subventionsnormen**, die über die Umkehrmaßgeblichkeit auf die Handelsbilanz durchschlagen (§§ 247 Absatz 3; 254 HGB), entsprechen meines Erachtens ex definitione nicht den GoB, obwohl sie im allgemeinen Teil des HGB verankert sind. Sie sollen gerade den nach den GoB ermittelten Erfolg (als Indikator für die wirtschaftliche Leistungsfähigkeit) aus sozial- und wirtschaftspolitischen Erwägungen des Steuergesetzgebers künstlich verändern.

- Auch anderen HGB-Bestimmungen aus dem allgemeinen Teil wird mit beachtlichen Argumenten GoB-Qualität abgesprochen. Beispiele sind das Beibehaltungswahlrecht gemäß § 253 Absatz 5 HGB, die sogenannten Aufwandsrückstellungen gemäß § 249 Absatz 2 HGB und vor allem die **Abschreibungsmöglichkeit nach § 253 Absatz 4 HGB**, die eine Legung stiller Reserven über das Niederstwertprinzip hinaus erlauben. Andere Autoren vertreten dagegen die Ansicht, daß stille Reserven nach den GoB schon immer zulässig waren. Da Abschreibungen nach § 253 Absatz 4 HGB die steuerliche Anerkennung versagt bleibt, heißt dies, daß die steuerliche Gewinnermittlung insoweit nicht den GoB entspricht.

Unstrittig ist jedoch, daß das HGB nicht alle GoB ausdrücklich regelt und die Kodifizierung zum Teil so allgemein bleibt, daß die praktische Rechtsanwendung einen Rückgriff auf konkretere GoB erfordert. Ein Grund für diese beabsichtigte Zurückhaltung des Gesetzgebers ist die Schaffung anpassungsfähiger, flexibler Normen. Bei der Gesetzgebung nicht mitbedachte oder -erfaßte Sachverhalte können so ohne langwierige Gesetzesänderungen nach den GoB entschieden werden, das HGB bleibt aufgrund seines Umfanges lesbar (Gesetzesökonomie: Umfang, Komplexität, Änderungsdienst).

2. ERMITTLUNG UND RECHTSNATUR DER GoB

Der Verweis des HGB auf ein nicht-kodifiziertes Normengefüge (die GoB) ist eine durchaus übliche Technik der Regelung von Rechtsbeziehungen. So enthalten andere Gesetze Verweise auf 'Treu und Glauben', 'gute Sitten', 'anerkannte Regeln der Baukunst/Technik/Medizin' etc. Die letzteren haben für die Rechtsprechung den Stellenwert von 'antizipierten Sachverständigengutachten'; sie sind bloße Kunstregeln.

Für die GoB wird dies anders gesehen. Sie sind ein unbestimmter Rechtsbegriff mit Rechtnormqualität, kein „Tatsachenstoff" (Groh 1989, S. 230). Während ein Richter ein medizinisches Gutachten nicht selbst inhaltlich anhand juristischer Wertungen würdigt, sind Ermittlung und Ausformung von GoB **keine** schlicht zu übernehmenden **Kunstregeln der Betriebswirtschaftslehre**, sondern mit den Methoden der juristischen Rechtsfindung zu bearbeiten. Das heißt beispielsweise, daß die Frage, ob Zeitlöhne Einzelkosten im Sinne von § 255 Absatz 2 HGB sind, nicht durch den betriebswirtschaftlichen Meinungsstand hierzu allein bestimmt wird. Der Rechtsanwender muß vielmehr selbständig prüfen, ob das Ergebnis der Betriebswirtschaftslehre der Rechtsauslegung der GoB entspricht. Es ist demnach möglich, daß Zeitlöhne keine Einzelkosten im Sinne der KoRe sind, aber im Sinne des § 255 Absatz 2 HGB sind (zu den Methoden der Rechtsfindung siehe Abschnitt 3 in diesem Kapitel).

Unklar ist damit aber noch die Rechtsqualität der GoB. Das folgende Schema in Anlehnung an Tanski/Kurras/Weitkamp 1991, S. 90 zeigt das mögliche Spektrum:

Gesetzliche Regelungen des HGB		**Nicht-kodifizierte GoB**			
keine GoB (zum Beispiel §§ 253 Absatz 4; 254, s.o.	GoB (zum Beispiel §§ 243 Absatz 2; 246; 252)	Gewohnheitsrecht = fortwährende allgemeine Übung, die der Rechtsüberzeugung der Beteiligten entspricht	Handelsbrauch = Gepflogenheiten ordentlicher Kaufleute	Verkehrsanschauung = Ansichten ordentlicher Kaufleute	Kraft „Natur der Sache“ = eine den Lebensverhältnissen innewohnende, zweckadäquate Ordnung

Anmerkungen:

- Während die HGB-Regelungen und das Gewohnheitsrecht unmittelbar Normqualität haben, sind Handelsbrauch, Verkehrsanschauungen etc. Vorformen des Rechts.
- Die Intensität der Verpflichtung nimmt von links nach rechts ab. GoB durchwandern zum Teil verschiedene Phasen der Verfestigung. So kann sich eine bloße Verkehrsanschauung im Zeitablauf zum Handelsbrauch oder Gewohnheitsrecht verdichten oder auch in das Gesetz selbst aufgenommen werden.
- GoB aufgrund der 'Natur der Sache' sind besonders bei der Lösung neuer Probleme relevant, zu denen zum Beispiel noch kein Handelsbrauch vorliegt. Diese Form der Rechtsfindung deckt sich mit der sogenannten teleologisch-deduktiven Ermittlung der GoB (siehe unten).

Soweit der Gesetzgeber eindeutig Festlegungen getroffen hat, betehen an deren Verbindlichkeit grundsätzlich keine Zweifel (nur in ganz besonderen Ausnahmefällen sind GoB contra legem denkbar).

Wer ist aber berufen, die nicht-kodifizierten GoB zu setzen? Da es um die Regelung durchaus widersprüchlicher Interessen geht, reklamieren naturgemäß viele Interessengruppen dieses Privileg für sich. Idealtypisch sind die **induktive** und die **deduktive Ermittlung von GoB** abgrenzbar.

Um 1900 entsprach es dem liberalen Rechtsverständnis, daß die kaufmännische Praxis (also zum Beispiel der Handelsbrauch) GoB setzt. Es bestand insoweit Vertrauen, daß die königlichen Kaufleute ordnungsgemäß verfahren, die Ausgrenzung 'schwarzer Schafe' genügte. Zudem gab es keine Betriebswirtschaftslehre als etablierte Wissenschaft und keine umfangreiche Bilanzrechtsprechung, auf die zurückgegriffen werden konnte. Die Findung von GoB war rechtstatsächliche Frage, die kaufmännische Mehrheitspraxis mußte empirisch ermittelt werden (= induktiv: vom Sein zum Sollen).

Nach den beiden Weltkriegen und verschiedenen spektakulären Konkursen machte sich langsam die Überzeugung breit, daß auch die Mehrheitspraxis mißbräuchlich sein kann. Nicht mehr, was Kaufleute tatsächlich tun, sondern was sie mehrheitlich für richtig/ordnungsgemäß halten, sollte entscheidend sein. Damit trat das Problem auf, wie man die ehrenwerten, ordentlichen Kaufleute von denen unterscheiden kann, die diese Attribute bezüglich ihrer Buchführungsansichten nicht verdienen.

In der Folge wurde das normative Element der GoB stärker betont. GoB konnten auch kontrafaktische Regelungen sein. BFH und Literatur haben in den letzten Jahrzehnten eindeutig die Ansicht vertreten, daß GoB durch Nachdenken (Deduktion) und nicht durch Tatsachenfeststellung (über die Bilanzierungspraxis) allein ermittelt werden können. Das Nachdenken sollte sich dabei an den Zwecken des JA orientieren: nur solche Regeln können GoB sein, die den JA-Zwecken entsprechen. In jüngerer Zeit ist diese Form der teleologisch-deduktiven GoB-Ermittlung wieder verstärkt in die Diskussion geraten (siehe unten).

Beide Methoden der GoB-Ermittlung haben Vor- und Nachteile. Die induktive Methode wird vor allem abgelehnt, weil die Rechnungslegenden selbst nur eine Partei sind und ihre Interessen nicht ohne weiteres mit den Interessen der anderen Beteiligten, insbesondere der Rechnungslegungsempfänger und dem Gesetzgeber, übereinstimmen. Zu Recht wird darauf verwiesen, daß auch die Vorstellungen der anderen JA-Interessenten empirisch (induktiv) zu ermitteln sind.

Die deduktive Methode wurde zum Teil als praxisfremd/theoretisch abgelehnt. Entscheidender aber ist der Einwand, daß bezweifelt wird, JA-Zwecke lägen in präziser, widerspruchsfreier Form vor. Besteht aber keine konsensfähige Deduktionsbasis, so kann eine Ableitung adäquater Mittel zur Zweckerreichung (= GoB) nicht logisch erfolgen.

In den letzten Jahren wurden verschiedentlich in der Literatur **GoB-Systeme** vorgeschlagen, also **vollständige, widerspruchsfreie, hierarchisch gegliederte Ordnungen von GoB**. Exemplarisch soll der Vorschlag Moxters, dem sich einige BFH-Richter angeschlossen haben, kurz vorgestellt werden. Dabei wird unterstellt, daß durch Betriebswirtschaftslehre, Rechtsprechung, gute Kaufmannspraxis und Gesetz ein System von oberen GoB (zum Beispiel Realisations-, Imparitäts-, Stichtagsprinzip etc.) geschaffen wurde, das den alleinigen für alle Kaufleute gültigen JA-Zwecken (Gläubigerschutz, vorsichtige Gewinnermittlung) angemessen ist. Die JA-Zwecke selbst sind mangels eindeutiger gesetzlicher Regelung aus den einzelnen GoB bestimmbar. Es wird gefragt, welche Zwecke ein vernünftiger Gesetzgeber mit dem handelsrechtlichen JA anstreben/erreichen kann, wenn man die vorfindbaren Normen des Gesetzes analysiert. Das heißt, die einzelnen GoB bestimmen die möglichen JA-Zwecke. Moxter (1985a, S. 21) drückt das so aus: „Bilanzzwecke und GoB bestimmen sich wechselseitig." Das kodifizierte Gefüge von GoB läßt Rückschlüsse auf die JA-Zwecke zu, und diese wirken auf die Detailinterpretation der GoB zurück. Dies wird auch als hermeneutischer Zirkel bezeichnet.

So gesehen, regeln die vorfindbaren GoB alle denkbaren Sachverhalte, sie sind vollständig. Die Aufgabe des Rechtsanwenders besteht in der praktischen Entwicklung fallbezogener 'unterer GoB' für neue komplexe Fallgruppen (zum Beispiel Leasing). Dies erfolgt durch Orientierung am 'Geist der GoB', also den JA-Zwecken (Gläubigerschutz, Vorsicht) und den vorhandenen oberen GoB. Das ist zwar keine streng logische Deduktion, aber das Netz von Normen ist dicht und konkret genug, um eine eindeutige, zweckgerechte Rechtsfindung zu sichern.

Obwohl dieses Modell die praktische Arbeit erleichtern mag, kann ihm aus verschiedenen Gründen nicht gefolgt werden:

- Ein solches GoB-System müßte, um Rechtssicherheit zu gewährleisten, konsensfähig sein. Dies ist offensichtlich nicht der Fall, wie ein Blick in die Literatur und die Vielzahl von vorgeschlagenen GoB-Systemen zeigt. Insbesondere wird bezweifelt, daß die postulierten Zwecke des JA mehrheitsfähig sind.
- Die GoB selbst sind nicht eindeutig, so daß eine Konkretisierung nicht quasi automatisch zu einem bestimmten Auslegungsergebnis führt. Dies wird in den folgenden Kapiteln noch detailliert gezeigt. Man kann sich auch nicht darauf zurückziehen, daß lediglich Spezialanwendungen problematisch seien. Ein Blick in die Fachliteratur zu Themen wie Methodenstetigkeit,

Wesentlichkeit, Realisationszeitpunkt von Aufwendungen, Zulässigkeit von Abweichungen vom Einzelbewertungsgrundsatz etc., zeigt, daß auch im Grundsätzlichen noch keine Einigkeit besteht; ganz zu schweigen davon, daß komplexe Probleme, wie langfristige Auftragsfertigung mit Gewinnrealisierung, Voraussetzungen für Gruppenbewertungsverfahren (Lifo), Bilanzierung von Leasing- oder Pensionsgeschäften etc. konsensfähig gelöst wären.

- Die 'oberen' GoB stehen zum Teil in Konflikt zueinander, so zum Beispiel Vollständigkeitsgebot und Wesentlichkeitsgrundsatz, Stetigkeitsgebot und Vorsichtsprinzip etc. Welcher GoB mit welchem Gewicht dann in die Rechtsfindung eingehen soll, ist zumindest offen, da dem Gesetz direkt keine Rangordnung der GoB zu entnehmen ist. Die Konfliktlösung erfolgt durch Abwägung der unterstellten Wertungen des Gesetzgebers, in der Hauptsache wohl nach der teleologischen Auslegungsmethode, also im Hinblick auf die JA-Zwecke. Daß hierbei Rechtssicherheit und Literatureinigkeit besteht, ist meines Erachtens unzutreffend.
- Da ein Teil der im HGB aufgeführten GoB auf die 4. EG-Richtlinie zurückgeht, wird die Rechtsfindung in Deutschland künftig auch von europäischen Einflüssen geprägt sein. Angesichts der innerhalb der EG recht unterschiedlichen Rechnungslegungstraditionen sind einheitliche GoB sicher noch ein Fernziel. Unklar ist aber auch, ob die deutsche GoB-Tradition ungebrochen fortgesetzt werden kann (siehe hierzu Abschnitt 3.2 in diesem Kapitel).

Aus diesem Grunde werden im weiteren ausgewählte, zentrale GoB behandelt, ohne einen Systementwurf vorzulegen. Dabei wird deutlich werden, daß es in Teilbereichen durchaus so etwas wie eine herrschende Meinung und/oder ständige Rechtsprechung gibt; in anderen Teilbereichen muß man derzeit mit mehr Rechtsunsicherheit leben. Dieses Vorgehen mag zwar theoretisch unbefriedigend sein, vermeidet aber eine notwendigerweise einseitige Anbindung an ein bestimmtes GoB-System.

Vorab soll ein kurzer Überblick darüber gegeben werden, mit welchen juristischen Methoden die praktische Rechtsfindung erfolgt. Diese Grundlagen werden sehr kurz gehalten, sollen aber einen Eindruck von der juristischen Arbeitsweise vermitteln. Denn unabhängig davon, ob bestimmte GoB betriebswirtschaftlich zweckmäßig sind oder nicht: was GoB sind, muß auf der Grundlage des geltenden Bilanzrechts (vornehmlich: HGB) bestimmt werden, denn betriebswirtschaftlich zutreffende Vermögensdarstellung und Gläubigerschutz sind genauso unvereinbar wie periodengerechte Erfolgsermittlung und

Imparitätsprinzip. Betriebswirtschaftliche Erkenntnisse bedürfen der Legitimation durch Gesetzgeber oder Gerichte, um GoB zu werden oder bestehende GoB zu modifizieren.

3. METHODEN DER RECHTSFINDUNG

3.1 Grundlagen

Gesetze sind auf drei Weisen einer Interpretation zugänglich, die jeweils an spezifische Voraussetzungen und Verfahren gebunden sind:

- Auslegung,
- Ausfüllung von Gesetzeslücken (immanente Rechtsfortbildung),
- Rechtsfortbildung über den Plan des Gesetzes hinaus.

Die Auslegung unterscheidet sich dadurch von der Ausfüllung von Gesetzeslücken, daß sie durch den Wortlaut des Gesetzes (und nicht nur seine Philosophie, seinen Geist o.ä.) gedeckt wird.

Nach derzeitigem Diskussionsstand sind für die GoB-Findung meines Wissens keine geplanten oder planwidrigen Lücken behauptet worden. Eine Rechtsfortbildung über den Gesetzesplan hinaus dürfte bei einem so jungen Gesetz wie dem HGB auch kaum in Frage kommen. Deshalb werden hier nur verschiedene Auslegungskriterien behandelt.

„Ziel der Gesetzesauslegung ist es, den **Sinn der Gesetzesworte** zu ermitteln und klarzustellen“ (Tipke/Lang 1991, S. 93; H.i.O.). Sie darf deshalb nie beim Buchstaben des Gesetzes stehenbleiben: Gesetze sind Zweckschöpfungen, Mittel zum Zweck. Deshalb muß die Auslegung am Gesetzeswerk orientiert sein, **die Begriffe sind final zu interpretieren**.

Als Kriterien für die Rechtsauslegung kommen in Frage:

- **Wortsinn (grammatikalischer Aspekt)**

  Nach gängiger, aber nicht unbestrittener Ansicht steht die Auslegung des Wortlautes des Gesetzes (bei nicht-kodifizierten GoB: der Judikate der obersten Gerichte) am Beginn der Auslegung. Da der Wortlaut in der Regel nicht ganz eindeutig ist, werden andere Auslegungskriterien heranzuziehen sein. Zu beachten ist, daß nicht ohne weiteres der allgemeine Sprachgebrauch entscheidend ist, sondern dieser durch die Fachsprache des Gesetzes dominiert werden kann. Außerdem können gleiche Worte in verschiedenen Gesetzen oder gar im gleichen Gesetz verschiedene Inhalte haben. So deckt sich der Schuldenbegriff des BGB nicht mit dem bilanzrechtlichen Begriff der Schulden in den § 246 Absatz 1, und § 242 Absatz 1 HGB.

- **Bedeutungszusammenhang (systematischer Aspekt)**

  Normen werden zum Teil erst aus dem Regelungskontext heraus verständlich, d.h. aus der Stellung im Gesetz, dem Paragraphenzusammenhang, Überschriften des Paragraphen oder (Unter-)Abschnittes des Gesetzes etc. Dieses Auslegungskriterium soll zu einer größtmöglichen sachlichen Übereinstimmung der Gesetzesbestimmungen führen.
  Unterstellt man, daß die GoB ein geordnetes System darstellen, käme diesem Auslegungskriterium große Bedeutung zu. Allerdings führt es zu möglicherweise falschen Auslegungsergebnissen, wenn das Gesetz selbst unsystematisch ist. So lautet die Überschrift des dritten Titels des zweiten Unterabschnittes im dritten Buch des HGB **Bewertungsvorschriften**. Der erste zugehörige Paragraph (§ 252 HGB) trägt die Überschrift **Allgemeine Bewertungsgrundsätze**. In Nr. 6 des ersten Absatzes dieses Paragraphen ist die Stetigkeit von **Bewertungsmethoden** geregelt. In der Literatur wurde diskutiert, ob damit auch Bilanzansatzfragen erfaßt seien. Da im HGB die Bilanzierung (dem Grunde) und die Bewertung (der Höhe nach) streng getrennt sind, lassen Wortlaut und systematische Stellung im Gesetz diese Auslegung nicht zu.
  Andererseits ist in § 252 Absatz 1 Nr. 2 HGB der sogenannte Grundsatz der Unternehmensfortführung als allgemeine Bewertungsregel aufgeführt. Dieser GoB betrifft aber auch Fragen des Bilanzansatzes. Auch der in § 255 Absatz 4 HGB geregelte Firmenwert ist unter den Bewertungsregeln falsch plaziert, da er primär eine Bilanzierungsfrage regelt.

- **Entstehungsgeschichte (historischer Aspekt)**

  Aus den Gesetzesmaterialien, zum Beispiel amtliche Begründung eines Regierungsentwurfes, Stellungnahmen des Bundesrates, aus Parlaments- und Beratungsprotokollen etc., lassen sich zum Teil wertvolle Aufschlüsse über Motive und Zwecke des Gesetzgebers gewinnen, besonders bei jüngeren Gesetzen. Auch Zeitpunkt und Umstände der Gesetzesinitiative und die Entwicklung von gesetzlichen Vorgängerregelungen können relevant sein.

- **Normzwecke (teleologischer Aspekt)**

  Die genannten Kriterien sind strenggenommen keine eigenständigen Auslegungsmethoden, sondern dienen letztlich dazu, den **erkennbaren Zwecken**

und Grundgedanken Geltung zu verschaffen. Umstritten ist dabei aber, ob es auf die Zweckvorstellungen des Gesetzgebers zum Zeitpunkt der Verabschiedung des Gesetzes ankommt (**subjektive Theorie**) oder ob auf einen davon **unabhängigen objektiven Zweck des Gesetzes** abzustellen ist. Obwohl recht unklar ist, was unter einem objektiven Zweck zu verstehen ist, kann es insbesondere bei relativ alten Gesetzen sein, daß sie kaum zu einer stark veränderten Realität passen. „Zeit- und gesellschaftsbedingt wertende Begriffe (etwa Ordnungsmäßigkeit, Unbilligkeit, [...] öffentliches Interesse, [...] Luxusgut) sind (hingegen) zeitgemäß, d.h. nach den Wertvorstellungen der Gegenwart zu beurteilen. Gerade von einem demokratischen Gesetzgeber sind solche wertenden Begriffe nicht als absolut und zeitlos gedacht" (Tipke/Lang 1991, S. 97).
Soll diese Auslegungsmethode zur GoB-Bestimmung erfolgreich sein, so setzt dies – wie oben gesehen – voraus, daß die Regelungsabsichten des Gesetzgebers deutlich und konsensfähig sind. Beisse (Richter am BFH) geht dagegen von einer anderen Vorstellung aus: „Nicht die Jahresabschlußzwecke prägen die GoB, sondern umgekehrt, die GoB prägen den Charakter des Jahresabschlusses" (Beisse 1990, S. 507). Eine teleologische Ermittlung von GoB scheitere schon daran, daß die GoB zeitlich vor der Bilanz im Sinne des Bilanzrichtliniengesetzes bestanden (vgl. Beisse 1990, S. 507). Dem ist entgegenzusetzen, daß es schon früher kodifizierte GoB gab und es dem Gesetzgeber selbstverständlich jederzeit offensteht, historisch gewachsene GoB per Gesetz zu ändern, abzuschaffen oder festzuschreiben. Zu Recht wird in der Literatur darauf verwiesen, daß GoB auch und gerade gegen die kaufmännische Praxis durchgesetzt werden mußten (durch Gesetz und Rechtsprechung). Die Tätigkeiten des Gesetzgebers und der Gerichte sind geradezu Indizien dafür, daß in der laufenden Praxis etwas geändert werden soll.

Führen die genannten Auslegungskriterien zu mehreren Auslegungsmöglichkeiten, so ist nach Tipke/Lang (1991, S. 99) auf **Hilfsmethoden** zurückzugreifen:

- Ist nur eines der gefundenen Ergebnisse **verfassungskonform**, so ist dieses den anderen vorzuziehen, da dem Gesetzgeber im Zweifel zu unterstellen ist, er bezweckte etwas, was mit dem GG vereinbar ist.
- Ist nur eines der gefundenen Ergebnisse vernünftig, so ist dieses vorzuziehen, da dem Gesetzgeber nicht unterstellt werden kann, er wolle törichte Ergebnisse (**argumentum ad absurdum**).

- Auch der Schluß: „Was der Gesetzgeber für weniger bedeutsame Fälle eindeutig anordnet, wird er erst recht für gewichtigere Fälle wollen (**argumentum a minore ad maius**)“ (Tipke/Lang 1991, S. 99) ist zulässig.

Schließlich ist zu beachten, daß das HGB auf zwingendes EG-Recht zurückgeht und die **Übereinstimmung mit dem EG-Recht** bedeutsam für die Auslegung sein kann.

3.2 EG-Einflüsse

Das HGB geht auf die 4. EG-Richtlinie zurück. Diese zählt zum sogenannten **Sekundärrecht** und bindet zunächst einmal nur den deutschen Gesetzgeber. Er ist zur richtliniengetreuen Transformation in nationales Recht verpflichtet. Das heißt, der deutsche Gesetzgeber muß die von den EG-Organen verabschiedeten Regeln umsetzen. Im Falle der 4. EG-Richtlinie werden nur Mindestnormen zur Harmonisierung des Rechnungslegungsrechtes vorgegeben, der nationale Gesetzgeber konnte daraufhin weitergehende, aber nicht niedrigere Anforderungen formulieren. Die Frage ist nun, welche Bedeutung der europäische Ursprung für die Auslegung hat.

Für europäische Einflüsse gibt es zwei Anknüpfungspunkte:

1. Wurde mit dem deutschen Gesetz die EG-Vorgabe unzutreffend umgesetzt, so sind deutsche Gerichte an das deutsche Gesetz gebunden (Art. 20 Absatz 3, und Art. 77 GG). Die Bindung des Richters an geltendes Recht verbietet eine Entscheidung contra legem: Die EG-Kommission hat in diesem Falle das Recht, gegen den Staat, der unkorrekt transformiert hat, Klage bei EUGH einzureichen. Dem **EUGH** kommt die Aufgabe zu, eine Auseinanderentwicklung des harmonisierten Bilanzrechts zu verhindern.
2. **Richtlinien** können nach Rechtsprechung des EUGH und inzwischen herrschender Meinung aber auch **direkte Bindungswirkung** entfalten, wenn ein sogenannter Begünstigungsfall vorliegt. Das heißt, ein EG-Bürger kann sich direkt auf das für ihn günstigere EG-Recht berufen, das unzutreffend transformierte nationale Recht greift nicht. Beisse geht davon aus, daß ein solcher Begünstigungsfall im Bilanzrecht kaum vorkommen kann, da es widersprüchliche Interessen regelt (vgl. Beisse 1990, S. 2012). Soweit GoB für Entscheidungen der Finanzgerichte relevant sind, sind Begünstigungsfälle aber sehr wohl denkbar.

Kommt es in einem Streitverfahren auf die Auslegung einer gemeinschaftsrechtlichen Vorschrift an (und dazu zählen auch die EG-Richtlinien), so können nachgeordnete Gerichte eine sogenannte **Vorentscheidung des EUGH** einholen. Oberste Gerichte (zum Beispiel der BFH) sind hierzu verpflichtet (Art. 77 EWG-Vertrag). Diese Vorlagepflicht kann unter recht engen Voraussetzungen entfallen. Meilicke (1992, S. 13 f.) verweist darauf, daß die Praxis der obersten deutschen Gerichte der Vorlagepflicht widerspricht. Er geht davon aus, daß zum Beispiel Entscheidungen über die Bildung von Altlastenrückstellungen, die Abgrenzung von Herstellungs- und Erhaltungsaufwand, die Abzinsung von unverzinslichen Verbindlichkeiten etc. dem EUGH vorzulegen sind. Dessen Vorabentscheidung bindet (nationale) Gerichte, Streitparteien und entfaltet praktisch gemeinschaftsweit gesetzesähnliche Wirkung.

Eine Orientierung am Europarecht hat aber auch für die konkreten Auslegungskriterien Folgen:

- So sind die **sprachlichen Fassungen in den verschiedenen EG-Staaten** oft mehr oder weniger verschieden, aber gleichermaßen verbindlich. Im Rahmen der wörtlichen Auslegung sind deshalb die Umsetzungen des EG-Rechtes in anderen Ländern nicht unbeachtlich. Selbst wenn ein althergebrachter, in Deutschland unstrittiger GoB mit dem HGB-Wortlaut vereinbar ist, heißt dies nicht, daß er unbestritten Bestandskraft hat. Eine abweichende Umsetzung der gleichen Rechtsgrundlage in anderen EG-Staaten kann Anlaß zu Zweifeln an der Richtlinienkonformität begründen und deutsche Bilanztraditionen ins Wanken bringen.
  Werden **Begriffe 'europäisch' ausgelegt**, so kann ein grundsätzliches Dilemma auftreten: Die nationalen Regelungen sind in ein Rechtssystem eingeordnet. Das Rechnungslegungsrecht ist zum Beispiel abgestimmt auf andere gesellschaftsrechtliche Normen (zum Beispiel AktG, GmbHG), steuerrechtliche und zivilrechtliche Regelungen. Eine europäische Auslegung kann diese Ordnung stören. Umgekehrt stört eine ungebrochene Fortführung der jeweiligen nationalen Rechtsordnungen natürlich die Einheit der europäischen Rechtsordnung. Wann welche Rechtseinheit im Konfliktfall Vorrang haben soll, scheint noch nicht abschließend geklärt zu sein.

- Ein Rückgriff auf die **Entstehungsgeschichte** einer Norm muß sich vorrangig auf die Materialien zum EG-Recht stützen. Die Begründung zum Regierungsentwurf des HGB u.ä. sind von nachrangiger Bedeutung.

- Aus **systematischen Gründen** kann in Deutschland ein besonderes Problem auftreten. Der deutsche Gesetzgeber transformierte ja bekanntlich nicht nur das Rechnungslegungsrecht für KapGes, wie es die 4. EG-Richtlinie vorschreibt, sondern nutzte die Gelegenheit, auch die Regelungen für Nicht-KapGes im dritten Buch des HGB zusammenzufassen. Dabei wurden die Bestimmungen für alle Kaufleute im ersten Abschnitt aufgeführt. Diese enthalten unter anderem die auf EG-Vorgaben zurückgehenden GoB (zum Beispiel in § 252 HGB). Nun ist es möglich, daß der EUGH in Streitfällen GoB auslegt, und zwar abweichend vom bisherigen deutschen Verständnis. Bindende Wirkung hätte dies nur für KapGes. Dies hätte zur Folge, daß die GoB im allgemeinen Teil des HGB rechtsformspezifisch auszulegen sind. Das widerspräche der herrschenden Meinung zur Einheitlichkeit der GoB. Alternativ wäre die 'europäische' Auslegung auch für Nicht-KapGes anzuwenden. Dies würde dem erklärten Ziel des deutschen Gesetzgebers widersprechen, daß mit den HGB-Novellierungen keine Rechtsänderungen für Nicht-KapGes einhergehen sollen.

4. FAZIT UND ÜBERLEITUNG

Die Einschätzung Moxters (und wohl auch des BFH), es läge ein geordnetes Normengefüge von GoB vor, das wohldefinierten JA-Zwecken entspricht, wird nicht geteilt. Insbesondere im Hinblick auf die 'Europäisierung des Bilanzrechts' scheint mir dieser Optimismus verfrüht. Die Literaturdurchsicht zeigt Unklarheiten und offene Diskussionen auf verschiedenen Ebenen:

- bezüglich der relevanten JA-Zwecke und deren Gewicht im Rahmen der GoB-Ermittlung,
- bezüglich der anzuwendenden Auslegungskriterien und deren Bedeutung,
- bezüglich der Relevanz europarechtlicher Einflüsse,
- bezüglich des Umfanges der GoB (allgemeine versus besondere GoB; nur rechtsform- und größenabhängige Regeln als GoB? Sind alle HGB-Regelungen oder zumindest alle im allgemeinen Teil des HGB GoB? etc.),
- bezüglich der konkreten Umsetzung allgemeiner GoB in spezifischen Anwendungsfällen.

Die ersten vier Problembereiche wurden in diesem Kapitel angerissen, aber bei weitem nicht abschließend behandelt. Es ging schwerpunktmäßig darum, die damit zusammenhängenden (juristischen) Probleme und deren mögliche Konsequenzen aufzuzeigen. Das letztgenannte Problem soll in den folgenden Kapiteln behandelt werden. Es werden ausgewählte GoB vorgestellt und deren Inhalte und Reichweite diskutiert. Die Auswahl und das Gewicht (Umfang) der behandelten GoB ist subjektiv. Nicht behandelt werden die üblicherweise als Dokumentationsgrundsätze bezeichneten GoB, die vornehmlich – aber nicht nur – die Ordnungsmäßigkeit der laufenden Buchführung betreffen (vgl. hierzu zum Beispiel Baetge/Apelt 1992, Rn. 53 ff.; Kühnberger 1993, S. 343 ff.) Belegprinzip, Aufbewahrungsregeln, internes Kontrollsystem, Go EDV-Buchführung etc. sind damit ausgegrenzt.

Die Go Inventur werden implizit teilweise mitbehandelt, soweit sie sich mit den Go Bilanzierung (und Bewertung) decken, zum Beispiel Vollständigkeit, Stichtagsprinzip, Einzelerfassung und -bewertung. Grundsätze für die Organisation der Inventur selbst werden ebenfalls nicht behandelt.

Die Auswahl stellt so etwas wie eine Schnittmenge der in der Literatur diskutierten GoB dar. Insbesondere in den verschiedenen GoB-Systemen haben diese unterschiedliches Gewicht und werden unterschiedlich genannt (zum Beispiel Rahmengrundsätze, Abgrenzungsgrundsätze, Fundamentalprinzipien etc.).

Der Umfang der Darstellung richtet sich nach folgenden Kriterien:

- Relevanz für das Verständnis des JA (seine Aussagefähigkeit),
- Bedeutung und Komplexität der Literaturdiskussion zu Anwendungsproblemen.

Dieser relativ theoretische Teil zu den GoB wird damit im Vergleich zu anderen Lehrbüchern recht umfangreich. Es sollen allgemeine Grundlagen vorgestellt werden, die für die Konzeption des JA wichtig sind und auf die in späteren Kapiteln zurückgegriffen werden kann. Die gemeinsamen Grundlagen für die Lösung von Bilanzierungs- und Bewertungsproblemen verschiedener JA-Posten sind quasi 'vor die Klammer' gezogen.

D. WIEDERHOLUNGSFRAGEN

1. GoB werden in Deutschland seit vielen Jahren überwiegend vom BFH (früher RFH) ermittelt. Begründen Sie bitte, warum dies so ist und welche Folgen dies hat.
2. Sind alle Bestimmungen des dritten Buches des HGB GoB? Wenn nein: welche nicht? Begründen Sie Ihre Ansicht.
3. Warum hat der Gesetzgeber den alten Streit um die GoB-Ermittlung nicht beendet und alle GoB in das HGB ausdrücklich aufgenommen?
4. Mit dem Schlagwort „Die Bilanz ist keine Kostenrechnung“ stellte Döllerer (Vorsitzender Richter am BFH) fest, daß Erkenntnisse der Betriebswirtschaftslehre keine GoB darstellen. Halten Sie dies für zutreffend? Halten Sie dies für wünschenswert? Glauben Sie, die Betriebswirtschaftslehre hat keinen Einfluß auf das Bilanzrecht?
5. Wie bei jeder bedeutenden Gesetzesnovelle waren beim Gesetzgebungsverfahren für das Bilanzrichtliniengesetz Lobbyisten aktiv. Vertreter der Interessenverbände aus Handel und Industrie forderten, daß die traditionellen deutschen GoB, die durch gute Kaufmannspraxis geschaffen wurden, unverändert fortgelten müßten. Ist diese Forderung berechtigt und durchsetzbar?
6. Dieter Schneider warf dem BFH vor, er würde GoB nicht deduktiv ermitteln (obwohl der BFH dies ausdrücklich vorgab), da eine logische Ableitung aus JA-Zwecken aufgrund der fehlenden Deduktionsbasis (präzise, widerspruchsfreie Zwecke) unmöglich sei. Ist diese Kritik zutreffend? Welche Folgen hat dies?
7. Wodurch unterscheidet sich die Auslegung von Gesetzen von der Ausfüllung von Gesetzeslücken?
8. Welche Bedeutung kommt der wörtlichen Auslegung von Gesetzen bei der Rechtsfindung zu?
9. Nach gängiger Literaturmeinung ist die Generalnorm des § 264 Absatz 2 HGB (‘true and fair view’) bei der Auslegung von GoB zu beachten. Diskutieren Sie, ob diese Ansicht mit der Systematik des HGB vereinbar ist.
10. Erläutern Sie die Bedeutung der historischen Auslegung für die GoB-Ermittlung.

11. In jüngerer Zeit wurde verstärkt gefordert, daß die Auslegung der GoB 'europäisch' (richtlinienkonform) zu erfolgen hat. Ist diese Forderung berechtigt?
12. Welche Folgen hat eine 'europäische Auslegung' für die Ermittlung der GoB?
13. Welche Aufgaben hat der EUGH im Rahmen der GoB-Findung? Wie kann die Meinung des EUGH eingeholt werden? Welche Verbindlichkeit kommt den Urteilen des EUGH zu?

Kapitel 4: Die Grundsätze ordnungsmäßiger Buchführung II: Das Vorsichtsprinzip

A. KURZINHALT

Seit jeher hat das Vorsichtsprinzip in der deutschen Bilanzierungspraxis und -theorie einen zentralen Stellenwert: Der Kaufmann soll sich eher ärmer als zu reich darstellen. Begründet wird dies überwiegend mit Argumenten zum **Gläubigerschutz** (Kapitalerhaltungsfunktion). Entgegen früheren Ansichten wird heute bezweifelt, daß stille Reserven per se dem Gläubigerschutz dienen. Das HGB enthält deshalb Bestimmungen, die eine unbegrenzte und willkürliche Legung stiller Reserven begrenzen sollen.

Das Vorsichtsdenken hat sich in einer ganzen Reihe von HGB-Vorschriften und nicht-kodifizierten GoB niedergeschlagen. Im Mittelpunkt dieses Kapitels stehen die sogenannten Abgrenzungsgrundsätze der § 252 Absatz 1 Nr. 4 HGB: **Realisations- und Imparitätsprinzip**.

Das Realisationsprinzip als Eckpfeiler der Rechnungslegungsvorschriften definiert, wann Erträge und (indirekt) Aufwendungen als realisierte Vermögensänderungen zu buchen sind. Demnach sind Erträge erst dann auszuweisen, wenn sie am Absatzmarkt bestätigt sind, der zur Sachleistung verpflichtete Kaufmann seine Leistung im wesentlichen also erbracht hat. Nur **schwebende Geschäfte** (zum Beispiel nicht erfüllte Verträge) sind deshalb im Grundsatz bilanzunwirksam.

Eine weitere Folge des Realisationsprinzips ist das Anschaffungskostenprinzip: VG dürfen höchstens zu AK oder HK bewertet werden (§ 253 Absatz 1 Satz 1 HGB). **Wertsteigerungen am ruhenden Vermögen** dürfen vor dem Umsatzakt nicht als realisiert gebucht werden. Damit dient das Realisationsprinzip einer vorsichtigen und objektivierten Erfolgsermittlung.

Als Aufwendungen sind in den JA diejenigen Beträge einzustellen, die den so abgegrenzten Erträgen zuzurechnen sind (**Leistungsentsprechungsprinzip, Abgrenzung der Sache nach**) oder die in der betrachteten Periode anfallen (**Abgrenzungen der Zeit nach**).

In anderen Ländern überwiegend üblich und auch in Deutschland zum Teil als zulässig/notwendig erachtet ist ein Abweichen vom Realisationsprinzip bei **langfristiger Auftragsfertigung**. Die Probleme einer vorgezogenen Teilgewinnrealisierung werden kurz behandelt.

Das Realisationsprinzip wird aus Vorsichtsgründen durchbrochen, wenn Verluste drohen oder bis zum Abschlußstichtag entstanden sind. In diesen Fällen sind sie, obwohl nicht realisiert, aufwandsmäßig zu erfassen (**Imparitätsprinzip**). Konkretisiert wird das Imparitätsprinzip durch die Rückstellungen für drohende Verluste aus schwebenden Geschäften und Abschreibungen nach dem Niederstwertprinzip (soweit sie nicht auf das Realisationsprinzip zurückgehen).

Einige Bemerkungen zur steuerlichen Geltung des Vorsichtsprinzips beenden das Kapitel.

B. LEHRZIELE

Nach Durcharbeitung dieses Kapitels sollen Sie in die Lage versetzt sein,

- die Bedeutung des Vorsichtsprinzips im Bilanzrecht zu skizzieren,
- aufzuzeigen, wie sich das Vorsichtsprinzip im JA niederschlägt,
- zu begründen, warum stille Reserven nur begrenzt dem Gläubiger- und Eigentümerschutz dienen,
- die Aufgaben des Realisationsprinzips darzulegen,
- darzulegen, zu welchem Zeitpunkt ein Ertrag gebucht werden darf,
- kritisch zu analysieren, ob dies im Hinblick auf die Aufgaben des JA zweckmäßig ist,
- zu erläutern, warum schwebende Geschäfte bilanzunwirksam sind,
- den Zusammenhang zwischen Realisations- und Anschaffungskostenprinzip aufzuzeigen,
- den Zeitpunkt der Aufwandsrealisierung zu bestimmen,
- die Vor- und Nachteile einer vorzeitigen Gewinnrealisierung bei langfristiger Auftragsfertigung darzulegen,
- Zwecke und Inhalt des Imparitätsprinzips zu formulieren,
- das Prinzip der verlustfreien Bewertung an ausgewählten Beispielen zu erläutern,
- die Anwendbarkeit des Vorsichtsprinzips im Bilanzsteuerrecht darzulegen,
- zu erklären, warum das Realisationsprinzips bei Verträgen mit verbundenen Unternehmen zu problematischen Konsequenzen führen kann.

C. INHALT

1. EINFÜHRUNG

Bilanzierungspraxis und Bilanzrecht waren seit jeher durch das Vorsichtsprinzip geprägt: Im Zweifel soll sich ein Kaufmann eher ärmer als reicher rechnen. Das Vorsichtsdenken soll in erster Linie dem Gläubigerschutz dienen: Wird der Erfolg tendenziell zu niedrig ermittelt, so führt dies – zumindest bei KapGes – zu einem geringeren Ausschüttungsvolumen. Außerdem täuscht sich der Kaufmann selbst nicht über seine Situation, indem er eine zu optimistische Erfolgsermittlung durchführt und zuviel Mittel aus dem Unternehmen entnimmt. Damit soll die gläubigerschützende Haftungsmasse (das Vermögen) im Unternehmen gebunden bleiben.

Einen vorsichtigen (= zu niedrigen) Gewinnausweis kann man grundsätzlich durch zwei Maßnahmen erreichen:

- die Aktivierung von Bilanzposten unterlassen und/oder zusätzliche Passiva bilanzieren,
- Aktiva niedrig und/oder Passiva hoch bewerten (= Unterbewertung).

Bis zur Novellierung des HGB 1985 war es tatsächlich den Unternehmen in relativ großem Umfang möglich, durch Unterbewertungen den Erfolg zu mindern (bei AG gab es dagegen schon seit der Aktienrechtsreform 1965 hierzu nur eingeschränkte Möglichkeiten). Durch entsprechende Maßnahmen konnten sogenannte stille Reserven gelegt werden.

Die Einstellung in der Fachwissenschaft zu solchen stillen Reserven hat sich in den letzten Jahrzehnten aber deutlich gewandelt, ihre gläubigerschützende Funktion wird zunehmend bestritten: In Jahren, in denen es einem Unternehmen gut geht und stille Reserven gelegt werden, bedarf es eines solchen Schutzes eigentlich nicht. In schlechten Jahren dagegen können stille Reserven aufgelöst werden; damit kann die negative Unternehmensentwicklung verschleiert werden. Diese Fehlinformation kann Gläubiger und Eigner dazu veranlassen, Sicherungsmaßnahmen für ihr eingesetztes Kapital zu unterlassen oder aufgrund falscher Annahmen neue Mittel (riskant) zu investieren. Dies kann man schwerlich Gläubiger- oder Eigentümerschutz nennen. Kapital- und Substanzerhaltung durch offene Reserven (Einbehaltung von offen ausgewiesenen Gewinnen) ist unter Informationsaspekten vorzuziehen. Zu beachten ist allerdings, daß stille Reserven häufig nicht zu versteuern sind, während offene

Reserven in der Regel nur aus versteuerten Gewinnen gebildet werden können. In diesem Fall fließen deshalb Mittel in Form von Steuerzahlungen aus dem Unternehmen, die für Gläubiger und Eigner verloren sind. Es gibt aber gleichwohl einige handelsrechtliche Bilanzierungs- und Bewertungsmöglichkeiten, die den handelsrechtlichen Erfolg mindern, aber nicht die Steuerbelastung, da keine Maßgeblichkeit gilt. Dann wäre auch eine offene Rücklagenbildung in gleichem Umfang möglich.

Zum Teil wird auch behauptet, stille Reserven dienten den wohlverstandenen Interessen der Eigentümer, da sie Gewinnentnahmen verhindern und somit der Substanzerhaltung oder -stärkung dienen. Das Unternehmen wird als Einkommensquelle für die Zukunft gesichert. Es wird auch vom Schutz des 'Unternehmens an sich' gesprochen. Diese Sichtweise ist meines Erachtens aus mehreren Gründen verfehlt. Selbstverständlich hat ein Unternehmen keine Ziele, sondern nur die daran beteiligten Personen, nämlich Gläubiger, Eigentümer, Mitarbeiter etc. Inwieweit deren Interessen gesetzlich geschützt sind, wird zum Beispiel durch die Kompromißregelungen im HGB geregelt.

Warum stille Reserven Eigner schützen sollen, ist aber weitgehend unklar: Diese haben Kapital zur Verfügung gestellt, das mit Gewinn investiert wurde. Dieser steht ihnen zu, eine Minderung durch die Legung stiller Reserven beschneidet diese Rechte der Eigentümer. Wenn der Bilanzierende der Ansicht ist, daß Gewinnausschüttungen nicht im wohlverstandenen Interesse der Eigner sind, so besteht die Möglichkeit, dies den Eignern, auf der Haupt- oder Gesellschafterversammlung etwa, darzulegen. Die Einbehaltung der Gewinne in Form offener Reserven ist dann aber begründungsbedürftig; letztlich entscheidet die Mehrheit der Eigner. Wenn diese eine Gewinnausschüttung gleichwohl vorzieht, weil außerhalb des Unternehmens rentablere Investitionen (oder Konsum) als erwünscht angesehen werden, so üben sie schlicht ihre selbstverständlichen Eigentumsrechte in einer Marktwirtschaft aus. Außerdem ist durch nichts gewährleistet, daß heutige Eigentümer am möglichen künftigen Nutzen von stillen Reserven partizipieren, zum Beispiel wenn sie ihre Anteile am Unternehmen vorher verkaufen.

In einer Marktwirtschaft kommt Gewinnen/Verlusten Signalfunktion zu: Sie sollen das eingesetzte Kapital möglichst rentablen Verwendungen zuführen helfen (Allokationsfunktion). Dies scheitert, wenn die Signale durch die Legung oder Auflösung stiller Reserven verfälscht werden.

Der Schutz der Anteilseigner war deshalb auch erklärtes Ziel der Aktienrechtsnovelle von 1965: Das Vertrauen insbesondere von Kleinaktionären in die

Rechnungslegung der AG sollte gestärkt, eine Bevormundung durch Legung stiller Reserven eingeschränkt werden. Dies sollte Anreize zu einem breiter gestreuten Aktienbesitz in Deutschland schaffen, Aktien sollten auch für einflußlose Kleinaktionäre interessante Kapitalanlagen sein.

In den letzten Jahren wird zunehmend beklagt, daß in Deutschland zu wenig Risikokapital (zum Beispiel haftendes Eigenkapital) zur Verfügung gestellt würde und die Unternehmen deshalb zu stark auf Fremdkapital angewiesen seien. Die Gründe dafür, warum Investoren nur in relativ geringem Umfang bereit sind, Eigentumsrechte zu erwerben, liegen aber nicht allein in den sicherlich vorhandenen Defiziten der Kapitalmarktorganisation. Steuerrecht, Gesellschaftsrecht und die handelsrechtlichen Gewinnermittlungsregeln (zum Beispiel das Vorsichtsprinzip) sind hierfür mitverantwortlich.

Diese kritische Einschätzung der stillen Reserven hat sich auch im HGB niedergeschlagen. Das Vorsichtsprinzip gilt zwar weiterhin, der Anwendungsbereich ist aber eingeschränkt, die anderen GoB sind zu beachten. Ausdrücklich genannt wird das Vorsichtsprinzip im Rahmen der Bewertungsregeln des § 252 Absatz 1 Nr. 4 HGB: „Es ist vorsichtig zu bewerten, namentlich [...].“ Namentlich angeführt werden das Realisations- und das Imparitätsprinzip (vgl. Abschnitte 2 und 3 in diesem Kapitel). Nicht-kodifiziert, aber nach herrschender Meinung unstrittig zu beachten, ist das Vorsichtsprinzip bei der Bewertung aber auch, wenn **Ermessens- und Prognosespielräume** bestehen:

- So sind die Anschaffungs-/Herstellungskosten (AK/HK) von abnutzbarem AV planmäßig auf die erwartete Nutzungsdauer (ND) zu verteilen (§ 253 Absatz 2 HGB). Die Nutzungsdauer ist dabei vorsichtig, d.h. tendenziell kurz, zu schätzen. Der verrechnete Abschreibungsaufwand ist damit tendenziell zu hoch.
- Ungewisse Verbindlichkeiten (Rückstellungen) sind unter tendenziell pessimistischen Annahmen zu schätzen (zum Beispiel die Kosten für ein Prozeßrisiko oder noch zu erbringende Garantieleistungen).

etc.

Solche Schätzungen dürfen zwar **nicht unrealistisch pessimistisch** sein, sollen aber im Zweifel – und nur im Zweifel – mögliche negative Einflußfaktoren stärker gewichten als positive. Für die Bildung einer Rückstellung ist deshalb nicht eine Eintrittswahrscheinlichkeit (beispielsweise eines Schadenfalles) von 50% erforderlich, sondern 20% oder 30% genügen (feste Grenzwerte lassen sich allgemein nicht angeben).

Ein Relikt früheren Vorsichtsdenkens ist die Abschreibungsmöglichkeit gemäß § 253 Absatz 4 HGB, die erlaubt, stille Reserven zu legen, soweit dies nach vernünftiger kaufmännischer Beurteilung zulässig ist. Diese Möglichkeit besteht für KapGes nicht (§ 279 Absatz 1 Satz 1 HGB).

Das Vorsichtsprinzip betrifft aber nicht nur Bewertungsfragen, sondern auch die Ebene des Bilanzansatzes. So enthält das HGB eine ganze Reihe von **Aktivierungsverboten**, die eine vorsichtige Gewinnermittlung sichern sollen: Selbsterstellte immaterielle VG des AV (§ 248 Absatz 2 HGB), ein selbstgeschaffener Firmenwert (§ 255 Absatz 4 HGB) und Gründungs- und Kapitalbeschaffungsaufwendungen (§ 248 Absatz 1 HGB) dürfen nicht aktiviert werden. Aber auch die relativ restriktiv definierten Begriffe aktiver RAP (§ 250 Absatz 1 HGB) und VG (vgl. Kapitel 7) führen zu einer nur begrenzten Aktivierbarkeit von Posten und damit zu einer vorsichtigen Erfolgsermittlung.

Nicht durch das Vorsichtsprinzip abgedeckt wäre es dagegen, wenn ein VG (zum Beispiel eine Maschine) nicht bilanziert oder eine einbringliche Forderung über DM 100 mit DM 60 bewertet würde. Dies wäre nicht vorsichtig, sondern ein Verstoß gegen die Grundsätze der Vollständigkeit (§ 246 Absatz 1 HGB) und der Wahrheit (Willkürfreiheit).

Festzuhalten bleibt: Das Vorsichtsprinzip ist nach wie vor ein dominanter GoB, obwohl der Nutzen stiller Reserven umstritten ist. Praktisch ist es häufig schwierig, Vorsicht von Willkür abzugrenzen. Die Bedeutung schlägt sich zum Beispiel auch in den scharfen Sanktionen bei Verstößen gegen Bewertungsgrundsätze im AktG nieder (§ 256 Absatz 5 AktG): Überbewertungen von Aktiva (Unterbewertungen von Passiva) führen zur Nichtigkeit des JA; Unterbewertungen von Aktiva (Überbewertungen von Passiva) führen dagegen nur dann zur Nichtigkeit, wenn dadurch die Vermögens- und die Ertragslage vorsätzlich unrichtig wiedergegeben oder verschleiert werden (praktisch: fast nie, da ein Vorsatz schwer nachweisbar ist).

Im folgenden werden die zwei spezifischen Ausprägungen des Vorsichtsprinzip in § 252 Absatz 1 Nr. 4 HGB behandelt, die sogenannten **Abgrenzungsgrundsätze**.

2. DAS REALISATIONSPRINZIP

2.1 Grundlagen

In § 252 Absatz 1 Nr. 4, 2. Halbsatz HGB heißt es: „Gewinne sind nur zu berücksichtigen, wenn sie am Abschlußstichtag realisiert sind." Gewinne sind handelsrechtlich definiert als Erträge minus Aufwendungen und nicht als Einnahmen minus Ausgaben (vgl. §§ 252 Absatz 1 Nr. 5; 242 Absatz 2 HGB). Daraus folgt, daß durch das Realisationsprinzip der Zeitpunkt definiert werden soll, zu dem Erträge und Aufwendungen buchmäßig zu erfassen sind. Deshalb stellt das Realisationsprinzip einen Eckpfeiler der Gewinnermittlungsregelungen dar, dessen Bedeutung kaum überschätzt werden kann. Ihm kommen folgende **Funktionen** zu:

- **dem Vorsichtsprinzip Rechnung zu tragen,**
- **einen periodengerechten Erfolgsausweis zu sichern,**
- **und zwar auf eine objektivierte/nachprüfbare Art.**

2.2 Der Zeitpunkt der Ertragsrealisation

Im handelsrechtlichen JA sollen nur realisierte Erträge ausgewiesen werden. Der Ausweis und ggf. die Ausschüttung unrealisierter Gewinne würde dem Postulat der Kapitalerhaltung widersprechen. **Deshalb wird ein Ertrag erst gebucht, wenn er am Absatzmarkt (durch Umsatz) bestätigt ist; nur erwartete Erträge sind unerheblich.** Die Bedeutung dieses GoB wird an einem einfachen Beispiel deutlich: Ein Kaufmann hat Waren für DM 100 eingekauft, die zum Bilanzstichtag einen Zeitwert von DM 200 haben. Da dieser Wert noch nicht per Umsatzakt realisiert ist, darf diese **Wertsteigerung am ruhenden Vermögen** nicht bilanziell erfaßt werden. Das Realisationsprinzip sorgt also dafür, daß VG bis zum Absatz höchstens zu den Einstandswerten (**AK oder HK**) zu bewerten sind (vgl. auch § 253 Absatz 1 Satz 1 HGB).

Damit ist aber noch nicht geklärt, zu welchem Zeitpunkt ein Umsatz gebucht werden darf/muß. Prinzipiell kommen mehrere Zeitpunkte in Frage, deren Adäquanz für Rechnungslegungszwecke kurz diskutiert werden soll. Dabei soll der Fall einer nicht auftragsbezogenen Leistung betrachtet werden:

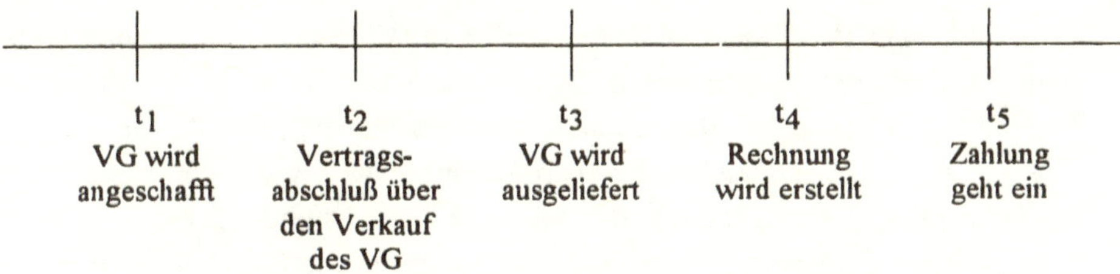

Im Zeitpunkt t_1 wird der VG angeschafft, d.h. es erfolgt eine Vermögensumschichtung (zum Beispiel Maschine an Bank) oder eine Bilanzverlängerung (zum Beispiel Maschine an Verbindlichkeiten). Beide Varianten sind jedenfalls erfolgsneutral und berühren die GuV nicht.

Zum Zeitpunkt t_2 hat der Kaufmann einen Abnehmer für seine Leistung gefunden: Im Kaufvertrag werden Rechte und Pflichten von Käufer und Verkäufer geregelt, die im Zweifel auch mit rechtlichen Mitteln durchsetzbar sind. Damit ist ein wesentlicher, oft der schwierigste, Teil der Unternehmensaufgabe erfüllt: Das Absatzgut ist vom Markt bewertet worden, die Höhe des Erlöses ist vertraglich fixiert. Gleichwohl wird dieser Zeitpunkt nahezu einhellig als zu früh für eine Erfolgsrealisierung abgelehnt.

Als Gründe für die **Nichtbilanzierung dieses schwebenden Geschäftes** (= von beiden Seiten nicht erfülltes Geschäft oder zumindest von dem zur Sachleistung verpflichteten Unternehmen noch nicht erfülltes Geschäft) werden genannt:

- Forderungen und Verpflichtungen aus dem gegenseitigen Vertrag stehen sich gleichwertig gegenüber, die Bilanzierung von beiden würde lediglich zu einer Bilanzverlängerung führen. Diese Begründung dürfte in der Regel unzutreffend sein, da der Sinn von Absatzgeschäften die Gewinnerzielung ist, manchmal sind auch Verluste hinzunehmen. Außerdem würde dies einen Verstoß gegen das Saldierungsverbot gemäß § 246 Absatz 1 HGB bedeuten.
- Entscheidend für die Nichtbilanzierung ist vielmehr das Vorsichtsprinzip: Liegt der VG zum Bilanzstichtag auf Lager, so kann es bis zum geplanten Liefertermin immer noch Leistungsstörungen geben, zum Beispiel, daß der VG zerstört wird und nicht nachbeschafft werden kann. Kommt die Lieferung daraufhin nicht mehr zustande, so kann selbstverständlich auch keine (höhere) Geldforderung an den Vertragspartner geltend gemacht werden. Insofern ist die Forderung (bilanz-)rechtlich noch nicht entstanden.

Betrachtet man den Fall, daß der zu liefernde VG am Stichtag noch nicht beim zur Lieferung verpflichteten Unternehmen vorhanden ist, so käme das Produktionsrisiko oder das Risiko am Beschaffungsmarkt hinzu. Ein Gewinnausweis wäre möglich, auch wenn später vielleicht festgestellt werden müßte, daß ein VG mit den vertraglich zugesicherten Eigenschaften (zum Beispiel Spezialmaschine, Software) gar nicht geliefert werden kann. Außerdem wären in diesem Fall die dem Umsatzerlös gegenüberstehenden Aufwendungen (für die Beschaffung oder Herstellung des VG) noch gar nicht bekannt. Der aus dem Geschäft resultierende Erfolg müßte geschätzt werden – ein im Hinblick auf eine willkürfreie und vorsichtige Gewinnermittlung unbrauchbares Vorgehen.

Wie soll aber buchmäßig verfahren werden, wenn vertraglich der Abnehmer zur Vorleistung verpflichtet und die Anzahlung bereits eingegangen ist? Da auch in diesem Fall noch vielfältige Leistungsstörungen möglich sind, mit der Folge der Rückzahlungspflicht, kommt eine Erfolgsrealisation ebenfalls nicht in Frage. Dem Kassen- oder Bankzugang wird in der Bilanz deshalb eine gleich hohe Verbindlichkeit (erhaltene Anzahlung) gegenübergestellt, das Geschäft bleibt erfolgsneutral.

Von diesem Grundsatz der Nicht-Bilanzierung schwebender Geschäfte gibt es nur eine unstrittige Ausnahme aufgrund des Imparitätsprinzips (siehe Abschnitt 3 in diesem Kapitel). Eine durchaus umstrittene Ausnahme wird für den Sonderfall von langfristiger Auftragsfertigung zum Teil gefordert (siehe Abschnitt 2.4 in diesem Kapitel).

Würde man den Zahlungseingang als Realisationszeitpunkt wählen, so hätte dies zunächst einmal den Vorteil, daß in der Regel keinerlei Abgrenzungsprobleme auftreten, da der Termin eindeutig feststellbar ist. Das Geschäft wäre außerdem soweit abgewickelt, daß für das liefernde Unternehmen höchstens noch Gewährleistungsansprüche des Abnehmers als Risiko auftreten könnten, während das Risiko eines Forderungsausfalles nicht mehr besteht. Unter dem Aspekt der Kapitalerhaltung wäre dies der sicherste Zeitpunkt. Der Nachteil liegt aber darin, daß Erträge und damit ggf. Gewinne erst sehr spät realisiert und damit ausschüttungsfähig wären. Der Vorsichtsgedanke würde Gewinnansprüche der Eigner stark schmälern, genauer: auf künftige Perioden verlagern. Zudem bestünde die Gefahr, daß das Management mit dem Kunden Absprachen über willkürliche Verlagerungen von Zahlungen treffen könnte.

Nach herrschender Ansicht wird der Realisationszeitpunkt deshalb im Zeitpunkt der Lieferung eines Sachgutes oder der Beendigung einer Dienstleistung gesehen. Wann dies im Einzelfall anzunehmen ist, hängt vom Vertragsinhalt ab. Bei Lieferverträgen ist hierbei zwischen Hol-, Schick- und Bringschuld zu differenzieren. Bei einer Bringschuld ist der Lieferant verpflichtet, den VG dem Abnehmer auszuliefern. Erst mit der Übergabe hat der Leistende seine Vertragspflichten erfüllt (ggf. bis auf Nebenleistungen), der sogenannte **Gefahrenübergang** ist erfolgt. Das bedeutet, daß sowohl die Gefahr des zufälligen Untergangs als auch die Chance der Wertsteigerung des VG auf den Abnehmer übergegangen ist. Aus dem Fertigerzeugnis des Lieferanten ist eine (Geld-)Forderung geworden. Das Risiko des liefernden Unternehmens ist begrenzt auf eine eventuelle Rückweisung der Leistung, Mängelrügen und Zahlungsschwierigkeiten des Abnehmers. Diese Risiken sind in der Regel nicht sehr groß (zumindest im Massengeschäft) und können durch Garantierückstellungen, Forderungsabschreibungen etc. aufgefangen werden. Die nunmehr bilanzierte Forderung zeigt zweierlei:

- Das eigentliche Leistungsgeschäft ist abgeschlossen, nur noch ein anschließendes Kreditgeschäft ist abzuwickeln.
- Die Forderung ist auf jeden Fall fungibel, während das zuvor bilanzierte Fertigerzeugnis durch den noch nicht erfüllten Vertrag zumindest dann nicht disponibel ist, wenn keine vertretbare Sache vorliegt. Fungibel bedeutet für den Bilanzierenden: er kann die Forderung jederzeit verkaufen, um liquide Mittel zuzuführen (Factoring).

In der Praxis wird häufig der Zeitpunkt der Rechnungserstellung als Realisationszeitpunkt angenommen. Das ist aus Vereinfachungsgründen in der Regel akzeptabel. Bei größeren Posten kann dies nicht hingenommen werden. Entscheidend für die Buchung des Umsatzes einer Periode ist die **Abrechnungsfähigkeit** einer Lieferung oder Leistung und **nicht die tatsächliche Abrechnung**. Diese könnte willkürlich in das Folgejahr verschoben werden, obwohl die Forderung (= Zahlungsanspruch) bereits rechtlich entstanden ist.

Dieser Kompromiß bei der Wahl des Realisationstermins weist eine ganze Reihe von Vorteilen auf:

- Er ist in der Regel relativ eindeutig bestimmbar, mithin wenig manipulationsanfällig.
- Er trägt den Interessen der Eigner Rechnung, indem nicht die völlige Abwicklung des Kreditgeschäftes vorausgesetzt wird.

- Er trägt den Interessen der Gläubiger Rechnung, indem er den Erfolgsausweis erst erlaubt, wenn das Hauptgeschäft abgewickelt ist. Die noch verbleibenden Risiken (Garantieleistungen, Zahlungsunfähigkeit des Schuldners) sind im üblichen Leistungsverkehr bis zum Zeitpunkt der Bilanzerstellung in der Regel erledigt (zum Beispiel wenn das Zahlungsziel nur einen Monat bis zwei Monate beträgt und der Jahresabschluß erst danach erstellt wird).

Bisher wurde nur die Ertragsseite der GuV behandelt. Da der Gewinn/Verlust (in der Terminologie des HGB: Jahresüberschuß/Jahresfehlbetrag) als Differenz zwischen Erträgen und Aufwendungen ermittelt wird, muß nunmehr geklärt werden, zu welchem Zeitpunkt Aufwendungen zu buchen sind.

2.3 Der Grundsatz der sachlichen und zeitlichen Abgrenzung

Da in der GuV möglichst ein periodengerechter Erfolg ausgewiesen werden soll, ist die Bestimmung des Zeitpunktes der Aufwandsrealisation im Grundsatz plausibel festzulegen: Den am Absatzmarkt realisierten Erträgen sollen die Aufwendungen gegenübergestellt werden, die zur Leistungsbewirkung erforderlich waren oder durch sie verursacht wurden. Diese **leistungsentsprechende Periodisierung** wird als **sachliche Abgrenzung** bezeichnet. Es wird auch davon gesprochen, daß diejenigen Aufwendungen in den JA einzustellen sind, die die **Umsätze** der Periode **alimentiert** haben.

Obwohl der Grundsatz einleuchtet, ist die Aufwandsrealisierung im Einzelfall höchst umstritten. Dies soll exemplarisch aufgezeigt werden.

- Ein Automobilhersteller hat in der abgelaufenen Periode 100 Kraftfahrzeuge hergestellt und abgesetzt. Den Umsatzerlösen sind in der GuV die durch die Herstellung verursachten Aufwendungen periodengerecht gegenübergestellt. Das Unternehmen rechnet erfahrungsgemäß mit Garantieleistungen von durchschnittlich DM 500 pro Auto. Ansprüche wurden bis zum Bilanzstichtag in Höhe von 10 TDM geltend gemacht, die Garantiefristen laufen aber noch.
  Sollen den in der GuV ausgewiesenen Erträgen alle durch sie verursachten Aufwendungen gegenübergestellt werden, so sind auf jeden Fall die bereits geltend gemachten Mängelrügen aufwandsmäßig dem Umsatzjahr zuzurechnen. Das gleiche muß aber auch für die noch erwarteten Nacharbeiten gelten: Sie sind wirtschaftlich verursacht durch den Absatz im abgelaufenen

Jahr, die entsprechenden Ausgaben alimentieren die realisierten Erträge. Ansonsten wäre der Erfolg der Absatzgeschäfte zu hoch ausgewiesen, Besteuerung und Gewinnausschüttungen würden gegen das Vorsichtsprinzip verstoßen. Deshalb muß für die abgelaufene Periode noch eine Garantierückstellung gebucht werden (Aufwand an Sonstige Rückstellungen 50 TDM).

Zum Teil wird auch die Ansicht vertreten, die Rückstellung für die noch nicht geltend gemachten Nachbarbeitungen sei aufgrund des Imparitätsprinzips (siehe unten) zu bilden, da der Aufwand nicht realisiert sei. Da in einer Vielzahl von Fällen nicht davon gesprochen werden kann, daß Aufwendungen am 'Absatzmarkt' realisiert seien, würde das Realisationsprinzip im wesentlichen nur die Ertragsseite der GuV abdecken, Aufwendungen sind imparitätisch zu begründen.

Praktische Konsequenzen hat dieser Meinungsunterschied häufig nicht; im Beispiel: Der Garantieaufwand ist auf jeden Fall zu buchen. In besonders gelagerten Fällen – insbesondere bei Fragen der Rückstellungsbewertung (als Verlustsaldo oder als Erfüllungsrückstand) – kann die Begründung für die Aufwandsbuchung mit dem Realisations- oder dem Imparitätsprinzip aber materielle Bedeutung erlangen.

- Der Automobilhersteller hat von den 100 hergestellten Kraftfahrzeugen nur 50 abgesetzt, 50 befinden sich am Bilanzstichtag auf Lager. Unstrittig sind die Ausgaben für die abgesetzten Kraftfahrzeuge als Aufwand in die GuV einzustellen, während die Ausgaben für die noch nicht abgesetzten Kraftfahrzeuge erfolgsrechnerisch zu neutralisieren sind. Dies erfolgt durch Aktivierung der Kraftfahrzeuge in der Bilanz (Buchung: Fertigerzeugnisse an Bestandserhöhung). Das Konto Bestandserhöhung ist dabei eine Art Ertragskonto: Die Kraftfahrzeuge werden behandelt, als ob sie zu HK an das Unternehmen selbst verkauft worden wären. Strenggenommen liegt nach dem Realisationsprinzip natürlich kein Ertrag vor, da kein Umsatz erfolgte, es handelt sich materiell um eine Aufwandsstornierung: Die in der GuV erfaßten Herstellungsaufwendungen für die 100 Kraftfahrzeuge sollen in Höhe der auf die 50 nicht verkauften Kraftfahrzeuge entfallenden Anteile in der GuV neutralisiert werden. Dies entspricht dem Grundgedanken des Realisationsprinzips: Anschaffungs- und Herstellungsvorgänge sollen als erfolgsneutrale Vermögensumschichtungen gebucht werden (vgl. Kapitel 9). Insoweit besteht im Schrifttum völlige Einigkeit.

  Heiß umstritten ist allerdings, welche Ausgaben den nicht abgesetzten Kraftfahrzeugen zuzurechnen sind, wie deren HK zweckmäßigerweise zu ermitteln sind. Ursächlich ist, daß das zugrundeliegende Verursachungskonzept uneinheitlich ist: Haben diese Kraftfahrzeuge nur variable oder auch fixe Kosten (im Sinne von aufwandsgleichen Kosten) verursacht? Wenn ja, in welchem Umfang? Auf diese Fragen wird in Kapitel 9 ausführlich eingegangen.

- Unproblematisch ist folgender Grundfall: Ein Unternehmen kauft in einer Periode Produktionsfaktoren (Rohstoffe, Arbeitskräfte etc.), kombiniert diese zu Produkten und veräußert sie in der gleichen Periode. Den erbrachten Leistungen sind in der GuV die Lohn- und Materialaufwendungen gegenüberzustellen.
  Schwierigkeiten treten dagegen auf, wenn die Rohstoffe zunächst eingelagert und in späteren Perioden verbraucht werden. Dann sind häufig die Einstandswerte der Rohstoffe nicht mehr eindeutig feststellbar, so daß der Faktorverbrauch mit dem Durchschnittswert gemäß § 240 Absatz 4 HGB oder nach einem Verbrauchsfolgeverfahren gemäß § 256 HGB zu bewerten ist (vgl. Kapitel 13).

- Besondere Schwierigkeiten treten grundsätzlich im Rahmen der Aufwandsverrechnung für sogenannte Potentialfaktoren auf, zum Beispiel Maschinen. Diese geben ihre Nutzungen über mehrere Perioden ab, alimentieren also auch die Umsätze mehrerer Perioden. Wie soll nun der Werteverzehr der Maschine den Erträgen genau zugeordnet werden?
  Da nach § 253 Absatz 2 Sätze 1 und 2 HGB zu Beginn der Nutzung ein Abschreibungsplan aufzustellen ist, nach dem die AK oder HK der Maschine auf die erwartete ND zu verteilen ist, müßte – strenggenommen – prognostiziert werden, wie lange die Maschine zur Umsatzerzielung beitragen wird und in welchem Umfang dies in den einzelnen Perioden erfolgt. Dies wäre der theoretisch zutreffende Schlüssel zur Verrechnung der Abschreibungen.
  Eine solche Zuordnung scheitert praktisch aus zwei Gründen: der Ungewißheit der Zukunft und der Unmöglichkeit, Erträge einer Maschine zuzurechnen. Für die Herstellung und Verwertung der Produkte ist schließlich ein ganzes Bündel von Produktionsfaktoren und Leistungen erforderlich. Vereinfachend wird deshalb in der Regel ein Abschreibungsplan nach steuerlichen Vorgaben (AfA-Tabellen) erstellt und schlicht unterstellt, die planmäßigen Abschreibungen seien realisierte Aufwendungen der entsprechenden Periode. Bei linearer Abschreibung wird mithin eine gleichmäßige

Umsatzalimentierung unterstellt, eine die wirtschaftliche und technische Realität grob vereinfachende Annahme (vgl. ausführlich Kapitel 10).

- Wie sind aber dann die außerplanmäßigen Abschreibungen im Hinblick auf das Realisationsprinzip zu interpretieren? Die Antwort muß meines Erachtens differenziert ausfallen. Handelt es sich um abnutzbares AV, so kann es sein, daß die außerplanmäßigen Abschreibungen zu niedrige planmäßige Abschreibungen der Vergangenheit korrigieren, da sich der Abschreibungsplan ex post als unzutreffend herausstellt. Da die vergangenen JA in der Regel nicht mehr zu ändern sind, wurde in den vergangenen Perioden den ausgewiesenen Erträgen ein zu geringer Aufwand gegenübergestellt. Spätestens wenn dies erkannt wird, sind die unterlassenen Aufwandsbuchungen mit der außerplanmäßigen Abschreibung nachzuholen.
  Wird die Abschreibung dagegen aufgrund gesunkener Wiederbeschaffungskosten einer vergleichbaren Maschine vorgenommen, so greift das Realisationsprinzip nicht: der Werteverzehr in der Vergangenheit ist zutreffend als Aufwand gebucht, weitere Aufwendungen wurden nicht realisiert. Diese Abschreibung berücksichtigt, genaugenommen, einen im Vergleich zur Konkurrenz künftig niedrigeren Erfolg, weil die Anlage 'zu teuer' eingekauft wurde.

- Die Subsumtion anderer Abschreibungen (zum Beispiel auf Vorräte oder Finanzanlagen) unter das Realisationsprinzip hängt demnach davon ab, ob ein Betrag zur abgeschlossenen Leistungserstellung und -verwertung herzustellen ist oder nicht und wie streng die Anforderungen an diese Verknüpfung sind. Realisiert im Sinne von 'durch Verkauf an Abnehmer verwirklicht' sind diese Aufwendungen jedenfalls nicht.

Diese Liste von problematischen Fällen ließe sich fast beliebig verlängern. Die Schwierigkeit liegt darin, die Umsatzalimentierung möglichst plausibel und willkürfrei zu definieren. In der GuV werden aber unabhängig von diesem Aspekt noch eine ganze Reihe von Aufwendungen verrechnet, für die eine Anknüpfung an realisierte Umsätze gar nicht möglich ist. Statt einer Abgrenzung der Sache nach erfolgt eine **Abgrenzung der Zeit** nach, d.h. Aufwendungen werden in der Periode verrechnet, in der sie anfallen. Dies kann, wie bei außerordentlichen Aufwendungen (zum Beispiel eine nichtversicherte Lagerhalle brennt ab), dazu führen, daß Aufwand mehr oder weniger zufällig einer bestimmten Periode zuzuordnen ist. Von Leistungsentsprechung kann keine Rede sein.

Ähnliches gilt für Verflichtungen aus unerlaubten Handlungen, Vertragsverletzungen und anderen, Schadenersatz auslösenden Handlungen: Im Jahr der Handlung ist der Aufwand erfolgswirksam zu buchen (zum Beispiel Aufwand an Rückstellung/Verbindlichkeit). Keine Rolle spielt hierbei, ob der Verpflichtete aus den Handlungen Vorteile im Sinne von Erträgen erzielt.

Ebenfalls nach dem Prinzip der zeitlichen Abgrenzung sind streng periodenbezogene Leistungen abzurechnen. Dies erfolgt durch aktive oder passive RAP (§ 250 HGB). Wird beispielsweise am 01.07.01 eine Mietzahlung von DM 12.000 im voraus für ein Jahr vereinnahmt, so darf in der GuV des Jahres 01 nur ein Mietertrag von DM 6.000 für sechs Monate gebucht werden (Buchungssätze: (1) Bank an Mietertrag DM 12.000, (2) Mietertrag an passiven RAP DM 6.000).

Überhaupt nicht mit dem Realisationsprinzip vereinbar sind die aus Subventionsgründen verrechneten rein steuerlichen Abschreibungen gemäß § 254 HGB. Diese sind Folgen der Umkehrmaßgeblichkeit und entsprechen ex definitione nicht den handelsrechtlichen GoB. Auch diese sind im Jahre des Anfalls aufwandswirksam.

Die vorstehenden Ausführungen zeigen: Während das Realisationsprinzip die Erträge relativ eindeutig abgrenzbar macht, sind die Aufwandsrealisierungen sehr viel schwerer bestimmbar. Vielfach wird das Realisationsprinzip aber gleich gar nicht auf die Aufwandsseite bezogen. Abschreibungen basieren nach dieser Ansicht auf dem Imparitätsprinzip. Von einer periodengerechten Erfolgsermittlung kann deshalb nur sehr eingeschränkt gesprochen werden.

2.4 Sonderfall: Teilgewinnrealisierung bei langfristiger Auftragsfertigung?

In § 252 Absatz 2 HGB wird bestimmt, daß von den Grundsätzen des Absatzes 1, also auch dem Realisationsprinzip, in begründeten Fällen abgewichen werden darf. In dieser Ausnahmeregelung wird zum Teil in der Literatur eine gesetzgeberische Fehlleistung gesehen, da sie sich nicht auf sämtliche GoB des Absatzes 1 beziehe, sondern nur auf einzelne, besonders auf die Regelung der Methodenstetigkeit in Nr. 6. Das Realisationsprinzip soll uneingeschränkt immer gelten.

Andere Autoren gehen davon aus, daß auch das Realisationsprinzip im Einzelfall zweckmäßigerweise durchbrochen werden darf oder sogar muß. Häufig liegen etwas exotische und deshalb hier nicht weiter behandelte Sachverhalte zugrunde.

An dem durchaus nicht ungewöhnlichen Fall einer langfristigen Auftragsfertigung soll kurz angerissen werden, warum eine Aufweichung des Realisationsprinzips zum Teil für zweckmäßig erachtet wird. Musterbeispiele sind der Bau von Schiffen, Kernkraftwerken, Gebäuden, die Herstellung von Software etc. Diese Fälle zeichnen sich durch folgende Besonderheiten aus:

- Der Verkaufsvertrag wird vor der Leistungserstellung abgeschlossen, ein Absatzrisiko besteht nicht mehr.
- Der Herstellungszeitraum dauert mehr als eine Periode.
- Diskontinuität von Auftragseingängen und -beendigungen.
- Große Werte je Einzelauftrag.

Beispiel: **Ein Schiff soll in fünf Jahren ausgeliefert werden. Vereinbarter Preis: 7,5 Mio. DM. Die geplanten und in der Folge auch realisierten Aufwendungen betragen in allen fünf Jahren gleichmäßig je eine Million DM.**

Das Realisationsprinzip verlangt in diesem Fall, daß

- in den ersten vier Jahren das unfertige Erzeugnis zu HK zu bilanzieren ist; da nicht alle laufenden Aufwendungen in die HK gemäß § 255 Absätze 2 und 3 HGB eingerechnet werden dürfen/müssen (vgl. Kapitel 9), wird aus diesem Auftrag ein Verlust resultieren,
- im Jahr der Fertigstellung wird zum Realisationszeitpunkt (Abnahme des Werkes, Gefahrenübergang) der gesamte Auftragsgewinn gebucht.

Um einen diskontinuierlichen Erfolgsausweis zu verhindern, wird zum Teil auch in den ersten vier Jahren eine Teilgewinnrealisierung für zulässig oder gar geboten gehalten. Dies würde dem tatsächlichen wirtschaftlichen Geschehen Rechnung tragen, nämlich der kontinuierlichen Fertigung. Der Einblick in die tatsächliche Ertragslage (§ 264 Absatz 2 HGB) sei nur auf diese Weise gesichert. Die Aufhebung des Realisationsprinzips sei insbesondere auch deshalb vertretbar, weil die Hauptfunktionen dieses GoB durch die spezifischen Gegebenheiten bereits erfüllt seien:

- Objektivierung: Da der (erwartete) Gewinn durch den Vertrag betragsmäßig begrenzt ist, sind dem subjektiven Ermessen des Bilanzierenden Grenzen gesetzt.
- Kapitalerhaltung: Da das Absatzrisiko nicht mehr besteht, sind die Gewinnerwartungen hinreichend sicher.

Beide Argumente sind angreifbar. So hängt die endgültige Gewinnrealisierung letztlich davon ab, ob das Gesamtwerk mängelfrei übergeben werden kann. Selbst wenn vorab anteilige Kaufpreisraten vereinbart sind, ist es vom Gesamterfolg abhängig, ob diese zurückgewährt werden müssen oder nicht. Unter dem Aspekt der Kapitalerhaltung war die Teilgewinnrealisierung (und eventuell: Ausschüttung und/oder Besteuerung) verfrüht.

Die Sicherheit der Gewinnerwartung hängt aber auch von der Genauigkeit der kalkulierten Kosten ab. Ergeben sich im obigen Beispiel im vierten und fünften Jahr Kostensteigerungen von jeweils einer Million DM, so beträgt der Gesamtgewinn nur noch 0,5 Mio. DM. Bei Teilgewinnrealisierungen in den ersten drei Jahren könnten schon höhere Beträge ausgekehrt worden sein.

Der letztgenannte Aspekt macht auch die Grenzen der behaupteten Objektivierung deutlich: Es liegen (ungewisse) Plankosten zugrunde. Selbst wenn diese zutreffend geschätzt werden, ist nicht geklärt, in welchem Umfang Teilgewinne als realisiert gelten sollen.

Häufig wird gefordert, daß eindeutig abgrenzbare Bauabschnitte vorliegen müßten, um eine objektivierte Zurechnung zu ermöglichen. Da dies nicht immer möglich ist, wird aus Vereinfachungsgründen auch eine anteilige Gewinnrealisierung gefordert, die der Relation bisherige Kosten zu geplanten Gesamtkosten entspricht (cost to cost-Verfahren). Dies ist zum Beispiel in den angelsächsischen Ländern üblich, in denen weniger auf das Vorsichtsprinzip geachtet wird und mehr auf den Ausweis periodengerechter Erfolge. Es ist zwar nicht begründbar, warum der Gewinn wirtschaftlich kontinuierlich realisiert werden soll, aber eine stetige Gewinnentstehung läßt sich wahrscheinlich auch nicht widerlegen.

Festzuhalten ist: Es besteht trotz jahrelanger intensiver Diskussion kein Konsens, ob Teilgewinnrealisierungen bei langfristiger Auftragsfertigung zulässig/geboten sind. Adler/Düring/Schmaltz (1987, § 252 HGB, Rn. 85) formulieren insgesamt neun Bedingungen, die alle gleichzeitig erfüllt sein müssen, um eine Gewinnrealisation akzeptabel erscheinen zu lassen. Ob sich die in anderen Ländern offenbar geringeren Anforderungen letztlich auch in Deutschland durchsetzen werden, bleibt abzuwarten. Ob dies ein Vor- oder Nachteil wäre, müßte ebenfalls erst noch bewiesen werden. Zu bedenken ist auf jeden Fall, daß in Deutschland die Rechnungslegungsvorschriften in ein grundsätzlich anderes gesellschaftsrechtliches Umfeld eingebettet sind und eine Teilgewinnrealisierung auch steuerliche Folgen via Maßgeblichkeit auslösen kann. Diese Folgen können aus Sicht des Bilanzierenden sowohl erwünscht

(Vermeidung einer hohen Einkommensteuer aufgrund des progressiven Steuertarifs im Realisationsjahr) als auch unerwünscht (vorzeitige Steuerzahlungen) sein.

3. DAS IMPARITÄTSPRINZIP

In § 252 Absatz 1 Nr. 4, 1. Halbsatz HGB wird geregelt, daß alle vorhersehbaren Risiken und Verluste zu berücksichtigen sind, die bis zum Abschlußstichtag entstanden sind, selbst wenn diese erst zwischen dem Abschlußstichtag und dem Tag der Aufstellung des JA bekanntgeworden sind. Das bedeutet, daß Verluste (genauer: Vermögensminderungen) bereits dann bilanziell zu erfassen sind, wenn sie noch nicht realisiert sind. Da Gewinne nach dem Realisationsprinzip ungleich behandelt werden, wird dieser GoB als Imparitätsprinzip bezeichnet.

Im Kern würde das Realisationsprinzip vollkommen für eine periodengerechte Erfolgsermittlung ausreichen, wenn man es auf beide Seiten der GuV bezieht. Erträge und Aufwendungen wären vollständig erfaßt. **Das Imparitätsprinzip durchbricht/dominiert das Realisationsprinzip** und erzwingt die Buchung zusätzlicher Aufwendungen. Der Zweck des Imparitätsprinzips liegt in der **Verlustantizipation**: Am Bilanzstichtag eingeleitete Geschäfte, die zu Verlusten führen, sollen antizipiert werden. Dies betrifft zum einen schwebende Geschäfte, zum anderen die zur Verwertung bereits bereitgestellten Vermögens- und Schuldposten. Die Vorwegnahme des Verlustes soll in dem Maße erfolgen, daß bei der endgültigen Realisation des eingeleiteten Geschäftes die zugehörigen Erträge und Aufwendungen gleich hoch sind. Die künftigen Perioden sollen von den bereits entstandenen, aber noch nicht endgültig realisierten Verlusten entlastet werden (**verlustfreie Bewertung**).

Anwendungsfälle zum Imparitätsprinzip sind in erster Linie Rückstellungen für drohende Verluste aus schwebenden Geschäften (§ 249 Absatz 1 Satz 1 HGB) und Abschreibungen gemäß § 253 Absätze 2 und 3 HGB.

Unter Punkt 2.2 dieses Kapitels wurde ausgeführt, daß schwebende Geschäfte grundsätzlich bilanzunwirksam sind (Realisationsprinzip). Nun sind bei fast jedem Vertragsverhältnis Entwicklungen derart möglich, daß Leistung und Gegenleistung des schwebenden Geschäftes nicht mehr gleichwertig sind. Droht einem Kaufmann ein Verlust, so ist dieser aufgrund des Imparitätsprinzips zu antizipieren. Voraussetzung ist, daß die Verlusterwartung hinreichend wahrscheinlich und konkretisiert ist.

Beispiel: Ein Kaufmann verpflichtet sich im Dezember 01 zur Lieferung von zehn Kühlschränken für 10 TDM im Februar 02. Zur Zeit des Vertragsabschlusses lag der Beschaffungspreis für die Kühlschränke bei 9 TDM, ist aber bereits im Januar auf 11 TDM gestiegen. Zumindest wenn der Kaufmann die Kühlschränke bis dahin noch nicht eingekauft hat, droht ihm aus diesem schwebenden Geschäft ein Verlust von 1 TDM. Obwohl dieser noch nicht realisiert ist, muß gebucht werden:

Aufwendung an Rückstellung für drohende Verluste: DM 1.000

Das Vorsichtsprinzip führt dazu, daß der aufgrund der vertraglichen Bindung nicht zu verhindernde Verlust buchmäßig erfaßt wird und ein Jahresüberschuß (+ Ausschüttung/Besteuerung) insoweit gemindert wird. Wird im Folgejahr der Verlust realisiert (und gebucht), so wird er durch die gleichzeitige Auflösung der Rückstellung neutralisiert. Das Geschäft bleibt in dieser Periode erfolgsneutral.

In Abschnitt 2.3 dieses Kapitels wurde erläutert, inwieweit Abschreibungen auf das Realisationsprinzip zurückzuführen sind. In § 253 Absätze 2 und 3 HGB sind das strenge und das gemilderte Niederstwertprinzip geregelt. Ein Teil der darin vorgeschriebenen/zulässigen Abschreibungen kann mangels möglicher Ertragszuordnung auf keinen Fall mit dem Realisationsprinzip begründet werden. Sie basieren auf dem Imparitätsprinzip oder gehen sogar noch über eine imparitätische (= verlustfreie) Bewertung hinaus (vgl. Kapitel 11).

Beispiel: Ein Kaufmann hat zu Beginn des Jahres 01 Handelswaren eingekauft. Zum Bilanzstichtag befinden sich diese noch im Lager. Absatzverträge bestehen nicht. Der Marktpreis, zu dem die Waren am Bilanzstichtag noch abgesetzt werden können, ist niedriger als die AK. Gemäß § 253 Absatz 3 Satz 1 HGB muß eine Abschreibung auf den niedrigeren, aus dem Marktpreis abgeleiteten, Wert vorgenommen werden, obwohl diese Wertminderung noch nicht am Absatzmarkt realisiert ist.

Der Vollständigkeit halber und um Mißverständnisse zu vermeiden, sei aber nochmals darauf hingewiesen: Ein Großteil der Literatur behandelt sämtliche Abschreibungen aufgrund des Niederstwertprinzips undifferenziert als imparitätische Aufwendungen. Die oben vorgestellte Interpretation des Realisationsprinzips ist nicht unumstritten.

Eine Bewertung des Imparitätsprinzips im Hinblick auf die Aufgaben des handelsrechtlichen JA ist nicht ganz einfach. Unstrittig dient der Grundsatz der Kapitalerhaltung in Form einer besonders vorsichtigen Gewinnermittlung. Daß dies unter Informationsgesichtspunkten zweckmäßig ist, ist zumindest zweifelhaft. An jedem Stichtag, zu dem Bilanz gezogen wird, gibt es eine Vielzahl eingeleiteter Geschäfte, die sich auf künftige Periodenerfolge positiv oder negativ auswirken können. Während positive Gewinnerwartungen nicht bilanzwirksam werden, sind Verlusterwartungen zu antizipieren. Durch diese einseitige Darstellung werden Vermögens- und Ertragslage eher falsch als realistisch abgebildet.

4. VORSICHTSPRINZIP UND BESTEUERUNG

Nach § 5 Absatz 1 Satz 1 EStG sind die handelsrechtlichen GoB auch für die steuerliche Gewinnermittlung anzuwenden, soweit kein steuerlicher Vorbehalt besteht. Da ein solcher nicht existiert, gelten die handelsrechtlichen Bestimmungen grundsätzlich. Dadurch wird im Regelfall erreicht, daß Vermögen nur insoweit zur Besteuerung (Ertragsteuern) herangezogen wird, als es in seinem Bestand gefestigt und in Form liquiden Einkommens vorliegt. Insbesondere die Nichtbesteuerung der Wertsteigerung des ruhenden Vermögens trägt zur Vermeidung einer Substanzbesteuerung bei.

Allerdings gibt es eine Vielzahl von Fällen, in denen das Realisationsprinzip steuerlich nicht zur Anwendung kommt, obwohl Umsatzakte vorliegen (a) und in denen das Realisationsprinzip angewendet wird, obwohl keine Umsatzakte vorliegen (b). Fallgestaltungen zu (a) sind zum Beispiel im Umwandlungssteuergesetz geregelt oder betreffen Realteilungen und die Übertragung stiller Reserven in Form von steuerfreien Rücklagen oder Tauschhandlungen.

Die unter (b) fallenden Ausnahmen sind ausdrücklich gesetzlich geregelte Ersatzrealisierungstatbestände. Mit diesen soll die Besteuerung stiller Reserven gewährleistet werden. Das Vorsichtsprinzip führt ja mehr oder weniger zwangsläufig zu solchen Reserven, die zunächst steuerfrei bleiben. Das ist aus fiskalischer und ordnungspolitischer Sicht nur dann hinnehmbar, wenn die Besteuerung zwar aufgeschoben, nicht aber aufgehoben ist. Da dies nicht immer zutrifft, mußten gesetzliche Realisationsfiktionen Lücken in der Gewinnerfassung zumindest teilweise schließen. Typische Anwendungsbeispiele sind die Bestimmungen zu Privatentnahmen und zur Betriebsaufgabe, bei denen eine Gewinnrealisation fingiert wird, obwohl der Kaufmann kein Entgelt erhalten hat. Auch die Überführung von Wirtschaftsgütern von einer inländischen zu einer ausländischen Betriebsstätte oder der Übergang eines Steuersubjektes vom Status des Steuerpflichtigen in den eines von der Steuer Befreiten kann zu Ersatzrealisationen führen.

Besonderheiten können sich bei Leistungsbeziehungen zwischen Konzernunternehmen oder anderen verbundenen Unternehmern ergeben. Diese sind zwar rechtlich selbständig, aber wirtschaftlich mehr oder weniger stark abhängig voneinander. Das Realisationsprinzip soll im Grundsatz einer vorsichtigen und manipulationsfreien Gewinnermittlung dienen. Dies wird, wie gesehen, erreicht, indem auf Umsatzakte von selbständigen Marktteilnehmern abgestellt wird. Eine unabhängige Marktbewertung kann aber zwischen abhängigen Unternehmen nicht automatisch unterstellt werden, da der typische Interessengegensatz von Marktpartnern eventuell fehlt.

So ist es im Falle eines Vertragskonzerns unstrittig zulässig, wenn das herrschende Unternehmen einem abhängigen Unternehmen nachteilige Weisungen erteilt (kraft Beherrschungsvertrag oder als Mehrheitsgesellschafter zum Beispiel). Ein Tochterunternehmen könnte beispielsweise angewiesen werden, Wertpapiere mit einem Buchwert von 100 zu einem Preis von 500 von der Muttergesellschaft zu erwerben. Formal greift das Realisationsprinzip, bei der Muttergesellschaft werden Gewinne von 400 realisiert. Die Vertragsfreiheit könnte auch noch weiter ausgenutzt werden: In der Folge wird das Tochterunternehmen angewiesen, die Wertpapiere von 500 an die Muttergesellschaft zurückzuverkaufen. Diese würde infolge des Realisationsprinzips die Wertpapiere mit diesen AK einbuchen. Materiell käme dies einer Zuschreibung von 400 auf die Wertpapiere der Muttergesellschaft gleich, die eigentlich unzulässig ist.

Es ist offensichtlich, daß eine pauschale steuerliche Anerkennung von solchen Rechtsgeschäften einer willkürlichen Gewinn- und damit Steuergestaltung Tür und Tor öffnen würde. Sie sind deshalb einem sogenannten Fremdvergleich zu unterziehen: Ihre Anerkennung setzt voraus, daß die Rechtsgeschäfte auch zwischen unabhängigen Dritten zu gleichen Konditionen abgeschlossen worden wäre (dealing at arm's length principle). Ein solcher Vergleich ist, insbesondere bei nicht marktgängigen Leistungen (zum Beispiel Beratungs- oder EDV-Leistungen durch Konzernzentralen), oft schwer durchzuführen.

Zu beachten ist hierbei: Die Verträge sind in der Regel zivil- und gesellschaftsrechtlich zulässig und werden auch durchgeführt. Handelsrechtlich gibt es keinen GoB, der die buchmäßige Abbildung grundsätzlich untersagt. Die steuerlichen Grenzen solcher konzerninternen Transaktionen dürften enger sein als die handelsrechtlichen. Da die meisten deutschen Kapitalgesellschaften einem Konzern angehören, eröffnet sich hier ein weites Spektrum bilanzpolitischer Gestaltungen durch Anwendung der gängigen Gewinnermittlungsregeln. Etwas umfassender wird auf diese Gestaltungsmöglichkeiten im Kapitel 18 eingegangen.

D. WIEDERHOLUNGSFRAGEN

1. Erläutern Sie den Zusammenhang zwischen Gläubigerschutz und Vorsichtsprinzip.

2. Erläutern Sie, warum stille Reserven nur eingeschränkt dem Gläubigerschutz dienen.

3. Wie sind stille Reserven aus der Sicht eines nicht geschäftsführenden Eigentümers eines Unternehmens zu beurteilen?

4. In welchen konkreten Bilanzierungs- und Bewertungsregeln hat das Vorsichtsprinzip seinen Niederschlag gefunden?

5. Skizzieren Sie die Aufgaben des Realisationsprinzips.

6. Diskutieren Sie Vor- und Nachteile möglicher Realisationszeitpunkte für Erträge. Nach herrschender Meinung wird der Liefer- oder Leistungstermin für entscheidend gehalten. Ist diese Konvention zweckmäßig?

7. Verstößt das Realisationsprinzip gegen das Vollständigkeitsgebot (§ 246 HGB), weil nicht alle vertraglich gesicherten Rechte und Pflichten bilanziert werden?

8. Durstig besucht eine Sektkellerei, um sich einzudecken. Als alter Stammkunde unternimmt er zunächst eine ausführliche kostenlose Verprobung. Danach unterschreibt er (noch einigermaßen lesbar) eine umfangreiche Bestellung über DM 5.000, die er zur Hälfte sofort bar bezahlt. Um sicher zu gehen, daß er auf der Heimfahrt nicht verdurstet, läßt er zwei Kisten Sekt (für zusammen DM 200) in den Kofferraum seines Wagens legen. Der Rest soll innerhalb der nächsten 14 Tage kostenfrei angeliefert werden. Nach einer Woche übergibt der Weinhändler den bestellten Sekt an einen Spediteur, der diesen drei Tage später bei Durstig abliefert.
   Zu welchem Zeitpunkt sind beim Weinhändler Buchungen vorzunehmen, und wie lauten die Buchungssätze (ohne MwSt.)?

9. Unternehmen A soll für B eine Spezialmaschine herstellen. Kurz nach Vertragsschluß leistet B die vereinbarte Vorauszahlung von 200 TDM. A legt diese zinsbringend an und erhält noch vor Auslieferung der Maschine an B eine Zinsgutschrift von 10 TDM.
   Welche Buchungen sind aufgrund des Realisationsprinzips vorzunehmen?

10. Welche Konsequenzen hat das Realisationsprinzip für die bilanzielle Behandlung von
    a) schwebenden Geschäften,
    b) Wertsteigerungen am ruhenden Vermögen?

    Halten Sie diese Konsequenzen für wünschenswert im Hinblick auf die mit JA verfolgten Zwecke? Müßte die Antwort für Kapital- und Personengesellschaften unterschiedlich ausfallen?

11. Erläutern Sie, welche Bedeutung der Begriff Umsatzalimentierung für die Aufwandsrealisierung hat.

12. Ein Softwareunternehmen schließt einen Verkaufs- und Servicevertrag ab, der ein Entgelt bei Installation der Software beim Abnehmer von 200 TDM vorsieht und für die jeweiligen Serviceleistungen eine jährliche pauschale Rate von 10 TDM (über fünf Jahre). Die Kosten für die Serviceleistungen schätzt das Softwareunternehmen auf 15 TDM p.a., die Kosten für die Software selbst betragen 100 TDM.
    Wann sind welche Erträge und Aufwendungen zu buchen
    a) nach Maßgabe des Realisationsprinzips,
    b) unter zusätzlicher Beachtung des Imparitätsprinzips?

13. Begründen Sie, warum eine selbsterstellte Maschine zu HK aktiviert werden muß.

14. Warum ist eine Abgrenzung der Zeit nach erforderlich, um sämtliche Aufwendungen zutreffend/vorsichtig zu erfassen?

15. Ein Kaufmann hat für das abgelaufene Geschäftsjahr folgende Sachverhalte noch nicht berücksichtigt:
    a) Eine vor zwei Jahren gebildete Rückstellung für einen Prozeß (100 TDM) kann aufgelöst werden, da das Urteil zu seinen Gunsten ergangen ist.
    b) Aufgrund einer Betriebsprüfung ist ein Steuerbescheid ergangen; er soll für ein vier Jahre zurückliegendes Wirtschaftsjahr 100 TDM an Gewerbesteuer nachzahlen.
    c) Für das gerade beendete Jahr rechnet der Kaufmann mit Ertragsteuern von 500 TDM. Steuerbescheide liegen noch nicht vor.
    d) Am 01.10. des abgelaufenen Jahres hat er Festgeld angelegt. Die Zinsen in Höhe von 20 TDM werden nach Ablauf von sechs Monaten fällig.

e) Eine Maschine wurde im abgeschlossenen Jahr so stark beansprucht, daß sie für 10 TDM überholt werden muß, um auch im Folgejahr einsatzfähig zu sein.

f) Für den Kauf einer Maschine hat der Kaufmann eine Investitionszulage von 9 TDM erhalten. Diese muß er aber zurückzahlen, wenn er die Maschine vor Ablauf von drei Jahren veräußert oder entnimmt.

Welche Erträge/Aufwendungen sind als realisiert zu buchen (geben Sie bitte die zugehörigen Buchungen an)? Begründen Sie Ihre Ergebnisse.

Anmerkung:
Die Bearbeitung dieser Aufgabe soll Sie mit der praktischen Umsetzung des Realisationsprinzips mit seinen verschiedenen Ausprägungen vertraut machen. Ob Sie dabei genau die nach herrschender Meinung zutreffende Lösung finden, ist dabei zunächst weniger wichtig. Da die angesprochenen Sachverhalte später noch ausführlich behandelt werden, können Sie die herrschende Meinung dann immer noch mit Ihren Lösungen vergleichen.

16. Das Realisationsprinzip orientiert sich ausschließlich am Grundmodell einer auftraglosen, kurzfristigen Fertigung. Für den Fall von langfristiger Auftragsfertigung führt es zu unsinnigen Ergebnissen in den JA und ist deshalb nicht anzuwenden.
Halten Sie diese Behauptung für uneingeschränkt zutreffend? Welche Alternative gäbe es, um eine den wirtschaftlichen Verhältnissen angemessenere bilanzielle Darstellung zu erreichen?

17. In welchem Verhältnis stehen Realisations- und Imparitätsprinzip zueinander (Über-/Unterordnung, Regel/Ausnahme, Konfliktfreiheit etc.)?

18. Welchen Zwecken dient das Imparitätsprinzip?

19. In den vergangenen zehn Jahren hat ein Gastronom aufgrund eines günstigen Pachtvertrages erhebliche Gewinne erzielt. Da eine neue Fernstraße durch seinen Biergarten verlegt wird, rechnet er mit starken Umsatzeinbußen. Bis zum Ablauf des Pachtvertrages in zwei Jahren muß er mit Verlusten von 200 TDM rechnen. Tatsächlich treten im ersten Jahr Verluste von 50 TDM ein und im zweiten Jahr von 150 TDM.
Wann sind welche Buchungen vorzunehmen? Begründen Sie bitte Ihr Ergebnis.

20. Was besagt der Grundsatz der verlustfreien Bewertung?

21. Halten Sie das Imparitätsprinzip für wünschenswert
    a) aus der Sicht eines Gläubigers einer KapGes,
    b) aus der Sicht eines Kleinaktionärs,
    c) aus der Sicht eines Großaktionärs?

22. Erläutern Sie, warum im Steuerrecht zwar grundsätzlich das Vorsichtsprinzip gilt, im Einzelfall aber zweckmäßigerweise davon abgewichen werden muß.

23. Skizzieren Sie, warum eine unkritisch-formale Anwendung des Realisationsprinzips bei Leistungsbeziehungen im Konzernverbund nicht zweckmäßig ist.

Kapitel 5: Die Grundsätze ordnungsmäßiger Buchführung III: Vergleichbarkeit – Stetigkeit

A. KURZINHALT

Von betriebswirtschaftlichen Autorinnen und Autoren wurde seit langem die These vertreten, daß Rechnungslegung für Externe nur Sinn macht, wenn die dabei angewandten Bilanzierungs- und Bewertungsentscheidungen im Zeitablauf stetig getroffen werden. Nur dann seien aufeinanderfolgende Jahresabschlüsse vergleichbar und die Unternehmensentwicklung erkennbar.

In diesem Kapitel soll untersucht werden, inwieweit sich diese Vorstellungen im HGB niedergeschlagen haben und ob sie zutreffenderweise davon ausgehen, daß Stetigkeit unverzichtbar ist.

Neben eher formalen Aspekten der Stetigkeit (Bilanzidentität, formale Stetigkeit) wird es überwiegend um die konkreten Anforderungen an die materielle Stetigkeit gehen. Diese beinhaltet zwei streng zu trennende Probleme: Fragen der stetigen Ausübung von Bilanzansatzwahlrechten und von Bewertungswahlrechten. Für den erstgenannten Komplex enthält das HGB keine ausdrückliche Regelung, während die Bewertungswahlrechte durch den Grundsatz eingeengt werden, daß Bewertungsmethoden beibehalten werden sollen (§ 252 Absatz 1 Nr. 6 HGB). Die Reichweite dieser Norm ist allerdings in der Literatur höchst umstritten, nicht zuletzt aufgrund der Ausnahmeregelung in § 252 Absatz 2 HGB.

Einige Anmerkungen zu Anhangangaben, die mit dem Stetigkeitsgrundsatz zusammenhängen, und ein kurzes Fazit beschließen dieses Kapitel.

B. LEHRZIELE

Nach Durcharbeitung dieses Kapitels sollen Sie

- erläutern können, welchen Zwecken ein GoB 'Stetigkeit' dienen kann und welche Auswirkungen die unterschiedlichen (unterstellten) Zwecke auf den Grundsatz haben,
- das Prinzip der 'Zweischneidigkeit der Bilanz' erklären können,
- darlegen können, was unter formeller und materieller Stetigkeit zu verstehen ist,
- den Begriff 'Bewertungsmethode' im Sinne von § 252 Absatz 1 Nr. 6 HGB erläutern können,
- begründen können, warum § 252 Absatz 1 Nr. 6 HGB für Fragen des Bilanzansatzes unerheblich ist,
- die Diskussion um den Soll- oder Muß-Charakter der Bewertungsstetigkeit vor dem Hintergrund der unterstellten JA-Zwecke skizzieren können,
- das Verhältnis des Stetigkeitsgebotes zu anderen GoB (Wesentlichkeit, Einzelbewertung, Vorsicht) analysieren können,
- angeben können, in welchen Fällen vom Grundsatz der Methodenstetigkeit abgewichen werden darf,
- darlegen können, in welchem Umfang der Grundsatz der 'Publizität von Stetigkeitsunterbrechungen' im HGB Niederschlag gefunden hat.

C. INHALT

1. EINLEITUNG

Soll ein JA vornehmlich für externe Adressaten nutzbar sein, so ist die Vergleichbarkeit von aufeinanderfolgenden Abschlüssen offensichtlich zweckmäßig. Werden sie nach den gleichen Abbildungsregeln aufgestellt, so ist anzunehmen, daß sie die Entwicklungen in der Realität besser widerspiegeln, als wenn reale Änderungen zusätzlich durch veränderte Abbildungsmethoden überlagert würden. Dahinter steckt die Annahme, daß einem JA zwar nicht zu entnehmen ist, wie gut oder schlecht es einem Unternehmen absolut geht, wohl aber, daß im Zeitablauf Trends zum Besseren/Schlechteren erkennbar sein können. JA-Analysen bauen deshalb – soweit sie seriös sind – auf den Daten von mehreren aufeinanderfolgenden JA auf.

Die Forderung nach vergleichbaren JA geht auf betriebswirtschaftliche Vorstellungen zur sogenannten dynamischen Bilanz zurück. Von Kritikern wird dieser Forderung entgegengehalten, daß zeitlich aufeinanderfolgende JA schon dann nicht mehr vergleichbar sind, wenn sich die tatsächlichen Verhältnisse ändern oder wenn GoB, wie insbesondere das Realisations- und das Imparitätsprinzip, eine im Zeitablauf nicht vergleichbare Abbildung der Realität im JA erzwingen/ermöglichen. Die Bilanzkontinuität diene deshalb weniger einer sowieso nicht erreichbaren Vergleichbarkeit als einer objektivierten, weitgehend manipulationsfreien Abbildung. Besteht zum Beispiel ein Wahlrecht zur Ermittlung von Herstellungskosten für selbsterstellte VG, so kann dieses vom Bilanzersteller zwar frei ausgeübt werdne, in der Folge ist dieses Wahlrecht aber stetig (= gleich) auszuüben; Bilanzpolitik ist insoweit nicht möglich.

Bei dieser Interpretation von Stetigkeit wird der Grundsatz der Vergleichbarkeit zu einem im Vergleich zu anderen GoB nachrangigen Grundsatz, der 'nicht ganz so ernst' zu nehmen ist.

Entsprechend den gerade kurz skizzierten Grundpositionen – Stetigkeit als Mittel, vergleichbare JA zu sichern oder zur Verhinderung von willkürlichen Brüchen in der Abbildung im Zeitablauf – waren die Reaktionen in der Literatur auf die HGB-Regelungen 1985, die einzelne Aspekte zum Teil neu erfaßten. Von einer Seite als revolutionäre Neuerung des deutschen Bilanzrechts begrüßt, wurden sie zum Teil auch schlicht als Papiertiger eingestuft. Andere sahen das Ende der Bilanzpolitik voraus.

Bevor wir uns ein Urteil erlauben wollen, ist zunächst die gesetzliche Regelung vorzustellen.

Die Kontinuität von JA betrifft eine ganze Reihe von Aspekten, die im folgenden Schaubild zusammengefaßt werden:

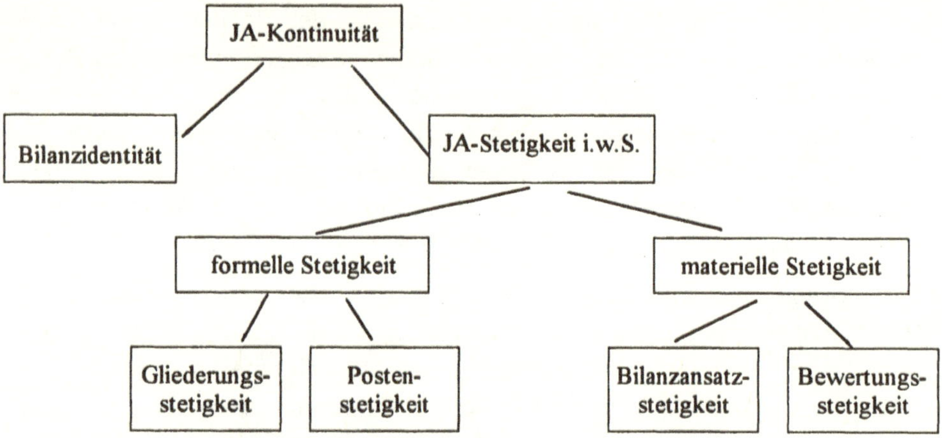

Neben diesen im weiteren behandelten Elementen der Stetigkeit gibt es zwei Punkte, die vernachlässigt werden, obwohl sie Probleme aufwerfen können:

- JA sind selbstverständlich nur vergleichbar, wenn sie sich auf gleiche Zeitabschnitte beziehen. In der Regel ist dies gewährleistet, da ein Geschäftsjahr zwölf Monate umfaßt. Im Einzelfall, speziell bei Neugründungen und Unternehmensbeendigungen, sind aber auch Rumpf-Geschäftsjahre möglich.
- Der Wertmaßstab muß im Zeitablauf vergleichbar sein. Geld erfüllt diese Bedingung nur, wenn Inflation (oder Deflation) in nennenswertem Umfang nicht vorliegt. In Deutschland gilt das sogenannte 'Nominalprinzip', d.h. JA sind prinzipiell nicht inflationsbereinigt.

2. GRUNDSATZ DER BILANZIDENTITÄT

In § 252 Absatz 1 Nr. 1 HGB wird bestimmt, daß die Wertansätze in der Eröffnungsbilanz des Geschäftsjahres identisch sein müssen mit denen der Schlußbilanz des Vorjahres. Diese Forderung ergibt sich bereits aus dem System der doppelten Buchführung: Die Anfangsbestände der aktiven und passiven Bestandskonten werden zum Jahresbeginn vorgetragen. Diese müssen sich zwangsläufig mit den Endbeständen des Vorjahres decken, wenn die Summe der einzelnen Jahreserfolge dem Totalerfolg des Unternehmens entsprechen soll. Die periodischen JA müssen eine lückenlose Rechnungslegung gewährleisten, in der 'logischen Sekunde' zwischen dem alten und dem neuen Geschäftsjahr darf weder Gewinn/Verlust entstehen noch verschwinden.

Aus diesem Identitätsprinzip folgt die **'Zweischneidigkeit der Bilanz'**: höhere oder niedrigere Bewertungen im Rahmen von Bilanzpolitik oder aufgrund von Fehlern werden in der Folgeperiode (bzw. den Folgeperioden) in der Regel automatisch ausgeglichen. Wird zum Beispiel die Rückstellung für einen Prozeß im Jahre 1 mit 100 TDM bewußt hoch bewertet, so führt dies zunächst zu einer Erfolgsschmälerung. Wird der Prozeß im Jahre 2 (oder x) entschieden, muß die Rückstellung aufgelöst werden; soweit sie nicht für Prozeßkosten verbraucht wurde, erhöht dies den Erfolg.

Diese Zweischneidigkeit sorgt dafür, daß (in der Regel)

- letztlich der Totalgewinn/-verlust besteuert wird,
- letztlich die Anteilseigner den Totalgewinn erhalten.

Von den praktisch höchst wichtigen Aspekten wie Zinsen, progressive Steuertarife, Eigentümerwechsel etc. wird hierbei vereinfachend abgesehen.

3. FORMELLE STETIGKEIT

Die formelle Stetigkeit bezieht sich auf die Form des JA (zum Beispiel Gliederung von Bilanz und GuV) und die Abgrenzung der Posteninhalte. Es leuchtet sofort ein, daß aufeinanderfolgende JA (und JA verschiedener Unternehmen) nur dann verständlich und vergleichbar sind, wenn sie

- die gleichen Posten im JA umfassen,
- die Inhalte der Posten gleich abgegrenzt sind.

Für KapGes enthält das HGB – größenabhängig abgestuft – verbindliche Gliederungsschemata der Bilanz- und Erfolgsrechnung (vgl. §§ 266 f., 275 f. HGB). In § 265 Absatz 1 HGB ist darüber hinaus festgelegt, daß die Gliederung von Bilanz und GuV in aufeinanderfolgenden Jahren beizubehalten ist. In Ausnahmefällen sind Abweichungen zwar zulässig, sie sind aber im Anhang anzugeben und zu begründen. Außerdem sind zu den einzelnen Posten die (ggf. angepaßten) Vorjahresbeträge anzugeben (§ 265 Absatz 2 HGB).

Für Aufbau und Form des Anhangs enthält das HGB keine ausdrückliche Bestimmung. Insofern gilt hier nur die allgemeine Anforderung des § 243 Absatz 2 HGB: der JA muß **klar und übersichtlich** sein. Diese Regelung sichert auch, daß Bilanz und GuV von Nicht-KapGes im Zeitablauf nicht willkürlich geändert werden dürfen. Sachlich begründete Abweichungen sind demnach zulässig.

Steuerlich gilt diese formale Kontinuität aufgrund des Maßgeblichkeitsgrundsatzes in § 5 Absatz 1 Satz 1 HGB gleichermaßen. Da der Fiskus als Adressat der Steuerbilanz aber über umfassende Prüfungs- und Informationsrechte verfügt, ist das Interesse an der formalen Kontinuität in der Regel weniger ausgeprägt als bei externen Adressaten von handelsrechtlichen JA. Nur wenn aus Zuordnungs- und Gliederungsentscheidungen materielle Steuerfolgen resultieren (zum Beispiel Zuordnung von VG zum AV oder UV mit unterschiedlichen Bewertungskonsequenzen), hat die formale Stetigkeit steuerliche Bedeutung.

4. MATERIELLE STETIGKEIT

4.1 Zum Begriff 'Bewertungsmethode'

In § 252 Absatz 1 Nr. 6 HGB ist geregelt: „Die auf den vorhergehenden Jahresabschluß angewandten Bewertungsmethoden sollen beibehalten werden."

Unter dieses Stetigkeitsgebot fallen dem Wortlaut nach nur **Bewertungsmethoden**. Darunter werden einhellig bestimmte, im Ablauf definierte Verfahren der Wertfindung verstanden. Diese sollen so beschaffen sein, daß unabhängig vom bewertenden Subjekt gleiche Sachverhalte zu einem gleichen Wertansatz im JA führen. Solche Verfahren kann der Bilanzierende bei echten Wahlrechten fixieren, zum Beispiel bei der Ermittlung von Herstellungskosten oder der Festlegung von Verbrauchsfolgeverfahren gemäß § 256 HGB.

Unstrittig fällt auch das implizite Wahlrecht für die Festlegung der planmäßigen Abschreibungen auf das abnutzbare AV hierunter.

Daneben gibt es aufgrund von Ermessungs- und Schätzspielräumen noch eine ganze Reihe von sogenannten 'unechten Wahlrechten', die ebenfalls zu Bewertungsmethoden führen können. Definiert ein Kaufmann zum Beispiel Verfahren zur Ermittlung von Pauschalwertberichtigungen oder von Garantierückstellungen, so greift das Stetigkeitsgebot ebenfalls. Dies führt dazu, daß ein Kaufmann seinen bilanzpolitischen (Bewertungs-)Spielraum völlig legal erhöhen kann, indem er die Fixierung von Bewertungsmethoden weitgehend vermeidet und damit den Anwendungsbereich des § 252 Absatz 1 Nr. 6 HGB bewußt klein hält. Dies führt praktisch aber häufig zu Mehrarbeit, da in größerem Umfang einzelfallbezogen bewertet werden muß.

Eine Präzisierung des Begriffs 'Bewertungsmethode' hat Kupsch (1987, 1102 f.) vorgenommen, der ein dreistufiges Verfahren vorschlägt, das am Beispiel der Bewertung von Rohstoffen vorgestellt wird:

a) Bestimmung der relevanten Wertkategorie für ein Bewertungsobjekt, zum Beispiel AK (§ 255 Absatz 1 HGB), naher Zukunftswert (§ 255 Absatz 3 Satz 3 HGB).

b) Verfahrensmäßige Fixierung der relevanten Wertkategorie, zum Beispiel Ermittlung der Anschaffungskosten individuell, mit dem gewogenen Durchschnitt oder nach einem Verbrauchsfolgeverfahren (§ 256 HGB).

c) Betragsmäßige Festlegung der relevanten Wertkategorie aufgrund der vorhandenen Daten (= rechnerische Durchführung). Hierbei können sich noch geringfügige Freiheitsgrade ergeben, wenn das Verfahren gemäß b) nicht ganz umfassend/detailliert fixiert wurde, beispielsweise ob Anschaffungsnebenkosten (ANK) individuell oder pauschal ermittelt werden.

Eine Änderung auf einer der drei Bewertungsstufen würde demnach eine Änderung der Bewertungsmethode bedeuten.

Als Methodenwahlrechte kommen insbesondere folgende Beispiele in Frage (vgl. Kupsch 1987, S. 1105):

Wertkategorie	Methodenwahlrechte
Anschaffungskosten (§ 255 Absatz 1 HGB)	• Einzelermittlung mit individueller oder pauschaler Ermittlung der Anschaffungsnebenkosten • Kollektivermittlung: Durchschnittsbewertung, Verbrauchsfolgeverfahren, Festwert, Gruppenbewertung • retrograde Ermittlung (Handelsunternehmen)
Herstellungskosten (§ 255 Absätze 2 und 3 HGB)	• Einzel- oder Kollektivermittlung • Voll- oder Einzelkosten, Zwischenwerte • Plan-, Normal-, Istwerte bei Gemeinkosten • Einbeziehung von Fremdkapitalzinsen
fortgeführte Anschaffungs- oder Herstellungskosten (§ 253 Absatz 1 Satz 1 HGB)	• Abschreibungsmethoden • steuerliche oder betriebsgewöhnliche Nutzungsdauer • Vollabschreibung geringwertiger Wirtschaftsgüter oder Abschreibung nach Nutzungsdauer • Abschreibung pro rata temporis oder Halb- bzw. Jahresabschreibung
niedrigerer beizulegender Wert für Gegenstände des Anlagevermögens (§ 253 Absatz 2 Satz 3 HGB)	• unterschiedliche Methoden zur Ermittlung von Wertminderungen
aus Börsen- oder Marktpreis abzuleitender niedrigerer Wert für Umlaufvermögen (§ 253 Absatz 3 Satz 2 HGB)	• unterschiedliche Methoden zur Wertermittlung (insbesondere bei unfertigen Erzeugnissen: pauschale oder individuelle Ermittlung noch anfallender Aufwendungen)
niedrigerer beizulegender Wert für Umlaufvermögen (§ 253 Absatz 3 Satz 3 HGB)	• unterschiedliche Schätzmethoden zur Wertermittlung (zum Beispiel Gängigkeitsabschläge) • Methoden zur Ermittlung von Einzel- und Pauschalwertberichtigungen auf Forderungen
Barwert für Rentenverpflichtungen (§ 253 Absatz 1 Satz 2 HGB)	• unterschiedliche Zusätze (steuerlicher Zinssatz 5,5% oder Kapitalmarktzins)
nach vernünftiger kaufmännischer Beurteilung notwendiger Betrag (§ 253 Absatz 1 Satz 2 HGB)	• Voll- oder Teilkosten bei Rückstellungen für drohende Verluste • Bewertung nach § 6a EStG oder abweichende Bewertung bei Pensionsrückstellungen • unterschiedliche Methoden zur Bestimmung wirtschaftlich verursachter Garantieverpflichtungen
Rückzahlungsbetrag von Verbindlichkeiten (§ 253 Absatz 1 Satz 2 HGB)	• Sicherungskurs oder maßgeblicher Briefkurs bei Valutaverbindlichkeiten

Wir werden noch sehen, daß diese formalisierte und umfassende Interpretation der Methodenstetigkeit nicht der herrschenden Meinung entspricht (und auch Kupsch selbst sich nicht daran hält).

Die materielle Vergleichbarkeit von JA setzt aber nicht nur Bewertungsstetigkeit voraus, sondern auch **Stetigkeit im Bilanzansatz**. Aus betriebswirtschaftlicher Sicht wurde deshalb häufig gefordert, daß auch Wahlrechte bezüglich der Bilanzierung dem Grunde nach stetig auszuüben sind. Dieser Forderung hat der Gesetzgeber bewußt nicht nachgegeben: sowohl der Wortlaut, der nur von Bewertung spricht, als auch die Systematik des HGB, nach der zwischen Bilanzierung (dem Grunde nach) und Bewertung (der Höhe nach) streng unterschieden wird, lassen eine Ausweitung des § 252 Absatz 1 Nr. 6 HGB auf Ansatzwahlrechte nicht zu.

Analysiert man die einzelnen Aktivierungs- und Passivierungswahlrechte des HGB (zum Beispiel Bilanzierungshilfen gemäß §§ 269, 274 HGB, Disagio gemäß § 254 Absatz 3 HGB, Kann-Rückstellungen gemäß § 249 Absatz 2 HGB), so zeigt sich, daß dies eine in der Regel wenig 'schädliche' Lücke im Gesetz ist. Die entsprechenden Wahlmöglichkeiten treten üblicherweise nicht regelmäßig, sondern diskontinuierlich auf, so daß die Störungen der Darstellung der Vermögens- und Ertragslage eher auf die unregelmäßigen GV als auf die unstetige Abbildung im JA zurückgeht. Für einzelne dieser Wahlrechte, wie die Bilanzierungshilfen oder die steuerlich motivierten Sonderposten, würde der Stetigkeitsgrundsatz sowieso nicht greifen können.

Gleichwohl kann es zu einer schwachen Form der Stetigkeit kommen, wenn bestimmte Sachverhalte regelmäßig auftreten (zum Beispiel Disagio). Nach dem sogenannten **'Willkürverbot'** wäre ein sachlich nicht gerechtfertigtes Abweichen von der normalen Bilanzierungspraxis unzulässig. Es ist aber anzunehmen, daß 'sachliche Gründe' für ein verändertes Bilanzierungsverhalten fast immer zu finden sind.

4.2 Der Verbindlichkeitsgrad der Norm

Im Rahmen des Gesetzgebungsverfahrens wurde das ursprünglich als Muß-Vorschrift gefaßte Stetigkeitsgebot in eine Soll-Vorschrift umgewandelt. Der Rechtsausschuß begründete diese Änderung mit dem Hinweis auf § 252 Absatz 2 HGB, der ein Abweichen von den in § 252 Absatz 1 HGB aufgeführten GoB in begründeten Ausnahmefällen erlaubt. Eine Muß-Regelung hätte dazu in Widerspruch gestanden.

Dieses Argument überzeugt nicht, da die Ausnahmeregelung für alle unter Absatz 1 genannten GoB, also auch für Muß-Vorschriften, gilt und auch an anderen Stellen des HGB Ausnahmen zu Muß-Normen bestehen. Deshalb traten zunächst Zweifel an der Verbindlichkeit der Regelung auf. Überwiegend wird inzwischen allerdings die Meinung vertreten, daß mit der Sollvorschrift kein Aufweichen des Stetigkeitsgebotes intendiert ist. Dafür fehlen zum einen jegliche Hinweise in den Gesetzesmaterialien, zum anderen wird in Deutschland 'soll' manchmal mit 'muß' in Gesetzen gleichgesetzt (selbst wenn die Rechtsfolgen bei Verstößen differieren). Zum Teil wird auch darauf verwiesen, daß in anderen EG-Ländern eine Umsetzung im Sinne von 'Muß' erfolgte und dies als Indiz für eine dem deutschen HGB übergeordnete EG-Regelung gewertet.

Sieht man den Zweck des Stetigkeitsgebotes in der Vergleichbarkeit von aufeinanderfolgenden JA, so würde eine teleologische (= zweckorientierte) Auslegung der Norm wohl eindeutig zu einer Interpretation im Sinne von 'Muß' führen.

Erstaunlich ist deshalb, daß Söffing (1987, 2599 ff.) – immerhin Richter am BFH – die Sollregelung wörtlich nimmt und sie als Willkürverbot wertet. Da der BFH entscheidend an der Auslegung von GoB beteiligt ist, soll die Begründung Söffings kurz skizziert werden.

Neben dem Wortlaut greift er unter anderem auf zwei Argumente zurück:

a) Vergleichbarkeit ist aufgrund der bilanzpolitischen Maßnahmen (zum Beispiel bei der Dotierung von Rückstellungen) und der Umkehrmaßgeblichkeit sowieso nicht herstellbar, sie ist ein 'akademischer Wunschtraum'.
b) Im übrigen wird Vergleichbarkeit auch bei Stetigkeitsunterbrechungen durch die Erläuterungspflichten im Anhang hergestellt: Stetigkeit wird also im Sinne einer Publizität von Stetigkeitsunterbrechungen verstanden.

Beide Gründe sind meines Erachtens nicht gerade überzeugend: da Vergleichbarkeit nur eingeschränkt möglich ist, soll gleich ganz darauf verzichtet werden. Professionelle Bilanzanalytiker (zum Beispiel von Kreditinstituten) sollten demnach ihren 'akademischen Wunschtraum' aufgeben und Anlageentscheidungen nicht mehr mit (mühseligen) JA-Analysen fundieren.

Der Verweis auf die Pflichterläuterung im Anhang greift zu kurz, weil er bestenfalls für KapGes zutreffend wäre (§ 252 HGB gilt aber für alle Kaufleute) und quantitative Angaben nicht zwingend sind. Ein externer JA-Adressat kann deshalb keine Ergebniskorrekturen vornehmen. Zu beachten ist schließlich, daß der JA nicht nur unter Informations-, sondern auch unter Zahlungsbemessungsaspekten zu sehen ist. Selbst wenn bilanzpolitisch motivierte Stetigkeitsunterbrechungen erkennbar wären, bliebe ihr Einfluß auf den Jahreserfolg und damit – zumindest bei KapGes – auf den ausschüttungsfähigen Betrag.

Zum Teil wird in der Literatur die Vergleichbarkeit als Zweck des Stetigkeitsgebotes auch deshalb abgelehnt, weil sich die tatsächlichen Verhältnisse laufend ändern und fallweise Geschäftsvorfälle und Entwicklungen auftreten, die eine Vergleichbarkeit unmöglich machen. Dem liegt meines Erachtens ein Mißverständnis zugrunde: mit 'Vergleichbarkeit' kann nur gemeint sein, daß gleiche oder gleichartige Sachverhalte vergleichbar abgebildet werden. Es gehört geradezu zur Vergleichbarkeit, daß reale Diskontinuitäten auch im JA als solche erkennbar sind.

4.3 Das Verhältnis zu anderen GoB

Die Reichweite des Stetigkeitsgebotes wird auch deshalb kontrovers diskutiert, weil zum Teil argumentiert wird, daß es im Konflikt mit anderen GoB stehen kann und diese dominieren sollen.

Relativ problemlos ist dies für den Grundsatz der **Wesentlichkeit** akzeptabel. Nimmt man den Wortlaut des Gesetzes ganz ernst, so liegt zum Beispiel eine Methodenänderung schon dann vor, wenn die Ermittlung der HK aufgrund einer geringfügigen Modifikation des KoRe-Systems (zum Beispiel veränderter Zuschlagssatz für Betriebsstoffe) geändert wird. Dies hätte möglicherweise die Konsequenz, daß laufend über – unwichtige – Methodenänderungen berichtet werden müßte oder die KoRe starr zu handhaben wäre.

Wesentlich wichtiger sind dagegen die Probleme, die auftreten, wenn angenommen wird, daß der Grundsatz der **Einzelbewertung** (§ 252 Absatz 1 Nr. 3 HGB) und der **Vorsicht** (§ 252 Absatz 1 Nr. 4 HGB) mit dem Stetigkeitsgebot partiell unvereinbar sind und im Konfliktfall Vorrang haben sollen.

Zunächst ist festzuhalten, daß sich eine solche Dominanz nicht aus der Stellung der GoB im Gesetz (zum Beispiel wegen der Reihenfolge) herleiten läßt.

Moxter (1986, 41) schreibt: „So hat etwa das Stetigkeitsprinzip immer zurückzutreten, wenn es mit dem Vorsichtsprinzip kollidiert."

Zwei Beispiele von Müller (1987, S. 1635) sollen deutlich machen, wie dieser Vorrang begründet wird:

1. Ein Unternehmen hat bisher die HK auf Vollkostenbasis ermittelt. Da die künftige Umsatzalimentierung der Kosten zweifelhaft ist, zum Beispiel aufgrund von fehlender Marktgängigkeit, soll eine Bewertung zu Teil-Kosten zulässig sein, ja „oftmals ist es wegen des Imparitätsprinzips zwingend geboten" (Müller 1987, S. 1635).
2. Ein Unternehmen hat Teile seines Vorratsvermögens nach der sogenannten Fifo-Methode bewertet, die jeweiligen Bilanzbestände also mit aktuellen Preisen bewertet. Steigen die Preise für diese VG, so macht das Vorsichtsprinzip eine Änderung der Bewertungsmethode erforderlich.

Allgemein ist festzuhalten, daß Bewertungsmethoden, die dem Vorsichtsprinzip nicht entsprechen, immer unzulässig sind. Dies liegt in beiden Fällen aber gerade nicht vor: es handelt sich schlicht um nach Handels- und Steuerrecht erlaubte Verfahren, die AK oder HK zu ermitteln. Das Vorsichtsprinzip erzwingt zwar die Einhaltung des (strengen oder gemilderten) Niederstwertprinzips, also ggf. Abschreibungen gemäß § 253 Absätze 2 und 3 HGB, aber nicht eine Methodenänderung für die Ermittlung der Einstandswerte. So verpflichtet zwar das Imparitätsprinzip zu einer außerplanmäßigen Abschreibung im ersten Fall, aber nicht zu einer Teil-Kostenbewertung. Andernfalls wäre das Stetigkeitsgebot nur eine leere Worthülse und ein beliebiger Übergang zu vorsichtigeren Methoden (zum Beispiel degressive statt lineare Abschreibung) immer zulässig oder gar geboten.

Äußerst komplex ist das Verhältnis des Stetigkeitsgebotes zum Grundsatz der **Einzelbewertung**. Dies liegt unter anderem auch am Wortlaut des § 252 Absatz 1 Nr. 6 HGB, der auf den vorhergehenden JA Bezug nimmt. Daraus wurde gefolgert, daß die Bewertung der im laufenden Jahr neu zugegangenen VG/Schulden nicht durch die Bewertungsmethoden aufgrund bisheriger Übung determiniert sei. Diesen Neuzugängen sei einzeln und unabhängig davon ein Wert zuzuordnen. Damit würde das Stetigkeitsgebot nur noch verlangen, daß bei bereits im Vorjahr vorhandenen VG/Schulden die Methoden beibehalten werden.

Diese Sichtweise wird aus einer ganzen Reihe von Gründen meines Wissens kaum noch vertreten:

- In der für das HGB grundlegenden EG-Richtlinie heißt die Regelung wörtlich: „In der Anwendung der Bewertungsmethoden soll Stetigkeit bestehen." Will man nicht einen Verstoß des HGB gegen zwingendes EG-Recht in Kauf nehmen, ist der Verweis auf das Vorjahr nicht ganz wörtlich zu nehmen. Das bedeutet auch, daß zum Beispiel bei diskontinuierlichen Investitionen im Sachanlagevermögen das Stetigkeitsgebot gilt. Wird in t_1 eine Maschine A zu Teilkosten bewertet, in t_2 keine hergestellt, so ist bei einer Herstellung in t_3 die Methode aus t_1 beizubehalten.
- Eine erzwungene Anwendung einer bestimmten Bewertungsmethode steht nicht im Widerspruch zum Einzelbewertungsgrundsatz, der nur verlangt, daß jedem Gegenstand/jeder Schuld ein DM-Betrag zugeordnet wird. Die Zwecke der Einzelbewertung (zum Beispiel Verhinderung von Wertsaldierungen) werden davon nicht tangiert.
- Die Existenz des § 252 Absatz 1 Nr. 6 HGB wäre nicht zu rechtfertigen, da die Fortführung der Werte bereits vorhandener VG, zum Beispiel durch § 253 HGB und das Gebot der planmäßigen Abschreibung, sowieso gesichert wird.

Damit ist aber noch nicht geklärt, ob das Stetigkeitsgebot nur für gleiche Bewertungsobjekte gilt oder auch für **gleichartige oder sogar für völlig verschiedene Objekte** greifen soll. Nach herrschender, aber nicht unbestrittener Ansicht soll Methodenstetigkeit auch für gleichartige Objekte gelten, wobei der Begriff der Gleichartigkeit in Analogie zu den Abgrenzungen gemäß § 240 Absatz 4 HGB bestimmt wird. Hierbei wird darauf abgestellt, daß VG art- oder funktionsgleich sind. Artgleichheit liegt zum Beispiel bei Hemden verschiedener Größe vor, Funktionsgleichheit beispielsweise bei Getränkekisten aus Holz oder Plastik. Unstrittig sind solche Abgrenzungen aber häufig problematisch. Sind PC mit verschiedenen Leistungsprofilen artgleich? Sind Joghurtbecher aus Plastik (werden recycelt) und Glas (Mehrfachverwendung möglich) funktionsgleich?

Hinzu kommt, daß der Begriff 'Gleichartigkeit' nach überwiegender Literaturmeinung auch das Merkmal der annähernden Gleichwertigkeit beinhaltet. Für das Stetigkeitsgebot würde dies zu einer paradoxen Situation führen: um die Gleichwertigkeit als Voraussetzung für die (Nicht-)Anwendung des Stetigkeitsgebotes prüfen zu können, muß der Wert des Objektes bekannt sein. Dieser ergibt sich aber erst durch die Anwendung einer Bewertungsmethode.

Gleichwohl ist im Grundsatz die Ausweitung des § 252 Absatz 1 Nr. 6 HGB auf gleichartige Objekte sinnvoll, wenn der Normzweck in der Vergleichbarkeit aufeinanderfolgender JA gesehen wird: vergleichbare Sachverhalte sollen nach den gleichen Methoden im JA abgebildet werden. Söffing vertritt auch hier die Gegenposition: „Nach der Willkürthese kommt eine solche Gleichbehandlung schon deshalb nicht in Betracht, weil die Ausübung eines gesetzlich zulässigen Wahlrechts niemals Willkür sein kann“ (1987, S. 2602).

Umgekehrt folgt aber aus dem Stetigkeitsgebot für gleichartige Objekte auch, daß die Bewertung verschiedener Objekte nicht durch bereits verwendete Bewertungsmethoden präjudiziert wird. Außerdem greift die Methodenstetigkeit sogar bei identischen Objekten nicht, wenn sie nicht vergleichbaren Nutzungs- und Risikobedingungen unterliegen. Ermittelt ein Kaufmann zum Beispiel die Pauschalwertberichtigungen auf inländische Forderungen bisher nach einer bestimmten Methode, so bindet ihn dieses Verfahren nicht für die Bewertung von neuen Forderungen an ausländische Kunden (zum Beispiel in Polen) oder an einen neuen Kundenkreis mit wahrscheinlich abweichendem Zahlungsverhalten.

Bisher wurde die **Objektbindung in ihrer zeitlichen Dimension** behandelt, also unter welchen Bedingungen im Zeitablauf stetig zu bewerten ist. Dabei blieb ausgeklammert, daß nach dem Wortlaut des § 252 Absatz 1 Nr. 6 HGB noch nicht einmal sichergestellt ist, daß gleiche/gleichartige Bewertungsobjekte, die im gleichen Jahr zugehen, gleich zu bewerten sind (**sachliche Dimension**). Zwar ist die Forderung nach einer **einheitlichen Bewertung** schon alt, aber ob insoweit ein GoB vorliegt, ist umstritten. Akzeptiert man die Forderung nach einheitlicher Bewertung nicht als GoB, hätte dies fatale Konsequenzen für den Grundsatz der Methodenstetigkeit, wie folgendes Beispiel zeigt: Ein Kaufmann stellt in t_0 drei gleiche Maschinen her, die er mit unterschiedlichen Kosten bewertet: zu Einzelkosten, zu variablen Kosten und zu Vollkosten. Stellt er in t_1 eine weitere gleichartige Maschine her, so wären alle drei Bewertungen möglich, ohne gegen das Stetigkeitsgebot zu verstoßen. Offensichtlich wäre dies ein äußerst unbefriedigender Zustand.

4.4 Durchbrechungen des Stetigkeitsgebotes ohne Ausnahmecharakter

In § 252 Absatz 2 HGB ist geregelt, daß von den GoB gemäß § 252 Absatz 1 HGB in **begründeten Ausnahmefällen** abgewichen werden darf. Auf diese Ausnahmen wird im folgenden Abschnitt eingegangen. Daneben ist es aber in einer ganzen Reihe von Fällen (nach weitverbreiteter Literaturmeinung) zulässig oder sogar notwendig, von den zuvor angewandten Bewertungsmethoden abzuweichen, **ohne daß ein Ausnahmefall gemäß Absatz 2 des § 252 HGB vorliegt**. Das Gebot der Methodenstetigkeit wird davon überhaupt nicht tangiert.

Nun könnte man zunächst zwar einwenden, daß ein Abweichen vom Wert, wie er bei einer stetigen Anwendung der Bewertungsmethoden ermittelt wird, die Vergleichbarkeit gleichermaßen stört, egal ob man dieses Abweichen als begründete Ausnahme bezeichnet oder als Abweichung ohne Ausnahmecharakter. Da an diese Unterscheidung aber nach herrschender Meinung (vgl. Abschnitt 4.6) verschiedene Erläuterungspflichten anknüpfen, ist dieses Argument zumindest bei KapGes unzutreffend.

In § 253 Absatz 4 HGB ist geregelt, daß über das Niederstwertprinzip hinausgehende Abschreibungen auf VG des AV oder UV 'im Rahmen vernünftiger kaufmännischer Beurteilung zulässig' sind. Aufgrund der Ausschlußregelung in § 279 Absatz 1 Satz 1 HGB gilt dieses Wahlrecht nicht für KapGes. Erklärter Zweck des § 253 Absatz 4 HGB ist es, Kaufleuten die Legung stiller Reserven zu ermöglichen. Diese sollen zum Beispiel der Ergebnisglättung oder der finanziellen Vorsorge für künftige Investitionen dienen. Nun macht es natürlich wenig Sinn, wenn man einen Kaufmann, der in t1 stille Reserven gelegt hat, via Stetigkeitsgebot auch in den Folgeperioden dazu zwänge. Dadurch würde bestenfalls die einmalige Störung der Vergleichbarkeit in eine dauerhafte umgewandelt.

Die zweite Abweichung ohne Ausnahmecharakter sind **Abweichungen aufgrund zwingender handelsrechtlicher Normen**, zum Beispiel außerplanmäßige Abschreibungen auf einen gesunkenen Zeitwert gemäß § 253 Absätze 2 und 3 HGB: „Denn dabei handelt es sich nicht um Bewertungsmethoden im Sinne des § 252 Absatz 1 Nr. 6 HGB)" (SABI 2/1987, S. 28). Außerdem liegt, da es sich um pflichtgemäße Abschreibungen handelt, kein bilanzpolitisches Potential vor.

Unstrittig ist, daß diese Abschreibungen zwangsweise vorzunehmen sind, also ein Abweichen vom ansonsten methodisch gefundenen Wert verbindlich ist. Im übrigen ist die Einstufung als Nicht-Ausnahmefall aber angreifbar. Die außerplanmäßige Abschreibung ist selbstverständlich nur fallweise vorzunehmen, also selbst keine Bewertungsmethode, aber genauso selbstverständlich kann sie ein Abweichen von der bisherigen Bewertungsmethode beinhalten. Dies ist sogar zwingend, wenn man unter den Begriff 'Methode' auch die Auswahl der relevanten Wertkategorie subsumiert, wie Kupsch das tut (vgl. Abschnitt 4.1). Werden Vorräte statt wie im Vorjahr mit HK im Geschäftsjahr mit dem niedrigeren, aus dem Marktpreis abgeleiteten Wert (vgl. § 253 Absatz 3 HGB) angesetzt, würde dies eine Methodenänderung bedeuten.

Auch der Verweis auf das fehlende bilanzpolitische Potential ist bedenklich: sieht man den Zweck des § 252 Absatz 1 Nr. 6 HGB in der Herstellung von Vergleichbarkeit im Zeitablauf, so spielt es meines Erachtens keine Rolle, ob diese durch Abschreibungswahlrechte oder Abschreibungspflichten gestört wird. Es ist nicht einzusehen, warum die erzwungene Stetigkeitsunterbrechung nicht publizitätspflichtig sein sollte (durch Erläuterungen im Anhang).

Noch schwerer ist die Frage zu beantworten, ob **steuerliche Abschreibungen** gemäß § 254 HGB dem Stetigkeitsgebot unterliegen oder nicht. In der Wirtschaftsprüferstellungnahme (vgl. SABI 2/1987, S. 28) wird zwar unterstellt, daß eine planmäßige Inanspruchnahme steuerrechtlicher Abschreibungen ebenfalls eine Bewertungsmethode sein kann. Unter Verweis auf die Begründung des Rechtsausschusses wird aber davon ausgegangen, daß der Kaufmann zum Beispiel Sonderabschreibungen Jahr für Jahr unterschiedlich ausüben kann. Es liegt demnach immer eine begründete Ausnahme vor.

Damit ist meines Erachtens das zugrundeliegende Problem nur zum Teil angesprochen und geregelt worden. Klar ist zunächst, daß das handelsrechtliche Stetigkeitsgebot nach § 5 Absatz 1 Satz 1 EStG auch steuerlich grundsätzlich maßgeblich ist. Da das EStG (und andere Steuergesetze) aber eine ganze Reihe von subventionspolitisch motivierten Abschreibungsmöglichkeiten enthält, gilt für diese nur steuerrechtlich zulässigen Abschreibungen die Umkehrmaßgeblichkeit nach § 5 Absatz 1 Satz 2 EStG. Um den Subventionszweck nicht zu gefährden und eine steuerneutrale HGB-Transformation zu sichern, sind diese Fälle selbstverständlich als begründete Ausnahmefälle akzeptabel und fallen unter § 252 Absatz 2 HGB. Da diese Werte grundsätzlich nicht den GoB entsprechen, macht eine Bindung an den GoB des § 252 Absatz 1 Nr. 6 HGB auch keinen Sinn.

Unklar ist damit aber noch, wie die Fälle zu entscheiden sind, die handels- und steuerrechtlich deckungsgleiche Wahlrechte enthalten. Hat ein Kaufmann seine Maschinen bisher zum Beispiel linear abgeschrieben, so kann er steuerlich und handelsrechtlich Neuzugänge zwar prinzipiell degressiv abschreiben, aber handelsrechtlich durch das Stetigkeitsgebot nur eingeschränkt. Steuerlich wäre eine degressive Abschreibung unstrittig zulässig. Handelsrechtlich wäre dies nur in begründeten Ausnahmefällen erlaubt.

Zum Teil wird in der Literatur ein solcher Ausnahmefall angenommen oder eine Durchbrechung der Stetigkeit ohne Ausnahmecharakter als zulässig unterstellt. Hierzu wird darauf verwiesen, daß auch degressive Abschreibungen, zum Beispiel gemäß § 7 Absatz 2 EStG, Subventionscharakter haben. Gegen diese Interpretation sprechen allerdings zwei Gründe: zum einen umfaßt § 254 HGB ausdrücklich 'nur' steuerrechtlich zulässige Abschreibungen, und hier liegen annahmegemäß handels- und steuerrechtliche Abschreibungen vor. Man müßte den Wortlaut also in dem Sinne verstehen, daß mit 'nur steuerlich zulässig' gemeint ist: handelsrechtlich normalerweise zulässig, aber aufgrund des Stetigkeitsgebotes nur noch steuerlich zulässig. Ob dies noch im Sinne des Gesetzgebers ist, scheint mir zweifelhaft. Zum anderen würde diese Sichtweise aber auch dazu führen, daß § 252 Absatz 1 Nr. 6 HGB in vielen Fällen leerläuft: steuerliche Wahlrechte würden praktisch immer dominieren.

4.5 Durchbrechungen in begründeten Ausnahmefällen

Naturgemäß hängt die praktische Bedeutung de Stetigkeitsgebotes davon ab, was als 'begründeter Ausnahmefall' im Sinne von § 252 Absatz 2 HGB anzusehen ist. In HGB-Kommentaren und anderen Publikationen sind hierzu vielfältige und zum Teil abenteuerliche Kataloge von Tatbeständen aufgeführt worden. Im folgenden sollen fünf Gruppen von Fallgestaltungen kurz referiert und kommentiert werden.

a) Vermeidung von Steuernachteilen, insbesondere die Nutzung von Verlustvorträgen ermöglichen.
b) Institutionelle Veränderungen im Unternehmen.
c) Änderungen der externen Rahmenbedingungen.
d) Bessere Vergleichbarkeit sichern.
e) Sonstige.

zu a):

Es ist zwar unstrittig, daß die Inanspruchnahme von Subventionswahlrechten (zum Beispiel Sonderabschreibungen, steuerfreie Rücklagen) ein begründeter Ausnahmefall sind. Der weitergehende Anspruch, daß alle steuerlichen Nachteile eine Durchbrechung der Stetigkeit rechtfertigen, ist aber höchst problematisch, da dies bei einer mehrjährig geplanten Steuerbilanzpolitik dann fast immer zulässig wäre. Insbesondere bei Nicht-KapGes mit progressiven Einkommensteuertarifen liefe das Stetigkeitsgebot häufig leer.

zu b):

Hier werden insbesondere drei Fälle angesprochen: Eigentümerwechsel, Einbeziehung in einen Konzernverbund und Managementwechsel. In diesen Fällen soll es möglich sein, die Unternehmenspolitik zu verändern unter Einschluß der Bilanzpolitik. Da solche Änderungen nur relativ selten auftreten werden, sind diese Gründe meines Erachtens akzeptabel.

zu c):

Da Stetigkeit vergleichbare Verhältnisse voraussetzt, wird bei veränderten Rahmenbedingungen eine Methodenänderung zum Teil unkritisch als zulässig angesehen, zum Beispiel wenn

- wesentliche Änderungen des Beschäftigungsgrades vorliegen,
- wesentliche Änderungen der Finanz- und Kapitalstruktur vorliegen,
- sich Lagerbestände drastisch verändern,
- technische Umwälzungen vorliegen,
- Produktions- und Sortimentsgestaltungen erfolgen,
- sich Konjunktur- und Branchenprognosen verschlechtern,
- Sanierungsmaßnahmen eingeleitet werden,
- Inflation zunimmt.

Diese Beispiele zeigen ein grundsätzliches Problem: verweist man nicht auf eine Dominanz des Vorsichtsprinzips (s.o.), so ist eine Änderung der Bewertungsmethoden oft schwer zu rechtfertigen. Eine Änderung der Abbildung der Realität würde möglicherweise die realen Änderungen überdecken. Insbesondere, wenn durch solche Änderungen Verschlechterungen des Beschäftigungsgrades oder der Finanz- und Kapitalstruktur verdeckt oder Sanierungsbemühungen verheimlicht werden sollen, laufen sie auf eine Täuschung Externer hinaus.

Normalerweise sollte es ausreichen, den Risiken der genannten Veränderungen – ohne Änderung der Bewertungsmethoden – durch außerplanmäßige Abschreibungen und/oder Rückstellungen Rechnung zu tragen.

Kupsch (1987, S. 1160) versucht eine Eingrenzung der zulässigen Ausnahmen durch zwei Kriterien: Änderungen dürfen nicht primär bilanzpolitisch motiviert und sollen aus der Sicht eines externen JA-Adressaten gerechtfertigt sein. Zugegebenermaßen sind diese Kriterien aber recht unscharf.

zu d):

Relativ unproblematisch sind solche Methodenänderungen, die zwar möglicherweise die Vergleichbarkeit zum vorherigen JA stören, aber die Vergleichbarkeit künftiger Abschlüsse erhöhen. Dies kann angenommen werden, wenn von pauschalen zu differenzierten Bewertungsmethoden übergegangen wird, zum Beispiel die Festbewertung durch Einzelbewertung ersetzt werden soll oder eine einfache Divisionskalkulation durch eine differenzierte Zuschlagskalkulation.

Auch der Übergang von falschen zu richtigen Methoden ist demnach zulässig, zum Beispiel wenn Untersuchungen eine falsche Kostenschlüsselung der Vergangenheit zutage fördern oder sich die Schätzungen der Nutzungsdauer (ND) von Anlagen als falsch herausstellen.

zu e):

Da ein Katalog von Ausnahmefällen niemals vollständig sein kann und selbst eine eindeutige Gruppenbildung noch fehlt, gibt es noch eine Vielzahl von Literaturbeispielen, die unter die Rubrik 'sonstige' fallen. Exemplarisch sollen drei genannt werden:

- Änderungen der Rechtsprechung dürften in der Regel akzeptabel sein. So sollte es aufgrund des BFH-Urteils, daß nunmehr auch interne JA-Kosten rückstellungsfähig sind, zulässig sein, die Bewertungsmethode für diese Rückstellungen anzupassen.
- Anders zu sehen ist meines Erachtens der Fall, in dem eine Methodenänderung zu einer Vermeidung der Verlustanzeige gemäß § 92 Absatz 1 AktG (oder § 49 Absatz 3 GmbHG) führen soll. Diese Verlustanzeige ist notwendig, wenn ein Verlust in Höhe der Hälfte des Grundkapitals eingetreten ist. Der Vorstand muß diese prekäre Situation den Anteilseignern auf einer außerordentlichen Hauptversammlung mitteilen. Die Regelung dient also dem Eignerschutz und soll diesen die Möglichkeit geben zu reagieren. Eine

Methodenänderung dazu zu nutzen, dieses Eigentümerrecht zu unterlaufen, halte ich für mißbräuchlich.

- Ein recht liberales Verständnis des § 252 Absatz 2 HGB liegt auch der Ansicht zugrunde, daß es der Geschäftsleitung alle fünf Jahre freizustellen sei, die Bewertungsmethoden neu zu überdenken und an ggf. veränderte Erfolgserwartungen anzupassen. Dies würde den Zweck des Stetigkeitsgebotes geradezu konterkarieren.

Die aufgezeigten Fallgestaltungen sollen deutlich machen: von konsensfähigen GoB kann (noch) nicht die Rede sein. Inwieweit das Stetigkeitsgebot die Bilanzpolitik einschränkt und die Vergleichbarkeit von JA sichert, ist damit noch offen. Dies wird ganz entscheidend davon abhängen, ob Jahresabschlußprüfer den Ausnahmetatbestand des § 252 Absatz 2 HGB in der Praxis restriktiv oder liberal interpretieren.

4.6 Die Publizität von Stetigkeitsunterbrechungen

KapGes, die einen Anhang erstellen, müssen bei **Stetigkeitsunterbrechungen** folgende Angaben machen:

- Nach § 284 Absatz 2 Nr. 3 HGB sind **Abweichungen von Bilanzierungs- und Bewertungsmethoden** anzugeben und zu begründen. Unter 'Begründung' wird die Angabe von Überlegungen und Argumenten verstanden, die zur Abweichung geführt haben. Eine solche Begründung wird allerdings nur für nicht unerhebliche Abweichungen zwingend gefordert. Wichtig ist, daß diese Erläuterungspflicht nicht nur Abweichungen von Bewertungs-, sondern auch von Bilanzierungsmethoden umfaßt.
  Nicht unter diese Regelung fallen Änderungen, die bereits nach anderen HGB-Vorschriften im Anhang zu erläutern sind, zum Beispiel rein steuerliche Abschreibungen (§ 281 Absatz 2 HGB) oder unterlassene Zuschreibungen (§ 280 Absatz 3 HGB).
  Umstritten ist allerdings, ob nur der Übergang von einer Methode zu einer anderen berichtspflichtig ist oder jedes Abweichen von einer Methode, wie es der Wortlaut des Gesetzes nahelegt. Der Unterschied ist wesentlich. So wäre im ersten Fall ein Abweichen von den nach der üblichen Methode ermittelten AK oder HK wegen einer Abschreibung auf den niedrigeren beizulegenden Wert nicht berichtspflichtig, da eine fallweise Bewertung vorliegt und keine neue Methode angewendet wird. Hält man sich strikt an den Wortlaut, so liegt selbstverständlich eine Abweichung von einer Bewertungsmethode vor.

- Darüber hinaus ist auch der Einfluß der **Abweichung** auf die **Vermögens-, Finanz- und Ertragslage** darzustellen. Liegen mehrere Änderungen gleichzeitig vor, so kann über den Gesamteinfluß zusammen berichtet werden. Dabei ist die absolute oder die relative Größenordnung der zusammengefaßten Auswirkungen aller Methodenänderungen anzugeben.

5. FAZIT

Sollen JA vergleichbar sein, setzt dies eine stetige Anwendung der Abbildungsregeln des Unternehmens voraus. Angesichts der nur eingeschränkten Vergleichbarkeit handelsrechtlicher Abschlüsse wird das Stetigkeitsgebot in der Literatur teilweise auch als schlichtes Willkürverbot interpretiert, das nur willkürliche Unstetigkeiten verhindern soll.

Stetigkeit hat eine formelle und eine materielle Komponente: Die formelle Stetigkeit ist für KapGes zwingend geregelt, für andere Kaufleute gilt nur ein Willkürverbot für Änderungen. Die materielle Stetigkeit betrifft Bilanzansatz- und Bewertungsfragen. Bezüglich des Bilanzansatzes fehlt eine ausdrückliche HGB-Regelung, so daß Wahlrechte zwar willkürfrei, aber nicht zwingend stetig auszuüben sind.

Bezüglich der Bewertung gilt der Grundsatz der Methodenstetigkeit. Dieser greift aber nur für Methoden. Ein Widerspruch dieses Grundsatzes zu den GoB 'Einzelbewertung' und 'Vorsicht' liegt meines Erachtens praktisch nie vor. Die Reichweite des Stetigkeitsgebotes wird aber stark eingeschränkt:

- bei PersGes/Einzelunternehmen durch die Abschreibungsmöglichkeiten gemäß § 253 Absatz 4, und § 254 HGB,
- bei KapGes durch die steuerlichen Abschreibungsmöglichkeiten.

Außerdem sind Abweichungen in begründeten Ausnahmefällen zulässig, wobei keine übereinstimmende Abgrenzung solcher Ausnahmen in der Literatur erkennbar ist. Zum Teil wird das Stetigkeitsgebot sehr liberal interpretiert (aufgeweicht).

Ob nicht-methodische Unterbrechungen des Stetigkeitsgebotes von KapGes im Anhang zu erläutern sind, ist umstritten.

Insgesamt kann festgehalten werden, daß die Stetigkeit von JA in der Literatur 'nicht ganz so ernst' genommen wird. Es erscheint fraglich, ob die Praxis diesbezüglich strengere Normen setzt.

D. WIEDERHOLUNGSFRAGEN

1. Welche Zielsetzungen liegen dem Grundsatz der Stetigkeit zugrunde?

2. Was besagt der Grundsatz der Bilanzidentität? Welche Folgen hat er für die Rechnungslegung?

3. Was besagt der Grundsatz der formellen Stetigkeit? Wie ist die formelle Stetigkeit im HGB geregelt worden?

4. Erläutern Sie die Begriffe Bewertungsmethode, Wahlrecht, unechtes Wahlrecht. Geben Sie bitte jeweils Beispiele an.

5. Begründen Sie bitte, warum der Grundsatz der Methodenstetigkeit

   a) eine nur begrenzt verbindliche Soll-Vorgabe ist,
   b) eine zwingend einzuhaltende Norm ist.

   Welche Argumentation halten Sie für zutreffend?

6. Ein Unternehmen hat Kleinwerkzeuge bisher einzeln bewertet. Da der Ansatz mit einem Festwert (gemäß § 240 Absatz 3 HGB) zu einem niedrigeren Wert führen würde, soll künftig eine Festbewertung erfolgen. Der Kaufmann begründet dies damit, daß dies dem Gläubigerschutz und der Substanzerhaltung dient.

   a) Liegt eine Methodenänderung vor?
   b) Wenn ja, ist sie aufgrund der genannten Argumente zulässig?
   c) Fallen Ihnen bessere Argumente ein, um eine Festbewertung künftig zu ermöglichen?

7. Stehen der Grundsatz der Methodenstetigkeit und der der Einzelbewertung in Konflikt miteinander? Begründen Sie bitte Ihre Ansicht.

8. Ein Kaufmann hat bisher alle abnutzbaren Gegenstände des AV linear abgeschrieben. Im laufenden Jahr sind folgende Gegenstände neu zugegangen:

   a) Drei Firmen-Pkw der gehobenen Mittelklasse wurden durch Pkw der unteren Oberklasse ersetzt.

   b) Eine größere EDV-Anlage wurde samt Software erworben, um die bisher weitgehend manuell durchgeführten Planungs- und Abrechnungsarbeiten zu rationalisieren.

c) Die bisher für die Auslieferung der Produkte im Ein-Schicht-Betrieb eingesetzten Lieferwagen wurden durch große Lkw ersetzt, die bei Bedarf rund um die Uhr einsetzbar sind und auch ausländische Abnehmer direkt beliefern können.

Können diese Gegenstände degressiv abgeschrieben werden?

9. Was besagt der Grundsatz der Einheitlichkeit der Bewertung? Welche Bedeutung hat er für die Methodenstetigkeit gemäß § 252 HGB?

10. Erläutern Sie, welche Bedeutung steuerliche Bewertungswahlrechte für das Stetigkeitsgebot haben.

11. Die Rohstoffe wurden in der Bilanz eines Kaufmanns bisher immer mit dem gewogenen Durchschnittswert angesetzt. Gesunkene Beschaffungspreise zum Bilanzstichtag erzwingen nunmehr eine Abschreibung gemäß § 253 Absatz 3 Satz 1 HGB.

    Liegt eine Änderung der Bewertungsmethode vor?
    Hat diese Änderung Einfluß auf den Anhang?

12. Erläutern Sie typische Beispiele von begründeten Ausnahmefällen (§ 252 Absatz 2 HGB), die ein Abweichen von der Methodenstetigkeit rechtfertigen.

13. Prüfen Sie bitte, ob in den folgenden Beispielen ein Verstoß gegen § 252 HGB oder andere GoB vorliegt:

    a) Eine AG hat im Vorjahr eine kleine Filiale mit zwei Mitarbeiterinnen in Andorra eröffnet und die Aufwendungen für diese Erweiterung des Geschäftsbetriebes gemäß § 269 HGB nicht aktiviert. Im Geschäftsjahr (GJ) wurde ein Zweigwerk in den USA mit 150 Mitarbeiterinnen und Mitarbeitern aufgebaut. Die Ingangsetzungsaufwendungen werden in der Bilanz aktiviert.

    b) Eine 1990 in den neuen Bundesländern gegründete GmbH hatte bisher aufgrund der hohen Anlaufverluste keine Sonderabschreibungen auf Neuanlagen vorgenommen. Da 1993 erstmals mit einem hohen Gewinn gerechnet wird, soll eine steuerlich zulässige Abschreibung von 50% im ersten Jahr auf eine neue Maschine vorgenommen werden.

c) Die AK eines Wertpapieres des UV in t_1 betrugen 200 TDM. Am 31.12. wurden sie auf den niedrigeren Börsenkurs (160 TDM) abgeschrieben. In t_2 erholte sich der Kurs wieder, eine Zuschreibung wurde mit Hinweis auf § 253 Absatz 5 HGB zulässigerweise nicht vorgenommen. Zum 31.12. in t_3 liegt der Börsenkurs bei 210 TDM. Die Wertpapiere sollen in der Bilanz mit 200 TDM angesetzt werden.

d) Im Jahr t_1 wird gemäß § 250 Absatz 3 HGB das Disagio für eine Verbindlichkeit unter den aktiven RAP aufgenommen. In t_2 wird wiederum eine Verbindlichkeit begründet, deren Rückzahlungsbetrag über dem Ausgabebetrag liegt. Auf die Aktivierung soll verzichtet werden.

e) Eine oHG nimmt in t_1 unter Berufung auf § 253 Absatz 4 HGB wegen des allgemeinen Unternehmensrisikos einen pauschalen Abschlag von 20% auf die am Stichtag vorhandenen Vorräte vor (1 Mio. DM). In t_2 werden diese Vorräte vollständig umgesetzt. Am 31.12. in t_2 beträgt der Endbestand der (neuen) Vorräte 2 Mio. DM. Ein Abschlag wird nicht vorgenommen. Nach Angaben der Geschäftsleitung hat sich ihre Einschätzung des allgemeinen Unternehmensrisikos nicht geändert.

f) Eine Überprüfung durch den Kostenrechner hat ergeben, daß die bisherige Schlüsselgröße 'Personalkosten' für die Fertigungsgemeinkosten nicht verursachungsgerecht ist. Künftig soll der Schlüssel 'Materialkosten' zur Anwendung kommen. Die HK der Fertigerzeugnisse (§ 255 Absatz 2 HGB) würden dadurch stark ansteigen.

g) Im Vorjahr war die Heizungsanlage unter der Position A.II.2 gemäß § 266 Absatz 2 HGB ausgewiesen. Den Einwendungen des Wirtschaftsprüfers soll im GJ gefolgt werden und ein Ausweis unter A.II.1 erfolgen.

h) Für eine neu angeschaffte Maschine wird die ND mit fünf Jahren veranschlagt. Bei vergleichbaren Maschinen, die früher angeschafft wurden, waren sieben Jahre zugrunde gelegt worden.

i) Bisher wurden die Maschinen linear abgeschrieben, da die jährlichen Abschreibungen einfach zu berechnen waren. Da im GJ eine Rechenmaschine gekauft wurde, kann der Bilanzbuchhalter auch die degressive Abschreibung ermitteln. Er will nunmehr degressiv abschreiben.

j) Eine große Hotelkette hat die Bettwäsche bisher nach § 240 Absatz 3 HGB mit einem Festwert angesetzt. Im GJ soll auf Einzelbewertung umgestellt werden.

14. Welche Anhangangaben sind erforderlich, um die Publizität der Stetigkeitsunterbrechungen zu sichern?

15. Das Stetigkeitsgebot ist

 a) das Ende jeglicher Bilanzpolitik,
 b) ein Papiertiger,
 c) keines von beiden, sondern eine ausgewogene Kompromißlösung.

 Halten Sie a, b oder c für zutreffend oder etwas ganz anderes? Begründen Sie bitte Ihre Ansicht.

Kapitel 6: Die Grundsätze ordnungsmäßiger Buchführung IV: Ausgewählte GoB

A. KURZINHALT

Dieses Kapitel beschließt die Ausführungen zu den GoB. Ohne ein bestimmtes GoB-System zugrunde zu legen, wird die gängige Auslegung dieser Grundsätze vorgestellt und kritisch hinterfragt. Dabei wird deutlich, daß die Begrifflichkeit und inhaltliche Reichweite der behandelten Prinzipien in der Literatur uneinheitlich ist, Überschneidungen sind deshalb des öfteren möglich.

Im Gegensatz zu den vorher behandelten Grundsätzen der Vorsicht und der Stetigkeit ist dieses Kapitel straffer gehalten. Dies soll keine Gewichtung der Relevanz zum Ausdruck bringen; es ist eher eine Folge der zum Teil selbstverständlichen, zum Teil auch extrem vagen GoB. Der Inhalt und die konkrete Reichweite dieser GoB wird erst deutlicher, wenn die handels- und steuerrechtlichen Vorschriften zum JA einigermaßen bekannt sind. Deshalb wird auf die hier besprochenen GoB wiederholt zurückzukommen sein.

Gleichwohl sind diese Grundsätze für das Verständnis der HGB-Konzeption unerläßlich. Sie determinieren den Aussagehalt der JA in beträchtlichem Maße. Dies trifft für den Grundsatz der Unternehmensfortführung, der Einzelbewertung und das Nominalprinzip in besonderem Maße zu. Die GoB der Vollständigkeit, Klarheit und das Stichtagsprinzip beinhalten 'eigentlich' Selbstverständlichkeiten, zeigen bei näherer Betrachtung aber durchaus diskussionswürdige Probleme. Die sehr allgemeinen Prinzipien 'Bilanzwahrheit' und 'Wesentlichkeit' machen deutlich, daß die in Bilanz und GuV verwendeten eindeutigen Zahlen nur eine Scheingenauigkeit nahelegen. Vereinfachungen und Entscheidungen unter Unsicherheit prägen JA mehr oder weniger stark und können dazu führen, daß ein konkreter Abschluß sich im nachhinein als ein ungenaues oder gar unzutreffendes Abbild der Vermögens-, Finanz- und Ertragslage herausstellt.

Ein kurzes Resümee beschließt das Kapitel.

B. LEHRZIELE

Dieses Kapitel soll Sie in die Lage versetzen,

- die rechtlichen Grundlagen, den Inhalt und die Grenzen der einzelnen GoB zu erläutern,
- die Folgen dieser Konstruktionsprinzipien für den Aussagegehalt der JA abzuschätzen,
- die Anwendung der allgemeinen GoB auf konkrete Bilanzierungs- und Bewertungsprobleme selbständig vorzunehmen,
- das Zusammenwirken der zum Teil auch widersprüchlichen GoB zu analysieren.

C. INHALT

1. EINLEITUNG

In diesem Kapitel wird eine ganze Reihe von GoB behandelt, ohne das Ziel der Vollständigkeit anzustreben. Einige Problembereiche, die von anderen Autoren unter den GoB abgehandelt werden, sind ausgeklammert und werden in anderen Kapiteln besprochen (beispielsweise die Frage der wirtschaftlichen Zurechnung von VG, das Greifbarkeitsprinzip etc.)

Angestrebtes Ziel ist es hier, die für das Verständnis des JA zentralen Grundsätze (neben den bisher aufgeführten) zu erläutern.

2. GRUNDSATZ DER UNTERNEHMENSFORTFÜHRUNG (GOING-CONCERN-PRÄMISSE)

In § 252 Absatz 1 Nr. 2 HGB ist der schon immer geltende Grundsatz, daß bei der Bewertung von der Annahme der Unternehmensfortführung (going-concern-Annahme) auszugehen ist, wenn nicht rechtliche oder tatsächliche Gegebenheiten dieser Annahme entgegenstehen, aufgenommen worden. Solche rechtlichen Gegebenheiten sind insbesondere der Beschluß zur Unternehmensbeendigung oder ein Konkursantrag der Geschäftsleitung. Tatsächliche Gründe für ein Abgehen von dieser Annahme sind zum Beispiel wirtschaftliche Sachverhalte, also drohende Zahlungsunfähigkeit oder Überschuldung aufgrund einer andauernden Verlustsituation. Wichtig hierbei ist, daß die Fortführungsannahme vom JA-Ersteller und ggf. dem Abschlußprüfer auf das gesamte Unternehmen zu beziehen ist und nicht nur auf eventuell geplante Teilbetriebsstillegungen.

Welche Tragweite dieser GoB für die Rechnungslegung hat, wird deutlich, wenn man sich vor Augen führt, wie ein JA aussieht, wenn die Fortführungsprämisse entfällt. Es ist zwar höchst unklar, was man unter 'Fortführungswerten' verstehen soll, die Bilanzierungs- und Bewertungsregeln des HGB stellen aber insbesondere klar, daß

- VG zu den (fortgeführten) AK oder HK zu bewerten sind und
- abnutzbares AV planmäßig abzuschreiben ist.

Ein Ansatz von Einzelveräußerungswerten (Liquidationswerten) zum Bilanzstichtag ist demnach nicht erforderlich oder zulässig.

Gibt man die Fortführungsannahme dagegen auf, würde dies für den JA bedeuten, daß Bilanzierung und Bewertung dem geplanten veränderten Verwertungszweck anzupassen sind.

1. Das Vorratsvermögen ist zu Liquidationswerten anzusetzen, die unter den Bedingungen einer baldigen Veräußerung erzielbar sind. Roh-, Hilfs- und Betriebsstoffe sowie unfertige Erzeugnisse wären, da eine normale Verarbeitung und Verwertung nicht mehr möglich ist, abzuwerten. Selbst für die vorhandenen Fertigerzeugnisse ist ein Absatz unter den üblichen Bedingungen einer werbenden Unternehmung vielleicht unmöglich.
2. Beim AV wären insbesondere außerplanmäßige Abschreibungen auf die Sachanlagen vorzunehmen, für die es häufig keine oder nur sehr niedrige Marktpreise gibt. Eine für eine werbende Unternehmung werthaltige Spezialmaschine kann auf den Schrottwert abzuschreiben sein, wobei sogar noch Abbruch- und Transportkosten zu berücksichtigen sind.
3. Das zu veräußernde AV wäre als UV auszuweisen und nach dem strengen Niederstwertprinzip zu bewerten.
4. RAP und Bilanzierungshilfen entfallen in einer Liquidationsbilanz.
5. Langfristige Verbindlichkeiten sind ggf. umzugliedern, da sie kurzfristig fällig gestellt werden.
6. Rückstellungen für die bevorstehenden Liquidationsausgaben müßten zusätzlich passiviert werden. Diese können sowohl für die Abwicklung selbst als auch für einen Sozialplan für das zu entlassende Personal anfallen. Rückstellungen für Kosten der Nichteinhaltung von Verträgen sind zu bilden (Konventionalstrafen, Schadenersatzansprüche).
7. Soweit für Alt-Pensionszusagen keine Rückstellungen gebildet wurden, müßten diese passiviert werden, da eine Finanzierung der Pensionsleistungen aus künftigen Erträgen eine Unternehmensfortführung voraussetzt.
8. Umgekehrt wären Rückstellungen für Kulanzleistungen und die sogenannten Aufwandsrückstellungen gemäß § 249 Absatz 2 HGB aufzulösen, da eine Realisierung der Ausgaben die Unternehmensfortführung voraussetzt.
9. In der Literatur uneinheitlich ist die Ansicht, ob für Vermögensgegenstände Einzelveräußerungswerte auch dann anzusetzen sind, wenn diese über den Anschaffungs- oder Herstellungskosten liegen. Insbesondere Immobi-

lien und Finanzanlagen können erhebliche stille Reserven enthalten. Nach herrschender Meinung gelten aber auch bei Aufgabe der Fortführungsannahme die handelsrechtlichen Bewertungsregeln weiterhin, so daß eine Aufwertung insoweit ausscheidet. Diese vorsichtige Bewertung führt dazu, daß ein erwartetes Liquidationsergebnis und die Schuldendeckungsfähigkeit des Unternehmens nicht erkennbar sind.

10. Ebenso greift das Verbot für die Aktivierung immaterieller Anlagengegenstände, die selbst erstellt wurden, weiterhin (§ 248 Absatz 2 HGB).

11. Bei der Ermittlung der Einzelveräußerungswerte wäre aber zu berücksichtigen, daß einzelne Betriebsteile, zum Beispiel Produktionseinheiten, insgesamt veräußerbar sind, so daß für diese ein Veräußerungswert angesetzt werden kann, der ggf. über dem Wert liegt, der im Rahmen einer Versilberung der einzelnen Bestandteile liegt.

Insgesamt machen diese Beispiele deutlich:

- Die Unternehmensfortführungsannahme hat nicht nur für die Bewertungsebene Relevanz, sondern auch für Bilanzansatzfragen; die Einordnung als Bewertungsregelung im HGB ist systematisch nicht zutreffend.
- In aller Regel wird die Liquidationsbilanz ein wesentlich schlechteres Bild von der Vermögens- und Finanzlage des Unternehmens wiedergeben als eine Fortführungsbilanz. Selbst ertrags- und finanzstarke Unternehmen wären häufig nicht mehr kreditwürdig, wenn die Bonität anhand von JA ohne die Fortführungsannahme beurteilt wird.
- Die Ermittlung der Liquidationswerte und der Auflösungskosten (speziell: Rückstellungen) setzt Prognosen voraus, die stark subjektiv geprägt sind und den bilanzpolitischen Spielraum des JA-Erstellers im Vergleich zu einer Fortführungsbilanz deutlich erhöhen. Liegt der Liquidationstermin nicht in nächster Zukunft, sind die möglichen Werte kaum auf plausibel nachvollziehbare Weise festzustellen. Auch die Art der Verwertung des Vermögens (einzeln oder in Teil-Gesamtheiten) ist in der Regel kaum prognostizierbar, hat für die Bewertung aber entscheidende Bedeutung. Unterstellt man sofortige Liquidation, wird für das Vermögen häufig nur ein Schrottwert erzielbar sein.
- Der Grundsatz der Vergleichbarkeit/Stetigkeit kann nur Sinn haben, wenn Unternehmensfortführung unterstellt wird. Eine Liquidationsbilanz ist mit vorhergehenden Bilanzen schon aufgrund des abweichenden Zwecks nicht

vergleichbar. Daraus folgt, daß eine solche Bilanz einen insgesamt geringen Informationswert hat. Die Annahme der Unternehmensfortführung sorgt weiterhin im Regelfall dafür, daß ein Unternehmen kreditwürdig bleibt. Wird von der Unternehmensleitung selbst die baldige Einstellung der Geschäftstätigkeit angezeigt, indem für den JA die Fortführungsannahme nicht mehr zugrunde gelegt wird, so besteht die Gefahr, daß das Unternehmen von Lieferanten und Kreditgebern als nicht mehr kreditwürdig eingestuft wird. Ein Unternehmen, das in wirtschaftlichen Schwierigkeiten steckt und dies auf eine solche Weise kundtut, hat möglicherweise allein deshalb keine Chance zur Sanierung mehr. Verhandlungen mit Vertragspartnern/Geldgebern wären erschwert (Gefahr der self-fulfilling prophecy).

Aus diesem Grund ist auch höchst umstritten, wann von der going-concern-Annahme abzugehen ist. Um einen möglichst aussagefähigen (= normalen) JA zu ermöglichen und erfolgversprechende Sanierungsverhandlungen nicht zu gefährden, fordert die herrschende Meinung, daß die Annahme möglichst lange aufrechterhalten wird. Damit sollen unnötige Insolvenzen vermieden und Arbeitsplätze und volkswirtschaftliches Vermögen erhalten werden.

Die Konsequenz dieser Ansicht ist, daß es Fälle gibt und gab, in denen JA auf der Basis einer Unternehmensfortführung erstellt und von Wirtschaftsprüfern uneingeschränkt testiert wurden (werden) und die Unternehmen bald danach insolvent wurden (werden). Dies hat zu einem schwindenden Vertrauen in die Tätigkeit der Wirtschaftsprüfer geführt. Die Rechtfertigung der angegriffenen Prüfer lautet in Kurzform: Der handelsrechtliche JA ist vom Prüfer zu testieren, nicht die Bonität des Unternehmens. Der Prüfer soll nicht zum Totengräber von möglicherweise lebensfähigen Unternehmen werden. Bestandsgefährdungen eines Unternehmens sind für den Prüfer zwar von Bedeutung, seine diesbezüglichen Berichtspflichten bestehen aber nur gegenüber der Unternehmensleitung und den Aufsichtsorganen (zum Beispiel Aufsichtsrat), die für zu ergreifende Sanierungsmaßnahmen zuständig sind. Eine zu frühe Warnung der Öffentlichkeit nützt niemandem.

In der Literatur gibt es derzeit eine starke Tendenz zu der Meinung, daß die Fortführungsannahme allerdings dann aufzugeben ist, wenn das Unternehmen nicht noch mindestens zwölf Monate wahrscheinlich lebensfähig ist, also bis zum nächsten regulären JA. Im übrigen wird darauf verwiesen, daß durch eine ergänzende Berichterstattung im Anhang und Lagebericht (nur KapGes) über bestehende Probleme informiert werden kann oder muß (zum Beispiel § 289 Absatz 2 Nr. 1 und 2 HGB).

Zwei Dinge sollten aber bei dieser Argumentation beachtet werden:

1. Die Lageberichterstattung über Bestandsgefährdungen von deutschen KapGes wird nahezu einhellig als völlig unzureichend eingestuft. Die zurückhaltende Berichtspraxis wird wiederum mit möglichst störungsfreien und heimlichen Sanierungsverhandlungen begründet.
2. Insolvenzen werden in Deutschland in der Regel viel zu spät durch ein Konkurs- oder Vergleichsverfahren geordnet abgewickelt. Im Jahre 1988 wurden zum Beispiel 77% der beantragten Konkurse nicht eröffnet, da das vorhandene Vermögen nicht einmal ausreichte, Verfahrenskosten und Masseschulden zu decken.

Verspätete Insolvenzen führen aber sowohl zum Verlust von Arbeitsplätzen (zum Beispiel Fortführung rentabler Teilbetriebe nicht mehr möglich) als auch zur Schädigung von Gläubigern, die noch Kredite zur Verfügung stellten, da die Bonität des gefährdeten Unternehmens nicht richtig eingeschätzt werden konnte.

Die praktische Bedeutung des Fortführungsgrundsatzes kann derzeit als relativ gering bezeichnet werden: in den weitaus meisten Fällen kann die Annahme des going concern problemlos unterstellt werden. Anderenfalls sind in der Regel besondere Abwicklungseröffnungsbilanzen zu erstellen (vgl. zum Beispiel § 270 AktG) oder ein Konkurs-/Vergleichsstatus.

3. DER GRUNDSATZ DER EINZELERFASSUNG UND EINZELBEWERTUNG VON VERMÖGENSGEGENSTÄNDEN UND SCHULDEN

In § 252 Absatz 1 Nr. 3 HGB ist vorgeschrieben, daß VG und Schulden einzeln zu bewerten sind. Nach § 240 Absatz 1 HGB ist der Kaufmann verpflichtet, seine VG und Schulden im Inventar einzeln zu bewerten. Da dieser Bewertungsvorgang logisch eine art- und mengenmäßige Einzelerfassung voraussetzt, soll der **Grundsatz der Einzelbewertung** im folgenden die **Einzelerfassung** einschließen. Steuerlich gilt dieser allgemein akzeptierte GoB gemäß § 6 Absatz 1 EStG. Selbstverständlich gilt er auch für Bilanzposten, die nicht VG oder Schulden sind (zum Beispiel RAP).

Der Grundsatz der Einzelbewertung soll einer ganzen Reihe von Zwecken dienen:

- **Kompensationen** von Wertsteigerungen und Wertminderungen sollen verhindert werden. So können zum Beispiel Wertsteigerungen von Aktie A nicht mit Kursverlusten von Aktie B saldiert werden; Abschreibungen auf ein Grundstück können nicht mit dem Hinweis auf stille Reserven bei einem anderen Grundstück unterlassen werden etc. Die Beispiele zeigen auch: der Einzelbewertungsgrundsatz schafft erst die Voraussetzung, daß das Imparitätsprinzip greifen kann.
- Es ist theoretisch und in der Regel auch praktisch **einfacher**, VG und Schulden einzeln zu bewerten im Vergleich zu einer Bewertung von Unternehmensgesamtheiten.
- Damit wird das Verfahren zugleich **objektiviert**, d.h. die subjektiven Ermessensspielräume werden eingeengt: Es ist sofort einzusehen, daß man über die Bewertung einer einzelnen Maschine leichter Einigkeit erzielen kann als bei einer Wertfindung für eine gesamte Betriebstätte, zumal andere GoB (zum Beispiel das Realisationsprinzip und das Belegprinzip) einen Einzelnachweis der Wertfindung erzwingen.
- **Nachweisbarkeit von VG** im Rechtsstreit oder Insolvenzverfahren sichern.
- Da Saldierungen grundsätzlich ausgeschlossen sind (vgl. auch § 246 Absatz 2 HGB), dient die Einzelbewertung auch einem **unverkürzten Ausweis im JA**. Zum Beispiel dürfen Grundstücksrechte nicht mit Grundstückslasten verrechnet werden.

So einleuchtend das Prinzip ist, der Teufel steckt auch hier im Detail. Eine Einzelbewertung setzt nämlich voraus, daß eindeutig fixiert ist, was ein VG ist, auf welche Einheit also abzustellen ist. Das ist insbesondere dann problematisch, wenn im Prinzip auch einzeln bewertbare VG zu einer größeren technischen Einheit verknüpft sind. Die unterste Bewertungseinheit ist nach herrschender Meinung die Funktionseinheit, d.h. eine selbständige Nutzung muß möglich sein (vgl. auch § 6 Absatz 2 Sätze 2 und 3 EStG).
Diese Abgrenzung von **Bewertungseinheiten** richtet sich im übrigen nicht notwendig nach zivilrechtlichen Kriterien: So sind Grundstück und aufstehendes Gebäude immer als getrennte VG anzusehen, obwohl sie rechtlich eine Einheit bilden.

Ein zweites Problem der Identifizierung von Einheiten tritt dadurch auf, daß sie unternehmensindividuell sein können. Fertige Stühle im Lager eines Möbelfabrikanten sind sicher einzeln zu erfassen. Bilden die gleichen Stühle eine

Sitzgruppe in einer Kücheneinheit eines Möbelhändlers, kann es dagegen sinnvoll sein, sie als Einheit zusammen zu erfassen.

Neben diesen Abgrenzungsfragen gibt es in vielen Bereichen wirtschaftliche, zum Teil auch logische Zwänge, vom Grundsatz der Einzelbewertung abzugehen.

1. Auch für Forderungen gilt grundsätzlich, daß die Risiken einzeln zu erfassen und mittels Abschreibungen zu buchen sind. Eine Einzelbewertung sämtlicher Forderungen ist aber aus zwei Gründen im allgemeinen nicht durchführbar: Zum einen würde es zu einem unvertretbaren Aufwand führen, sämtliche, vor allem auch kleinere, Forderungen, bezüglich ihrer Einbringlichkeit zu analysieren. Zum anderen erfordern auch als einbringlich einzustufende Forderungen eine Wertberichtigung für später eintretende Ausfälle. Damit sollen neben echten, unvorhersehbaren Ausfällen auch Mahn- und Beitreibungskosten, Zinskosten bei verspäteter Zahlung und spätere Preisnachlässe berücksichtigt werden. Diese Sachverhalte sind nicht auf die einzelnen Forderungen bezogen, sondern auf Forderungskollektive. Die Sätze für **Pauschalwertberichtigungen** sind durch statistische Aufzeichnungen aus Vorjahren zu ermitteln. Steuerlich wird in der Regel auch ohne Nachweis ein Satz von 3% akzeptiert.

2. **Rückstellungen** werden für wirtschaftlich verursachte, aber noch nicht endgültig abgewickelte Vorgänge gebildet, beinhalten also das Element der Ungewißheit. Neben grundsätzlich einzeln bewertbaren Risiken (Prozesse, Altlasten etc.) gibt es auch Risiken, die nur auf der Basis von Gesamtheiten sinnvoll zu ermitteln sind. So ist zum Beispiel beim Verkauf von Massengütern wie Autos eine Abschätzung möglicher **Garantieaufwendungen** in der Zukunft für ein bestimmtes Auto nicht möglich. Für große Stückzahlen läßt sich aber auf der Basis von Wahrscheinlichkeiten ein objektiv nachprüfbarer Wertebereich angeben.

3. **ANK und Anschaffungspreisminderungen** (Boni) sind zum Teil gar nicht oder nur unter erheblichem Aufwand bestimmten VG zuzuordnen. Auch hier sind Pauschalierungen möglich.

4. Das HGB definiert als Mindestherstellungskosten von VG die (direkt zurechenbaren) Einzelkosten. **Gemeinkosten** werden durch Schlüsselung nach dem Durchschnitts- oder Tragfähigkeitsprinzip fakultativ zugerechnet.

5. In bestimmten Fällen kann der Einzelbewertungsgrundsatz zu wirtschaftlich unsinnigen Ergebnissen im JA führen. Dies gilt zum Beispiel für die sogenannten **geschlossenen Währungs- oder Terminpositionen**. Hat ein (deutscher) Kaufmann zum Beispiel eine Forderung in Höhe von 200 US-Dollar, die in sechs Monaten fällig wird, so trägt er nicht nur ein Bonitäts-, sondern auch ein Kursrisiko. Schließt er einen Vertrag mit einer Bank ab, der diese verpflichtet, in sechs Monaten 200 US-Dollar für DM 1,70 pro Dollar zu kaufen, so ist das Kursrisiko insoweit eliminiert (von Bonitätsrisiken der Bank abgesehen). Im Prinzip ist der Vertrag mit der Bank als 'schwebendes Geschäft' bilanzunwirksam und berührt die Bh. nicht. Gleichwohl ergäbe sich ein unzutreffendes Bilanzbild, wenn die Dollar-Forderung am Bilanzstichtag abgeschrieben würde, weil der Dollar-Kurs nur noch bei DM 1,50/Dollar steht. In solchen Fällen ist eine Zusammenfassung der beiden Geschäfte zu einer Bewertungseinheit sinnvoll.

6. Schließlich erzwingt der Grundsatz der Wirtschaftlichkeit der Rechnungslegung häufig ein Abgehen vom methodisch richtigen Einzelbewertungsverfahren. Die Bewertung von am Bilanzstichtag vorhandenen Beständen setzt nämlich zweierlei voraus:

   a) Es muß genau bekannt sein, welche VG am Stichtag noch vorhanden sind und welche verbraucht oder verkauft wurden.
   b) Jedem dieser VG müssen seine Anschaffungs- oder Herstellungskosten einzeln zugeordnet werden können.

   Ein solcher **Identitätsnachweis** scheitert vielfach wegen der Art der gelagerten Güter und der verwendeten Lagertechnik.

   - Werden Flüssigkeiten wie Öl zum Beispiel in Tanks gelagert und sind im abgelaufenen Jahr mehrfach Entnahmen und Zuführungen (zu unterschiedlichen Preisen) erfolgt, wobei die Neulieferungen nicht immer in getrennte Tanks gefüllt wurden, so erfolgt eine Vermischung. Am Stichtag kann nicht mehr zugeordnet werden, aus welcher Lieferung der noch vorhandene Bestand stammt und welcher Einkaufswert zuzurechnen ist.
   - Das gleiche gilt für Schüttgüter auf Halden oder in Silos oder Containern.

Das HGB erlaubt einige Vereinfachungsverfahren, um mit einer Sammelbewertung die AK/HK zu schätzen, zum Teil wird auch die Bestandsmenge geschätzt. In § 256 Satz 2 HGB wird auf die Inventarvorschriften in § 240 Absatz 3 (**Festbewertung**) und Absatz 4 HGB (**Gruppenbewertung**) verwiesen. In Satz 1 sind zusätzliche Verfahren (**Verbrauchsfolgeverfahren**) geregelt. Dadurch kann der Eindruck entstehen, als wären im Rahmen der Inventur nur die erstgenannten zulässig. Da das Gesetz aber in beiden Sätzen das gleiche Problem regeln wollte, wäre es wirtschaftlich kaum vertretbar, wenn die Verbrauchsfolgeverfahren nicht auch schon bei der Erstellung des Inventars berücksichtigt werden dürften.

Einen Überblick über die Verfahren gibt das folgende Schaubild:

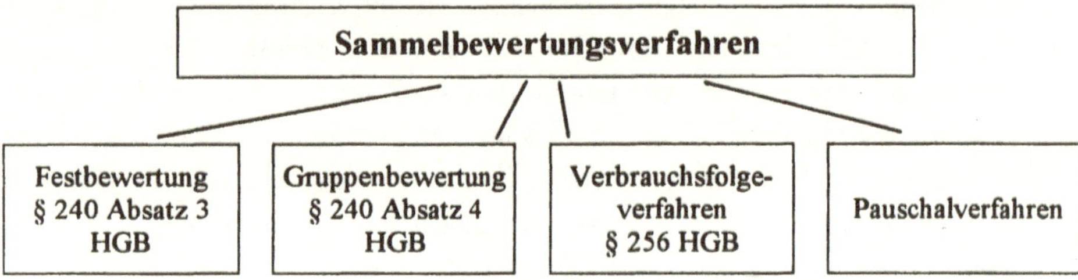

Auf diese Bewertungsverfahren wird in Kapitel 12 näher eingegangen.

Ergänzend sei darauf hingewiesen, daß für Konzernabschlüsse zusätzlich Kifo (Konzern in – first out) und Kilo (Konzern in – last out) möglich sind. Durch die Kifo-Fiktion kann der Aufwand zur Ermittlung von Zwischenerfolgen (§ 304 HGB) vermindert oder ganz vermieden werden.

4. STICHTAGSPRINZIP

Gemäß § 242 Absatz 1 HGB hat der Kaufmann die Bilanz für einen bestimmten Stichtag zu erstellen. In § 252 Absatz 1 Nr. 3 HGB ist darüber hinaus bestimmt, daß VG und Schulden zum Stichtag (einzeln) zu bewerten sind. Das Stichtagsprinzip gilt darüber hinaus selbstverständlich auch für die anderen Bilanzposten (RAP, Bilanzierungshilfen und Sonderposten mit Rücklagenanteil).

Der Zweck des Stichtagsprinzips wird einerseits in einer Objektivierung der Rechnungslegung gesehen, andererseits in der Zwecksetzung der Bilanz, das Reinvermögen eines Unternehmens zu einem bestimmten Datum darzustellen. Durch Vergleich des Reinvermögens zweier aufeinanderfolgender Stichtage ist der Periodenerfolg bestimmbar. Steuerlich gilt das Stichtagsprinzip ebenfalls, um die angestrebte Abschnittsbesteuerung zu verwirklichen. Der Bilanzstichtag

(= Inventarstichtag) kann vom Kaufmann im Grundsatz frei festgelegt werden, wobei die Restriktion des § 240 Absatz 2 Satz 2 HGB zu beachten ist. Die Festlegung eines neuen Stichtages bedarf allerdings für steuerliche Zwecke der Zustimmung der Finanzverwaltung (§ 8b EStDV). Handelsrechtlich ist eine willkürliche Umstellung unzulässig.

Vom Bilanzstichtag zu unterscheiden ist der **Termin der Bilanzerstellung**. In der Regel kann die Bilanz selbst nicht am Stichtag erstellt werden, da mehr oder weniger umfangreiche Vorarbeiten erforderlich sind. Die Bilanz ist erstellt, wenn sie (bei KapGes) dem Wirtschaftsprüfer zur Prüfung vorgelegt werden kann. Für KapGes regelt § 264 Absatz 1 Satz 2 HGB, daß der JA innerhalb von drei Monaten nach dem Stichtag erstellt sein muß. Satz 3 dieses Paragraphen modifiziert diese Frist für kleine KapGes im Sinne von § 267 HGB: eine spätere Erstellung ist zulässig, wenn dies einem ordnungsgemäßen Geschäftsgang entspricht, die Frist für die Bilanzerstellung beträgt jedoch längstens sechs Monate. Das bedeutet, daß die Sechs-Monats-Grenze nur dann ausgeschöpft werden darf, wenn dies einem ordnungsgemäßen Geschäftsgang entspricht.

Für Nicht-KapGes sieht das HGB lediglich vor, daß der JA innerhalb der einem ordnungsmäßigen Geschäftsgang entsprechenden Zeit aufzustellen ist (§ 243 Absatz 3 HGB). Da ein fester Termin nicht vorgeschrieben ist, wird in der Literatur zum Teil gefolgert, daß die Vorstellungen des Gesetzgebers, was ordnungsgemäß sei, in § 264 Absatz 1 Satz 3 HGB konkretisiert ist.

Zwingend ist die Übertragung der Frist von sechs Monaten auf Nicht-KapGes allerdings nicht. Die Rechtsprechung der Finanzgerichte und des BGH hat bisher ein eher uneinheitliches Bild ergeben, da jeweils unternehmensspezifische Besonderheiten für die Ordnungsmäßigkeit ausschlaggebend sein können. Als Gründe für eine späte JA-Erstellung werden zum Teil ein Wechsel in der Geschäftsführung oder eine schlechte wirtschaftliche Situation genannt. In solchen Fällen müßte man meines Erachtens eher umgekehrt argumentieren, daß eine möglichst schnelle JA-Erstellung vonnöten ist, um einen aktuellen Informationsstand zu gewährleisten.

So trivial die Einsicht ist, daß es nur Sinn macht, Aktiva und Passiva eines bestimmten Termins gegenüberzustellen, um Reinvermögen und Reinvermögensänderungen der abgelaufenen Periode zu bestimmen, ist die genaue Interpretation des Stichtagsprinzips doch auf unterschiedliche Arten möglich:

a) Die Bilanz ist so aufzustellen, wie sie am Stichtag selbst aufgestellt worden wäre.

b) Die Bilanzerstellung hat stets nach den Verhältnissen am Stichtag zu erfolgen.
c) Die objektiven Verhältnisse des Stichtages sind relevant.

Diese Fassungen des Prinzips unterscheiden sich dadurch, daß ein veränderter Informationsstand des Kaufmanns zum Zeitpunkt der Bilanzerstellung nicht auf den Stichtag selbst zurückbezogen werden darf, nur zum Teil einbezogen werden darf oder sogar einbezogen werden muß.

Ein Beispiel soll die Auswirkungen verdeutlichen: Zum Bilanzstichtag besteht eine Forderung an einen Kunden in Höhe von 100 TDM. Da zum Stichtag unklar ist, ob diese Forderung pünktlich und vollständig eingeht, müßte gemäß Version a) eine Einzel- oder Pauschalwertberichtigung vorgenommen werden, auch wenn die Forderung bis zum Zeitpunkt der Bilanzerstellung eingegangen ist. Auch nach Version b) ist die Ungewißheit am Stichtag ein Bestandteil der Wertverhältnisse des Abschlußstichtages, eine Abschreibung also erforderlich. Gemäß Version c) könnte man argumentieren, daß die Forderung objektiv am Bilanzstichtag voll werthaltig war. Der realisierte Forderungseingang nach dem Stichtag belegt dies, es liegt eine sogenannte **werterhellende Information** vor, die den Informationsstand des Kaufmanns bezüglich der objektiven Situation am Stichtag verbessert.

Nach herrschender Meinung sind werterhellende Informationen für den JA beachtlich, wenn sie die Verhältnisse am Stichtag betreffen. Dies gilt sowohl für Chancen (der Werterhöhung) als auch für Risiken (der Wertminderung), die bis zur Bilanzerstellung bekannt werden. Streng zu unterscheiden von diesen werterhellenden Informationen sind die sogenannten **wertbegründenden Sachverhalte** nach dem Stichtag. Treten zum Beispiel nach dem Stichtag Ereignisse ein, die den Wert einer Forderung oder Rückstellung vom Stichtag nachträglich ändern, sind sie grundsätzlich unbeachtlich. Das bedeutet zum Beispiel:

1. Der Stichtag für einen Kaufmann sei der 31. Dezember 01. Er erfährt vor der Bilanzerstellung, daß eines seiner Schiffe am 02. Januar 02 gesunken ist: das Schiff muß bilanziert werden, da am Stichtag das Schiff zu seinem Vermögen gehörte.
   Erlangt er dagegen erst am 10. Februar 02 davon Kenntnis, daß das Schiff am 29. Dezember 01 gesunken ist, darf es nicht mehr bilanziert werden, da es objektiv am 31. Dezember 01 nicht mehr zu seinem Vermögen gehörte. Offenbar wäre es unsinnig, den Kaufmann zu zwingen, an seinem unzulänglichen Informationsstand vom 31. Dezember 01 festzuhalten.

2. Eine Forderung an einen halbseidenen Bauunternehmer schätzt ein Kaufmann am Bilanzstichtag zutreffend als uneinbringlich ein und schreibt sie voll ab. Aufgrund eines Lottogewinnes nach dem Stichtag geht die Forderung später gleichwohl ein. Da der Lottogewinn ein wertbegründendes Ereignis nach dem Stichtag war, ist er unbeachtlich; die Forderung ist auszubuchen. Die Konsequenz dieser Handhabung mag unerwünscht erscheinen: im Jahr 01 wird unnötigerweise Abschreibungsaufwand gebucht, im Jahr 02 ein (periodenfremder) Ertrag in gleicher Höhe.
3. Besonders problematisch ist die Frage, ob Preisänderungen nach dem Stichtag wertbegründenden oder werterhaltenden Charakter haben. So mag ein Kaufmann zu Gewährleistungsarbeiten für abgesetzte Produkte verpflichtet sein, deren Kosten zum Stichtag mit 100 TDM geschätzt werden (Rückstellung). Aufgrund einer Tariferhöhung im Folgejahr kostet die Durchführung dieser Arbeiten später tatsächlich 120 TDM. Der Kaufmann kann diese Preissteigerung zur Bilanzerstellung abschätzen.

Während die herrschende Meinung wohl davon ausgeht, daß die Tariferhöhung ein wertbegründendes Ereignis des Folgejahres und deshalb unbeachtlich ist, läßt sich meines Erachtens auch die Gegenposition rechtfertigen: die Verpflichtung des Unternehmens besteht nicht in einer Geldleistung, sondern in einer Sachleistung, die zu bewerten ist. An dieser Sachleistungspflicht hat sich nichts geändert; lediglich das Wissen über den Wert dieser Verflichtung ist nunmehr verbessert. Die aktuelle Kostenschätzung stellt dann eine werterhellende Information über die Stichtagsverhältnisse dar. Schon zum Stichtag war klar, daß das Preisniveau des wahrscheinlichen Erfüllungstermins letztlich den Wert der Rückstellung bestimmt.

Werterhellende Informationen können eine Vielzahl von Bilanzposten betreffen, besonders Forderungen und Rückstellungen. Aber auch der Wissensstand über die Verwertung von Vorräten und den künftigen Nutzen von AV kann sich bis zur JA-Erstellung ändern. Die Abgrenzung von wertbegründenden Informationen kann im Einzelfall schwierig sein.

Das Stichtagsprinzip gilt aber nicht ausnahmslos, das HGB selbst enthält eine Reihe von Durchbrechungen:

- Das sogenannte gemilderte Niederstwertprinzip gemäß § 253 Absatz 2 Satz 3 HGB beläßt dem Kaufmann ein Wahlrecht, VG des AV bei nur vorübergehender Wertminderung (zum Stichtag) abzuschreiben oder nicht. Für

KapGes enthält § 279 Absatz 1 Satz 2 HGB die zusätzliche Restriktion, daß der niedrigere Stichtagswert nur bei Finanzanlagen Abschreibungen zuläßt.

- In § 253 Absatz 3 Satz 3 HGB ist geregelt, daß beim UV Wertminderungen nach dem Stichtag mittels Abschreibungen auf den nahen Zukunftswert berücksichtigt werden dürfen. Steuerlich wird diese Abwertung nur in Sonderfällen akzeptiert (vgl. Kapitel 11).
- Nach § 253 Absatz 5 HGB hat der Kaufmann ein Beibehaltungswahlrecht, wenn der Grund für eine außerplanmäßige Abschreibung entfallen ist. Eine Zuschreibung auf den Stichtagswert (oder die fortgeführten AK/HK) ist nicht erforderlich (vgl. Kapitel 11).
- Die Ermessensabschreibung nach § 253 Absatz 4 HGB erlaubt eine Unterschreitung von Stichtagswerten (vgl. Kapitel 11).
- Das Imparitätsprinzip verlangt, daß bei drohenden Verlusten aus schwebenden Geschäften eine Rückstellung passiviert wird (§ 249 Absatz 1 Satz 1 in Verbindung mit § 252 Absatz 1 Nr. 4 HGB). Diese Verluste sind am Stichtag noch nicht realisiert, aber wirtschaftlich bereits verursacht. Man kann deshalb darüber streiten, ob diese Rückstellungen ein Anwendungsfall des Stichtagsprinzips oder eine Durchbrechung sind.

Außerdem gibt es eine Reihe von Fällen, in denen eine weitere Durchbrechung des Grundsatzes für zulässig oder gar geboten gehalten wird:

- So sollen zum Beispiel hohe Zufallskurse von Wertpapieren des UV zum Bilanzstichtag, die vom Preisniveau vor und nach diesem Stichtag deutlich abweichen, unbeachtlich sein, um dem Vorsichtsprinzip Rechnung zu tragen. Dagegen sind zufällig niedrige Stichtagskurse nach herrschender Meinung immer relevant.
- Während diese Ansicht meines Erachtens den GoB und den Zwecken der Rechnungslegung (Gläubigerschutz) Rechnung trägt, dürfte der anders gelagerte Fall, daß nachträglich starke Wertminderungen eintreten, bei anderen VG unbeachtlich sein. ADS empfehlen aus Vorsichtsgründen zwar Abschreibungen nach § 253 Absatz 3 Satz 3 HGB (nur UV) und § 253 Absatz 4 HGB (nur Nicht-KapGes), ein Abwertungszwang ist aber auf keinen Fall begründbar (vgl. Adler/Düring/Schmaltz 1987, Rn. 39 zu § 253 HGB). Liegen die Voraussetzungen der genannten Normen nicht vor, greift meines Erachtens das Stichtagsprinzip.

- Besonders komplex können sich Sachverhalte bei rückwirkenden Verträgen gestalten. Obwohl der Vertrag erst nach dem Stichtag abgeschlossen wird, soll er Rechtskraft für einen früheren Zeitpunkt erlangen. Auf diese Besonderheiten soll hier nicht weiter eingegangen werden, da diesbezüglich die Diskussion um eine ordnungsgemäße Darstellung im JA gerade erst begonnen hat.
- Ebenfalls nicht weiter behandelt werden sogenannte bedingte Verträge mit einer auflösenden oder aufschiebenden Bedingung, bei denen die vereinbarte Bedingung nach dem Stichtag vor der Bilanzerstellung realisiert wird.
- ADS gehen davon aus, daß Sanierungsmaßnahmen (zum Beispiel Schuldenerlaß, Einräumung von Zuschußansprüchen) während der JA-Erstellung auf den Stichtag zurückbezogen werden dürfen (vgl. Adler/Düring/Schmaltz 1987, Rn. 39 zu § 252 HGB).

Ergänzend ist festzustellen, daß das Stichtagsprinzip zu zufälligen und/oder für das Geschäftsjahr untypischen Bilanzposten und Werten führen kann. Wesentliche Verschlechterungen der Wirtschaftslage nach dem Stichtag, aber vor Erstellung des JA, können bei KapGes Erläuterungspflichten im Lagebericht auslösen (§ 289 Absatz 2 Nr. 1 HGB).

5. DAS VOLLSTÄNDIGKEITSGEBOT

In § 246 Absatz 1 HGB ist normiert, daß der JA sämtliche VG, Schulden, RAP, Aufwendungen und Erträge enthalten muß, soweit gesetzlich nichts anderes bestimmt ist. Dieser Grundsatz beinhaltet auch, daß in der laufenden Bh. alle GV zu erfassen und sämtliche Konten, die zum Bilanzstichtag einen Saldo ausweisen, in den JA zu übernehmen sind.

Der Grundsatz impliziert aber auch einen nicht so formalen Aspekt: es sind sämtliche Informationen für die Bewertung der JA-Posten auszuwerten, einschließlich der werterhellenden Informationen. Welche praktischen Probleme dieser Grundsatz mit sich bringen kann, wird besonders bei der Frage deutlich, ob und ggf. in welcher Höhe Rückstellungen zu bilden sind. Dies kann in der Regel nicht aus den Konten der Finanzbuchhaltung ersehen werden, es ist eine (gedankliche) Inventur von möglichen Risiken erforderlich.

Ähnliche Probleme treten aber auch bei den Forderungen (Beurteilung der Einbringlichkeit), den Vorräten (Verarbeitungs- und Verwertungsfähigkeit), dem Sachanlagevermögen (Nutzbarkeit in der Zukunft) und anderen Bilanzposten auf. Auch die Feststellung, ob RAP zu bilden sind, ist normalerweise nicht anhand der Konten möglich, sondern es ist auf Verträge u.ä. zurückzugreifen.

Um dem Grundsatz der Vollständigkeit Rechnung tragen zu können, sind einige zum Teil sehr schwierige Vorentscheidungen zu treffen:

- Was ist genau unter einem VG oder einer Schuld zu verstehen (vgl. Kapitel 7)?
- Welche VG und Schulden sind einem Kaufmann persönlich zurechenbar? In vielen Fällen muß nicht der juristische, sondern der sogenannte wirtschaftliche Eigentümer bilanzieren (vgl. Kapitel 7).
- Welche VG und Schulden gehören zum Betriebsvermögen? Kann oder muß sogar auch Privatvermögen bilanziert werden (vgl. Kapitel 7)?

Das Vollständigkeitsgebot soll auch eine unverkürzte Darstellung im JA gewährleisten. Dies beinhaltet zum einen, daß auch voll abgeschriebene VG mit einem Erinnerungswert (von in der Regel DM 1) im Buchwerk festzuhalten sind. Ob auch unentgeltlich erworbene VG zumindestens mit einem Merkposten oder gar dem Zeitwert zu erfassen sind, ist umstritten. Um die Dokumentationsqualität der Bf. zu erhalten, erscheint dies notwendig, da anderenfalls Privatentnahmen kaum feststellbar wären. Zum anderen ergibt sich das in § 246 Absatz 2 HGB geregelte Verrechnungs- oder Saldierungsverbot, wonach Posten der Aktivseite nicht mit Posten der Passivseite und Aufwendungen nicht mit Erträgen verrechnet werden dürfen. Mit diesem Saldierungsverbot soll zugleich dem Grundsatz der Klarheit und Übersichtlichkeit entsprochen werden (siehe unten).

Ausnahmen vom Saldierungsverbot enthält das HGB selbst, zum Teil werden sie darüber hinausgehend in der Literatur vorgeschlagen oder als (untere) GoB reklamiert:

- Kleine und mittelgroße KapGes dürfen nach § 276 HGB zum Beispiel die Posten 1 bis 5 der GuV nach § 275 Absatz 2 HGB als 'Rohergebnis' zusammenfassen. Es ist demnach zulässig, Umsatzerlöse, Bestandsveränderungen, sonstige betriebliche Erträge und andere aktivierte Eigenleistungen mit dem Materialaufwand zu saldieren. Die GuV ist in diesem Fall kaum aussagefähig. Aber auch schon der Posten 2 (Erhöhung oder Verminderung des Bestandes an fertigen und unfertigen Erzeugnissen) kann eine Saldogröße sein (zum Beispiel Abnahme der Fertigerzeugnisse und Zunahme der unfertigen Erzeugnisse).

- Eine weitere Saldierung von Aufwendungen und Erträgen ergibt sich allein aufgrund der Buchungstechnik bei der Veräußerung von AV. Scheidet eine Maschine mit einem Buchwert von 50 TDM aus und wird ein Verkaufspreis von 100 TDM erzielt, so ist zu buchen (ohne Mehrwertsteuer):

Kasse	100 TDM	an	Maschine	50 TDM
			Sonstiger betrieblicher Ertrag	50 TDM

  Der Ertrag aus dem Verkauf wird mit dem Aufwand für die Hingabe der Maschine saldiert ausgewiesen. In der GuV taucht nur noch ein Ertrag von 50 TDM auf.

- Nach § 268 Absatz 5 HGB ist es zulässig, erhaltene Anzahlungen auf Vorräte als Verbindlichkeit (unsaldiert) auszuweisen oder offen vom Posten der Vorräte abzusetzen. Biener (1989, S. 165) gibt an, daß bei der Mannesmann AG im Konzernabschluß die Vorräte in Höhe von 6,3 Mrd. DM mit den Anzahlungen auf Bestellungen von 4 Mrd. DM saldiert wurden. Auch die Siemens AG wählte diesen Weg und verkürzte damit die Bilanzsumme 1994, die sonst um 28,7% größer gewesen wäre. Der EK-Anteil betrug deshalb 34,5% statt 26,8% ohne Saldierung.

- Umstritten ist, ob Forderungen und Verbindlichkeiten gegenüber einer Person saldiert werden dürfen oder nicht. Es wird darauf verwiesen, daß dadurch die Klarheit/Übersichtlichkeit des JA steigt, da eine Aufblähung der Bilanz unterbleibt. Andererseits ist festzuhalten, daß eine Saldierung die Vermögens- und Kapitalstruktur einer Bilanz beeinflussen kann, ohne daß dies erkennbar wäre. Außerdem können Forderungen ausfallen, während dieses 'Risiko' bei Verbindlichkeiten nicht existiert.

Zu fordern ist deshalb mit der herrschenden Meinung, daß eine Saldierung nur dann möglich ist, wenn zivilrechtlich aufrechenbare Ansprüche (vgl. § 387 BGB) vorliegen. Das zusätzliche Erfordernis, daß eine Aufrechnung tatsächlich geplant oder bis zur Bilanzerstellung erklärt wird, wird nicht durchgängig vorausgesetzt. Entscheidend ist meines Erachtens, daß es der Bilanzierende selbst in der Hand hat, die Verbindlichkeit jederzeit (also auch zum Bilanzstichtag) durch einseitige Erklärung der Aufrechnung aus der Welt zu schaffen.

Eine Saldierung mit einer einredebehafteten Forderung scheidet demnach auf jeden Fall aus.

Das Vollständigkeitsgebot des § 246 Absatz 1 HGB gilt nicht, wenn gesetzlich Abweichungen erlaubt sind. Hierzu zählen sämtliche Aktivierungs- und Passivierungswahlrechte und -verbote. Einige Autoren zählen auch den Grundsatz der Nicht-Bilanzierung schwebender Geschäfte zu den Durchbrechungen des Vollständigkeitsprinzips, da vertragliche Forderungen und Verpflichtungen nicht bilanziert werden. Diese Argumentation geht meines Erachtens fehl, da das Realisationsprinzip festlegt, wann Forderungen/Verbindlichkeiten im Sinne des Bilanzrechts entstehen. Da sie – abweichend vom Zivilrecht – noch nicht entstanden sind, sind sie auch nicht bilanzierungsfähig.

Eine weitere theoretisch unstrittige Durchbrechung erfährt der Vollständigkeitsgrundsatz durch den Grundsatz der Wesentlichkeit oder Wirtschaftlichkeit. Demnach können unwesentliche Sachverhalte (Posten, Informationen) entfallen. So ist es nach herrschender Meinung zulässig, geringfügige RAP nicht zu bilanzieren, insbesondere wenn es sich um Posten handelt, die Jahr für Jahr abzugrenzen sind (zum Beispiel bei mehrjährigen Versicherungsverträgen). Auf die Probleme einer Operationalisierung des Begriffs 'Wesentlichkeit', der für den Zeit- und Arbeitsaufwand einer JA-Erstellung ganz entscheidend sein kann, wird auf S. 144 ff. näher eingegangen.

6. WAHRHEIT, RICHTIGKEIT, WILLKÜRFREIHEIT

„Der problematischste Bilanzierungsgrundsatz ist das Prinzip der Bilanzwahrheit. Die Wahrheit ist ein ethischer Wert, der Anspruch auf absolute Geltung hat" (Wöhe 1992, S. 209).

Da eine Bilanz (ein JA) keinem absoluten Wahrheitsanspruch genügen kann (zum Beispiel weil Schätzungen und Prognosen erforderlich sind), wird der wertbeladene Begriff der Bilanzwahrheit in der Literatur zunehmend durch andere Begriffe ersetzt. Es ist unumstritten, daß ein JA in bezug auf die Anwendung der kodifizierten und nichtkodifizierten GoB und HGB-Regelungen immer nur relativ wahr sein kann. Ein JA ist also auch dann 'wahr', wenn eine neue Mashcine im ersten Jahr mit 50% abgeschrieben wird, weil eine steuerliche Sonderabschreibung möglich ist. Auch die Bewertung eines Grundstückes mit den historischen AK (weit unter dem aktuellen Zeitwert) führt zu einer 'wahren' Bilanz, da sie richtig im Sinne des HGB ist. Das Wort 'Richtigkeit' gibt dem Inhalt dieses GoB besser Ausdruck als 'Wahrheit'.

Wöhe schlägt dagegen vor, den Begriff der 'Zweckmäßigkeit der Bilanzierung' einzuführen, d.h. der JA muß geeignet sein, die JA-Zwecke zu erreichen. Da sowohl die JA-Zwecke umstritten sind als auch die Möglichkeit, diese mit Hilfe eines dem HGB und den GoB entsprechenden Informationsinstrumentes zu realisieren, ist diese Formulierung meines Erachtens wenig hilfreich.

Leffson (1987, S. 193 ff.) hat vorgeschlagen, den Grundsatz der Bilanzwahrheit durch den Grundsatz der sachlichen Richtigkeit und der subjektiven Wahrhaftigkeit (Willkürfreiheit) des Bilanzierenden zu präzisieren. Die zweite Komponente soll gewährleisten, daß Entscheidungsspielräume vom Bilanzersteller nicht so ausgefüllt werden, daß ein JA entsteht, den er subjektiv für falsch hält. Obwohl auch diese Formulierung sehr vage ist und häufig eine kaum kontrollierbare Voraussetzung enthält, hat sie einen Vorteil: sie legt dem Kaufmann die Pflicht auf, im Zweifelsfalle seine Entscheidung auf eine plausible, nachvollziehbare Weise begründen zu müssen. Außerdem können sich aus anderen betrieblichen Unterlagen (zum Beispiel KoRe, Finanzpläne) Anhaltspunkte ergeben, ob ein Kaufmann in seinem JA entgegen seiner subjektiven Überzeugung entschieden hat.

Insgesamt wird die praktische Konsequenz dieses GoB aber auf eine schlichte Beachtung der anderen Bilanzierungs- und Bewertungsregeln hinauslaufen. Räumt das Gesetz selbst Wahlrechte ein, so könnte man zwar argumentieren, daß diese so auszuüben sind, daß ein möglichst optimaler JA erstellt wird. Angesichts der Probleme einer solchen Optimierung (Bezüglich welcher Zwecke? Welcher JA ist besonders informativ, gläubigerschützend? etc.) geht die herrschende Meinung aber davon aus, daß Wahlrechte frei ausgeschöpft werden können (vgl. aber die Grenzen aufgrund des Stetigkeitsgebotes).

Schließlich sei angemerkt, daß das Gebot der Bilanzwahrheit, egal in welcher Präzisierung, kaum geeignet sein dürfte, Ermessensabschreibungen nach § 253 Absatz 4 HGB zu begrenzen (vgl. Kapitel 11).

7. KLARHEIT UND ÜBERSICHTLICHKEIT

In § 243 Absatz 2 HGB wird lapidar gefordert, daß der JA klar und übersichtlich sein muß. Dieses Gebot wird häufig als die formale Seite der Bilanzwahrheit verstanden. In der Literatur werden aus diesem GoB zum Teil der Grundsatz der Einzelbewertung, der JA-Kontinuität, der Vollständigkeit und das Saldierungsverbot abgeleitet, die hier aber gesondert behandelt werden.

Streng zu trennen ist das Gebot der Klarheit von dem der Richtigkeit. Leffson (1987, S. 207 f.) erläutert die möglichen Kombinationen an einem Beispiel:

	klar	**unklar**
richtig	1	2
falsch	3	4

1 Richtig und klar ist ein gesonderter Ausweis von Kassen-Wechselbestand.
2 Richtig, aber unklar, wäre es, die beiden Posten als 'Wechsel- und Kassenbestand' zusammenzufassen oder unter der Postenbezeichnung 'liquide Mittel'.
3 Falsch und klar wäre ein gesonderter Ausweis mit falschen Betragszuordnungen.
4 Falsch und unklar wäre eine falsche Betragsangabe in einem Posten.

Dieses drastische Beispiel leuchtet zwar sofort ein, es ist aber wesentlich schwieriger, eine allgemeine Definition von Klarheit und Übersichtlichkeit zu gewinnen. Die Gründe für diese Schwierigkeiten resultieren aus folgenden Ursachen:

- Bilanzierende Unternehmen haben ein verständliches und in Grenzen auch unstrittig berechtigtes Interesse an der Geheimhaltung von Informationen (Konkurrenzschutz). Da im Gesetz selbst nur für KapGes eine (unvollständige) Präzisierung der Informationspflichten erfolgt (die diesbezüglichen Regelungen für Nicht-KapGes bleiben sehr allgemein, siehe unten), besteht ein beachtlicher subjektiver Spielraum für die Bestimmung des gesetzlich erforderlichen Maßes an Klarheit.
- Daß ein Rechenschaftsinstrument klar und übersichtlich sein muß, um für die Adressaten verständlich zu sein, ist – so allgemein formuliert – eine Trivialität. Praktisch bedeutet es aber, daß geklärt werden muß, für welche Bilanzadressaten ein JA verständlich sein muß, der Empfängerhorizont muß bestimmt werden. Die hierzu mögliche Bandbreite reicht von jedermann/jedefrau auf der Straße bis zum Bilanzexperten. Je nach Definition der

relevanten Zielgruppe führt der GoB zu verschiedenen konkreten Anforderungen an den JA. Auf dieses Problem wird ausführlicher beim Grundsatz der Wesentlichkeit eingegangen.

- Selbst wenn ein bestimmter Adressatenkreis als Zielgruppe festgelegt werden kann, ist es nach dem derzeitigen Forschungsstand noch offen, auf welche Weise die Informationen aus den JA von den Benutzern genau verarbeitet und in Beurteilungen transformiert werden. Das Wissen hierüber wäre aber vonnöten, um unbestimmte Gesetzesbegriffe (zum Beispiel hinreichend, wesentlich, bedeutend etc.) konkretisieren zu können, damit der JA seine Informationsfunktion erfüllen kann. Es ist zwar eine Rechtsfrage, wieviel Klarheit ein JA beinhalten muß, aber eine rechtliche Würdigung setzt Tatsachenwissen über den Regelungsbereich voraus.

Als Konkretisierungen aus dem Gebot der Klarheit und Übersichtlichkeit werden in der Literatur und im Gesetz selbst folgende Aspekte angesehen:

Die Bilanz- und GuV-Posten sind eindeutig und sachlich zutreffend bezeichnet. Damit wird insbesondere verlangt, daß ungleiche Einzelposten nicht in einer Gesamtposition und gleiche Einzelposten nicht in verschiedenen Gesamtpositionen zusammengefaßt werden. Allerdings ist die Festlegung dessen, was gleich/ungleich ist, nicht immer einfach. Für KapGes liefern die Schemata für Bilanz (§ 266 HGB) und GuV (§ 275 HGB) in der Regel gute Anhaltspunkte für klare Zuordnungs- und Unterscheidungskriterien. Unbefriedigend bleibt aber, daß die Posten 'Sonstige Vermögensgegenstände', 'Sonstige Rückstellungen', 'Sonstige Verbindlichkeiten', 'Sonstige Betriebliche Erträge' und 'Sonstige Betriebliche Aufwendungen' in den veröffentlichten JA häufig unerläutert bleiben, obwohl sie absolut und relativ beachtliche Größenordnungen erreichen und naturgemäß sehr heterogene Einzelposten umfassen. Für diese sehr heterogenen JA-Posten wäre eine Aufgliederung der wichtigsten Komponenten der Klarheit und Verständlichkeit des JA sehr dienlich.

Für Nicht-KapGes enthält das HGB lediglich die spärliche Vorgabe, daß in der Bilanz das AV und das UV, das EK und die Schulden sowie die RAP gesondert auszuweisen und hinreichend aufzugliedern sind (§ 247 Absatz 1 HGB).

Allgemein gilt auch hier, daß ungleiche Posten wie Finanz- und Sachanlagen zum Beispiel nicht zusammengefaßt werden dürfen. Der Detaillierungsgrad der Gliederungsschemata für große KapGes (§§ 266, 275 HGB) kann aber nicht gefordert werden.

Für die Transparenz von JA ist es weiterhin erforderlich, daß die Postenabgrenzungen im Zeitablauf gleich vorgenommen werden oder daß Abweichungen gegenüber dem Vorjahr angegeben werden (formale JA-Kontinuität). Auch die Angabe der Vorjahresbeträge im JA dient der Klarheit. Gesetzliche Regeln hierzu sind in § 265 HGB zu finden, gelten ausdrücklich also nur für KapGes.

Ebenfalls nur für KapGes gilt die Regelung, daß Forderungen und Verbindlichkeiten nach Restlaufzeiten aufzugliedern sind und ein Anlagespiegel (vgl. § 268 Absatz 2 HGB) zu erstellen ist. Die gesamten Erläuterungspflichten für JA-Posten im Anhang (insbesondere die Angaben zu Bilanzierungs- und Bewertungsmethoden, § 284 Absatz 2 Nr. 1 HGB, und die gesonderte Angabe rein steuerlicher Abschreibungen, § 281 HGB) greifen nur für KapGes.

Da § 243 Absatz 2 HGB für den gesamten JA gilt, unterliegt auch der Anhang bei KapGes dem Gebot der Klarheit/Übersichtlichkeit. Für den Anhang enthält das HGB kein Schema. Von der Zwecksetzung her ist zu fordern, daß er so aufgebaut ist, daß zumindest ein sachverständiger Leser (was immer das auch sein mag) die gesetzlich vorgeschriebenen Informationen in angemessener Zeit findet. Der Aufbau des Anhangs soll demnach einer gewissen Sachlogik folgen, sich zum Beispiel an der Reihenfolge der Bilanzposten orientieren. Es wäre darüber hinaus unzulässig, wichtige Informationen möglichst unauffällig mit einer Fülle unwichtiger Detailangaben zu vermengen. Auch in Bilanz und GuV kann es zweckmäßig sein, auf volle DM- oder TDM-Beträge zu runden, um die Lesbarkeit zu steigern.

Für die GuV impliziert der Grundsatz der Klarheit, daß die wesentlichen Erfolgsquellen erkennbar sein müssen. Das bedeutet zumindest, daß – auch für Nicht-KapGes – das sogenannte Betriebs-, das Finanz- und das außerordentliche Ergebnis erkennbar sind. Insbesondere die Kennzeichnung der außerordentlichen Erfolgskomponenten ist hierbei wichtig. Die gesonderte Angabe von periodenfremden Aufwendungen und Erträgen, zum Beispiel aus der Abwicklung von Rückstellungen oder der Veräußerung von AV, ist für die Transparenz von JA wichtig. Eine Erläuterungs- oder Angabepflicht gibt es nur für KapGes, wenn die Beträge für die Beurteilung der Ertragslage nicht von untergeordneter Bedeutung sind (§ 277 Absatz 4 Satz 3 HGB). Die Berichtspraxis deutscher KapGes scheint hier den Begriff der Wesentlichkeit (‘untergeordnete Bedeutung’) so anzuwenden, daß wenig zu erläutern ist.

Zum Teil wird auch gefordert, daß § 243 Absatz 2 HGB für den von KapGes zu erstellenden Lagebericht anzuwenden sei. Die Regelung gilt aber ausdrücklich nur für den JA. Eine Gesetzesgrundlage könnte man deshalb meines Erachtens nur aus der sehr allgemeinen Formulierung des § 289 Absatz 1 HGB herauslesen oder aus allgemeinen 'Grundsätzen ordnungsmäßiger Lageberichterstattung'. Hierauf wird in Kapitel 17 detaillierter einzugehen sein.

Insgesamt ist festzuhalten, daß der Grundsatz der Klarheit und Übersichtlichkeit recht vage ist. Konturen gewinnt er erst, wenn die damit zusammenhängenden Gliederungsregeln für Bilanz und GuV und die Angaben des Anhangs detaillierter betrachtet werden. Auf die entsprechenden Kapitel wird verwiesen. Weitere Präzisierungen ergeben sich aus den Ausführungen zu anderen GoB, insbesondere Einzelbewertung, Vollständigkeit und Wesentlichkeit.

8. WESENTLICHKEIT (WIRTSCHAFTLICHKEIT, MATERIALITY)

Die 4. EG-Richtlinie enthält in Artikel 2 Absatz 3, die Forderung, daß der JA 'true and fair' sein muß. Im HGB lautet die Transformation dieses Grundsatzes, daß der JA der KapGes unter Beachtung der GoB ein den tatsächlichen Verhältnissen entsprechendes Bild der Vermögens-, Finanz- und Ertragslage zu vermitteln hat (§ 264 Absatz 2 Satz 1 HGB). Diese Generalnorm impliziert den Grundsatz der Wesentlichkeit (Materiality): ein true and fair view ist dann gegeben, wenn die im Einzelfall wesentlichen Tatsachen offengelegt werden. Damit dient dieser GoB auch der Klarheit, da unwesentliche Informationen entfallen können. Zugleich relativiert er aber auch das Gebot der Vollständigkeit und der Wahrheit und soll eine JA-Erstellung nicht unnötig verzögern, um aktuelle Informationen verfügbar zu machen.

Bereits vor der HGB-Novellierung war der Grundsatz der Wirtschaftlichkeit in Deutschland ein anerkannter GoB: die Kosten der Gewinnung und Vermittlung von Informationen sollen in angemessenem Verhältnis zum Nutzen der bereitgestellten Informationen stehen. Konkretisierungen des Wesentlichkeitsgebotes finden sich im HGB, den EStR und Urteilen der Finanzgerichte in großer Anzahl, zum Beispiel:

- Ein Festwert gemäß § 240 Absatz 3 HGB setzt die **nachrangige Bedeutung** des Gesamtwertes für das Unternehmen voraus.
- Die Gruppenbewertung nach § 240 Absatz 4 HGB ist u.a. für **annähernd gleichwertige** VG zulässig.

- **Nicht erhebliche** Bilanzposten dürfen zusammengefaßt werden (§ 265 Absatz 7 HGB).
- **Nicht unerhebliche** Rückstellungen sind zu erläutern (§ 285 Nr. 12 HGB).
- Außerordentliche und periodenfremde Erträge/Aufwendungen sind im Anhang zu erläutern, wenn die Beträge für die Beurteilung der Ertragslage **nicht von untergeordneter Bedeutung** sind (§ 277 Absatz 4 HGB).
- Umsatzerlöse sind im Anhang aufzugliedern, wenn sie sich bezüglich bestimmter Kriterien **erheblich unterscheiden** (§ 285 Nr. 4 HGB).
- Geringwertige Wirtschaftsgüter (bis 800 DM) müssen nicht aktiviert und über die erwartete Nutzungsdauer abgeschrieben werden, sondern dürfen sofort voll abgeschrieben werden (§ 6 Absatz 2 EStG).
- Herstellungsaufwand bis zu 4 TDM darf als Erhaltungsaufwand behandelt werden (R 157 Absatz 4 EStR 1993).
- Unterjährig zugegangene abnutzbare Anlagengegenstände müssen nicht zeitanteilig genau abgeschrieben werden, sondern es kann die 'Halbjahres-Regel' nach R 44 Absatz 3 EStR 1993 angewandt werden.

Bei der Durchsicht des Gesetzes ist auffällig, daß der Grundsatz der Wesentlichkeit besonders für den Anhang zentrale Bedeutung hat. Er findet aber auch in nicht direkt im Gesetz erwähnten Fällen Anwendung. Speziell bei der Frage, mit welcher Intensität ein Kaufmann Informationen für die Erstellung des JA suchen muß, ist er relevant. Dies betrifft nahezu alle Prognosen, zum Beispiel über die erwarteten Forderungsausfälle, Abschätzung von Risiken (Rückstellungen) etc. Grundsätzlich ist die mit diesem Posten zusammenhängende Ungewißheit durch zusätzliche Informationssuche reduzierbar, der JA würde 'realistischer'. Zugleich verzögert sich die JA-Erstellung, und es fallen Kosten an.

Im Bereich der dem JA vorgeschalteten laufenden Bh. besagt der Grundsatz der Wirtschaftlichkeit, daß wesentliche Fehlerquellen in den Arbeits- und Verfahrensabläufen (insbesondere bei EDV-Bf.) im Rahmen eines Internen Kontrollsystems (IKS) minimiert werden sollen. Unwesentliche oder völlig unwahrscheinliche Fehler müssen demnach zumindest nicht routinemäßig durch Kontrollmaßnahmen ausgeschaltet werden. Es ist deshalb eine subjektive Abwägung der möglichen Fehlerrisiken erforderlich. Angesichts der Vielzahl theoretisch möglicher Fehlerquellen und der Kosten von Sicherheitsmaßnahmen (zum Beispiel persönliche Kontrollen, Prüfroutinen, die durch eine

EDV-Anlage automatisch erfolgen, Funktionentrennung etc.) ist eine Auswahl unerläßlich.

So einleuchtend es ist, daß der Grundsatz der Wesentlichkeit sinnvoll sein kann, so problematisch ist auch oft eine konkrete Anwendung. Insbesondere zwei Probleme sind derzeit noch überhaupt nicht gelöst, vielleicht auch prinzipiell nicht lösbar.

Das erste Problem resultiert daraus, daß die Kosten für die Suche und die Vermittlung zusätzlicher Informationen vielleicht noch hinlänglich genau abschätzbar sind, aber der **Informationsnutzen** kaum ermittelt werden kann. Einigkeit herrscht in der Literatur nur darüber, daß diese Kosten-Nutzen-Abwägung zwar vom JA-Ersteller vorzunehmen (und eventuell vom Abschlußprüfer zu testieren) ist, diese aber **aus der Sicht der Benutzer** des JA zu erfolgen hat.

In der angelsächsischen Literatur wurde in diesem Zusammenhang ein homunculus geschaffen, der auch in der deutschen Bilanzlehre seine Anhänger hat: der average prudent investor (api). Eine Information wird dann als wesentlich eingestuft, wenn sie das Entscheidungsverhalten des api verändert. Sucht man nach einer genaueren Kennzeichnung der Eigenschaften dieses api, zum Beispiel Vorkenntnisse, ökonomische Situation, kognitive Fähigkeiten etc., so wird schnell klar, daß mit dieser Kunstfigur keine konsensfähige Präzisierung gelungen ist. Die Skala der vertretenen Meinungen reicht vom durchschnittlich intelligenten Gelegenheitsanleger, der ohne besonderen Sachverstand den JA 'seiner' Gesellschaft liest, bis zum professionellen Finanzanalysten. Zum Teil wird gar bezweifelt, daß eine allgemeine Präzisierung möglich sei und darauf verwiesen, daß es auf die jeweilige Situation ankommt, erst dann könnte ein Anlegertypus unterstellt werden.

An diesem derzeitigen Meinungsstand in der angelsächsischen Literatur sind besonders zwei Aspekte bedenklich:

- Die Benutzerorientierung wird auf die Gruppe der Eigentümer begrenzt. Der Adressatenkreis nach der 4. EG-Richtlinie und dem HGB ist wesentlich umfassender (zum Beispiel Erweiterung um Gläubiger, Arbeitnehmer). Dem wird zwar in der deutschen Literatur Rechnung getragen. Der Benutzer, an dessen Fähigkeiten/Situation sich die Abgrenzung des Wesentlichen orientieren soll, wird damit aber noch unklarer. Die Informationsinteressen und die Informationsverarbeitungsfähigkeiten von Mitarbeitern, Gläubigern und Eigentümern dürften kaum einheitlich sein.

- Die situative Relativierung des Begriffs 'Wesentlichkeit' mag zwar pragmatisch unumgänglich sein, steht dem Zweck einer standardisierten und objektivierten Rechenschaftslegung aber entgegen. GoB als allgemeine Grundsätze haben ja gerade das Ziel, subjektunabhängig Rechtssicherheit zu schaffen. Eine solche setzt eindeutige Standards voraus.

Das zweite Hauptproblem einer Operationalisierung hat theoretisch die Lösung des ersten Problems zur Voraussetzung. Unterstellt man einmal, daß zum Beispiel die Größen JÜ oder EK-Anteil prinzipiell entscheidungsrelevante Informationen für einen bestimmten JA-Adressaten seien, dann muß auf einer zweiten Stufe noch entschieden werden, welche Änderung dieser Größen wesentlich ist. Offenbar sind Schwellenwerte zweckmäßig, die festlegen, ab wann eine Zusatzinformation material ist. Ändert sich zum Beispiel der JÜ um 0,5%, wenn von einer Gruppenbewertung zur Einzelbewertung übergegangen wird, so wird man diese Information wahrscheinlich als unwesentlich einstufen und keine Informationspflicht annehmen. Würde sich der JÜ um 40% ändern, würde man wohl unstrittig Wesentlichkeit unterstellen.

Fraglich ist aber, ab welchem Schwellenwert Wesentlichkeit anfängt. Hinzu kommt, daß die Bezugsgröße (hier: der JÜ) selbst gestaltbar ist, einen 'richtigen' oder 'tatsächlichen' JÜ als festen Referenzmaßstab gibt es also nicht.

In der Literatur wird nach dem Vorbild eines Gemischtwarenladens eine Vielzahl von Prozentsätzen (2,5% bis 20%) und Bezugsgrößen (JÜ, EK, Bilanzsumme, Umsatz etc.) angeboten. Zu beachten ist auf jeden Fall, daß die Bezugsgröße in einem sinnvollen Zusammenhang mit der Information steht, über deren Wesentlichkeit zu entscheiden ist. So macht es keinen Sinn, die nachrangige Bedeutung eines Festwertes gemäß § 240 Absatz 3 HGB anhand der Umsatzerlöse oder der Anzahl der Mitarbeiter zu bestimmen.

Aber selbst wenn die Probleme einer einheitlichen Fixierung von Schwellenwerten und Bezugsgrößen befriedigend gelöst werden können, was derzeit nicht der Fall ist, sind diejenigen Anwendungsfälle des Wesentlichkeitsgrundsatzes nicht erfaßt, die nicht eindeutig skalierbar (zum Beispiel in DM, Prozent) sind. Dies betrifft zum Beispiel die Auswahl von besonders 'verdächtigen', 'wichtigen' oder 'fehlerträchtigen' Sachverhalten, die für die Ausgestaltung des IKS oder die Abgrenzung von Inventurschwerpunkten vorzunehmen ist. Auch die Unterschiede geographischer Märkte und Verkaufsorganisationen gemß § 285 Nr. 4 HGB sind nicht einheitlich skalierbar, sondern bestenfalls mehrdimensional meßbar.

Abschließend ist festzuhalten, daß der Grundsatz der Wesentlichkeit zwar ein unverzichtbarer Eckpfeiler der Rechnungslegung ist, aufgrund seiner Vagheit aber beachtliche Spielräume für den JA-Ersteller eröffnet. Wie die Rechnungslegungspraxis diese Spielräume ausschöpft, wurde in Deutschland noch nicht systematisch untersucht. So könnten zum Beispiel publizierte JA analysiert werden, ob sie Angaben zu außerordentlichen oder periodenfremden Erfolgen enthalten und ab welcher Größenordnung diese Erläuterungen gegeben wurden. Derzeit gibt es außer den JA-Erstellern selbst praktisch nur die Abschlußprüfer von KapGes, die die Operationalisierungen von Wesentlichkeit nachvollziehen und beurteilen können.

9. DAS NOMINALPRINZIP

Das Nominalprinzip wird in der Literatur nur zum Teil als GoB eingestuft, zum Teil als spezifische Ausprägung des Grundsatzes der Vergleichbarkeit, zum Teil im Rahmen von bilanztheoretischen Alternativen für verschiedene Kapitalerhaltungskonzepte abgehandelt. In § 244 HGB ist die Regelung zu finden, daß der JA in Deutscher Mark aufzustellen ist; dies soll implizit das Nominalprinzip beinhalten.

Andere Autoren leiten das Prinzip aus dem AK-Prinzip ab: Die Anschaffung oder Herstellung eines VG soll eine erfolgsneutrale Vermögensumschichtung sein. Das Abschreibungsvolumen wird auf diese Einstandswerte begrenzt (pagatorische Rechnung). Damit wird gewährleistet, daß alle Aufwendungen für einen VG letztlich auf Zahlungsvorgänge zurückgehen. Gestiegene/gesunkene Wiederbeschaffungskosten verändern nicht das Abschreibungsvolumen.

Das Nominalwertprinzip läßt sich mit der Kurzformel Mark = Mark charakterisieren, d.h. die im JA angesetzten DM-Beträge werden als im Zeitablauf gleichwertig angesehen. Das beinhaltet die Annahme, daß DM 100 in der Kasse zu Beginn des Jahres genauso viel wert sind wie DM 100 am Ende des Jahres. Auf diese Weise wird im Bilanzrecht eine nominale Kapitalerhaltung gesichert. Inflations- oder Deflationseffekte werden nicht in die Gewinnermittlung einbezogen. Gibt es real Geldauf- oder -abwertungen, deckt sich die nominale Kapitalerhaltung aber nicht mehr mit der realen Kapitalerhaltung. Ein stark vereinfachtes Beispiel soll das verdeutlichen:

Die Bilanzen eines Kaufmanns an zwei aufeinanderfolgenden Stichtagen zeigen nur Barbestände und EK (Ertragsteuern sind noch nicht berücksichtigt):

Aktiva	Bilanz t_1		Passiva
Kasse/Bank	100	EK	100

Aktiva	Bilanz t_2		Passiva
Kasse/Bank	110	EK	110

Nach der geltenden Gewinnermittlungskonzeption beträgt der Gewinn DM 10, die zu versteuern und auch bei KapGes ausschüttungsfähig sind, ohne daß das Nominalkapital unterschritten wird, das zu Beginn des Jahres vorlag.

Unterstellt man, daß die Kaufkraft des Geldes während des Jahres um 10% gesunken ist, so würde der inflationsbereinigte 'reale' Erfolg des Unternehmens dagegen DM 0 betragen, der nominelle Gewinn wird als 'Scheingewinn' bezeichnet. Die Begründung ist einfach: Die Kaufkraft des Unternehmens ist zu Beginn und am Ende der Periode gleich hoch. Das Vermögen, verstanden als die wirtschaftliche Fähigkeit, für die Barmittel VG zu erwerben, ist konstant geblieben. Eine Besteuerung und/oder Ausschüttung des Scheingewinnes von DM 10 führt zwar zur nominellen Kapitalerhaltung (DM 100), real aber zur Substanzverminderung.

Praktisch liegen die Verhältnisse aber viel komplexer: Unternehmen verfügen über eine Vielzahl von Aktiva und Passiva, die nichtmonetär sind. Sie fragen auch nicht den Warenkorb nach, der dem allgemeinen Kaufpreisindex zugrunde liegt, der an der typischen Konsumstruktur von Privathaushalten orientiert ist.

Für Roh-, Hilfs- und Betriebsstoffe (RHB), Arbeitskraft, Maschinen etc. kann die spezifische Preisentwicklung einer Periode nach oben oder unten von der Entwicklung der allgemeinen Kaufkraft abweichen. Die qualifizierte Substanzerhaltung eines Unternehmens, die als Gewinn nur das ausweist, was über die Erhaltung des konkreten Vermögens (abzüglich der Schulden) zu Beginn der Periode erwirtschaftet wurde, müßte diese heterogenen Preisentwicklungen berücksichtigen. Selbst wenn dies gelingen würde, liegt dieser Sichtweise eine problematische Annahme zugrunde: Warum sollte ein Kaufmann eine Maschine nach ihrer völligen Abnutzung und Abschreibung durch eine genau identische Maschine ersetzen? Üblicherweise gibt es technisch veränderte Maschinen oder Produktveränderungen, die eine solche Reinvestition zur Ausnahme machen. Bei nicht identischen Maschinen müßte dann eine Preissteigerung in eine Inflationskomponente und eine Komponente für technisch veränderte Ausstattung aufgeteilt werden.

Solche Bereinigungen sind aus betriebswirtschaftlicher Sicht zwar zweckmäßig, besonders bei starken Preisänderungen, eröffnen aber zugleich subjektive Spielräume bei der Ermittlung, und sie sind recht komplex. Das Bilanzrecht in Deutschland soll hingegen eine objektivierte, möglichst manipulationsfreie und einfache Gewinnermittlung gewährleisten. Deshalb wurde das Nominalprinzip in Deutschland beibehalten, obwohl die 4. EG-Richtlinie den einzelnen Staaten ein Wahlrecht einräumte, zu (gestiegenen) Wiederbeschaffungskosten zu bilanzieren. Die JA von Unternehmen verschiedener EG-Staaten sind deshalb nicht ohne weiteres vergleichbar.

Der Preis für die Einfachheit deutscher JA kann in Inflationszeiten allerdings hoch sein, da Besteuerung und Ausschüttung von Scheingewinnen die Substanzerhaltung gefährden können. Die Erhaltung von Arbeitsplätzen und der Gläubigerschutz sind durch das Nominalprinzip nicht gewährleistet. Um die Ausschüttungserwartungen von Anteilseignern bei hohen Scheingewinnen auf ein substanzerhaltendes Maß zu begrenzen, wird deshalb empfohlen, in den Anhang eine entsprechende Nebenrechnung aufzunehmen. Eine Verpflichtung dazu läßt sich aus dem HGB aber nur in Extremfällen ableiten, wenn der Einblick in die tatsächlichen Verhältnisse durch Bilanz und GuV sonst nicht vermittelt wird (§ 264 Absatz 2 Satz 2 HGB).

Steuerlich gilt das Nominalprinzip ebenfalls, da das Maßgeblichkeitsprinzip und die Bewertung zu Einstandswerten die Gewinnermittlung prägen. Auch die höchstrichterliche Rechtsprechung, einschließlich die des BVerfG, hält am Nominalprinzip fest. Bei entsprechenden Preisentwicklungen kann dies zu bedenklichen Problemen mit dem Grundsatz der Besteuerung nach der wirtschaftlichen Leistungsfähigkeit führen. Um bestimmte Härtefälle zu vermeiden, soll dem Problem der Scheingewinnbesteuerung durch spezielle Regelungen Rechnung getragen werden. Wichtigste Anwendungsfälle sind die Rücklagen nach § 6b EStG, die Preissteigerungsrücklage gemäß § 74 EStDV und die Zulässigkeit des Lifo-Verfahrens bei der Vorratsbewertung (vgl. Kapitel 12).

Als Ausnahme vom Nominalprinzip könnte man die handels- und steuerrechtlich geforderten oder zulässigen Abzinsungen von Forderungen und Schulden ansehen. So ist eine Forderung aus Lieferungen und Leistungen, die unverzinslich oder niedrigverzinslich (< 4%) ist, abzuzinsen, wenn das eingeräumte Zahlungsziel unüblich lang ist, zum Beispiel mehr als ein Jahr beträgt. Eine unverzinsliche Forderung von DM 100, die in einem Jahr fällig ist, wird deshalb nur mit dem abgezinsten Barwert in der Bilanz angesetzt. Als Zins wäre theoretisch der Kapitalmarktzins für einen vergleichbaren Titel anzusetzen. Die steuerliche Rechtsprechung geht vereinfachend von einem Zinssatz von 5,5% aus.

Das Verkaufsgeschäft wird also gedanklich aufgespalten in ein reines Lieferungsgeschäft und ein Kreditgeschäft.

Da man unterstellt, daß der Kaufmann weiß, daß DM 100 in einem Jahr weniger wert sind als heute, ist es plausibel anzunehmen, daß er dies bei der Preisbemessung berücksichtigt hat. Bei sofortiger Zahlung wäre der Kaufpreis entsprechend niedriger vereinbart worden.

Ähnlich wird auch die Abzinsung von Verbindlichkeiten und Rückstellungen begründet: eine Verpflichtung zur Zahlung von DM 100 in zehn Jahren belastet ein Unternehmen weniger als eine sofort fällige Zahlungsverpflichtung. Diese Begründung ist betriebswirtschaftlich unstrittig zutreffend. Das bedeutet aber nicht, daß eine Abzinsung durch das Bilanzrecht legitimiert wird, das sich ja auch in anderen Fällen wenig um ökonomische Erkenntnisse kümmert. Insbesondere die Abzinsung von Schulden wird denn auch als Verstoß gegen das Realisationsprinzip und die Vorschrift des § 253 Absatz 1 HGB (Verbindlichkeiten sind mit ihrem Rückzahlungsbetrag anzusetzen) scharf kritisiert. Darauf wird detaillierter bei der Bewertung von Rückstellungen eingegangen (vgl. Kapitel 15).

Abschließend läßt sich sagen: Das einfache Nominalprinzip ist für den Zweck der Rechenschaft geeignet, nicht aber für eine periodengerechte Gewinnermittlung. In der Betriebswirtschaftslehre gibt es eine Vielzahl von Substanzerhaltungskonzepten, die eine jeweils abweichende Art der Gewinnermittlung implizieren. Pragmatisch kann das Nominalprinzip in Deutschland gerechtfertigt werden:

- Die relativ geringen Inflationsraten der letzten Jahre lassen vermuten, daß Scheingewinne im Durchschnitt nicht so bedeutsam sind, daß sie zu Unternehmensgefährdungen führen. Im Einzelfall kann diese Annahme allerdings fehl gehen.
- Das Nominalprinzip führt bei Inflation zwar zu Scheingewinnen beim Sachanlagevermögen, aber auch zu Scheinverlusten bei nicht abzinsbaren Geldverbindlichkeiten. Dies sorgt tendenziell für einen Ausgleich der Scheinerfolge. Außerdem vermindert die handels- und steuerechtlich zulässige Legung stiller Reserven Scheingewinne und entschärft damit das Problem der Substanzerhaltung. Auch hier ist anzumerken, daß diese Puffer zwar wirksam sein können, aber nicht sein müssen. Eine Besteuerung/Ausschüt-

tung von Scheingewinnen (als behebbares Manko) mit einem möglichen Ausgleich durch stille Reserven in unbekannter Höhe zu rechtfertigen, ist ein sehr pragmatisches Argument. Andere Länder sind von diesem Weg längst abgegangen – nicht zuletzt, weil die Inflationsraten höher als in Deutschland sind – und schreiben inflationsbereinigte JA vor oder zumindest entsprechende Nebenrechnungen zu den nach dem Nominalprinzip erstellten JA.

10. FAZIT

Die bisherigen Ausführungen zu den handelsrechtlichen GoB sollten

- einen ersten Überblick über die Konstruktionsprinzipien der handels- und steuerrechtlichen Gewinnermittlung vermitteln. Auf viele dieser GoB ist im weiteren zurückzugreifen, um die konkreten Vorschriften zur Bilanzierung und Bewertung kritisch durchleuchten zu können. Dabei wird sich zeigen, daß die handels- und steuerrechtlichen Einzelbestimmungen nicht immer der 'reinen' Lehre der postulierten GoB folgen.
- deutlich machen, daß das Bilanzrecht aus einem höchst komplexen Normengefüge besteht, das zum Teil auch widersprüchliche Regelungen enthält (zum Beispiel kollidieren die Grundsätze der Vollständigkeit und der Wesentlichkeit). Zudem gibt es eine Vielzahl von Wechselbeziehungen zwischen einzelnen Grundsätzen. So ist der Grundsatz der Einzelbewertung Voraussetzung dafür, daß das Imparitätsprinzip Wirkung entfalten kann. Das Stetigkeitsgebot macht nur Sinn vor dem Hintergrund einer unterstellten Unternehmensfortführung.
- aufzeigen, daß selbst auf den ersten Blick trivial erscheinende Grundsätze (wie zum Beispiel Vollständigkeit, Stichtagsprinzip) bei genauerer Analyse problematisch und auslegungsbedürftig werden. Die präzise inhaltliche Fassung solcher GoB ist erst möglich, wenn konkretere Anwendungen vor Augen geführt werden. Praktisch gibt es im Bilanzrecht zu jedem GoB mehr oder weniger zahlreiche Ausnahmen.
- die Notwendigkeit auch sehr allgemeiner, fast inhaltsleerer, GoB vor Augen führen. Grundsätze von Wahrheit, Wesentlichkeit etc. sind einerseits unumgängliche Eckpfeiler der Rechnungslegung, andererseits aber auch subjektiv auszulegen, mit der Folge, daß die Rechtssicherheit leidet.
- den primär rechtlichen Charakter des Bilanzrechtes offenlegen. Es geht zwar um eine zweckmäßige Regelung von Problemen und Interessen wirtschaft-

licher Art, aber eben um eine rechtliche Regelung. Betriebswirtschaftliche Erkenntnisse sind hierbei nicht allein relevant, sie müssen auch in den vom Gesetzgeber abgesteckten Rahmen passen. Eine Folge möglicher Diskrepanzen zwischen Bilanzrecht und ökonomischer Theorie ist, daß der handelsrechtliche Periodenerfolg nicht mit dem betriebswirtschaftlich 'richtigen' Erfolg zu verwechseln ist und das Bilanzvermögen nicht mit dem Effektivvermögen einer Unternehmung (wie auch immer die Begriffe 'richtiger Erfolg' und 'Effektivvermögen' definiert werden).

- klar werden lassen, daß die GoB selbst auslegungsbedürftige unbestimmte Rechtsbegrife sind. Die juristischen Auslegungskriterien zielen im wesentlichen auf eine teleologische Interpretation ab. Der Zweck der GoB kann nicht ohne Rückgriff auf die JA-Zwecke selbst ermittelt werden. Da diese selbst nicht gesetzlich geregelt sind, dienen die GoB ihrerseits erst der Präzisierung der Zwecke des JA.
- die politischen Probleme der Anwendung von Grundsätzen des Bilanzrechts veranschaulichen: Es liegt kein theoretisch stringentes, geschlossenes Konzept zugrunde, eine mühselige Recherche in Kommentaren und Steuerrechtsprechung ist unumgänglich. Dabei stößt man regelmäßig auf eine Vielzahl von kasuistischen (Einzelfall-)Entscheidungen und widersprüchliche Aussagen.

D. WIEDERHOLUNGSFRAGEN

1. Erläutern Sie den Inhalt des Grundsatzes der Unternehmensfortführung. Welche Konsequenzen hat dieser GoB für den handelsrechtlichen JA?

2. In der Literatur wird überwiegend die Ansicht vertreten, daß die Fortführungsannahme möglichst lange aufrechterhalten werden soll. Wie ist diese Ansicht zu begründen? Gibt es stichhaltige Gegenargumente?

3. „Der Unternehmer Pankratz Plüsch stellt Teddybären her. Mit dem Verlauf des vergangenen Geschäftsjahres war er recht zufrieden. Der erwirtschaftete Gewinn reichte sogar aus, um Rücklagen zu bilden. Dennoch hat er Anlaß zur Beunruhigung. Sein schärfster Konkurrent Sigismund Streif setzt seit neuestem ein Produktionsverfahren ein, mit dem er Plüschtiere höherer Qualität zum halben Preis auf den Markt bringen kann. Pankratz Plüsch befürchtet, daß er die Einrichtung dieses neuen Herstellungsverfahrens nicht finanzieren kann. Es ist damit zu rechnen, daß Streif ihn in diesem Fall innerhalb kurzer Zeit vom Markt verdrängen wird“ (aus: Streim 1988, S. 75).
   Kann oder muß Plüsch die Fortführungsannahme aufgeben?

4. Skizzieren Sie Zwecke und Bedeutung des Grundsatzes der Einzelbewertung. In welchen Fällen darf von diesem Grundsatz abgewichen werden?

5. Welche Aufstellungsfristen sieht das HGB für den JA vor?

6. Geben Sie mögliche Auslegungen des Stichtagsprinzips an. Welcher Variante würden Sie den Vorzug einräumen (Begründung!)?

7. Wie sind werterhellende und wertbegründende Informationen voneinander abzugrenzen?

8. Sind folgende Sachverhalte für den JA zu berücksichtigen oder nicht?
   a) Ein Kaufmann hat eine Rückstellung für das Obligo von Wechseln gebildet, die zum Stichtag noch im Umlauf waren. Bis zur JA-Erstellung sind alle Wechsel von den Bezogenen eingelöst worden.
   b) Für Kundenforderungen (100 TDM) wurde eine Pauschalwertberichtigung von 4% angesetzt. Darf diese beibehalten werden, wenn bis zur Bilanzerstellung alle Forderungen eingegangen sind? Gilt das gleiche, wenn 80% der Forderungen eingegangen sind?

c) Für einen schwebenden Prozeß wurde eine Rückstellung in Höhe von 100 TDM gebildet. Nach dem Stichtag, aber vor der Bilanzerstellung, gibt das Gericht der Klage gegen den Kaufmann nur hinsichtlich eines Betrages von 50 TDM statt.
d) Eine Fremdwährungsforderung wird zum Stichtag mit 100 TDM bewertet. Die Umrechnung erfolgte zum Stichtagskurs. Aufgrund einer Präsidentenwahl kurz nach dem Stichtag sinkt der Umrechnungskurs um 20%.
e) Ein Aktienpaket hatte während des Jahres einen durchgängig hohen Börsenwert von 200 TDM. Kurz vor dem Bilanzstichtag fällt der Kurs kurzfristig auf 100 TDM, da ein Gerücht über eine mögliche Altlast kursiert. Nach dem Stichtag erholt sich der Kurs wieder nachhaltig, da sich das Gerücht als unzutreffend herausstellt.

9. In welchen Fällen darf oder muß vom Stichtagsprinzip abgewichen werden?

10. Skizzieren Sie den Anwendungsbereich des Vollständigkeitsgebotes.

11. Was besagt das Saldierungsverbot? Gilt es immer?

12. Warum ist ein JA immer nur relativ wahr? Welche Anforderungen ergeben sich hieraus für den JA?

13. Welche konkreten Normen lassen sich aus dem Grundsatz der Klarheit und Übersichtlichkeit ableiten?

14. In welcher Beziehung steht das Gebot der Klarheit zu den GoB der Vollständigkeit, Wahrheit und Wesentlichkeit?

15. Der Begriff 'Wesentlichkeit' soll nach herrschender Meinung benutzerorientiert ausgelegt werden. Welche Probleme sind bei einer Operationalisierung des Begriffes zu lösen? Wäre auch eine andere Orientierung als die am Empfängerhorizont von externen Adressaten möglich oder zweckmäßig?

16. Was besagt das Nominalprinzip?

17. Welche Zusammenhänge bestehen zwischen Nominalprinzip und den verschiedenen Substanzerhaltungskonzepten?

18. Die Baustoff-GmbH kauft zu Beginn des Jahres 100 Tonnen Stahl zu DM 1.200 pro Tonne ein. Im Laufe des Jahres wurde der gesamte Bestand für DM 1.600 pro Tonne veräußert. Die Gesellschaft weiß, daß Stahl vergleichbarer Qualität nur noch für DM 1.400 pro Tonne zu kaufen ist. Es muß jedoch davon ausgegangen werden, daß die Bauindustrie überwiegend nur noch Stahl einer höheren Qualitätsstufe nachfragen wird. Der Einkaufspreis beträgt DM 1.700 pro Tonne.
    Im Laufe des Jahres sind die allgemeinen Lebenshaltungskosten um 5% gestiegen. Der Steuersatz liegt bei 60% (KSt und GewErtrSt).
    Hat die GmbH mit Gewinn oder Verlust gearbeitet? Wie hoch ist der 'echte' Periodenerfolg?

19. Was versteht man unter dem Schlagwort der Besteuerung von Scheingewinnen? Wie kann dem Problem der Substanzauszehrung durch diese Besteuerung nach dem deutschen Bilanzrecht begegnet werden?

20. Gibt es auch zum Nominalprinzip Ausnahmen?

Kapitel 7: Die Bilanzierung dem Grunde nach

A. KURZINHALT

Bevor eine Bilanz fertig erstellt ist, müssen einige grundsätzliche Entscheidungen getroffen werden:

- Welche Sachverhalte sind überhaupt in die Bilanz aufzunehmen (Bilanzierung dem Grunde nach)?
- Mit welchem Namen und in welcher Reihenfolge sind diese Sachverhalte zu bilanzieren (Gliederung und Ausweis)?
- Mit welchem DM-Betrag sind diese Sachverhalte aufzunehmen (Bilanzierung der Höhe nach; Bewertung)?

Über die letzten beiden Fragen muß erst nachgedacht werden, wenn geklärt ist, daß etwas überhaupt in die Bilanz aufzunehmen ist. Deshalb wird vorab die Bilanzierung dem Grunde nach behandelt.

In einem ersten Schritt wird gezeigt, daß die gesetzlichen Regelungen insoweit unvollständig sind, da einige wichtige Zentralbegriffe nicht definiert sind. Für die Aktivseite ist klärungsbedürftig, was unter einem Vermögensgegenstand (VG) im Sinne des HGB zu verstehen ist, da VG den wesentlichen Teil der Aktiva ausmachen. Dies genügt aber noch nicht: selbst wenn unstrittig ein VG gegeben ist, kommt eine Bilanzierung nur in Frage, wenn der VG zum Betriebsvermögen des Kaufmannes gehört. Um dies zu klären, sind zwei Abgrenzungen erforderlich. Erstens muß das Betriebsvermögen sauber vom Privatvermögen eines Kaufmannes unterschieden werden. Zweitens muß präzisiert werden, was einem Kaufmann 'gehört'. Dies wird nicht durch die zivilrechtlichen Eigentumsverhältnisse allein bestimmt, sondern es kommt auf das sogenannte 'wirtschaftliche Eigentum' an. Unter welchen Bedingungen Zivilrecht und Bilanzrecht zu abweichenden Zuordnungen führen, wird ausführlich erläutert, wobei ein Schwerpunkt auf der Behandlung von Leasing-Verhältnissen liegt.

Für die Passivseite ist festzulegen, wann von einer Schuld zu sprechen ist. Probleme treten hier zwar auch bei den Verbindlichkeiten auf, kritisch ist aber primär die Frage, wann eine Rückstellung in die Bilanz einzustellen ist. Die konkreten Voraussetzungen werden sehr viel detaillierter in Kapitel 15 diskutiert.

Damit ist aber zunächst nur bestimmt, was prinzipiell oder abstrakt zu bilanzieren ist. Das HGB enthält zum Teil davon abweichende konkrete Bilanzansatzbestimmungen. Das Kapitel wird deshalb abgeschlossen mit der Darstellung der handelsrechtlichen Bilanzansatzregelungen. Die Gebote, Verbote und Wahlrechte für die Aktiv- und die Passivseite sind im Überblick vorzustellen.

B. LEHRZIELE

Dieses Kapitel soll Sie mit den abstrakten und konkreten Voraussetzungen der Bilanzierung dem Grunde nach vertraut machen. Im einzelnen soll es Sie in die Lage versetzen,

- das Bilanzschema des § 266 Absatz 2 HGB zu komplettieren,
- die Begriffsmerkmale von VG zu erläutern,
- darzulegen, warum die statische und die dynamische Bilanztheorie zu unterschiedlichen Definitionen von VG führen,
- zu begründen, warum das Merkmal der selbständigen Verkehrsfähigkeit für die VG-Eigenschaft bedeutsam ist,
- die Begriffe VG und WG (nach der Rechtsprechung des BFH) voneinander abzugrenzen,
- die Notwendigkeit der Abgrenzung des Betriebs- vom Privatvermögen für die Handels- und Steuerbilanz zu erörtern,
- zu zeigen, wie diese Abgrenzung für Einzelunternehmen, PersGes und KapGes erfolgt,
- den Begriff 'wirtschaftliches Eigentum' zu erläutern und darzulegen, warum ein solches Konstrukt für das Bilanzrecht so bedeutsam ist,
- anhand typischer Beispiele die Kriterien der personellen Zuordnung darzustellen,
- die abstrakten Bilanzierungsvoraussetzungen für Schulden zu diskutieren,
- die Bilanzierungsgebote und -verbote des HGB zu benennen und die Zweckmäßigkeit der Verbote in § 248 Absätze 1 und 2 HGB kritisch zu würdigen,
- die Bilanzierungswahlrechte im Handelsrecht in einem Überblick vorzustellen,
- die grundsätzliche steuerliche Bedeutung der handelsrechtlichen Bilanzansatzbestimmungen zu skizzieren.

C. INHALT

1. PROBLEMSTELLUNG

In § 242 Absatz 1 HGB ist bestimmt, daß der Kaufmann einen „ das Verhältnis seines Vermögens und seiner Schulden darstellenden Abschluß [..., Bilanz] aufzustellen“ hat. In § 246 Absatz 1 HGB wird ergänzt, daß sämtliche VG, Schulden und RAP zu bilanzieren sind, soweit gesetzlich nichts anderes bestimmt ist. Weitere Anhaltspunkte dafür, was in der Bilanz anzusetzen ist, d.h. aktivierbar oder passivierbar ist, finden sich an verschiedenen Stellen des Gesetzes:

- in § 247 HGB findet sich der Hinweis auf das EK und Sonderposten mit Rücklagenanteil,
- § 248 HGB regelt explizit Bilanzierungsverbote für sogenannte Gründungsaufwendungen und unentgeltlich erworbene VG des AV,
- in § 255 Absatz 4 HGB wird – systematisch fälschlich unter den Bewertungsvorschriften – der entgeltlich erworbene Firmenwert behandelt,
- die Gliederungsvorschrift des § 266 HGB (nur für KapGes) zeigt, welche Bilanzposten der Gesetzgeber im Auge hatte,
- in § 269 und § 274 HGB sind die sogenannten ‘Bilanzierungshilfen’ geregelt, also Aktivposten, die ausnahmsweise unter bestimmten Bedingungen aktiviert werden dürfen, obwohl sie nach den üblichen Aktivierungskriterien nicht bilanzierbar sind,
- schließlich gibt die Inventarvorschrift des § 240 Absatz 1 HGB den Hinweis, daß Grundstücke, Forderungen, Bargeld, sonstige VG und Schulden zu inventarisieren sind.

Diese Liste läßt sich noch komplettieren, ohne daß der Bilanzinhalt damit eindeutig und vollständig umschrieben wäre. Faßt man die HGB-Regelungen zusammen, so ergeben sich für einen ersten Überblick folgende mögliche Bilanzposten:

Aktiva	**Passiva**
• Vermögensgegenstände • Bilanzierungshilfen • Rechnungsabgrenzungsposten • Korrekturposten zum Eigenkapital	• Eigenkapital • Sonderposten mit Rücklagenanteil • Schulden • Rechnungsabgrenzungsposten • Korrekturposten zu Vermögensgegenständen (z.B. Wertberichtigungen, nur für Nicht-KapGes)
• Zusätzliche Sonderposten sind für KapGes möglich, wenn das Gliederungsschema des § 266 HGB unzureichend ist (§ 265 Absatz 5 HGB). Zu denken ist hier etwa an einen Passivposten für ausgegebene Genußscheine; das Genußkapital hat – je nach konkreter vertraglicher Ausgestaltung – eine Zwitterstellung zwischen EK und FK.	

Dem Gesetz selbst ist aber ein abstraktes Kriterium, das allgemein bestimmt, was aktivierbar/passivierbar ist, nicht zu entnehmen.

Für die Aktivseite ist insbesondere umstritten, welche VG zu aktivieren sind und wann von VG auszugehen ist. Für die Passivseite ist zu klären, was genau unter 'Schulden' zu verstehen ist. Neben den Verbindlichkeiten umfassen diese auch die Rückstellungen (§ 249 HGB). Die Passivierungsvoraussetzungen werden in den Kapitel 14 (Verbindlichkeiten) und 15 (Rückstellungen) ausführlich und daher hier nur relativ abstrakt abgehandelt.

In diesem Kapitel soll es vornehmlich um die Abgrenzung der bilanzierungsfähigen/bilanzierungspflichtigen VG gehen. Vereinzelt wird der Begriff VG auch so verstanden, daß er Aktiva und Schulden umfaßt. Dem wird hier nicht gefolgt.

Die Diskussionen über die Aktivierung von VG dienen in der Hauptsache dazu, drei Problemfelder zu klären:

1. Fixierung der Merkmale von VG.
2. Ein Kaufmann muß das bilanzierbare Betriebsvermögen vom nicht bilanzierbaren Privatvermögen trennen (Abgrenzung der Vermögenssphären).
3. Zum Betriebsvermögen gehören nach herrschender Meinung auch VG, die nicht im juristischen Eigentum des Kaufmannes stehen. Es wird unter bestimmten, noch zu klärenden Voraussetzungen vom sogenannten 'wirtschaftlichen Eigentum' gesprochen, das für die Aktivierung relevant ist.

Im Anschluß an diese allgemeinen Aspekte sollen konkrete Aktivierungsgebote, -verbote und -wahlrechte erläutert werden.

2. DIE ABSTRAKTEN AKTIVIERUNGSVORAUSSETZUNGEN

2.1 Zum Begriff 'Vermögensgegenstand'

Da im Gesetz keine Definition von VG erfolgt, ist auf GoB und mögliche JA-Zwecke zurückzugreifen, um möglichst plausible und eindeutige Bilanzierungsmerkmale zu fixieren. Die Abgrenzungsversuche in Literatur und Rechtsprechung zeigen allerdings ein höchst heterogenes Bild. Unstrittig ist, daß VG keine Sachen im Sinne von § 90 BGB, also Gegenstände, sein müssen, sondern daß auch Rechte, ungeschützte Erfindungen, rein tatsächliche Vorteile etc. aktivierbar sein können. Insbesondere bei immateriellen Posten erweisen sich die Ansichten als widersprüchlich.

Ein Beispiel soll das Problem verdeutlichen: Ein Kaufmann tätigt Ausgaben von DM 100 für eine neue Maschine und ebenfalls von DM 100 für einen Werbefeldzug. Die Ausgaben für die Maschinen sind in der Buchhaltung einfach zu erfassen (von der USt sei abgesehen): per Maschine an Bank DM 100. Der Erwerb des (unstrittigen) VG 'Maschine' führt zu einer erfolgsneutralen Vermögensumschichtung; statt Bankguthaben besitzt der Kaufmann eine gleichwertige Maschine. Der Wert dieser Maschine für den Kaufmann besteht darin, daß mit ihrer Hilfe künftig Erträge erzielt werden können (durch Weiterveräußerung, Nutzung in der Produktion etc.). Aus dem Realisationsprinzip folgt deshalb, daß diese Ausgaben erst nach Maßgabe der künftigen Nutzung zu Aufwand werden und den Periodenerfolg schmälern.

Was unterscheidet nun den Werbefeldzug von der Maschine? Auch er soll dem Kaufmann künftig Nutzen stiften (**Fehler! Textmarke nicht definiert.** Erträge) und könnte demnach mit der gleichen Begründung aktiviert werden. Dies hätte zur Folge, daß praktisch alle Ausgaben, die potentiell längerfristige Wirkungen haben, aktivierungsfähig oder -pflichtig wären. Da die Zuordnung von künftigem Nutzen für ein konkretes Unternehmen ein höchst vages und subjektives Kriterium ist, wären viele Dinge bilanzierbar, die offenbar für andere 'non valeurs' sind. Für die objektivierte, am Vorsichtsprinzip orientierte Rechnungslegung, die den Zwecken Dokumentation, Information und Erfolgsermittlung dient, muß auf andere Kriterien abgestellt werden, die einen (betriebsexternen) Wert begründen. Die Bilanz nach dem HGB ist nicht streng an der **dynamischen Bilanztheorie** ausgerichtet, die als Aktiva alle langfristig wirksamen Ausgaben ansieht (Bilanz als 'Kräftespeicher') und vornehmlich auf einen periodengerechten Erfolg abzielt. Die **statische Bilanztheorie**, die als Aktiva nur zuläßt, was der Schuldendeckung dienen kann, hat das HGB ebenfalls stark geprägt. Die Bilanzierungshilfen und die aktiven RAP sind zwar als Ausfluß dynamischer Denkweise im HGB interpretierbar, aber für die Definition von VG soll nach herrschender Meinung die statische Theorie vorrangig sein.

Als Bestimmungsmerkmale von VG werden verschiedene Aspekte angesprochen. So wird zum Beispiel vorausgesetzt, daß **ein über die Dauer des Geschäftsjahres hinausgehender Wert** vorliegen muß, wertlose Dinge können kein VG sein. Damit ist offenbar wenig an Präzision gewonnen. Davon abgesehen, kann nur relevant sein, ob etwas über den Bilanzstichtag hinaus Wert hat und nicht, ob ein Wert für eine ganze Periode vorliegt.

Neben der Werthaltigkeit wird zum Teil gefordert, daß ein **entgeltlicher Erwerb** vorliegen muß. Diese Annahme ist sowohl zu eng als auch zu weit. Zu eng ist sie, weil auch selbsterstellte und geschenkte Dinge selbstverständlich VG sein können. Zu weit ist sie, weil viele Ausgaben offenbar nicht zu VG führen. So liegt beim Konsum von Bier in einer Gaststätte unstrittig Entgeltlichkeit vor, aber kein VG.

Da VG werthaltige Aktiva sein müssen und das HGB den Grundsatz der Einzelbewertung in § 252 Absatz 1 Nr. 3 vorschreibt, bietet es sich an, das Merkmal der **Einzelbewertbarkeit** als konstitutiv für einen VG anzusehen. In der Literatur wird dies als Prinzip der **'Greifbarkeit'** bezeichnet, das eine hinreichende Objektivierung der Rechnungslegung ermöglichen soll. Ein Vorteil muß demnach 'greifbar' in dem Sinne sein, daß ihm AK oder HK zuzuordnen sind: „Der Aufwand des Inhabers des Vermögensvorteils für diesen muß 'klar abgrenzbar, mit einiger Sicherheit errechenbar' sein" (Knobbe-Keuk 1989, S. 77). Dies beinhaltet aber nicht nur konkret ermittelbare Einstandswerte, sondern auch die Folgebewertungen, zum Beispiel Ermittlung eines beizulegenden Wertes, muß möglich sein. Bh. und Inventar sollen die Existenz von VG dokumentieren, also müssen diese entsprechend nachweisbar sein. Nur was 'inventarfähig' ist, gehört in eine Vermögensübersicht (selbst wenn Bilanz und Inventar durchaus unterschiedliche Inhalte haben können, spielen diese Differenzen hier keine Rolle).

Das Merkmal der Bewertbarkeit ist meines Erachtens nicht ausreichend, da es in der oben genannten Ausprägung sehr vage bleibt und dem Vorsichtsprinzip nicht ausreichend Rechnung trägt. Deshalb wird auch zusätzlich gefordert, daß ein VG nur anzunehmen ist, wenn das Merkmal der **Einzelveräußerbarkeit** oder **Einzelverkehrsfähigkeit** vorliegt. Demnach wären nur solche Vermögensvorteile aktivierbar, die einzeln versilbert werden können. Diese Begriffsfassung würde zunächst einmal zu einer gewissen Objektivierung führen, da es in der Regel möglich sein wird, festzustellen, ob etwas für den Markt Wert hat, also überhaupt objektiviert bewertbar ist. Darüber hinaus würde dem Gläubigerschutz und der traditionellen Konkursorientierung des HGB Rechnung tragen: nur was im für die Gläubiger schlimmsten Fall des Konkurses einzeln liquidiert werden kann, steht in der Bilanz, die tatsächlich das **Schuldendeckungspotential** als Aktiva zeigen würde.

Kritisiert wurde an dieser Auffassung zunächst, daß die **konkrete Veräußerbarkeit** eines Vorteils eine zu weitgehende Restriktion bedeuten würde. Eine Immobilie, die wegen schlechter Lage oder einer Altlast keinen Käufer findet, ist selbstverständlich ein VG. Auch ein vertragliches oder gesetzliches Veräußerungsverbot nimmt nicht die Eigenschaft, VG zu sein. So besteht zum Beispiel ein Verbot, Warenzeichen einzeln zu veräußern. Dieses Verbot macht aber gerade deshalb Sinn, weil das Warenzeichenrecht **abstrakt verkehrsfähig** ist, also Gegenstand des Rechtsverkehrs sein kann. Deshalb wurde gefordert, daß VG nicht konkret verkehrsfähig sein müssen, sondern abstrakt verkehrsfähig.

Da die Einzelverkehrsfähigkeit im Falle des Konkurses orientiert ist, wurde zusätzlich eingewandt, daß der handelsrechtliche JA unter der Annahme der Unternehmensfortführung (§ 252 Absatz 1 Nr. 2 HGB) steht, so daß nicht das Zerschlagungsvermögen relevant sein kann. Zutreffenderweise wird dabei unterstellt, daß der GoB der Unternehmensfortführung nicht nur die Ebene der Bewertung betrifft, wie es der Wortlaut des HGB nahelegt, sondern auch die Bilanzierungsebene. Deshalb wurde das Merkmal der Einverkehrsfähigkeit ersetzt durch das Kriterium der **selbständigen Verwertungsfähigkeit**. Ein Vorteil wird dadurch zum VG, daß er Gewinnerwartungen repräsentiert, indem er

- verkauft wird,
- Nutzungsrechte an ihm veräußert werden (Lizenzvergabe etc.,)
- gegen Entgelt nicht selbst ausgewertet wird

etc.

Diese Begriffsfassung trägt meines Erachtens den handelsrechtlichen Rechnungslegungszwecken am ehesten Rechnung, da sie eine einigermaßen nachprüfbare und vorsichtige Aktivierung gewährleistet, ohne auf den Fall der Unternehmenszerschlagung abzustellen. So kann ein bestimmtes know-how, ein 'Markenzeichen', im Rahmen von Franchise-Verträgen verwertet werden, ohne daß es isoliert einzelveräußerbar wäre.

Legt man die Merkmale Werthaltigkeit am Stichtag, Einzelbewertbarkeit und Einzelverwertbarkeit zugrunde und prüft, ob der eingangs angesprochene Werbefeldzug ein VG ist, so ergibt sich: es ist anzunehmen, daß die Maßnahme einen zukünftigen Nutzen hat, also werthaltig ist. Die Ausgaben des Kaufmannes von DM 100 zeigen, daß diese Maßnahme auch einzelbewertbar ist. An der Verwertbarkeit fehlt es allerdings, da der Vorteil bestenfalls mit dem Produkt, für das geworben wurde, übertragbar ist.

Diese Begriffsfassung von VG, die aus der handelsrechtlich orientierten Literatur übernommen wurde, ist von seiten des BFH allerdings nicht akzeptiert worden. Die Steuerbilanz ist, wie die Handelsbilanz auch, eine Vermögensübersicht, die Wirtschaftsgüter enthält. Da der Begriff des **Wirtschaftsgutes** (WG) im Gesetz nicht definiert ist, muß er via Maßgeblichkeit notwendig mit dem Begriff VG identisch sein. Dies ist unbestritten (soweit es positive WG betrifft; die negativen WG decken sich im wesentlichen mit dem handelsrechtlichen Begriff der Schulden).

Allerdings hat der BFH das Merkmal der Einzelverkehrsfähigkeit als viel zu eng abgelehnt und verlangt nur, daß **ein Vorteil zusammen mit dem Unternehmen als ganzes veräußerbar sein soll**, er muß 'seiner Art nach' zusammen mit dem Betrieb übertragbar sein. Die Nagelprobe ist ein fiktiver Erwerber des gesamten Unternehmens, der den Vermögensvorteil als werterhöhenden Einzelposten ansehen muß, der bei der Kaufpreisbemessung berücksichtigt würde. Der Vorteil muß auch für den Erwerber 'einen Wert haben', der greifbar ist und nicht im sogenannten allgemeinen Firmenwert aufgeht.

Diese Abgrenzung ist meines Erachtens weder präzise, noch trägt sie dem Gläubigerschutz hinreichend Rechnung. So bemerkt Weber-Grellet, immerhin Richter am BFH: „Unter dem Aspekt des Gläubigerschutzes mag handelsrechtlich das Erfordernis der selbständigen Verkehrsfähigkeit angemessen sein; unter dem Aspekt steuerrechtlicher Gewinnermittlung scheint dieses Merkmal eher untauglich, da es einer periodengerechten Verteilung der Aufwendungen entgegensteht“ (1990, S. 55). Damit hat Weber-Grellet allerdings einen Unterschied zwischen VG und WG zugegeben, den es auch nach der ständigen Rechtsprechung des BFH nicht geben darf.

Etwas unfreundlicher hat Knobbe-Keuk die BFH-Variante gewürdigt: „Unter dem Begriff des Wirtschaftsgutes waren nach der bisherigen steuerlichen Rechtsprechung nicht nur Sachen und Rechte, sondern auch tatsächliche Zustände, konkrete Möglichkeiten und Vorteile für den Betrieb zu verstehen, deren Erlangung der Kaufmann sich etwas kosten läßt. In der praktischen

Anwendung hatte der Begriff des Wirtschaftsgutes damit jede Kontur verloren. Sobald der Steuerpflichtige nur eine Ausgabe getätigt hatte, die auch in späteren Jahren für den Betrieb von Nutzen war oder auch nur hätte sein können, nahm die Steuerrechtsprechung ein Wirtschaftsgut und damit die Aktivierungspflicht dieser Ausgabe an" (1989, S. 75 f.).
Demnach wäre zum Beispiel ein verlorener Zuschuß an ein Elektrizitätswerk, um eine sichere Stromversorgung zu erhalten, aktivierungspflichtig. Ein potentieller Erwerber des Gesamtunternehmens würde diesem Vorteil sicher einen Wert beimessen. Einzelverwertbar ist der Vorteil für den Zuschußgeber allerdings nicht. Genauso hatte der BFH früher die Ausgaben für einen einmaligen Werbefeldzug als aktivierungspflichtig angesehen. Der BFH hat diese extreme Position inzwischen aufgegeben und sich zu einer eher 'gegenstandsbezogenen' Betrachtung bekannt. Ob dies mehr als ein Lippenbekenntnis ist, bleibt abzuwarten.

Nach dem Gesagten dürfte es auch nicht überraschen, daß der BFH den Firmenwert als WG ansieht und bei entgeltlichem Erwerb eine Aktivierungspflicht annimmt. Meines Erachtens liegt weder ein VG noch ein WG vor, sondern eine Bilanzierungshilfe. Schon der Wortlaut des § 255 Absatz 4 HGB stellt klar, daß der Firmenwert, der die VG (abzüglich der Schulden) übersteigende Teil des Kaufpreises ist. Wäre er selbst ein VG, wäre der Unterschiedsbetrag immer Null (vgl. hierzu auch eingehend Kapitel 8).

2.2 Die sachliche Zuordnung von Vermögensgegenständen

Selbst wenn unstrittig ein VG vorliegt, muß noch entschieden werden, ob dieser sachlich zutreffend in die Bilanz des Kaufmannes aufzunehmen ist. Ursächlich ist, daß in der Handelsbilanz nur das sogenannte **Betriebsvermögen** auszuweisen ist, während das **Privatvermögen** des Kaufmannes unbeachtlich ist. Diese Abgrenzung ergibt sich zwar nicht direkt aus dem HGB, die herrschende Meinung geht aber davon aus, daß sie vorzunehmen ist, soweit es um Einzelunternehmen und Personengesellschaften geht. Bei KapGes stellt sich das Problem nicht, da diese als juristische Personen keine 'Privatsphäre' haben können. In der Finanzverwaltung und Steuerrechtsprechung gibt es zwar Tendenzen, sogenannte 'Liebhaberei-Objekte' auch bei KapGes als 'privat' anzusehen oder als verdeckte Gewinnausschüttung zu behandeln, aber handelsrechtlich ist dieses Sonderproblem irrelevant.

Im weiteren wird zunächst die Abgrenzung der Sphären bei **Einzelunternehmen** behandelt, bevor auf Besonderheiten von Personengesellschaften eingegangen wird. Warum die Unterscheidung überhaupt erforderlich ist, wird für das Handels- und Steuerrecht zum Teil unterschiedlich gesehen. So bestimmt § 240 Absatz 1 HGB, daß der Kaufmann 'seine' VG bilanzieren muß, d.h. man könnte unter den Wortlaut unstrittig auch Privatvermögen (und analog Privatschulden für die Passivseite) subsummieren. Da Gläubigern auch das Privatvermögen des Kaufmannes unbegrenzt haftet, würde durch den Ausweis des Gesamtvermögens das Schuldendeckungspotential gezeigt. Diese früher verbreitete Ansicht würde allerdings eine Fülle von Problemen und Inkonsistenzen beinhalten:

- Das Privatvermögen und die Privatschulden sowie die damit zusammenhängenden Einnahmen/Ausgaben müßten in der Bh. erfaßt werden. § 238 Absatz 1 HGB beschränkt sich auf 'Handelsgeschäfte' und die 'Lage des Unternehmens'.
- Wäre bei Einzelunternehmen das Gesamtvermögen zu zeigen, so müßte dies auch bei Vollhaftern der Personengesellschaften so sein. Die Gesellschafter müßten sich gegenseitig und ggf. den Arbeitnehmervertretern im Betriebsrat oder Wirtschaftsausschuß ihre privaten Vermögensverhältnisse offenlegen.
- Für Großunternehmen, die dem PublG unterliegen, bestimmt § 5 Absatz 4 HGB, daß das Privatvermögen nicht bilanzierbar ist. Ein Grund für eine abweichende Behandlung bei kleineren Unternehmen ist nicht erkennbar.
- Zum JA eines Kaufmannes gehört auch die GuV, die den Erfolg und die Quellen des Erfolges einer Periode zeigen soll. Werden hierbei privat Gewinne/Verluste einbezogen, so zeigt die GuV nicht den 'betrieblichen' Erfolg.

Noch bedeutsamer ist die Abgrenzung aber für das **Bilanzsteuerrecht**, da

- als Betriebseinnahmen/-ausgaben nur anerkannt werden kann, was den 'Betrieb' betrifft; Privatausgaben auf der Pferderennbahn oder in der Metzgerei dürfen den zu versteuernden Erfolg nicht schmälern,
- Veräußerungsgewinne im Grundsatz nur steuerpflichtig sind, wenn Betriebsvermögen veräußert wird; Kursgewinne aus Aktiengeschäften für Privatpersonen sind steuerfrei, wenn die Spekulationsfrist überschritten ist; handelt es sich um Aktien des Betriebsvermögen, sind Gewinne (analog: Verluste) Bestandteile des zu versteuernden Einkommens,

- steuerliche Vergünstigungen in der Regel auf Betriebsvermögen beschränkt sind (zum Beispiel Sonderabschreibungen, Investitionszulagen etc.),
- die Überführung von Betriebsvermögen in das Privatvermögen umsatzsteuerpflichtigen Eigenverbrauch darstellt. Umgekehrt können für zum Betriebsvermögen gehörenden VG Erstattungsansprüche für die Vorsteuer geltend gemacht werden.

Mit diesen Ausführungen ist aber noch nicht festgelegt, wie die Unterscheidung in Betriebs- und Privatvermögen konkret vorzunehmen ist.

Handelsrechtlich sind VG, die sowohl betrieblich als auch privat genutzt werden können, nach dem Willen des Kaufmannes einzuordnen. Der Erfassung in der Buchführung kommt dabei Indizcharakter zu. Zu beachten ist des weiteren § 244 Absatz 1 HGB, der bestimmt, daß vom Kaufmann vorgenommene Rechtsgeschäfte im Zweifel als zum Betrieb seines Handelsgewerbes gehörig gelten. Kauft zum Beispiel ein Antiquitätenhändler ein altes Möbelstück, so ist dies auch dann als Betriebsvermögen anzusehen, wenn er den Kauf nicht in der Bh. erfaßt. Die Zugehörigkeitsvermutung kann aber widerlegt werden.

Für die praktisch bedeutsame steuerliche Zuordnung wurde durch Rechtsprechung und Literatur eine Dreiteilung vorgenommen in notwendiges Betriebsvermögen, notwendiges Privatvermögen und gewillkürtes Betriebs-/ Privatvermögen.

Zum **notwendigen Betriebsvermögen** gehören alle VG, die aus betrieblichem Anlaß angeschafft/hergestellt wurden. Das gilt zum Beispiel für Fabrikgebäude, Rohstoffe, Maschinen etc. Auf den subjektiven Willen des Kaufmannes kommt es hierbei nicht an.

Zum **notwendigen Privatvermögen** gehören alle VG, die ausschließlich oder ganz überwiegend der privaten Lebensführung dienen. So gehört das Einfamilienhaus, in dem der Kaufmann wohnt, genauso zum Privatvermögen wie Kleidung, Hausrat, Eheringe etc.

Das **gewillkürte Betriebs-/Privatvermögen** umfaßt diejenigen VG, die weder notwendiges Betriebs- noch notwendiges Privatvermögen sind. Nach Ansicht der Rechtsprechung müssen die VG, die zum gewillkürten Betriebsvermögen gehören, in einem gewissen objektiven Zusammenhang mit dem Betrieb stehen. Gefordert wird mithin, daß sie dem Betrieb dienen oder zu dienen geeignet sind. Die Anforderungen an den betrieblichen Bezug sind dabei aber nicht allzu hoch anzusetzen. Bei dieser Vermögensgruppe kommt der eindeutigen und dokumentierten Entscheidung (zum Beispiel durch Erfassen in der Bh.) des

Kaufmannes alleinige Bedeutung zu. Ist diese Entscheidung getroffen, so entfaltet sie aber auch Bindungswirkung. Das bedeutet, daß Umwidmungen selbstverständlich möglich, aber als Privatentnahmen oder -einlagen zu erfassen (und ggf. zu versteuern) sind.

Besondere Abgrenzungsprobleme treten in der Praxis bei **gemischter Nutzung,** d.h. sie werden sowohl betrieblich als auch privat genutzt, von VG auf. Dies liegt beispielsweise vor, wenn ein Kaufmann mit dem Betriebs-Pkw privat in Urlaub fährt. Nach ständiger Rechtsprechung kommt in solchen Fällen nur eine Zuordnung zum Betriebs- oder Privatvermögen in Betracht und keine anteilige Zuordnung. Folgende Zuordnungskriterien werden regelmäßig angegeben:

- liegt der private Nutzungsanteil über 90%, so liegt notwendiges Privatvermögen vor,
- liegt der betriebliche Nutzungsanteil über 50%, so liegt notwendiges Betriebsvermögen vor,
- liegt der betriebliche Nutzungsanteil zwischen 10% und 50%, so kann der Kaufmann gewillkürtes Betriebs- oder Privatvermögen schaffen.

Wird ein VG als Betriebsvermögen qualifiziert, so ist der private Nutzungsanteil als (in der Regel umsteuersteuerpflichtige) Privatentnahme zu buchen. Ein Buchgewinn oder -verlust bei der Veräußerung gehört aber vollständig zur betrieblichen Sphäre.

Eine quotale Zuordnung von VG ist davon abweichend bei gemischt genutzten Grundstücken vorgesehen, da die Aufteilung nach objektiven Merkmalen relativ einfach möglich ist. Diese vornehmlich aus dem Steuerrecht stammenden Abgrenzungen werden bei Einzelunternehmen regelmäßig auch handelsrechtlich übernommen. In jüngerer Zeit wird verschiedentlich bezweifelt, daß die sehr vagen Merkmale für die Abgrenzung des Betriebsvermögens tragfähig und notwendig sind (vgl. Knobbe-Keuk 1989, S. 55 ff. m.w.N.).

PersGes unterscheiden sich von Einzelunternehmen ganz entscheidend dadurch, daß sie unter ihrer Firma Eigentum erwerben und Verbindlichkeiten eingehen können, die zum Gesamthandvermögen gehören. Die zum Gesellschaftsvermögen (= Gesamthandvermögen) gehörenden VG sind das Betriebsvermögen der PersGes. Dies gilt auch, wenn ein von einem Gesellschafter eingelegter VG nicht betrieblich genutzt wird, sondern privat. Umgekehrt sind VG, die nicht zum Gesamthandvermögen gehören, auch dann nicht zu aktivieren, wenn sie betrieblich genutzt werden. Für Personengesellschaften gibt es handelsrechtlich nur Betriebsvermögen.

Für die Besteuerung wird dagegen auf sogenannte Ergänzungsbilanzen zurückgegriffen, die neben dem Gesellschaftsvermögen auch das Sonderbetriebsvermögen der einzelnen Gesellschafter berücksichtigen, um die individuelle Einkommensteuer zu ermitteln. Diese steuerliche Sonderbehandlung ist handelsrechtlich unbeachtlich.

Rückwirkungen auf die Handelsbilanz dürften auch nicht von der Rechtsprechung ausgehen, die unter bestimmten Bedingungen eine Zurechnung zum Betriebsvermögen ablehnt. Dies wird zum Beispiel angenommen, wenn ein VG von vornherein zur Einnahmenerzielung nicht bestimmt ist oder auf Dauer Verluste zu gewärtigen sind. Demnach wäre ein nicht kommerziell geführtes Pferdegestüt auch dann der Privatsphäre (Hobby, Liebhaberei) zuzuordnen, wenn es zum Gesamthandsvermögen gehört. Es ist sicher verständlich, daß Rechtsprechung und Finanzverwaltung die Abzugsfähigkeit von Verlusten aus dem Bereich der privaten Lebensführung verhindern will; für die Handelsbilanz und die damit verfolgten Zwecke ist die Bilanzierung des Gestütes gleichwohl zu fordern.

Ohne das Problem hier ausführlich behandeln zu wollen, sei angemerkt, daß die Trennung in Privat- und Betriebsphäre selbstverständlich auch die Passivseite der Bilanz betrifft. Bei Schulden kommt es ganz entscheidend darauf an, ob sie privater oder betrieblicher Art sind, da ein vollständiger Schuldenausweise in der Bilanz Klarheit hierüber voraussetzt. Außerdem entscheidet diese Zuordnung auch darüber, ob Zinsen handelsrechtlichen Aufwand (steuerlich: Betriebsausgaben) darstellen oder zur privaten Lebensführung gehören.

2.3 Die personelle Zuordnung von Vermögensgegenständen

Wenn entschieden ist, daß ein VG vorliegt, muß zusätzlich geklärt werden, in wessen Bilanz er dann zu erfassen ist. Das HGB regelt in § 240 Absatz 1, daß der Kaufmann „seine Grundstücke, seine Forderungen und Schulden" etc. zu inventarisieren hat. Diese Formulierung sieht auf den ersten Blick eindeutig aus, enthüllt sich aber bei genauerem Hinsehen als höchst unbestimmt. Ein Beispiel soll dies verdeutlichen:

Ein großer Automobilhersteller setzt folgende Produktionsfaktoren ein:

- Roh-, Hilfs- und Betriebsstoffe, die unter einem verlängerten Eigentumsvorbehalt gekauft wurden,

- die Maschinen sind an die Hausbank sicherungsübereignet worden, um einen Kredit zu erhalten,
- der Grund und Boden wurde für 20 Jahre geleast,
- das aufstehende Produktions- und Verwaltungsgebäude wurde mit Zustimmung des Grundeigentümers selbst erbaut,
- die Forderungen aus Lieferungen und Leistungen wurden an eine Factoringgesellschaft abgetreten,
- die Finanzanlagen wurden für drei Wochen im Rahmen eines Pensionsgeschäftes an eine Bank verkauft, um kurzfristige Liquiditätsprobleme zu beheben.

In allen diesen Fällen ist der Kaufmann nicht Eigentümer der aufgeführten VG im Sinne des Zivilrechtes. Wird in § 240 HGB an das **juristische Eigentum** angeknüpft, hätte der Automobilhersteller als VG praktisch nur liquide Mittel und Forderungen zu aktivieren. Offenbar wäre das eine wenig aussagefähige Bilanzierung, die der wirtschaftlichen Realität kaum angemessen Rechnung trägt. Es wird deshalb davon ausgegangen, daß im Bilanzrecht nicht das formale zivilrechtliche Eigentum entscheidend für die Zurechnung eines VG sein soll, sondern das sogenannte **'wirtschaftliche Eigentum'** oder die **'wirtschaftliche Zugehörigkeit'**. Sieht man von der höchst unglücklichen Formulierung 'wirtschaftliches Eigentum' einmal ab, ist deutlich, daß die Frage, wem ein VG zugerechnet werden soll, ein schwieriges Problem werden kann, wenn man nicht schlicht an die zivilrechtlichen Eigentumsverhältnisse anknüpft.

Dieses Problem muß auch für die Besteuerung geregelt werden, und zwar für verschiedene Steuerarten. In der Abgabenordnung (AO), dem steuerlichen 'Grundgesetz', sind in den §§ 39 bis 42 besondere Regelungen enthalten, die der 'wirtschaftlichen Betrachtungsweise' im Steuerrecht Geltung verschaffen sollen. Die Zielrichtung dieser Regelungen ist einleuchtend: das zivilrechtliche Kleid und der wirtschaftliche Inhalt von Verträgen können so auseinanderfallen, daß die Gleichmäßigkeit der Besteuerung gefährdet wäre, wenn das öffentlich-rechtliche Steuerrecht immer an die zivilrechtlichen Vorgaben gebunden wäre. So könnte ein Kaufmann bilanziell 'Verluste erzeugen', indem Wertpapiere weit unter Buch- und Zeitwert verkauft und zum gleichen niedrigen Wert bald darauf zurückgekauft werden. Wirtschaftlich kommt dies einer Abschreibung gleich, die auf 'normalem Wege' nicht möglich wäre. Wird für die Besteuerung von der zivilrechtlichen Gestaltung abgewichen, so birgt dies die Gefahr, daß Rechtsunsicherheit entsteht. Hehre Kriterien, wie Einheitlichkeit der Rechtsordnung, Tatbestandsmäßigkeit der Besteuerung und Vertrauensschutz für die Steuerpflichtigen (die belastende Steuer kann ja ohne Wissen/Willen der Beteiligten entstehen, die auf die zivilrechtlich eindeutige Basis vertrauten), werden aufgeweicht.

Für die personelle Zuordnung von VG ist insbesondere § 39 AO interessant. Es ist zwar aus rechtsdogmatischen Gründen durchaus zweifelhaft, ob diese Vorschrift überhaupt das Steuerbilanzrecht betrifft, da dieses über § 5 Absatz 1 EStG an die handelsrechtliche Zuordnung anknüpfen muß. In weiten Bereichen dürfte die Regelung in § 39 AO aber handelsrechtlichen GoB entsprechen. Aus Vereinfachungsgründen soll dem im weiteren gefolgt werden, auch wenn Handels- und Steuerrecht (und zwar die Regelungen in der AO und die Rechtsprechung zum Bilanzsteuerrecht) in Einzelfällen auseinanderfallen können. In § 39 Absatz 1 AO ist der praktisch häufige 'Grundfall' geregelt: „Wirtschaftsgüter sind dem Eigentümer zuzurechnen." Wann davon abzuweichen ist, wird in Absatz 1 Nr. 1 so definiert: „Übt ein anderer als der Eigentümer die tatsächliche Herrschaft über ein Wirtschaftsgut in der Weise aus, daß er den Eigentümer im Regelfall für die gewöhnliche Nutzungsdauer von der Einwirkung auf das Wirtschaftsgut wirtschaftlich ausschließen kann, so ist ihm das Wirtschaftsgut zuzurechnen."
Diese Regelung geht auf die bekannte 'Seeliger-Formel' zurück: „Wirtschaftlicher Eigentümer ist, wer die tatsächliche Herrschaft über ein Wirtschaftsgut in der Weise ausübt, daß dadurch der nach bürgerlichem Recht Berechtigte auf Dauer von der Einwirkung auf das Wirtschaftsgut (rechtlich oder) wirtschaftlich ausgeschlossen ist. Der nach bürgerlichem Recht Berechtigte ist dann (rechtlich oder) wirtschaftlich von der Einwirkung ausgeschlossen, wenn ihm kein oder nur ein praktisch bedeutungsloser Herausgabeanspruch zusteht oder wenn er das Wirtschaftsgut herauszugeben verpflichtet ist" (Seeliger; zit. nach Stobbe 1990, S. 518).
Diese Definition ist sehr umfangreich und an entscheidenden Stellen unklar. Was bedeutet genau „von der Einwirkung ausgeschlossen"? Oder: „bedeutungsloser Herausgabeanspruch"?

Im weiteren sollen einige Sachverhalte vorgestellt werden, um die 'wirtschaftliche Betrachtungsweise' Konturen gewinnen zu lassen. Dabei wird sich zeigen, daß einige Zuordnungen auch ohne die Seeliger-Formel möglich sind:

1. Liefert A an B Rohstoffe unter **Eigentumsvorbehalt**, so wird B erst mit der Bezahlung zivilrechtlicher Eigentümer. Gleichwohl verfügt B schon vorher über die Rohstoffe wie ein Eigentümer: er setzt sie in der Produktion ein,

er trägt das Risiko der Wertminderung oder des zufälligen Unterganges und hat die Chance auf Wertsteigerung. Der Herausgabeanspruch des Lieferanten wird erst bedeutsam, wenn die fällige Bezahlung nicht erfolgt. B kann diesen Anspruch einseitig durch Begleichung der Verbindlichkeit zum Erlöschen bringen. Die Bilanzierung beim Erwerber ist nunmehr auch durch die Erweiterung des § 246 Absatz 1 HGB um den Satz 2 gesetzlich ausdrücklich bestimmt (anzuwenden ab dem 01. Januar 1993).

Zum gleichen Resultat gelangt man aber auch durch Rückgriff auf das Realisationsprinzip: dieses bestimmt, daß handelsrechtlich Gewinn erst ausgewiesen werden darf, wenn der Umsatz als vollzogen anzusehen ist. Dies ist anzunehmen, wenn der zur Sachleistung Verpflichtete seine Lieferung oder Leistung (im wesentlichen) erbracht hat. Das heißt, mit Übergabe der Rohstoffe bucht der Lieferant A: per Forderung an Umsatzerlöse (hier: aus Vereinfachung ohne Ust). Die Rohstoffe sind bei ihm auszubuchen. Eine Aktivierung der Rohstoffe und der Forderung wäre unsinnig. Beim Empfänger B stellt sich der Zugang spiegelbildlich als erfolgsneutrale Anschaffung dar: per Rohstoffe an Verbindlichkeiten (ohne Ust).

In der Literatur wird diese Zurechnung beim Nicht-Eigentümer zum Teil als bedenklich angesehen: B kann über die Rohstoffe nicht wie ein zivilrechtlicher Eigentümer verfügen, und im Konkursfalle würde der Lieferant selbstverständlich von seinem Aussonderungsrecht Gebrauch machen. Die in der Bilanz ausgewiesenen Rohstoffe wären dem Gläubigerzugriff entzogen, das Schuldendeckungspotential in der Bilanz mithin falsch gezeigt.

Diesem Argument kann nicht gefolgt werden: den aktivierten Rohstoffen steht auf der Passivseite die Lieferantenverbindlichkeit gegenüber. Die bilanzierten Rohstoffe sind zwar kein Schuldendeckungspotential für andere Gläubiger, aber für die bilanzierte Schuld gegenüber dem Lieferanten gleichwohl. Zudem wird der JA unter der Annahme der Unternehmensfortführung erstellt (§ 252 Absatz 1 Nr. 2 HGB).

2. Ähnlich ist der Fall der **Sicherungsübereignung** zu sehen: A nimmt bei B einen Kredit auf und übereignet zum Zwecke der Kreditbesicherung seine Produktionsmaschinen an B. Die Maschinen verbleiben im Besitz des A, der sie weiterhin nutzt, um verkaufsfähige Fertigerzeugnisse herzustellen. Dies erfolgt natürlich im Interesse von B, da die Bedienung des Kredites Umsätze im Regelfall voraussetzt. In der Bh. muß die Kreditaufnahme selbst erfolgsneutral dargestellt werden (von einem Disagio sei abgesehen): per Bankguthaben an Verbindlichkeit.

Sollte die Sicherungsübereignung ebenfalls gebucht werden, dürften ebenfalls keine Erfolgswirkungen auftreten. Die Ausbuchung der Maschine müßte durch einen anderen Aktivenzugang kompensiert werden. Da ein aktiver RAP nach dem Wortlaut des § 250 Absatz 1 HGB nicht in Frage kommt, müßte ein VG eingebucht werden, dessen Inhalt/Bedeutung unklar ist. Vereinfachend wird die Maschine deshalb nicht ausgebucht. Das gleiche Resultat würde man auch durch Rückgriff auf die Seeliger-Formel und nunmehr § 246 Absatz 1 Satz 3 HGB erreichen.

Von der Regelung, daß nicht der zivilrechtliche Eigentümer bilanziert, ist allerdings abzugehen, wenn dieser seinen Eigentumsvorbehalt geltent gemacht hat (oder geltent machen wird) oder von seinem Sicherungsrecht Gebrauch zu machen droht.

3. A **pachtet** ein Grundstück von B für 30 Jahre zu einem festen Pachtzins. Die Pachtzeit ist unkündbar. In diesem Fall hat A zwar ein für die Vertragsdauer geschütztes Nutzungsrecht erworben, aber er ist nach einhelliger Ansicht kein 'wirtschaftlicher Eigentümer' geworden, denn weder ist der Herausgabeanspruch des B nach Ablauf der Pachtzeit bedeutungslos noch sind seine Rechte während dieses Zeitraumes unbeachtlich: er kann das Grundstück zum Beispiel veräußern oder beleihen. Deshalb sind Pacht- und Mietverhältnisse nicht zu bilanzieren.

4. Hat A ein Gebäude auf dem gepachteten Grundstück errichtet, wobei B zugestimmt hat, so gehört dieses nach den § 94 Absatz 1 BGB zivilrechtlich B. Zu bilanzieren ist es aber von A, da er (im Regelfall) die HK zu tragen hat und das Gebäude entsprechend seinen Plänen nutzen kann. Er wäre im Sinne der Seeliger-Formel wirtschaftlicher Eigentümer. Zwar ist der Herausgabeanspruch des B nach der Pachtzeit womöglich noch werthaltig, da das Gebäude nicht abgenutzt ist, aber dem steht ein Entschädigungsanspruch des A an B gegenüber. A erhält also nach der Nutzung noch den 'Verkaufserlös' für das gebrauchte Gebäude.

   Eine andere Begründung für die Bilanzierung bei A stellt darauf ab, daß bilanzrechtlich eindeutig zwei VG vorliegen: ein unbebautes Grundstück (des B), das nicht abnutzbar ist, und ein **Gebäude auf fremdem Grund und Boden**, das abnutzbar ist.

   Inhaltlich ähnlich, aber zum Teil sehr viel schwerer einzuordnen, sind Mietereinbauten und Einbauten von Betriebsvorrichtungen.

5. In den letzten Jahren hat weltweit (und auch in Deutschland) das **Factoring** an Bedeutung gewonnen. In rechtlicher Sicht stellt sich Factoring als Forderungsverkauf durch Abtretung dar (vgl. §§ 433, 398 ff. BGB). Interessant ist dieses Geschäft insbesondere für mittelständische Unternehmen mit stark expandierenden Umsätzen, die zu hohen Beständen an (kurzfristigen) Forderungen führen, wenn zugleich EK und Liquidität relativ knapp sind.
Der Factor, häufig ein Bankinstitut oder ein Tochterunternehmen eines solchen, erbringt im Standardfall folgende typische Leistungen:

- Finanzierung: der Kunde erhält für die erst später fällig werdenden Forderungen sofort Bargeld.
- Dienstleistungen: Übernahme von Debitorenbuchhaltung, Mahn- und Inkassowesen.
- Delkredereschutz: fällt die verkaufte Forderung ganz oder teilweise aus, so trifft dieses Risiko die Factoringgesellschaft. Insoweit gibt es Beziehungen zur Kreditversicherung.

Mit dem Forderungsverkauf wird der Faktor juristischer und wirtschaftlicher Eigentümer; man spricht von **echtem Factoring**. **Unechtes Factoring** liegt demgegenüber vor, wenn das Ausfallrisiko beim verkaufenden Unternehmen verbleibt. Dann wird der Factor zwar zivilrechtlich Eigentümer der Forderung, das wirtschaftliche Eigentum verbleibt aber beim Verkäufer. Die mit dem Risiko des Ausfalls behaftete Forderung soll im JA erkennbar sein.

6. Am intensivsten diskutiert wurde das Auseinanderfallen von juristischem und wirtschaftlichem Eigentum bei **Leasingverträgen**. Insgesamt zählt diese praktisch sehr weit verbreitete Vertragsform zu einem der beliebtesten Themen für zivilrechtliche, steuerrechtliche, bilanzielle und finanzierungsanalytische Abhandlungen. Entsprechend breit ist das Spektrum der Wertschätzung: die einen loben Leasing als maßgeschneiderte Finanzierungsform, während die anderen es als Geldverschwendung charakterisieren.

Auf die vielfältigen möglichen und tatsächlichen Vor- und Nachteile von Leasing kann hier nicht eingegangen werden. Jedenfalls hängt die (behauptete?) Attraktivität von Leasing unter anderem davon ab, daß der geleaste Gegenstand beim Leasinggeber, dem zivilrechtlichen Eigentümer, bilanziert wird und nicht beim Leasingnehmer. Es sollen deshalb kurz die

Kriterien vorgestellt werden, die für die Beurteilung des wirtschaftlichen Eigentums normalerweise herangezogen werden. Die Schwierigkeit dieser Zuordnung rührt daher, daß es eine unübersehbare Vielfalt von Varianten gibt. Deshalb ist auch die zivilrechtliche Einordnung stark umstritten: eindeutig scheint nur zu sein, daß Leasing zwar Ähnlichkeiten mit dem Ratenkauf und mit Mietverhältnissen haben kann, aber die BGB-Regelungen über Kauf und Miete nur nach sorgfältiger Abwägung, ggf. modifiziert, anwendbar sind.

Bilanzrechtlich ist für die Einordnung von Leasing-Verhältnissen unter anderem entscheidend, ob **Operate-Leasing-Verträge** oder **Finance-Leasing-Verträge** vorliegen. Das Operate-Leasing ist stark an normalen Mietverträgen orientiert. Diese Verträge sind typischerweise von beiden Seiten kurzfristig kündbar, so daß der Leasinggeber in der Regel das volle Investitionsrisiko trägt. Eine volle Amortisation wird erst durch Vertragsverlängerungen und/oder einen neuen Leasingnehmer erreicht. Diese Form ist deshalb für stark standardisierte Produkte (Universalmaschinen, Pkw etc.) interessant, die an eine Vielzahl potentieller Vertragspartner weiterverleast werden können. Diese Verträge führen immer zur Bilanzierung beim Leasinggeber.

Das Finanzierungs-Leasings ist charakterisiert durch eine unkündbare Grundmietzeit (GMZ). Während dieser bezahlt der Leasingnehmer dem Leasinggeber

a) die volle Investitionssumme, zuzüglich Refinanzierungs- und Verwaltungskosten und einen Gewinnaufschlag (**Voll-Amortisationsverträge**) oder

b) einen Teil dieser Beträge (**Teil-Amortisationsverträge**). In diesem Fall trägt der Leasinggeber nach Ablauf der GMZ das Risiko der Weiterverwertung.

Im weiteren soll exemplarisch die Zuordnung des Leasing-Gegenstandes bei Voll-Amortisationsverträgen skizziert werden. Ein erster Überblick ist dem Schema von Coenenberg (1993, S. 59) zu entnehmen, das die steuerbilanzielle Handhabung beinhaltet. Dabei soll nur die Argumentationsweise verdeutlicht werden. Deshalb wird auf die letzte Spalte (Leasing von Boden) nicht eingegangen.

Die Zurechnung von Leasing-Gegenständen auf die Vertragspartner (Leasing-)Nehmer und (Leasing-)Geber im Falle des Finanzierungs-Leasing

<table>
<tr><td colspan="3" rowspan="2">Art des Leasing-Gegenstandes ▶
Art des Leasing-Vertrages ▼</td><td colspan="2">Bewegliche Wirtschaftsgüter und Gebäude</td><td rowspan="2">Boden</td></tr>
<tr><td>Grundmietzeit 40 – 90 % der Nutzungsdauer*</td><td>Grundmietzeit < 40 % oder > 90 % der Nutzungsdauer*</td></tr>
<tr><td rowspan="2">Ohne Mietverlängerungs- oder Kaufoption</td><td colspan="2">Spezial-Leasing</td><td>Nehmer</td><td rowspan="2">Nehmer</td><td rowspan="2">Geber</td></tr>
<tr><td colspan="2">Kein Spezial-Leasing</td><td>Geber</td></tr>
<tr><td rowspan="3">Mit Kaufoption</td><td colspan="2">Spezial-Leasing</td><td rowspan="2">Nehmer</td><td rowspan="3">Nehmer</td><td rowspan="3">Wie Gebäude</td></tr>
<tr><td rowspan="2">Kein Spezial-Leasing</td><td>Kaufpreis < Buchwert bei Verkauf</td></tr>
<tr><td>Kaufpreis ≥ Buchwert bei Verkauf</td><td>Geber</td></tr>
<tr><td rowspan="3">Mit Mietverlängerungsoption</td><td colspan="2">Spezial-Leasing</td><td rowspan="2">Nehmer</td><td rowspan="3">Nehmer</td><td rowspan="3">Geber</td></tr>
<tr><td rowspan="2">Kein Spezial-Leasing</td><td>Anschluß-Miete < Wertverzehr**</td></tr>
<tr><td>Anschluß-Miete ≥ Wertverzehr**</td><td>Geber</td></tr>
</table>

* Die Nutzungsdauer wird bei beweglichen Wirtschaftsgütern nach den Tabellen für die betriebsgewöhnliche Nutzungsdauer ermittelt, bei Gebäuden wird gewöhnlich eine Nutzungsdauer von 50 Jahren zugrunde gelegt.

** Der Wertverzehr wird bei beweglichen Wirtschaftsgütern aus Restbuchwert und Restnutzungsdauer ermittelt, bei Gebäuden aus 75 % der marktüblichen Miete für vergleichbare Gebäude.

Im übrigen enthält das Schema folgende Varianten:

a) **Spezial-Leasing-Verträge** liegen vor, wenn ein Gegenstand so auf die Anforderung des Leasingnehmers zugeschnitten ist, daß eine andere Verwertung durch den zivilrechtlichen Eigentümer praktisch ausscheidet. In diesen Fällen sind die Verträge im allgemeinen so ausgestaltet, daß der Nehmer wirtschaftlicher Eigentümer im Sinne der Seeliger-Formel wird, so daß die Zurechnung bei ihm erfolgt. Das Leasingverhältnis wird wie ein Ratenkauf bilanziert.

b) Kein Spezial-Leasing: es gibt keine Vereinbarungen für die Zeit nach Ablauf der GMZ. In diesen Fällen ist die **Dauer der GMZ** für die Zuordnung allein entscheidend: übersteigt die GMZ 90% der ND eines VG, so wird unterstellt, daß der Herausgabeanspruch des Leasinggebers danach wirtschaftlich bedeutungslos ist (dies kann selbstverständlich von Fall zu Fall eine falsche Unterstellung sein). Der Nehmer hat die vollen Investitionskosten zu tragen und nutzt den VG nahezu vollständig ab, er wird deshalb wirtschaftlicher Eigentümer.

   Ist die GMZ kürzer als 40% der betriebsgewöhnlichen Nutzungsdauer, erfolgt die Zuordnung ebenfalls beim Nehmer. Dabei wird allerdings eine (im Einzelfall) höchst problematische Annahme gemacht: obwohl keine vertragliche Regelung über eine mögliche Weiternutzung vorliegt, gibt es eine entsprechende geheime Nebenabrede, sonst würde kein vernünftiger Kaufmann einen Leasingvertrag mit Voll-Amortisation unterschreiben. Auf diese Weise können zwar Umgehungsgeschäfte verhindert werden; liegen keine Nebenabreden vor, ist die bilanzielle Zuordnung aber schlicht falsch.

   Liegt die GMZ zwischen 40% und 90% der Nutzungsdauer, so bilanziert der Geber.

c) Dies kann sich aber ändern, wenn der Vertrag Anschlußvereinbarungen in Form einer **Kaufoption** enthält. Diese gibt dem Nehmer das Recht, das Leasing-Objekt nach Ablauf der GMZ zu erwerben. Er kann auf dieses Kaufrecht aber auch verzichten, wenn der Erwerb dann nicht mehr wirtschaftlich zweckmäßig für ihn ist. Von der Höhe des vorab fixierten Kaufpreises hängt es dann im wesentlichen ab, ob der Nehmer von seinem Kaufrecht wahrscheinlich Gebrauch machen wird oder nicht. Deshalb führen die sogenannten 1-DM-Modelle, bei denen der Nehmer das Recht hat, den VG nach Ablauf der GMZ für DM 1 zu erwerben, zu Recht zur Bilanzierung beim Nehmer. Wenn das Leasing-Objekt dann noch einen Wert hat, wird er die Option ausüben, er kann den zivilrechtlichen Eigentümer auf Dauer vom Zugriff ausschließen. Strittiger ist dagegen die Orientierung am Buchwert des VG nach Ablauf der GMZ: liegt der vereinbarte Kaufpreis unter dem Buchwert (nach der Regelabschreibung), so wird angenommen, daß er die Kaufoption rationalerweise immer ausüben wird.

d) Statt einer Kaufoption kann dem Nehmer auch eine **Mietverlängerungsoption** vertraglich eingeräumt werden. Liegt die Anschlußmiete unter den planmäßigen Abschreibungen für die Rest-Nutzungsdauer des VG, so wird wiederum angenommen, daß der Nehmer die Verlängerungsoption als günstig ansehen wird. Der Herausgabeanspruch des Gebers wird als wirtschaftlich bedeutungslos eingestuft.

Diese Zuordungskriterien sind, darauf sei ausdrücklich hingewiesen, für die Steuerbilanz derzeit herrschende Meinung. Die handelsrechtliche Anwendung wird zum Teil vehement kritisiert. Zu beachten ist des weiteren, daß es nahezu beliebige Vertragsvarianten geben kann. So sind Andienungsrechte des Leasinggebers genauso möglich wie Vereinbarungen über den Verkauf des Leasing-Objektes nach Ablauf der GMZ und Aufteilung des Buchgewinns bzw. -verlustes auf die Vertragsparteien nach festgelegten Quoten. Dies führt dazu, daß eine stark differenzierte Kasuistik vorliegt, was die steuerliche Einordnung betrifft. Die notwendigerweise mangelhafte Präzision der Seeliger-Formel ruft in der praktischen Umsetzung häufig Kritik hervor.

Hat der Leasingnehmer den Gegenstand zu bilanzieren, so muß er hierfür fiktive Anschaffungskosten ansetzen, da er keine eigenen hat; er kauft ja gerade nicht, sondern least. Zugleich muß er auf die Passivseite in gleicher Höhe einen Passivposten einstellen (Verbindlichkeit gegenüber dem Geber). Die Leasingraten dienen in der Folge zum Teil der Tilgung dieser Verbindlichkeit.

7. Andere Sachverhalte, die ähnlich komplexe Zuordnungsprobleme schaffen, stellen Pensionsgeschäfte und Treuhandverhältnisse dar. Eine detaillierte Behandlung soll hier jedoch nicht erfolgen.

Die genannten Beispiele zeigen die Tragweite des Problems der personellen Zuordnung auf. Den damit verbundenen Schwierigkeiten kann jedoch nicht in der Weise begegnet werden, daß stets an die zivilrechtlichen Eigentumsverhältnisse angeknüpft wird. Dies würde völlig inhaltsleere Bilanzen ermöglichen, wie das Beispiel des eingangs skizzierten Automobilherstellers verdeutlicht. Bilanzpolitische Kunstgriffe könnten zur gezielten Desinformation eingesetzt werden. Um das zu verhindern, ist ein allgemeiner Auffangtatbestand wie das 'wirtschaftliche Eigentum' unabdingbar. Der Preis für diese Klausel ist aber nicht gering. Rechtsunsicherheit und eine stark differenzierte Kasuistik von Zuordnungen, die laufend an neuere Entwicklungen angepaßt werden muß. Die Rechtsprechung der Finanzgerichte, Erlasse von Behörden und die Genese von unteren GoB sind nicht selten (mehr oder weniger späte) Reaktionen auf gezielten Einsatz zivilrechtlicher Instrumente zur Vermeidung von Steuerbelastungen und/oder Offenlegungspflichten.

3. DIE ABSTRAKTEN PASSIVIERUNGSVORAUSSETZUNGEN

Während die Aktivseite der Bilanz im wesentlichen das Vermögen eines Kaufmannes zeigt, also die Mittelverwendung, ist der Passivseite die Herkunft dieser Mittel zu entnehmen. Sieht man von RAP und Sonderposten einmal ab, handelt es sich um die Größen EK und FK. Das EK zeigt, welche Mittel den Eignern zurechenbar sind aufgrund ihrer Eigentümerposition. Dies können (ursprüngliche) Einlagen und einbehaltene Überschüsse sein. Fehlbeträge mindern das EK. Rechnerisch ist das EK schlicht der Saldo zwischen Vermögen und FK. Deren Höhe hängt deshalb allein von den Bilanzierungs- und Bewertungsprinzipien von Vermögen und FK ab. Die Passivierungsgrundsätze sind deshalb genauso bedeutsam wie die Aktivierungsgrundsätze.

Das HGB enthält nicht den Begriff FK, sondern Schulden (vgl. §§ 240 Absatz 1, 246 Absatz 1), definiert ihn aber nicht. Die Schulden umfassen sowohl Verbindlichkeiten als auch Rückstellungen. Unstrittig deckt sich der bilanzrechtliche Begriff der Schuld nicht mit dem gleichlautenden Wort im BGB (§ 241). Zur Präzisierung muß deshalb auf die GoB zurückgegriffen werden. Es sind hier zum Teil ähnliche Überlegungen anzustellen wie für die VG. Baetge (1994, S. 163) hat die Begriffsmerkmale von Schulden in einem Schema zusammengefaßt (siehe nächste Seite).

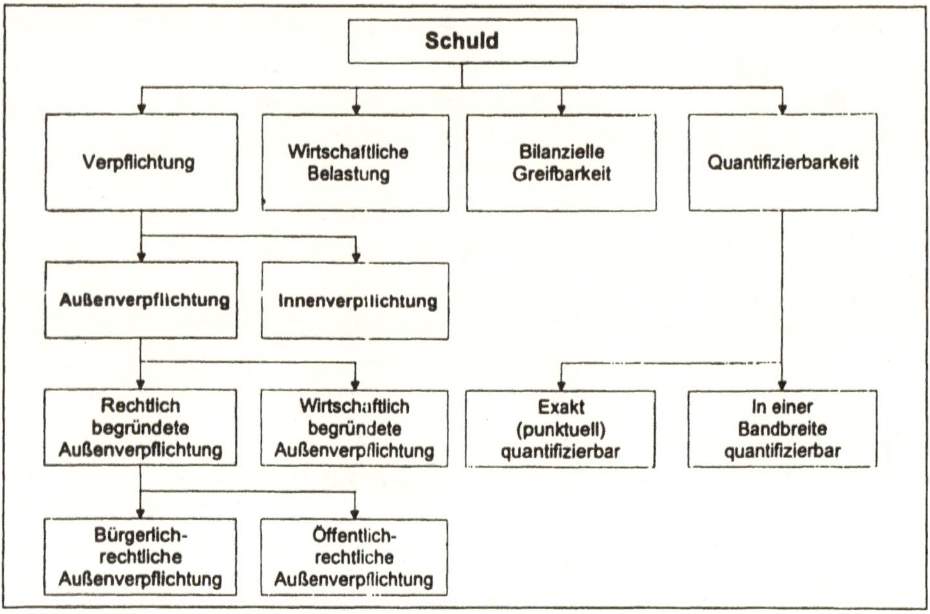

Demnach müssen vier Kriterien erfüllt sein, damit von einer Schuld im Sinne des Bilanzrechtes auszugehen ist:

1. **Verpflichtungen** können sowohl **Außen-** als auch **Innenverpflichtungen** beinhalten. Mit dem Begriff 'Innenverpflichtung' wird Sachverhalten Rechnung getragen, die keine Verpflichtung gegenüber Dritten beinhalten, sondern solche „des Bilanzierenden gegenüber sich selbst". Unterstellt wird, daß solche Verpflichtungen passivierbar sind, denen der Kaufmann nicht entgehen kann, ohne Nachteile im Rahmen der Unternehmensfortführung zu gewärtigen. Als Beispiele sind Rückstellungen für unterlassene Instandhaltungsmaßnahmen oder künftige Generalüberholungen gemäß § 249 Absatz 2 HGB zu nennen. In der Literatur werden diese Innenverpflichtungen meines Erachtens zu Recht als Fremdkörper in der Bilanz angesehen. Als Schulden gelten nur die Außenverpflichtungen. Schließt man sich dem an, wären die Innenverpflichtungen als 'Passivierungshilfen' zu interpretieren.

   Außenverpflichtungen betreffen dagegen immer Dritte. Ein Dritter kann auch der Eigentümer/Gesellschafter eines Unternehmens sein, wenn er nicht in seiner Eigenschaft als Eigner in Geschäfts- oder sonstige Beziehung zu seinem Unternehmen tritt. Ein GmbH-Gesellschafter kann der GmbH auch einen Kredit zur Verfügung stellen etc.

2. Die Außenverpflichtungen unterteilt Baetge in diejenigen, die **rechtlich voll entstanden** sind, und in diejenigen, die **wirtschaftlich verursacht** oder begründet sind. Schulden sind auch dann zu passivieren, wenn einklagbare Ansprüche (noch) nicht bestehen. Dies entspricht dem Vorsichtsprinzip und dem Gebot des vollständigen Schuldenausweises. Auf der Aktivseite sind VG zu bilanzieren, wenn sie dem Kaufmann wirtschaftlich zuzurechnen sind, auf die zivilrechtliche Zuordnung kommt es nicht (nur) an. Analog sind auch Schulden zu passivieren, die nur wirtschaftlich verursacht sind. Entscheidend ist, daß der Kaufmann sich der Verpflichtung nicht entziehen kann oder sie erfüllen will (aus sittlichen Gründen oder weil er sich Vorteile davon erhofft). Typische Anwendungsfälle sind verjährte Verbindlichkeiten, für die der Kaufmann auf die Einrede der Verjährung verzichten will, oder Leistungen auf Kulanzbasis.

Für die rechtlich entstandenen Verpflichtungen spielt es im übrigen keine Rolle, ob sie eine zivilrechtliche oder öffentlich-rechtliche Grundlage haben. Vertragliche Verpflichtungen sind genauso zu passivieren wie kraft Gesetz entstandene.

Von ganz entscheidender Bedeutung ist dagegen der Zeitpunkt, zu dem eine Schuld einzubuchen ist. Dieser bestimmt sich nach dem Realisations- und dem Imparitätsprinzip. Das Realisationsprinzip fixiert, daß bei gegenseitigen Verträgen eine Verpflichtung dann eingebucht werden muß, wenn der zur Sachleistung Verpflichtete seine Leistung erbracht hat, das Geschäft also nicht mehr schwebt. In diesen Fällen sind die Schulden in der Regel rechtlich entstanden.

Problematischer sind häufig die Verpflichtungen ohne Gegenleistung. Diese können zivilrechtliche Ursachen (Vertragsverletzungen, unerlaubte Handlungen, Gefährdungshaftung etc.), öffentlich-rechtliche Ursachen (Steuern, Verpflichtungen, Umweltschäden zu beseitigen etc.) oder sonstige Ursachen haben. Bei diesen Sachverhalten sind rechtliche Ansprüche nicht notwendig voll entstanden, sondern die Verpflichtungen sind nur wirtschaftliche verursacht. Wann dies genau der Fall ist, hängt vom Einzelfall ab.

Ein Beispiel soll das Problem verdeutlichen: Große KapGes müssen ihren JA von einem unabhängigen Wirtschaftsprüfer prüfen lassen. Diese öffentlich-rechtliche Verpflichtung ist in § 316 HGB geregelt. Sie entsteht rechtlich voll mit Ablauf des Wirtschaftsjahres einer Gesellschaft, auch wenn noch kein schuldrechtlicher Vertrag mit einem konkreten Prüfer geschlossen wurde. Die entsprechende Verpflichtung muß deshalb passiviert werden. Genauso passivierungspflichtig sind jedoch auch die Ausgaben für eigenes Personal, Material etc. für die JA-Prüfung. Sie fallen zwar erst im Folgejahr an, betreffen aber den JA für die abgelaufene Periode.

Das Imparitätsprinzip verlagert den Zeitpunkt des Entstehens einer Schuld noch weiter nach vorn, da auch noch nicht realisierte – also drohende – Verluste zu passiveren sind. Voraussetzung ist lediglich, daß ein schwebendes Geschäft vorliegt (vgl. § 249 Absatz 1 Satz 1 HGB.

Zu Einzelheiten des Realisations- und des Imparitätsprinzips vgl. ausführlich Kapitel 4.

3. **Bilanzielle Greifbarkeit** und **Quantifizierbarkeit** sind Merkmale, die meines Erachtens auf das gleiche abstellen: eine Schuldposition ist nur möglich, wenn dem **Grundsatz der Einzelbewertung** (vgl. § 252 Absatz 1 Nr. 3 HGB) Rechnung getragen wird. Dieses Erfordernis gilt analog zu den VG. Es handelt sich um eine Restriktion zur Objektivierung des JA. Verpflichtungen, die so allgemein/unbestimmt sind, daß sie einem negativen Firmenwert (bad will) entsprechen oder den good will mindern, sind keine Schulden im Sinne des Bilanzrechtes. Auf Details wird in Kapitel 15 (Rückstellungen) eingegangen. Wichtig ist hier jedoch, daß die Anforderungen an die Quanitfizierbarkeit, d.h. Bewertbarkeit, nicht so weit gehen, daß punktgenaue Angaben möglich sind. Auch wenn nur mehr oder weniger grobe Schätzungen möglich sind, liegt eine Schuld vor. Die ungewissen Verpflichtungen heißen im Bilanzrecht 'Rückstellungen', die anderen (Außen-) Verpflichtungen Verbindlichkeiten. Die Ungewißheit kann sich bei Rückstellungen sowohl darauf beziehen, ob überhaupt eine Verpflichtung vorliegt, als auch darauf, wie hoch diese genau ist.

4. Das Kriterium der **wirtschaftlichen Belastung** schränkt die Bilanzschulden auf Verpflichtungen ein, die eine (künftige) Bruttovermögensminderung darstellen. Wird einem Nachbarn ein Wegerecht über ein Betriebsgrundstück eingeräumt, handelt es sich zwar um eine greifbare Verpflichtung, es fehlt aber die wirtschaftliche Last. Eine wirtschaftliche Belastung liegt nicht nur vor, wenn eine Verpflichtung zu Geldleistungen besteht. Auch Sach- oder Dienstleistungsverpflichtungen führen zu Schulden. Eine erhaltene Anzahlung für eine noch zu erbringende Lieferung muß beim Empfänger deshalb als Verbindlichkeit passiviert werden. Es besteht keine Verpflichtung, die Anzahlung zurückzuzahlen, sondern die Lieferung zu

tätigen. Ebenso führen erwartete Nachbesserungen an verkauften Erzeugnissen (auf Garantie- oder Kulanzbasis) zu Schulden.

Sind die genannten Kriterien für das Vorliegen einer Schuld erfüllt, so muß noch geprüft werden, ob und inwieweit es sich um eine betriebliche Schuld handelt. Auch für die Passivseite der Bilanz ist eine Abgrenzung der unbeachtlichen Privatschulden vorzunehmen. Die Ausführungen zur Trennung von Betriebs- und Privatsphäre sind entsprechend anzuwenden.

Liegen (betriebliche) Schulden dagegen nicht vor, so kommt ggf. ein Vermerk 'unter dem Strich' in Frage. In § 251 HGB sind die Voraussetzungen für die nachrichtliche Angabe von **Eventualverbindlichkeiten** angegeben (vgl. dazu S. 428 ff.).

4. DIE KONKRETEN BILANZANSATZBESTIMMUNGEN

4.1 Bilanzierungsgebote und Bilanzierungsverbote des HGB

In § 246 Absatz 1 HGB ist bestimmt, daß sämtliche VG, Schulden und RAP zu bilanzieren sind. Dieser **Grundsatz der Vollständigkeit** wird im zweiten Halbsatz jedoch ausdrücklich eingeschränkt. Er gilt nur, „soweit gesetzlich nichts anderes bestimmt ist". Das HGB enthält eine ganze Reihe expliziter Bilanzansatzbestimmungen, die diesbezüglich relevant sind. Daneben gibt es auf allgemeinen GoB basierende Ansatzregelungen, die dem HGB nicht direkt zu entnehmen sind. Schließlich ergibt sich ein implizites Wahlrecht durch die Bildung gewillkürten Betriebs- oder Privatvermögens (siehe oben). Auf den letzten Aspekt wird nicht weiter eingegangen.

Ausdrückliche **Passivierungsverbote** enthält das HGB an zwei Stellen. In § 249 Absatz 1 und 2 wird ausführlich geregelt, für welche Sachverhalte Rückstellungen zu bilden sind oder gebildet werden können. In Absatz 3 wird normiert, daß für andere Zwecke keine Rückstellungen möglich sind. Diese Regelung hat nur klarstellenden Charakter, sie tangiert nicht den Vollständigkeitsgrundsatz. Außerdem begrenzt § 273 Satz 1 HGB die Möglichkeit für KapGes, Sonderposten mit Rücklangenanteil zu passivieren auf Fälle der Umkehrmaßgeblichkeit. Ist die steuerliche Anerkennung des Sonderpostens nicht von der Passivierung in der Handelsbilanz abhängig, greift das Passivierungsverbot. Aufgrund der umfassenden Kodifizierung der Umkehrmaßgeblichkeit in § 5 Absatz 1 Satz 1 EStG ist die praktische Bedeutung dieses Verbotes sehr gering.

Demgegenüber ist das **Aktivierungsverbot für selbsterstellte immaterielle VG des AV** in § 248 Absatz 2 HGB äußerst bedeutsam. Während materielle und nominelle VG (zum Beispiel Forderungen, Bankguthaben, Finanzanlagen) dem Vollständigkeitsgebot unterliegen, wird für immaterielle VG differenziert: Gehören sie zum UV, sind sie generell aktivierungspflichtig; sind sie dem AV zugeordnet, kommt es auf die Herkunft an: entgeltlicher Erwerb von Dritten führt zur Aktivierungspflicht, ein unentgeltlicher Erwerb oder die Eigenerstellung zum Aktivierungsverbot. Begründet wird das Aktivierungsverbot mit dem Vorsichtsprinzip.

Konkret stecken folgende Annahmen hinter dem Verbot:

1. Materielle (und nominelle) VG des AV sind weniger mit Risiken belastet als immaterielle VG wie Patente, Lizenzen etc. Diese Einschätzung mag im allgemeinen plausibel, häufig aber auch schlicht falsch sein. Spezialmaschinen, spekulative Finanzanlagen, Immobilien etc. können von heute auf morgen zu non valeurs werden, ohne daß jemand auf die Idee käme, diese VG nicht zu aktivieren. Patente, Lizenzen u.ä. können umgekehrt unstrittig und dauerhaft werthaltig sein.

2. Immaterielle VG, die entgeltlich erworben wurden, sind weniger riskant als selbstentwickelte. Eine Objektivierung des Wertes durch den Markt in Form eines Entgeltes liegt nicht vor. Damit wird ein Bewertungsproblem, nämlich die Ermittlung von HK, zum Anlaß für eine Bilanzierungsverbot genommen. Es ist systematisch unbefriedigend, wenn diese Ebenen vermischt werden. Entscheidender ist meines Erachtens aber, daß die Sicherheit der Bewertung verwechselt wird mit dem Risiko der Entwertung eines VG. Letzteres hängt offenbar nicht davon ab, ob ein Kaufmann ein Patent kauft oder selbst erstellt. Davon wäre nur auszugehen, wenn man die wenig plausible Annahme unterstellt, daß ein Kaufmann bei Investitionen die Werthaltigkeit und das Risiko in Abhängigkeit davon beurteilt, ob er Ausgaben in Form von AK oder HK hat.

3. Der Wert immaterieller VG des AV ist anderen Risiken ausgesetzt als der Wert von VG des UV. Soweit es sich um UV handelt, führt das vereinbarte oder zu erwartende Entgelt zu einer ausreichend sicheren Bewertungsgrundlage. Bemerkenswert an diesem Argument ist, daß die Bewertung auch beim UV zu HK erfolgt und nicht mit zu erwartenden Absatzwerten.

Diese sind für Folgebewertungen relevant, wenn sie unterhalb der HK liegen, haben aber keinerlei Objektiverungsfunktion für die Ermittlung der Einstandswerte. Es dürfte im übrigen schwer belegbar sein, daß die (geplante) Art der Verwertung immaterieller VG (durch das Unternehmen selbst oder durch Verkauf) etwas über die Werthaltigkeit oder das Risiko aussagt. Im Zweifel kann die Entscheidung über die Verwertung im Zeitablauf noch verändert werden.

Insgesamt ist das Aktivierungsverbot des § 248 Absatz 2 HGB meines Erachtens als verfehlt anzusehen. Es unterstellt pauschal bestimmte Risiken und bringt eine ganze Reihe von schwierigen Abgrenzungsproblemen mit sich. Diese betreffen nicht nur die Zuordnung zum AV oder UV, sondern auch die Trennung von Anschaffung und Herstellung (wenn zum Beispiel eine gekaufte Software mehr oder weniger umfassend überarbeitet wird). Da die Regelung zudem relativ einfach umgangen werden kann, indem beispielsweise die Forschungs- und Entwicklungsabteilung eines Unternehmens rechtlich verselbständigt wird, verhindert sie die Aktivierung zweifelhafter Werte nicht. Dem Vorsichtsprinzip wäre durch ein Aktivierungsgebot, gekoppelt mit einer vorsichtigen Bewertung, ausreichend Rechnung getragen.

Ein weiteres Aktivierungsverbot bezieht sich auf die **Aufwendungen für die Gründung** und die **Beschaffung von EK** (§ 248 Absatz 1 HGB). Zu den EK-Beschaffungsaufwendungen gehören unter anderem Emissionskosten, Börseneinführungskosten, Bankgebühren etc. Die Gründungsaufwendungen sind durch die Herbeiführung der rechtlichen Existenz eines Unternehmens bedingt (zum Beispiel Notarkosten, Eintragungs- und Veröffentlichungskosten). Da diese Ausgaben weder zu einem VG noch zu einem RAP führen, wäre das Aktivierungsverbot eigentlich obsolet. Es gewinnt allerdings an Berechtigung, da für die durchaus ähnlichen Aufwendungen für die Ingangsetzung und Erweiterung des Geschäftsbetriebes ein Aktivierungswahlrecht besteht (vgl. § 269 HGB).

4.2 Bilanzierungswahlrechte des HGB

Die Bilanzierungswahlrechte betreffen überwiegend die Aktivseite der Bilanz. In den §§ 269 und 274 Absatz 2 HGB sind sogenannte **Bilanzierungshilfen** definiert, die aktiviert werden dürfen, obwohl nach den oben genannten abstrakten Aktivierungsvoraussetzungen keine VG vorliegen (vgl. ausführlich Kapitel 8).

Ein ähnliches Aktivierungswahlrecht ist in § 255 Absatz 4 HGB kodifiziert: ein **entgeltlich erworbener Firmenwert** darf bilanziert werden. Daraus wird auch gefolgert, daß diese Regelung indirekt ein Aktivierungsverbot für den originären, d.h. selbstgeschaffenen Firmenwert enthält. Dies trifft meines Erachtens nicht zu, da der Firmenwert grundsätzlich keinen VG darstellt und deshalb nicht aktivierungsfähig ist. Das Wahlrecht beinhaltet – so gesehen – eine weitere Bilanzierungshilfe (vgl. hierzu Kapitel 8).

Die Regelung zu den **aktiven RAP** ist § 250 Absatz 1 und 3 HGB enthalten Wahlrechte für

- Zölle und Verbrauchssteuern,
- Umsatzsteuern, soweit sie bestimmten Bedingungen genügen,
- ein Disagio bei Kreditaufnahmen.

Während die ersten beiden Sachverhalte systemfremde Bilanzposten umfassen, die steuerlichen Besonderheiten Rechnung tragen, stellt das Disagio einen echten aktiven RAP dar, der aufgrund des Vollständigkeitsgebotes aktivierungspflichtig wäre. Dieses Wahlrecht bedeutet demnach ein 'Weniger' auf der Aktivseite, während die bisher genannten Aktivierungswahlrechte zu zusätzlichen Aktiva führten.

Nicht ausdrücklich im HGB geregelt ist das nach herrschender Meinung zulässige Wahlrecht, **unbedeutende RAP** nicht zu bilanzieren. Insbesondere wenn diesen RAP Dauerschuldverhältnisse zugrunde liegen, hat die Nichtbilanzierung keinen oder nur geringen Einfluß auf die Erfolgslage. Das Wahlrecht trägt dem GoB der Wesentlichkeit (Materiality) Rechnung.

Aus dem gleichen Grund ist es zulässig, die sogenannten **geringwertigen VG des AV** nicht zu bilanzieren. In § 6 Absatz 2 EStG ist dies ausdrücklich geregelt. Handelsrechtlich wird diese Regelung als den GoB entsprechend akzeptiert. Geringwertigkeit liegt vor, wenn die AK/HK eines VG nicht mehr als DM 800 betragen. Da diese VG zunächst einzubuchen sind und erst danach voll abgeschrieben werden können, liegt eigentlich ein Bewertungswahlrecht vor. Dieses wirkt praktisch wie ein Ansatzwahlrecht, ersetzt aber nicht die Inventarpflicht für diese VG. Liegen die AK/HK von VG dagegen unter DM 100, so ist es zulässig, diese Zugänge sofort als Aufwand zu buchen, eine Inventarisierung entfällt. Man spricht hier von **geringstwertigen VG** (vgl. zur steuerlichen Zulässigkeit R 31 Absatz 3 EStR 1993).

Werden **VG unentgeltlich erworben**, so wird handelsrechtlich überwiegend ein Aktivierungswahlrecht angenommen. Da die AK DM 0 betragen und die AK die Wertobergrenze darstellen, soll die Nichtaktivierung zulässig sein. Dem Vollständigkeitsgebot entsprechend wäre ein Bilanzansatz mit einem Merkposten zu fordern (vgl. Kapitel 6).

Für die Passivseite der Bilanz gibt es ebenfalls Wahlrechte. Selbstverständlich ist die Regelung in § 247 Absatz 3 HGB, die es erlaubt, **Sonderposten mit Rücklagenanteil** zu passivieren. Dies ist Ausfluß des Bestrebens, Handels- und Steuerbilanz nicht zu differenzieren (vgl. Kapitel 2 und 14).

In die Systematik des HGB schwerer einzuordnen sind die Passivierungswahlrechte bei den **Rückstellungen**. So sieht § 249 Absatz 1 Satz 3 HGB ein Wahlrecht für **Rückstellungen für unterlassene Instandhaltungsmaßnahmen** vor, wenn die Maßnahmen im Folgejahr nachgeholt werden und keine Pflichtrückstellung gemäß § 249 Absatz 1 Nr. 1 HGB vorliegt. Die zugrundeliegende zeitliche Differenzierung für die Realisierung der Maßnahme erscheint willkürlich. Ein weiteres Wahlrecht enthält § 249 Absatz 2 HGB. Beiden Rückstellungen ist gemeinsam, daß es sich um sogenannte Innenverpflichtungen handelt und nicht um Schulden gegenüber Dritten.

Demgegenüber enthält Artikel 28 Absatz 1 Satz 1 EG-HGB die Wahlmöglichkeit, **Pensionsrückstellungen** nicht zu passivieren, wenn es sich um sogenannte **Alt-Zusagen** handelt, d.h. wenn der Pensionsanspruch vor dem 01. Januar 1987 eingeräumt wurde. Es liegen unstrittig Schulden im Sinne des Bilanzrechts vor (Außenverpflichtungen). Das Wahlrecht ist darauf zurückzuführen, daß nach dem früheren Recht für alle Pensionsrückstellungen ein Passivierungswahlrecht bestand. Eine Bilanzierungspflicht für bisher nicht passivierte Verpflichtungen hätte die JA im ersten Jahr der Passivierung stark beeinträchtigen können.

4.3 Besonderheiten des Steuerrechts

Aufgrund des Maßgeblichkeitsprinzips müßten die handelsrechtlichen Bilanzierungsregelungen auch steuerlich gelten, wenn

- sie den GoB entsprechen und
- kein steuerlicher Vorbehalt besteht.

Es gibt eine ganze Reihe solcher Vorbehalte, vor allem im EStG (vgl. zum Beispiel die Rückstellungsregeln in § 5 Absatz 3 und 4, die Aktivierungsregeln für bestimmte Zölle und Steuern § 5 Absatz 5, den derivativen Firmenwert in § 7 Absatz 1 etc.), auf die bei den einzelnen Bilanzposten näher eingegangen wird.

Daneben ist der **Beschluß des Großen Senats des BFH** vom Februar 1969 beachtlich, der die handelsrechtlichen Aktivierungsrechte zu steuerlichen Aktivierungspflichten erklärte und Passierungswahlrechte zu Passivierungsverboten (vgl. Kapitel 2). Diese Interpretation wird allerdings nicht durchgängig umgesetzt. So sind die Bilanzierungshilfen gemäß §§ 269, 274 Absatz 2 HGB steuerlich nicht aktivierbar.

5. FAZIT

Es gibt im Bilanzrecht abstrakte und konkrete Bilanzierungsvoraussetzungen. Die abstrakten Kriterien definieren, welche Posten prinzipiell zu aktivieren/zu passivieren sind. Da das HGB diesbezüglich keine ausdrücklichen Regelungen enthält, ergibt sich ein weiter, durch die GoB auszufüllender Spielraum. Es ist eine ganze Reihe begrifflicher, personeller und sachlicher Abgrenzungen erforderlich, die komplex und umstritten sind.

Die konkreten Bilanzierungsbestimmungen führen zu einer zusätzlichen Komplizierung, da eine Fülle von teils systemfremden Sonderregelungen zu einer schwer überschaubaren Kasuistik führen. Durch steuerliche Vorbehalte und den Beschluß des Großen Senats des BFH wird die Materie zusätzlich erschwert.

D. WIEDERHOLUNGSFRAGEN

1. Skizzieren Sie in groben Zügen den Bilanzinhalt nach dem HGB.
2. Wodurch unterscheiden sich die Aktivierungsregeln der dynamischen von denen der statischen Bilanztheorie?
3. Welche Eigenschaften sind für Vermögensgegenstände charakteristisch?
4. Wodurch unterscheidet sich die konkrete von der abstrakten Veräußerbarkeit? Geben Sie bitte ein Beispiel an.
5. Ist das Merkmal der Entgeltlichkeit für VG konstitutiv?
6. Wie wird der Begriff Wirtschaftsgut vom BFH interpretiert?
7. Sind Wirtschaftsgut und Vermögensgegenstand das gleiche?
8. Der Fußballverein Bayern M. tätigt für die neue Saison einige Investitionen. Geben Sie bitte an, inwieweit ein VG oder WG erworben wurde (mit Begründung bitte):
   a) Der unbekannte, aber begnadete Stürmer Manfred K. wird für eine Ablösesumme von 2.000 TDM eingekauft.
   b) Sämtliche Spieler werden zu einer Sprach-Schulung geschickt, damit sie die Anweisungen des italienischen Trainers endlich verstehen (Kosten insgesamt: 400 TDM).
   c) Von einem Heilpraktiker wird eine Geheimrezeptur zur Heilung diverser Sportverletzungen für 300 TDM erworben.
   d) Es wird ein PC für 50 DM gekauft, um die Spielergehälter und -prämien schneller ermitteln zu können. Für die Raubkopie einer Anwendungssoftware werden 1 TDM bezahlt.
   e) Da künftig mit mehr Zuschauern zu rechnen ist, muß das städtische Fußballstadion ausgebaut werden. Die Stadt erhält einen Zuschuß für die Baumaßnahme von 500 TDM.
   f) Außerdem erhält die Stadt weitere 200 TDM für die Zurverfügungstellung von Parkplätzen für die nächsten drei Jahre.
   g) Der berühmte Schlagerstar Rex Goldi dreht mit der (singenden) Mannschaft einen Video-Clip unter dem berühmten Regisseur Franz B. Die gesamten Herstellungskosten betragen 100 TDM.

9. Im Berliner Zoo wird ein Nashorn-Baby geboren. Liegt ein VG/WG vor?
10. Begründen Sie, warum Betriebs- und Privatvermögen zu trennen sind?
11. Erläutern Sie die Begriffe notwendiges Betriebsvermögen, notwendiges Privatvermögen, gewillkürtes Betriebsvermögen. Sind diese Begriffe unabhängig von der Rechtsform des betrachteten Unternehmens?
12. Welche Merkmale kennzeichnen die sogenannte 'Liebhaberei'? Ist die Sammlung alter Münzen bei einem Einzelunternehmen immer als Liebhaberei anzusehen? Welche Folgen hätte eine Einordnung als
    a) Betriebsvermögen
    b) Privatvermögen?
13. Was ist unter dem Begriff 'wirtschaftliches Eigentum' zu verstehen?
14. Warum ist im Bilanzrecht manchmal ein Anknüpfen an dieses Merkmal zweckmäßig?
15. Begründen Sie, warum trotz Eigentumsvorbehalt oder Sicherungsübereignung von VG nicht der zivilrechtliche Eigentümer bilanzieren muß. Ist dies wünschenswert?
16. Skizzieren Sie in Grundzügen die Regeln für die Zurechnung von Leasing-Objekten und diskutieren Sie die Zweckmäßigkeit dieser Regeln.
17. Prüfen Sie anhand der sogenannte 'Seeliger-Formel', wem in den folgenden Fällen das wirtschaftliche Eigentum zuzurechnen ist.
    a) Die X-AG (Stuttgart) hält eine wertvolle Beteiligung an einer Chemiefabrik im Iran. Um diese nicht im JA zeigen zu müssen und unliebsame Reaktionen von Geschäftspartnern, Presse, Eigentümern etc. zu vermeiden, wird die Beteiligung am 30.12.01 zum Buchwert von 1 Mio. DM verkauft (Zeitwert: 5 Mio. DM). Im Vertrag wird zusätzlich vereinbart, daß die X-AG die Beteiligung am 2.1.02 (also zwei Tage nach dem Bilanzstichtag) zum gleichen Preis zurückkauft (echtes Pensionsgeschäft).
    b) Ändert sich an Ihrer Antwort etwas, wenn der Verkaufs- und Rückkaufspreis jeweils 5 Mio. DM beträgt?
    c) Ist der Sachverhalt anders zu würdigen, wenn der Verkauf für 1 Mio. DM erfolgt, kein Rückkauf vereinbart wird, aber die X-AG die Option hat, die Beteiligung am 2.1.02 für 1 Mio. DM zurückzukaufen?

d) Der Verkauf erfolgt zu 4 Mio. DM, ein Rückkauf wird nicht vereinbart. Dem Käufer steht aber vertraglich das Recht zu, der X-AG die Beteiligung am 2.1.02 für 4 Mio. DM anzudienen.

e) Wie d), den Preis beträgt aber jeweils 10 Mio. DM.

f) Ändert sich an den Beurteilung zu a) bis e) etwas, wenn der Käufer ein 100-%iges Tochterunternehmen der X-AG ist?

18. Erläutern Sie die abstrakten Passivierungskriterien für Schulden.

19. Welche handelsrechtlichen Aktivierungsverbote kennen Sie?

20. Wie können diese Verbote begründet werden? Ist die Nicht-Aktivierung zweckmäßig?

21. Geben Sie die wichtigsten Aktivierungswahlrechte (samt Rechtsgrundlagen) an.

22. Skizzieren Sie die handelsrechtlichen Passivierungsverbote und -wahlrechte.

23. Ist für Fragen des Bilanzansatzes (Aktivierung/Passivierung) die HB für die StB maßgeblich?

24. Gibt es steuerliche Vorbehalte? Wenn ja: welche?

Kapitel 8: Die Bilanzierungshilfen

A. KURZINHALT

Die Aktivseite von Bilanzen enthält im wesentlichen VG und RAP (§ 246 Absatz 1 HGB). Sieht man von negativen Eigenkapitalanteilen (§ 268 Absatz 3 HGB) ab, so sind noch einige zusätzliche Aktiva möglich, die ausdrücklich nicht VG oder RAP sind. Diese werden üblicherweise 'Bilanzierungshilfen' (BH) genannt.

Diese Sonderposten sind aus verschiedenen Gründen umstritten. So besteht keine Einigkeit darüber, ob und warum sie überhaupt aktivierungsfähig sind, und es ist unklar, unter welchen zusätzlichen Bedingungen sie akzeptiert werden sollten. Die Einschätzung hängt ganz wesentlich von den unterstellten JA-Zwecken ab.

Zusätzlich erschwert wird die Diskussion dadurch, daß im HGB der Begriff 'BH' verwendet, aber nicht definiert wird. Dadurch bleibt unklar, ob nur die im HGB so genannten Posten BH darstellen und alle anderen Posten VG oder RAP oder ob auch andere Aktiva als BH zu interpretieren sind. Dies hätte auch steuerliche Folgen, da nach ständiger Rechtsprechung der Finanzgerichte BH in der StB nicht aktiviert werden dürfen. Dies wird am Beispiel des derivativen Firmenwertes (§ 255 Absatz 4 HGB) erläutert.

Neben der klassischen BH für Ingangsetzungs- und Erweiterungsausgaben (§ 269 HGB) wird die BH für aktive latente Steuern (§ 274 Absatz 2 HGB) vorgestellt. Da auch Rückstellungen für latente Steuern (§ 274 Absatz 1 HGB) möglich sind, wird das gesamte Konzept der Steuerabgrenzung behandelt.

Schließlich wird der Frage nachgegangen, ob für bestimmte Sachverhalte (Forschungs- und Entwicklungs-(F+E)Ausgaben) eine zusätzliche BH geschaffen werden sollte.

B. LEHRZIELE

Diese Kapitel soll Sie dazu befähigen,

- die Besonderheiten der sogenannten BH zu erläutern, insbesondere die Unterschiede zu VG und RAP,
- die Voraussetzungen für die Aktivierbarkeit von Aufwendungen für die Ingangsetzung und Erweiterung des Geschäftsbetriebes (§ 269 HGB) zu diskutieren,
- die (behaupteten) Funktionen dieser BH kritisch zu analysieren,
- die steuerliche Behandlung von BH darzustellen,
- das Konzept der latenten Steuerabgrenzung anhand selbstgewählter Beispiele zu erklären,
- die Zweckmäßigkeit des § 274 HGB im Hinblick auf die JA-Ziele zu beurteilen,
- die Rechtsnatur des derivativen Firmenwertes zu ermitteln,
- die handels- und steuerrechtliche Behandlung des erworbenen Firmenwertes vor dem Hintergrund seiner Rechtsnatur darzustellen und zu diskutieren, ob diese Regelungen sinnvoll sind,
- zu prüfen, ob für Forschungs- und Entwicklungs-(F+E)Ausgaben sinnvollerweise eine neue zusätzliche Bilanzierungshilfe in das HGB aufgenommen werden sollte.

C. INHALT

1. EINLEITUNG

Das HGB benutzt den Terminus 'Bilanzierungshilfe' (BH) an zwei Stellen (§§ 269, 274 Absatz 2). In der Literatur wird der gleiche Begriff dagegen recht unterschiedlich und zumeist sehr viel weiter gefaßt. Insofern ist eine Begriffsklärung unumgänglich.

Aus naheliegenden Gründen kann eine bilanzielle 'Hilfe' für den Kaufmann nur angenommen werden, wenn ihm ein Wahlrecht eingeräumt wird. Man kann demnach schlicht alle Wahlrechte als BH im weitesten Sinne bezeichnen. Üblich ist es aber, als BH nur die sogenannten 'Bilanzansatzwahlrechte' zu fassen und dabei (asymmetrisch) nur die Aktivseite zu betrachten. Passivierungswahlrechte entfallen bei dieser Betrachtung (zum Beispiel Kann-Rückstellungen).

Theoretisch können Aktivierungswahlrechte in zwei Varianten auftreten:

a) Es besteht ein Wahlrecht, Posten nicht zu aktivieren, obwohl sie eigentlich aktivierungspflichtig sind, d.h. der Grundsatz der Vollständigkeit wird eingeschränkt. Derzeit gibt es im HGB dazu keinen Anwendungsfall.

b) Es besteht ein Wahlrecht, Posten zu aktivieren, die eigentlich nicht bilanzierungsfähig sind, d.h. die Aktivierungsmöglichkeiten werden erweitert. Dies führt zu einer Ergebnisverbesserung.

Die im HGB angesprochenen BH beziehen sich auf solche Aktivierungshilfen, die unter bestimmten Bedingungen in Anspruch genommen werden können. Sie werden im 2. und 3. Abschnitt dieser Kapitel behandelt. Dabei wird das Thema der latenten Steuern nicht nur für den Fall einer BH betrachtet, sondern die passive Steuerabgrenzung ebenfalls einbezogen. Aufgrund der inhaltlichen und rechentechnischen Verknüpfungen ist eine isolierte Behandlung der BH hier unzweckmäßig.

Im 4. Abschnitt wird geprüft, ob das Wahlrecht zur Aktivierung eines entgeltlich erworbenen Firmenwertes (FW) ebenfalls eine BH darstellt oder insoweit ein VG vorliegt. Die Rechtsnatur des FWs hat sowohl für bilanzanalytisch motivierte JA-Korrekturen Bedeutung als auch für die steuerliche Behandlung.

Im 5. Abschnitt wird der Frage nachgegangen, ob eine HGB-Änderung wünschenswert wäre, um eine Aktivierung von F+E-Ausgaben als BH zu ermöglichen.

Da die Aktivseite einer Bilanz VG und RAP enthält (von Verlusten gemäß § 268 Absatz 3 HGB abgesehen), sind BH sorgfältig von diesen Posten abzugrenzen. Sie kommen nur subsidiär in Frage. Dem Problem, ob das Disagio gemäß § 250 Absatz 3 HGB eine BH oder einen RAP darstellt, wird nicht weiter nachgegangen.

2. AUFWENDUNGEN FÜR DIE INGANGSETZUNG UND ERWEITERUNG DES GESCHÄFTSBETRIEBES

In § 269 HGB wird bestimmt, daß KapGes die Aufwendungen für die Ingangsetzung und Erweiterung des Geschäftsbetriebes als BH aktivieren dürfen, soweit sie nicht bilanzierungsfähig sind. Wird der Posten aktiviert, so ist zu beachten:

- Er ist in Bilanz und Anlagegitter **gesondert zu zeigen** (§§ 268 Absatz 2; 269 HGB).
- Es besteht eine **Ausschüttungssperre** (§ 269 HGB).
- Er ist im **Anhang** zu erläutern (§ 269 HGB).
- Er ist in den folgenden Perioden jeweils um **mindestens** 25% abzuschreiben (§ 283 HGB).

Der Zweck dieser BH wird im Schrifttum höchst unterschiedlich gesehen. Bevor darauf eingegangen wird, ist zu klären, welche Aufwendungen überhaupt gemeint sein können. Festzuhalten ist, daß es sich hierbei nicht um Aufwendungen, sondern um Ausgaben handelt. Diese dürfen nicht zu bilanzierungsfähigen Aktiva geführt haben, also weder zu VG noch zu RAP, die immer aktivierungspflichtig sind. Erst wenn eindeutig keine selbständig verkehrsfähigen VG und keine RAP vorliegen, kommt subsidiär ein Ausweis als BH in Betracht.

Da Ausgaben für die Ingangsetzung und Erweiterung grundsätzlich nicht zu Aufwand für eine **bestimmte Zeit** nach dem Stichtag führen (§ 250 Absatz 1 Satz 1 HGB), ist die Abgrenzung zu den RAP relativ einfach.

Die Unterscheidung zu den VG ist theoretisch möglicherweise schwierig, aber kein spezielles Problem dieser BH: bei allen Ausgaben ist immer zu prüfen, ob sie zu VG geführt haben. Erst wenn dies verneint wird, ist überhaupt zu prüfen, ob eine BH zulässig ist oder die Ausgaben voll ergebniswirksam bleiben.

Zweifelhaft ist aber, wie zu verfahren ist, wenn Ausgaben zu immateriellen VG des AV führen, die gemäß § 248 Absatz 2 HGB einem Aktivierungsverbot unterliegen. Denn prinzipiell sind auch selbsterstellte immaterielle VG des AV aktivierungsfähig, der Gesetzgeber hat den Bilanzansatz aber aus Vorsichtsgründen untersagt. Dieses Aktivierungsverbot darf nach herrschender Meinung nicht in Form einer BH umgangen werden.

Zu beachten ist schließlich, daß **Aufwendungen für die Gründung** des Unternehmens (zum Beispiel für den Gesellschaftsvertrag, Gründungsprüfung etc.) und die **Beschaffung von EK** einem strikten Aktivierungsverbot unterliegen (§ 248 Absatz 1 HGB), also auch nicht als BH aufgenommen werden dürfen.

Als **typische Ausgaben**, die gemäß § 269 HGB aktivierungsfähig sind, werden in der Literatur genannt: Ausgaben für

- Aufbau der Organisation,
- Personaleinstellung und -schulung,
- Markterschließung,
- Werbemaßnahmen,
- Aufbau des Transport- und Informationssystems

etc.

Diese Ausgaben sind sowohl bei der erstmaligen Ingangsetzung als auch bei späteren Erweiterungen des Geschäftsbetriebes beachtlich. Dabei ist die Auslegung des unbestimmten Begriffes 'Erweiterung' besonders problematisch, der eine Aktivierung von laufenden Ausgaben nicht ermöglichen soll. Das heißt, stetiges Wachstum darf keinesfalls zu einer BH führen, sondern ausschließlich **einmalige, außerordentliche und zeitlich abgrenzbare Erweiterungsmaßnahmen**.

Aus dem Gesagten folgt, daß diese BH zu einer Ergebnisverbesserung über das nach den GoB zulässige Maß hinaus führen, also mit dem am Gläubigerschutz orientierten Vorsichtsprinzip konfligieren. Erstaunlich ist deshalb, daß diese BH **nur für KapGes** zulässig ist, für die der Gläubigerschutz aufgrund der Haftungsbegrenzung einen besonders hohen Stellenwert hat. Warum dieser Spielraum nur KapGes zugute kommen soll, wird aber deutlich, wenn man auf die damit angestrebten Zwecke rekurriert. BH sollen

1. eine periodengerechte Erfolgsermittlung ermöglichen,
2. die negativen Folgen eines Verlustausweises verhindern,
3. der Kapitalmarktpflege dienen.

zu 1.:

Im Rahmen der Ingangsetzung oder einer wesentlichen Erweiterung tätigt ein Unternehmen Ausgaben, die nach der normalen handelsrechtlichen Bilanzierung zu Anlaufverlusten führen können. Diesen Ausgaben stehen spätere Erträge gegenüber (hoffentlich). Nach dem Grundsatz der sachlichen Abgrenzung sollen den Erträgen in der GuV die Aufwendungen gegenübergestellt werden, die zu der Ertragserzielung beitragen. Die Ausgaben für die Ingangsetzung und Erweiterung stellen, so gesehen, einen immateriellen Wert dar, ein Nutzenpotential, das künftige Erträge ermöglicht.

Allerdings ist unsicher, ob und ggf. wann diese Erträge realisiert werden. Ein Teil der Literatur fordert deshalb, daß eine BH nur aktiviert werden darf, wenn sie 'werthaltig' ist. Gemeint ist damit, daß die Ausgaben voraussichtlich zu Erträgen führen, die mindestens so hoch wie die Abschreibungen auf die BH sind. Bei Fehlinvestitionen werden entsprechende außerplanmäßige Abschreibungen gefordert. Damit sollen in der GuV korrespondierende Aufwands- und Ertragsgrößen ausgewiesen werden. Es soll nicht im Jahr der Investition ein Verlust und in der Folge ein überhöhter Erfolg ausgewiesen werden.

Gegen diese Deutung der BH werden aber eine ganze Reihe gewichtiger Einwände erhoben.

- Zunächst wird bestritten, daß die BH 'werthaltig' im obigen Sinne sein muß, da dies aus dem Gesetz nicht ohne weiteres zu entnehmen ist. Außerdem ist die Annahme der Werthaltigkeit kaum objektivierbar, da es um Ertragsprognosen geht und Erträge schwerlich bestimmten Ausgaben (direkt) zurechenbar sind.
- Die BH ist in jedem Folgejahr mindestens zu 25% abzuschreiben (§ 282 HGB). Eine höhere Abschreibung und eine Vorverlegung auf das Investitionsjahr selbst ist zulässig. Warum ein solch willkürlicher und stark beeinflußbarer Abschreibungsverlauf mit den erwarteten Erträgen korrelieren soll, ist unklar. Zudem wird der bilanzpolitische Spielraum noch dadurch erweitert, daß Teil-Aktivierungen nach herrschender Meinung zulässig sind.
- Die Annahme, eine Nicht-Aktivierung führe zu periodenfalschen Ergebnissen, ist höchst problematisch.

Daraus folgt, daß eine periodengerechte Aufwandszuordnung nicht gewährleistet wird. Es besteht für Unternehmen aber die Möglichkeit, durch die BH ein Signal für externe Bilanzleser zu geben, ohne daß konkrete Ertragserwartungen gefordert werden. Durch den gesonderten Ausweis und die Anhangerläuterung ist einer Fehlinformation vorgebeugt.

zu 2.:

Die BH gemäß § 269 HGB steht ausschließlich KapGes zu. Dies wird zum Teil damit begründet, daß nur bei diesen der **Überschuldungstatbestand** zu einer Konkursanstragspflicht führt. Die BH soll deshalb eine konkursrechtliche Überschuldung vermeiden helfen. Diese Argumentation geht aber fehl, da die Frage der Überschuldung nicht anhand der normalen handelsrechtlichen Bilanz zu entscheiden, sondern ein gesonderter Konkursstatus zu erstellen ist. Dieser ist nicht nach den für den laufenden JA geltenden Bilanzierungs- und Bewertungsregeln zu erstellen. Insofern löst eine bilanzielle Überschuldung keine Konkurs- oder Vergleichsantragspflicht aus.

Allerdings hat eine BH sehr wohl Bedeutung für den Fall einer sogenannten 'Unterbilanz', wenn die Hälfte des gezeichneten Kapitals durch Verluste aufgezehrt wurde. In diesem Fall sieht zum Beispiel § 92 Absatz 1 AktG (analog: § 49 Absatz 3 GmbHG, § 33 Absatz 3 GenG) die Einberufung einer außerordentlichen Hauptversammlung vor, um diese über die bedrohliche Situation zu informieren. Ein solch spektakulärer Schritt, der Folgen für das Image der Gesellschaft und möglicherweise auch personelle Konsequenzen für den Vorstand nach sich ziehen könnte, kann mit einer BH ggf. verhindert werden. Es wird zwar zum Teil kritisiert, daß die bilanzierenden Gesellschaftsorgane insoweit die gesellschaftsrechtlich geforderte Maßnahme verhindern können, aber der Gesetzgeber hat dies offensichtlich bewußt in Kauf genommen.

zu 3.:

Nach dem AktG 1965 konnten die Ausgaben für die Ingangsetzung aktiviert und eine damit einhergehende JÜ-Erhöhung auch ausgekehrt werden. Damit war eine Dividende auch möglich, wenn aufgrund von Anlaufverlusten eine solche 'eigentlich' nicht zulässig war. Die BH galt als Mittel der Kapitalmarktpflege.

Gemäß § 269 Satz 2 HGB führt die BH nun **nicht mehr zu einer Erhöhung des Ausschüttungsvolumens**. Die gesetzlich verankerte Ausschüttungssperre trägt besonders dem am Gläubigerschutz orientierten Vorsichtsprinzip Rechnung; wenn schon die Aktivseite durch eine BH verlängert wird, soll dies nicht auch noch zu Gewinnausschüttungen führen, die bei den haftungsbegrenzten KapGes das Haftungsvolumen mindern.

In einem anderen Sinne kann eine BH aber gleichwohl der Kapitalmarktpflege dienen: eventuell wird ein rufschädigender Verlustausweis verhindert und der Erfolgsausweis im Zeitablauf geglättet. Zudem können sich einige Bilanzkennziffern wie EK:FK oder AV:EK bessern. Es handelt sich insoweit aber um rein **bilanzoptische Aspekte**. Nicht naive Bilanzleser werden den gesondert ausgewiesenen Posten inhaltlich eindeutig identifizieren und im Rahmen einer JA-Analyse eliminieren.

Zum Schluß soll noch kurz die **steuerliche Behandlung** der BH gemäß § 269 HGB behandelt werden. Der Grundsatz der Maßgeblichkeit (§ 5 Absatz 1 Satz 1 EStG) besagt bekanntlich, daß die HB für die StB maßgeblich ist, soweit kein steuerlicher Vorbehalt besteht und die HB den GoB entspricht.

Der BFH hat in einem Beschluß 1969 die Maßgeblichkeit dahingehend interpretiert, daß handelsrechtliche Aktivierungswahlrechte zu steuerlichen Aktivierungspflichten führen. Daraus müßte man folgern, daß die BH steuerlich aktivierungspflichtig sei, zumindest in dem Fall, in dem sie handelsrechtlich bilanziert wird.

Finanzverwaltung und -rechtsprechung gehen dagegen von einem steuerlichen **Aktivierungsverbot** aus. Eine StB enthält auf der Aktivseite Wirtschaftsgüter (WG), und eine BH sei kein WG, ist die eine Begründung. Eine weitere knüpft an die Behauptung an, die BH entspreche nicht den GoB, und deshalb greife die Maßgeblichkeit nicht. Obwohl beide Argumente angreifbar sind, würde ein steuerlicher Ansatz wohl mit dem Grundsatz der Gleichmäßigkeit der Besteuerung kollidieren, da die BH nur für KapGes vorgesehen ist. Eine steuerliche Privilegierung von Nicht-KapGes wäre systemwidrig.

3. LATENTE STEUERABGRENZUNGSPOSTEN

In § 274 HGB ist erstmals ausdrücklich im deutschen Bilanzrecht das Konzept der latenten Steuerabgrenzung aufgenommen worden. Aufgrund der Maßgeblichkeit der HB für die StB, die zu einer starken Anpassung von HB und StB in Deutschland führen, war – im Gegensatz zu den angelsächsischen Ländern – eine Steuerabgrenzung bis zur Umsetzung der 4. EG-Richtlinie für unbedeutend eingestuft worden.

Der Ansatz latenter Steuern hat seine Ursache in **Diskrepanzen zwischen handelsrechtlicher Bilanzierung und steuerrechtlicher Gewinnermittlung**. Der handelsrechtliche JÜ und der steuerliche Gewinn können deshalb mehr oder weniger stark auseinanderfallen. Das kann dazu führen, daß die aufgrund der steuerlichen Gewinnermittlung festgelegten Ertragsteuern, die in den handelsrechtlichen JA eingehen, in keinem erklärbaren/plausiblen Zusammenhang zum handelsrechtlichen Ergebnis stehen. Im Extremfall steht einem handelsrechtlichen Fehlbetrag eine hohe erfolgsabhängige Ertragsteuerbelastung gegenüber oder einem hohen handelsrechtlichen Überschuß kein Ertragsteueraufwand. Durch die Bilanzierung latenter Steuern sollen diese Unterschiede im handelsrechtlichen JA beseitigt werden und **in jeder Periode ein dem HB-Ergebnis entsprechender Steueraufwand ausgewiesen** werden. Je nach Verhältnis der beiden Gewinngrößen zueinander ist der effektive Ertragsteueraufwand durch die Buchung der latenten Steuern zu erhöhen (§ 274 Absatz 1 HGB: **Rückstellung für latente Steuern**) oder zu vermindern (§ 274 Absatz 2 HGB: **Aktive latente Steuern als Bilanzierungshilfe**).

Als Begründung für diese Bilanzposten kommen zwei Sichtweisen in Frage:

1. Ein vollständiger Ausweis von Vermögen und Schulden wird angestrebt. Aktive latente Steuern entsprechen bei dieser Interpretation Steuerforderungen, passive latente Steuern Verbindlichkeiten. Da Verbindlichkeiten mit dem Rückzahlungsbetrag anzusetzen sind, erfolgt die Bewertung mit den künftigen Steuersätzen, und nachträgliche Änderungen des Steuersatzes führen zu Änderungen der latenten Steuerposten. Diese Vorgehensweise entspricht der sogenannten **Liability-Methode**.
2. Nach der sogenannten **Deferred-Methode** steht dagegen der periodengerechte Erfolgsausweis im Mittelpunkt. Demnach soll der in der handelsrechtlichen GuV gezeigte Steueraufwand in einem plausiblen Verhältnis zum Erfolg stehen. Die Bewertung der Abgrenzungsposten, die keine Forderungen/Verbindlichkeiten darstellen, erfolgt mit dem aktuellen Steuersatz im Jahre der Bildung.

Daneben gibt es in der amerikanischen Theorie und Praxis noch die sogenannte Net-of-Tax-Methode, die der HGB-Regelung nicht entspricht und deshalb ausgeklammert bleibt.

In § 274 HGB ist die Bildung latenter Steuern für **Ergebnisdiskrepanzen** geregelt, die sich **in späteren Jahren voraussichtlich wieder ausgleichen**, also zeitlich begrenzte Unterschiede (**timing differences**). So ist zum Beispiel im Falle einer handelsrechtlichen Abschreibung gemäß § 253 Absatz 3 Satz 3 HGB, die steuerlich nicht möglich ist, das Ergebnis im handelsrechtlichen JA in der Abschreibungsperiode zunächst niedriger als im Rahmen der steuerlichen Gewinnermittlung. Beim Verkauf oder der Verarbeitung der abgewerteten VG kehrt sich das Gewinnverhältnis automatisch um.

Dagegen führen **zeitlich unbegrenzte Differenzen (permanent differences)** nicht zu einer Steuerabgrenzung, da der Steueraufwand anderer Perioden nicht beeinflußt wird. Ursachen für solche Differenzen können zum Beispiel steuerfreie Erträge sein, die voll den handelsrechtlichen, aber nicht den steuerlichen Überschuß erhöhen. Umgekehrt mindern bestimmte Aufwendungen nur das handelsrechtliche Ergebnis, nicht aber den steuerlichen Gewinn, zum Beispiel die nicht abzugsfähigen Betriebsausgaben gemäß § 10 Nr. 4 KStG.

Daneben gibt es noch Differenzen, die zwar prinzipiell zeitlich begrenzt sind, bei denen der Zeitpunkt der Umkehrung aber völlig unbestimmt ist. Eine nur handelsrechtlich zulässige Abschreibung auf ein Grundstück oder eine Beteiligung führt im Extremfall erst bei einer Liquidation des Unternehmens zu einer Umkehrung. Da die Annahme einer zwingenden Aufhebung dieser Differenz der Going-concern-Prämisse widerspricht, dürfen solche **quasi-permanenten Differenzen** nicht zu Steuerabgrenzungen führen.

Die möglichen Ursachen für eine latente Steuerabgrenzung faßt Coenenberg (1993, S. 216) in dem auf der folgenden Seite abgebildeten Schaubild zusammen.

Bevor weiter auf Bewertungs- und Ausweisprobleme der Steuerlatenzen eingegangen wird, soll vorab das grundsätzliche Vorgehen bei der Bildung einer aktiven und einer passiven latenten Steuerabgrenzung aufgezeigt werden.

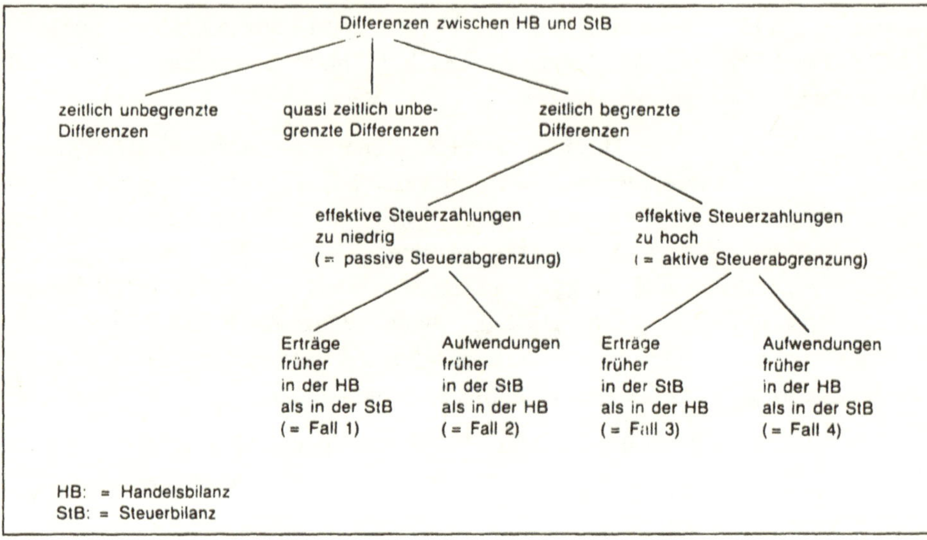

a) Aktive Abgrenzung

Im Jahr 1 werden in der Handelsbilanz selbsterstellte Fertigerzeugnisse nur mit den Einzelaufwendungen gemäß § 255 Absatz 2 HGB bewertet. Da steuerlich auch anteilige Gemeinaufwendungen zu aktivieren sind (R 33 EStR), ist das Ergebnis vor Steuern in der StB um 100 höher als in der handelsrechtlichen GuV.

Im zweiten Jahr werden die Erzeugnisse abgesetzt, der handelsrechtliche Erfolg vor Steuern ist um den gleichen Betrag höher. Die übrigen Größen sind gegriffen, der relevante Steuersatz wird mit 60% angenommen. In Spalte 1 wird (verkürzt) die steuerliche Gewinnermittlung gezeigt, in Spalte 2 die handelsrechtliche ohne Steuerabgrenzung und in Spalte 3 mit Steuerabgrenzung.

	Steuerlicher Erfolg	**Handels-rechtlicher Erfolg 1**	**Handels-rechtlicher Erfolg 2**
Jahr 1			
Gewinn vor Steuern	200	100	100
- effektiver Steueraufwand (60%)	120	120	120
+ latente Steuern	-	-	60
Gewinn nach Steuern	80	- 20	40
Jahr 2			
Gewinn vor Steuern	100	200	200
- effektiver Steueraufwand (60%)	60	60	60
- latente Steuern	-	-	60
Gewinn nach Steuern	40	140	80

Der effektive Steueraufwand, der auch in die handelsrechtliche GuV eingeht, führt dazu, daß ohne Steuerabgrenzung im 1. Jahr ein Verlust entsteht. Die Steuerabgrenzung verhindert dies: der für den handelsrechtlichen Erfolg 'zu hohe' Steueraufwand wird korrigiert:

Aktiver Steuerabgrenzungsposten an Erträge aus latenten Steuern 60

Die GuV in Spalte 3 enthält einen Ertragsteueraufwand von zusammen 60, das entspricht dem Produkt aus Steuersatz und Gewinn vor Steuern.

Im Jahr 2 ist der Aktivposten aufzulösen, da die Steuerentlastung eingetreten ist (§ 274 Absatz 2 Satz 4 HGB).

Aufwendungen für latente Ertragsteuern an Aktiver Steuerabgrenzungsposten 60

Dadurch wird der 'zu niedrige' Steueraufwand erhöht, so daß die erwünschte Steuerquote dargestellt wird.

Das Beispiel zeigt des weiteren, daß eine Erfolgsglättung durch die Aktivierung eingetreten ist.

Inhaltlich ist das Aktivum eine BH: es stellt weder einen einklagbaren Rechtsanspruch an den Fiskus dar, also keinen VG, noch einen RAP. In § 274 Absatz 2 HGB werden deshalb die für die BH typischen Merkmale fixiert:

- **Aktivierungswahlrecht,**
- **Ausschüttungssperre,**
- **Sonderausweis und Erläuterung im Anhang.**

Die Stellung in § 274 HGB bedeutet, daß diese BH **nur KapGes** offensteht. Da es nicht um einen zutreffenden Vermögensausweis, sondern um eine zutreffende Periodisierung geht, entspricht § 274 Absatz 2 HGB der deferred-method und nicht der liability-method.

b) Passive Steuerabgrenzung

Dieser Fall setzt die sehr viel seltenere Konstellation voraus, daß der steuerliche Erfolg niedriger als der handelsrechtliche ist. Dies könnte zum Beispiel auf eine Aktivierung der BH nach § 269 HGB zurückgehen (strittig) oder eine Vorratsbewertung nach der Fifo-Methode bei steigenden Preisen in der HB und nach der Durchschnittsmethode in der Steuerbilanz sein.

Ein zu a) analoges Beispiel sieht dann so aus:

	Steuerlicher Erfolg	**Handelsrechtlicher Erfolg 1**	**Handelsrechtlicher Erfolg 2**
Jahr 1			
Gewinn vor Steuern	100	200	200
- effektiver Steueraufwand (60%)	-60	-60	-60
+ latente Steuern	-	-	-60
Gewinn nach Steuern	40	140	80
Jahr 2			
Gewinn vor Steuern	200	100	100
- effektiver Steueraufwand (60%)	-120	-120	-120
- latente Steuern	-	-	+60
Gewinn nach Steuern	80	-20	40

In diesem Fall wurde die Ertragsteuerbelastung im Jahr 1 erhöht und im Jahr 2 entsprechend vermindert, um eine dem handelsrechtlichen Erfolg adäquate Steuerbelastung darzustellen. Auch hier erfolgt eine Erfolgsnivellierung durch die Steuerabgrenzung.

Andererseits ist deutlich zu machen: die passive latente Steuerabgrenzung unterscheidet sich wesentlich vom aktiven Abgrenzungsposten. Gemäß § 274 Absatz 1 HGB ist der Posten unter den **Rückstellungen für ungewisse Verbindlichkeiten** gemäß § 249 Absatz 1 Satz 1 HGB aufzunehmen und gesondert zu vermerken (Bilanz oder Anhang). Tatsächlich liegt hier eine **echte Steuer-**

rückstellung vor, die bereits gemäß § 249 HGB passivierungspflichtig wäre. Es handelt sich um eine ungewisse Schuld, die auch aufgrund der liability-method auszuweisen ist. Deshalb wird die eigentlich nur klarstellende Regelung in § 274 Absatz 1 HGB auch zu Recht kritisiert, da dadurch der Eindruck entstehen könnte, die Rückstellung für latente Steuern sei nur von KapGes zu bilden. Nach herrschender Meinung sind **diese Rückstellungen für alle Kaufleute passivierungspflichtig**.

Die Rückstellung ist aufzulösen, wenn die höhere Steuerbelastung eingetreten ist oder mit ihr nicht mehr zu rechnen ist (§ 274 Absatz 1 Satz 2 HGB).

In der GuV sind die Zuführungs- und Auflösungsbeträge für die Abgrenzungsposten in der Regel im Posten 'Steuern vom Einkommen und vom Ertrag' auszuweisen. Dies soll nicht gelten, wenn die Auflösung des Postens erfolgt, weil die erwartete Steuerbe- oder -entlastung nicht mehr eintritt.

Mit diesen beiden Beispielen ist aber nur das Grundprinzip skizziert, die praktische Umsetzung beinhaltet eine ganze Fülle derzeit noch ungeklärter Probleme, die kurz angerissen werden sollen.

a) Der Wortlaut des § 274 HGB legt die Interpretation nahe, daß für sämtliche Differenzen zwischen handels- und steuerrechtlichem Erfolg, die aus einer Vielzahl von Einzelabweichungen herrühren können, insgesamt ein einziger (aktiver oder passiver) Abgrenzungsposten zu ermitteln ist. Es wäre sicher problematisch, wenn eine Rückstellung für latente Steuern gebildet wird und zugleich latente Steuererträge unberücksichtigt blieben. Praktisch bedeutet dieses **Saldierungsgebot** nach herrschender Meinung aber auch, daß das Aktivierungswahlrecht des § 274 Absatz 2 HGB partiell leerläuft: eine Rückstellung für latente Steuern wird ja erst möglich und zwingend, wenn keine aktiven latenten Steuern mehr gegenzurechnen sind. Die Vermischung einer BH mit einer echten Rückstellung ist meines Erachtens wenig zweckmäßig.

b) Resultieren Differenzen aus mehreren GV, die erst in mehreren Jahren zu Auflösungen der Steuerlatenzen führen, so kann die Ermittlung per Einzelaufzeichnung für alle Vorfälle erfolgen. Adler/Düring/Schmaltz (§ 274 Tz 45) ist der auf der nächsten Seite folgende Differenzenspiegel entnommen, mit dessen Hilfe eine solche Darstellung erfolgen könnte.
Offensichtlich ist eine solche Tabelle recht aufwendig. Eine vereinfachte gruppenweise Ermittlung der Differenzen wird deshalb überwiegend als zulässig anerkannt. Die Aufzeichnungen müssen aber so aufbereitet sein, daß die Auflösungsgründe für Steuerlatenzen ersichtlich werden.

c) Bisher wurde der **Steuersatz** einfach unterstellt. Da es sich um die erfolgsabhängigen Steuern von KapGes handelt, geht es konkret um die Belastung mit KSt und GewErtrSt.

   Da § 274 HGB auf die künftige Steuerent-/-belastung abstellt, kann zunächst gefolgert werden, daß eine Prognose über die künftige Steuerlast erforderlich ist.

   Abstrahiert man von Gesetzesänderungen, so sieht das zunächst einmal einfach aus, da die entsprechenden Steuertarife linear sind. Zu beachten ist aber, daß die KSt-Belastung davon abhängt, ob Gewinne thesauriert (45%) oder ausgeschüttet (30%) werden. Im Prinzip muß also das künftige Ausschüttungsverhalten vorhergesagt werden.

   Treten Verlustjahre auf, ergeben sich zusätzliche Prognoseprobleme, da Annahmen über die EK-Belastungen mit KSt erforderlich werden.

   Aus Vereinfachungsgründen wird häufig der Thesaurierungssatz von 50% KSt empfohlen, zuzüglich der GewErtrSt. Damit soll auch dem Vorsichtsprinzip Rechnung getragen werden.

Insgesamt kann die Regelung des § 274 HGB als wenig gelungen bezeichnet werden:

- Aus Informationsgründen wäre eine latente Steuerabgrenzung aktiv und passiv zwingend sinnvoll oder eine völlige Streichung des § 274 HGB. Das Aktivierungswahlrecht wird kaum ausgeübt, da die Differenzen in der Regel gerade auf bilanzpolitische Maßnahmen zur Minderung des handelsrechtlichen Ergebnisses zurückgehen. Warum sollte eine KapGes handelsrechtlich den Erfolg durch eine solche Maßnahme um x nach unten korrigieren, um ihn durch die BH in Höhe von x mal Steuerquote wieder zu erhöhen?
- Die Vielzahl von Unklarheiten und Wahlrechten ermöglicht Bilanzpolitik in einem für Außenstehende schwer erkennbaren Umfang.
- Die Kürzung von echten Rückstellungen um BH widerspricht den in Deutschland üblichen Bilanzierungsnormen.
- Praktisch dürfte die Regelung mehr oder weniger viel Arbeit mit sich bringen, aber kaum Einfluß auf den JA haben: Überwiegend werden aktive Abgrenzungen auftreten, die per Wahlrechtsausübung nicht bilanziert werden. Andererseits muß laufend kontrolliert werden, ob nicht ein Überhang passiver latenter Steuern auftritt, der rückstellungspflichtig wäre.

Abschlußstichtag

Nr.	Entstehungs-ursache	Datum	Betrag DM	Vortrag zum ... DM	Neubildung zum ... DM	Auflösung nach Handels-recht DM	Auflösung nach Steuer-recht DM	Stand am ... Handels-recht DM	Stand am ... Steuer-recht DM	Ergebnis-unterschied zum ... DM	Jahr der vor-aussichtlichen Umkehr/ Auflösung
	1	2	3	4	5	6		7		8	9
	Vortrag										

4. DER DERIVATIVE FIRMENWERT - EINE BILANZIERUNGSHILFE?

Verwendet man den Begriff BH in einem weiteren Sinne als das HGB selbst, so bietet es sich an, alle Aktiva darunter zu fassen, die nicht VG oder RAP, aber gleichwohl aktivierungsfähig sind: sie dürfen aktiviert werden, obwohl sie 'eigentlich' nicht bilanzierungsfähig sind.

Es soll nunmehr geprüft werden, ob ein entgeltlich **erworbener FW** gemäß § 255 Absatz 4 HGB eine solche BH ist. Von den bisher behandelten BH unterscheidet er sich in folgenden Punkten:

- Es ist keine Ausschüttungssperre vorgesehen.
- Er ist nicht auf den Kreis der KapGes beschränkt.
- Er ist steuerlich aktivierungspflichtig (bei entgeltlichem Erwerb).

Im weiteren soll skizziert werden, ob ein FW ein VG, RAP oder WG (im Sinne der steuerlichen Rechtsprechung) darstellt und wie die handelsrechtliche und steuerrechtliche Regelung zum FW aussieht.

Als Geschäfts- oder Firmenwert wird in der Betriebswirtschaftslehre die (positive) Differenz zwischen dem Ertragswert und dem Substanzwert eines Unternehmens bezeichnet.

Der Ertragswert ist als diskontierter Einnahmeüberschuß zu ermitteln. Es ist sowohl ein positiver (good will) als auch negativer (bad will) FW möglich. Aktivierungsfähig ist aber immer nur ein good will. Ein bad will müßte zu Abschreibungen auf VG oder Rückstellungen führen. Eine selbständige Passivierung scheidet aus.
Der Ertragswert repräsentiert so heterogene Dinge wie den Wert der Organisation eines Unternehmens, Vertriebsnetz, Kundenbeziehungen, Managementqualitäten etc. Der Aufbau dieser Dinge verursachte zwar Ausgaben, die aber nicht zu VG führten, so daß sie jeweils im Jahr des Anfalls als Aufwendungen gebucht wurden (Ausnahme: es erfolgte eine Aktivierung gemäß § 269 HGB, der einen Teil solcher Investitionen in einen FW umfaßt). Für selbsterstellte (originäre) FW besteht ein Aktivierungsverbot (Umkehrschluß aus § 255 Absatz 4 HGB).

In § 255 Absatz 4 HGB wird bestimmt, daß bei einer Übernahme eines Unternehmens der Unterschiedsbetrag zwischen der Leistung des Erwerbers und dem Wert des Vermögens abzüglich der Schulden des erworbenen Unternehmens als FW aktiviert werden darf. Da in diesem Fall ein entgeltlicher Erwerb vorliegt, spricht man von einem derivativen oder erworbenen FW. Gemäß § 266 Absatz 2 HGB ist er als immaterieller VG auszuweisen. Erfolgt die Übernahme in Form eines Erwerbs von zum Beispiel GmbH-Anteilen, scheidet ein FW aus, da die GmbH-Anteile zu ihren AK zu bilanzieren sind.

Ein Beispiel soll die Ermittlung verdeutlichen: Vor dem Kauf von Unternehmen B zeigt die Bilanz von Unternehmen A folgendes Bild:

Aktiva	**Bilanz A**		**Passiva**
Grundstück	1.000	EK	800
Maschine	500	Schulden	1.000
Vorräte	300		
	1.800		**1.800**

Die Bilanz von Unternehmen B soll wie folgt aussehen:

Aktiva	**Bilanz B**		**Passiva**
Maschine	200	EK	500
Vorräte	200	Schulden	520
Wertpapiere	600		
RAP	20		
	1.020		**1.020**

Nun ist aber zu berücksichtigen, daß die Ermittlung des Unterschiedsbetrages gemäß § 255 Absatz 4 HGB eine **Bilanz zu Zeitwerten** voraussetzt. Als FW soll nur der Restbetrag bezeichnet werden, der sich nicht eindeutig einzelnen Bilanzposten zuordnen läßt.

Für Unternehmen B sind deshalb zum Beispiel noch folgende Informationen zu berücksichtigen:

- Ein selbsterstelltes Patent ist mit 100 zu aktivieren. Da nunmehr ein entgeltlicher Erwerb vorliegt, greift § 248 Absatz 2 HGB nicht.
- Die stillen Reserven der Wertpapiere (50) und Schulden (-20) sind aufzulösen.
- Der RAP soll eine vorausgezahlte Versicherungsprämie beinhalten. Da Unternehmen A insoweit künftige Ausgaben spart, sollte eine Aktivierung trotz fehlender VG-Eigenschaft erfolgen.

Damit sieht die Bilanz von B so aus:

Aktiva	**Bilanz B**		**Passiva**
Patent	100	EK	670
Maschine	200	Schulden	500
Vorräte	200		
Wertpapiere	650		
RAP	20		1.020
	1.170		**1.170**

Unternehmen A bezahlt einen Kaufpreis von DM 1.000. Der erworbene FW beträgt dann

Kaufpreis	-	(VG – Schulden)	=	FW
1.000	-	670	=	330

Die Bilanz des Erwerbers sieht im Falle der Aktivierung der FW so aus:

Aktiva	**Bilanz A**		**Passiva**
Patent	100	EK	800
FW	330	Schulden	2.500
Grundstück	1.000		
Maschinen	700		
Vorräte	500		
Wertpapiere	650		
RAP	20		
	3.300		**3.300**

Die Schulden enthalten den (gestundeten) Kaufpreis für Unternehmen B.

Die Bilanz zeigt, daß der Erwerb des Unternehmens ebenso erfolgsneutral eingebucht werden kann, wie der Erwerb eines einzelnen VG. Wird der FW allerdings nicht aktiviert, ginge der Unterschiedsbetrag von 330 zulasten des EK. Dies kann zumindest wahlweise vermieden werden.

Bevor auf die Rechtsnatur des FW eingegangen wird, soll kurz untersucht werden, wofür der Unterschiedsbetrag von 330 möglicherweise bezahlt wurde. Er kann zum Beispiel folgende Komponenten enthalten:

- einen sogenannten **Kapitalisierungsmehrwert**, der über dem Zeitwert eines erworbenen VGs liegt. So kann die mit dem Unternehmen B erworbene Maschine einen Reproduktionswert von 200 haben, die Ertragsfähigkeit bei Fortführung des Betriebes im Rahmen der Kombination aller vorhandenen VG aber darüber liegen;
- einen **Verlust**, der die Folge einer Fehleinschätzung des Gesamtwertes von Unternehmen B sein, auf eine schwache Position in der Kaufverhandlung zurückgehen oder eine Abfindung für einen lästigen Gesellschafter oder Konkurrenten beinhalten kann.
- Vergütete, aber **nicht bilanzierungsfähige immaterielle Werte** wie Kundenstamm, Organisation, guter Ruf etc.

Offensichtlich entspricht nur der zuletzt genannte Teil dem Begriff FW. Die anderen Posten können keinesfalls als VG oder WG interpretiert werden, ihre Aktivierung wäre ausschließlich als BH zu rechtfertigen. Da eine Aufteilung des Unterschiedsbetrages praktisch aber kaum möglich ist, umfaßt § 255 Absatz 4 HGB den Gesamtbetrag.

Kann der Unterschiedsbetrag, soweit er einem echten FW entspricht, als RAP, VG oder WG verstanden werden?

Ein aktiver RAP setzt voraus, daß Ausgaben vor dem Stichtag zu Aufwand für eine bestimmte Zeit danach führen (§ 250 Absatz 1 HGB). Daß Ausgaben vorliegen, ist unstrittig, während der künftige Aufwandscharakter schon zweifelhaft ist. Nur wenn man den Grundsatz der sachlichen Abgrenzung weit auslegt und annimmt, daß der FW sich in späteren Erträgen niederschlägt, wäre dies zutreffend. Unzweifelhaft ist aber das Merkmal der zeitlichen Bestimmtheit der Aufwendungen nicht erfüllt. **Eine Deutung als RAP scheidet also aus.**

Die **VG-Eigenschaft** scheidet auf jeden Fall aus, wenn man das Kriterium der (abstrakten) **Einzelverkehrsfähigkeit** als notwendige Voraussetzung ansieht. Stellt man, wie die BFH-Rechtsprechung, dagegen nur auf die **Einzelbewertbarkeit und die Übertragbarkeit im Rahmen einer Unternehmensveräußerung** ab (= übliche Definition von WG), so ist die Beurteilung schwieriger. Der FW wird, wie oben gesehen, als Residualgröße ermittelt, der für verschiedene, den Ertragswert steigernde Dinge bezahlt wird. Man kann deshalb füglich bezweifeln, daß eine Einzelbewertung vorliegt oder auch nur möglich ist. Der FW hat insofern auch keinen WG-Charakter.

Folgt man dieser Ansicht, so bleibt nur übrig, den FW als BH zu betrachten (oder als 'Wert eigener Art'). Dies hätte zur Folge, daß eine Aktivierung in der

StB nicht möglich wäre. Tatsächlich wird aber steuerlich sogar eine Aktivierungspflicht angenommen, die mit zwei Argumenten begründbar ist:

- der Eigenschaft als WG (strittig),
- In § 7 Absatz 1 Satz 3 EStG ist geregelt: „Als betriebsgewöhnliche Nutzungsdauer des Geschäfts- und Firmenwerts [...] gilt ein Zeitraum von 15 Jahren."

Da steuerlich für BH ein Aktivierungsverbot besteht, hätte eine solche Abschreibungsregel keinen Sinn. Der Gesetzgeber ging wohl von einem WG aus, auch wenn er seine Zweifel daran bereits mit dem Wort „gilt" andeutet. Die Nutzungsdauer beträgt nicht 15 Jahre, sondern diese Frist gilt eben als solche. Zwar sind weitergehende Abschreibungen auf einen niedrigeren Teilwert möglich, scheitern aber häufig daran, daß der Steuerpflichtige eine entsprechende Wertminderung mangels Einzelbewertbarkeit kaum nachweisen kann.

Bis vor wenigen Jahren war steuerlich ein FW praktisch überhaupt nicht abschreibungsfähig, da er als nicht abnutzbar galt. Die hierzu ergangene BFH-Rechtsprechung (sogenannte 'Einheitstheorie') war trotz heftiger Kritik bis zu einer EStG-Änderung aufrechterhalten worden.

Auch die handelsrechtliche Einordnung ist alles andere als eindeutig. Der § 255 HGB als Bewertungsvorschrift enthält in Absatz 4 die Ansatzregel für den Unterschiedsbetrag. Die Formulierung lautet, daß „als" FW angesetzt werden darf, nicht daß ein FW insoweit vorliegt. Im Gliederungsschema des § 266 Absatz 2 HGB wird der Posten als immaterieller VG ausgewiesen. Gemäß § 255 Absatz 4 HGB kann die Abschreibung

- **pauschal** oder
- nach **Maßgabe der Nutzungsdauer**

erfolgen.

Die Pauschalabschreibung entspricht der Regelung zur BH gemäß § 269 HGB. Die Regelung zur Abschreibung über eine davon abweichende Nutzungsdauer setzt eigentlich die Existenz eines VG voraus. Sie ist verständlich vor dem Hintergrund der steuerlichen Handhabung und soll ein Auseinanderfallen von HB und StB verhindern. Allerdings sind Zweifel anzumelden, ob eine Abschreibung über 15 Jahre noch GoB-konform ist. In der Literatur wird diese Frist als zu lang und damit als Verstoß gegen das Vorsichtsprinzip angesehen. Der lange Zeitraum wurde zur Vermeidung von 'Steuerausfällen' fixiert.

Zusammenfassend ist festzuhalten: Aufgrund seiner Ähnlichkeit mit den Aufwendungen für die Ingangsetzung und Erweiterung des Geschäftsbetriebes ist der FW inhaltlich eine BH und kein VG. Konsequenterweise müßte das HGB eine Ausschüttungssperre enthalten, und steuerlich wäre ein Aktivierungsverbot systemgerecht. Statt dessen wird ein aus verschiedenen Komponenten bestehender Differenzbetrag als FW bezeichnet und dieser steuerlich als WG behandelt.

5. EXKURS: ZUR AKTIVIERUNGSFÄHIGKEIT VON FORSCHUNGS- UND ENTWICKLUNGSAUSGABEN DE LEGE FERENDA

BH sind gekennzeichnet durch handelsrechtliches Aktivierungswahlrecht, steuerliches Aktivierungsverbot, beschleunigte pauschale Abschreibung, Sonderausweis, Erläuterungspflicht und Ausschüttungssperre.

Im Falle der Aufwendungen für die Ingangsetzung und Erweiterung des Geschäftsbetriebes ist eine Aktivierung zulässig, für Gründungs- und EK-Kosten unzulässig (§§ 248 Absatz 2; 269 HGB).

In beiden Fällen handelt es sich zwar um Ausgaben, die für eine künftige Ertragserzielung notwendig sind und für die ein potentieller Unternehmenskäufer auch etwas bezahlen würde, da er sich insoweit künftige Ausgaben erspart. Die unterschiedliche HGB-Regelung gründet sich aber wohl darauf, daß bei einer BH gemäß § 269 HGB mit künftigen Erträgen gerechnet wird, die zumindest mittelbar auf die getätigten Ausgaben zurückgehen. Gründungskosten sind dagegen verlorene Kosten ('sunken costs').

Ähnlich den Ingangsetzungsausgaben sind die Ausgaben für F+E zu sehen. Es handelt sich um Ausgaben, die hoffentlich zu künftigen Erträgen führen. Soll die GuV mit diesen Erträgen korrespondierende Aufwendungen enthalten, wäre eine Aktivierung von F+E-Ausgaben möglicherweise zweckmäßig. Die Abschreibungen wären dann in den Ertragsjahren GuV-wirksam.

Im folgenden soll kurz geprüft werden, ob diese Sichtweise die Aktivierung von F+E-Ausgaben als BH de lege ferenda rechtfertigt. Vorab sollen aber eine kurze Begriffsklärung erfolgen und die aktuelle Rechtslage dargestellt werden.

Werden durch F+E-Ausgaben materielle oder immaterielle VG geschaffen (zum Beispiel Patente, Prototypen), ist eine Aktivierung verboten, soweit es sich um AV handelt, und geboten, wenn UV vorliegt (§ 248 Absatz 2 HGB).

Beziehen sich die Ausgaben auf einen laufenden Herstellungsvorgang, so kommt eine wahlweise Aktivierung unter den Fertigungsgemeinkosten oder (zwingend) unter den Sondereinzelkosten des zu erstellenden Produktes in Frage. Fehlt ein solcher Produktbezug (sachlich oder zeitlich), zum Beispiel bei Ausgaben für Grundlagenforschung, allgemeine Entwicklung etc., so scheidet eine indirekte Aktivierung in Form von HK aus. Diese Ausgaben bleiben insofern im Jahr des Anfalles voll ergebniswirksam, zum großen Teil dürfte es sich hierbei um Personalausgaben, Abschreibungsaufwand für technische Geräte u.ä. handeln.

Die Frage, ob dies wünschenswert ist oder eine dem § 269 HGB analoge BH zweckmäßiger wäre, liegt deshalb nahe (ein VG oder RAP liegt definitionsgemäß nicht vor).

Als Gründe für ein Aktivierungswahlrecht werden genannt:

1. **Verbesserung der Information:** Die Mittelverwendung im Unternehmen wird umfassender dargestellt. Da in anderen Ländern die F+E-Ausgaben aktiviert werden dürfen, soll dadurch auch die internationale Vergleichbarkeit erhöht werden.
2. **Anreiz zu verstärkter F+E-Tätigkeit,** da dadurch der Gewinn nicht automatisch geschmälert wird. Auch in ertragschwächeren Perioden können die Ausgaben 'verkraftet' werden.
3. Unter **Periodisierungsaspekten** soll eine 'Verzerrung' der GuV durch Nicht-Aktivierung vermeidbar sein.

Sind die genannten Argumente tragfähig? Die Antwort hängt stark davon ab, welche Aufgaben man dem handelsrechtlichen JA zuordnet. Meines Erachtens spricht wenig für eine weitere BH.

zu 1.:

Selbstverständlich wäre eine Kennzeichnung von F+E-Ausgaben für JA-Adressaten wünschenswert. Nur: sieht man von dem in Deutschland noch unüblichen Umsatzkostenverfahren (§ 275 Absatz 3 HGB) einmal ab, so zeigt die GuV eine Aufgliederung der Aufwendungen nach Arten und nicht nach Funktionen (zum Beispiel Produktion, Vertrieb, F+E). Warum sollte nur und gerade über eine Funktion informiert werden? Und wenn dies für erforderlich gehalten wird, weil diese Ausgaben für das künftige Wohl eines Unternehmens besonders bedeutsam sind: warum sollte dies nicht durch Sonderausweis in der GuV erfolgen? Eine zusätzliche Aktivierung aus Informationsgründen wäre dann hinfällig. Auf die Informationspflicht für KapGes gemäß § 289 HGB sei hier nur verwiesen (vgl. Kapitel 17).

Außerdem: Wenn man Information und Vergleichbarkeit als Kriterien nennt, darf man nicht für ein Wahlrecht plädieren und müßte auch die Bewertungsfrage normieren. Zweifel an der Bewertbarkeit von immateriellen VG waren aber einer der Hauptgründe des Gesetzgebers, ein Aktivierungsverbot für immaterielle Anlagewerte zu kodifizieren.

zu 2.:

Auch dieses Argument steht meines Erachtens eher auf wackligen Beinen. Zum einen ist völlig unklar, ob eine BH zu vermehrten F+E-Aktivitäten führen würde, und zum anderen, ob dies in einem einzel- und gesamtwirtschaftlich sinnvollen F+E-Niveau resultiert. Entscheidend ist aber, daß die Bilanzierungsfähigkeit einzig und allein von den JA-Zwecken abhängen sollte und nicht von außerhalb liegenden Anreizeffekten.

Führt man sich vor Augen, daß die BH des HGB von zweifelhaftem Wert aus Informationsgründen sind, Ausschüttungen nicht ermöglichen und gesellschaftsrechtliche Folgen auslösen können, die eher problematisch sind, so spricht dies nicht für eine Schaffung einer zusätzlichen BH. Der den Bilanzcharakter prägende Gedanke eines vorsichtigen Vermögensausweises würde konsequenterweise bei einer Rechtsänderung eher die Streichung der BH gemäß den §§ 269 und 274 Absatz 2 HGB rechtfertigen als eine zusätzliche BH, die materiell durchaus dem § 269 HGB ähnlich wäre.

zu 3.:

Das Argument der Periodisierung stellt demgegenüber auf den Aussagewert der GuV und vergleichbare Periodenerfolge ab. In der Kostenrechung ist eine solche Nivellierung/Normalisierung gang und gäbe und unstrittig auch zweckmäßig. Für die handelsrechtliche Rechnungslegung, die an einer einfachen/ objektivierten und vorsichtigen Erfolgsermittlung ausgerichtet ist, kann man dies bezweifeln.

Es dürfte in der Regel nicht möglich sein, den F+E-Ausgaben einigermaßen plausibel zukünftige Erträge prognostisch zuzurechnen. Das gleiche gilt selbstverständlich auch für die BH gemäß § 269 HGB und führt dort zu der pauschalen Abschreibungsregelung, die gerade nicht an einer plausiblen Aufwandsperiodisierung orientiert ist. Daß eine Verteilung von Aufwendungen über vier bis fünf Jahre (oder kürzer) zu einem dem unbekannten 'betriebswirtschaftlichen Gewinn' eher entsprechenden Erfolg in der GuV führt, ist zwangsläufig eine Leerformel, da völlig unbestimmt ist, was der 'echte' Erfolg sein soll.

Ob das ergänzende Argument, durch die Verteilung auf mehrere Perioden werde zumindest das Auf und Ab besser widergespiegelt als durch eine volle Erfolgsschmälerung im Jahr des F+E-Ausgaben-Anfalls, hängt vom Einzelfall ab: es gilt nicht für den Fall von im Zeitablauf relativ konstanten F+E-Ausgaben. Es gilt auch nicht für den Fall von sprunghaften F+E-Ausgaben, die nicht zu Erträgen in der Zukunft führen.

Eindeutig zutreffend ist die Aufwandsverteilung nur, wenn die Erträge genau den verrechneten Aufwendungen anteilig entsprechen.

Häufig wird es aber so sein, daß Erträge in nichtkonstanter Höhe und über einen von vier bis fünf Jahren abweichenden Zeitraum anfallen. Dazu ein einfaches Beispiel, bei dem das praktisch und theoretisch oft unlösbare Problem der Zurechnung von Erträgen zu bestimmten F+E-Ausgaben als gelöst unterstellt wird: Im Jahr 1 fallen F+E-Ausgaben von 500 TDM an, im Falle einer Aktivierung sollen diese vom zweiten bis zum fünften Jahr zu je 25% als Abschreibung verrechnet werden. Die Erträge sind schlicht unterstellt:

Jahr	**1**	**2**	**3**	**4**	**5**	**6**	**7**
Erträge TDM	0	70	150	180	120	100	60
1. Aufwand ohne Aktivierung	500	0	0	0	0	0	0
JÜ/JF	-500	+70	+150	+180	+120	+100	+60
2. Aufwand mit Aktivierung	0	125	125	125	125	0	0
JÜ/JF	0	-55	+25	+55	-5	+100	+60

Kann man im zweiten Fall tatsächlich von einer besseren Indizierung des Erfolges als im ersten Fall sprechen? In t_1 wird ein Ergebnis von 0 ausgewiesen, obwohl F+E-Ausgaben anfielen und keine Erträge erzielt wurden. In t_2 dagegen wird trotz Erträgen ein Verlust gezeigt. Warum sollten die recht hohen Gewinne in t_6/t_7 bei rückläufigen Erträgen plausibel sein?

Aus dem Gesagten folgt: Eine zusätzliche BH für F+E-Ausgaben durch eine HGB-Änderung einzuführen, könnte mit deren Ähnlichkeit mit den Ausgaben für die Ingangsetzung und Erweiterung des Geschäftsbetriebes begründet werden. Eine Rechtsänderung, die genau deshalb zu einer Streichung des § 269

HGB führt, wäre meines Erachtens aber zweckmäßiger. Wer eine zusätzliche Aktivierung fordert, sollte im übrigen bedenken, daß Finanzverwaltung und -rechtsprechung diesen Aktivposten möglicherweise auch in der Steuerbilanz ansetzen wollen. Aus Sicht der Steuerpflichtigen dürfte dies regelmäßig nachteilig sein.

D. WIEDERHOLUNGSFRAGEN

1. Erläutern Sie den Begriff 'Bilanzierungshilfe'.

2. Wie können Aufwendungen für die Ingangsetzung und Erweiterung des Geschäftsbetriebes von RAP und VG abgegrenzt werden?

3. Welche Ausgaben sind typischerweise als BH gemäß § 269 HGB aktivierungsfähig?

4. Warum dürfen nur KapGes eine BH gemäß § 269 HGB aktivieren?

5. Kann die BH nach § 269 HGB mit dem Zweck der periodengerechten Gewinnermittlung begründet werden?

6. Skizzieren Sie die steuerliche Behandlung der BH.

7. Erläutern Sie, warum die Abgrenzung latenter Steuern erforderlich sein kann.

8. Auf welche Weise kann es zu aktiven oder passiven Steuerabgrenzungen kommen? Welche Rechtsnatur haben die resultierenden AP?

9. Welcher Steuersatz ist bei der Ermittlung latenter Steuern anzuwenden?

10. Eine KapGes hat im Jahr 1 aufgrund folgender Sachverhalte Ergebnisunterschiede in der Handels- und Steuerbilanz:

    - In der HB wurde ein Disagio von 500 für einen Kredit mit zwei Jahren Laufzeit nicht aktiviert. Steuerlich ist eine Aktivierung zwingend.

    - In der HB sind Rohstoffe nach der Fifo-Methode bewertet worden, in der StB mit dem gewogenen Durchschnittswert. Der Wert in der HB liegt um 300 höher. Die Rohstoffe werden erst im dritten Jahr verarbeitet.

    a) Sind Steuerabgrenzungen erforderlich?
    b) Wenn ja, in welcher Höhe (in den Jahren 1 bis 3)?
    c) Geben Sie bitte ggf. die entsprechenden Buchungssätze an.

11. Eine KapGes hat das Geschäftsjahr mit einem Verlust von 200 TDM abgeschlossen (in HB und StB). Da im nächsten Jahr mit hohen Gewinnen zu rechnen ist, wird davon ausgegangen, daß dieser Verlust im folgenden Jahr zu einer Steuerentlastung von 120 TDM führen wird (Verlustvortrag). Ist eine latente Steuerabgrenzung erforderlich?

12. Der § 274 HGB ist inhaltlich mißglückt und praktisch irrelevant! Halten Sie diese These für (un-)zutreffend (Begründung!)?

13. Was versteht man unter einem FW?

14. Wie ist ein FW im Sinne des § 255 Absatz 4 HGB zu berechnen?

15. Ist ein FW ein RAP, VG, WG oder eine BH? Begründen Sie Ihre Ansicht. Warum lohnt es überhaupt, über die Rechtsnatur des FW nachzudenken?

16. Skizzieren Sie die handels- und steuerrechtlichen Abschreibungsregeln für den FW.

17. Wie schlagen sich F+E-Ausgaben im JA nieder?

18. Wie könnte eine BH für F+E-Ausgaben gerechtfertigt werden?

Kapitel 9: Die Bewertung von Vermögensgegenständen I: Bewertungssystematik und Bestimmung der Ausgangswerte

A. KURZINHALT

In einer kurzen Einleitung werden zunächst die Wertkategorien des Bilanzrechts und deren Anwendung angerissen. Im weiteren erfolgt eine detaillierte Darstellung, die mit den Eingangswerten von VG beginnt: den AK und den HK.

Die AK sind der ursprüngliche Wert, mit dem erworbene VG eingebucht werden. Das sogenannte AK-Prinzip bezweckt eine erfolgsneutrale Behandlung von Erwerbsvorgängen. Das bedeutet, daß in die AK genau die Beträge einzubeziehen sind, die der Erwerber aufwendet, um den VG zu erwerben und in betriebsbereiten Zustand zu versetzen. Neben dem Rechnungspreis sind deshalb auch ANK, Preisminderungen etc. zu berücksichtigen. Obwohl im Detail und in Sonderfällen (Tausch, Schenkung etc.) auch die Bestimmung der AK problematisch werden kann, ist dieser Wertmaßstab besonders geeignet, eine objektivierte und einfache Bewertung zu gewährleisten.

Als wesentlich schwieriger erweist sich die Bestimmung der HK, die für selbsterstellte VG anzusetzen sind. Da hier keine Rechnung eines Lieferanten vorliegt, treten anstelle der AK des VG die Aufwendungen des bilanzierenden Unternehmens für die Erstellung des VG. Diese Daten werden häufig nicht in der FiBu gesammelt, sondern in der KoRe. Es ist deshalb erforderlich, die dort ermittelten Kosten auf ihre Vereinbarkeit mit dem Bilanzrecht zu überprüfen.

Obwohl der Gedanke auf der Hand liegt, daß als HK eines VG genau die Aufwendungen anzusetzen sind, die durch die Herstellung verursacht wurden, wird bei näherer Betrachtung deutlich, daß mit dieser Festlegung noch nicht viel gewonnen ist. Es ist noch ungeklärt, was unter 'Kostenverursachung' genau zu verstehen ist, also wie eng oder lose die Verbindung von Kosten und VG sein soll. Klar ist, daß hierbei nicht ohne weiteres auf ein strenges Verursachungsprinzip im Sinne der modernen KoRe (Deckungsbeitragsrechnung, flexible Grenzplan-KoRe etc.) zurückgegriffen werden kann. Das HGB läßt vielmehr wahlweise eine Bewertung zu Einzelaufwendungen oder zu Einzel- und Gemeinaufwendungen zu. Die Einbeziehung von Gemeinaufwendungen hängt in unterschiedlichem Maße von zusätzlichen Anforderungen ab: Für Material- und Fertigungsgemeinkosten zum Beispiel wird verlangt, daß sie angemessen, notwendig etc. sind, während andere Gemeinkosten (allgemeine Verwaltung, Altersversorgung etc.) nur auf den Zeitraum der Herstellung entfallen müssen. Handelsrechtlich ergibt sich somit eine enorme Bandbreite für die Ermittlung von HK.

Der AK-Begriff im Handels- und Steuerrecht stimmt weitgehend überein. Der HK-Begriff wird dagegen in der derzeitigen Steuerpraxis aufgrund von R 33 und 33 A EStR abweichend vom HGB abgegrenzt. Die Zulässigkeit dieser Unterschiede ist umstritten.

B. LEHRZIELE

Dieses Kapitel soll in die grundsätzlichen Bewertungsbestimmungen des Bilanzrechts einführen und Sie mit den Einstandswerten (AK/HK) vertrautmachen. Es soll Sie in die Lage versetzen,

- die handels- und steuerrechtlichen Wertkategorien für VG aus den Gesetzen herauszulesen,
- die Systematik der handelsrechtlichen Bewertung für das AV und UV aufzufächern,
- das AK-Prinzip zu erläutern,
- die einzelnen Komponenten der AK darzulegen,
- zu begründen, warum auch überhöhte Rechnungspreise als AK anzusehen sind,
- darzulegen, warum der Rechnungspreis unter bestimmten Bedingungen abzuzinsen ist,
- die ANK zu systematisieren und von nicht einbeziehungsfähigen Aufwendungen abzugrenzen,
- zu bestimmen, ob und ggf. unter welchen Bedingungen Finanzierungskosten zu den AK gehören oder nicht,
- die buchhalterische Behandlung von Tauschgeschäften zu skizzieren,
- die Behandlung von Zuschüssen/Zulagen darzustellen,
- die Bestimmung der AK bei unentgeltlichem Erwerb zu erörtern,
- Anschaffungs- und Herstellungsvorgänge voneinander abzugrenzen und zu zeigen, warum diese Abgrenzung wichtig ist,
- zu diskutieren, inwieweit Herstellungsvorgänge erfolgsneutral zu buchen sind,
- die Komponenten der handelsrechtlichen/steuerrechtlichen HK zu benennen und deren Einbeziehungswahlmöglichkeit oder -pflicht anzugeben,
- die Begriffspaare Einzel-/Gemeinaufwendungen, fixe/variable Aufwendungen zu erläutern,
- die Behandlung unechter Gemeinkosten im Rahmen der HK-Ermittlung darzulegen,

- die Grundsätze der Einzelzurechenbarkeit und Kostenverursachung kritisch zu diskutieren,
- die Angemessenheitskriterien für die Aktivierung von Gemeinkosten kritisch zu analysieren,
- die Unterschiede zwischen Herstellungs- und Erhaltungsaufwand anzugeben,
- die Vereinbarkeit der HGB-Regelung mit der übergeordneten 4. EG-Richtlinie zu analysieren,
- die steuerliche HK-Definition in R 33 EStR vor dem Hintergrund der HGB-Regelung und des Maßgeblichkeitsgrundsatzes kritisch zu würdigen.

C. INHALT

1. GRUNDLAGEN: EINFÜHRUNG IN DIE HANDELS- UND STEUERRECHTLICHE BEWERTUNGSKONZEPTION

In diesem und den nachfolgenden Abschnitten sollen die handels- und steuerrechtlichen Bewertungsvorschriften für VG vorgestellt werden. Bewerten heißt, daß einem VG ein DM-Betrag zugeordnet wird. Da eine solche Bewertung von höchst subjektiven Einschätzungen abhängen kann (unterschiedliche Einschätzung des künftigen Nutzens eines VG), stellt die Bewertung eines der Kardinalprobleme der Rechnungslegung dar. Diese soll gerade eine objektive und möglichst manipulationsfreie Gewinnermittlung und Rechenschaft gewährleisten. Sowohl das Handels- als auch das Steuerrecht stellen eine ganze Reihe von Wertkategorien zur Verfügung:

Handelsbilanz

1. Basiswerte

1.1 Anschaffungskosten (§§ 253 Absatz 1; 255 Absatz 1)
1.2 Herstellungskosten (§§ 253 Absatz 1; 255 Absatz 2 und 3)

2. Ergänzende Werte

2.1 der am Stichtag beizulegende Wert (§ 253 Absatz 2 und 3)
2.2 der aus dem Börsen- oder Marktpreis abgeleitete Wert (§ 253 Absatz 3)
2.3 der nahe Zukunftswert (§ 253 Absatz 3)
2.4 der nach vernünftiger kaufmännischer Beurteilung zulässige Wert (§ 253 Absatz 4)
2.5 der niedrigere, nur steuerrechtlich zulässige Wert (§ 254)

Steuerbilanz

1. Anschaffungskosten (§ 6 Absatz 1 EStG)
2. Herstellungskosten (§ 6 Absatz 1 EStG, R 33 und R 33 A EStR)
3. Teilwert (§ 6 Absatz 1 EStG)
4. Gemeiner Wert (§ 9 Absatz 2 BewertungsG)

Zu beachten ist hierbei, daß die Wertkategorien AK und HK im Handels- und Steuerrecht nicht identisch sein müssen, obwohl die gleichen Worte verwendet werden.

Die Eingangsbewertung von VG erfolgt grundsätzlich zu AK/HK, die im ersten Teil behandelt werden, und zwar sowohl handels- als auch steuerrechtlich. In der Folgezeit können oder müssen Abschreibungen (A.) auf die ergänzenden Werte vorgenommen werden (handelsrechtlich außerplanmäßige A.) und/oder Einstandswerte sind beim abnutzbaren AV um planmäßige A. zu vermindern (§ 253 Absatz 2 Satz 1 und 2 HGB). Außerdem können oder müssen Zuschreibungen vorgenommen werden, wenn der Grund für eine außerplanmäßige A. entfallen ist (§§ 253 Absatz 5; 280 HGB).

Die Abschreibungs- und Zuschreibungsregelungen des HGB differenzieren nach folgenden Merkmalen:

- AV/UV,
- Sachanlagen, immaterielle Anlagen/Finanzanlagen,
- abnutzbares AV/nicht abnutzbares AV,
- KapGes/Nicht-KapGes,
- vorübergehende Werminderung/dauerhafte Wertminderung.

Für das UV ergeben sich zusammengefaßt folgende Varianten:

		Nicht-Kapitalgesellschaft	**Kapitalgesellschaft**
1.	Höchstwert = Zugangswert	AK/HK	ebenso
2.	Der aus dem Markt- oder Börsenpreis abgeleitete Wert oder bei Fehlen eines solchen der beizulegende Wert (= Stichtagswert, Zeitwert), liegt unter den AK/HK.	Abschreibungspflicht (strenges NWP) (§ 253 Absatz 3, Satz 1 und 2)	ebenso
3.	Der nahe Zukunftswert liegt nach vernünftiger kaufmännischer Beurteilung niedriger als 1. oder 2.	Abscheibungswahlrecht (§ 253 Absatz 3 Satz 3)	ebenso
4.	Der nach vernünftiger kaufmännischer Beurteilung noch niedrigere Wert liegt unter 1. bis 3.	Abschreibungswahlrecht (§ 253 Absatz 4)	Abschreibungsverbot (§ 279 Absatz 1 Satz 1 in Verbindung mit § 253 Absatz 4)
5.	Der nur steuerlich zulässige niedrigere Wert liegt unter 1. bis 3.	Abschreibungswahlrecht (§ 254)	Abschreibungswahlrecht, begrenzt durch § 279, Abs. 2
6.	Stichtagswert, liegt über dem letzten Buchwert.	Zuschreibungswahlrecht bis zu den historischen AK/HK (§ 253 Absatz 5)	Zuschreibungspflicht (§ 280 Absatz 1) oder Wahlrecht (Abs. 2)

Demnach ist zu jedem Stichtag ein Niederstwertabgleich erforderlich, d.h. es ist zu prüfen, ob der Zeitwert unter dem Einstandswert liegt. Unabhängig von der Dauer der Wertminderung sind dann A. vorzunehmen (strenges Niederstwertprinzip [NWP]). Im zweiten Schritt ist dann zu prüfen, ob eine der folgenden Wertkategorien eine zusätzliche A. erlaubt (Wahlrecht). Entfällt der Grund für eine frühere A., können Nicht-KapGes den niedrigeren Wert beibehalten oder eine Zuschreibung bis zu den Einstandswerten vornehmen. Für KapGes enthält § 280 Absatz 1 HGB ein Wertaufholungsgebot als grundsätzliche Regel und ein Wertaufholungswahlrecht als Folge der (Umkehr-)Maßgeblichkeit in § 280 Absatz 2 HGB.

Für das AV gilt:

		Nicht-Kapitalgesellschaft	**Kapitalgesellschaft**
1.	Höchstwert = Zugangswert, vermindert um planmäßige Abschreibungen	(fortgeführte) AK/HK (§ 253 Absatz 1 und Abs. 2 Satz 1 und 2)	ebenso
2.	Beizulegender Wert niedriger als die (fortgeführten) AK/HK a) dauerhaft	Abschreibungspflicht (§ 253 Absatz 2 Satz 3)	ebenso
	b) vorübergehend aa) Finanzanlagen	Abschreibungswahlrecht (§ 253 Absatz 2 Satz 3)	ebenso
	bb) Sonstige VG des AV	Abschreibungswahlrecht (§ 253 Absatz 2 Satz 3)	Abschreibungsverbot (§ 279 Absatz 1 Satz 2)
3.	Der nach vernünftiger kaufmännischer Beurteilung noch niedrigere Wert als 1. oder 2,	Abschreibungswahlrecht (§ 253 Absatz 4)	Abschreibungsverbot (§ 279 Absatz 1 Satz 1 in Verbindung mit § 253 Absatz 4)
4.	Der nur steuerlich zulässige niedrigere Wert liegt unter 1. oder 2.	Abschreibungswahlrecht (§ 254)	Abschreibungswahlrecht, begrenzt durch § 279, Absatz 2
5.	Stichtagswert, liegt über den (fortgeführten) AK/HK	Zuschreibungswahlrecht bis zu den fortgeführten AK/HK (§ 253 Absatz 5)	Zuschreibungspflicht (§ 280 Absatz 1) oder Wahlrecht (Absatz 2)

Beim AV führt der Niederstwertabgleich also nur bei voraussichtlich dauerhaften Wertminderungen zur A.-Pflicht, während bei nur vorübergehender Wertminderung ein A.-Wahlrecht besteht, bei KapGes sogar ein Verbot abzuschreiben (bei immateriellen und Sachanlagen). Man spricht deshalb auch von einem gemilderten NWP.

Begründet wird die Differenzierung zwischen AV und UV mit der (erwartbaren) Bindung der VG an das Unternehmen: Da das AV bestimmt ist, dauerhaft dem Geschäftsbetrieb zu dienen (§ 247 Absatz 2 HGB), ist die Gefahr, daß die kurzfristigen Wertminderungen realisiert werden, gering. Beim UV wird aufgrund des typischerweise schnelleren Umschlages dieses Risiko höher eingeschätzt. Diese Unterscheidung führt dazu, daß zum Beispiel A. auf den gesunkenen Börsenkurs bei Wertpapieren des AV nicht vorzunehmen sind, wenn die Wertminderung nur vorübergehend ist. Werden die gleichen Wertpapiere dagegen im UV ausgewiesen, ist eine Abwertung zwingend.

Was als dauerhaft anzusehen ist, regelt das HGB nicht. Um der Regelung bei abnutzbarem AV überhaupt einen normativen Gehalt zu verleihen, muß die Dauerhaftigkeit in bezug zur Rest-ND des VG gesehen werden. Zu konkreten Zeitvorgaben gibt es jedoch widersprüchliche Ansichten in der Literatur. Aus praktischen Gründen kann der Zeitraum im Regelfall nicht allzu lange sein, da die realen Prognosemöglichkeiten für Wertentwicklungen begrenzt sind. Im Zweifel – wann immer im Einzelfall auch der Zweifel auslösende Zeitraum liegen mag – sollte aus Vorsichtsgründen von einer voraussichtlich dauerhaften Wertminderung ausgegangen werden. Prognosefehler können dann – allerdings wohl überwiegend nur auf freiwilliger Basis – später durch Zuschreibungen korrigiert werden.

Die übrigen A. entsprechen den Regelungen des UV; bei Zuschreibungen auf abnutzbares AV bilden aber die fortgeführten AK/HK die Wertobergrenze.

Im weiteren werden zunächst die AK/HK nach Handels- und Steuerrecht behandelt. In den folgenden Kapiteln werden die handelsrechtlichen Alternativwerte und der steuerliche TW-Begriff vorgestellt. Die nur steuerrechtlich zulässigen A. (§ 254 HGB) sind in der Regel keine A. auf einen niedrigeren Teilwert (TW), sondern rein subventionspolitisch motivierte Sonder-A. oder erhöhte A. Der TW stellt dagegen eine genuin steuerliche Wertkategorie dar, die konzeptionell überhaupt nichts mit den handelsrechtlichen Bewertungsregeln gemein hat. Der TW wird deshalb als theoretisch interessante Variante des vom HGB unabhängigen steuerlichen Bewertungssystems der §§ 6 f. EStG gesondert behandelt. Nicht eingegangen wird auf den gemeinen Wert, da er im Bilanzrecht eine weniger bedeutsame Rolle spielt.

2. ANSCHAFFUNGSKOSTEN (AK)

2.1 Grundsätze der Bestimmung von Anschaffungskosten

In § 253 Absatz 1 Satz 1 HGB ist geregelt, daß VG höchstens mit den (fortgeführten) AK oder HK anzusetzen sind. Diese Regelung ist trotz der Formulierung nicht als Höchstwertvorschrift zu interpretieren, die es erlauben würde, einen VG mit einem niedrigeren Zugangswert einzubuchen, sondern nach herrschender Meinung als Fixwertbestimmung, die Ober- und Untergrenze zugleich festlegt. Während der Begriff AK für alle fremdbeschafften VG anzuwenden ist, sind selbsterstellte VG zu HK zu bewerten.

Inhaltlich soll in beiden Fällen das gleiche wirtschaftliche Ergebnis erzielt werden: VG sollen mit den Einstandswerten aktiviert werden, so daß sich Zugänge als erfolgsneutrale Vermögensumschichtung oder Bilanzverlängerung darstellen. Dies entspricht dem Realisations- und dem Nominalprinzip. Durch die Anschaffung oder Herstellung eines VG soll weder Gewinn noch Verlust entstehen, da kein Absatzgeschäft des Erwerbers zugrunde liegt (zu Einschränkungen des Prinzips der Erfolgsneutralität bei HK siehe unten).

Daraus folgt auch, daß das AK-Prinzip nicht für die sogenannten umsatzinduzierten VG gilt: verkauft ein Unternehmen zum Beispiel Waren auf Ziel, so ist die Forderung inklusive Erfolgsbestandteilen mit dem Nennwert einzubuchen. Welcher Aufwand dem Ertrag des Bilanzierenden gegenübersteht (der Wareneinsatz im Beispiel), spielt für die Bewertung der Forderung keine Rolle.

In § 255 Absatz 1 HGB ist erstmals handelsrechtlich definiert, welche Größen zu den AK zählen. Zu beachten ist, daß die gesetzliche Formulierung 'Anschaffungskosten' (analog: 'Herstellungskosten') mißglückt ist. Der JA ist eine pagatorische Rechnung (Nominalprinzip), die auf Einnahmen/Ausgaben basiert; kalkulatorische Kostenbestandteile sind damit prinzipiell nicht einbeziehungsfähig (zum Beispiel kalkulatorische Zinsen auf das EK).

Ungenau sind aber auch die konkretisierenden Bestimmungen in § 255 Absatz 1 HGB, die auf Aufwendungen des Kaufmannes abstellen. Aufwendungen sind erfolgswirksame Größen; Anschaffungs- oder Herstellungsvorgänge sollen aber gerade erfolgsneutral gehalten werden. Die Begriffe 'Einstands-', 'Zugangs-' oder 'Anschaffungswert' hätten insoweit dem Gesetzeszweck besser entsprochen.

Entscheidend für die AK (dieser eingeführte Begriff soll trotz dieser Bedenken weiterverwendet werden) ist die Ausgabenwirksamkeit. Diese umfaßt neben Abflüssen von liquiden Mitteln auch die Verrechnung mit Forderungen etc., ist also weit zu interpretieren. In diesem Zusammenhang wird auch von der **Maßgeblichkeit der Gegenleistung** gesprochen, d.h. die AK umfassen die gesamten Leistungen des Kaufmannes für den angeschafften VG. Der Begriff 'AK' ist grundsätzlich für

- alle VG des AV und UV,
- alle Kaufleute, unabhängig von der Rechtsform,
- Handels- und Steuerbilanz

identisch abzugrenzen.

Was zu den AK eines VG gehört, wird wesentlich mitbestimmt von der zeitlichen Festlegung des Erwerbsvorganges, also der Fixierung von Beginn und Ende der Anschaffung. Es entspricht dem Zweck einer möglichst vorsichtigen und objektiven Rechnungslegung, diesen Zeitraum restriktiv zu definieren, um eine Aktivierung von Ausgaben für die Einkaufsabteilung (zum Beispiel allgemeine Informationskosten) oder laufende Erhaltungs- oder Lagerausgaben zu verhindern. Das Gesetz stellt auf Aufwendungen ab, „**um** einen VG **zu** erwerben"; der Begriff 'AK' ist also ein finaler Begriff.

In § 255 Absatz 1 HGB werden einzelne Komponenten der AK definiert. Demnach umfassen diese:

a) den Rechnungspreis,
b) die Anschaffungsnebenkosten (ANK),
c) die Aufwendungen für die Herstellung der Betriebsbereitschaft,
d) die nachträglichen AK,
e) Anschaffungspreisminderungen sind abzusetzen.

Die Bestandteile b) bis e) gehen nur insoweit in die AK ein, als sie einzeln (direkt) zurechenbar sind. Gemeinaufwendungen sind nicht aktivierbar. Begründet wird diese Regelung unter anderem mit dem Argument, den Unternehmen solle eine aufwendige Ermittlung von Gemeinaufwendungen erspart werden. Gesetzlich ist dies ausdrücklich aber nur für c) geregelt.

Der Ausschluß von nur mittels Schlüsselung zurechenbaren Gemeinaufwendungen führt dazu, daß Anschaffungs- und Herstellungsvorgänge bilanziell nicht gleich behandelt werden, da in die HK auch Gemeinaufwendungen einbezogen werden dürfen (steuerlich: müssen). Deshalb hängt die Höhe der AK davon ab, ob Leistungen zur Herstellung der Betriebsbereitschaft beispielsweise selbst erbracht oder fremdbezogen werden. Im ersten Fall sind nur die Einzelaufwendungen aktivierbar, im zweiten Fall werden die in Rechnung gestellten Beträge in der Regel auch die Gemeinaufwendungen und einen Gewinnaufschlag des Leistenden beinhalten. Da aber der gesamte Rechnungsbetrag für den Bezieher der Leistung Einzelaufwand darstellt (er ist dem VG einzeln zurechenbar), ist dies durchaus systemkonform.

Grundsätzlich sind jedem VG seine AK einzeln zuzurechnen (Grundsatz der Einzelbewertung). Aus Vereinfachungsgründen sind einige Ausnahmen zulässig:

- Die Bewertung von VG mit einem Festwert (§ 240 Absatz 3 HGB), dem gewogenen Durchschnittswert (§ 240 Absatz 4 HGB) oder nach einem Verbrauchsfolgeverfahren (§ 256 HGB) dient einer vereinfachten Ermittlung der AK mit Hilfe pauschaler Annahmen.
  Diese Formen der AK-Ermittlung sind nur zulässig, wenn sie zu einem Wert führen, der den echten AK nahekommt (zu Einzelheiten und Besonderheiten im Rahmen der Lifo-Methode vgl. Kapitel 12).
- ANK müssen nicht ermittelt und aktiviert werden, wenn sie geringfügig sind. Dieser dem Wesentlichkeitsgrundsatz Rechnung tragende GoB hat keine ausdrückliche Grundlage im Gesetz. Außerdem ist es nach herrschender Meinung zulässig, ANK und Anschaffungspreisminderungen zu pauschalieren, wenn eine Einzelermittlung zu aufwendig ist. Auch hier darf die Pauschalierung aber nicht zu unzutreffenden AK im Vergleich zu einer individuellen Ermittlung führen. Pauschal einbezogen werden dürfen demnach immer nur direkt zurechenbare Aufwendungen und Preisminderungen. Einen typischen Anwendungsfall stellen Eingangsfrachten, Verpackungskosten etc. dar, die normalerweise bei Warenbezügen anfallen und bei einer Vielzahl von Wareneinkäufen nur mit hohem Arbeitsaufwand individuell zurechenbar sind. Eine Pauschalbewertung ist insbesondere dann zweckmäßig, wenn diese ANK im Vergleich zum Warenwert gleichbleibend oder geringfügig sind.
- Insbesondere im Einzelhandel oder in Apotheken ist es üblich, zugehende Waren sofort mit dem Verkaufspreis auszuzeichnen. Am Periodenende kann die Ermittlung der AK der noch vorhandenen Bestände sehr aufwendig sein. Es ist deshalb zulässig, die AK in diesen Fällen retrograd zu ermitteln, indem von den Verkaufspreisen die Gewinnaufschläge abgezogen werden. Voraussetzung ist aber, daß die Gewinnaufschläge für die einzelnen Produkte bekannt sind (also nicht laufend schwanken).

Von den oben aufgeführten AK-Elementen ist der **Rechnungsbetrag** (Preis des VG) in der Regel am einfachsten zu bestimmen. Gemeint ist damit im allgemeinen der Nettopreis ohne Umsatzsteuer, da diese vom Erwerber als erstattungsfähige Vorsteuer gegenüber dem Finanzamt geltend gemacht werden kann. Ist der Erwerber nicht zum Vorsteuerabzug berechtigt, gehört die USt aber zu den AK. Auf die Vereinfachungsregel des § 9b EStG, die auch handelsrechtlich zulässig ist, soll hier nur verwiesen werden.

Der Anschaffungspreis wird, obwohl eindeutig bestimmbar, in zwei Fällen von Teilen der Literatur als korrekturbedürftig oder zumindest überprüfungsbedürftig angesehen:

a) Wenn er objektiv überhöht ist, d.h. wenn der Erwerber den gleichen VG auch billiger hätte kaufen können. Eine Einbuchung dieses VG mit einem unter dem tatsächlichen Preis liegenden Wert wird dann mit dem Vorsichtsprinzip begründet. Diese Ansicht läßt sich aber weder mit dem Wortlaut noch mit dem Zweck des AK-Prinzips vereinbaren. Dieses soll eine erfolgsneutrale Behandlung im JA sichern, die nicht mehr errreicht würde. Deshalb wird auf die Gegenleistung des Kaufmannes abgestellt und nicht auf einen fiktiven Wert. Es wird unterstellt, daß der Kaufmann sich nicht selbst schädigt, wenn er einen Kauf tätigt, sondern dem erworbenen VG zumindest den Wert subjektiv beimißt, den er selbst ausgeben muß (ein höherer Preis könnte sogar bewußt in Kauf genommen worden sein, um eine Lieferbeziehung zu pflegen oder um erwartete Service-Leistungen zu erlangen). Eine Bewertung zu fiktiven AK hätte außerdem den Nachteil, daß der Zweck einer möglichst einfachen, objektivierten Rechnungslegung nicht erreicht würde. Dem Vorsichtsprinzip kann gleichwohl umfassend Rechnung getragen werden, da überhöhte AK mit dem Zeitwert des VG am Stichtag zu vergleichen und ggf. Abschreibungen vorzunehmen sind.

b) Wenn VG innerhalb eines Konzerns verkauft werden; dann besteht die Gefahr, insbesondere bei nicht marktgängigen VG, daß der berechnete Preis durch unternehmenspolitische Überlegungen innerhalb des Konzerns mitbestimmt wird. Unabhängige wirtschaftliche Eigeninteressen der Vertragsparteien, die zu einem 'objektiven' Marktpreis führen können, fehlen. So berechtigt dieses Mißtrauen im Einzelfall auch sein mag, Realisations- und AK-Prinzip stellen auf Rechtsgeschäfte zwischen rechtlich selbständigen Kaufleuten ab, und dies liegt auch bei konzerninternen (Ver-)Käufen vor.

Handelsrechtlich gibt es weder eine Gesetzesgrundlage noch einen GoB, der erzwingt, konzerninterne Geschäfte anders zu behandeln als Geschäfte zwischen fremden Personen. Die bisherigen Versuche, handelsrechtlich irrelevante AK auszugrenzen (zum Beispiel rein bilanzpolitisch motivierte Geschäfte, Umgehungsgeschäfte etc.), sind meines Erachtens nicht präzise genug und nicht allgemein anerkannt, um als GoB gelten zu können.
Für die Steuerbilanz wird versucht, Bilanzmanipulationen mit den §§ 39 ff. AO (besonders § 42 AO: Mißbrauch von rechtlichen Gestaltungsmöglichkeiten) und den Bestimmungen über verdeckte Einlagen/Gewinnausschüttungen Schranken zu setzen. Diese Regelungen sind aber nicht ohne weiteres als GoB anzusehen und in der Auslegung höchst umstritten.

Erwirbt ein Kaufmann einen VG und übernimmt in diesem Zusammenhang Schulden, so gehören diese zu den AK. Wird zum Beispiel ein Grundstück für 500 TDM gekauft und eine darauf lastende Hypothekenverbindlichkeit von 100 TDM mitübernommen, so ist der Anschaffungspreis mit 600 TDM anzusetzen und die Verbindlichkeit gesondert zu passivieren.

Schwierigkeiten kann die Kaufpreisermittlung machen, wenn der Erwerb gegen Leibrenten, Ratenzahlungen oder mit einem unüblich langen Zahlungsziel erfolgt, da hierbei wirtschaftlich von zwei getrennten Geschäften auszugehen ist: einer Anschaffung und einem anschließenden Kreditgeschäft. Für die Kreditierung sind Zinsen aus dem Anschaffungspreis (oder den künftigen Ausgaben) herauszurechnen, da die Finanzierungskosten nach herrschender Meinung nicht zu den AK gehören. Wird eine Maschine gekauft und ist der Kaufpreis erst in zwei Jahren fällig, so enthält dieser Gesamtpreis implizit Kreditzinsen für zwei Jahre. Diese sind aus den AK zu eliminieren, wobei steuerlich in der Regel ein Zinssatz von 5,5% zugrunde gelegt wird. Dieser Zinsanteil kann analog § 250 Absatz 3 HGB als aktiver RAP ausgewiesen werden. Der Zugang ist dann erfolgsneutral eingebucht, der Zinsaufwand wird in den beiden Folgejahren durch die Abschreibung des RAP erfolgswirksam. Entsprechend ist bei Ratenkäufen und Erwerb gegen Leibrenten der abgezinste Barwert als Anschaffungspreis anzusehen. Dieser Anschaffungspreis wird nicht beeinflußt, wenn durch Wertsicherungsklauseln die späteren Renten- oder Ratenzahlungen nach oben oder unten angepaßt werden. Es kommt auf den Anschaffungspreis zum Erwerbszeitpunkt an, die Änderungen sind Ereignisse der Folgeperiode/n und in diesen erfolgswirksam zu buchen (Aufwand/ Ertrag).

Wird für mehrere VG ein Gesamtkaufpreis vereinbart, so ist dieser auf die VG aufzuteilen, um dem Einzelbewertungsgrundsatz Rechnung zu tragen. In der Folge kann diese Aufteilung für die Aufwandsverrechnung bedeutsam sein, da die ND, A.-Methoden und Zuschreibungsmöglichkeiten für die einzelnen VG verschieden sein können. Besonders deutlich wird dies bei der Anschaffung eines Grundstückes mit aufstehendem Gebäude, da nur die AK des Gebäudes planmäßig abzuschreiben sind.

Besonderheiten ergeben sich auch beim Kauf ganzer Unternehmen. Drei Fälle sind zu unterscheiden:

a) Gesamtkaufpreis = Verkehrswert der VG (abzüglich der übernommenen Schulden): der Kaufpreis ist nach Maßgabe der Verkehrswerte auf die einzelnen VG aufzuteilen, d.h. die bisherigen Buchwerte des Verkäufers sind anzupassen.

b) Gesamtkaufpreis < Verkehrswerte (bad will): in diesem Fall muß der Minderbetrag nach einem vernünftigen Schlüssel auf die einzelnen VG aufgeteilt werden. Möglich ist zum Beispiel eine prozentuale Zurechnung unter Ausschluß der liquiden Mittel. Als vernünftig wird auch eine Zuordnung auf besonders langlebige oder risikobehaftete VG akzeptiert. Auf jeden Fall darf die Verteilung nicht willkürlich erfolgen; die Anschaffungspreise der einzelnen VG sollen dem (subjektiven) Einstandswert entsprechen, den der Erwerber den einzelnen VG zumißt.

c) Kaufpreis > Verkehrswerte (good will): in diesem Fall ist der erworbene Firmenwert unter den immateriellen VG des AV gesondert aktivierbar (vgl. Kapitel 8). Wird die Aktivierung unterlassen (§ 255 Absatz 4 HGB), ist der Beschaffungsvorgang nicht erfolgsneutral. In Höhe des Firmenwertes wird die GuV mit Aufwand belastet.

Korrekturen des Rechnungsbetrages sind auch erforderlich oder möglich, wenn Ersatzbeschaffungen vorliegen und beim ausscheidenden VG stille Reserven realisiert wurden, die steuerfrei bleiben sollen. Diese Veräußerungsgewinne sind zunächst in eine steuerfreie Rücklage (handelsrechtlich: Sonderposten mit Rückelagenanteil) einzustellen. Dieser Sonderposten wird nach der Ersatzbeschaffung (zum Beispiel gemäß § 6b EStG) aufgelöst und der zugegangene VG um diesen (oder einen verminderten) Betrag abgeschrieben. Die stille Reserve des alten VG wird so auf den neuen übertragen (vgl. Kapitel 14). Die um diese Abschreibung verminderten AK bilden bilanziell künftig die Wertobergrenze. Im Anlagegitter gemäß § 268 Absatz 2 HGB wird der Zugang mit den verminderten AK ausgewiesen.

Analog ist zu verfahren, wenn VG kraft höherer Gewalt ausscheiden, zum Beispiel durch Enteignung, Flurbereinigungen etc., da der Kaufmann die Realisierung stiller Reserven nicht verhindern kann und ggf. Steuerbelastungen tragen müßte. Die AK von Ersatz-VG (zum Beispiel zugewiesene Grundstücke im Rahmen einer Flurbereinigung) bestimmen sich dann nach den Buchwerten der hingegebenen VG, nicht nach Verkehrswerten.

Der Erwerb eines VG ist häufig nicht mit dem juristischen Gefahrenübergang abgeschlossen, sondern erst, wenn die Betriebsbereitschaft der erworbenen VG hergestellt ist. Für beide Erwerbsphasen (Erlangung der Verfügungsmacht und Herstellung der Betriebsbereitschaft) fallen ANK an, die aktivierungspflichtig sind. Betriebsbereitschaft liegt vor, wenn der VG erstmals in den Zustand versetzt wird, die vom Erwerber geplanten Leistungen abzugeben. Für Maschinen bedeutet dies, daß zum Beispiel Anschluß- oder Montagearbeiten vorzunehmen sind. Für Waren oder Rohstoffe ist 'Betriebsbereitschaft' mit der Einlagerung hergestellt. Spätere Transportkosten zu Maschinen für die Verarbeitung gehören ebensowenig zum Anschaffungsvorgang wie die laufenden Aufwendungen für Verschleißbeseitigungen bei Maschinen oder Umrüstkosten. Auch Lagerhaltungskosten sind grundsätzlich keine AK, es sei denn, der Lagervorgang gehört selbst zur Anschaffung (zum Beispiel bei Whisky oder Holz).

Entscheidend für die Abgrenzung der AK ist die vom Erwerber beim Kauf geplante Verwendungsmöglichkeit des VG. Stellt sich im nachhinein heraus, daß der VG die geplanten Nutzungen in der gewünschten Quantität oder Qualität nicht abgeben kann, liegen keine AK vor. Die entsprechenden Mehrausgaben können Erhaltungs- oder Herstellungsaufwand (vgl. unten) darstellen. Im ersten Fall unterbleibt eine Aktivierung, im zweiten Fall erfolgt eine Aktivierung, aber nach den Regeln der Herstellungskostenermittlung. Das beinhaltet, daß Gemeinaufwendungen handelsrechtlich einbeziehungsfähig und steuerrechtlich zum Teil aktivierungspflichtig sind.

Bei Vorliegen von ANK sind dagegen nur Einzelaufwendungen aktivierungsfähig. Umstritten ist hierbei die Behandlung der sogenannten 'unechten Gemeinaufwendungen'. Das sind solche Aufwendungen, die prinzipiell einzeln zurechenbar sind, aber aus Vereinfachungsgründen nicht einzeln erfaßt werden. Die Einzelermittlung unterbleibt, weil sie zu aufwendig wäre. Der Wortlaut in § 255 Absatz 1 HGB stellt darauf ab, daß diejenigen ANK einzubeziehen sind, die einzeln zugerechnet werden können und nicht auf die tatsächlich ermittelten Einzelaufwendungen. Dies spricht dafür, daß die unechten Gemeinaufwendungen einbezogen werden. Dem HGB ist zwar nirgends eine Pflicht zu einer ausgebauten KoRe zu entnehmen, es wäre aber meines Erachtens unbefriedigend, wenn die AK-Höhe von der Qualität der KoRe eines Unternehmens abhängt. Die zwischenbetriebliche Vergleichbarkeit wäre gestört.

Besondere Probleme können dadurch entstehen, daß ANK zeitlich vor oder nach dem eigentlichen Erwerb anfallen. So sind nach Ansicht des BFH eine Maklerprovisionen schon dann als ANK aktivierungspflichtig, wenn das gekaufte Grundstück noch nicht übergeben und aufgelassen ist. Obwohl das Grundstück selbst noch nicht eingebucht wurde, also ein schwebendes Geschäft vorliegt, werden die ANK (als geleistete Anzahlung) bilanziert.

Nicht zu den ANK gehören weitgehend die Aufwendungen im Rahmen des Erwerbs vor der eigentlichen Kaufentscheidung. Aufwendungen für das Einholen von Angeboten bei verschiedenen Lieferanten gehören deshalb ebensowenig zu den AK wie Aufwendungen für Besichtigungsreisen oder Bewertungsgutachten. Diese sind in der Regel auch dem später erworbenen VG nicht direkt zurechenbar. Diese enge zeitliche Abgrenzung des Erwerbszeitraumes dient der Objektivierung der Wertermittlung und der Vorsicht.

Wohlgemuth (1988, Rn. 22) hat die ANK wie folgt systematisiert:

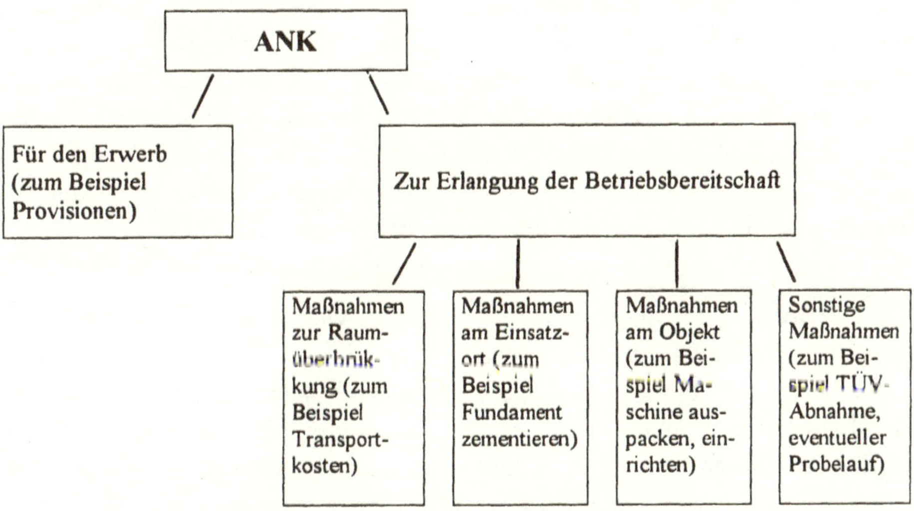

Hierbei wird noch jeweils in extern und intern erbrachte Leistungen unterschieden, da jeweils nur Einzelaufwendungen einbezogen werden dürfen.

Die **nachträglichen AK** gehören zu den AK, wenn sie beim Erwerb mitkalkuliert wurden und der Rechnungspreis entsprechend gemindert wurde.

Beim Grundstückserwerb sind zum Beispiel Grunderwerbssteuer, Anlieger- und Erschließungsbeiträge regelmäßig beim Erwerb schon mitbedacht und gehören zum (subjektiven) Einstandswert des VG. Auch nachträgliche Preiskorrekturen durch eine Schiedsstelle gehören zu den AK. Nicht mehr zu den AK gehören dagegen die sogenannten 'anschaffungsnahen Aufwendungen'. Diese werden in ständiger Rechtsprechung der Finanzgerichte als Erhaltungs- oder Herstellungsaufwand qualifiziert. Wird zum Beispiel ein bebautes Grundstück erworben, um das aufstehende Gebäude abzureißen und ein neues Gebäude zu errichten, wären die Abbruchkosten HK des unbebauten Grundstücks. Mit guten Gründen ist in diesem Fall aber auch eine Einordnung als ANK zu vertreten. Zur Herstellung der Betriebsbereitschaft des unbebauten Grundstücks gehören die Abbruchkosten.

Zu den abzusetzenden **Anschaffungspreisminderungen** gehören Skonti, Boni etc. genauso wie Preisnachlässe aufgrund von Mängeln des erworbenen VG. Dies entspricht dem Prinzip der Erfolgsneutralität der Erwerbsvorgänge: nur die tatsächliche Gegenleistung des Käufers ist maßgeblich. Die Ermittlung der entsprechenden Beträge kann sehr aufwendig sein, da geprüft werden muß, ob zum Beispiel skontierte Eingänge noch zum Stichtagsbestand gehören oder bereits veräußert wurden. Pauschalisierungen sind deshalb zulässig. Schwierigkeiten können durch das Kriterium der Einzelzurechenbarkeit entstehen. So ist ein nachträglich gewährter Bonus für Kundentreue oder Mindestabnahmemengen vielfach nur mittels Schlüsselung einzelne VG zurechenbar. Für einzeln zurechenbare Anschaffungspreisminderungen ist eine Korrektur der AK aber unerläßlich, da eine Verrechnung als Ertrag in der GuV einen Verstoß gegen das Realisationsprinzip bedeuten würde.

Die Behandlung der Skonti als AK-Minderung wird in der Literatur teilweise kritisiert, da die Nichtinanspruchnahme des Skonto dazu führt, daß Zinsaufwendungen in die AK einfließen. Dabei wird unterstellt, daß die Leistung des Lieferanten einmal aus der eigentlichen Lieferung (zum Rechnungspreis abzüglich Skonto) und einem anschließenden Kreditgeschäft (Skonto als Entgelt für die Kreditierung) besteht. Das Lieferantenskonto wird ausschließlich als Zinsaufwand interpretiert, der über die GuV zu buchen ist. In die AK fließen diese Zinsen nicht ein, analog dem Grundsatz, daß Finanzierungskosten nicht zu den AK zählen. Diese Auslegung ist aber nicht mit dem Wortlaut des HGB zu vereinbaren und reduziert das Skonto meines Erachtens zu Unrecht auf eine reine Zinsgröße.

Eine weitere Ausnahme vom Verbot der Aktivierung von Zinskosten wird in besonderen Fällen als zweckmäßig erachtet. Wenn Anzahlungen des Käufers üblich sind und eine längere Bauzeit für die Herstellung des VG vorliegt, sind Zinsaufwendungen, die nachweislich für einen Kredit zur Finanzierung dieser Anzahlungen anfallen, zu aktivieren. Es wird dabei unterstellt, daß diese Anzahlung bei der Bemessung des Kaufpreises mitkalkuliert wurde: der Lieferant hätte ohne diese Anzahlung die eigenen Finanzierungskosten in Form eines höheren Preises in Rechnung gestellt. Diese Sichtweise scheint wirtschaftlich plausibel zu sein.

1.2 Sonderfälle

1.2.1 Tausch

Tauschgeschäfte sind auch in einer Geldwirtschaft kein besonders seltenes Phänomen: im Exportgeschäft in Entwicklungsländer sind Tauschgeschäfte genauso zu finden wie beim Grundstücks- oder Beteiligungserwerb. Auch die Inzahlungnahme gebrauchter beim Kauf neuer VG ist ein Tauschvorgang.

Wie die AK des Erwerbers in einem solchen Fall zu ermitteln sind, kann am besten anhand eines Beispiels verdeutlicht werden: die Unternehmen A und B tauschen Grundstücke aus, für die folgende Daten vorliegen:

	Grundstück des A	*Grundstück des B*
Buchwert	200 TDM	500 TDM
Verkehrswert	1.000 TDM	900 TDM

In der älteren handelsrechtlichen Literatur wurde überwiegend die Ansicht vertreten, daß der Tausch ein Geschäftsvorfall eigener Art ohne Marktbezug ist. Tauschwerte hängen stark von individuellen Präferenzen, Verhandlungsgeschick etc. ab, so daß kein Umsatz am Markt vorliege, der Grundsatz der Maßgeblichkeit der Gegenleistung gelte nicht. Bewertungsmaßstab war demnach der Buchwert des hingegebenen VG, der für den neuen VG fortgeführt werden soll.

Unter dem Einfluß der Steuerrechtsprechung hat sich die Ansicht hierzu weitgehend gewandelt. Es ist nicht ohne weiteres ersichtlich, warum ein Verkauf gegen eine Sachleistung anders zu behandeln ist als ein Verkauf gegen eine Geldleistung. Man kann das Tauschgeschäft fiktiv in einen Barverkauf zum Verkehrswert und einen anschließenden Barkauf aufspalten. Es entspricht der Systematik der steuerlichen Gewinnermittlung, wenn stille Reserven eines VG spätestens dann aufzulösen sind, wenn ein VG das Unternehmen verläßt. Dies wird zum Beispiel auch bei Privatentnahmen so gesehen. Als AK des eingetauschten VG wäre demnach der Verkehrswert (steuerlich: der gemeine Wert gemäß § 9 Absatz 2 BewG) anzusetzen. Auf diesen Verkehrswert verzichtet der Kaufmann durch den Tausch, er ist seine Gegenleistung. Im Beispiel hieße dies, daß A das erworbene Grundstück mit TDM 1.000 einbuchen müßte (Grundstück TDM 1.000 an Grundstück TDM 200, Sonstiger betrieblicher Ertrag TDM 800) und B mit TDM 900. Liegt der Verkehrswert am nächsten Bilanzstichtag genauso hoch wie zum Zeitpunkt des Tausches, müßte A eine Abschreibung von TDM 100 auf das Grundstück vornehmen. Diese Handhabung ist meines Erachtens zutreffend, da die Buchwerte nichts mit dem Wert der Leistungen von A und B zu tun haben. Dem kann auch nicht entgegengehalten werden, daß beim Tausch keine liquiden Mittel zufließen, um die Steuern auf die realisierten stillen Reserven begleichen zu können, da dieses Kriterium für die Gewinnermittlung grundsätzlich unbeachtlich ist. Auch Umsätze auf Ziel sind zu versteuern.

Eine weitere Bewertungsalternative für die AK sieht vor, daß diese (handelsrechtlich) durch den Buchwert des hingegebenen VG zuzüglich der Ertragsteuern auf die realisierten stillen Reserven bestimmt werden. Unterstellt, A hätte einen Steuersatz von 50%, so würden durch den Tausch Ertragsteuern in Höhe von 50% von TDM 800 fällig. Es ergäben sich demnach AK von TDM 600. Das Beschaffungsgeschäft wäre damit insgesamt erfolgsneutral gehalten, wie die zugehörigen Buchungssätze zeigen:

1.	Grundstück	600 TDM	an	Grundstück	200 TDM
				Sonstiger betrieblicher Ertrag	400 TDM
2.	Steueraufwand		an	Verbindlichkeiten	400 TDM

Erfolgsneutral ist aber auch die Einbuchung zum Verkehrswert des hingegebenen VG, da der Gewinn beim Verkauf (der Hingabe) des einzutauschenden VG entsteht und nicht bei der Einbuchung des eingetauschten.

In Ausnahmefällen kann steuerrechtlich der Buchwert des hingegebenen VG fortgeführt werden, wenn die getauschten VG art-, wert- und funktionsgleich sind.

2.2.2 Zuschüsse und Zulagen

Öffentliche Subventionen werden in vielfältigen Formen (Zuschüsse, Zulagen, Prämien, Beihilfen etc.) gewährt. Hier soll ausschließlich die Behandlung von Zuschüssen (die das steuerpflichtige Einkommen erhöhen) und steuerfreien Investitionszulagen angerissen werden. Für die bilanzielle Behandlung wichtig ist unter anderem der verfolgte Subventionszweck. Dieser kann in einem Anreiz für eine bestimmte Investition bestehen oder in einem Verhaltensanreiz über einen bestimmten Zeitraum. Im ersten Fall hat der Subventionsempfänger seine Leistung mit der Durchführung der Investition erbracht. Im zweiten Fall ist die Subvention an bestimmte Verhaltensweisen in der Folgezeit geknüpft (Auflagen, Bedingungen etc.). Bei Verstoß gegen diese Verpflichtungen sind die Subventionen zurückzuzahlen.

In der Bilanzliteratur werden unterschiedlichste Varianten der buchmäßigen Erfassung vorgeschlagen, zum Beispiel

a) sofortige Erfassung der Subvention als Ertrag,

b) Verminderung der AK/HK um den Subventionsbetrag, der als Anschaffungspreisminderung interpretiert wird. Die Erfolgswirksamkeit stellt sich beim abnutzbaren AV in den Folgeperioden durch die Verrechnung verminderter Abschreibungen ein.

c) Sukzessive Erfolgsrealisation wie bei b), aber ohne die AK/HK zu mindern. Statt dessen wird im Zuwendungsjahr ein Passivposten (RAP, Sonderposten, Rückstellung) in die Bilanz eingestellt (erfolgsneutral), der über die ND des bezuschußten VG oder nach Maßgabe der Auflagen (zum Beispiel Verbleibensfrist von drei Jahren bei der Investitionszulage) aufgelöst wird (sonstiger betrieblicher Ertrag/außerordentlicher Ertrag).

In der Steuerbilanz dürfen Zulagen regelmäßig nicht von den AK/HK abgesetzt werden, so daß die Varianten a) und c) praktisch üblich sind. Zuschüsse dürfen dagegen gemäß R 34 Absatz 2 EStR 1993 wahlweise von den AK/HK abgesetzt oder als Ertrag voll vereinnahmt werden (a oder b). Durch die Umkehrmaßgeblichkeit ist diese steuerliche Handhabung auch handelsrechtlich relevant.

Zu den oben angeführten Varianten a) und c) sei angemerkt: Zumindest in den Fällen, in denen der Zuschußempfänger nach dem Erwerb noch Verhaltenspflichten unterliegt, also eine Rückzahlungspflicht möglich ist, verstößt eine sofortige erfolgswirksame Vereinnahmung der Subvention gegen das Realisationsprinzip. Selbst bei nicht rückzahlbaren Subventionen kann nach dem Grundsatz der sachlichen und zeitlichen Abgrenzung ein GoB-Verstoß vorliegen.

Interessant ist hier aber vor allem die Verrechnung mit den Einstandswerten (AK/HK). Für eine solche Erfassung als Anschaffungspreisminderungen werden unter anderem folgende Argumente vorgetragen:

1. Die Subvention soll kein Ertrag im Zugangsjahr sein, sondern über die ND der Investition realisiert werden. Insbesondere eine Ausschüttung/Versteuerung des Subventionsbetrages soll verhindert werden.
2. Da Anschaffungsvorgänge erfolgsneutral sein sollen, sind auch die mit dem Erwerb verknüpften Einnahmen zu berücksichtigen. Nur die eigenen Ausgaben des Kaufmannes bestimmen seine Gegenleistung. Beim Kauf wird die Subvention in den Kalkül des Erwerbers einbezogen, der subjektive Zugangswert ist entsprechend geringer.

Beide Argumente überzeugen nicht restlos. So könnte die sofortige Erfolgswirksamkeit problemlos durch einen Passivposten (siehe oben c) verhindert werden. Ob eine Versteuerung erfolgt, hängt ausschließlich von den Subventionsnormen ab. Unabhängig von der buchhalterischen Darstellung sind Zuschüsse steuerpflichtige und Zulagen steuerfreie Erträge.

Die Bestimmung der für die AK maßgeblichen Gegenleistung des Erwerbers kann auch ohne die Subvention erfolgen: sie wird aus den vertraglichen Pflichten des Käufers gegenüber dem Verkäufer abgeleitet, also vom Beschaffungspreis her. Die Leistungspflichten des Erwerbers bestehen aber unabhängig von der von dritter Seite gewährten Subvention. So gesehen, hat die Subvention reinen Finanzierungscharakter und ist für die AK unerheblich. Eine Verrechnung mit den AK/HK verstößt dann gegen den Einzelbewertungsgrundsatz und das Saldierungsverbot, da zwei getrennte GV (Erwerbs- und Zuschußgeschäft) zusammengefaßt werden.

Für die letztgenannte Interpretation spricht auch, daß der JA klarer und übersichtlicher wird: der Zugang wird mit der vollen Gegenleistung an den Verkäufer aktiviert (Vermögenslage erkennbar), und die A. in den Folgeperioden werden nicht um anteilige Zuschußerträge vermindert. Den vollen A.-Aufwendungen stehen in der GuV die Erträge gegenüber.

Als abgeschlossen ist die Diskussion um die ordnungsgemäße Bilanzierung von Subventionen sicher nicht anzusehen. Die in der Praxis üblichen Abbildungsformen a) und b) werden von der Literatur wohl überwiegend abgelehnt.

2.2.3 Unentgeltlicher Erwerb

Handelsrechtlich ist die Behandlung von unentgeltlich erworbenen VG umstritten (zum Beispiel Schenkung, Stiftung, Erbschaft). Orientiert man sich am AK-Prinzip, so ist festzustellen, daß der Begünstigte offenbar keine Gegenleistung erbringt, also AK von DM 0 anfallen. Deshalb wird eine Nichtaktivierung als zulässig angesehen. Im Inventar sollen dagegen die VG aufgeführt werden, um die Dokumentationsaufgabe der (internen) Buchführungsunterlagen zu erfüllen.

Die Nichtaktivierung steht allerdings im Gegensatz zum Vollständigkeitsgebot des § 246 Absatz 1 HGB, der eine Bilanzierung aller VG verlangt, soweit gesetzlich nichts anderes verlangt wird. Unstrittig sind unentgeltlich erworbene immaterielle VG des AV nicht aktivierbar (vgl. § 248 Absatz 2 HGB). Bei anderen VG wird eine Aktivierung zumindest als zulässig anzusehen sein, da anderenfalls die Vermögenslage falsch dargestellt wird. In der Folge gilt dies auch für die Erfolgslage, da bei Nicht-Bilanzierung natürlich auch keine Abschreibungen verrechnet werden.

Bejaht man die Aktivierung, müssen fiktive AK ermittelt werden. Hierzu wird zum Beispiel vorgeschlagen, den Zeitwert aus dem Absatzmarkt abzuleiten oder nach den Ausgaben zu bestimmen, die der Begünstigte gehabt hätte, wenn er den VG entgeltlich erworben hätte (Beschaffungsmarkt).

Zu beachten ist hierbei, daß der Bilanzierende den Wert des übertragenen VG ganz anders beurteilen kann, da er die Beiträge zu künftigen Erfolgen zum subjektiven Maßstab für seine Gegenleistung macht. Bekommt er eine sehr wertvolle Maschine geschenkt, die er für sein Unternehmen nur eingeschränkt nutzen kann, so hätte er wahrscheinlich keinen Marktpreis dafür bezahlt. Da eine solche subjektive Beurteilung bei der Schenkung liquider Mittel ausscheidet, wird für diese häufig eine Aktivierungspflicht angenommen.

Steuerlich ist grundsätzlich der gemeine Wert des VG zu aktivieren (§ 7 Absatz 2 EStDV), also der Betrag, den ein Erwerber für den einzelnen VG zum Zeitpunkt des Erwerbs hätte aufwenden müssen. Da hier keine Umkehrmaßgeblichkeit gilt, hat diese Bestimmung keine Rückwirkung auf die handelsbilanzielle Behandlung.

Eine Ausnahme sieht das Steuerrecht für den unentgeltlichen Erwerb von Betrieben, Betriebsteilen und Mitunternehmeranteilen vor: die Buchwerte des Rechtsvorgängers sind fortzuführen, stille Reserven also nicht zu realisieren (§ 7 Absatz 1 EStDV). Unter der Annahme der Fortführung des (Teil-)Betriebes durch den Erwerber ist die Besteuerung dieser stillen Reserven in der Zukunft gesichert.

Weitere Sonderfälle, wie die AK-Ermittlung von in Zwangsversteigerungen erworbenen VG, von Sacheinlagen oder bei Rechtsformenwandel etc., sollen ausgeklammert bleiben.

3. HERSTELLUNGSKOSTEN (HK)

3.1 Grundlagen der Ermittlung der Herstellungskosten

Werden VG nicht fremdbeschafft, sondern selbsterstellt, treten anstelle der AK die HK als Basiswert, der nicht überschritten werden darf. Als Herstellungsvorgang sind der Herstellung eines neuen VG auch Erweiterungen oder wesentliche Verbesserungen eines vorhandenen VG gleichgestellt (§ 255 Absatz 2 Satz 1 HGB). Herstellung kann sowohl AV (zum Beispiel Maschinen, Software etc.) als auch UV (zum Beispiel fertige und unfertige Erzeugnisse) betreffen. Die HGB-Regelung gilt für alle Kaufleute, unabhängig von Rechtsform und Größe des Unternehmens.

Die Abgrenzung zwischen Anschaffung und Herstellung kann im Einzelfall schwierig sein, wenn Bestandteile des VG fremderworben und wesentliche Bestandteile selbsterstellt wurden. Ähnlich problematisch kann die Unterscheidung zwischen nachträglichen AK und Erweiterungen bzw. Verbesserungen eines VG sein.

Beschaffungsvorgänge sind zwar im Grundsatz zeitpunktbezogen und Herstellungsvorgänge zeitraumbezogen, aber ANK können auch zeitlich vor oder nach dem eigentlichen Erwerbszeitpunkt anfallen.

Die Einordnung eines Vorganges als Anschaffung oder Herstellung kann bedeutsame Konsequenzen haben:

- Immaterielle VG des AV sind nur aktivierungspflichtig und -fähig, wenn entgeltlicher Erwerb, also Anschaffung, vorliegt (§ 248 Absatz 2 HGB). Wird eine gekaufte Software vollständig überarbeitet, um für spezielle betriebliche Anwendungen nutzbar zu sein, ist die Qualifikation der angefallenen Aufwendungen als AK oder HK für die Aktivierung entscheidend.
- Während bei Anschaffungsvorgängen grundsätzlich nur Einzelaufwendungen aktivierbar sind, können bei Herstellung auch Gemeinaufwendungen einbezogen werden; steuerlich müssen sie zum Teil einbezogen werden.
- Bei Herstellungsaufwendungen ist sicherzustellen, daß keine sogenannten Erhaltungsaufwendungen aktiviert werden. Die Unterscheidung von AK muß trennscharf sein, damit nicht schlichter Erhaltungsaufwand als nachträglicher Anschaffungsaufwand aktiviert wird.

In § 255 Absätze 2 und 3 HGB erfolgte erstmals eine handelsrechtliche umfassende Definition des Begriffs der HK. In der 4. EG-Richtlinie findet sich eine davon abweichende Regelung, und das EStG enthält keine ausdrückliche Begriffsbestimmung. Außerdem wird in der Literatur zum Teil angenommen, daß § 255 HGB nicht den GoB entspricht, und die Regelung selbst ist stark interpretationsbedürftig. Dies führt zu einer ganzen Reihe von sowohl dogmatisch als auch materiell bedeutsamen Meinungsunterschieden, von denen im weiteren folgende aufgegriffen werden:

- das Problem der inhaltlichen Bestimmung des dem HGB zugrundeliegenden Prinzips der Aufwandsverursachung,
- die Anwendbarkeit des Maßgeblichkeitsprinzips,
- die Konformität des HGB mit der 4. EG-Richtlinie,
- die Abgrenzung des Herstellungs- vom Verwaltungs-, Vertriebs-, Entwicklungs- und Einkaufsbereich,
- die Abgrenzung konkreter Aufwandsarten als HK,
- die Abgrenzung von Herstellungs- und Erhaltungsaufwand.

(Sonderprobleme bei der langfristigen Auftragsfertigung wurden schon beim Realisationsprinzip (siehe Kapitel 4) behandelt.)

Zunächst soll aber der Regelungszweck kurz untersucht werden, da diesem im Rahmen der teleologischen Gesetzesauslegung überragende Bedeutung zukommt.

Regelmäßig wird in der Literatur unterstellt, daß der HK-Begriff, analog dem AK-Begriff, eine erfolgsneutrale Einbuchung neuer VG sicherstellen soll. Anstelle der im wesentlichen eindeutig feststellbaren AK, für die Eingangsrechnungen etc. vorliegen, treten als Substitut die AK der beim Herstellungsvorgang eingesetzten und verbrauchten Güter und Dienstleistungen (§ 255 Absatz 1 Satz 1 HGB).

Zu bedenken ist allerdings, daß dieser Werteverzehr sehr viel schwieriger zu quantifizieren ist, da mit dieser Kernaussage noch keine Klarheit gewonnen ist, welche Aufwendungen in welchem Umfang zu den HK gehören. Erfolgsneutral wäre ein Herstellungsvorgang dann, wenn alle Aufwendungen für die Herstellung als HK des geschaffenen VG angesetzt würden: Aufwand und Ertrag (= Bestandserhöhung oder andere aktivierte Eigenleistung) würden in der GuV in gleicher Höhe verrechnet.

Ob dies mit der handelsrechtlichen Regelung erreicht wird, ist zweifelhaft: Das HGB fordert als Mindestwert für die HK den Ansatz von Einzelaufwendungen, Gemeinaufwendungen dürfen in bestimmtem Umfang einbezogen werden. Allein aufgrund dieser Wahlmöglichkeit ist klar, daß die HK im Gegensatz zu den AK keinen Fixwert darstellen, sondern im HGB nur eine Bandbreite für die Bewertung vorgeschrieben ist. Je nachdem, ob man die Einzel- oder die Vollkosten eines VG als die 'richtigen' HK ansieht, ist dann auch die Erfolgsneutralität im Einzelfall gegeben oder nicht; hält man den Vollkostenansatz für zutreffend, führt eine Bewertung zu Einzelkosten zu Erfolgsminderungen in der Herstellungsperiode; hält man die Einzelkosten für den richtigen Bewertungsmaßstab, so würde eine Vollkostenaktivierung zu Erfolgserhöhungen führen. Allein eine Zunahme der Lagerbestände am Stichtag würde zu einer Gewinnerhöhung führen (ohne Umsatz) – ein eklatanter Verstoß gegen das Realisationsprinzip.

Verschärft wird dieses Problem dadurch, daß auch Kosten der allgemeinen Verwaltung aktivierungsfähig sind, die nur willkürlich auf einzelne Produkte zurechenbar sind.

Ursächlich für diese unterschiedlichen Interpretationen ist, daß der Begriff der Aufwandsverursachung (Aufwandsrealisation) mit unterschiedlichem Sinngehalt angefüllt wird. Dieser Unsicherheit hat der Gesetzgeber durch die Schaffung umfangreicher Wahlrechte Rechnung getragen. Er überläßt dem

Bilanzierenden die Entscheidung darüber, was er innerhalb einer gewissen Bandbreite zu den HK rechnet. Damit trägt er der Tatsache Rechnung, daß in der Praxis eine Vielfalt von KoRe-Formen und Begriffsabgrenzungen verbreitet ist. Dafür muß aber in Kauf genommen werden, daß ein zwischenbetrieblicher Vergleich gestört sein kann.

In § 255 Absatz 1 Satz 2 HGB wird geregelt, daß zu den HK die Material-, Fertigungs- und Sonderkosten der Fertigung zählen. In Satz 3 findet sich die Regelung, daß angemessene Teile der Materialgemeinkosten (MGK), der Fertigungsgemeinkosten (FGK) und der Werteverzehr des AV einbezogen werden dürfen.

Die beiden Sätze 2 und 3 des § 255 Absatz 1 HGB können, mit bedeutsamen Konsequenzen für die steuerliche Gewinnermittlung, auf unterschiedliche Weise ausgelegt werden:

1. Da die Gemeinkosten (GK) im 3. Satz ausdrücklich geregelt sind, können die im 2. Satz genannten Komponenten nur als Einzelkosten verstanden werden. Dies entspricht der wohl herrschenden Meinung.
2. Die im 2. Satz aufgezählten Bestandteile sind – wie im üblichen Sprachgebrauch – als die Summe aus Einzel- und GK zu verstehen. Das im folgenden Satz geregelte Wahlrecht erlaubt, abweichend vom 'richtigen Vollkostenansatz', eine Nichteinbeziehung der GK. Dies wäre dann ein gesetzlich sanktionierter Verstoß gegen das Realisationsprinzip.

Handelsrechtlich führen beide Interpretationen zum gleichen Ergebnis, da GK kraft Gesetzes nicht einbezogen werden müssen (zu den möglichen steuerlichen Konsequenzen siehe unten).

Im Satz 4 des § 255 Absatz 2 HGB wird weiter aufgeführt, daß Kosten der allgemeinen Verwaltung, für soziale Einrichtungen des Betriebes, für freiwillige Sozialleistungen und betriebliche Altersversorgung nicht eingerechnet zu werden brauchen. Für sämtliche bisher genannten GK gilt, daß sie nur insoweit berücksichtigt werden dürfen, als sie auf den Zeitraum der Herstellung entfallen (Satz 5). Vertriebskosten dürfen nach Satz 6 dagegen nicht in die HK einbezogen werden.

In § 255 Absatz 3 HGB ist schließlich die Behandlung von FK-Zinsen geregelt; sie gehören nicht zu den HK, dürfen aber wahlweise unter bestimmten Bedingungen eingerechnet werden; sie gelten dann als HK.

Damit kann die handelsrechtliche Regelung tabellarisch wie unten zusammengefaßt werden. Die derzeitige steuerliche Handhabung (in R 33 EStR) ist gleich ergänzend angefügt. Auf diese wird später noch zurückzukommen sein.

Diese Zusammenstellung macht deutlich: während die Wertobergrenze der HK in Handels- und Steuerbilanz identisch ist, wird die Untergrenze der Bewertung unterschiedlich fixiert. Der Bilanzierende kann zwar eine einheitliche Bewertung in beiden Bilanzen erreichen, wenn er auch handelsrechtlich die steuerliche Untergrenze beachtet, er kann aber auch seinen handelsrechtlich weitergehenden Spielraum ausschöpfen und auf eine Einheitsbilanz verzichten. Es war auch erklärtes Ziel der HGB-Regelung, eine übereinstimmende Bewertung zu ermöglichen. Zu beachten ist aber, daß die einzelnen aufgeführten Komponenten des Schemas im Handels- und Steuerrecht im Detail durchaus unterschiedlich definiert sein können. So können die einbeziehungsfähigen bzw. -pflichtigen Abschreibungen auf Anlagen des Fertigungsbereichs differieren, und die Voraussetzungen für die Einbeziehung von FK-Zinsen sind in HGB und den EStR nicht identisch. Nicht abzugsfähige Betriebsausgaben gehören steuerlich nicht zu den HK, können aber handelsrechtlich aktivierbarer Aufwand sein.

		Handelsrecht	Steuerrecht
1.	Materialeinzelkosten	P	P
2.	Fertigungseinzelkosten	P	P
3.	Sondereinzelkosten (= **Handelsrechtlicher Mindestumfang**)	P	P
4.	Materialgemeinkosten (HGK)	W	P
5.	Fertigungsgemeinkosten (FGK)	W	P
6.	Werteverzehr des AV	W	P
7.	Sondergemeinkosten der Fertigung = Steuerlicher Mindestumfang	W	P
8.	Kosten der allgemeinen Verwaltung	W	W
9.	Aufwendungen für soziale Einrichtungen des Betriebes	W	W
10.	Aufwendungen für freiwillige soziale Leistungen	W	W
11.	Aufwendungen für betriebliche Altersversorgung	W	W
12.	Fremdkapitalzinsen (= **Wertobergrenze in HB und StB**)	W	W
13.	Vertriebskosten	V	V
14.	Nicht angemessene, notwendige Gemeinkosten des Fertigungsbereiches, Forschungskosten etc.	V	V
V = Verbot, W = Wahlrecht, P = Pflicht			

Zum Abschluß dieses einleitenden Abschnittes noch eine terminologische Anmerkung: Obwohl im HGB der Begriff HK verwendet wird, handelt es sich um eine pagatorische Größe, also Aufwendungen. Die Aufwendungen werden in der FiBu üblicherweise, nach verschiedenen Arten untergliedert, auf Konten gebucht und nicht Kostenstellen (zum Beispiel Fertigung, Verwaltung, Vertrieb) oder Kostenerträgen (bestimmte Produkte, Leistungen) zugerechnet. Die handelsrechtlichen Herstellungsaufwendungen werden in der Regel nicht laufend erfaßt und gebucht. Deshalb ist es zumeist erforderlich, die am Stichtag vorhandenen, selbsthergestellten VG nachträglich zu bewerten und dabei auf die innerbetriebliche KoRe zurückzugreifen. Dabei sind zwei Probleme zu berücksichtigen:

1. Die interne Kostenstellengliederung kann die Zuordnung zu einzelnen Funktionsbereichen (zum Beispiel Verwaltung oder Vertrieb) in einer vom Bilanzrecht abweichenden Weise vornehmen.
2. Die Kostenarten sind nur insoweit einbeziehbar, als sie Aufwandscharakter haben: rein kalkulatorische Größen sind zu eliminieren. Umgekehrt ist es möglich, daß in der KoRe einige Aufwendungen nicht erfaßt sind, die bilanziell zu berücksichtigen sind.

Der Begriff 'HK' spielt im Handelsrecht noch bei anderen JA-Posten eine gewichtige Rolle:

- Die Bewertung von Rückstellungen für Gewährleistungen oder unterlassene Instandhaltungsmaßnahmen erfolgt mit den erwarteten Ausgaben für diese Tätigkeiten. Werden diese mit eigenem Personal und eigenen Mitteln durchgeführt, so erfolgt eine Zurechnung dieser Ausgaben zu den Maßnahmen. Ob hierfür das HK-Schema des § 255 HGB heranzuziehen ist, ist strittig. Gleiches gilt für die Ermittlung eines drohenden Verlustes aus einem schwebenden Geschäft: einem vertraglich fixierten Lieferpreis sind zum Beispiel die Herstellungskosten für die Erstellung des zu liefernden VG gegenüberzustellen, um den Verlustsaldo zu bestimmen.
- Das GuV-Schema nach § 275 Absatz 3 HGB (Umsatzkostenverfahren) enthält im Posten 2 ebenfalls den Begriff 'HK'.

In beiden Fällen kann nicht ohne weiteres davon ausgegangen werden, daß die Definition des § 255 HGB unbesehen anwendbar ist. Auf die damit zusammenhängenden Probleme wird in den Kapiteln 15 und 16 eingegangen.

3.2 Das Prinzip der Kostenverursachung im Handelsgesetzbuch

Folgt man der zur Zeit herrschenden Meinung zur Auslegung des § 255 Absatz 2 HGB, so bilden die Einzelkosten die Bewertungsuntergrenze für die HK, GK dürfen einbezogen werden. Demgegenüber ging die herrschende Meinung zur vorhergehenden Rechtslage im AktG (1965) davon aus, daß die variablen Kosten die Wertuntergrenze bilden. In der Literatur wird die Meinung vertreten, daß

- Einzelkosten und variable Kosten gleichzusetzen sind oder
- Einzelkosten wesentlich weniger umfassen als die variablen Kosten und der Gesetzgeber damit den Bewertungsspielraum im HGB deutlich vergrößert hat.

Der Klärung der Begriffe Einzel-/GK, variable/fixe Kosten kommt für die Gesetzesauslegung demnach überragende Bedeutung zu. Da GK im Sinne von § 255 Absatz 2 Satz 3 HGB nur in die HK einbezogen werden dürfen (steuerlich: müssen), soweit sie angemessen bzw. durch die Fertigung veranlaßt sind, ist des weiteren zu klären, welche Anforderungen hiermit zu erfüllen sind. In der Literatur werden unterschiedliche Begriffe der Kostenverursachung vertreten, die zu recht unterschiedlichen Einbeziehungswahlrechten führen können.

Die Unterscheidung in fixe und variable Kosten stellt auf die Abhängigkeit von der Ausbringungsmenge (vom Beschäftigungsgrad) ab. Fixkosten sind dabei solche Kosten, die auch anfallen, wenn die Produktion eines bestimmten Gutes vermindert oder eingestellt wird, während variable Kosten mit der Gütermenge schwanken. Als typische Fixkosten sind zum Beispiel Mieten für Produktionsräume, Geschäftsführergehälter, Kosten des Rechnungswesens etc. anzusehen. Variable Kosten sind unter anderem die Materialkosten, Energiekosten für Maschinen, Akkordlöhne etc.

Offensichtlich hängt die Trennung in variable und fixe Bestandteile vom Planungshorizont ab, den man betrachtet, denn bei Nichtproduktion auf Dauer können selbstverständlich der Mietvertrag für die Fertigungshalle gekündigt und Mitarbeiter entlassen werden. Je länger der zugrundeliegende Zeitraum ist, desto mehr Kostenbestandteile sind variabel, also abbaufähig (oder ausbaufähig bei Produktionserweiterungen). Aber auch bei einem fest vorgegebenen Zeithorizont dürfte es in der Regel schwerfallen, eine sehr präzise Auflösung in fixe und variable Kostenbestandteile durchzuführen.

Das HGB (und R 33 EStR) stellen demgegenüber auf das Begriffspaar Einzelkosten – GK ab. Als Einzelkosten werden in der KoRe üblicherweise die Kosten definiert, die einem bestimmten Bezugsobjekt direkt zurechenbar sind. Als Bezugsobjekt kommen prinzipiell neben bestimmten Produkten/ Produktgruppen auch Kostenstellen in Frage. Für die HK-Ermittlung nach HGB kann immer nur auf ein bestimmtes Produkt abgestellt werden, da die Produkte einzeln bewertet werden müssen (§ 252 Absatz 1 Nr. 3 HGB). Fallen also Kosten an, die zwar einer Produktgruppe direkt zurechenbar sind, aber nicht den einzelnen Produkten, so liegen GK vor. GK sind demnach alle Kosten, die nicht direkt einem bestimmten Erzeugnis zurechenbar sind. In der KoRe werde diese in der Regel in Form von Zuschlagssätzen auf Einzelkostenkomponenten auf die Produkte (Kostenträger) verrechnet. Hierzu sind Schlüsselungen/Umlagen vorzunehmen, die häufig in Form eines Betriebsabrechnungsbogens aufbereitet werden.

Untersucht man Einzel- und GK auf ihre Variabilität bezüglich der Produktionsmenge, so ist festzustellen, daß Einzelkosten immer variable Kosten sind. Da sie dem einzelnen Produkt ohne Schlüsselung zurechenbar sind, würden sie bei Nichtproduktion dieses Produktes ex definitione wegfallen. Allerdings sind nicht alle GK zugleich fix. So sind A. auf Maschinen in der Regel GK. Soweit sie den Werteverzehr durch Verschleiß beinhalten, sind sie aber auch variabel, da mit steigender (sinkender) Produktionsmenge auch der Verschleiß steigt (sinkt). Selbst die Kosten des Rechnungswesens als typische Fixkosten können potentiell variabel sein, da die Menge des Buchungsstoffes vom Beschäftigungsgrad abhängen wird. In Sonderfällen (zum Beispiel Überstunden, Inanspruchnahme externer Dienstleistungen) können sogar Einzelkosten vorliegen.

Festzuhalten ist demnach, daß die Wertuntergrenze nach HGB (Einzelkosten) mehr oder weniger deutlich unter der Wertuntergrenze nach dem AktG (1965) liegen kann. Es wird in der Literatur zum Teil bezweifelt, daß dem Gesetzgeber dies klar war, da die Gesetzesmaterialien keinerlei Anhaltspunkte für eine bewußte Absenkung der Wertuntergrenze enthalten. Es dürfte aber wenig Sinn machen, das HGB umzudeuten und aus 'einzeln zurechenbar' 'variabel' zu machen, da diese Begriffe in Theorie und Unternehmenspraxis relativ unumstritten sind.

Interessant ist, daß der englische Text der 4. EG-Richtlinie auch von 'costs directly attributable to the product in question' spricht. In der angelsächsischen KoRe-Theorie und -praxis werden aber direct costs als variable Kosten verstanden. Eine ungewollte Abweichung der verschiedenen Rechnungslegungsgesetze ist damit nicht ausgeschlossen.

Die Differenz zwischen variablen und Einzelkosten kann praktisch oft verringert werden, wenn die sogenannten **unechten GK** als Einzelkosten interpretiert werden. In der Praxis wird eine Vielzahl von Kostenarten, die grundsätzlich einzeln erfaßbar wären, aus Vereinfachungs- oder Wirtschaftlichkeitsgründen als GK verrechnet. So ist es prinzipiell möglich, Hilfs- und Betriebsstoffe oder Energiekosten einer Anlage direkt zu messen (zum Beispiel Strom- oder Wasserzähler an Maschine vorschalten). Aus Wirtschaftlichkeitsgründen werden solche Kosten regelmäßig in Form von GK-Zuschlägen verrechnet. Damit stellt sich die Frage, ob diese Kosten Einzel- oder GK im Sinne von § 255 Absatz 2 HGB sind.

Klar ist, daß mit der Genauigkeit der KoRe der Anteil der einrechnungspflichtigen Einzelkosten steigt. Nun enthält das HGB aber an keiner Stelle einen Hinweis darauf, welche Anforderungen an das KoRessystem eines Kaufmannes zu stellen sind, im Zweifel gibt es gar keine ausgebaute KoRe. Dies hätte die fatale Konsequenz, daß die handelsrechtliche Wertuntergrenze allein aufgrund eines mangelhaften oder fehlenden Rechnungswesens abgesenkt werden kann. Dies dürfte kaum im Sinne des Gesetzgebers sein. In der 4. EG-Richtlinie kommt dies dadurch zum Ausdruck, daß von 'direkt zurechenbar' und nicht von 'direkt zugerechnet' die Rede ist. Selbstverständlich impliziert das nicht einen Zwang für eine bestimmte Form der Kalkulation (Zuschlagskalkulation) und ein umfangreiches Aufschreibe- und Erfassungsgebot für die Praxis. Verlangt werden kann aber, daß die unechten GK in die Wertuntergrenze der HK einbezogen werden. Sie müssen dann plausibel geschätzt werden. Wieviel Genauigkeit hier erforderlich ist, läßt sich allgemein nicht sagen. Der Grundsatz der Wesentlichkeit dürfte auch gröbere Vereinfachungen rechtfertigen.

Praktisch haben die unechten GK derzeit eine geringere Bedeutung, als man zunächst annehmen könnte. Dies liegt weniger am Volumen dieser Kosten, die durchaus beträchtliche Größenordnungen erreichen können, als vielmehr an der Tatsache, daß sie steuerlich als MGK und FGK sowieso in die HK-Ermittlung einzubeziehen sind. Da in der Praxis überwiegend eine einheitliche Bewertung in Handels- und Steuerbilanz angestrebt wird, stellt sich das Problem gar nicht. Nur, soweit Unternehmen die handelsrechtliche Wertuntergrenze anstreben, sind die unechten GK relevant.

Zu klären ist aber noch, was mit 'einzeln zurechenbar' genau gemeint ist. Am Beispiel von Fertigungslöhnen sollen zwei mögliche Interpretationen erläutert werden. Fertigungslöhne und -gehälter fallen zunächst einmal pro rata temporis an, sind also periodenbezogene Kosten. Will man diese auf einzelne Produkte zurechnen, so muß die für die Herstellung des Produktes aufgewendete Zeit der Mitarbeiter festgehalten werden. Die so festgehaltenen Stunden, Tage etc. sind anschließend mit dem Stunden- oder Tagessatz (anteiliger Lohn oder Gehalt) der Mitarbeiter zu bewerten. Die Zurechnung greift also auf einen Zeit- oder Mengenschlüssel zurück. Daraus wird von einem Teil der Literatur gefolgert, daß GK vorlägen, die nicht in die Wertuntergrenze nach HGB einzubeziehen seien. Da Einzelkosten definitionsgemäß immer variabel sind und diese Löhne und Gehälter rein periodenabhängig anfallen (auch wenn weniger oder gar nicht produziert wird), wären sie nur aktivierungsfähig. Die Aktivierungspflicht umfaßt dann im wesentlichen nur noch reine Akkordlöhne oder bei auftragsbezogener Produktion direkt erfaßbare Projektkosten.

Da Akkordlöhne in der deutschen Industrie nur noch einen geringen Anteil an an gesamten Personalkosten ausmachen, ergäbe sich handelsrechtlich eine extrem niedrige Wertuntergrenze. Die herrschende Meinung stellt aber nicht auf die wertmäßige Einzelzurechenbarkeit ab, sondern darauf, ob Kosten art- und mengenmäßig einem bestimmten Erzeugnis direkt zugerechnet werden können. Ist das Mengengerüst an Kosten erfaßbar (zum Beispiel Stunden von Mitarbeiter, Liter an Ölverbrauch etc.), so liegen demnach keine Gemeinkosten im Sinne des HGB vor. Reine Mengen- und Zeitschlüssel sind unschädlich. Ansonsten wäre bei den in Deutschland üblichen hohen Automatisierungsgraden, den hohen Energiekosten und dem großen Anteil an verwaltenden Tätigkeiten der Bewertungsspielraum für Unternehmen sehr groß. Die zum Teil extrem hohen GK-Zuschläge in der Praxis von teilweise mehreren 100% belegen dies.

Von ganz entscheidender Bedeutung, welche Kosten aktivierungsfähig oder -pflichtig sind, ist das zugrunde gelegte Verständnis von Kostenverursachung. Dieses legt fest, welche Kosten einer bestimmten Leistung zuzurechnen sind. In der kostentheoretischen Literatur werden hierzu höchst unterschiedliche Vorstellungen vertreten.

Als theoretisch sauberste Lösung einer Kostenzurechnung gilt das Verursachungsprinzip in seiner kausalen Fassung. Demnach sind einer bestimmten Leistung genau die Kosten zuzurechnen, die sie kausal verursacht hat (Ursache-Wirkungs-Zusammenhang). Riebel (1969, S. 55 ff.) verdeutlicht am

Beispiel des Schreibens auf einem Stück Papier, welche Konsequenzen dieses Prinzip hat. Notwendig für diesen Prozeß ist zunächst, daß alle Produktionsmittel verfügbar sind, also Personal, Federhalter mit Tinte, ein Gebäude, in dem der Vorgang stattfindet, Papier etc. Versteht man unter 'Kosten' den Verbrauch von Gütern und Dienstleistungen, so ist zunächst festzustellen, daß der genutzte Gebäudeteil und der Schreibtisch zwar notwendig für die Produktion sind, aber nicht 'verbraucht' werden. Das Gehalt des Schreibenden ist nach dem derzeitigen Arbeits- und Tarifvertragsrecht in der Regel auch dann zu bezahlen, wenn er das konkrete Schriftstück nicht fertigt. Als mengenmäßig verursachter Verbrauch bleiben im wesentlichen der Papier- und Tintenverbrauch. Bei industriellen Fertigungsbetrieben sind diese Verbrauchsanteile in der Regel zwar höher (sie werden zum Beispiel durch Produktionsfunktionen, Stücklisten etc. abgebildet), aber ein großer Teil der Kosten ist rein periodenbezogen, fällt also uanbhängig von bestimmten Herstellungsvorgängen an. Kausal zurechenbare Kosten wären demnach nur Kosten, die wegfallen (entstehen), wenn ein Gegenstand nicht (zusätzlich) erstellt wird.

Wendet man diese Überlegungen auf das HGB an, so muß man zu dem Schluß kommen, daß Kausalität nicht der Maßstab für die einzurechnenden Kosten sind. Kausal verursacht sind nämlich nur die variablen Kosten, die häufig nicht genau bekannt sind. Zeitlöhne, Gehälter etc. wären nicht einbeziehungspflichtig. Darüber hinaus wären die gesamten Fixkosten, die einen großen Anteil der FGK, MGK, Abschreibungen, Verwaltungskosten etc. ausmachen, nicht einrechenbar.

Eine zweite Konzeption der Kostenverursachung ist die finale Interpretation: final zurechenbar sind Kosten, die ein Kaufmann (bewußt) 'in Kauf' nimmt, um einen bestimmten Gegenstand zu erstellen. Statt auf einen Ursache-Wirkungs-Zusammenhang zwischen Kosten und Leistung wird auf eine Zweck-Mittel-Beziehung abgestellt. Der Zweck ist dabei die erstellte Leistung, das Mittel sind die in Kauf genommenen Kosten.

Moxter (1988, S. 938 ff.) geht davon aus, daß der finale Kostenbegriff deutlich weiter ist als der kausale. Fallen zum Beispiel Kosten gemeinsam für die Herstellung von zwei Erzeugnisarten an, so sind sie nicht vollständig abbaubar, wenn die Produktion eines Erzeugnisses ausfällt. Sie sind damit nicht kausal zurechenbar, aber nach Moxter final. Auch der BFH greift auf diese Argumentation zurück und rechnet Ausgaben zur Beseitigung von Baumängeln (Nacharbeiten, um die eigentlich vereinbarte Leistung zu erhalten) zu den HK des Gebäudes. Als final zurechenbar sieht Moxter deshalb auch Fixkosten des Fertigungs- und Materialbereichs an sowie anteilige Verwaltungskosten.

Demgegenüber wird hier, in Übereinstimmung mit einem Großteil der KoRe-Literatur, die Ansicht vertreten, daß Finalität und Kausalität das gleiche bedeuten. Was bei kausaler Interpretation Ursache für die Leistung ist (nämlich der Verbrauch von Tinte und Papier im obigen Beispiel), ist im finalen Sinne Mittel zur Herstellung derselben. Die Gebäudemiete, der Schreibtisch und der angestellte Mitarbeiter sind zwar notwendige Voraussetzungen für die Anfertigung des Schriftstückes, aber ein Mittelverbrauch (= Kosten) ist auch final nicht feststellbar. Auch die Ausgaben für die Nachbesserungen am Gebäude sind kausal zurechenbar, da sie nicht angefallen wären, wenn das Gebäude nicht erstellt worden wäre. Unbehagen bei der Einbeziehung in die HK rühren weniger vom Verursachungsprinzip als daher, daß diese Kosten möglicherweise nicht werthaltig sind (keine Gegenleistung) und nicht bewußt kalkuliert wurden.

Nach den bisherigen Ausführungen ist demnach noch offen, was der Gesetzgeber für die handelsrechtlichen HK voraussetzt, um Einbeziehungspflichten oder -wahlrechte zu bestimmen. Es ist wohl davon auszugehen, daß keine theoretische Kostenverursachungskonzeption zugrunde liegt, sondern praktische Usancen der Kostenverrechnung Pate standen. Fixkosten werden in der KoRe-Praxis normalerweise durch eine Schlüsselung nach dem Durchschnittskosten- oder dem Tragfähigkeitsprinzip zugerechnet (soweit keine Grenzplan-KoRe oder die Verrechnung relativer Einzelkosten vorliegt). Demnach werden Fixkosten (zum Beispiel Abschreibungen, Mieten, Gehälter etc.) nach einer bestimmten Schlüsselgröße (ND, Raumgröße, Bearbeitungszeit) verteilt. Diese Verteilung ist immer mehr oder weniger willkürlich, da eine kausale/finale Kostenverursachung nicht feststellbar ist, sondern vereinfacht eine entsprechende Inanspruchnahme unterstellt wird.

Deutlich wird diese Zurechnungswillkür bei schwankender Ausbringungsmenge: die periodenbezogenen fixen Abschreibungen, Mieten etc. werden auf unterschiedliche Mengeneinheiten verteilt, die HK sind unterschiedlich. Diese Kosten entstehen nicht durch die Entscheidung für eine bestimmte Produktion (von Auftragsfertigung sei abgesehen), sondern aufgrund der vorgelagerten Entscheidung für die Bereithaltung bestimmter Kapazitäten und durch die Wahl eines betimmten Produktionsprogrammes (zum Beispiel Kauf von Maschinen, Anmieten von Gebäuden etc.).

Kosten, die zugeschlüsselt werden, und Leistungen sind nicht auf die gleiche Entscheidung bezogen (Identitätsprinzip). In der KoRe-Theorie wird daraus die Folgerung gezogen, daß solche Kosten nicht geschlüsselt werden sollen, um Willkür und Fehlentscheidungen zu vermeiden, sondern en bloc zu verrechnen sind (zum Beispiel Deckungsbeitragsrechnung, Verrechnung relativer Einzelkosten). Für die Bestandsbewertung nach HGB gilt dagegen:

a) Einzeln zurechenbare Kosten sind zu aktivieren, auch wenn man nicht von kausaler/finaler Kostenverursachung sprechen kann.

b) FGK, MGK und der Werteverzehr des AV dürfen in angemessenem Umfang einbezogen werden, soweit sie auf den Zeitraum der Herstellung entfallen. Was als angemessen anzusehen ist, kann nur pragmatisch bestimmt werden, wobei der Zusammenhang zur Leistung nach dem Durchschnittsprinzip oder anderen Ersatzkriterien möglich ist.

c) Allgemeine Verwaltungskosten oder Kosten der Altersversorgung lassen sich überhaupt nicht mehr willkürfrei zuordnen. Angemessenheit selbst im Sinne eines sehr weiten Verständnisses von Kostenverursachung ist nicht darstellbar.

Die wahlweise Einbeziehung der Kostenblöcke b) und c) kann deshalb auch als Bewertungshilfe für Unternehmen verstanden werden. Besonders bei rückläufigem Umsatz und Bestandsaufbau wären sonst starke Ergebnisbelastungen zu gewärtigen.

Im übrigen wird in der Literatur häufig behauptet, eine Vollkostenaktivierung führe zu einer besseren Darstellung des wirtschaftlichen Auf und Ab eines Unternehmens als eine Bewertung zu Teilkosten. Das Realisationsprinzip erfordere geradezu eine Voll-KoRe, um die fixen Kosten nicht in der Herstellungs-, sondern in der Absatzperiode als Aufwand zu verrechnen (vgl. zum Beispiel Leffson 1987, S. 315 ff.). Auch der Vermögensausweis werde verbessert, da die Zeitwerte der selbsterstellten VG regelmäßig über den Vollkosten lägen. Teilkostenbewertung impliziere deshalb stille Reserven.

Beide Argumente sind nicht zwingend: die Aktivierung nicht verursachungsgerecht zurechenbarer Kosten kann selbstverständlich auch zu überhöhten HK führen und dem Vorsichtsprinzip widersprechen. Der Hinweis auf das NWP schließt eine solche Überbewertung nicht automatisch aus, da der Referenzmaßstab 'fiktive Wiederherstellungskosten' (vgl. Kapitel 11) als Zeitwert zum Beispiel die analoge Einbeziehung von Fixkosten beinhaltet.

Ob die wirtschaftliche Entwicklung eines Unternehmens an der GuV bei Vollkostenaktivierung besser abzulesen ist, hängt vom Einzelfall ab und davon, was man unter der Leistung einer Periode versteht. So sind durchaus Konstellationen möglich, bei denen eine Vollkostenaktivierung Fehlschlüsse über die Erfolgslage nahelegen können. Im übrigen sei auf die in Kapitel 4 angesprochenen Probleme des Realisationsprinzips verwiesen. Realisiert sind demnach Erträge am Absatzmarkt. Wann welche Aufwendungen realisiert sind, ist dagegen weitgehend unklar. Die Interpretation eines Bestandsaufbaus (zum Beispiel bei Absatzstockungen) als marktwirtschaftliche Leistung kann in die Irre führen.

Bedeutsame Unterschiede in der GuV ergeben sich bei Vollkosten- oder Teilkostenbewertung im übrigen nur, wenn die Lagerbestände stark schwanken oder die anderen aktivierten Eigenleistungen wesentlichen Umfang erreichen. Aufgrund des Gebots der Methodenstetigkeit und der Erläuterungspflichten zu den Bewertungsmethoden im Anhang kann der Bilanzleser zumindest erkennen, wie bewertet wurde und hat vergleichbare JA als Analysegrundlagen (beim Zeitvergleich). Die expliziten Wahlrechte des § 255 Absätze 2 und 3 HGB machen zudem jedem verständigen Bilanzadressaten deutlich, daß hier mehr oder weniger große Bewertungsspielräume bestehen. Eine Vorgabe von Vollkosten mit notwendigerweise fraglichen Schlüsseln würde eventuell eine Genauigkeit vorspiegeln (HK als Fixwert), die real nicht existiert. Des weiteren muß berücksichtigt werden, daß ein JA grundsätzlich nur sehr eingeschränkt tauglich ist, über die Vermögens- und Erfolgslage Auskunft zu geben.

3.3 Die Voraussetzungen für die Einbeziehung von Gemeinkosten

Das HGB knüpft an die Einbeziehung der FGK, MGK und des Werteverzehrs des AV die Bedingungen, daß sie

- angemessen,
- notwendig,
- durch die Fertigung veranlaßt sind
- und auf den Zeitraum der Herstellung entfallen (§ 255 Absatz 2 Sätze 3 und 5 HGB).

Nach herrschender Meinung bringen die ersten drei Kriterien das gleiche zum Ausdruck: die verrechneten Aufwendungen sollen zumindest mittelbar durch die Herstellung veranlaßt (verursacht) sein (im folgenden 'Angemessenheitsprinzip' genannt).

Das Merkmal der Begrenzung auf den Zeitraum der Herstellung gilt zudem für die allgemeinen Verwaltungskosten und die FK-Zinsen (§ 255 Absatz 2 Sätze 4 und 5 und Absatz 3 HGB). Das Angemessenheitsprinzip ist somit für die allgemeinen Verwaltungskosten nicht gesetzlich verankert. Der Grund dürfte darin zu sehen sein, daß diese Aufwendungen nur noch in einem sehr losen oder gar keinem Zusammenhang mit dem Herstellungsvorgang stehen, also nur willkürlich bestimmten VG zuzurechnen sind. Wenn eine Zuordnung aber nicht ohne Willkür möglich ist, so macht eine Begrenzung auf angemessene Bestandteile auch wenig Sinn.

Auch für die Einzelkosten fehlt eine gesetzliche Einschränkung auf angemessene Teile. Gleichwohl wird in der Literatur teilweise gefordert, nur 'normale' Einzelkosten einzubeziehen, um dem Vorsichtsprinzip Rechnung zu tragen. Überhöhte und unproduktive, weil nicht wertschaffende Kosten sollten demnach eliminiert werden. Dies wird zum Beispiel bei Löhnen für Facharbeiter angenommen, die unter ihrer Qualifikation liegende Tätigkeiten ausüben, oder bei im Vergleich zum normalen Beschaffungsmarkt überhöhten AK für RHB.

Während diese Interpretation nach altem Recht noch vertretbar war, findet sie im Wortlaut des § 255 HGB keine Stütze mehr. Es muß vielmehr davon ausgegangen werden, daß ein vernünftiger Kaufmann solche überhöhten Einzelkosten nur in Kauf nimmt, wenn er sich davon etwas verspricht, also dem hergestellten VG zumindest den Wert der (überhöhten) Einzelkosten beimißt, sonst würde er die Herstellung unterlassen. Stellt sich später heraus, daß der Kaufmann sich 'verkalkuliert' hat, so ist dem Vorsichtsprinzip durch A. Rechnung zu tragen. Ein Ansatz von fiktiven (= angemessenen) Einzelkosten würde weder dem Grundsatz der Erfolgsneutralität genügen noch dem Zweck einer möglichst einfachen, objektiven Rechnungslegung. Die Ermittlung der angemessenen Einzelkosten ist aufwendig und häufig kaum willkürfrei/eindeutig möglich. So können zum Beispiel relativ hohe AK für Rohstoffe einem durchaus vernünftigen Kalkül des Kaufmanns entsprechen, wenn damit zugleich Vorteile wie Termintreue, hohe Qualität der VG, kurzfristige Lieferfähigkeit etc. mitberücksichtigt werden. Auch im Rahmen der AK-Ermittlung der Rohstoffe ist eine Eliminierung überhöhter Kostenbestandteile dann nicht möglich oder gar gefordert. Gleiches gilt deshalb für die HK-Ermittlung der aus den Rohstoffen geschaffenen VG.

Demgegenüber hat das Angemessenheitsprinzip für die GK eine völlig andere Berechtigung: da diese nur mittels Schlüsselung den hergestellten VG zurechenbar sind, soll die Zurechnung dem Prinzip der Kostenverursachung Rechnung tragen. Nicht durch die Herstellung verursachte GK dürfen nicht aktiviert werden, um Überbewertungen zu verhindern. Es würde dem Vorsichts- und dem Realisationsprinzip widersprechen, wenn nicht durch die Herstellung bedingte Periodenaufwendungen in der GuV neutralisiert würden. Daraus folgt zunächst, daß außerordentliche und periodenfremde GK genausowenig zu den HK gehören wie betriebsfremde Aufwendungen (zum Beispiel Abschreibungen auf vermietete Wohnungen bei einem Industriebetrieb). Das Angemessenheitsprinzip erfordert deshalb, daß der echte Werteverzehr durch die Herstellung bestimmt wird. Am Beispiel der Abschreibungen auf die in der Fertigung eingesetzten Maschinen soll das Problem verdeutlicht werden.

Unstrittig ist zunächst, daß A. nur insoweit in die HK einzubeziehen sind, als sie pagatorischer Natur sind; rein kalkulatorische A. (zum Beispiel von gestiegenen Wiederbeschaffungskosten oder über die ursprünglichen Einstandswerte der Maschine hinaus) sind nicht aktivierbar. Genausowenig gehören die rein steuerlich zulässigen Sonderabschreibungen und erhöhten A. nach § 254 HGB zu den HK. Diese sind ex definitione über dem normalen Werteverzehr liegende Aufwendungen, die aus Subventionsgründen zulässig sind.

Einbeziehungsfähig sind demnach zunächst einmal die planmäßigen A., da von diesen angenommen wird, daß sie dem durch die Nutzung in der Periode bedingten Werteverzehr entsprechen. Dies ist zwar eine grobe Vereinfachung, aber eine Berechnung des tatsächlich durch die Herstellung verursachten Werteverzehrs ist prinzipiell unmöglich.

Schwieriger ist die Beurteilung, ob außerplanmäßige handelsrechtliche A. (zum Beispiel auf den niedrigeren Stichtagswert gemäß § 253 Absatz 2 Satz 3 HGB) zu den HK gehören oder nicht. Sind solche A. notwendig, weil die genutzte Maschine einem erhöhten Verschleiß unterlegen hat, weil sie besonders lang oder intensiv für die Fertigung genutzt wurde, so ist diese A. durch die Herstellung verursacht und damit einzubeziehen. Eine solche Verursachung kann man nicht mehr unterstellen, wenn die außerplanmäßige A.

- zu niedrige planmäßige Abschreibungen der Vergangenheit nachholt,
- einer technischen Entwertung der Maschine Rechnung trägt, die zum Beispiel durch eine technische Neuerung bedingt ist,
- aus finanzierungsbedingten (bilanzpolitischen) Gründen vorgenommen wird.

In diesen Fällen sollen die A. (zum Teil periodenfremd) in der GuV gewinnmindernd verrechnet werden. Erfolgt zugleich eine Aktivierung in den HK, so wird diese Gewinnminderung zumindest insoweit storniert, als die hergestellten VG am Stichtag noch zum Vermögen des Kaufmannes gehören. Der angestrebte Finanzierungseffekt wäre nur eingeschränkt erreichbar, eine Überbewertung der VG nicht ausgeschlossen.

Da die exakte Bestimmung der konkreten A.-Ursache aber häufig schwer bestimmbar sein dürfte, ist die praktische Abgrenzung von einbeziehungsfähigen und nichteinbeziehungsfähigen A. schwierig. Aus Vorsichtsgründen sollten deshalb außerplanmäßige A. nur einbezogen werden, wenn sie eindeutig durch die Herstellung der zu bewertenden VG verursacht sind.

Bei Einbeziehung der außerplanmäßigen A. ergibt sich in der Folgezeit ein Zusatzproblem: da insgesamt die handelsrechtlichen Abschreibungen auf die AK/HK begrenzt sind, werden in der Folgezeit geringere planmäßige A. zu verrechnen sein. Dieser Effekt tritt auch ein, wenn rein steuerliche A. (§ 254 HGB) vorgenommen wurden oder planmäßig degressiv abgeschrieben wurde. Dies hat zur Folge, daß in künftigen Perioden weniger A. in die HK eingerechnet werden können. Ordelheide (1992, Rn. 126) sieht hierin einen Verstoß gegen das Gebot der Stetigkeit der Bewertungsmethode (§ 252 Absatz 1 Nr. 6 HGB). Davon ist nicht auszugehen; die Bewertungsmethode heißt eben: die handelsrechtlichen A. werden zeitanteilig in die HK eingerechnet, selbst wenn sie systembedingt nicht konstant sind. Betriebswirtschaftlich ist diese Methode zwar nicht aussagefähig, aber deshalb ist sie handelsrechtlich noch nicht unzulässig. Zur Vermeidung dieser Konsequenz wäre es zweckmäßig, in die HK immer nur die handelsrechtlichen linearen A. einzubeziehen, selbst wenn die Maschine degressiv oder außerplanmäßig abgeschrieben wurde.

Steuerlich wird dagegen die Einrechnung der A. gefordert, die in der Steuerbilanz auf das AV vorgenommen wurden, selbst wenn es sich um Sonder-A. im Sinne von § 254 HGB handelt. Zulässig ist es aber auch, davon abweichend nur lineare A. zu verrechnen, wobei diese aber auch dann anzusetzen sind, wenn sie in Folgeperioden über den A. in der Steuerbilanz liegen.

Das Angemessenheitsprinzip erfordert eine weitere, schwierige Abgrenzung, wenn ein Unternehmen Überkapazitäten hat. Da Fixkosten ex definitione nicht beschäftigungsabhängig sind, haben die Kosten für die Bereithaltung nicht benötigter Kapazitäten keinen ursächlichen Zusammenhang mit der Herstellung der VG in der abgelaufenen Periode. Es wird deshalb gefordert, die Fixkosten in Nutzkosten und Leerkosten aufzuteilen, wobei die in der Periode erreichte Kapazitätsauslastung als Maßstab dienen soll. Die Nutzkosten, also zum Beispiel die A. auf in der Produktion eingesetzte Anlagen, haben noch einen ausreichenden Leistungsbezug (= sind angemessen), während die Leerkosten, also zum Beispiel die A. auf nicht in der Produktion eingesetzte Anlagen, keinerlei Leistungsbezug aufweisen. Zu beachten ist aber, daß für die Produktion notwendige Ersatzaggregate, auch wenn sie nicht eingesetzt, sondern nur als Puffer vorgehalten werden, Nutzkosten sein können. Dies trifft dann zu, wenn diese Kapazitäten erforderlich sind, um einen reibungslosen und termingerechten Produktionsprozeß zu gewährleisten.

Die genaue Bestimmung der Leerkosten setzt also voraus, daß

- die konkrete Auslastung einer Periode und
- die Soll-Auslastung der vorhandenen Kapazitäten

ermittelt werden.

Die Kosten der so bestimmten Leerkapazitäten sind nicht angemessen/ notwendig, also auch keine HK.

Ökonomisch sieht die Problemlösung möglicherweise anders aus (vgl. Ordelheide 1992, Rn. 95 ff.). Der Kaufmann mißt dem hergestellten VG zumindest den Wert zu, den er selbst für die Herstellung aufwenden muß.

a) Im Falle der Unterbeschäftigung sind das die variablen Kosten der Herstellung, die kurzfristig die Preisuntergrenze bilden. Eine zusätzliche Produktion lohnt sich auch dann, wenn die ohnehin anfallenden Fixkosten nicht berücksichtigt werden. Auf Dauer muß aber jedes Unternehmen neben den variablen auch die fixen Kosten mitkalkulieren, da sonst die Wettbewerbsfähigkeit nicht gewährleistet ist. Die Preisuntergrenze hängt damit auch vom Planungshorizont des Kaufmannes ab.

b) Liegt Vollbeschäftigung vor, so hat die knappe Kapazität selbst einen Preis. Ein rational handelnder Kaufmann hat dann nicht nur die variablen Kosten zu kalkulieren, sondern auch die Kosten einzubeziehen, die dadurch entstehen, daß er auf eine anderweitige Verwendung der Kapazitäten verzichtet. Diese Opportunitätskosten beinhalten den Gewinn, auf den verzichtet wird, weil auf die Herstellung des Alternativproduktes verzichtet wird.

Auf die handelsrechtliche HK-Bestimmung ist diese Überlegung nicht übertragbar. Im Fall b) würden entgangene Gewinne aktiviert, ein Verstoß gegen das Realisationsprinzip. Im Fall a) würden die HK vom subjektiven Planungshorizont des Bilanzierenden abhängen. Dies würde eine Ent-Objektivierung der Rechnungslegung bedeuten. Statt dessen wird die erreichte Auslastung der Kapazitäten mit einer Soll-Auslastung verglichen, für die unterschiedliche Vorschläge existieren:

1. Maximalauslastung (= technisch und intensitätsmäßig maximal mögliche Auslastung der Kapazitäten). Dieser Maßstab ist aus zwei Gründen problematisch. Zum einen ist eine solche Beschäftigung praktisch kaum zu realisieren, es fallen also immer Leerkosten an. Zum anderen ist diese Auslastung in der Regel nur für einzelne Aggregate bestimm- und erreichbar. Sind die Kapazitäten verschiedener Aggregate nicht ganz genau aufeinander abgestimmt, gibt es also Engpässe, wovon praktisch immer auszugehen ist, entstehen ebenfalls zwangsläufig Leerkosten.

2. Optimalauslastung liegt dann vor, wenn die erreichten Stückkosten am niedrigsten sind. Auch hier sind durch Disproportionen der Kapazitäten nahezu immer Leerkosten zu erwarten.

   In beiden Fällen werden fiktive Musterbetriebe zum Referenzmaßstab erhoben, mit der Folge, daß die so ermittelten HK so gut wie nie den 'subjektiven' Zugangswerten des Bilanzierenden entsprechen. Die Bewertung wäre zwar extrem vorsichtig, würde aber auch häufig zu nicht notwendigen stillen Reserven führen.

3. Auslastung des Betriebes, der im Unternehmen oder Konzern am kostengünstigsten arbeitet. Auch hier greift der Einwand, daß nicht die HK des bilanzierenden Unternehmens ermittelt werden, sondern die eines anderen Betriebes.

4. Normalauslastung ist die Beschäftigung, die ein Unternehmen erwartungsgemäß und auf Dauer realisieren kann. Diese Bezugsgröße hat den Vorteil, daß sie auf das konkrete Unternehmen bezogen ist und grundsätzlich zu realistischen Werten führt. Es ist aber nicht zu verkennen, daß eine genaue Fixierung der Normalbeschäftigung kaum möglich sein wird. Sind personelle und technische Kapazitäten disproportioniert, so fällt es schwer zu bestimmen, was 'normal' ist. Die Normalauslastung hängt außerdem von Branche, Konjunktur und Saisonschwankungen ab und ändert sich im Zeitablauf. Normalbeschäftigung ist deshalb höchstens als Intervall bestimmbar, wobei häufig gefordert wird, daß eine Mindestauslastung von 70% anzusetzen sei, ohne Leerkosten eliminieren zu müssen. Als Anhaltspunkt mag dies durchaus zweckmäßig sein. Bei bestimmten Branchen (Stahlindustrie, Werften etc.) könnte dies aber zu Härten führen: es ergäben sich hohe Leerkapazitäten, die in der GuV voll aufwandswirksam werden. Eine Aktivierung käme andererseits einer Bilanzierungs-(genauer: Bewertungs-) hilfe gleich, ohne die sonst übliche Ausschüttungssperre. Ein Verstoß gegen das Vorsichtsprinzip wäre nicht ausgeschlossen.
   Aus Wirtschaftlichkeitsgründen sind aber nur kurzfristige, unwesentliche oder saisonbedingt typische Leerkapazitäten unbeachtlich.

Die Begrenzung der einrechenbaren GK auf den Zeitraum der Herstellung ist grundsätzlich begrüßenswert, da hierdurch eine Bindung an die tatsächlichen Aufwendungen für die Herstellung erreicht wird. Die Wirkung dieser Begrenzung hängt aber davon ab, daß Beginn und Ende des Herstellungsvorganges einigermaßen präzise festzulegen sind. Im HGB werden von der Unternehmenstätigkeit nur die Herstellung und der Vertrieb erfaßt. Der Begriff 'Herstellung' deckt sich dabei nicht mit dem der (technischen) Fertigung. Teilt man die Funktionen eines Unternehmens weiter auf, so lassen sich zumindest folgende Phasen unterscheiden:

- Beschaffung,
- Entwicklung,
- Fertigung,
- Vertrieb.

Die Kosten der allgemeinen Verwaltung laufen in der Regel parallel während der genannten Phasen auf.

Wie bei den AK, ist unstrittig, daß HK teilweise auch vor oder nach der eigentlichen Leistungserstellung anfallen können. Grundsätzlich ist zu den angesprochenen Phasen zu sagen:

1. Der Beschaffungsbereich ist zum Teil so eng mit der Fertigung verknüpft, daß eine Aktivierung der Kosten zweckmäßig ist (zum Beispiel Kosten der Warenannahme, der Qualitätskontrolle und Einlagerung). Dies ist immer dann anzunehmen, wenn die beschafften Materialien bereits durch externe Aufträge oder interne Vorgaben disponiert sind. Sie gehören dann zu den MGK. Steuerlich werden sie dagegen den allgemeinen Verwaltungskosten zugeordnet. Das hat zur Folge, daß sie nicht aktivierungspflichtig sind (R 34 Absatz 5 EStR 1993).
   Allerdings ist nicht jede Beschaffung automatisch als (erste) Handlung der Herstellung anzusehen, zum Beispiel wenn Rohstoffe ohne konkreten Verwendungszweck eingekauft werden. MGK, die nicht in der Periode des Anfalls als HK in VG eingerechnet werden können, dürfen auch nicht in späteren Perioden, wenn die Materialien zu VG verarbeitet wurden, aktiviert werden. Genauso gehören Lagerkosten bei untypisch langen Lagerzeiten nicht zu den HK, da sie nicht dem Angemessenheitsprinzip genügen. Andere Kosten des Beschaffungsbereiches, zum Beispiel für Lieferantenpflege, Schulungen, Informationskosten vor den Beschaffungen etc., gehören nicht zu den MGK, sondern den Kosten der allgemeinen Verwaltung.

2. Bei den Kosten des Entwicklungsbereiches hängt die Einbeziehungsfähigkeit oder -pflicht davon ab, ob ein unmittelbarer/mittelbarer Produktbezug vorliegt. Für Kosten der Grundlagenforschung und Neuentwicklung trifft dies nicht zu, sie sind grundsätzlich nicht in die HK einzurechnen. Die Entwicklungskosten für die ständige Verbesserung der laufenden Produktion können dagegen zu den FGK gehören, wenn die Produktverbesserungen bereits bei den am Stichtag vorhandenen Beständen wirksam wurden. Gehen diese erst in Produkte der Folgeperiode/n ein, so scheidet eine Aktivierung aus.
   Fallen Entwicklungskosten für konkrete Aufträge oder Projekte an, so können diese Sondereinzelkosten oder Sonder-GK der Fertigung darstellen. So gehören Kosten für Baupläne, Baugenehmigungen etc. zu den HK eines Gebäudes, wenn das Gebäude in der Folge tatsächlich erbaut wird. Wird dagegen letztlich ein anderes Gebäude errichtet, für das neue Pläne etc. notwendig wurden, so fehlt der erforderliche Produktbezug, es liegen keine HK vor.

3. Der Zeitraum der Fertigung ist häufig problemlos abzugrenzen. Der Beginn liegt im Zeitpunkt der Produktionsaufnahme. Die Kosten der Einrichtung oder Umrüstung der Maschinen gehören bereits zu den FGK. Das Ende des Fertigungsprozesses ist erreicht, wenn die erstellten VG Absatzreife erlangt haben oder die erstmalige Betriebsbereitschaft bei selbsterstellten AV vorliegt. Danach anfallende Kosten gehören zum Vertriebsbereich, sie sind nicht aktivierbar.
   Wird die Fertigung unterbrochen, so hängt es von der Ursache der Unterbrechung ab, ob die Kosten der Produktionspause zu den HK gehören. Ist der Stillstand produktionsbedingt, zum Beispiel für notwendige Umrüstungen von Anlagen oder (geplante) Winterpausen im Baugewerbe, so können die Kosten zu den HK gehören. Anderweitige Unterbrechungskosten, zum Beispiel durch Streik, Maschinenschaden, Personalausfall etc., gehören nicht zu den HK.

4. Für Vertriebskosten bestimmt § 255 Absatz 2 Satz 6 HGB ein uneingeschränktes Einbeziehungsverbot, unabhängig, ob es sich um Einzel- oder GK handelt. Nach altem Recht galten die Sondereinzelkosten des Vertriebs dagegen als einbeziehungsfähig. Obwohl die Regelung eindeutig aussieht, verbergen sich einige bedeutsame Interpretationsprobleme hinter dem Wortlaut. Als Vertriebskosten sind ganz allgemein alle Kosten anzusehen, die zur Überbrückung der räumlichen, zeitlichen und informellen Distanz zwischen Angebot und Nachfrage anfallen. Das sind bei auftragsloser Massenfertigung unstrittig die Transportkosten zu Fertigwarenlagern oder Verkaufsstellen, Kosten der Lager für die Fertigerzeugnisse, Personal- und Mietkosten für den Vertriebsbereich etc. Praktisch schwierig ist oft die Abgrenzung zu den allgemeinen Verwaltungskosten, die wahlweise aktivierbar sind. Aus den allgemeinen Verwaltungskosten sind zum einen die Kosten herauszunehmen, die auf die Vertriebsfunktion entfallen und nicht in den Vertriebskostenstellen anfallen. Das betrifft beispielsweise Kosten der Geschäftsführung oder des Rechnungswesens (Berechnung und Buchung von Umsatzprovisionen). Zum anderen können in Vertriebskostenstellen Aufgaben wahrgenommen werden, die handelsrechtlich als allgemeine Verwaltung anzusehen sind, insbesondere bei dezentral organisierten Unternehmen.
   Die Diskussion über die Behandlung von Verpackungskosten macht deutlich, daß auch die Abgrenzung des Vertriebs- vom Fertigungsbereich schwierig sein kann. Nach herrschender Meinung sind die sogenannten 'inneren Verpackungskosten' der Herstellung zuzuordnen. Innere Verpak-

kungskosten liegen vor, wenn die Art des Produktes eine Umschließung erfordert, um Absatzreife zu erlangen. So muß Zahnpasta in Tuben verpackt, Champagner in Flaschen gefüllt werden etc.

Ein vieldiskutiertes Problem tritt bei Auftragsfertigung auf, insbesondere im Bereich des (langfristigen) Anlagenbaus. Hier liegen die Akquisitionskosten zeitlich vor der Fertigung, zum Beispiel die Kosten für Konstruktionszeichnungen, Reisen, Stücklisten, Provisionen etc. Wird für den Auftrag der Zuschlag erteilt, so könnte man diese Kosten zum Teil auch als Kosten der Fertigungsvorbereitung interpretieren. Sie wären dann als Sondereinzelkosten der Fertigung sogar aktivierungspflichtig. Wären die gleichen Kosten für eine Anlage angefallen, die für eigene Zwecke genutzt werden soll, so lägen auch unstrittig HK vor. Andererseits handelt es sich eindeutig um Vertriebskosten im oben genannten Sinne, mit der Folge, daß eine Aktivierung unzulässig ist. Wegen der beachtlichen Größenordnung dieser Beträge kann diese Regelung für Anlagenbauer eine große Belastung darstellen, insbesondere bei schlechter Auftragslage und langen Fertigungszeiten.

Die Begründung für ein Aktivierungsverbot wird regelmäßig im Vorsichtsprinzip gesehen: diese Kosten sind nur von zweifelhafter Werthaltigkeit, eine Aktivierung verstößt gegen das Realisationsprinzip. Obwohl dies nicht immer eine realistische Annahme ist, muß meines Erachtens akzeptiert werden: Der (relativ) eindeutige Wortlaut und die Tatsache, daß der Gesetzgeber in Kenntnis des Problems ein allgemeines Aktivierungsverbot kodifiziert hat, lassen eine Umdeutung und Aushöhlung der Regelung kaum zu. Dem kann auch nicht der Grundsatz der Erfolgsneutralität entgegengehalten werden, da dieser für die HK sowieso nur eingeschränkt greift. Interessant ist in diesem Zusammenhang, daß die englischsprachige Fassung der 4. EG-Richtlinie von 'distribution costs', also Verteilungskosten, spricht. Sondereinzelkosten des Vertriebs könnten deshalb durchaus aktivierungsfähige oder -pflichtige HK sein.

Bei langfristiger Auftragsfertigung kann aber sogar die Eliminierung von solchen Verteilungskosten problematisch werden. Wird ein Gesamtauftrag für die Lieferung einer Großanlage erteilt – er besteht aus der Herstellung und Lieferung von Teilen, Montage, Service- und Betreuungsleistungen -, so kann man mit guten Gründen argumentieren, daß die Transportkosten für die Teile zum Abnehmer für die Montage erforderlich sind. Sie wären analog den innerbetrieblichen Transportkosten für Zwischenprodukte aktivierungspflichtige Fertigungseinzelkosten. Eine Aussonderung der Vertriebskosten aus den Gesamtkosten dürfte in einem solchen, durchaus typischen, Fall fast nur willkürlich möglich sein.

5. Als allgemeine Verwaltungskosten sind alle Kosten anzusehen, die keinem der bisher aufgeführten Bereiche zuzuordnen sind. Da die Kostenstellen in Unternehmen häufig abweichend von dieser Terminologie gebildet werden, kann dieser Posten nicht unbesehen aus der KoRe übernommen werden. So gehören A. für Gebäudeteile, in denen der Vertrieb untergebracht ist, zu den Vertriebskosten und die Kosten für den Nachtwächter, der die Rohstofflager bewacht, zu den MGK. Strenggenommen wären sogar die Kosten der Buchhaltung aufzuteilen: die Lohnabrechnung für Akkordarbeiter gehört zum Fertigungsbereich, die Lagerbuchführung zum Materialbereich, die Provisionsabrechnung für Vertreter zum Vertrieb. Aus Vereinfachungsgründen und um Zuordnungswillkür zu vermeiden, werden solche Aufschlüsselungen aber häufig unterbleiben können. Vor dem Hintergrund der Bandbreite einbeziehungsfähiger GK wird dies in der Regel eine unwesentliche Ungenauigkeit sein.

3.4 Zur Problematik der nachträglichen Herstellungskosten

Als Herstellungsvorgänge im Sinne von § 255 Absatz 2 HGB sind nicht nur die Erstellung völlig neuer VG anzusehen, sondern auch

a) Erweiterungen und
b) wesentliche Verbesserungen über den ursprünglichen Zustand hinaus bei bereits vorhandenen VG (= nachträgliche HK).

Solche Herstellungsvorgänge sind abzugrenzen von schlichten Erhaltungsaufwendungen, die sofort voll ergebniswirksam werden. Demgegenüber sollen nachträgliche HK, da sie – analog der Neuerstellung von VG – einen Nutzungsvorrat für mehrere Perioden schaffen, auch über diese Perioden verteilt aufwandswirksam werden in Form von A. Solche nachträglichen Kosten können nicht nur bei ursprünglich selbsterstellten VG anfallen, sondern auch bei fremdgekauften, die zu AK bewertet sind. In diesem Fall können aber nur HK vorliegen, wenn der Anschaffungsvorgang bereits abgeschlossen ist (Betriebsbereitschaft oder Absatzreife lag vor). Ansonsten wäre zu prüfen, inwieweit ANK (siehe oben) vorliegen.

Als Erweiterung eines vorhandenen VG sind Substanzmehrungen anzusehen, zum Beispiel der Anbau eines Balkons oder der Ausbau eines Dachgeschosses, das Einsetzen von Trennwänden etc. Solche Maßnahmen führen häufig zu einer veränderten Einsatzmöglichkeit des VG, sind also von der Fallgruppe b) schwer zu trennen. Das ist aufgrund der Aktivierungspflicht in beiden Fällen aber auch unerheblich.

Wesentlich wichtiger ist dagegen die Abgrenzung der Erweiterungen von folgenden Sachverhalten:

- Es entsteht durch die Maßnahme neben dem alten zusätzlich ein neuer VG; dies liegt zum Beispiel vor, wenn in ein Gebäude ohne Fahrstuhl ein Lastenaufzug eingebaut wird. Wird eine Maschine verändert, zum Beispiel durch Anbau eines Transportbandes oder einer Absauganlage, so stellt sich die Frage, ob diese Bestandteile eine Erweiterung des vorhandenen VG darstellen oder selbständig zu erfassende zusätzliche VG. Im zweiten Fall läge keine Erweiterung vor, die neuen VG müßten selbständig aktiviert und planmäßig abgeschrieben werden. Die ND der neuen VG wären dann unabhängig von der ND der Maschine festzulegen. Ist dagegen Erweiterung anzunehmen, so teilt diese Investition das (Abschreibungs-) Schicksal der ursprünglichen Anlage. Eine Änderung der ND wäre dann für die erweiterte Anlage möglich, aber nicht zwingend. Es läge dann ggf. eine Methodenänderung gemäß § 252 Absatz 1 Nr. 6 HGB vor, über die im Anhang zu berichten wäre.

- Der vorhandene VG geht unter, und an seine Stelle tritt ein neuer VG. Das wäre zum Beispiel anzunehmen, wenn ein Transportschiff in einen Ausflugsdampfer umgebaut wird oder aus einer Lagerhalle ein Verkaufsraum wird. Damit verliert der alte VG seine Eigenständigkeit und geht als Materialkostenanteil in die HK des neuen VG ein.
  Als Indikatoren für neue VG können gelten: geänderte Verwendungszwecke, ein wesentlich verändertes Erscheinungsbild, erhebliche ND-Verlängerung, geringer Anteil des Wertes des alten VG an den gesamten HK. Solche Merkmale begründen aber nur widerlegbare Vermutungen für neue VG.
  Steuerlich gilt als Neuerstellung eines VG zum Beispiel, wenn der Teilwert dies alten VG 20% der gesamten HK nicht überschreitet. Steuerlich hat dies Bedeutung für einen Antrag auf Investitionszulagen für neue Güter und für die Ermittlung der ND. Handelsrechtlich ergeben sich darüber hinaus wesentliche Folgen für die Darstellung im Anlagegitter nach § 268 Absatz 2

HGB, da bei Annahme eines Unterganges des alten VG ein Abgang zu ursprünglichen AK/HK zu zeigen wäre und der neue VG als Zugang, für den ein neuer Abschreibungsplan zu erstellen ist.

Maßnahmen zur wesentlichen Verbesserung eines VG führen häufig zu dem bereits angesprochenen Problem der Abgrenzung von Erhaltungsaufwendungen. Dabei kann es nicht nur um Verbesserungen gegenüber dem ursprünglichen Zustand gehen, wie zum Teil angenommen wird, sondern auch gegenüber dem Zustand vor der Maßnahme. Selbstverständlich ändert auch schlichter Erhaltungsaufwand den Zustand des VG, aber eine Verbesserung über die ursprüngliche Leistungsfähigkeit hinaus ist meines Erachtens gleichwohl nicht vorauszusetzen. So können bei einem Auto nach zehn Jahren sämtliche Verschleißteile ersetzt werden und technisch nahezu ein neues Auto entstehen, ohne daß eine Verbesserung über den Zustand beim Ersterwerb vorliegt. Eine Nichtaktivierung und Neufestlegung der ND wäre kaum vertretbar.

Im Regelfall sind aber Austauschteile bei Sachanlagen technisch verbessert, so daß der ursprüngliche Zustand nicht erreicht wird, sondern eine Änderung vorliegt. Es hängt dann von der Qualität der Änderung ab, ob Erhaltung oder Herstellung anzunehmen ist. Normale Modernisierungsmaßnahmen führen dabei nicht zu HK, sie sind als Anpassungen an technisch gehobene Standards oder veränderte Einschätzungen des üblichen Lebensbedarfs voll aufwandswirksame Erhaltungsmaßnahmen. Dies ist zum Beispiel anzunehmen, wenn der Bedienungskomfort einer Anlage verbessert oder Anpassungen an Sicherheitsvorschriften im Zuge von Wartungs- und Reparaturarbeiten vorgenommen werden. Auch der Austausch von einfach verglasten Fenstern gegen solche mit Isolierverglasung in einem Mietshaus ist deshalb als Erhaltung anzusehen. Da auch Erhaltungsmaßnahmen die ND ändern können, taugt das Merkmal der Verlängerung der ND zur Abgrenzung nur bedingt.

Wesentliche Verlängerungen können aber durchaus Indiz für Verbesserungen sein. Entscheidend ist, daß der VG nicht mehr nur die ursprüngliche Nutzung abgeben kann, sondern der Nutzungsvorrat wesentlich verändert wird.

Schwierigkeiten macht die Einordnung von Aufwendungen, die normalerweise als Erhaltung zu qualifizieren sind, aber in zeitlichem und/oder sachlichem Zusammenhang mit HK-Vorgängen anfallen. Dabei müssen meines Erachtens die oben genannten Grundsätze weiterhin gelten, d.h. ein nur zeitlicher Zusammenhang macht Erhaltungsaufwand nicht zu HK. Wird die übliche Wartung einer Maschine gleich genutzt, um eine neue Betriebsvorrichtung (= Herstellung) anzubringen, so sind die Aufwendungen entsprechend aufzuteilen. Fallen dagegen Aufwendungen, die üblicherweise Erhaltungsaufwand sind, aufgrund von Herstellungsmaßnahmen an, so gehören sie zu den HK. Das trifft zum Beispiel zu, wenn ein Gebäude derart umgebaut wird, daß eine Herstellung anzunehmen ist, und in der Folge Tapezier- und Malerarbeiten notwendig werden, die ohne die Umbaumaßnahmen nur Erhaltungsaufwand wären.

Da die Bestimmungen des § 255 HGB auch steuerlich maßgeblich sind, müssen die in R 157 EStR 1993 fixierten Abgrenzungen zwischen HK und laufendem Aufwand daraufhin überprüft werden, ob sie mit dem HGB vereinbar sind. Im wesentlichen dürfte dies anzunehmen sein, im Detail sind Änderungen notwendig.

3.5 Zur Übereinstimmung des Handelsgesetzbuches mit der 4. EG-Richtlinie

In Artikel 35 Absatz 3 der 4. EG-Richtlinie werden die HK wie folgt definiert:

„a) Zu den Herstellungskosten gehören neben den Anschaffungskosten der Roh-, Hilfs- und Betriebsstoffe die dem einzelnen Erzeugnis unmittelbar zurechenbaren Kosten.

b) Den Herstellungskosten dürfen angemessene Teile der dem einzelnen Erzeugnis nur mittelbar zurechenbaren Kosten, welche auf den Zeitraum der Herstellung entfallen, hinzugerechnet werden."

Offenbar weicht der Wortlaut des § 255 Absatz 2 HGB deutlich von der bindenden EG-Vorgabe ab. Ob damit auch materielle Verstöße gegen EG-Recht vorliegen, soll nun kurz untersucht werden.

Auffällig ist zunächst, daß die Wertuntergrenze der EG-Richtlinie den Ansatz der AK für die RHB und die übrigen direkt zurechenbaren Kosten umfaßt. Demnach sind die AK für die RHB auch einzubeziehen, wenn sie keine Einzelkosten sind. Gemäß § 255 Absatz 2 HGB sind dagegen nur die Einzelkosten aktivierungspflichtig. Dies führte dazu, daß die herrschende Meinung zum Beispiel die Betriebskosten als typische GK nach deutschem Recht nur als aktivierungsfähig ansieht. Insofern liegt tatsächlich ein Verstoß gegen die Richtlinie vor. Dieser verliert aber an praktischer Bedeutung, wenn man die oben behandelten 'unechten' GK als aktivierungspflichtig ansieht. Roh- und Hilfsstoff-Kosten und zumindest ein Teil der Betriebskosten stellen in der Regel prinzipiell erfaßbare Einzelkosten dar. Sie wären demnach, unabhängig von der tatsächlichen Erfassung und Verrechnung als Einzelkosten, aktivierungspflichtig. Da diese Behandlung der unechten GK in der Literatur aber durchaus umstritten ist und Hilfs- und Betriebsstoffe auch echte GK sein können, ist eine Diskrepanz zwischen HGB und EG-Recht festzustellen.

Da in der 4. EG-Richtlinie auf die AK für die RHB abgestellt wird, kann sich aber eine zusätzliche Schwierigkeit ergeben, wenn diese Materialien zwischenzeitlich abgeschrieben wurden (zum Beispiel auf einen niedrigeren Stichtagswert; § 253 Absatz 3 HGB). Erfolgt eine solche A. nicht aus bilanzpolitischen Gründen, sondern aufgrund zwingender Regelungen, so würde es meines Erachtens dem Realisationsprinzip widersprechen, wenn die über dem Buchwert liegenden AK der Materialien als HK aktiviert werden. Der A.-Aufwand des Vorjahres würde im GJ neutralisiert.

Fraglich ist des weiteren, ob die konkreten AK aus den Bestandskonten relevant sind oder auch eine abweichende Ermittlung für die HK-Bestimmung zulässig ist. Diskrepanzen können zum Beispiel auftreten, wenn Rohstoffe nach der Lifo-Methode in der Bilanz bewertet sind und für die HK der gewogene Durchschnittswert angesetzt werden soll. In beiden Fällen handelt es sich um (geschätzte) AK der Rohstoffe.

Hartung (vgl. 1992, S. 34 ff.) geht davon aus, daß die HGB-Regelung noch in einem weiteren Punkt EG-widrig sei: das Einbeziehungswahlrecht der allgemeinen Verwaltungskosten führe dazu, daß die Obergrenze der HK nach HGB zu hoch sei. Als Gründe führt er an:

- Die allgemeinen Verwaltungskosten genügen nicht dem Kriterium, 'auf den Zeitraum der Herstellung [zu] entfallen'. Dieses Argument ist meines Erachtens nicht stichhaltig, da eine zeitliche Zuordnung (keine kausale oder finale) sicher möglich ist.
- Die allgemeinen Verwaltungskosten müssen trennscharf in Beschaffungs-, Herstellungs-, Forschungs-, Vertriebsaktivitäten etc. aufteilbar sein. Ohne eine solche Abgrenzung können zum Beispiel Forschungs- und Vertriebskosten aktiviert werden. In England scheint eine solche Aufgliederung der Verwaltungskosten zu den Rechnungslegungsstandards zu gehören, wobei nur die produktionsbezogenen Bestandteile aktivierbar sind. Im Grundsatz dürfte die Ausgrenzung von anteiligen Vertriebs-, Beschaffungskosten oder neutraler Kostenbestandteile auch in Deutschland dem HGB entsprechen. Das Verbot der Aktivierung von Vertriebskosten macht nur Sinn, wenn auch die Vertriebs-GK eliminiert werden, die innerhalb der konkreten KoRe eines Unternehmens als allgemeine Verwaltungskosten ausgewiesen sind. Im

übrigen ist dem Wortlaut der 4. EG-Richtlinie keine Begrenzung auf Kosten der Herstellung oder Fertigung zu entnehmen.

- Allgemeine Verwaltungskosten sind höchstens final den einzelnen VG zurechenbar und dies nur mittels mehr oder weniger willkürlicher Schlüsselung. Da dies den Grundsätzen einer objektiven Rechnungslegung widerspricht, liegt ein Verstoß gegen die Richtlinie vor. Außerdem ist die Einhaltung des Realisations- und des Vorsichtsprinzips nicht gewährleistet.

Ob diese Argumente tragfähig sind, hängt von der Interpretation der genannten GoB ab: der EG-Richtlinie ist meines Erachtens aber genausowenig eine eindeutige Konzeption der Kostenverursachung zu entnehmen wie dem HGB. Insofern ist ein Verstoß gegen die Richtlinie nicht anzunehmen.

Auch das Problem der Schlüsselung kann einen solchen nicht begründen: Willkür ist auch in Kauf zu nehmen bei der Zurechnung von fixen Fertigungskosten oder fixen Material- und Betriebskosten. Die 4. EG-Richtlinie läßt die Einbeziehung dieser Bestandteile unstrittig zu. Der Grundsatz der willkürfreien, objektiven Rechenschaft ist nur eingeschränkt einzuhalten. Auch wenn durch die zusätzliche Schlüsselung allgemeiner Verwaltungskosten die Objektivität der Rechnungslegung sicher nicht verbessert wird, verstößt dies noch nicht gegen EG-Recht.

3.6 Probleme der Maßgeblichkeit

Bekanntlich verlangt der Grundsatz der Maßgeblichkeit (§ 5 Absatz 1 Satz 1 EStG), daß in die Steuerbilanz die handelsrechtlichen Bilanzposten zu übernehmen sind, wenn sie

- den GoB entsprechen und
- kein steuerlicher Bewertungsvorbehalt existiert.

Im EStG selbst findet sich keine explizite Definition der Begriffes HK, sondern R 33 EStR enthält die derzeit praktisch zwingende Regelung zur steuerlichen HK-Ermittlung.

In letzter Zeit mehren sich die Stimmen, daß diese steuerliche Handhabung nach der Novellierung des HGB nicht mehr zulässig sei, da eine schlichte Verwaltungsanweisung (selbst wenn sie die höchstrichterliche Rechtsprechung wiedergibt) keinen steuerlichen Bewertungsvorbehalt darstellt, die HGB-Regelung müßte auch zwingend steuerlich gelten. Das hätte die bedeutsame Konsequenz, daß auch steuerlich nur noch die Einzelkosten die Wertuntergrenze bilden würden. Im übrigen wird darauf verwiesen, daß es Aufgabe des (Steuer-) Gesetzgebers ist, dies zu ändern, wenn er eine anteilige GK-Aktivierung wünscht.

Zum Teil wird argumentiert, die Maßgeblichkeit käme für die HK-Ermittlung nicht zur Anwendung, da der Maßgeblichkeitsgrundsatz sich nur auf den Bilanzansatz (dem Grunde nach) und nicht auf die Bewertung (der Höhe nach) beziehe. Da diese Ansicht nicht (mehr) mit dem geltenden Recht und der herrschenden Meinung übereinstimmt, kann die derzeitige Praxis der Finanzverwaltung damit nicht gerechtfertigt werden (vgl. Kapitel 2).

Eine andere Gruppe von Autoren will den Beschluß des Großen Senats des BFH aus 1969 zur Anwendung bringen, der handelsrechtliche Bilanzierungswahlrechte in steuerliche Bilanzierungspflichten umdeutete. Dies ist aus mehreren Gründen nicht tragfähig. Zunächst einmal ist festzustellen, daß auch der BFH Rechtsanwender ist und keine steuerlichen Vorbehalte setzen kann. Entscheidender ist aber, daß Fragen der Bilanzierung und Bewertung nicht sauber getrennt werden. Die Ermittlung der HK ist eindeutig ein Bewertungsproblem und auch nur mit den dafür einschlägigen Rechtsnormen geregelt. Anderenfalls ergäbe sich ein Widerspruch zwischen den EStR und dem BFH-Beschluß. Die Richtlinien sehen, im wesentlichen in Übereinstimmung mit der HGB-Bestimmung, ein Einbeziehungswahlrecht für Verwaltungskosten, Kosten der betrieblichen Altersversorgung etc. vor. Werden handelsrechtliche Bewertungswahlrechte als Bewertungspflichten angesehen, so müßten auch diese Kosten steuerlich zwingend aktiviert werden. Dies wäre nur zu verhindern, wenn man die Ansicht vertritt, daß die HGB-Regelung (§ 255 Absatz 2 Satz 4) nicht den GoB entspricht und deshalb Maßgeblichkeit nicht gilt. Dieses Argument ist zwar nicht leicht von der Hand zu weisen, müßte dann aber konsequenterweise zu einem steuerlichen Aktivierungsverbot führen. Die derzeit gültige EStR müßten in beiden Fällen (Aktivierungspflicht oder -verbot) geändert werden.

Mit dem Verweis, die HGB-Regelung des § 255 Absatz 2 HGB entspreche nicht den GoB, wird die Ansicht vertreten, daß für die Ermittlung der HK die handelsrechtlichen Einbeziehungswahlrechte für MGK und FGK sowie den Werteverzehr des AV steuerlich unbeachtlich sind. Nach dieser Auslegung entsprechen die EStR den GoB, und das HGB-Wahlrecht ist ein ausdrücklich für die HB erlaubter Verstoß gegen diese GoB.

Konkret heißt das: aufgrund des Realisationsprinzips sollen die Aufwendungen für die Herstellung eines VG erst im Jahre der Veräußerung desselben (oder der Abnutzung bei AV) ergebniswirksam werden. Da auch die (fixen) GK für die Herstellung erforderlich sind, sind sie deshalb aktivierungspflichtig.

Diese Begründung ist nicht ohne weiteres stichhaltig. Zunächst ist durchaus umstritten, ob der Verweis auf die GoB in § 5 Absatz 1 Satz 1 EStG tatsächlich die GoB meint oder ob auf die HGB-Bestimmungen abgezielt wird. Es wurde früher durchaus unterstellt, daß HGB-Normen automatisch GoB seien. Selbst wenn man diese Sichtweise ablehnt, meines Erachtens durchaus zutreffenderweise (vgl. Kapitel 3), so bedarf es doch eines Nachweises, daß die GK gemäß GoB zu den HK gehören. Legt man dabei zugrunde, was historisch als GoB in diesem Bereich gilt, wird man kaum zu einer Aktivierungspflicht gelangen (induktiv). Stellt man mehr auf den Normenkontext ab und fragt nach dem Sinn und Zweck der Regelung, mag dies anders aussehen.

Nachdem stille Reserven im Bilanzrecht nunmehr weitgehend als schädlich (auch für Gläubiger) eingestuft werden, könnte eine deduktive Argumentation tatsächlich zu einem Ansatz von Vollkosten führen. Zwingend ist dies aber nicht: die handelsrechtliche Regelung mit ihrem umfassenden Wahlrecht kann man auch als Ausfluß fehlender eindeutiger GoB verstehen. Da in Literatur und Praxis keine eindeutigen Abgrenzungen und kein einheitliches Konzept der Kostenverursachung gegeben ist, hat auch der Gesetzgeber im HGB davon Abstand genommen, diesbezüglich GoB (neu) festzulegen.

Vertritt man allerdings die Ansicht, daß der Gesetzgeber in § 255 Absatz 2 im 2. Satz eine allgemeine Definition der HK als Material-, Fertigungs- und Sonderkosten (und zwar Einzel- **und** GK umfassend) gegeben hat (siehe oben), so wäre der steuerliche HK-Begriff in § 6 EStG damit inhaltlich gleich festgelegt. Die weitere Einführung der Wahlrechte im 3. Satz wäre eine steuerlich unbeachtliche Einschränkung. Der GoB-Verweis in § 5 Absatz 1 Satz 1 EStG würde sich auch auf das geltende Handelsrecht beziehen (ohne das Wahlrecht zu übernehmen), R 33 EStR wäre eine schlichte Interpretation des in Handels- und Steuerrecht einheitlichen HK-Begriffs.

Insbesondere Moxter (vgl. 1988, S. 942 ff.) kommt aufgrund der historischen Entwicklung des HGB zu dem Ergebnis, daß die EStR durch den § 255 Absatz 2 HGB nicht an Bestandskraft einbüßen. Dazu verweist er zum einen auf die Vorgabe bei der Transformation der 4. EG-Richtlinie, die steuerneutral umgesetzt werden sollte. Nach einigen Änderungen im Laufe des Gesetzgebungsverfahrens wurde § 255 Absätze 2 und 3 HGB im nun vorliegenden

Wortlaut Gesetz. Er lehnt sich erkennbar an den Wortlaut der EStR an. Moxter geht deshalb davon aus, daß der Gesetzgeber das HGB in Kenntnis der EStR mit Absicht so abgefaßt hat, daß eine Weiterführung der steuerlichen Handhabung möglich ist.

Selbst wenn dies dem subjektiven Willen des deutschen Gesetzgebers entspricht, ist diese Begründung meines Erachtens nicht haltbar. Entscheidend für die Auslegung muß nämlich sein, was in der 4. EG-Richtlinie vom Gesetzgeber eindeutig festgelegt ist: Wertuntergrenze sind die Einzelkosten. Wenn dies aufgrund von § 5 Absatz 1 EStG zu steuerlichen Konsequenzen führt, die unerwünscht sind, muß der Gesetzgeber dies unterbinden. Hierzu müßte und dürfte aber keinesfalls das HGB geändert werden, sondern Steuergesetze (zum Beispiel durch Definition eines steuerlich verbindlichen HK-Begriffes). Soweit Steuergesetze auf Handelsrecht zurückgreifen, können steuerlich unbeabsichtigte Nebenwirkungen nicht durch Umdeutungen des HGB verändert werden.

Aus dem gleichen Grunde taugt auch der vom BFH des öfteren verwendete Rückgriff auf die Gleichmäßigkeit der Besteuerung nicht, die eine Einbeziehungspflicht von GK erfordere. Ist eine gerechte Besteuerung wegen handelsrechtlicher Wahlrechte gefährdet, so ist mit einer Anpassung von Steuergesetzen (steuerliche Vorbehalte) entgegenzuwirken. Diesen Weg hat der Gesetzgeber auch des öfteren beschritten, wie die Vielzahl steuerlicher Vorbehalte zeigt.

Verschiedentlich wurde die Ansicht geäußert, daß ein Vollkostenansatz auch handelsrechtlich notwendig ist, um der Generalnorm des § 264 Absatz 2 Satz 1 HGB zu genügen: eine Bewertung zu Einzelkosten würde zu einer unzutreffenden Darstellung der Vermögens- und Ertragslage führen. Dies könnte allerdings heißen, daß der HK-Begriff für KapGes einen anderen Umfang hat als für Nicht-KapGes, obwohl er systematisch im allgemeinen Teil des HGB angesiedelt ist. Da die tatsächliche Lage zudem unter Beachtung der GoB darzustellen ist, müßte das Wahlrecht in § 255 Absatz 2 HGB als GoB-widrig qualifiziert werden. Schließlich ist auf die herrschende Meinung zu § 264 Absatz 2 HGB zu verweisen: die freie Ausübung ausdrücklicher gesetzlicher Wahlrechte soll durch die Generalnorm nicht eingeschränkt werden. Zur Vermittlung des Einblicks in die tatsächliche Lage genügt es im Regelfall, die Einzelnormen des HGB anzuwenden, was insbesondere auch bedeutet, daß im Anhang die Bewertungsmethoden zu erläutern (§ 284 Absatz 2 Nr. 1 HGB) und Bewertungsmethoden stetig anzuwenden sind (§ 252 Absatz 1 Nr. 6 HGB).

Insgesamt ist festzuhalten: die Besteuerungspraxis hält ungeachtet der umstrittenen Rechtsgrundlagen an den EStR fest, die Kritik nimmt aber zu. Angesichts der materiellen Bedeutung der Probleme wäre ein Rechtssicherheit schaffendes Wort des Gesetzgebers dringend notwendig. Ansonsten wird dieses Thema Praxis und Wissenschaft noch lange bewegen, ohne daß ein akzeptabler und akzeptierter Konsens zu erwarten ist.

4. FAZIT

Die Bewertung von VG erfolgt zunächst auf der Grundlage der Zugangswerte, d.h. der AK oder HK. Die Bewertung zu AK soll eine erfolgsneutrale Einbuchung von angeschafften VG gewährleisten. Obwohl dies auf den ersten Blick ein einfaches Bewertungskonzept darstellt, ergeben sich im Detail und in Sonderfällen zahlreiche Probleme. Gleichwohl sind AK in der Regel einfacher zu ermitteln und weniger manipulierbar als HK. Für diese enthält das HGB zwar eine umfangreiche Definition, die jedoch viele vermeidbare und unvermeidbare Unklarheiten enthält. Maßgeblichen Anteil haben ein theoretisches und ein praktisches Problem. So ist das Prinzip der Kostenverursachung, das für die Bestandsbewertung gelten soll, weitgehend umstritten. Deshalb wird in der Literatur sowohl eine Vollkosten- als auch eine Teilkostenbewertung als allein mit dem Realisationsprinzip vereinbar angesehen. Das HGB-Wahlrecht ist vor dem Hintergrund dieser prinzipiellen Uneinigkeit eine pragmatisch vertretbare Lösung. Das praktische Problem besteht darin, daß in den Unternehmen sowohl die Kostenarten als auch die Kostenstellen- und Kostenträgerrechnung häufig nicht auf die Begrifflichkeit und die Anforderungen des HGB zugeschnitten sind. Daten der KoRe müssen für die bilanzielle Bestandsbewertung deshalb mehr oder weniger umfangreich an das Bilanzrecht angepaßt werden, wobei die Anforderungen an die Genauigkeit nicht allzu hoch sind.

Die steuerliche Handhabung deckt sich bezüglich der AK weitgehend mit dem HGB, bezüglich der HK gibt es erhebliche Diskrepanzen. Ob diese auf A 33 f. EStR zurückgehende steuerliche Praxis auch mit dem HGB und dem Maßgeblichkeitsprinzip vereinbar ist, wird zunehmend bestritten.

D. WIEDERHOLUNGSFRAGEN

1. Was ist unter dem Begriff 'Bewertung' im Bilanzrecht zu verstehen?
2. Nach welchen Kriterien werden die Bewertungsvorschriften des HGB differenziert?
3. Erläutern Sie das strenge NWP.
4. Welche Abschreibungen sind über das strenge NWP hinaus zulässig?
5. Was besagt das gemilderte NWP?
6. Warum enthält das HGB eine Differenzierung in das strenge und das gemilderte NWP?
7. Erläutern Sie den Zusammenhang zwischen Realisations- und AK-Prinzip.
8. Skizzieren Sie Komponenten des AK-Begriffs.
9. Warum gehört die USt in der Regel nicht zu den AK?
10. In welchen Fällen sind Anschaffungsausgaben für die AK-Ermittlung abzuzinsen?
11. Zeigen Sie anhand eines selbstgewählten Beispiels, wie der Anschaffungsvorgang und die spätere Zahlung zu buchen sind.
12. Für den Erwerb eines ganzen Unternehmens gilt das Prinzip der Erfolgsneutralität nicht uneingeschränkt! Ist diese Behauptung zutreffend?
13. Wie sind Beginn und Ende von Anschaffungsvorgängen zu bestimmen? Warum ist das überhaupt wichtig?
14. Ein Unternehmen kauft im Ostfriesischen ein Grundstück mit aufstehendem Gebäude. Es fallen folgende Aufwendungen an:
    a) Da der Unternehmer gerne reist, besucht er viele Orte in der Bundesrepublik, kauft aber letztlich ein Objekt 'vor der Haustür'. Für die Fahrten, Übernachtungen sowie Besichtigungen der einschlägigen Lokalitäten (wie Femina-Bar, 'Römerstraße 2' usw.) fallen 21 TDM an.
    b) Der Nettokaufpreis beträgt eine Million DM, die Notargebühr für den Kaufvertrag 20 TDM. Der USt-Satz beträgt 15%. Die Grunderwerbsteuer beläuft sich auf 2%.

c) Zur Finanzierung des Kaufes wird ein Bankdarlehen aufgenommen, das durch eine Grundschuld besichert wird. Die Notargebühr für die Grundschuldbestellung beträgt DM 10.032 (einschließlich USt).

d) Die Umschreibung im Grundbuch kostet DM 400.

e) Herr Müller ist der Reinigungsfachmann. Vor Inbetriebnahme putzt er das neue Gebäude eine ganze Woche lang mit einem umweltfreundlichen Allzweckreiniger. Er hat eine 40-Stunden-Woche und verdient DM 12 pro Stunde. Am Mittwoch dieser Woche erhielt er außerdem DM 500 Prämie für seine 20jährige Betriebszugehörigkeit.

f) Die betriebseigene Tischlerei fertigt einen ortsbildgerechten Staketenzaun, mit dem das Grundstück eingefriedet werden soll. Die KoRe macht dazu folgende Angaben: Für Löhne sind DM 5.000 angefallen, für Material DM 7.500. Da dies der einzige Auftrag der Tischlerei in diesem Jahr war, wurden die gesamten Abschreibungen auf die moderne Holzdrehbank in Höhe von 20 TDM in Rechnung gestellt. Weil der Tischler bei hochsommerlichen Temperaturen arbeiten mußte, stellte das Unternehmen drei Kisten Bier für insgesamt DM 60 zur Verfügung.

Ermitteln Sie die AK des Grundstücks.

15. Ein Kaufmann hat einen wechselhaften Tag hinter sich. Am Morgen kauft er Briefmarken für DM 200 ein. Kurz darauf stellt er fest, daß der Briefmarkenhändler ihm versehentlich eine sehr seltene Marke mitgegeben hat, die im letzten Katalog mit 150 TDM zu Buche stand. Aus Freude darüber beschließt er, nachmittags einen Porsche Carrera als neuen Firmenwagen anzuschaffen. Er bezahlt 145 TDM für den Wagen. Auf der Heimfahrt sieht er bei einem anderen Autohändler das gleiche Modell für 15 TDM weniger auf dem Verkaufsgelände stehen.
Abends macht er sich an seine Buchhaltung und überlegt: Mit welchem Wert ist die Briefmarke anzusetzen? Wie ist der Porsche einzubuchen? Darf er den 'Gewinn' aus dem Briefmarkenkauf mit dem 'Verlust' aus dem Porschegeschäft saldieren?

16. Zum Kauf eines neuen Lkw liegen folgende Informationen vor:

- Nettorechnungspreis 100 TDM zuzüglich 15% USt. Bei Bezahlung innerhalb von zwei Wochen ist ein Skonto von 2% vereinbart. Es wurde nach einer Woche bezahlt.

- Kosten der Überführung und Anmeldung 5 TDM.
- Da der Fahrer zum Feierabend gern einen Schlummertrunk nimmt, wird in die Fahrertür ein Sektkühler für 2 TDM eingebaut.
- Die aufwendige Lackierung mit einer Werbegraphik kostet zusätzlich 5 TDM.
- Versicherung und Kraftfahrzeugsteuer in Höhe von 5 TDM werden per Banküberweisung bezahlt.
- Die erste Tankfüllung wird bar bezahlt (DM 150).

Wie hoch sind die AK des Lkw?

17. Warum ist die Unterscheidung zwischen Anschaffungs- und Herstellungsvorgängen von Bedeutung?

18. Erläutern Sie, in welchen Fällen Zinsen ausnahmsweise in die AK eingerechnet werden.

19. Welche Möglichkeiten gibt es, die AK bei Tauschvorgängen zu bestimmen? Welche Variante(n) sind handels- und steuerrechtlich zulässig? Welche sind zweckmäßig?

20. Ein Kaufmann erhält für die Anschaffung eines Reinigungsfilters einen staatlichen Zuschuß von 10% des Anschaffungspreises von 100 TDM. Der Zuschuß muß zurückerstattet werden, wenn der Filter nicht mindestens zwei Jahre in der Produktion eingesetzt wird. Die ND des Filters beträgt vier Jahre, er wird gleichbleibend (linear) abgeschrieben.
Welche Wahlmöglichkeiten hat der Kaufmann bei der buchhalterischen Darstellung des Erwerbs und der späteren Nutzung des Filters? Wie wirken sich die Varianten auf den Erfolg und den Vermögensausweis aus? Welche ist Ihres Erachtens am sinnvollsten?

21. Sind Herstellungsvorgänge erfolgsneutral?

22. Welche Bestandteile gehören mindestens/höchstens zu den handelsrechtlichen (steuerrechtlichen) HK?

23. Erläutern Sie die Begriffe Einzel- und Gemeinkosten, variable und fixe Kosten. Welche Zusammenhänge bestehen zwischen den beiden Begriffspaaren?

24. Geben Sie bitte Beispiele für variable Gemeinkosten an.

25. Was sind unechte Gemeinkosten? Geben sie Beispiele an. Wie sind sie handelsrechtlich einzuordnen?

26. Skizzieren Sie den kausalen und finalen Kostenverursachungsbegriff. Welche Möglichkeiten einer Kostenzuordnung gibt es außerdem?

27. Welches Konzept der Kostenverursachung liegt dem HGB zugrunde?

28. Ein Einproduktunternehmen stellt Hornknöpfe für Trachtenjacken her. Das Unternehmen verfügt nur über eine einfache Divisionskalkulation, die HK von DM 1/Stück ergibt. Der Kaufmann ist sich nicht ganz sicher, ob dies zugleich sein handels- und steuerlicher Mindest- und Höchstwertansatz für seine Fertigerzeugnisse ist. Helfen Sie ihm bitte.

29. Ein Unternehmen produzierte im abgelaufenen Jahr 100 Gabelstapler. Ein AB lag nicht vor. 80 Stück konnten für insgesamt 500 TDM netto verkauft werden, 20 Stück befinden sich noch im Lager. Die Buchhaltung liefert folgende Daten:

   - Materialeinzelkosten 100 TDM,
   - Materialgemeinkosten 100 TDM,
   - Fertigungseinzelkosten 50 TDM,
   - Fertigungsgemeinkosten 150 TDM,
   - Kosten der allgemeinen Verwaltung 20 TDM,
   - Vertriebskosten 30 TDM.

   Wie hoch sind die HK mindestens/höchstens anzusetzen? Wie sieht die GuV in beiden Fällen aus?

30. Ein Unternehmen fertigt ein Erzeugnis, das Einzelaufwendungen von 60 und Gemeinaufwendungen von 30 verursacht. Der Absatzpreis beträgt jeweils 110. In t_1 bis t_3 werden jeweils 100 Stück gefertigt. Der Absatz in t_1 beträgt 80 Stück, in t_2 100 Stück und in t_3 120 Stück.

   a) Zeigen Sie, wie Bilanz und GuV in den drei Jahren aussehen (auszugsweise: nur die JA-Posten angeben, die für den Sachverhalt relevant sind), wenn die Bestände mit Einzelaufwendungen bewertet werden.
   b) Wie sehen die JA aus, wenn alle Aufwendungen in die HK einbezogen werden?
   c) Interpretieren Sie die Unterschiede zwischen a) und b).

31. Erläutern Sie Bedeutung und Inhalt des Angemessenheitsprinzips für die Einbeziehung von Gemeinaufwendungen in die HK.

32. Gilt das Angemessenheitsprinzip auch für Einzelaufwendungen?

33. Wie kann das Angemessenheitsprinzip für den Einbezug von A. in die HK präzisiert werden?

34. Welche Bedeutung hat die Kapazitätsauslastung für die HK-Obergrenzen?

35. Wie kann der Herstellungszeitraum abgegrenzt werden?

36. Ein Walzwerk hat im letzten Monat des abgelaufenen GJ Bleche einer bestimmten Sorte gefertigt, die zum Bilanzstichtag noch nicht veräußert wurden. Aus den nachfolgenden Daten der KoRe sollen die handelsrechtlichen HK ermittelt werden, die mindestens (höchstens) anzusetzen sind:

    - Die Materialeinzelkosten von 150 TDM beinhalten den Nettorechnungspreis des eingekauften Stahls (100 TDM), Schmiergelder an den Verkaufsleiter des Lieferanten (10 TDM), eine Vorauszahlung von 20 TDM, die der Chefeinkäufer unterschlagen hat, und 20 TDM für eine zwischenzeitlich eingetretene Preissteigerung bei Stahl.
    - Hilfs- und Betriebsstoffe werden aus Vereinfachungsgründen nicht gesondert erfaßt, sondern mit einem pauschalen Zuschlagssatz auf die Materialeinzelkosten (Stahl) verrechnet.
    - Die Kosten für die Lagerung des Stahls, Qualitätskontrolle u.ä. betrugen 10 TDM.
    - Die Personalkosten umfassen im einzelnen:
        a) Akkordlöhne von 100 TDM,
        b) Zeitlöhne und Gehälter von Angestellten (Meister, Werkstattverwaltung, Arbeitsvorbereitung etc.) 50 TDM,
        c) Zuschläge für Überstunden, Ausfallzeiten und Feiertagsarbeit in Höhe von 10% auf die Akkordlöhne,
        d) die gesetzlichen Sozialkosten belaufen sich auf 20% der Löhne und Gehälter,
        e) der Zuschlag für die freiwilligen Sozialkosten ist genauso hoch.
    - Raumkosten, Sachversicherung u.ä. belaufen sich auf 10 TDM.
    - Die A. für die Walzmaschine im ganzen Monat betrug 400 TDM. Aufgrund einer Absatzkrise lief die Maschine nur 50 Stunden für die zu bewertenden Bleche. Die Maximalauslastung der Maschine liegt bei 200, die Normalauslastung bei 150 Stunden/Monat. Die Höhe der A. geht zu 50% auf eine steuerliche Sonder-A. (§ 254 HGB) zurück.

- Für die Abteilungen Geschäftsführung, Rechnungswesen, Recht, Feuerwehr und Nachtwächter wurden 10 TDM zugerechnet.
- Das Unternehmen hat den Stahl mit Hilfe eines Bankkredites bezahlt, der in einem Jahr zurückzuzahlen ist. Die nachschüssigen Zinsen betragen 18 TDM für die gesamte Laufzeit des Vertrages. Darüber hinaus wurden Zinsen in Höhe von 12 TDM für das in der Walzanlage gebundene Kapital zugeschlagen.
- Die Kosten für die Einlagerung der fertigen Bleche betrugen bis zum Stichtag 10 TDM.

37. Welche Besonderheiten der Bestandsbewertung ergeben sich für den Fall der langfristigen Auftragsfertigung?

38. Wie sind Herstellungs- und Erhaltungsaufwendungen zu trennen?

39. Warum ist diese Unterscheidung bedeutsam?

40. Ein Unternehmen hat eine größere Umbaumaßnahme an einem alten Gebäude vorgenommen, die zu Ausgaben von insgesamt 10 Mio. DM geführt haben. In der nachfolgenden GuV sind diese schon als Aufwand erfaßt. Dagegen ist die Entscheidung, ob ein selbständiger VG, ein unselbständiger Gebäudeteil oder Erhaltungsaufwand vorliegt, noch nicht getroffen worden.
Zeigen Sie bitte auf, welche Veränderungen bei der insoweit noch vorläufigen Bilanz und GuV eintreten können. Erläutern Sie auch, welche Konsequenzen künftig zu erwarten sind (Annahmen: Gebäude werden über 40 Jahre planmäßig abgeschrieben, selbständige Betriebsvorrichtungen über zehn Jahre, Angaben in TDM).

Aktiva			**Vorläufige Bilanz**		**Passiva**
I. Anlagevermögen			**I. Eigenkapital**		
1. Immobilien	30.000		1. Stammkapital	15.000	
2. Technische Anlagen	5.000		2. Rücklagen	25.000	
3. Finanzanlagen	7.000		3. Jahresfehlbetrag	5.000	
		42.000			35.000
II. Umlaufvermögen			**II. Rückstellungen**		15.000
1. Vorräte	15.000		**III. Verbindlichkeiten**		50.000
2. Forderungen	23.000				
3. Wertpapiere, liquide Mittel	20.000				
		58.000			
Summe		**100.000**	**Summe**		**100.000**

Vorläufige GuV	
1. Umsatzerlöse	200.000
2. Sonstige betriebliche Erträge	10.000
3. Materialaufwand	70.000
4. Personalaufwand	60.000
5. Abschreibungen	25.000
6. Sonstiger betrieblicher Aufwand	50.000
7. Negatives Finanzergebnis	10.000
8. Jahresfehlbetrag	5.000

Erstellen Sie die Bilanz und GuV für alle drei Varianten. Wie hoch sind die Ergebnisse im Folgejahr, wenn alle Erträge und Aufwendungen wie im Vorjahr anfallen, abgesehen von den Ausgaben für die Baumaßnahme? Unterschiedliche A. und Erfolgssteuern (Annahme: konstanter Steuersatz von 50%) sind ggf. in allen Jahren zu berücksichtigen.

41. Prüfen Sie, ob die Regelung des HGB mit dem übergeordneten EG-Recht kompatibel ist. Die entsprechende Regelung in der 4. EG-Richtlinie lautet:

„a) Zu den Herstellungskosten gehören neben den Anschaffungskosten der Roh-, Hilfs- und Betriebsstoffe die dem einzelnen Erzeugnis unmittelbar zurechenbaren Kosten.

b) [...]"

42. Sind die handelsrechtlichen Regelungen für die HK-Ermittlung für die StB maßgeblich?

Kapitel 10: Die Bewertung von Vermögensgegenständen II: Planmäßige Abschreibungen

A. KURZINHALT

Nachdem VG zunächst erfolgsneutral mit ihrem AK/HK eingebucht werden, muß in den Folgeperioden geprüft werden, ob und in welchem Umfang dieser Ausgangswert fortzuschreiben ist. Dies erfolgt in Form von planmäßigen oder außerplanmäßigen A., unter bestimmten Bedingungen kann es auch Zuschreibungen geben.

Im ersten Schritt werden mögliche Abschreibungsursachen referiert, und es werden einige Begründungen für die Verrechnung planmäßiger A. vorgestellt (außerplanmäßige A. und Zuschreibungen werden im folgenden Kapitel behandelt). Hierbei wird sich zeigen, daß theoretisch die A.-Zwecke noch nicht befriedigend geklärt sind.

Anschließend werden die Komponenten eines A.-Planes (Ausgangsbetrag, ND und A.-Methode) vorgestellt. Die Vor- und Nachteile der wichtigsten A.-Methoden werden dann einer kritischen Analyse unterzogen. Gütekriterien zur Beurteilung stellen neben der Einfachheit und Nachprüfbarkeit die Informationsfolgen für Bilanz und GuV und Finanzierungswirkungen dar. Unstrittig dürfte als Teilergebnis dieser Analyse nur sein, daß es keine Methode gibt, die unter allen Bedingungen die 'beste' ist. Angesichts der zahlreichen Vor- und Nachteile der einzelnen Methoden gewinnt ein Argument m.E. an Bedeutung: solange kein Wissen vorliegt, das eine kontinuierliche Auslastung in der Zukunft unwahrscheinlich erscheinen läßt, sollte auch kontinuierlich abgeschrieben werden (Prinzip vom mangelnden Grunde). Damit wird zumindest kein systematischer Fehler gemacht. Diese Einschätzung wird zwar in der Literatur häufiger geteilt, die noch überwiegende Ansicht dürfte allerdings die degressive A. als zweckmäßiger ansehen.

Im letzten Teil dieses Kapitels wird es dann um Probleme gehen, die sich aus Fehlern bei den Prognosen für den A.-Plan ergeben können oder aus sich im Zeitablauf ändernden Bestimmungsgrößen (zum Beispiel nachträgliche HK). Unter welchen Bedingungen der A.-Plan geändert werden darf oder muß und wie die Änderungen konkret aussehen können, soll anhand einiger typischer Fälle aufgezeigt werden.

B. LEHRZIELE

Wenn Sie dieses Kapitel durchgearbeitet haben, sollten Sie

- die A.-Arten systematisieren können,
- mögliche A.-Ursachen nennen können,
- den Kreis der planmäßig abzuschreibenden Bilanzposten abgrenzen können,
- mögliche Zwecke planmäßiger A. diskutieren können,
- die Elemente eines A.-Planes kennen,
- darlegen können, wonach Beginn und Ende der ND zu bestimmen sind,
- die wichtigsten A.-Methoden und ihre Anwendungsbedingungen darstellen können,
- erläutern können, inwieweit die GoB die Anwendbarkeit von A.-Methoden beschränken,
- analysieren können, wie die üblichen A.-Methoden im Hinblick auf die JA-Aufgaben zu beurteilen sind (Informations-, Zahlungsbemessungsfunktion),
- darlegen können, unter welchen Bedingungen A. einen Kapitalfreisetzungs- und einen Kapazitätserweiterungseffekt haben,
- erörtern können, welche finanziellen Konsequenzen A. darüber hinaus auslösen können,
- angeben können, unter welchen Voraussetzungen die Änderung eines A.-Planes geboten oder zulässig ist,
- aufzeigen können, wie Planänderungen realisiert werden können.

C. INHALT

1. GRUNDBEGRIFFE UND ANWENDUNGSBEREICH

VG werden zunächst mit ihren Zugangswerten eingebucht. Dieser Vorgang ist im Grunde erfolgsneutral. In der Folgezeit muß dann geprüft werden, ob diese VG weiterhin mit den AK/HK zu bewerten sind oder ein Werteverzehr vorliegt. Einer Wertminderung kann oder muß durch A. Rechnung getragen werden. Das Handels- und Steuerrecht enthält hierzu recht detaillierte und komplexe Bewertungsregeln, die nach verschiedenen Kriterien wie Rechtsform, Art der VG, Art der Wertminderung etc. differenzieren. Außerdem ist es in bestimmten Fällen möglich oder notwendig, Wertsteigerungen buchmäßig zu erfassen, also Zuschreibungen vorzunehmen. Dabei ist immer zu beachten, daß die Zugangswerte niemals überschritten werden dürfen (§ 253 Absatz 1 HGB). Diese Bestimmung ist eine logische Konsequenz des Realisationsprinzips.

A. können wie folgt systematisiert werden:

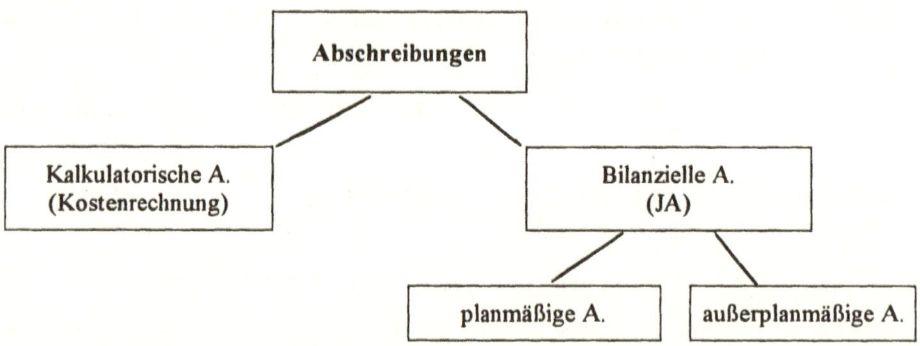

In der steuerlichen Terminologie werden die planmäßigen A. als AfA und als Absetzung für Substanzverringerung (AfS) bezeichnet, die außerplanmäßigen A. umfassen die Absetzung für außergewöhnliche technische oder wirtschaftliche Abnutzung (AfaA), Teilwertabschreibung (TW-A.), erhöhte und Sonder-AfA.

In diesem Kapitel soll es um die sogenannten planmäßigen A. gehen, die für das abnutzbare AV vorgeschrieben sind (§ 253 Absatz 2 Satz 1 und 2 HGB). Die außerplanmäßigen A. und Zuschreibungen werden im folgenden Kapitel behandelt. Sie können grundsätzlich alle VG betreffen.

Die Gründe, warum überhaupt abzuschreiben ist, liegen in der Entscheidung, jährlich einen JA zu erstellen und darin Erträge und Aufwand gegenüberzustellen (§ 252 Absatz 1 Nr. 5 HGB). Wäre der JA als Zahlungsstromabrechnung konzipiert, gäbe es keine A. Da aber jedes Jahr ein Erfolg zu ermitteln und VG und Schulden einander gegenüberzustellen sind, müssen umfängliche Periodisierungen vorgenommen werden: Zu jedem Bilanzstichtag sind eine Vielzahl von Vorgängen und Geschäften begonnen, aber noch nicht abgeschlossen worden, sie reichen noch in die Zukunft. So gibt es Rohstoffe, die noch zu Fertigerzeugnissen zu verarbeiten sind, bevor sie zu Einnahmen führen. Forderungen zum Bilanzstichtag unterliegen diversen Risiken. Maschinen, die bereits bezahlt wurden, sollen mehrere Jahre eingesetzt werden und zur Einnahmenerzielung beitragen. In allen diesen Fällen muß abgeschätzt werden, ob und in welchem Umfang diese VG werthaltig sind, also tatsächlich geeignet sind, künftige Einnahmen zu bewirken. Ist damit zu rechnen, daß die Forderungen nicht vollständig beglichen werden, sind sie abzuschreiben. Sind Vorräte, Maschinen, Gebäude etc. nur eingeschränkt verwertbar, so können ebenfalls A. notwendig oder möglich sein.

Die **Gründe für mögliche Wertminderungen** können vielfältig sein. Sie können untergliedert werden in:

1. **Physische Ursachen**

   Besonders bei Maschinen bedeutsam ist der Verschleiß durch Gebrauch. Dieser kann kontinuierlich erfolgen oder diskontinuierlich. Eine Glühbirne verliert ihre Leistungsfähigkeit zum Beispiel schlagartig. Aber auch ohne Gebrauch kann es zu Zeitverschleiß bei ruhenden VG kommen (Materialermüdung, Rost etc.). Bei Gewinnungsbetrieben wie Kiesgruben, Bergwerken oder Torfstechereien ist die Substanzverringerung eine A.-Ursache. Daneben können Katastrophen, Unfälle, Feuer- oder Wasserschäden zu Wertminderungen führen.

2. **Ökonomische Ursachen**

   Selbst wenn kein physischer Verschleiß vorliegt, kann es zu Wertminderungen kommen. Technischer Fortschritt oder Nachfrageverschiebungen können den Wert einer Anlage beeinträchtigen, wenn zum Beispiel die darauf gefertigten Produkte nicht mehr vollständig oder nur zu einem niedrigeren Preis abgesetzt werden können. Das Nutzungspotential der Anlage ist vermindert, obwohl die technische Leistungsfähigkeit nicht beeinträchtigt ist.

Kein A.-Grund liegt meines Erachtens dagegen vor, wenn die Wiederbeschaffungspreise einer Anlage gesunken sind, da dies den Nutzenvorrat der alten (teuren) Anlage nicht automatisch beeinträchtigt. Wenn ein Konkurrent mit einer billigeren, aber sonst gleichen Anlage fertigt, macht er eventuell größere Gewinne. Das heißt aber nicht, daß die ältere Anlage zu Verlusten führt. Niedrigere erwartete Gewinne als bei der Konkurrenz rechtfertigen keine A. (vgl. die analogen Probleme bei außerplanmäßigen A., S. 314 ff.).

Ebenfalls unbeachtlich sind allgemeine Konjunktur- und sonstige Unternehmensrisiken, die nicht objektbezogen sind. A. sollen konkrete Wertminderungen von einzelnen VG abdecken, nicht mehr (zur Ausnahme aufgrund § 253 Absatz 4 HGB siehe unten).

3. Zeitliche Ursachen

Diese können besonders bei immateriellen VG bedeutsam sein, wenn zum Beispiel Rechte nur für eine bestimmte Zeit erworben wurden (zum Beispiel Patente, Lizenzen). Aber auch bei zeitlich unbegrenzten Rechten ist von einer Entwertung im Zeitablauf auszugehen: Die Konkurrenz und marktwirtschaftliche Substitutionsprozesse lassen kein ewiges Monopol zu.

Befristungen spielen bei Miet- oder Pachtverhältnissen oft eine bedeutsame Rolle. Wird auf einem gemieteten Grundstück ein Gebäude errichtet, und läuft der Vertrag zum Beispiel in zehn Jahren aus (ohne Aussicht auf Verlängerung), so begrenzt die Mietdauer die Nutzungsmöglichkeit des Gebäudes, selbst wenn dieses technisch noch sehr viel länger verwendbar ist.

Die Beispiele machen deutlich, daß A. durch viele Faktoren verursacht werden können, die auch zusammen wirksam werden. Eine genaue Quantifizierung dürfte häufig nicht möglich sein. Planmäßige A. sollen im Grundsatz möglichst vielen Ursachen Rechnung tragen, die erwartbar/planbar sind. Das heißt aber auch, daß plötzlich eintretende Ereignisse wie Unfälle, Katastrophen etc. durch außerplanmäßige A. zu berücksichtigen sind.

In § 253 Absatz 2 Satz 1 und 2 HGB wird bestimmt, daß VG des AV, deren Nutzung zeitlich begrenzt ist, planmäßig abzuschreiben sind. Der Plan muß die AK/HK auf die Geschäftsjahre verteilen, in denen der VG voraussichtlich genutzt werden kann. Davon betroffen ist in erster Linie das **abnutzbare AV**, also diejenigen VG, die für einen begrenzten Zeitraum zur Ertragserzielung beitragen und dabei einem laufenden Wertverzehr unterliegen, zum Beispiel Maschinen, Gebäude, aber auch immaterielle VG. Ebenfalls planmäßig abzuschreiben ist das unter den aktiven RAP ausgewiesene Disagio (§ 250 Absatz 3 HGB), der entgeltlich erworbene FW (§ 255 Absatz 4 HGB) und die BH für Ingangsetzung und Erweiterung (§§ 269, 282 HGB).

Nicht der planmäßigen Abnutzung (wohl aber gelegentlichen Wertminderungen) unterliegen Finanzanlagen, Grund und Boden, geleistete Anzahlungen und Anlagen im Bau. Besonderheiten können bei Antiquitäten und Sammlerstücken auftreten, die im Zeitablauf eher wertvoller werden als einem Werteverzehr zu unterliegen. Schließlich ist das gesamte UV von planmäßigen A. ausgeschlossen. Das heißt, daß ein Makler ein zum Verauf vorgesehenes Gebäude nicht planmäßig abschreiben kann.

Aus Vereinfachungsgründen kann in der StB in folgenden Fällen auf die Verrechnung von planmäßigen A. verzichtet werden:

- Die sogenannten geringwertigen Wirtschaftsgüter, deren Wert ohne Vorsteuer DM 800 nicht übersteigen können gemäß § 6 Absatz 2 EStG sofort abgeschrieben werden (vgl. auch R 31 Absatz 3 EStR 1993).
- Wird für VG zutreffenderweise ein Festwert gemäß § 240 Absatz 2 HGB angesetzt, so sind Zugänge ebenfalls direkt als Aufwand zu buchen (vgl. Kapitel 12).

Handelsrechtlich bestehen grundsätzlich keine Bedenken, wenn ebenso verfahren wird. Im Fall der geringwertigen Wirtschaftsgüter wird sogar eine deutlich höhere Wertgrenze als zulässig erachtet.

2. THEORETISCHE GRUNDLAGEN

Planmäßige A. können/sollen einer ganzen Reihe von **Zwecken** dienen:

- der **Verteilung** von Aufwendungen zwecks Ermittlung eines periodengerechten Erfolges,
- dem zutreffenden **Vermögensausweis** durch Erfassung eingetretener Wertminderungen,
- der **Innenfinanzierung** durch die Vermeidung von erfolgsabhängigen Ausgaben und den Zufluß von A.-Gegenwerten,
- **kostenrechnerischen Zielen** wie Wirtschaftlichkeitskontrolle und Ermittlung der Selbstkosten.

Die letztgenannte Zwecksetzung hat mit der planmäßigen A. nach Handels- und Steuerrecht nichts zu tun, sondern stellt auf kalkulatorische A. ab. Da diese rein internen Informationsinteressen dienen, also kein Objektivierungszwang wie für die Besteuerung und externe Rechenschaft besteht, gibt es in der Regel keine rechtlichen Vorgaben, wie die kalkulatorischen A. zu ermitteln sind. Sowohl bezüglich der Nutzungsdauer als auch hinsichtlich des A.-Volumens kann es deshalb zu Besonderheiten kommen: Zum Beispiel werden kalkulatorische A. häufig auf der Basis von Wiederbeschaffungskosten ermittelt, und es werden höhere Beträge als die historischen AK/HK als Kosten verrechnet. Im pagatorischen JA, der auf dem Nominalwertprinzip beruht, ist dies unzulässig.

Die angesprochene Finanzierungsfunktion von A. ist zwar ein in der KoRe angestrebter Zweck, ob und inwieweit die A. im JA dieser Aufgabe dienen sollen, ist allerdings umstritten. Eine Substanz- oder Kapitalerhaltung durch A. ist nämlich nur unter bestimmten Bedingungen gewährleistet. Unabhängig davon, ob dies eine vom Gesetzgeber zugeordnete Aufgabe ist, sollen die Finanzierungswirkungen von A. aufgrund ihrer praktischen und theoretischen Bedeutung für den JA und die JA-Politik in Abschnitt 4.5 behandelt werden. Als primäre Aufgaben von A. werden aber der Erfolgs- und Vermögensausweis angesehen.

Theoretisch hat eine Maschine für ein Unternehmen einen Wert, wenn sie künftig Nutzen stiftet. In einer Modellwelt für die Marktwirtschaft wird Nutzen regelmäßig reduziert auf finanzielle Zielgrößen, also Entnahmen oder Endvermögen (in Geld). So gesehen, bestimmt sich der Wert der Maschine nach

ihrer Fähigkeit, künftige Einnahmeüberschüsse zu erwirtschaften (**Ertragswert**). Nimmt dieser Ertragswert (EW) im Zeitablauf ab, so müßte die Maschine entsprechend abgeschrieben werden. Obwohl diese Bestimmung der planmäßigen A. theoretisch bestechend ist, ist sie keine tragfähige Basis für einen JA. Da der gesuchte EW ausschließlich von geschätzten künftigen Zahlungsströmen abhängt, wäre die Ermittlung stark manipulationsanfällig.
In der Regel wird es zudem nicht möglich sein, bestimmte Einnahmen einem einzelnen VG zuzuordnen: ohne Personal, Energie, Rohstoffe, andere Anlagen, Gebäude etc. kann mit einer Maschine nichts produziert werden, was zu Einnahmen führt. Da der EW im Zeitablauf auch steigen kann, wären zudem auch Zuschreibungen möglich. Die Summe der planmäßigen A. würde über den historischen AK/HK liegen.

Die **Werteverzehrtheorie** stellt deshalb primär auf den zutreffenden Vermögensausweis in der Bilanz ab. Sie rekurriert auf die statische Bilanztheorie. Da Zugänge von Anlagen eine reine Vermögensumschichtung darstellen, entsteht der Aufwand erst durch Wertminderung. Nur soweit Vermögen für betriebliche Zwecke eingesetzt (geopfert) wird, liegt Werteverzehr vor. Wird dieser durch die erzielten Erträge gerade ausgeglichen, liegt kein Gewinn vor. Buchhaltungstechnisch wird dies durch die Verrechnung von A. sichergestellt. Diese ergibt sich als Differenz zweier Stichtagswerte. Da der echte Werteverzehr kaum feststellbar ist, stellen die üblichen A.-Methoden typisierte Berechnungsmodi dar.

Demgegenüber stellt die **Verteilungstheorie** in erster Linie auf einen zutreffenden Erfolgsausweis ab. Sie entspringt dynamischer Bilanztradition. Demnach sollen die AK/HK auf die erwartete ND verteilt werden, um den Periodenerträgen die zugehörigen Aufwendungen gegenüberzustellen (vgl. auch Kapitel 4). Ob dies zu einem zutreffenden Vermögensausweis führt, ist unbeachtlich.
Diese Sichtweise steht bei den Regelungen in § 253 Absatz 2 HGB im Vordergrund; planmäßige A. werden unabhängig von Stichtagswerten bestimmt. Letztere führen ggf. zu außerplanmäßigen A.

Aus der Verteilungstheorie folgt auch, daß planmäßige A. auch in den Perioden zu verrechnen sind, in denen keine Wertminderung vorliegt. Gebäude werden auch abgeschrieben, wenn ihr Wert steigt. Maschinen sind abzuschreiben, auch wenn sie stillstehen (für eine bestimmte Zeit) oder wenn nachweislich in früheren Perioden zuviel abgeschrieben wurde. Der unzutreffende Vermögensausweis wird im Handels- und Steuerrecht hingenommen. Da insgesamt die AK/

HK abgeschrieben werden, gleichen sich Fehler im Zeitablauf aus (Zweischneidigkeit der Bilanz). Aus der Verteilungstheorie ergibt sich außerdem, daß planmäßige A. nur möglich sind, wenn AK/HK vorliegen. Unentgeltlich zugegangene VG können nicht abgeschrieben werden. Erwirbt ein Kaufmann ein Grundstück, auf dem er später zufällig Erzlager entdeckt, so stellt der Abbau des Erzes zwar ökonomisch eine Wertminderung dar, eine A. (für Substanzabbau) ist mangels AK nicht möglich. Die abweichende Ansicht von Karrenbauer (1993, 132 ff.) verstößt gegen die pagatorischen Grundlagen des JA (zu Besonderheiten fiktiver AK, die dann auch zu planmäßigen A. führen, vgl. Kapitel 9).

Allerdings ist mit der Entscheidung, die Verteilungstheorie für den Zweck planmäßiger A. zugrunde zu legen, noch wenig Konkretes gewonnen: Es ist theoretisch und praktisch noch unbestimmt, nach welchem Maßstab die AK/HK auf die ND verteilt werden sollen. Bevor darauf näher eingegangen wird, sollen die gängigen A.-Methoden kurz vorgestellt werden. Deren Eignung und Zulässigkeit für den JA werden anschließend anhand ausgewählter Kriterien beurteilt.

3. VERFAHREN DER PLANMÄSSIGEN ABSCHREIBUNG

Die gesetzliche Vorgabe der Planmäßigkeit setzt voraus, daß für die abzuschreibenden VG spätestens für den ersten Bilanzstichtag nach dem Erwerb ein Plan erstellt wird. Aus diesem Plan muß sich für jedes Folgejahr der entsprechende A.-Betrag ermitteln lassen. Der Plan muß zunächst einmal den zu verteilenden **Ausgangsbetrag**, die AK/HK im Regelfall, enthalten. Soweit Zuschüsse oder übertragene stille Reserven (zum Beispiel 6b-A.) die AK/HK gemindert haben, ist nur der Restbetrag relevant. Wurde für mehrere VG ein einheitlicher Preis entrichtet, ist er aufzuteilen (zum Beispiel auf den nicht abnutzbaren Grund und das aufstehende, abzuschreibende Gebäude). Soweit am Ende der geplanten Nutzung ein bedeutsamer **Restwert** zu erwarten ist, spricht nichts dagegen, diesen von den AK/HK abzusetzen und nur den Differenzbetrag als A.-Aufwand zu verrechnen. Anderenfalls wären die planmäßigen A. während der ND zu hoch, und im Jahr der Stillegung wäre ein Ertrag zu buchen, um dies nachträglich zu korrigieren. Da solche Restwerte in der Regel schwer prognostizierbar sind und häufig noch Abbruch- und sonstige Verwertungskosten zu berücksichtigen sind, wird auf eine entsprechende Korrektur des A.-Volumens in der Praxis regelmäßig verzichtet.

Einen zweiten Bestandteil des A.-Planes stellt die ND dar, die allerdings nicht für alle Methoden benötigt wird. Klärungsbedürftig ist aber jedenfalls, zu welchem Zeitpunkt und in welchem Umfang im Zugangsjahr A. vorzunehmen sind. Nach herrschender Meinung kann die planmäßige A. mit dem Ende der Anschaffung oder Herstellung oder dem Beginn der Nutzung beginnen.

Für den ersten Zeitpunkt spricht, daß bereits während der Stillstandszeit zumindest eine wirtschaftliche Abnutzung vorliegt. Bei längeren Wartezeiten bis zur (ersten) Ingebrauchnahme müßte dies berücksichtigt werden. In R 44 Absatz 1 EStR 1993 wird auf den Zugangstermin verwiesen. Allerdings stellt der Absatz 2 auf die Einkunftserzielung ab, also wohl auf die Nutzung.

Wird ein VG während des Jahres angeschafft, kann der Bilanzierende zwischen zwei Möglichkeiten wählen:

- er rechnet die planmäßige A. zeitanteilig aus (Pro-rata-temporis-Methode), wobei vereinfachend auf volle Monate gerundet wird,
- er kann bei beweglichen VG auf die Halbjahres-Regel gemäß R 44 Absatz 2 EStR 1993 zurückgreifen. Auf Zugänge im ersten Halbjahr kann die volle, auf Zugänge im zweiten Halbjahr die halbe Jahres-A. verrechnet werden.

Das Gesetz selbst enthält keine konkreten Anhaltspunkte, wie die ND zu bestimmen ist. Unter ND kann die technische oder wirtschaftliche Lebensdauer verstanden werden. Die technische ND stellt allein auf die technische Leistungsfähigkeit ab, zum Beispiel: wie lange können auf einer bestimmten Anlage Produkte gleicher Qualität gefertigt werden? Grundsätzlich ist dies zugleich die Obergrenze für die wirtschaftliche ND. Diese ist regelmäßig kürzer, da mit zunehmendem Alter von Anlagen der Reparaturaufwand tendenziell steigen wird und technisch verbesserte Konkurrenzprodukte auf den Markt kommen können. Obwohl es technisch möglich wäre, auf der alten Anlage weiterhin zu produzieren, ist dies unwirtschaftlich. Für die planmäßige A. ist ausschließlich die wirtschaftliche ND relevant. Um diese bestimmen zu können, ist – theoretisch – eine Prognose der künftigen Nachfrageentwicklung, der technischen Entwicklung, der Konkurrenzlage etc. erforderlich.

Vereinfachend wird oft auf die sogenannte **AfA-Tabellen** zurückgegriffen, die vom Finanzministerium (in Zusammenarbeit mit Wirtschaftsverbänden) erstellt wurden. Diese enthalten standardisierte Werte für die ND typischer Anlagen. Steuerlich sind diese Vorgaben zwar nicht verbindlich, haben aber die Vermutung der Richtigkeit für sich. Das heißt, daß kürzere ND von Steuerpflichtigen begründet werden müssen (Umkehr der Beweislast). Handelsrechtlich sind die AfA-Tabellen grundsätzlich unverbindlich.

D. Schneider geht davon aus, daß die tatsächliche ND regelmäßig um 20% oder mehr unterschritten wird und die Steuerpflichtigen sich deshalb überwiegend an die AfA-Tabellen halten (vgl. Schneider 1994, S. 207). Unstrittig ist es aber handelsrechtlich möglich und manchmal auch zwingend, von den AfA-Werten abzuweichen, wenn die voraussichtliche ND im konkreten Unternehmen deutlich abweicht.

Die ND ist grundsätzlich für jeden VG zu bestimmen, also für die (bilanzielle) Bewertungseinheit, selbst wenn diese aus mehreren Komponenten besteht. Bei einem Gebäude ist also die einheitliche ND maßgeblich auch für unselbständige Gebäudeteile mit kürzerer Lebensdauer. Sind zum Beispiel Türen, Fenster, Wasserleitungen etc. schneller abgenutzt, so führt ihr Ersatz zu Erhaltungsaufwand und nicht zu Herstellungsaufwand.

Um die Jahres-A. ermitteln zu können, ist schließlich noch der Modus festzulegen, nach dem die AK/HK zu verteilen sind. In der Literatur wird eine **Vielfalt an Verfahren** diskutiert:

a) lineare A.,
b) degressive A. in Form der geometrisch-degressiven oder der arithmetisch-degressiven Variante,
c) stufendegressive A.,
d) progressive A.,
e) leistungsbezogene A.,
f) Mischformen verschiedener Art.

Bei der **linearen A.**, steuerlich als Grundfall in § 7 Absatz 1 EStG geregelt, werden die AK/HK durch die Anzahl der Jahre geteilt, in denen der VG voraussichtlich genutzt wird (von einem Restwert wird hier abgesehen). Dies führt dazu, daß die verrechneten A. im Zeitablauf konstant sind, der Buchwert nimmt gleichmäßig ab.

Die **degressiven A.** sind dadurch gekennzeichnet, daß die A.-Beträge im Zeitablauf immer kleiner werden, wobei sie in Form einer geometrischen oder arithmetischen Reihe fallen können. In den ersten Perioden der Nutzung ergeben sich höhere A. als bei der linearen Methode. Da aber auch hierbei insgesamt die AK/HK abzuschreiben sind, kehrt sich dieses Verhältnis später wieder um. Steuerlich ist nur die geometrisch-degressive A. zugelassen, wobei folgende Bedingungen zu beachten sind (§ 7 Absatz 2 EStG):

- es muß sich um bewegliche VG handeln,
- der A.-Satz darf maximal 30% betragen,
- der A.-Satz darf maximal das Dreifache der linearen A. betragen.

Von den beiden Obergrenzen greift jeweils die niedrigere. Deshalb muß die ND mehr als drei Jahre betragen, damit die degressive A. zu höherem Aufwand führt als die lineare A. Ist die ND länger als zehn Jahre, so greift immer die Begrenzung auf den dreifachen Satz der linearen A.

Die Ermittlung der geometrisch-degressiven A. erfolgt in der Weise, daß ein festgesetzter Prozentsatz des jeweiligen Buchwertes als A. verrechnet wird. Dadurch sinkt der Buchwert zunächst stark und im Zeitablauf dann immer weniger. Der Restbuchwert (RBW) erreicht aber nie den Wert Null, sondern verharrt nahezu auf einem bestimmten Niveau. Aus Vereinfachungsgründen wird der gesamte Buchwert im letzten Nutzungsjahr abgeschrieben, oder es wird auf die lineare A. übergegangen. Dieser Wechsel erfolgt in der Regel zu dem Zeitpunkt, zu dem die planmäßige lineare A. für den RBW einen größeren Wert erreicht als bei einer Beibehaltung der degressiven A.

Die **stufendegressive A.** ist typisch für Gebäude (vgl. § 7 Absätze 4 und 5 EStG). Die Prozentsätze sind zunächst konstant für ein paar Jahre, werden dann auf ein niedrigeres Niveau gesenkt und wiederum für einige Perioden konstant gehalten. Es handelt sich demnach um eine Mischung aus linearer und degressiver A.

Progressive A. stellen die Umkehrung der degressiven A. dar, d.h. es wird zunächst wenig abgeschrieben, danach steigen die Aufwendungen. Handelsrechtlich ist das Verfahren nicht explizit ausgeschlossen, wohl aber steuerlich, da § 7 EStG die zulässigen Methoden abschließend aufzählt und diese Methode nicht erwähnt wird. Praktisch ist diese Methode auf Sonderfälle beschränkt, in denen VG erst nach und nach in ihre vollen Nutzungsmöglichkeiten hineinwachsen. Den im Zeitablauf zunehmenden Erträgen sollen entsprechend zunehmende Aufwendungen gegenübergestellt werden. Typische Beispiele stellen Großkraftwerke, Einrichtungen von Verkehrsbetrieben etc. dar. Selbst wenn die unterstellten Ertragstendenzen plausibel sind, stößt der progressive A.-Verlauf auf Bedenken, da er dem Risiko der wirtschaftlichen Entwertung und dem Vorsichtsprinzip nicht ausreichend Rechnung trägt.

Die **leistungsbezogene** oder **variable A.** orientiert sich an der Inanspruchnahme der VG: Die jährliche A. bemißt sich nach dem Verhältnis der Periodenleistung zur erwarteten Gesamtleistung. Wird zum Beispiel erwartet, daß ein Lkw

400.000 km Fahrleistung insgesamt hat und sind in einem bestimmten Jahr 100.000 km gefahren worden, ergäbe sich eine A. von 25% der AK/HK. Die Methode wird besonders in den Fällen empfohlen, in denen die Leistungsabgaben im Zeitablauf größeren Schwankungen unterliegen. Bei konstanter Auslastung deckt sich die variable A. mit der linearen, bei im Zeitablauf zunehmender Auslastung mit der progressiven (deren Begründung zielte ja auch auf erwartete Leistungssteigerungen ab). Im Gegensatz zur degressiven A. gilt keine Obergrenze für die jährlich A.

Einen Sonderfall der variablen A. stellen die **Absetzungen für Substanzverringerung** gemäß § 7 Absatz 6 EStG dar (für Bergwerke, Kiesgruben, sonstige Gewinnungsbetriebe). Obwohl die variable A. auf den ersten Blick eine überzeugende Lösung des Periodisierungsproblems zu sein scheint, da sie an der Leistungsabgabe – dem eigentlichen Zweck der VG – orientiert ist, sind Bedenken gegen die Methode vorzubringen. Sie trägt zwar dem Werteverzehr durch Gebrauch in idealer Weise Rechnung, nicht aber den anderen A.-Ursachen (s.o.) Um dem 'ruhenden' Verschleiß Rechnung zu tragen, wird die variable A. auch mit der linearen A. kombiniert. Ein bestimmter Anteil der AK/HK wird linear über die ND abgeschrieben, der Rest leistungsbezogen.

Praktisch ist die Anwendung nur eingeschränkt möglich, da die Daten zur Berechnung der jährlichen A. belegt werden müssen. Die Leistungsabgabe pro Periode ist für einige VG, wie Kraftfahrzeuge, Drehbänke etc., feststellbar (durch Zähler zum Beispiel), für andere VG, wie Wasserleitungen, Werkshallen, Kräne etc., dagegen nicht.
Noch problematischer ist die Prognose der erwarteten Leistung für die gesamte ND.

In der nachfolgenden Tabelle sollen die praktisch am weitesten verbreiteten Verfahren anhand eines Zahlenbeispiels verdeutlicht werden. Die AK einer Anlage sollen 100 TDM betragen, die ND zehn Jahre; der Prozentsatz der geometrisch degressiven A. wird mit 30% angenommen; die Leistungen je Periode sollen zunächst 15% der Gesamtleistung betragen (drei Jahre), danach 10% (vier Jahre) und in den letzten drei Jahren je 5%. Von einem Restwert wird abgesehen. Es wird im ersten Jahr eine volle Jahres-A. verrechnet.

	linear	geometrisch-degressiv	geometrisch-degressiv mit Übergang zur linearen A.	variable A.
A 1 RBW	10.000 90.000	30.000 70.000		15.000 85.000
A 2 RBW	10.000 80.000	21.000 49.000		15.000 70.000
A 3 RBW	10.000 70.000	14.700 34.300		15.000 55.000
A 4 RBW	10.000 60.000	10.290 24.010		10.000 45.000
A 5 RBW	10.000 50.000	7.203 16.807		10.000 35.000
A 6 RBW	10.000 40.000	5.042 11.765		10.000 25.000
A 7 RBW	10.000 30.000	3.529 8.236		10.000 15.000
A 8 RBW	10.000 20.000	2.471 5.765	2.745 5.491	5.000 10.000
A 9 RBW	10.000 10.000	1.729 4.036	2.745 2.746	5.000 5.000
A 10 RBW	10.000 0	1.211 2.825	2.745 1	5.000 0
Ai = Abschreibung im i-ten Jahr; RBW = Restbuchwert				

4. ZUR BEURTEILUNG DER ABSCHREIBUNGSMETHODEN

4.1 Zur Bestimmung der Beurteilungskriterien

Da § 253 Absatz 1 HGB keine ausdrücklichen Begrenzungen enthält, sind die genannten Verfahren zulässig, wenn sie den GoB entsprechen (§ 243 Absatz 1 HGB). Relevant könnten zumindest folgende Grundsätze sein: Realisationsprinzip, Vorsichtsprinzip, Stetigkeit/Vergleichbarkeit, Willkürverbot und Unternehmensfortführung.

Das Realisationsprinzip (vgl. Kapitel 4) ist hierbei wenig hilfreich, da der Kausalzusammenhang zwischen den Periodenerträgen und den zugehörigen planmäßigen A. sehr vage ist und sich einer Quantifizierung regelmäßig entzieht. Das Willkürverbot verlangt nach herrschender Meinung nur, daß die A.-Methode nicht in offenbarem Gegensatz zum realen Nutzungsverlauf stehen darf. Außerdem wird eine Bemessung der A. nach der Gewinnsituation als Verstoß angesehen. Gewinnglättung ist kein zulässiges Kriterium. Es wäre auch ein Verstoß gegen das Stetigkeitsgebot zu prüfen, wenn die periodischen A. an die Erfolgsentwicklung angepaßt würden (vgl. Kapitel 5). Ist ein A.-Plan dagegen fixiert und wird danach verfahren, so wird das Stetigkeitsgebot regelmäßig ausreichend erfüllt sein. Demnach verbleibt von den o.g. GoB in erster Linie das Vorsichtsprinzip.

Da JA neben der Funktion einer vorsichtigen Erfolgsermittlung auch der Information Externer dienen, sollen die üblichen A.-Methoden ergänzend daran gemessen werden, ob sie

- manipulationsanfällig/einfach sind,
- die Vermögenslage zutreffend wiedergeben,
- die Erfolgslage zutreffend wiedergeben,
- finanzwirtschaftlich vorteilhaft sind.

Im Zentrum stehen dabei die lineare und die degressive A., da diese am weitesten verbreitet sind. Die variable A. ist bezüglich der genannten Kriterien zum Teil schwer zu beurteilen, da der A.-Verlauf vom Einzelfall abhängt.

4.2 Einfachheit, Nachprüfbarkeit

Obwohl diesem Kriterium häufig kein besonderes Gewicht beigemessen wird, spielt es für die gesamte Bewertungskonzeption des HGB eine bedeutsame Rolle: Der Einzelbewertungsgrundsatz und die Ablehnung von EW gehen nicht zuletzt auf die fehlende Nachprüfbarkeit und Einfachheit zurück. Es ist aber m.E. zweifelhaft, ob die Kriterien zusätzlich eine Diskriminierung der oben genannten Methoden ermöglichen. Am ehesten trifft dies noch für die leistungsbezogene A. zu: Die Prognose des gesamten Nutzungspotentials eines VG dürfte schwer prüfbar sein. Andererseits ist nicht zu verkennen, daß die Prognose der wirtschaftlichen ND mit ähnlichen Quantifizierungsproblemen fertig werden muß.

Nicht geteilt wird die häufig geäußerte Ansicht, die lineare A. sei deshalb vorteilhaft, weil sie rechnerisch besonders einfach ist. Selbst wenn bei der geometrisch-degressiven A. nie der Restwert von Null erreicht oder auf die lineare A. übergegangen wird, dürfte dies rechnerisch unproblematisch sein. EDV-Anlagen oder Taschenrechner dürften auch in kleinen Unternehmen verfügbar sein. Bedeutung gewinnt das Argument höchstens im Zusammenhang mit der Kostenrechnung: Soweit die bilanziellen und kalkulatorischen A. übereinstimmend verrechnet werden sollen, wird dies praktisch häufig zur Anwendung der linearen A. führen, da diese in der Kostenrechnung weit verbreitet ist.

Dem Kriterium der Nachprüfbarkeit dürften alle Verfahren (mit Ausnahme der variablen A.) wohl gleichermaßen gerecht werden: Durch den A.-Plan ist der für jedes Jahr zutreffende Betrag eindeutig bestimmt. Dies ist aber zugegebenermaßen eine sehr formale Betrachtung, die keinen Schluß über die betriebswirtschaftliche Aussagefähigkeit zuläßt, die im weiteren mehr im Vordergrund stehen soll.

4.3 Zutreffender Vermögensausweis?

In der Literatur wird regelmäßig die degressive A. favorisiert, da sie zu einem vorsichtigeren und zutreffenderen Ausweis des RBW führt. Die anfangs hohen A. tragen der starken Wertminderung Rechnung, denen VG gerade zu Beginn der Nutzung unterliegen. Zu denken ist hier etwa an das Musterbeispiel des Neuwagens, der bereits nach wenigen gefahrenen Kilometern als Gebrauchtwagen drastisch an Wert verliert. Die lineare A. unterstellt demgegenüber einen kontinuierlichen Entwertungsverlauf, der den gerade in den ersten Jahren großen Risiken der technischen Alterung nicht angemessen Rechnung trägt.

Dieser Argumentation sind verschiedene Einwände entgegengebracht worden. Zunächst einmal wird durch eine degressive A. dem Risiko der wirtschaftlichen Abnutzung unstrittig stärker Rechnung getragen als durch die lineare A. Dies erfolgt aber auf eine willkürliche, nicht belegbare Art und wird häufig zu unnötigen stillen Reserven führen. Das bilanzielle Vorsichtsprinzip verlangt ja nicht pauschal, so schnell wie möglich abzuschreiben, sondern nur, so schnell wie notwendig. Dem kann genausogut durch eine vorsichtige ND-Schätzung Rechnung getragen werden.

Es wird aber nicht nur bestritten, daß eine bestimmte A.-Methode den Zeitwert von gebrauchten VG zutreffend approximiert, sondern es wird schon im Grundsatz darauf verwiesen, daß dies gar kein Ziel der planmäßigen A. ist. Oben wurde als Hauptaufgabe die Verteilung der AK/HK über die erwartete ND herausgstellt, die Orientierung an – sowieso schwer oder zum Teil gar nicht feststellbaren – Marktpreisen für gebrauchte Anlagen abgelehnt. Selbst wenn solche Marktpreise auf einfache Art feststellbar sind, haben sie nichts mit dem künftigen Nutzen für ein Unternehmen zu tun: Da das AV dem Betrieb dauerhaft zu dienen bestimmt ist (§ 247 Absatz 2 HGB) und der JA unter der Annahme der Unternehmensfortführung erstellt wird (§ 252 Absatz 1 Nr. 2 HGB), sind diese Preise irrelevant. Wenn sie sinken, bedeutet dies noch lange keine Einschränkung der betrieblichen Nutzungsfähigkeit. Nähme man die Orientierung an Zeitwerten ernst, müßte im Falle steigender Preise konsequenterweise auch zugeschrieben werden.

Progressive A.-Methoden können dazu führen, daß VG mit höheren als den Zeitwerten bilanziert werden. Auch bei variablen A. ist dies möglich, da diese Methode ausschließlich der Wertminderung durch Gebrauch Rechnung trägt und nicht den wirtschaftliche A.-Ursachen. Insofern können diese Methoden zur Notwendigkeit außerplanmäßiger A. führen, um dem Vorsichtsprinzip Rechnung zu tragen.

4.4 Zutreffender Erfolgsausweis?

Auch hinsichtlich der Frage, ob die degressive oder die lineare A. zu einem zutreffenderen oder vorsichtigeren Erfolgsausweis führt und ob das letztere überhaupt erstrebenswert ist, gibt es geteilte Ansichten.

Steuerlich sind keine Absetzungen für außergewöhnliche oder wirtschaftliche Abnutzung zulässig, wenn degressiv abgeschrieben wird (§ 7 Absatz 2 Satz 3 EStG). Bei degressiven A. werden wohl stille Reserven angenommen, die genannten Risiken sind bereits antizipiert worden. Auch handelsrechtlich wird zum Teil ähnlich argumentiert: außerplanmäßige A. oder die Anpassung von ursprünglich zu kurz geplanten ND sind bei der linearen A. wahrscheinlicher als bei der degressiven A. Dies sei im Sinne eines vorsichtigen und stetigen/vergleichbaren Erfolgsausweises erwünscht.

Es muß aber gefragt werden, ob die Berücksichtigung von plötzlichen künftigen Ereignissen Aufgabe der planmäßigen A. ist. Bei Katastrophenfällen u.ä. wird dies allgemein abgelehnt. Selbstverständlich muß der 'normalen' technischen Entwicklung und anderen wirtschaftlichen Entwertungsursachen Rechnung getragen werden. Das rechtfertigt aber keine generelle Aufwandsvorverlagerung, eine Berücksichtigung durch die ND-Vorgabe ist genauso möglich. Treten ungewöhnliche Umstände auf, die durch den A.-Plan nicht abgedeckt wurden, so sind außerplanmäßige A. vorzunehmen, und zwar in der Periode ihres Auftretens. Dadurch wird genau die richtige Periode mit Aufwand belastet. Ein Verstoß gegen die Vergleichbarkeit liegt – so gesehen – nicht vor, da die Perioden real nicht vergleichbar waren. Warum sollten sich die Sprünge in der realen Entwicklung nicht auch im Periodenerfolg niederschlagen?

Die Rechtfertigung degressiver A. durch das Vorsichtsprinzip ist aus einem weiteren Grund problematisch: Wird kontinuierlich reinvestiert, so ist es unerheblich für die GuV, ob linear oder degressiv abgeschrieben wird. Auch bei degressiver A. stellt sich eine gleichmäßige Aufwandsbelastung ein, wenn die rückläufigen A.-Beträge der alten Anlagen durch die hohen Anfangsbeträge der neuen Anlage ausgeglichen werden. Wird in Zeiten guter Konjunktur stärker investiert, so ergäbe sich allerdings eine Aufwandsverlagerung. Der starken Auslastung der Anlagen zu Beginn der Nutzung werden dann hohe A. gegenübergestellt. Bei rückläufiger Beschäftigung wird dagegen im Regelfall weniger investiert, das A.-Volumen pro Periode ist rückläufig.
Zu beachten ist aber, daß in der Desinvestitionsphase die Erträge auch langsamer zurückgehen können als die A. Die höchst unerwünschte Folge wäre in

diesem Fall ein buchmäßiges Ansteigen der Gewinne, da die stillen Reserven im abnutzbaren AV still aufgelöst werden. Im Hinblick auf das Vorsichtsprinzip und die Vergleichbarkeit der JA wäre dies sehr bedenklich.

Werden im Zeitablauf nicht konstante, sondern abnehmende Kapazitätsauslastungen unterstellt, so läßt sich eine im Zeitablauf fallende Bemessung von A. noch begründen, wenn nur eine Anlage betrachtet wird. Liegen keine plausiblen Annahmen für eine ungleichmäßige Periodennutzung vor, plädiert D. Schneider (1994, S. 204 f.) dafür, daß nach dem Prinzip vom mangelnden Grunde eine konstante Durchschnittsbelastung durch lineare A. zweckmäßig ist. Dies ist m.E. zunächst einmal überzeugend: Nur im Falle einer leistungsbezogenen A. ist demnach eine degressive A. begründet. In diesem Fall wären aber auch progressive oder sprunghaft wechselnde Perioden-A. konsequent, wenn entsprechende Auslastungsprognosen vorliegen.

Häufig wird argumentiert, daß es gerade bei gleichbleibender Nutzung einer Anlage zweckmäßig ist, degressiv abzuschreiben, da Reparatur- und Instandhaltungsaufwendungen mit zunehmendem Alter der Anlage tendenziell steigen. Abnehmende A. und zunehmende sonstige Maschinenaufwendungen ergeben zusammen eine gleichbleibende Periodenbelastung. Davon abgesehen, daß Instandhaltungsaufwendungen praktisch schwer schätzbar sind, dürften sie selten am Verlauf der degressiven A. orientiert sein. Das Argument konstanter Periodenaufwendungen erscheint willkürlich. Grundsätzlich muß aber bezweifelt werden, daß eine solche Kompensation überhaupt erstrebenswert ist: die Aufgabe der planmäßigen A. besteht nicht darin, sämtliche Aufwendungen für Anlagen zusammen zu periodisieren, sondern die AK/HK zu verteilen. Die A. sind nicht im Hinblick auf andere Ertrags- oder Aufwandsarten zu bemessen, sondern sollen dem Einzelbewertungsgrundsatz genügen. Dies muß auch vor dem im allgemeinen akzeptierten Hintergrund gesehen werden, daß planmäßige A. kein Mittel der Erfolgsglättung sein sollen.

4.5 Finanzierungswirkungen von Abschreibungen

A. können eine Vielzahl von direkten und indirekten Auswirkungen auf die Unternehmensfinanzierung haben. Werden A. in den Selbstkosten der Fertigerzeugnisse mitkalkuliert und erzielt das Unternehmen zumindest kostendeckende Preise, so fließen die A.-Gegenwerte in Form liquider Mittel zu (Voraussetzung: keine Zielverkäufe). Werden diese Mittelzuflüsse sofort re-

investiert, kann es neben diesem Kapitalfreisetzungseffekt zu einem Kapazitätserweiterungseffekt kommen.
Ursächlich ist, daß durch die Reinvestitionen das A.-Volumen steigt und annahmegemäß auch die zusätzlichen A. vom Markt vergütet werden. Ob und in welchem Umfang dieser Kapazitätseffekt wirksam wird, hängt unter anderem von der Anzahl und der Größe der Anlagen ab, von eventuellen Mittelabflüssen für zusätzliches Personal oder Vorräte, vom technischen Fortschritt, Preisänderungen etc. Ceteris paribus gilt natürlich, daß mit der Höhe der A. auch dieser Finanzierungs- und Kapazitätseffekt variiert. Insofern haben planmäßige A. zumindest indirekt etwas mit der Substanzerhaltung von Unternehmen zu tun.

A. können aber noch auf andere Art Finanzierungseffekte haben, da sie erfolgsabhängige Ausgaben vermindern können. Dies kann (Ertrag-)Steuern und Gewinnausschüttungen an Eigner betreffen. Voraussetzung ist auch hier, daß das Unternehmen in der Gewinnzone wirtschaftet (vor A.), die Steuersätze nicht steigen, keine Freibeträge verloren gehen etc. Ansonsten kann die heutige Steuerminderung zu betragsmäßig wesentlich größeren Steuermehrzahlungen später führen. Ist die jetzige Gewinnsituation sehr gut, während in einigen Jahren mit Verschlechterungen zu rechnen ist, kann eine schnelle (degressive) A. genutzt werden, um Steuerentlastungen zu sichern.

A. beeinflussen aber auch das Bilanzbild. Wird degressiv abgeschrieben, verringert sich das Vermögen stärker als bei linearer A. Dies kann die Finanzierungsbedingungen verschlechtern, wenn Geldgeber die Kreditwürdigkeit anhand von Vermögensstruktur und -umfang der Bilanz beurteilen. Die degressive A. kann deshalb gegenläufige Finanzierungseffekte haben: weniger Steuerausgaben und Gewinnausschüttung und zugleich höhere Kapitalbeschaffungskosten.

Der Steuerentlastungseffekt von hohen A. findet seinen Niederschlag in verschiedenen rechtlichen Regelungen:

- § 51 Absatz 2 EStG sieht zum Beispiel vor, daß degressive A. steuerlich ausgesetzt werden können, um bestimmte Konjunktureffekte anzustreben,
- die steuerlichen Sonder-A. und erhöhten A. zielen letztlich darauf ab, die Rentabilität von Investitionen zu erhöhen.

D. Schneider hat anhand von Modellrechnungen nachgewiesen, daß selbst hohe Aufwandsvorverlagerungen häufig nur relativ geringe finanzielle Anreize schaffen (vgl. Schneider 1994; vgl. auch die Kritik an den Folgen der Umkehrmaßgeblichkeit, Kapitel 2).

5. ÄNDERUNGEN DES ABSCHREIBUNGSPLANES

Der Grundsatz der Planmäßigkeit verlangt, daß der ursprüngliche Plan in der Regel auch einzuhalten ist. Da insoweit das Stetigkeitsgebot gemäß § 252 Absatz 1 Nr. 6 HGB greift, sind Ausnahmen nur in begründeten Fällen möglich oder geboten. Ein begründeter Ausnahmefall setzt eine sachliche Rechtfertigung der Änderung voraus: Der neue A.-Plan muß besser sein als der alte. Zu unterscheiden sind Planänderungen, die pflichtgemäß vorzunehmen sind und nur zulässige Anpassungen. Von einem Wahlrecht wird nach herrschender Meinung ausgegangen, wenn der bisherige A.-Plan zu einer Unterbewertung des VG geführt hat, da dies keinen Verstoß gegen den Vorsichtsgrundsatz bedeutet. Nur wenn die Beibehaltung des Planes zu einem völlig verzerrten Erfolgs- und Vermögensausweis führen würde, ist eine Anpassung geboten. Führte der ursprüngliche A.-Plan zu einer zu geringen A. in der Vergangenheit, so sind Korrekturen zwingend; ein Verstoß gegen das Vorsichtsprinzip muß auf jeden Fall vermieden werden.

Nachträgliche Änderungen des Planes können sich auf alle Komponenten beziehen:

- die Methode,
- die ND,
- das A.-Volumen.

Der Wechsel der **A.-Methode** ist insbesondere in zwei Fällen üblich: Wird degressiv oder leistungsbezogen abgeschrieben, so kann auf die lineare A. übergegangen werden. Der erste Fall soll eine A. auf Null DM oder den Erinnerungswert von DM 1 ermöglichen. Er kann selbst als Teil eines zusammengesetzten A.-Planes interpretiert werden. Der Übergang von der variablen zur linearen A. (oder umgekehrt) ist dagegen nur zulässig, wenn dadurch der Aussagewert des JA verbessert wird. Andere Methodenwechsel, insbesondere von der linearen zur degressiven A. (vgl. § 7 Absatz 3 Satz 3 EStG), sind steuerlich unzulässig. Ob sie handelsrechtlich gleichwohl möglich sind, soll hier nicht weiter untersucht werden, da sie praktisch kaum Bedeutung haben.

Fehleinschätzungen der **ND** sind korrekturbedürftig, wenn die tatsächliche ND nach neuer Einschätzung kürzer als die geplante ND sein wird. Im umgekehrten Fall ist eine Anpassung an eine längere ND nur möglich, wenn wesentliche Fehler zu korrigieren sind (s.o.). Zu beachten ist in diesem Fall, daß die Korrektur nur für die Aufwandsverteilung auf die Restperioden möglich ist. Eine Werterhöhung (Zuschreibung) über den bereits erreichten – zu niedrigen – RBW ist unzulässig. § 253 Absatz 5 HGB regelt die Zuschreibungsmöglichkeiten ausschließlich zur Korrektur von vorangegangenen außerplanmäßigen A.

Stellt sich heraus, daß die dem A.-Plan unterstellte ND voraussichtlich unterschritten wird, muß eine Planänderung erfolgen. Grundsätzlich sind hierzu drei Varianten möglich, die anhand eines Beispiels veranschaulicht werden sollen.

Daten: AK 100, ursprüngliche ND-Schätzung zehn Jahre, am Ende des dritten Jahres wird von einer Rest-ND von fünf Jahren ausgegangen. Es wird linear abgeschrieben.

Variante 1: Der RBW vor der Planänderung beträgt 70. Wäre von Beginn zutreffend die neue ND von acht Jahren unterstellt worden, so wären bisher 3 x 12,5 = 37,5 abgeschrieben worden, der RBW würde 62,5 betragen. Zur Fehlerkorrektur wird eine außerplanmäßige A. um 7,5 auf den Wert 62,5 vorgenommen. Dies entspricht einer Nachholung der zu geringen planmäßigen A. der ersten drei Jahre. Für die Rest-ND werden jeweils 12,5 p.a. abgesetzt.
Problematisch kann bei dieser Variante sein, daß die außerplanmäßige A. nicht zulässig ist. Eine solche setzt voraus, daß der beizulegende Wert (s.u.) auf 62,5 gesunken ist (vgl. § 253 Absatz 2 HGB). Davon ist nicht ohne weiteres auszugehen. Die planmäßigen A. für die Rest-ND sind zutreffend bewertet.

Variante 2: Es erfolgt keine außerplanmäßige A., und ab dem vierten Jahr werden planmäßige A. von 12,5 p.a. verrechnet. So würde üblicherweise in der (internen) Kostenrechnung verfahren: Da die Fehler der Vergangenheit nicht mehr geheilt werden können, soll zumindest für die Zukunft zutreffend abgeschrieben werden (mit 12,5 p.a.).
Bilanzrechtlich ist das Verfahren nicht auf jeden Fall zulässig, da Überbewertungen nicht ausgeschlossen sind. Außerdem ist zu beachten, daß die buchmäßige Rest-ND 5,6 Jahre beträgt (70:12,5) und nicht – wie zutreffend – fünf Jahre.

Variante 3: Der erreichte RBW von 70 wird auf die Rest-ND von fünf Jahren abgeschrieben, also mit 14 p.a. Hier ergeben sich zwei Probleme: Zum einen kann der VG permanent überbewertet sein (wie bei Variante 2 auch). Zum anderen sind die A. in sämtlichen Folgeperioden falsch.

Insgesamt weisen alle Korrekturvarianten Mängel auf. Ist eine außerplanmäßige A. möglich, so wäre die erste Anpassungsmöglichkeit am besten, da es keine Überbewertung des VG gibt und der Aufwand in den restlichen Perioden zutreffend ausgewiesen ist.

Anpassungen des **A.-Volumens** können aus verschiedenen Gründen notwendig werden:

- Es sind außerplanmäßige A. oder Zuschreibungen erfolgt.
- Die ursprünglichen AK/HK werden nachträglich korrigiert, zum Beispiel weil infolge einer Betriebsprüfung ein Fehler entdeckt wird,
- es fallen nachträglich AK/HK an.

In R 44 EStR 1993 findet sich unter den Hinweisen folgendes Beispiel: Ein im Jahr 01 fertiggestelltes Gebäude wird nach § 7 Absatz 5 Satz 1 Nr. 1 EStG abgeschrieben. HK in 01: 200 TDM. Im Jahre 06 fallen HK von 80 TDM aufgrund einer Erweiterung an. Die AfA soll wie folgt verrechnet werden:

Jahre 01-04	jeweils 10%	von 200.000	=	20.000
Jahr 05	5%	von 200.000	=	10.000
Jahr 06	neue Bemessungsgrundlage		=	280.000
Jahre 06-07	5%	von 280.000	=	14.000
Jahre 08-25	2,5%	von 280.000	=	7.000

An an dieser Lösung ist bemerkenswert, daß zwar die A. in sämtlichen Perioden zutreffend sind, die Summe der A. beträgt aber nur 244 TDM. Ursächlich ist, daß der Erhöhungsbetrag von 80 TDM erst ab dem sechsten Jahr abgeschrieben wird. Bis dahin sind bereits 45% des ursprünglichen Gebäudewertes abgesetzt worden. Die entsprechenden Beträge für die Erweiterung (45% von 80 TDM= 36 TDM) werden nicht nachgeholt. Die Erweiterung wird also nicht fiktiv zurückbezogen.
Dagegen ist nichts einzuwenden, wohl aber gegen die Konsequenz: Es werden nicht die gesamten HK aufwandswirksam. Als Lösung kommt, wenn eine ND-Verlängerung nicht vorliegt, nur eine höhere planmäßige A. ab dem sechsten Jahr in Frage. Steuerrechtlich besteht hier allerdings ein Problem: Die A.-Quoten sind gesetzlich definiert (5% und 2,5%).

6. FAZIT

Obwohl die Verrechnung planmäßiger A. eine lange Tradition hat, sind die theoretischen Grundlagen und Zwecke noch nicht befriedigend und übereinstimmend geklärt worden. Die Konsequenz, daß die Diskussionen über die 'beste', 'informativste' A.-Methode ebenfalls nicht abgeschlossen ist, liegt auf der Hand. Wird lediglich auf Informationszwecke abgestellt, spricht meines Erachtens einiges für die lineare A. Auch in der KoRe, die ausschließlich an der Aufgabe der (internen) Information für Kontroll- und Dispositionszwecke orientiert ist, wird ganz überwiegend linear abgeschrieben. Im Hinblick auf die Zahlungsbemessungsaufgaben des JA gewinnen Argumente wie Steuerentlastung und Vorsichtsprinzip stärker an Bedeutung. Dies spricht tendenziell für degressive A.

Praktisch werden häufig rein steuerliche Überlegungen und Vorgaben die Methoden determinieren, da zur Vermeidung einer getrennten Ermittlung handels- und steuerrechtlicher A. regelmäßig eine Einheitsbilanz angestrebt wird. Gibt es keine steuerlichen Vorbehalte, gilt für die planmäßigen A. Maßgeblichkeit. Die Gepflogenheit, auf steuerliche AfA-Tabellen zurückzugreifen, dürfte auf Vereinfachungsüberlegungen und steuertaktische Aspekte zurückgehen. Dies gilt insbesondere, wenn eigentlich mit ND gerechnet wird, die länger als die AfA-Vorgaben sind.

Nicht behandelt wurden bisher zwei Aspekte: der Ausweis der A. in GuV (und ggf. in der Bilanz) und Berichtspflichten im Anhang. Dies wird im Anschluß an die außerplanmäßigen A. nachgeholt, da Ausweis- und Erläuterungspflichten sich zum Teil decken.

D. WIEDERHOLUNGSFRAGEN

1. Warum müssen VG abgeschrieben werden?

2. Welche Ursachen für Wertminderungen können bei

   a) einem unbebauten Grundstück,
   b) einer auf fünf Jahre begrenzten Konzession,
   c) einer EDV-Anlage,
   d) einer Spezialmaschine

   auftreten?

3. Für welche Aktiva muß ein A.-Plan erstellt werden?

4. Wodurch unterscheiden sich kalkulatorische von bilanziellen A.?

5. Wie wäre eine EW-Abschreibung für VG zu ermitteln? Warum ist der Gesetzgeber des HGB diesem Bewertungskonzept nicht gefolgt?

6. Was besagt die Werteverzehrtheorie?

7. Was besagt die Verteilungstheorie'?

8. Liegt den A.-Regeln des HGB die Werteverzehrtheorie oder die Verteilungstheorie zugrunde? Welche Konsequenzen hat dies?

9. Welche Bestandteile enthält ein A.-Plan?

10. Ab welchem Zeitpunkt und in welchem Umfang sind A. im Zugangsjahr eines VG zu verrechnen?

11. Erläutern Sie die Begriffe technische und wirtschaftliche ND. Welche ist für den JA relevant?

12. Welche Bedeutung haben die AfA-Tabellen in der Praxis?

13. Erläutern Sie die Entwicklung der A.-Beträge und der RBW, wenn eine Anlage
    a) linear,
    b) degressiv,
    c) progressiv

    abgeschrieben wird. Sind diese Verfahren handels- und steuerrechtlich zulässig? Welche Grenzen sind zu beachten?

14. Unter welchen Bedingungen ist die variable oder leistungsbezogene A. zulässig und zweckmäßig?

15. Für eine Maschine mit einem Zugangswert von 100 TDM und einer erwarteten ND von acht Jahren soll ein A.-Plan erstellt werden.
    a) Welcher A.-Satz ergibt sich bei Anwendung der linearen A.-Methode?
    b) Wie hoch kann die geometrisch-degressive A. höchstens sein (nach EStG)?
    c) In welchem Jahr sollte von der degressiven auf die lineare A. gewechselt werden, wenn die A. so weit wie möglich vorverlagert werden sollen?

16. Welche Bedeutung hat das Realisationsprinzip für die Auswahl zwischen den verschiedenen A.-Methoden?

17. Einfachheit und Objektivierbarkeit sind sinnvolle Kriterien zur Beurteilung der Zweckmäßigkeit von A.-Methoden. Halten Sie diese Behauptung für zutreffend? Begründen Sie Ihre Ansicht. Welche Konsequenzen hat dies für die Methodenwahl?

18. In der Literatur und Praxis wird häufig die geometrisch-degressive A. als den JA-Zwecken besonders gut entsprechend gewürdigt, da sie dem Vorsichtsprinzip Rechnung trägt und dem Restwertverlauf der VG am nächsten kommt. Halten Sie diese Argumentation für überzeugend?

19. Ist im Hinblick auf einen im Zeitablauf vergleichbaren und möglichst zutreffenden Erfolgsausweis die lineare oder die degressive A. geeigneter?

20. Führt eine A., die am zutreffenden Periodenerfolg ausgerichtet ist, automatisch auch zu einem zutreffenden Vermögensausweis?

21. Erläutern Sie, inwiefern durch die Verrechnung von planmäßigen A. eine Umschichtung vom AV zum UV erfolgt (Kapitalfreisetzung). Findet dieser Vorgang immer statt, wenn abgeschrieben wird?

22. Erläutern Sie den sogenannten Kapazitätserweiterungseffekt anhand des folgenden Beispiels (für die ersten beiden Jahre). Im Ausgangszeitpunkt verfügt ein Unternehmen über 100 Anlagen mit AK von jeweils 10 TDM, die über eine ND von fünf Jahren linear abgeschrieben werden. Über wie viele Anlagen verfügt das Unternehmen nach einem (zwei) Jahr(en), wenn immer am Jahresende alle liquiden Mittel reinvestiert werden (Annahme:

der Gewinn beträgt in beiden Jahren Null)? Welche Prämissen haben Sie bei Ihrer Rechnung unterstellt?

23. Welche Finanzierungseffekte können A. zusätzlich auslösen?

24. Ein Unternehmen hat im A.-Plan eine ND von zehn Jahren für eine Anlage (AK: 100) unterstellt, die linear abgeschrieben wird. Am Ende des fünften Jahres teilt die zuständige Fachabteilung mit, daß mit einer Verlängerung der ND um fünf Jahre zu rechnen ist. Kann oder muß der A.-Plan aufgrund dieser neuen Information angepaßt werden?

25. In welcher Höhe wären in den nächsten Perioden A. zu verrechnen? Begründen Sie Ihr Ergebnis.

26. Die AK eines Gebäudes im Jahre 0 betragen 200 TDM, die ND 50 Jahre (bei linearer A.). Im Jahr 24 fallen nachträgliche HK von 100 TDM an, die Rest-ND beträgt danach wiederum 50 Jahre (vgl. R 44 EStR, Beispiel aus den Hinweisen).

    a) Wie hoch sind die ab dem 24. Jahr zu verrechnenden jährlichen A.?
    b) Welche Gesamt-ND wurde damit für das Gebäude unterstellt?
    c) Ist der jeweils verrechnete Periodenerfolg Ihres Erachtens zutreffend erfaßt? Ist der Vermögenswert in der Bilanz zutreffend?

27. Wie könnte eine Begründung aussehen, um einen Wechsel von der variablen zur linearen A.-Methode zu rechtfertigen? Wäre ein solcher Wechsel überhaupt zulässig?

Kapitel 11: Die Bewertung von Vermögensgegenständen III: Außerplanmäßige Abschreibungen und Zuschreibungen

A. KURZINHALT

Neben den planmäßigen A., die nur das abnutzbare AV betreffen, können zwingend oder wahlweise außerplanmäßige A. für alle VG in Betracht kommen. Die HGB-Regeln verlangen einen sogenannten Niederstwertabgleich,. d.h. die (fortgeführten) AK/HK sind mit den Zeitwerten am Bilanzstichtag zu vergleichen. Sind die Zeitwerte niedriger als die Basiswerte, kommt es auf die Art der VG und die erwartete Dauer der Wertminderung an, ob abzuschreiben ist, abgeschrieben werden darf oder ein A.-Verbot besteht. Obwohl die Regelung im Prinzip einfach klingt, läßt sie doch viele Fragen offen.

So ist zunächst unklar, ob für die Bestimmung von Zeitwerten der Beschaffungs- oder der Absatzmarkt relevant ist oder beide oder eine differenzierte Regelung in bezug auf bestimmte Gruppen von VG. Während theoretisch vieles für eine Absatzmarktorientierung spricht, ist pragmatisch ein Rückgriff auf die Wertverhältnisse am Beschaffungsmarkt notwendig. Noch komplexer werden die Wertbestimmungen bei VG, für die keine Marktpreise bestimmbar sind (zum Beispiel gebrauchte Maschinen, Anteile an GmbH, unfertige Erzeugnisse).

Das Handelsrecht läßt über die möglichen A. nach dem NWP noch weitergehende A. zu. Dabei ist der sogenannte nahe Zukunftswert (§ 253 Absatz 3 Satz 3 HGB), der A. auf ein gesunkenes Preisniveau nach dem Stichtag ermöglicht, noch mit dem Imparitätsprinzip vereinbar. Dies gilt nicht mehr für die nur den Nicht-KapGes offenstehenden Ermessens- und Willkür-A. gemäß § 253 Absatz 4 HGB. Diese ermöglichen, unter Verstoß gegen die GoB, die Legung stiller Reserven. Unter welchen konkreten Bedingungen dies der kaufmännischen Vernunft entspricht, wie es das Gesetz verlangt, ist ungeklärt.

Obwohl das Steuerrecht die zuletzt genannten Abwertungen regelmäßig nicht zuläßt, stellt es nicht durchgängig eine Barriere für allzu großzügige Bilanzpolitik dar (zumindest soweit eine Einheitsbilanz angestrebt wird). Das Steuerrecht stellt ganz im Gegenteil nicht selten eine Quelle von handelsrechtlich eher unerwünschten A. dar. Die Umkehrmaßgeblichkeit schafft die Möglichkeit, subventionspolitisch begründete erhöhte AfA, Sonder-AfA etc. auch handelsbilanziell wirksam werden zu lassen (§ 254 HGB). Abwertungen auf den sogenannten TW, eine spezielle steuerliche Wertkategorie mit besonders schillerndem Charakter, stellen eine weitere Quelle steuerlicher Einflüsse auf das Handelsrecht dar.

Im letzten Abschnitt dieses Kapitels wird es um das Gegenteil von A. gehen, die Zuschreibungen. Die Wertaufholung ist im Grundsatz im HGB rechtsformspezifisch geregelt. Für Nicht-KapGes gibt es ein Zuschreibungswahlrecht, für KapGes eine Zuschreibungspflicht. Zur Vermeidung steuerlicher Nachteile dürfen aber auch KapGes auf eine Wertaufholung verzichten. Damit ist das Wertaufholungsgebot des § 280 Absatz 1 HGB praktisch zum seltenen Ausnahmefall geworden.

B. LEHRZIELE

Dieses Kapitel soll einen Überblick über die handels- und steuerrechtlich vorgesehenen außerplanmäßigen A. und Zuschreibungen geben. Im einzelnen sollen Sie

- darlegen können, welche Bedeutung das Imparitätsprinzip für die A. hat,
- angeben können, was ein Niederstwertabgleich ist,
- erläutern können, warum es wichtig für die Bewertung ist, ob der Zeitwert anhand des Absatz- oder des Beschaffungsmarktes bestimmt wird,
- die Bedeutung von Preisschwankungen auf den Märkten für die Ertragslage eines Unternehmens analysieren können,
- begründen können, warum eine Orientierung am Absatzmarkt für VG des AV wie Maschinen kaum möglich ist und welche Folgen dies hat,
- den Begriff des Marktes im Sinne des HGB kennen,
- erläutern können, wie ein Zeitwert für gebrauchte Anlagen aus Beschaffungsmarktpreisen abgeleitet werden kann,
- darlegen können, wie Gängigkeitsabschläge auf Lagerbestände ermittelt werden können und welchen Zwecken sie dienen,
- die Rolle des EW als Stichtagswert für VG diskutieren können,
- die retrograde Wertermittlung skizzieren können,
- angeben können, in welchen Fällen auf einen 'nahen Zukunftswert' abgeschrieben werden kann,
- die Vereinbarkeit der Ermessens-A. gemäß § 253 Absatz 4 HGB mit den GoB kritisch analysieren können,
- den Umfang und die Art von nur steuerrechtlich zulässigen A. im Sinne von § 254 HGB bestimmen können,
- die Konzeption des TW erläutern können,
- die praktischen Umsetzungsprobleme der TW-Fiktionen beschreiben können,
- die TW-Vermutungen angeben können,
- darlegen können, in welchen Fällen Zuschreibungen möglich oder zwingend sind,

- die Darstellung von Zuschreibungen im JA (Bilanz, GuV, Anhang) skizzieren können,
- die Bedeutung von Wertaufholungen für den Einblick in die Vermögens- und Ertragslage erörtern können,
- bestimmen können, wann wieviel zugeschrieben werden darf oder muß.

C. INHALT

1. ABSCHREIBUNGEN IM RAHMEN DES NIEDERSTWERT-PRINZIPS (NWP)

1.1 Orientierung an den Wertverhältnissen des Absatz- oder des Beschaffungsmarktes?

Wie oben ausgeführt, gilt für das AV das gemilderte und für das UV das strenge NWP. In § 253 Absatz 2 und 3 HGB werden die Begriffe 'aus dem Markt- oder Börsenpreis abgeleiteter Wert' und 'beizulegender Wert' verwendet. Obwohl in beiden Absätzen unterschiedliche Umschreibungen erfolgen, handelt es sich gleichermaßen um Stichtags- oder Zeitwerte. Das heißt zum Beispiel, daß für Wertpapiere des AV der beizulegende Wert als der aus dem Börsenkurs ermittelbare Wert anzusetzen ist, auch wenn der Börsenpreis explizit nur für das UV angesprochen wird.

Außerplanmäßige A. können – je nach Interpretation – zumindest teilweise auch mit dem Realisationsprinzip begründet werden (vgl. Kapitel 4). Überwiegend werden sie aber auf das Imparatätsprinzip zurückgeführt. Dieses verlangt die Antizipation künftiger Verluste aus bereits eingeleiteten Einzelgeschäften. Das bedeutet, daß es nicht um allgemeine Risiken und Verlusterwartungen gehen kann, sondern um konkretisierte, einzeln bewertbare. Dies betrifft zum einen Rückstellungen für drohende Verluste aus schwebenden Geschäften (vgl. S. 447 ff.), zum anderen konkrete Verlusterwartungen aus bereits vorhandenen VG (und eventuell: Schulden). Soweit aus den beschafften VG Verluste drohen, sind sie mittels A. zu berücksichtigen, soweit es sich um UV handelt. Beim AV kommt es dagegen auf die erwartete Dauer der Wertminderung und die Art der VG an, ob abgeschrieben werden darf, muß oder gar ein Abwertungsverbot besteht (vgl. §§ 253 Absatz 2; 279 Absatz 1 HGB). Zu jedem Bilanzstichtag ist demnach ein sogenannter **Niederstwertabgleich** vorzunehmen, d.h. der Buchwert der VG (häufig handelt es sich um die um planmäßige A. verminderten AK/HK) ist mit dem Zeitwert am Bilanzstichtag zu vergleichen.

Ob das Imparitätsprinzip dem Stichtagsprinzip entspricht, da es dazu führt, vorhersehbare Risiken des Abschlußstichtages zu erfassen, oder das Stichtagsprinzip durchbricht, da es um noch nicht realisierte Verluste geht, ist umstritten. Da sich keine unterschiedlichen Folgen aus den diversen Standpunkten ergeben, soll dieser Aspekt hier nicht vertieft werden.

Von größter Bedeutung für den JA sind dagegen die Fragen, ob der Stichtagswert nach dem Absatz- oder dem Beschaffungsmarkt zu bestimmen ist und wie das konkret erfolgen soll (zum Beispiel bei gebrauchten Spezialmaschinen oder halbfertigen Erzeugnissen etc.). Zunächst sollen einige Bestimmungsgründe für den relevanten Markt erörtert werden, bevor auf spezielle Wertermittlungsprobleme eingegangen wird.

Die Unterschiede zwischen **Absatz-** und **Beschaffungsmarktorientierung** können sogar an dem für die Bewertung einfachsten Fall von börsengehandelten Wertpapieren verdeutlicht werden. Wird der Beschaffungsmarkt als relevant eingestuft, muß der Buchwert mit dem fiktiven Wiederbeschaffungswert am Stichtag verglichen werden. Neben dem Briefkurs des Wertpapieres zählen auch die ANK wie Gebühren, Provisionen etc. dazu. Der Wert, der sich aus dem Absatzmarkt ergibt, wäre mittels des niedrigeren Geldkurses abzüglich Verkaufsspesen, Gebühren etc. zu bestimmen. Obwohl die Differenz in diesem Beispiel gering sein mag, wird das Problem deutlich. Bei Handelswaren, Fertigerzeugnissen etc. ist zum Beispiel sofort einsehbar, daß regelmäßig die Beschaffungswerte mehr oder weniger deutlich unter den Absatzwerten liegen.

Leffson (1987, S. 358 ff.) hat ausführlich dargelegt, warum theoretisch allein der Absatzmarkt relevant sein kann, um eine dem Imparitätsprinzip Rechnung tragende Bewertung zu gewährleisten. Er prüft, wie sich die Erfolgslage eines Unternehmens ändert, wenn die Absatz-/Beschaffungspreise von Gütern schwanken:

		Absatzpreise		
		unverändert	gesunken	gestiegen
Beschaffungspreise	unverändert	1	2	3
	gesunken	4	5	6
	gestiegen	7	8	9

Die Konsequenzen sollen am Beispiel von Handelswaren verdeutlicht werden. Erfolgt eine Orientierung am Beschaffungsmarkt, so wäre in Zeile 1 eine Beibehaltung der AK die Folge, unabhängig davon, ob Verluste aus der geplanten Verwertung – dem Verkauf – bestehen. Relevant kann hier aber nur die Frage sein, ob der aus dem Absatzmarkt abgeleitete Zeitwert unter den AK liegt oder nicht. Im ersten Fall erzwingt das Imparitätsprinzip eine A., da aus den vorhandenen Lagerbeständen konkrete Verluste drohen.

In Zeile 2 (Fälle 4 bis 6) sinken die Beschaffungskosten. Nach herrschender Meinung ist dies ein Grund für eine außerplanmäßige A. Unklar ist in diesem Fall aber, ob die vorhandenen Lagerbestände mit einem Verlustrisiko behaftet sind. In den Fällen 4 und 6 ist das nicht gegeben, im Fall 5 hängt es davon ab, ob der Absatzmarktpreis stärker sinkt als der Beschaffungsmarktpreis und um wieviel.

Ein Beispiel zu Feld 4 soll die Logik von Leffson veranschaulichen: Ein VG wurde für 100 angeschafft. Zum Bilanzstichtag sind die Wiederbeschaffungskosten auf 80 gesunken. Die Absatzwerte liegen unverändert bei 120. Wird der VG auf 80 abgeschrieben, wird der Jahreserfolg vermindert, obwohl sich die Erfolgsaussichten für das Unternehmen verbessert haben: Es kann künftig zu 80 beschaffen und zu 120 veräußern. Die Abwertung kann in diesem Fall nicht mit dem Imparitätsprinzip begründet werden, da Verluste nur aus der geplanten Verwertung drohen können. Solange der Absatzwert nicht unter 100 sinkt, gibt es demnach keinen Grund abzuschreiben.
Eine Abwertung ist möglicherweise mit ökonomischen Argumenten zu rechtfertigen, da ein Konkurrent, der später einkauft, billiger beschafft und größere Gewinne macht. Entgangene Gewinne aus verfrühtem Einkauf sind aber noch lange keine drohenden Verluste. Sie entspringen dem bilanzrechtlich unbeachtlichen Opportunitätsprinzip und haben keine pagatorische Grundlage. Unverständlich ist deshalb die Regelung in R 36 Absatz 2 Satz 12 EStR 1993: Warenbestände dürfen bei nachhaltig gesunkenen Marktpreisen selbst dann abgeschrieben werden, wenn zum Bilanzstichtag kostendeckende Verkaufsverträge vorliegen. Die Argumentation, daß der Einzelbewertungsgrundsatz eine getrennte Erfassung des Bestandes und der (bilanzunwirksamen) schwebenden Geschäfte erzwingt, beruht meines Erachtens auf einer Fehlinterpretation des Imparitätsprinzips. Dieses verlangt, für jeden VG einzeln zu prüfen, ob ein Verlustrisiko droht oder nicht. Droht kein Verwertungsrisiko – aus welchen Gründen auch immer –, ist auch nicht abzuschreiben.

Noch krasser ist die Bestimmung in R 36 Absatz 2 Satz 1 EStR 1993, wonach die gesunkenen Wiederbeschaffungskosten eine A. rechtfertigen, 'und zwar auch dann, wenn mit einem entsprechenden Rückgang der Verkaufspreise nicht gerechnet zu werden braucht'.
In Zeile 3 der obigen Darstellung ergibt sich dagegen keine A.-Pflicht, obwohl sich in den Fällen 7 und 8 die Ertragsaussichten des Unternehmens verschlech-

tert haben: Die Waren müssen künftig teurer eingekauft werden, und diese Preissteigerung kann nicht an die Kunden weitergegeben werden.

Obwohl die Orientierung am Absatzmarkt als dem Imparitätsprinzip angemessene Lösung anzusehen ist, wird die Orientierung am Beschaffungsmarkt von der herrschenden Meinung in all den Fällen präferiert, in denen VG vom Bilanzierenden voraussichtlich wiederbeschafft werden und nicht (direkt) zum Absatz bestimmt sind. Dies betrifft vor allem RHB, fertige und unfertige Erzeugnisse, soweit diese auch frembeschafft werden könnten, und betriebsnotwendiges AV. Für nicht betriebsnotwendiges AV, Wertpapiere des UV, fertige und unfertige Erzeugnisse ist dagegen in der Regel der Absatzmarkt relevant. Für Handelswaren und Überbestände an Erzeugnissen können beide Märkte maßgebend sein. Es stellt sich deshalb die Frage, warum in der Literatur die theoretisch überzeugende Lösung von Leffson nicht übernommen wird. Dies soll an zwei Beispielen erörtert werden.

Die Bewertung einer Maschine (AV) am Absatzmarkt würde ein höchst komplexes Bewertungsverfahren implizieren. Das hieße nämlich nicht, daß der Verkaufspreis der Maschine zum Stichtag entscheidend wäre. Ein solch direkter Bezug macht keinen Sinn, da die Maschine als AV dauerhaft dem Geschäftsbetrieb dienen soll (§ 247 Absatz 2 HGB) und von der Annahme der Unternehmensfortführung (§ 252 Absatz 1 Nr. 2 HGB) auszugehen ist. Der Einzelveräußerungswert der Maschine ist deshalb völlig unerheblich (es sei denn, sie soll veräußert werden, da sie nicht betriebsnotwendig ist). Die Absatzmarktorientierung zielt vielmehr auf eine Einschätzung des 'EW' der Maschine ab: Welchen Beitrag leistet sie noch zur Erzielung von künftigen Umsätzen? Neben der Kenntnis künftiger Absatzmengen und -preise müßte unter anderem der Beitrag der konkreten Maschine zur Ertragserzielung isolierbar sein. Angesichts der theoretischen und praktischen Probleme scheidet eine solche Bewertung im Regelfall aus. Vereinfachend wird auf Beschaffungswerte zurückgegriffen. Sinken die Beschaffungspreise für die Maschine, so könnte vermutet werden, daß Konkurrenzunternehmen, die später einkaufen und deshalb billiger herstellen, diesen Vorteil auch in Preissenkungen umsetzen. Dies hängt zwar von der Marktsituation, Preispolitik etc. ab, ist aber in einer funktionierenden Marktwirtschaft zumindest plausibel. So gesehen, werden gesunkene Beschaffungspreise der Maschine als Indikator für sinkende Absatzpreise von auf der Maschine gefertigten Produkten interpretiert. Aus Vereinfachungs- und Vorsichtsgründen ist dies hinnehmbar, es sei denn, ein drohender Verlust kann auch bei Preissenkungen nicht plausibel gemacht werden.

Ähnlich könnte auch die Argumentation für die Bewertung von RHB aussehen: Da eine Veräußerung nicht geplant und ein Ertragsanteil nicht zurechenbar ist, stellt der Rückgriff auf den Beschaffungsmarkt eine vertretbare Vereinfachung dar, um künftig sinkende Absatzpreise zu indizieren.

Keine Rechtfertigung für eine Orientierung am Beschaffungsmarkt stellen diese Überlegungen für Fertigerzeugnisse und Waren dar. Das Imparitätsprinzip verlangt die Antizipation von drohenden Verwertungsverlusten. Der Beschaffungsmarkt liefert keine vereinfachte Prognosebasis.

1.2 Die konkrete Bestimmung von Stichtagswerten

In § 253 Absatz 3 Satz 1 HGB wird eine Bestimmungsmöglichkeit für den Zeitwert angesprochen: der **Börsenpreis**. Dieser ist auch für das AV relevant, soweit es an einer amtlich anerkannten Börse gehandelt wird. Eine Börse ist ein besonders institutionalisierter Teil des Marktes. Gibt es mehrere Börsen mit verschiedenen Preisen, ist diejenige entscheidend, an der der Bilanzierende normalerweise Geschäfte abschließt. Ein Börsenkurs ist aber grundsätzlich nur maßgeblich, wenn auch tatsächlich Umsätze getätigt werden. Ein reiner Brief- oder Geldkurs ist irrelevant: Der fehlende Umsatz deutet ja gerade an, daß die geforderten Preise unrealistisch waren. Fraglich ist, ob auch atypisch hohe oder niedrige Zufallskurse zum Bilanzstichtag beachtlich sind. Nach wohl herrschender Meinung sollten Zufallskurse imparitätisch erfaßt werden: Sind sie ungewöhnlich niedrig, erfordern sie aufgrund des Wortlautes von § 253 Absatz 3 HGB eine Abwertung, soweit es sich um UV handelt. Sind sie atypisch hoch, so sollte von einer Wertaufholung aus Vorsichtsgründen abgesehen werden. Ist ein relevanter Börsenkurs zu ermitteln, so ist dieser noch um (fiktive) Verkaufs- oder Erwerbskosten zu korrigieren.

Für VG, die nicht an einer Börse gehandelt werden, die aber einen **Marktpreis** haben, ist daraus der Stichtagswert abzuleiten. Ein Markt im Sinne von § 253 Absatz 3 Satz 1 HGB liegt vor, wenn

- VG einer bestimmten Beschaffenheit
- in größerem Umfang
- an einem bestimmten Ort
- in einem bestimmten Zeitraum
- von verschiedenen Marktparteien

gehandelt wurden.

Existiert ein Markt- oder Börsenpreis, so ist die Bewertung häufig relativ einfach und objektiviert: Die Wertzumessung durch verschiedene unabhängige Marktteilnehmer dürfte die bestmögliche Form der Bewertung sein. Monopol-, Kartell- oder Konzernverrechnungspreise sind aus diesem Grund nicht uneingeschränkt tauglich, da eine freie Willensbildung bei den Marktpartnern zweifelhaft ist. Allerdings können Monopol-/Kartellpreise meines Erachtens gleichwohl als Marktpreise gelten, da die Erwerber diese ja freiwillig bezahlt haben.

Orientiert man sich am Beschaffungsmarkt, so kommt zunächst einmal der **Wiederbeschaffungs-Neuwert** eines VG in Betracht. Dieser entspricht den aktuellen AK zuzüglich ANK, abzüglich Anschaffungspreisminderungen. Dieser Wert ist besonders für neuwertige VG des AV und RHB einschlägig. Handelt es sich um einen gebrauchten VG, ist dagegen auf den **Wiederbeschaffungs-Zeitwert** abzustellen: den aktuellen Marktpreis für gebrauchte Maschinen zum Beispiel. Hier ist eine ganze Reihe von zum Teil großen praktischen Problemen zu bewältigen. So müssen vergleichbare VG in vergleichbarem Zustand gefunden werden, für die Marktpreise existieren. Für viele VG gibt es keine Gebrauchtwarenpreise und zu wenige Umsätze, um von einem Markt zu sprechen. Gebrauchte Kraftfahrzeuge stellen hier eher eine Ausnahme dar.

Kann ein Wiederbeschaffungs-Zeitwert nicht bestimmt werden, so kommt ein **fortgeführter Wiederbeschaffungs-Neuwert** in Betracht. Der Tatsache, daß der zu bewertende VG nicht mehr neu ist, wird durch Korrektur um planmäßige A. Rechnung getragen.

Beispiel: Ursprüngliche AK = 100, ND = fünf Jahre, lineare A. Der Wiederbeschaffungs-Neuwert ist auf 80 gesunken (Ende des dritten Jahres).

Buchwert nach planmäßiger A: 100 – (3 x 20)	= 40
Aus dem Marktpreis abgeleiteter Wert: 80 – (3 x 16)	= 32.

Es ist eine A. auf 32 vorzunehmen.

Obwohl dieses Rechenschema einfach und plausibel aussieht, ist es theoretisch höchst fragwürdig. Die planmäßigen A. dienen primär der Verteilung der Anschaffungsausgaben auf die Jahre der Nutzung und haben mit der Bestimmung der Zeitwerte nichts zu tun (vgl. Kapitel 10). Deshalb führt auch die Kürzung des Neuwertes um drei fiktive Jahres-A. nicht zu einem Zeitwert des VG. Das wird schon daran deutlich, daß ein Kaufmann, der degressiv mit 30% abschreibt, einen anderen 'Zeitwert' ermittelt, obwohl im übrigen alle Bedingungen identisch sind.

Ein weiteres Problem tritt dann auf, wenn die Vergleichsprodukte technisch verbessert sind, d.h. es handelt sich genaugenommen um gesunkene Wiederbeschaffungs-Neuwerte für ähnliche VG. Den technischen Unterschieden soll dann nach herrschender Meinung durch Zu-/Abschläge Rechnung getragen werden. Wie diese sinnvollerweise quantifiziert werden können, ist nicht einfach: zum Teil kann auf Indexlisten von Verbänden oder Relationen von technischen Leistungsparametern zurückgegriffen werden.

Wurden VG nicht erworben, sondern selbst erstellt (zum Beispiel fertige und unfertige Erzeugnisse, selbsterstellte Anlagen), so wird der Beschaffungsmarkt durch die (fortgeführten) **Wiederherstellungskosten** bestimmt. Die Ermittlung dieser fiktiven HK richtet sich wiederum nach § 255 Absatz 2 und 3 HGB, wobei das ursprünglich angewandte Kalkulationsschema zur Anwendung kommt. Dabei reicht es nicht aus, wenn eine Kostenkomponente inzwischen billiger geworden ist, zum Beispiel aufgrund gesunkener Rohstoffpreise oder eines verbesserten Produktionsablaufes. Entscheidend ist vielmehr, daß die gesamten aktuellen HK niedriger sind. Gestiegene Fertigungslöhne könnten zum Beispiel die oben genannten Einsparungen kompensieren.

Für nicht notwendige VG des AV bildet der **Einzelveräußerungswert** die absolute Wertuntergrenze, da dieser Betrag ex definitione auch im schlechtesten Fall (einer Liquidation zum Beispiel) erlöst werden kann. Sollten die Wiederbeschaffungs-/ Wiederherstellungswerte niedriger sein, sind sie unbeachtlich. In vielen Fällen, besonders beim abnutzbaren AV, werden die Einzelveräußerungswerte gering sein (zum Beispiel für gebrauchte Spezialmaschinen). Ist keine Veräußerung geplant oder notwendig, liefert auch das Vorsichtsprinzip keine Rechtfertigung, auf diesen Wert abzuschreiben, wenn der Nutzwert des VG nicht auch gesunken ist.

Für RHB, Waren etc. werden die vom Beschaffungsmarkt abgeleiteten Zeitwerte in der Praxis häufig um sogenannte **Gängigkeitsabschläge** gekürzt. Diese knüpfen regelmäßig an die Umschlagshäufigkeit von Lagerbeständen an. Eine größere Lagerdauer gilt als pauschaler Indikator für eine eingeschränkte Verwendbarkeit/ Verkaufsfähigkeit. Dieser Abschlag soll Risiken wie technischer Überalterung, Beschädigungen, Modewandel etc. Rechnung tragen, aber auch die Kosten für Lagerung und die Zinsbindung abdecken. Die Einbeziehung von Lager- und Zinskomponenten ist meines Erachtens verfehlt: Es handelt sich um künftigen Aufwand, und es liegt eine Kollision mit dem Einzelbewertungsgrundsatz vor. Im übrigen können Gängigkeitsabschläge notwendige und plausible Vereinfachungen darstellen, da oftmals viele Hundert oder Tausend Lagerpositionen zu bewerten sind. Die Vereinfachung darf aber nicht so weit gehen, daß alle Lagerbestände pauschal bewertet werden. In den folgenden Fällen wäre ein Gängigkeitsabschlag zum Beispiel verfehlt:

- Ein Unternehmen tätigt eine günstigen Großeinkauf, da mit steigenden Preisen gerechnet wird.
- Ersatzteile für neue Produkte werden regelmäßig erst nach einigen Jahren der Nutzung nachgefragt.
- Ein Unternehmen senkt aus unternehmenspolitischen Gründen seine Preise nicht und setzt kurzfristig weniger um, damit das Produktimage als hochwertiges Qualitätsprodukt nicht leidet.

In den genannten Beispielen gibt es zwar verlängerte Lagerdauern, aber ein Rückschluß auf eine eingeschränkte Verwertbarkeit ist damit allein nicht möglich.

In besonderen Fällen kann es möglich sein, daß ein Zeitwert als **EW** bestimmbar ist. Voraussetzung dafür ist, daß Einnahmen und Ausgaben einem konkreten VG direkt zurechenbar sind. Dies ist für Lizenzeinnahmen, ein vermietetes Grundstück oder eine Beteiligung denkbar. Schwierigkeiten treten aber zumindest aus zwei Gründen auf: Einmal ist der Diskontierungsfaktor nur subjektiv bestimmbar, und zum anderen ist die Ausgabenzurechnung im Fall teilweiser Fremdfinanzierung nur auf willkürliche Weise möglich. Da die verschiedenen Kapitalposten in der Regel den Aktiva nicht direkt zurechenbar sind, können auch die auf den zu bewertenden VG entfallenden Zinsausgaben nicht willkürfrei bestimmt werden.

Existiert kein Markt- oder Börsenpreis, muß der Stichtagswert beim UV als sogenannter beizulegender Wert ermittelt werden (§ 253 Absatz 3 Satz 2 HGB). Zu denken ist hier zum Beispiel an unfertige Erzeugnisse, unmodische Waren etc. In solchen Fällen bietet sich die **retrograde Wertermittlung** an. Voraussetzung ist, daß der Verkaufspreis für ein Fertigprodukt abgeschätzt werden kann. Von diesem erwarteten Veräußerungserlös sind die Kosten der Fertigstellung, der Lagerung bis zum Verkauf, Zinsen, Preisnachlässe wie Skonti etc. noch abzusetzen. Das Ziel dieses Verfahrens ist, die **verlustfreie Bewertung** im Sinne des Imparitätsprinzips zu sichern.

Beispiel: **Die HK von unfertigen Erzeugnissen belaufen sich auf 120. Der Veräußerungserlös des späteren Fertigerzeugnisses wird auf 150 geschätzt. Die Kosten der Fertigstellung, Lagerung etc. bis zum Verkauf betragen voraussichtlich noch 50. Die unfertigen Erzeugnisse sind auf den beizulegenden Wert von 100 abzuschreiben. Stellen sich die Schätzungen im Folgejahr als zutreffend heraus, so steht dem Ertrag von 150 ein Aufwand von 150 gegenüber (100 HK der unfertigen Erzeugnisse, 50 Aufwand für die Fertigstellung und den Verkauf). Obwohl das Geschäft insgesamt einen Verlust erbrachte, bleibt die Veräußerungsperiode davon verschont; durch die A. wurde er bereits im Vorjahr erfaßt.**

Das Beispiel zeigt auch, daß ein weiterer Abzug für einen 'normalen' Gewinnaufschlag nicht durch das Imparitätsprinzip gedeckt wird. Selbst wenn ein Kaufmann durchschnittlich einen Rohgewinnaufschlag von 20% kalkuliert, kann er den beizulegenden Wert nicht retrograd entsprechend mindern. Sonst hätte er im ersten Jahr eine höhere A. und im zweiten Jahr (Jahr der Veräußerung) einen entsprechend höheren Gewinn. Mit Verlustfreiheit hat das nichts zu tun. Deshalb widerspricht die Regelung in R 36 Absatz 2 EStR, die einen Gewinnabschlag vorsieht, den handelsrechtlichen GoB. Eine solche Abwertung ist höchstens als nur steuerrechtlich zulässige A. gemäß § 254 HGB statthaft (vgl. S. 327 ff.).

Fraglich ist aber auch, wie die Kosten der Fertigstellung und Veräußerung definiert sind. Ein Teil der Literatur vertritt die Ansicht, daß die Vollkosten abzusetzen sind, um dem Vorsichtsprinzip ausreichend Rechnung zu tragen. Andere Autoren halten nur den Abzug der variablen Kosten für notwendig, um verlustfrei zu bewerten. Würden auch Fixkosten der Folgeperiode antizipiert, verbessert sich das Ergebnis dieses Jahres zu Lasten der Vorperiode.

Schließlich sei ein letztes Problem der retrograden Bewertung angerissen: Soll der geschätzte Veräußerungspreis auf das Preisniveau am Bilanzstichtag abstellen oder auf den Preis zum erwarteten (späteren) Verkaufstermin? Beide Varianten sind mit dem Stichtagsprinzip vereinbar. Dem Grundsatz der verlustfreien Bewertung wird nur Rechnung getragen, wenn das Preisniveau zum Verkaufstermin zugrunde gelegt wird.

2. ABSCHREIBUNGEN AUSSERHALB DES NIEDERSTWERT-PRINZIPS

2.1 Der nahe Zukunftswert (§ 253 Absatz 3 Satz 3 HGB)

Das HGB ermöglicht in einer Reihe von Fällen A., die über einen Niederstwertabgleich hinausgehen. Diese sind nur wahlweise vorzunehmen, für KapGes gibt es zum Teil Einschränkungen.

VG des UV dürfen, unabhängig von der Rechtsform, mit einem niedrigeren als dem Stichtagswert angesetzt werden, wenn

- es nach vernünftiger kaufmännischer Beurteilung notwendig ist,
- um Wertschwankungen
- in der nächsten Zukunft zu verhindern (§ 253 Absatz 3 Satz 3 HGB).

Mit 'Wertschwankungen' können in diesem Fall nur erwartete Wertminderungen gemeint sein.
Als 'nahe Zukunft' wird von der herrschenden Meinung ein Zeitraum von zwei Jahren angesehen. Begründet wurde diese auf den ersten Blick recht lange Zeitspanne unter anderem mit dem Hinweis, daß mit 'naher Zukunft' auf jeden Fall eine Frist von mehr als einem Jahr gemeint sein muß, da frühestens zum nächsten Bilanzstichtag eine Abwertung der VG erfolgen kann (unterjährig wird in der Regel keine Bestandsbewertung vorgenommen).
Diese Begründung ist aber nicht tragfähig, da eine A. auf niedrigere künftige Werte auch dann zulässig ist, wenn die VG voraussichtlich am nächsten Stichtag gar nicht mehr im Bestand sind. Die Gefahr der Verlustrealisation wird beim UV als besonders groß eingestuft. Gleichwohl ist die Bestimmung des A.-Volumens damit noch nicht eindeutig, wie das folgende Beispiel zeigt:

Beispiel: AK eines VG des UV: 100, der JA für den 31.12.01 wird am 31.03.02 fertig erstellt. Der Kaufmann schätzt den Wert zum 31.12.02 auf 70. Der VG wurde aber bereits am 01.03.02 für 80 verkauft.

In diesem Fall ist meines Erachtens nur eine Abwertung auf 80 durch das Imparitätsprinzip gerechtfertigt: das Jahr 02 wird damit verlustfrei gestellt, soweit es vorhandene Bestände aus dem Vorjahr gibt. Würde auf 70 abgeschrieben, ergäbe sich in 02 ein Gewinn von 10. Das kann auch nicht durch Hinweis auf erforderliche Ersatzbeschaffungen begründet werden, da das Imparitätsprinzip nur die Verlustrisiken vorhandener Bestände deckt.

Der Rückgriff auf die 'vernünftige kaufmännische Beurteilung' soll das Abwertungswahlrecht auf ein notwendiges Maß begrenzen. Ob dies gelingt, hängt von der Auslegung dieses unbestimmten Rechtsbegriffs ab. Sie wird dadurch erschwert, daß der gleiche Begriff innerhalb des HGB und in anderen Gesetzen ebenfalls Verwendung findet und die Inhalte offenbar nicht immer deckungsgleich sind (vgl. u.a. Raab 1991). Eindeutig ist jedenfalls, daß die Formulierung Willkür ausschließen soll. Man wird in diesem Fall verlangen können, daß der Bilanzierende die künftigen Wertminderungen belegen – im Sinne von plausibel machen – kann, zum Beispiel durch einen Preisverfall während der JA-Arbeiten. Da Wertprognosen über nahezu zwei Jahre in der Regel kaum in intersubjektiv nachprüfbarer Weise möglich sind, wird die 'nahe Zukunft' schon aus praktischen Gründen regelmäßig begrenzt sein.

Die Vornahme dieser A. ist zwar handelsrechtlich für alle Kaufleute möglich. Steuerlich wird sie bis auf wenige Ausnahmen regelmäßig nicht akzeptiert, da am Prinzip der Abschnittsbesteuerung festgehalten wird. Soweit eine Einheitsbilanz erstellt wird, muß auf diese Möglichkeit deshalb nicht verzichtet werden.

2.2 Die Ermessensabschreibung (§ 253 Absatz 4 HGB)

In § 253 Absatz 4 HGB heißt es: „Abschreibungen sind außerdem im Rahmen vernünftiger kaufmännischer Beurteilung zulässig." Diese Regelung ist auf KapGes nicht anwendbar (§ 279 Absatz 1 Satz 1 HGB). In der Begründung zum Gesetzesentwurf wird darauf hingewiesen, daß stille Reserven weiterhin zulässig sein sollen. Die 4. EG-Richtlinie schließt stille Reserven zwar für KapGes aus, für andere Kaufleute sollten daraus keine Verschärfungen der Rechnungslegungspflichten erwachsen. Sinn macht diese Erläuterung allerdings nur, wenn es vor der HGB-Änderung einen GoB gab, der Nicht-KapGes solche stillen Reserven erlaubt. Dies ist zumindest zweifelhaft:

- Wenn GoB allgemeine und keine rechtsformspezifische Geltung haben, kann es keinen GoB gegeben haben, der solche A. erlaubt, da das AktG 1965 dies jedenfalls ausgeschlossen hat.
- Eine Mehrheitspraxis durch Kaufleute dürfte auch kaum vorgelegen haben, da diese A. steuerlich nicht anerkannt wird und gerade bei Nicht-KapGes die Einheitsbilanz dominiert.

- Selbst wenn es eine solche Bewertungspraxis gegeben hat, müßte diese zusätzlich durch das Rechtsempfinden der beteiligten Kreise als legitim anerkannt sein.

Bevor auf die GoB-Konformität noch näher eingegangen wird, sollen Inhalt und mögliche Zwecke der A. behandelt werden. Der Gesetzeswortlaut stellt auf A. ab, die „außerdem" zulässig sein sollen, d.h. zusätzlich zu den bereits behandelten A. im Rahmen des NWP, den A. auf den nahen Zukunftswert und die noch zu behandelnden nur steuerrechtlich zulässigen A. Es fällt deshalb schwer, VG-bezogene Risiken zu finden, die noch abzudecken sind. In Einzelfällen mag dies möglich sein: So verweist Baetge (vgl. 1994, S. 273) auf ein nach dem Bilanzstichtag explodiertes Kesselhaus. Aufgrund der Wertaufhellungstheorie ist eine A. auf den beizulegenden oder nahen Zukunftswert (nur UV) nicht möglich. Im wesentlichen werden aber Gründe genannt, die eher das gesamte Unternehmen betreffen:

- Stärkung der Widerstandskraft des Unternehmens gegen absehbare Risiken, die aber noch nicht bilanzwirksam sind (zum Beispiel Konjunktur- oder Branchenrisiken),
- Begrenzung überzogener Ausschüttungsansprüche von Mitgesellschaftern,
- Vermeidung des Ausweises von Scheingewinnen,
- Ansammlung von Mitteln für Investitionen,
- Erfolgsglättung, um die Bonität des Unternehmens zu erhalten

etc.

Die Beispiele zeigen, daß das angestrebte Aufwandsvolumen nichts mit bestimmten VG, zum Beispiel Maschinen, Forderungen, Kassenbestand etc., zu tun hat. Die A. kollidiert deshalb eindeutig mit dem Grundsatz der Einzelbewertung. Da entsprechende A.-Ursachen nicht regelmäßig auftreten werden, stehen sie darüber hinaus mit dem Stetigkeitsgebot in Konflikt (§ 252 Absatz 1 Nr. 6 HGB).

Auch die Grundsätze der Klarheit/Übersichtlichkeit und Wahrheit werden meines Erachtens verletzt. Sie können gerade nicht als Maßstab für eine Begrenzung des unbestimmten Begriffs 'vernünftige kaufmännische Beurteilung' herangezogen werden. Mit dem Vorsichtsprinzip ist die A. ebenfalls nicht begründbar: Da die Regelung nur für PersGes und Einzelunternehmen gilt, führt der Aufwand nicht zu einer automatischen Entnahmesperre (wie bei KapGes). Außerdem erzwingen und ermöglichen bereits die anderen Bilanzierungs- und Bewertungsregeln mehr oder weniger umfangreiche stille Reserven.

Da Nicht-KapGes keiner gesetzlichen Prüfungspflicht unterliegen (von Genossenschaften abgesehen), kann zudem noch nicht einmal die Einhaltung dieser GoB zuverlässig unterstellt werden.
Insgesamt handelt es sich bei dieser Regelung um eine gesetzlich legitimierte Durchbrechung der allgemeinen GoB.

Die praktische Bedeutung dieser Möglichkeit wird allgemein als eher gering eingestuft: sie wird steuerlich versagt, und mehrheitlich werden Einheitsbilanzen erstellt. Darüber hinaus kann sie gesellschaftsvertraglich abbedungen werden (Beispiel: eine KG erklärt die insoweit strengeren Rechnungslegungspflichten für KapGes für verbindlich).

Soweit eine entsprechende A. aber möglich ist, birgt sie erhebliche Risiken. Dies soll am Beispiel einer KG aufgezeigt werden:

- Ein nicht geschäftsführender Kommanditist ohne Gewinnvoraus oder Tätigkeitsvergütung enthält keine Rückflüsse aus seiner Beteiligung.
- Gewinn- und Verlustverteilungsschlüssel können unterschiedlich sein.
- Werden erzielte Gewinne heimlich thesauriert, erhöht dies de facto die Hafteinlage des Kommanditisten.
- Negative Entwicklungen können durch früher gelegte stille Reserven verdeckt werden.
- Erfolgt beim Ausscheiden eines Gesellschafters die Abfindung zum Buchwert (eine häufige Variante in Gesellschaftsverträgen), verschenkt der Veräußernde Teile seines Vermögens.

Es wurde deshalb gefordert, daß das vernünftige kaufmännische Ermessen zu einem angemessenen Ausgleich der Unternehmensinteressen an stillen Reserven und den Interessen der Mitgesellschafter führen muß. Was genau darunter zu verstehen sein soll, bleibt häufig unklar. Auf jeden Fall sollen Entnahmerechte, Informations- und Kontrollrechte der Gesellschafter etc. Berücksichtigung finden.

Eine klare, aber willkürliche Begrenzung stellt folgende Regel dar: Die A. darf den Gewinn nur insoweit mindern, als die Gesellschafter noch in der Lage sind, die Ertragsteuern auf ihr Einkommen aus der Beteiligung zu begleichen.

Wenn der Verweis auf die kaufmännische Vernunft überhaupt eine inhaltliche Begrenzung darstellen soll, muß verlangt werden, daß der Bilanzierende eine nachvollziehbare Entscheidung trifft. Dies umfaßt, daß er plausibel machen kann, daß

- stille Reserven notwendig sind und keine offenen (Steuereffekte spielen hierbei keine Rolle),
- stille Reserven ein geeignetes Mittel sind, um als legitim anerkannte Unternehmensziele zu erreichen,
- stille Reserven in der gewünschten Höhe erforderlich sind,
- die Verteilung auf einzelne VG zum Zweck der Reservenbildung paßt. Eine langfristige Mittelbindung kann zum Beispiel nicht durch eine A. auf UV erreicht werden, bei dem sich die stillen Reserven schnell wieder auflösen.

Um Mißbräuche zu verhindern, müßten Entscheidung und Begründung innergesellschaftlich dargelegt werden. Mit dem Gläubigerschutz sind sie grundsätzlich nur vereinbar, wenn insoweit Transparenz besteht. Die unerkannte Legung und Auflösung von stillen Reserven ist in erster Linie eine Fehlinformation.

2.3 Die nur steuerrechtlich zulässigen Abschreibungen (§ 254 HGB)

In § 254 HGB wird bestimmt, daß im handelsrechtlichen JA A. auch dann vorgenommen werden dürfen, wenn diese nur steuerrechtlich zulässig sind. Für KapGes wird in § 279 Absatz 2 HGB die Ausübung an die Voraussetzung der Umkehrmaßgeblichkeit geknüpft. Da diese seit 1990 in § 5 Absatz 1 Satz 2 EStG umfassend geregelt ist, greift diese Beschränkung nur noch in ganz wenigen Fällen.
Der Zweck des § 254 HGB besteht darin, eine Einheitsbilanz und die Inanspruchnahme von Steuervorteilen allen Kaufleuten zu ermöglichen.

Schwierigkeiten macht die Feststellung, welche A. 'nur steuerrechtlich' zulässig sind. Dies hat aus zwei Gründen Bedeutung:

- Die steuerlichen Mehr-A. können indirekt ausgewiesen werden (§ 281 HGB), was zu einem anderen Bilanzbild und einer veränderten GuV führt im Vergleich zur direkten A. (vgl. ausführlich Kapitel 14).
- Die steuerlichen Mehr-A. lösen Erläuterungspflichten im Anhang aus.

Die folgende Gegenüberstellung zeigt die A.-Möglichkeiten in der Handelsbilanz und die diesen im wesentlichen entsprechenden steuerlichen A.:

Handelsbilanz	**Steuerbilanz**
1. Planmäßige Abschreibungen	• Absetzungen für Abnutzung • Absetzungen für Substanzverringerung
2. Außerplanmäßige Abschreibungen auf den Stichtagswert (§ 253 HGB)	• Absetzungen für außergewöhnliche technische oder wirtschaftliche Abnutzung • Teilwertabschreibungen
3. Nur steuerrechtlich zulässige Abschreibungen (§ 254 HGB)	• Erhöhte Absetzungen • Sonderabschreibungen • Bewertungsfreiheiten • etc.
4. Außerplanmäßige Abschreibungen gemäß § 253 Absatz 3 Satz 3 und Absatz 4 HGB	• In der Regel unzulässig

Die Gruppe 4 ist unproblematisch, da den handelsrechtlichen Wahlmöglichkeiten Verbote gegenüberstehen. Gruppe 3 stellt die typischen Fälle der Umkehrmaßgeblichkeit dar: aus Subventions-, Billigkeits- oder sonstigen Erwägungen werden steuerlich Aufwandsbuchungen über das durch die GoB abgesteckte Maß hinaus ermöglicht. Der § 254 HGB ist genau mit dem Zweck geschaffen worden, diese Aufwendungen auch handelsrechtlich zu legitimieren (vgl. Kapitel 2). In diesen Fällen kann die Bestimmung des Umfanges der 'nur steuerrechtlichen' A. schwierig sein, da der handelsrechtliche Referenzwert nicht fixiert ist.

Zwei Interpretationen werden vertreten:

1. Die steuerliche Mehr-A. ist als Differenz zwischen der gesamten A. und der handelsrechtlich ansonsten maximal möglichen A. zu ermitteln.
2. Die Differenz zwischen der Gesamt-A. und der handelsrechtlich sonst normalerweise gewählten A. stellt die steuerliche Mehr-A. dar.

Die Unterschiede seien an einem Beispiel verdeutlicht:

Beispiel: AK einer Maschine 100; ND = zehn Jahre; normal findet die lineare A. Anwendung; würde degressiv abgeschrieben, sind maximal 30% abzusetzen; steuerlich ist im ersten Jahr neben der linearen AfA eine A. von 50% erlaubt.

Schließt man sich der zweiten Auslegung an, so umfassen die nur steuerrechtlichen A. im ersten Jahr 50. Anderenfalls ergibt sich ein Wert von 30 (Gesamt-A. 60; maximal mögliche degressive AfA von 30). Meines Erachtens ist der zweiten Auslegung der Vorzug zu geben. Hätte es die steuerliche Subventionsnorm nicht gegeben, so hätte die A. aufgrund des Stetigkeitsgebotes nur 10 betragen. Eine degressive A. von 30 wäre höchstens als begründeter Ausnahmefall (§ 252 Absatz 2 HGB) zulässig. Die über 10 hinausgehenden A. sind somit steuerliche Mehr-A.

Die Gruppen 1 und 2 aus dem obigen Schema können spätestens seit der Neufassung der Umkehrmaßgeblichkeit prinzipiell ebenfalls zu steuerlichen Mehr-A. führen. Im Falle der planmäßigen A. dürfte dies praktisch selten vorkommen, aber es sind immerhin Fälle denkbar. Zum Beispiel könnte die stufendegressive Gebäude-AfA zu Aufwand führen, der handelsrechtlich in den ersten Jahren zu hoch ist. Eine Übernahme in die Handelsbilanz (über den § 254 HGB) setzt aber voraus, daß steuerlich ein Wahlrecht besteht. Ansonsten läge ein steuerlicher Vorbehalt vor, der eine Einheitsbilanz verhindern würde. Zu beachten ist, daß es für die Umkehrmaßgeblichkeit keine Rolle spielt, ob das steuerliche Wahlrecht aus Subventions- oder aus anderen Gründen eingeräumt wurde.

Den handelsrechtlichen A. auf den niedrigeren beizulegenden Wert stehen steuerlich die AfaA und die TW-A. gegenüber. In den meisten Fällen decken sich die A.-Möglichkeiten und -Beträge. Es sind aber durchaus Konstellationen möglich, die zu Problemen führen. So sind handelsrechtlich A. wegen vorübergehender Wertminderung bei VG des AV ausgeschlossen, wenn es sich um eine KapGes handelt (§ 279 Absatz 1 Satz 2 HGB). Im EStG spielt die Dauer der Wertminderung keine Rolle. VG können auf den niedrigeren TW abgeschrieben werden.

Um dieses steuerliche Wahlrecht ausüben zu können, verlangt die Umkehrmaßgeblichkeit eine entsprechende Bewertung in der HB. Da § 279 HGB dem entgegensteht, geht dies nur über § 254 HGB als nur steuerliche A. Die Folge ist weitreichend: Das A.-Verbot des § 279 Absatz 1 HGB läuft leer. Durch die EStG-Änderung 1989 wurde ein Stück Gesellschafterschutz im HGB gestrichen.

Nun wurde der Begriff TW mehrfach verwendet, ohne ihn einzuführen. Dies soll im Rahmen eines Exkurses erfolgen. Vorab noch eine kleine Ergänzung: In seltenen Fällen kann auch der sogenannte 'gemeine Wert' gemäß § 9 Absatz 2 BewG für das Bilanzrecht Bedeutung erlangen, zum Beispiel bei Tausch,

Liquidation, Verlegungen in das Ausland etc. § 9 Absatz 2 BewG lautet: „Der gemeine Wert wird durch den Preis bestimmt, der im gewöhnlichen Geschäftsverkehr nach der Beschaffenheit des Wirtschaftsgutes bei einer Veräußerung zu erzielen wäre. Dabei sind alle Umstände, die den Preis beeinflussen, zu berücksichtigen. Ungewöhnliche oder persönliche Verhältnisse sind nicht zu berücksichtigen." Grob vereinfacht zielt diese Formulierung auf einen objektiven Einzelveräußerungswert ab.

EXKURS: DER TEILWERT IM BILANZRECHT

Gemäß § 6 Absatz 1 EStG wird der TW definiert als der Betrag, den ein Erwerber des ganzen Betriebes im Rahmen des Gesamtkaufpreises für das einzelne Wirtschaftsgut (WG) ansetzen würde. Dabei ist davon auszugehen, daß der Erwerber den Betrieb fortführt.

Damit löst man sich von der Bewertung einzelner WG zu AK oder Wiederbeschaffungswerten, da der Gesamtwert eines Betriebes vom nachhaltigen Ertrag abhängt. **Der EW des Betriebes ist ein Gesamtwert.** Je nach Ertragslage eines Betriebes kann dann ein und dieselbe Maschine zum Beispiel einen völlig verschiedenen TW haben. Der TW soll eine Verbindung zwischen Gesamt- und Einzelbewertung herstellen.

Der Begriff TW arbeitet mit drei Fiktionen:

1. Ein fiktiver Erwerber soll den Gesamtwert des Betriebes ermitteln. Diese Fiktion sollte ursprünglich eine Objektivierung der Bewertung ermöglichen.
2. Diese Ermittlung soll unter dem Gesichtspunkt der Fortführung des Betriebes erfolgen, also unter Berücksichtigung der zukünftig zu erwartenden Erträge.
3. Der fiktive Käufer soll den Gesamtkaufpreis, den er zu zahlen bereit ist (= Gesamtwert) auf die einzelnen WG verteilen.

Bei der praktischen Ermittlung von TW ergaben sich bald nach seiner Einführung im SteuerR (1926) erhebliche Probleme. Als Rechenmethoden schlug der RFH vor:

a) Differenzmethode: Der TW wird ermittelt, indem der Betrieb einmal mit und einmal ohne das zu bewertende WG nach der EW-Methode bewertet wird. Der Unterschiedsbetrag ist dann der gesuchte TW des WG.
   Die Umsetzungsprobleme dieses Vorschlages wurden schnell deutlich. So ist die Ermittlung des EW eines Unternehmens eine sehr komplexe und subjektive Bewertung, die auf einer Vielzahl von mehr oder weniger willkürlichen Annahmen fußt. Das Verfahren würde häufig dazu führen, daß für das Unternehmen sehr wichtige WG überbewertet werden im Vergleich zu Marktpreisen. Die Summe der TW aller WG muß sich auch keineswegs mit dem EW des Gesamtunternehmens decken. Schließlich ist zu berücksichtigen, daß es eine Reihe von WG gibt, die nicht bilanzierungsfähig sind, zum Beispiel der originäre Firmenwert. Eine Wertzurechnung müßte dies berücksichtigen.

b) Dies sollte im weiteren dadurch erfolgen, daß der gesamte EW aufgeteilt wird in einen Teilreproduktionswert (TRW) für alle selbständigen WG des Unternehmens (Bewertungsmaßstab: Wiederbeschaffungskosten) und den Firmenwert (EW = TRW + FW). Damit werden gleich zwei unlösbare Probleme produziert: Um den FW ermitteln zu können, müssen EW und TRW bekannt sein. Die TRW für die einzelnen WG sind aber nur bestimmbar, wenn der aufzuteilende Gesamtbetrag bekannt ist, also EW – FW. Die TW-Konzeption kann deshalb nicht für die Gewinnermittlung taugen, denn die Ermittlung von TW setzt den EW voraus, der durch künftige, diskontierte Einnahmenüberschüsse ermittelt wird. Der Gewinn muß also schon bekannt sein.

Aus diesen Schwierigkeiten hat der Gesetzgeber keine Konsequenzen gezogen, sondern am TW-Begriff festgehalten. Da der RFH/BFH praktisch entscheiden muß, wurden sogenannte TW-Vermutungen formuliert, die so lange gelten, wie sie nicht vom Steuerpflichtigen widerlegt werden können. Der Bewertungsrahmen wird nach oben abgesteckt durch die Wiederbeschaffungkosten eines WG, da ein fiktiver Erwerber nicht mehr zahlen würde. Er könnte das WG zum gleichen Preis jederzeit zukaufen. Die Untergrenze stellt der um Veräußerungskosten verminderte Einzelveräußerungswert dar, da der Erwerber zu diesem Preis das WG jederzeit versilbern kann.

Im übrigen gelten folgende TW-Vermutungen:

- Zum Zeitpunkt der Anschaffung/Herstellung entspricht der TW den AK/HK, die gewöhnlich auch den Wiederbeschaffungskosten entsprechen. Die Einstandswerte sind auch dann entscheidend, wenn aus einer Zwangslage heraus oder aus sonstigen Gründen überhöhte AK/HK anfielen. Der fiktive Erwerber würde „diesem Umstand bei der Bemessung des Kaufpreises Rechnung tragen" (Weber-Grellet 1993, S. 146). Warum dieser Mehr-Preis vergütet werden würde, ist allerdings unklar; die herrschende Lehre zur Unternehmensbewertung würde dies berechtigterweise als irrationales Verhalten abstempeln.

- Für nicht abnutzbare WG wird vermutet, daß die AK/HK auch später dem TW entsprechen. Bei abnutzbaren WG deckt sich der TW mit den fortgeführten AK/HK. Dies soll gelten, obwohl die planmäßige AfA nur verteilungstheoretisch begründet wird (vgl. Kapitel 10).
  Sind die Wiederbeschaffungskosten gesunken, so ist eine TW-A. zulässig, auch wenn hieraus keine Verluste drohen. Dies entspricht dem bereits oben erwähnten Opportunitätskostenkalkül, das auf entgehende Gewinne abstellt. Da die Besteuerung nur reale Gewinne erfassen darf, ist das TW-Konzept insoweit verfehlt.
  Praktisch kann die derzeitige steuerliche Handhabung eine mißliebige Konsequenz haben. Betragen die HK eines Fertigerzeugnisses 100 und sind der Wiederherstellungswert auf 60 und der Absatzwert auf 90 gesunken, so wäre handelsrechtlich eine A. auf den beizulegenden Wert vorzunehmen. Die darüber hinausgehende TW-A. von 30 (auf den Beschaffungswert) wäre eine steuerliche Mehr-A. im Sinne von § 254 HGB.

- Für WG des UV, die einen Markt- oder Börsenpreis haben, wird vermutet, daß der TW den Wiederbeschaffungskosten entspricht.
  Für unfertige Erzeugnisse, die keinen Marktpreis haben, kommt auch steuerlich die retrograde Wertermittlung in Betracht (vgl. Kapitel 11). Abweichend von der handelsrechtlichen Methode sollen vom erwarteten Veräußerungserlös aber nicht nur die noch anfallenden Kosten abgesetzt werden, sondern auch ein durchschnittlicher Unternehmensgewinn. Unabhängig davon, ob ein rationaler Erwerber und ein rationaler Verkäufer eines Gesamtunternehmens bei der Wertfindung tatsächlich einen solchen Rohgewinn-

abschlag vornehmen würden, geht diese Abwertung jedenfalls über eine imparitätische, verlustfreie Bewertung hinaus. Auch hier liegt eine steuerliche Mehr-A. vor (oder vielleicht sogar eine steuerlicher Bewertungsvorbehalt).

Vergleicht man diese TW-Vermutungen mit dem ursprünglichen ambitionierten Konzept, das den TW als betriebsbezogenen, EW-abhängigen Wert faßte, so zeigt sich, daß die praktische Rechtsprechung nichts mehr mit der Ausgangstheorie gemein hat. Ein EW müßte systematisch an Absatzmarktpreisen orientiert sein und nicht an der Beschaffungsmarktseite. Erstaunlich ist, daß die TW-Vermutungen in weiten Bereichen mit den handelsrechtlichen Wertansätzen übereinstimmen, trotz grundsätzlicher konzeptioneller Differenzen. Um Etikettenschwindel zu vermeiden, sollte meines Erachtens die TW-Konzeption im EStG aufgegeben werden. An die Stelle der verschiedenen Vermutungen und Widerlegungen sollte eine klare gesetzlich fixierte Bewertungskonzeption treten. Die Vielzahl der theoretischen und praktischen Ungereimtheiten der TW-Rechtsprechung sollte so weit wie möglich behoben werden (vgl. hierzu beispielsweise die Rechtsprechung zu TW-A. auf Beteiligungen; die Versagung von TW-A. auf WG, weil das Gesamtunternehmen profitabel ist etc.; vgl. hierzu unter anderem Schneider, D. 1994, S. 222 ff.; Schildbach 1991, 31 ff.; Knobbe-Keuk 1993, S. 174 ff.).

3. DIE WERTAUFHOLUNGSKONZEPTION

Sind die Gründe für eine außerplanmäßige A. entfallen, darf der niedrigere Wert beibehalten werden (§ 253 Absatz 5 HGB). Dies gilt auch für die nur steuerrechtlich zulässigen A. (§ 254 Satz 2 HGB). Da das Gesetz von einem Recht auf die Beibehaltung spricht, kann gefolgert werden, daß es auch erlaubt ist zuzuschreiben. Diese Wertaufholung ist aber auf die AK/HK, ggf. um zwischenzeitlich vorzunehmende planmäßige A. vermindert, begrenzt.

Zuschreibungen setzen eine vorherige außerplanmäßige A. voraus, deren Grund weggefallen ist. Daraus ergibt sich, daß eine Wertaufholung grundsätzlich nicht in Frage kommt, um

- A.-Fehler aus Vorperioden zu korrigieren, da kein Grund entfällt. Die Korrektur muß in Form einer Bilanzberichtigung erfolgen,
- eine fehlerhafte planmäßige A. zu korrigieren (zum Beispiel aufgrund einer zu kurzen ND-Schätzung),
- Zugänge zu erfassen. Bei Zugängen ändert sich der mengenmäßige Bestand von VG, während eine Zuschreibung einen reinen Buchungsvorgang darstellt. Auch nachträgliche AK/HK stellen keine Wertaufholung dar.

Die Zuschreibung führt zu einer Ertragsbuchung. Der Ausweis hängt vom konkreten VG ab. Erfolgen Zuschreibungen auf VG des AV oder Forderungen, ist ein Ausweis als sonstiger betrieblicher Ertrag die Regel; bei selbsterstellten Anlagen kommt auch die Position 'andere aktivierte Eigenleistungen' des Gesamtkostenverfahrens in Betracht. Handelt es sich um fertige oder unfertige Erzeugnisse, wird der Ertrag als Bestandsänderung erfaßt, geht also in einer Saldogröße unter (vgl. § 277 Absatz 2 HGB). Bei RHB wird zum Teil eine Verrechung mit dem Materialaufwand für zulässig gehalten. Dies stellt meines Erachtens einen Verstoß gegen das Saldierungsverbot dar. Ein solcher liegt zwar auch bei den Bestandsänderungen vor, ist dort aber ausdrücklich durch das Gesetz legitimiert.

Zuschreibungen führen zu einer veränderten Vermögensstruktur und -höhe. Aus Informationsgründen ist dies sicher erstrebenswert, da die vorangehende A. ja ex definitione zu einer entsprechenden Unterbewertung führte.

Umstrittener ist dagegen, ob Zuschreibungen auch zu einem verbesserten Erfolgsausweis führen. Die Bedenken richten sich vor allem darauf, daß es sich um einen reinen Buchgewinn handelt, ohne daß liquide Mittel zufließen. Da es sich um die Korrektur einer früheren Fehleinschätzung handelt oder um eine Anpassung an veränderte Bedingungen, werden Zuschreibungen auch als periodenfremde Erträge eingestuft, die den Erfolgsvergleich im Zeitablauf stören. Diese Einwände tragen nicht: Ein Ertragsausweis hat zunächst einmal grundsätzlich nichts mit einem Mittelzufluß zu tun, genauso wie die vorhergehende A. nicht zu einem Mittelabfluß führte.

Ob es sich um periodenfremde Erträge handelt oder nicht, ist zumindest diskussionswürdig: Schätzt man den Wegfall des A.-Grundes als das zu buchende Ereignis ein, so ist die Erfassung genau periodenrichtig. Anderenfalls würde die Erläuterungspflicht für wesentliche periodenfremde Erfolgskomponenten gemäß § 277 Absatz 4 Satz 3 HGB die erforderliche Transparenz gewährleisten.

Außerdem ist zu bedenken, daß durch eine unterlassene Zuschreibung in der Folgezeit ein zu geringer Aufwand verrechnet wird. Handelt es sich zum Beispiel um abnutzbares AV, sind in der Folge die planmäßigen A. zu gering bemessen. Handelt es sich um Rohstoffe, wäre der Materialaufwand beim Verbrauch zu niedrig. Dadurch wäre in diesen Jahren das Ergebnis geschönt.

Eine Zuschreibung kollidiert auch nicht mit der Zahlungsbemessungsaufgabe des JA und dem Vorsichtsprinzip. Wäre zuvor nicht abgeschrieben worden, hätten die Gesellschafter in der Vergangenheit einen höheren Gewinn entnehmen können. Durch die Zuschreibung werden sie bestenfalls so gestellt, wie es ohne die – im nachhinein falsche – A. gewesen wäre. Für KapGes enthalten die §§ 58 Absatz 2a AktG und 29 Absatz 4 GmbHG sogar Regelungen, daß die Gesellschaftsorgane die EK-Anteile der Zuschreibungen in die Rücklagen einstellen dürfen. Das heißt, die Gesellschafter werden in ihrer Gewinnverwendungskompetenz eingeschränkt (vgl. Kapitel 13).

Während § 253 Absatz 5 HGB trotz der genannten Bedenken gegen eine Unterlassung von Zuschreibungen ein Beibehaltungswahlrecht enthält, regelt § 280 Absatz 1 HGB für KapGes ein Wertaufholungsgebot. Stille Reserven sollen bei Wegfall des ursprünglichen A.-Grundes aufgelöst werden. Bis zur HGB-Änderung 1985 galt in Deutschland dagegen auch für KapGes ein Wertaufholungswahlrecht. Da die Bundesregierung das erklärte Ziel verfolgte, die 4. EG-Richtlinie steuerneutral in das HGB zu transformieren, ergab sich ein Problem: Das neue Wertaufholungsgebot könnte zu steuerlichen Mehrbelastungen führen. Deshalb wurde in § 280 Absatz 2 HGB eine Ausnahme von diesem Gebot aufgenommen: Soweit es für die steuerliche Gewinnermittlung zulässig ist, nicht zuzuschreiben und Umkehrmaßgeblichkeit gilt, kann auch handelsrechtlich auf eine Zuschreibung verzichtet werden.

Das bedeutet: Ob ein Zuschreibungsgebot besteht oder ein Beibehaltungswahlrecht, bestimmt sich im wesentlichen danach, ob steuerlich eine Beibehaltung möglich ist und umgekehrte Maßgeblichkeit gilt.

- Für nicht abnutzbares AV und das UV gilt gemäß § 6 Absatz 1 Nr. 2 Satz 3 EStG, daß der Steuerpflichtige zuschreiben kann.
- Für das abnutzbare AV wurde mit der Neufassung von § 6 Absatz 1 Nr. 1 Satz 4 EStG 1989 der sogenannte strenge Wertzusammenhang aufgegeben und ebenfalls ein Zuschreibungswahlrecht kodifiziert.

In beiden Fällen liegen also steuerliche Bewertungswahlrechte vor, die gemäß § 280 Absatz 2 HGB in Verbindung mit § 5 Absatz 1 Satz 2 EStG auch auf die HB durchschlagen. Folge: das Zuschreibungsgebot des § 280 Absatz 1 HGB läuft praktisch leer. Diese zwingende EG-Norm wurde durch deutsche Steuergesetze unterlaufen.

Ein Restanwendungsbereich der Zuschreibungspflicht besteht gleichwohl noch, wie folgende Beispiele zeigen sollen:

- In der HB 1987 wurde eine verlustfreie Bewertung des UV gemäß § 253 Absatz 3 Satz 3 HGB vorgenommen. Der Grund ist zum 31.12.1988 entfallen. Da diese A. 1987 bei der steuerlichen Gewinnermittlung unzulässig war, kann auch die Zuschreibung im Folgejahr keine steuerlichen Folgen auslösen.
- Fallen die Gründe für steuerliche Sonder-A. oder erhöhte A. weg oder lagen sie nicht vor (zum Beispiel Verbleibensfrist nicht eingehalten), erfolgt steuerlich die Zuschreibung rückwirkend. Damit kann auch die spätere Zuschreibung in der HB nicht mehr steuerschädlich sein.

Wird eine Zuschreibung aus steuerlichen Gründen unterlassen, so müssen KapGes gemäß § 280 Absatz 3 HGB den Betrag im Anhang angeben und hinreichend begründen. Darüber hinaus sind ggf. Ergebnisbeeinflussungen gemäß § 285 Nr. 5 HGB darzustellen (vgl. Kapitel 17).

Die praktische Umsetzung der Zuschreibungsregeln erfordert aber noch zwei Entscheidungen:

1. Zu welchem Zeitpunkt kann oder muß eine Zuschreibung erfolgen?
2. In welchem Umfang kann oder muß sie erfolgen?

Zur ersten Frage wird einmal die Ansicht vertreten, daß eine Zuschreibung grundsätzlich nur in dem Jahr möglich oder geboten ist, in dem der Grund für die vorherige A. entfallen ist. Diese Ansicht würde bilanzpolitischen Gestaltungen gewisse Grenzen setzen. Zwei Aspekte sind aber zu beachten: Eine spätere Wertaufholung ist im HGB zumindest nicht direkt ausgeschlossen, und steuerlich besteht diesbezüglich Wahlfreiheit. Eine Begrenzung späterer Zuschreibungen könnte deshalb die StB-Politik eines Unternehmens einengen. Daß dies im Interesse des Gesetzgebers wäre, kann man bezweifeln.

Die zweite Frage soll an einem Beispiel erörtert werden: Eine Maschine wird mit AK von 1.000 eingebucht und soll linear über zehn Jahre abgeschrieben werden. Am Ende des dritten Jahres wird eine außerplanmäßige Abwertung auf den beizulegenden Wert vorgenommen. Die Wiederbeschaffungskosten einer vergleichbaren Neuanlage betragen nur noch 600. Im fünften Jahr entfällt der Grund für diese A.
Am Ende des dritten Jahres beträgt der Buchwert der Anlage ohne die außerplanmäßige A. noch 700. Wäre die Maschine vor drei Jahren für 600 eingebucht worden, hätte sie nach drei planmäßigen A. einen Wert von 420. Es erfolgt demnach eine außerplanmäßige Abwertung um 280 auf den beizulegen-

den Wert. Ende des fünften Jahres hat die Anlage einen Buchwert von 300 erreicht. Wäre die außerplanmäßige Abwertung nicht erfolgt, läge er bei 500. Das maximale Zuschreibungsvolumen beträgt nur noch 200, also 80 weniger als zuvor abgeschrieben wurden. Dieser Unterschied entspricht den geringeren planmäßigen A. (60 statt 100) in den Jahren vier und fünf.

Fraglich ist aber, ob eine Zuschreibung auf 500 erfolgen muß oder auch der Ansatz eines beliebigen Zwischenwertes zulässig ist. Nach herrschender Meinung können Zwischenwerte frei angesetzt werden, da

- jede Werterhöhung zu weniger stillen Reserven führt, also weniger falsch ist,
- steuerliche Gestaltungen nicht begrenzt werden sollen,
- auch bei Nichtzuschreibung ein willkürlicher Wert bilanziert würde.

Wenn Zeitpunkt und Volumen von Zuschreibungen dem Bilanzierenden de facto freigestellt werden, kann sich ein beachtliches Potential für Erfolgsglättungen ergeben. § 280 Absatz 3 HGB verpflichtet zwar KapGes, über die im GJ unterlassenen Zuschreibungen zu berichten, der Umfang der im Zeitablauf angesammelten stillen Reserven ist aber nicht erkennbar.

Soweit vorgenommene Zuschreibungen VG des AV betreffen, sind sie aus dem Anlagegitter (vgl. Kapitel 17) direkt zu entnehmen. UV dürfte seltenen Anlaß zu Wertaufholungen bieten, da die VG üblicherweise zu schnell umgesetzt werden.

D. WIEDERHOLUNGSFRAGEN

1. Was besagt das Imparitätsprinzip?

2. Wie lauten das strenge und das gemilderte NWP?

3. Durch das Imparitätsprinzip werden nur drohende Verluste antizipiert. Liegt ein Verstoß gegen das Stichtagsprinzip vor?

4. Zeigen Sie am Beispiel von Handelswaren, wie der Zeitwert aus dem Absatz- oder dem Beschaffungsmarktpreis abzuleiten ist.

5. Ein Unternehmen hat bestimmte Fertigerzeugnisse zu HK von 100 hergestellt. Ein verbessertes Produktionsverfahren erlaubt, die Produkte nunmehr mit HK von 80 zu fertigen. Welchen Einfluß hat diese Entwickung auf die künftige Erfolgslage des Unternehmens? Wie wirkt sie sich auf den JA aus?

6. Wie könnte der aus dem Absatzmarkt abgeleitete Zeitwert für eine Maschine ermittelt werden?

7. Warum orientiert man sich bei der Bewertung von betriebsnotwendigem AV regelmäßig an der Wertentwicklung am Beschaffungsmarkt?

8. Was ist unter einem Markt im Sinne des HGB zu verstehen?

9. Warum sind Marktpreise die ideale Wertkategorie für eine bilanzrechtliche Bewertung? Gilt dies immer?

10. Ein Unternehmen hat eine drei Jahre alte Maschine, deren AK ursprünglich 500 betrugen. Die A. erfolgt degressiv mit 30%. Zum Bilanzstichtag sind die Wiederbeschaffungskosten für eine vergleichbare Anlage auf 400 gesunken. Welcher Wert ist der Anlage beizulegen?

11. Gleiche Ausgangsdaten wie bei 10. Der Marktpreis für eine vergleichbare gebrauchte Anlage liegt bei 150. Wie hoch ist der beizulegende Wert der Anlage?

12. Wovon hängt es ab, ob bei der vorhergehenden Aufgabe eine A. erfolgen darf, muß oder verboten ist?

13. Was ist ein Gängigkeitsabschlag? Wie kann er begründet werden?

14. Ein Kaufmann ermittelt Gängigkeitsabschläge für seine Rohstoffe nach folgendem Schema:

    - kein Zugang im letzten Monat: 10% A.,
    - kein Zugang in den zwei Monaten davor: 20% A.,
    - kein Zugang während des letzten halben Jahres: 30% A.

    etc.

    Halten Sie das Verfahren für sinnvoll und zulässig?

15. Theoretisch ist eine EW-Ermittlung eine überzeugende Form der Zeitwertermittlung. Warum wird das Verfahren gleichwohl kaum angewandt? In welchen Fällen ist es möglich, EW zu ermitteln?

16. Erläutern Sie das Prinzip der verlustfreien Bewertung anhand eines selbstgewählten Beispiels.

17. Ein unfertiges Erzeugnis hat HK auf Vollkostenbasis von 100 verursacht. Bis zur Fertigstellung werden voraussichtlich noch einmal so hohe Kosten anfallen. Die Hälfte davon ist variabel. Der Veräußerungserlös für Fertigerzeugnisse zum Bilanzstichtag beträgt 200. Diese sind in der Regel um 2% Skonto zu kürzen. Aus ihnen sind außerdem noch Verpackungs- und Versandkosten von 10 zu decken. Ist eine Abwertung erforderlich? Wenn ja, in welchem Umfang?

18. Wie wäre der Sachverhalt zu beurteilen, wenn das Fertigerzeugnis wahrscheinlich erst in einem halben Jahr veräußerungsfähig ist und der Veräußerungserlös dann nur noch 150 beträgt?

19. Ein Kaufmann hat 100 PC im Lager, die er für 5 TDM/Stück erworben hat. Er stellt fest, daß nach dem Bilanzstichtag der Absatzwert bis auf 4,5 TDM/Stück gesunken ist (bis 31.03. des Folgejahres). Bis zum Jahresende rechnet er mit einem weiteren Preisverfall auf 4 TDM/Stück und bis zum darauffolgenden Stichtag auf 3 TDM/Stück. Seit dem Bilanzstichtag hat er monatlich 20 Stück verkauft, und er kann weiterhin konstante Absatzmengen unterstellen. Um welchen Betrag muß er den Bestand zum Bilanzstichtag abwerten, um das Folgejahr verlustfrei zu halten?

20. Welchen Einfluß auf das Ergebnis hätte eine Abwertung auf 3 TDM/Stück im abgelaufenen und im Folgejahr? Wäre dies notwendig, um dem Vorsichtsprinzip Genüge zu tun?

21. Geben Sie Zwecke an, die eine A. nach vernünftiger kaufmännischer Beurteilung als zulässig erscheinen lassen.

22. Sind solche Abwertungen durch die GoB gedeckt?

23. Welche Konsequenzen können sich für den Gesellschafter einer PersGes aufgrund solcher A. ergeben? Kann sich zum Beispiel ein oHG-Gesellschafter, der nicht zur Geschäftsführung befugt ist, gegen diese Folgen schützen?

24. Erläutern Sie den Begriff der 'nur steurrechtlich zulässigen' A.

25. Ein Kaufmann schreibt eine Anlage linear ab. Die ND beträgt laut AfA-Tabelle mindestens fünf Jahre. Der Kaufmann geht von einer wirtschaftlichen ND von zehn Jahren aus. Welche A. kann der Kaufmann in seiner HB ansetzen?

26. Begründen Sie, warum das A.-Verbot in § 279 Absatz 1 Satz 2 HGB einen 'Papiertiger' darstellt.

27. Erläutern Sie den Begriff 'Teilwert'. Wie kann der TW einer Maschine theoretisch bestimmt werden?

28. Warum arbeitet die steuerliche Rechtsprechung mit sogenannten TW-Vermutungen? Wie lauten diese?

29. Zeigen Sie an ausgewählten Beispielen, daß der TW unter dem handelsrechtlichen beizulegenden Wert liegen kann. Welche Folgen ergeben sich für die HB und die StB?

30. Für eine Beteiligung an einer GmbH ermittelt ein Kaufmann einen unter den AK liegenden beizulegenden Wert. Da er von einer dauerhaften Wertminderung ausgeht, schreibt er ab. Finanzverwaltung und Finanzgericht versagen die steuerliche Anerkennung, da nicht auszuschließen sei, daß die GmbH auf Dauer doch wieder Überschüsse erwirtschaftet. Welche Konsequenzen ergeben sich für die HB und die StB?

31. Erläutern Sie den Unterschied zwischen Zugang und Zuschreibung.

32. Wie sind Zuschreibungen in der GuV auszuweisen? Sind sie für externe JA-Adressaten einer KapGes erkennbar?

33. Verstoßen Zuschreibungen gegen das Vorsichtsprinzip oder das Stetigkeitsgebot?

34. Erläutern Sie die Wertaufholungsregelung für KapGes. Warum sind Zuschreibungen rechtsformspezifisch geregelt worden?

35. Ein Unternehmen hat im Jahr 01 eine außerplanmäßige A. auf Aktien in Höhe von 500 vorgenommen. Im Jahre 04 hat sich der Börsenkurs erholt (er ist um 600 gestiegen). Wieviel kann maximal zugeschrieben werden?

36. Wäre es zulässig, in den Jahren 04 und 05 jeweils 250 zuzuschreiben, um einen gleichmäßigen Erfolgsausweis und eine möglichst konstante Steuerbelastung herzustellen?

Kapitel 12: Die Bewertung von Vermögensgegenständen IV: Bewertungsverfahren – der Grundsatz der Einzelbewertung und seine Durchbrechungen

A. KURZINHALT

Nachdem die handels- und steuerrechtlichen Wertansätze behandelt wurden, soll es in dieser Kapitel um Bewertungsverfahren (d.i. Einzel- und Sammelbewertung) gehen.

Aus Kapitel 6 ist die Grundregel bekannt, daß VG und Schulden einzeln zu erfassen und zu bewerten sind.

Zunächst werden die Zwecke des Grundsatzes nochmals aufgegriffen, um dann auf Fälle einzugehen, die eine Abweichung rechtfertigen. Ursachen sind zumeist Wirtschaftlichkeitsgründe, aber auch theoretische Argumente kommen zum Tragen.

Im dritten Abschnitt werden detaillierter die Sammelbewertungsmethoden für VG gemäß § 240 Absätze 3 und 4 sowie § 256 HGB vorgestellt. Neben der Gruppen- und Festbewertung werden die sogenannten 'Verbrauchsfolgeverfahren' im Überblick dargestellt.

Im vierten Abschnitt wird das Lifo-Verfahren (Last in – first out) wesentlich eingehender behandelt. Da dieses Verfahren nicht nur handelsrechtlich, sondern seit 1990 auch steuerlich zulässig ist, kann die praktische Relevanz von Lifo kaum überschätzt werden.

Die Änderung des EStG führte zu einer sehr weitgefächerten und kontroversen Diskussion in der aktuellen Literatur. Verfeinerungen der Methode und Zwecke der steuergesetzlichen Änderung haben grundsätzlich die Frage aufkommen lassen, ob die handelsrechtlichen GoB weiterzuentwickeln sind.

Diese Frage wird aufgegriffen, da sie von praktischer Bedeutung ist, aber auch die Gefahr besteht, daß die Handelsbilanz durch die umgekehrte Maßgeblichkeit durch steuerliche Einflüsse weiter entwertet wird.

B. LEHRZIELE

Wenn Sie dieses Kapitel durchgearbeitet haben, sollten Sie in der Lage sein,

- Inhalt und Bedeutung des Einzelbewertungsgrundsatzes für Inventar und Handelsbilanz zu erläutern,
- darzulegen, warum der (theoretisch meistens richtige) Grundsatz praktisch oft nicht eingehalten werden kann,
- den Anwendungsbereich der Sammelbewertungsverfahren aus den Vorschriften der §§ 240 Absätze 3 und 4, 256 HGB herauszuarbeiten,
- die Annahmen über die Zusammensetzung des Bestandes und des Verbrauchs bei den einzelnen Verfahren zu erläutern,
- die Begriffe 'Gleichartigkeit' und 'Gleichwertigkeit' abzugrenzen,
- den technischen und erfolgsmäßigen Unterschied zwischen dem gewogenen Durchschnittsverfahren und dem Verfahren mit gleitenden gewogenen Durchschnitten anzugeben,
- das Verhältnis des NWP zu den Wertansätzen aufgrund von Sammelbewertungsverfahren skizzieren,
- Zweck und Anwendungsvoraussetzungen des Festwertverfahrens darzustellen,
- die Ermittlung und Fortschreibungspflichten von Festwerten zu erläutern,
- die allgemeinen Voraussetzungen für Verbrauchsfolgeverfahren zu skizzieren,
- die Auswirkungen der verschiedenen Verbrauchsfolgefiktionen auf Bilanz und GuV bei bestimmten Annahmen über konstante, schwankende, steigende und fallende Beschaffungspreise anhand einfacher Modelle herauszuarbeiten,
- die praktische Relevanz von Sammelbewertungsverfahren aufgrund der handels- und steuerrechtlichen Zulässigkeit zu beurteilen,
- zu begründen, warum das Lifo-Verfahren der Substanzerhaltung dient und warum die steuerliche Zulässigkeit von Lifo ein aus ökonomischer Sicht problematischer Weg ist, das Problem der Substanzerhaltung zu lösen,
- darlegen können, wie sich verschiedene Lifo-Varianten (Perioden-Lifo – permanentes Lifo – Lifo mit und ohne Layer-Bildung, Einzel- und Gruppen-Lifo) auf Bilanz und GuV auswirken,

- die handelsrechtliche Zulässigkeit der verschiedenen Lifo-Varianten vor dem Hintergrund der Jahresabschlußzwecke und der GoB kritisch zu diskutieren,
- die Folgen und Gefahren der Verknüpfung von Handels- und Steuerbilanz (Maßgeblichkeit und umgekehrte Maßgeblichkeit) anhand der Lifo-Diskussion aufzuzeigen.

C. INHALT

1. GRUNDREGEL UND AUSNAHMEN

Wie in Kapitel 6 ausführlich dargelegt, dient der Grundsatz der Einzelerfassung und Einzelbewertung von VG und Schulden (vgl. §§ 240 Absatz 1; 252 Absatz 1 Nr. 3 HGB) in erster Linie der Vereinfachung der Bewertung und der Verhinderung von Saldierungen. Realisations- und Imparitätsprinzip setzen eine (eindeutige) Abgrenzung von Bewertungseinheiten zwingend voraus.

Eingeschränkt wird der Anwendungsbereich dieser GoB aus verschiedenen Gründen:

1. Einige Bilanzposten sind auf der Grundlage statistischer Erhebungen zu bewerten. Das Gesetz der großen Zahl erlaubt präzisere Schätzungen für den unbekannten 'richtigen' Wert. Typische Anwendungen stellen Pauschalwertberichtigungen auf Forderungen und verschiedene Rückstellungen (vgl. Kapitel 15) dar.
2. Abweichungen zeitigen darüber hinaus Vereinfachungseffekte; der Grundsatz der Wesentlichkeit erlaubt Pauschalierungen, wenn die dadurch bedingten Ungenauigkeiten nicht zu groß werden (vgl. zum Beispiel die Festwertbildung unten).
3. Die formale Anwendung kann zu offenbar unerwünschten Folgen für Bilanz und GuV führen, wenn beispielsweise geschlossene Termin- oder Währungspositionen vorliegen. Hat ein Kaufmann eine Verkaufsoption für eine Aktie erworben, so liegt ein immaterieller VG vor. Berechtigt diese Option den Kaufmann, die Aktie dem Vertragspartner für 100 DM anzudienen, so begrenzt dieser Basispreis das Kursrisiko der Aktie. Werden Aktie und Optionsrecht zusammen betrachtet und bewertet, so ergibt sich bei stärkerem Kursverfall ggf. kein Abwertungsbedarf. Unter welchen Bedingungen die Bildung von Bewertungseinheiten möglich oder geboten ist, wird kontrovers diskutiert. In § 340h HGB hat der Gesetzgeber für Kreditinstitute erstmals eine ausdrückliche gesetzliche Regelungen (für Währungspositionen) geschaffen. In der Literatur gibt es aber wesentlich weitreichendere Vorschläge bis hin zu Portefeuille-Betrachtungen.
4. In einigen Fällen kann eine Einzelbewertung gar nicht erfolgen, da ein Identitätsnachweis nicht möglich ist: werden VG aus Lieferungen mit verschiedenen Preisen vermischt, so kann dem einzelnen VG sein konkre-

ter Einstandswert nicht mehr direkt zugeordnet werden. Die AK/HK werden dann als Durchschnittswert oder mit Hilfe eines Verbrauchsfolgeverfahrens ermittelt.

Im weiteren werden die Bewertungsverfahren der §§ 240, 256 HGB vorgestellt.

2. BEWERTUNGSVEREINFACHUNGSVERFAHREN

2.1 Gruppenbewertung gemäß § 240 Absatz 4 HGB

Der Wortlaut des § 240 Absatz 4 HGB kann nicht gerade als gelungen bezeichnet werden. Die Voraussetzungen für eine Gruppenbewertung sind mißverständlich formuliert.

Es werden zwei Fälle geregelt, in denen eine Zusammenfassung erlaubt ist:

- VG des Vorratsvermögens dürfen bei Gleichartigkeit zusammengefaßt werden.
- Andere bewegliche VG des UV oder AV dürfen bei Gleichartigkeit **oder** annähernder Wertgleichheit zusammengefaßt werden.

Damit sind dem Wortlaut nach zwei meines Erachtens unsinnige Konstellationen erlaubt:

1. Gleichartige VG des Vorratsvermögens können auch bei großen Wertdifferenzen in eine Gruppe fallen. Das gleiche gilt für die sonstigen VG.

2. Die sonstigen VG dürfen auch eine Gruppe bilden, wenn sie nur annähernd wertgleich, aber völlig verschieden sind (zum Beispiel Bohrmaschinen für DM 180/Stück, Rechenmaschinen für DM 170/Stück und Autoreifen für DM 185/Stück.

Die erste Variante wurde schon durch die Kommentierungen zum alten HGB ausgeschlossen: Der Begriff 'Gleichartigkeit' wurde so ausgeweitet, daß große Wertdifferenzen ausgeschlossen waren. Um willkürliche Gruppenbildungen auszuschließen, sollten die Kriterien der Gleichartigkeit und annähernden Wertgleichheit immer gleichzeitig erfüllt sein (zur Ausnahme bei der Festbewertung siehe unten).

Das Merkmal der **Wertgleichheit** ist nach herrschender Meinung erfüllt, wenn die Bandbreite vom billigsten bis zum teuersten VG der Gruppe nicht mehr als 20% beträgt.

Um **Gleichartigkeit** anzuerkennen, müssen VG einer gleichen, nicht jedoch derselben Art angehören. Dies ist der Fall, wenn sie der gleichen Warengattung zuzurechnen (zum Beispiel Herrensocken verschiedener Farben und Größen) oder funktionsgleich sind (zum Beispiel Bierkisten aus Holz und aus Plastik). Weder handels- noch steuerrechtlich sind dabei sehr enge Maßstäbe anzulegen.

Im folgenden soll ein Zahlenbeispiel vorgestellt werden, um die Technik der Gruppenbewertung aufzuzeigen. Es wird unten auch bei den Verbrauchsfolgeverfahren zugrunde gelegt, um die unterschiedlichen Folgen für den JA deutlich zu machen.

	Menge	**DM/Stück**	**Gesamtwert/DM**
Anfangsbestand (AB)	**100 Stück**	**15**	**1.500**
1. Zugang	50 Stück	16	800
2. Zugang	150 Stück	18	2.700
3. Zugang	150 Stück	15	2.250
1. Abgang	100 Stück	?	?
2. Abgang	150 Stück	?	?
Endbestand (EB)	**200 Stück**	**?**	**?**
Verbrauch	**250 Stück**	**?**	**?**

Welche Werte für die Abgänge (einzeln und insgesamt) und für den EB anzusetzen sind, hängt vom konkreten Bewertungsverfahren ab. Primär wird der bilanzielle Bestandswert ermittelt, damit jedoch auch automatisch der in der GuV zu buchende Aufwand (Verbrauch, zum Beispiel Materialaufwand) festgelegt.

Eine Bewertung zum einfachen Durchschnitt ist nach § 240 Absatz 4 HGB ist unzulässig. Es ist demnach nicht möglich, die vier Einstandspreise zu addieren (DM 15 + DM 16 + DM 18 + DM 15 = DM 64) und durch die Zahl der Beschaffungsvorgänge zu teilen (: 4 = DM 16/Stück). Das Gesetz verlangt ausdrücklich, den **gewogenen** Durchschnitt zu berechnen, d.h. die Einstandspreise sind mit den jeweiligen Zugangsmengen zu multiplizieren. Das bedeutet, daß nicht nur die Einstandswerte, sondern auch die zugehörigen Mengen buchhalterisch zu erfassen sind. Die Vereinfachung betrifft nur die Bewertung, nicht die Feststellung des zugehörigen Mengengerüstes (Stückzahl).

Im einfachsten Fall ergäbe sich im obigen Beispiel ein gewogener Durchschnittswert von

DM 1.500 + DM 800 + DM 2.700 + DM 2.250 = DM 7.250 : 450 Stück
= DM 16,11/Stück und damit ein bilanzieller Bestand von DM 3.222.

In der GuV wäre ein Verbrauch von DM 4.028 zu zeigen (Rundungsdifferenz DM 0,50).

Dieser Berechnung liegt die **Annahme** zugrunde, daß im EB und Verbrauch die gleichen Mengenrelationen aus AB und Zugängen stecken. Real ist dies sicher unzutreffend, da im 1. Abgang keine Einheiten aus dem 3. Zugang enthalten sein können, weil dieser zeitlich später lag.

Das Verfahren kann zum **gleitenden gewogenen Durchschnitt** verfeinert werden, um diese Vereinfachung zu vermeiden. Dabei wird in regelmäßigen Abständen (monatlich, halbjährlich etc.) oder vor jedem Abgang der vorhandene gewogene Durchschnitt ermittelt. Diese Fortschreibung (**Skontration**) führt dazu, daß die Abgänge nur zu bereits realisierten Einstandswerten bewertet werden.

Im obigen Beispiel ergibt sich danach:

	Menge	Gesamtwert DM	gewogener Durchschnittswert DM
AB **+ 1. und 2. Zugang** - 1. Abgang	 **300 Stück** 100 Stück	 **5.000,00** 1.667,00	 **16,67** 16,67
Bestand + 3. Zugang	200 Stück 150 Stück	3.333,00 2.250,00	16,67 15,00
Bestand - 2. Abgang	350 Stück 150 Stück	5.583,00 2.392,50	15,95 15,95
EB	**200 Stück**	**3.190,00**	**15,95**
Verbrauch	**250 Stück**	**4.060,50**	

Der EB weist gegenüber dem nichtgleitenden gewogenen Durchschnitt einen etwas geringeren Wert auf, da der billige 3. Zugang nur im 2. Abgang enthalten ist.

Schon das einfache Beispiel zeigt ein praktisches Problem: Das genauere Verfahren mit gleitenden Durchschnittswerten ist relativ aufwendig und setzt praktisch EDV-Einsatz voraus.

Ist der (gleitende) gewogene Durchschnittswert ermittelt, ist aber damit nicht automatisch der Bilanzwert festgestellt. **Das Verfahren dient ausschließlich der Ermittlung der AK/HK der vorhandenen VG.** Daraus folgt, daß die fakultativen oder zwingenden Alternativwerte gemäß § 253 Absätze 3 und 4 und § 254 HGB noch mit dem Durchschnittswert zu vergleichen sind. Die Einhaltung des **strengen NWP** muß gewährleistet sein. Ergäbe sich im obigen Beispiel, daß der Zeitwert bei DM 15/Stück liegt, wäre eine entsprechende Abwertung des Bestandes auf DM 3.000 zwingend erforderlich.

2.2 Festbewertung gemäß § 240 Absatz 3 HGB

Das Festwertverfahren dient nicht nur der Bewertungserleichterung, sondern vermeidet auch, daß das zugrundeliegende Mengengerüst inventarisiert werden muß. Es kann für RHB sowie VG des Sachanlagevermögens unter bestimmten Bedingungen angewandt werden.

Halbfertige und fertige Erzeugnisse, immaterielle und Finanzanlagen sind demnach ausgeschlossen.

Typische Anwendungsbereiche sind zum Beispiel Gerüst- und Schalungsteile, Werkzeuge, Formen, Hotelgeschirr, Laboreinrichtungen, Büroausstattungen etc. Besonders große Vereinfachungseffekte ergeben sich bei kurzlebigen, in großen Mengen vorhandenen VG, die zudem nicht an einem festen Einsatz- oder Aufbewahrungsort bleiben.

Unter diesen Bedingungen wären körperliche Bestandsaufnahme und Einzelbewertung besonders aufwendig. Werden solche VG nach Abnutzung wiederaufgearbeitet, müßten ohne Festwert vielleicht noch schwierige Abgrenzungen zwischen Erhaltungs- und Herstellungsaufwand vorgenommen werden.

Die praktische Relevanz der Festbewertung zeigt das Beispiel der Mannesmann-Röhrenwerke AG (vgl. Funk 1985, S. 77): Das einzelbewertete Sachanlagevermögen enthält 57.000 Positionen mit einem Buchwert von einer Milliarde DM. Demgegenüber stehen ca. 160.000 festbewertete Positionen mit einem Buchwert von nur rund 150 Millionen DM. Die Relationen von Stückzahlen und Werten sprechen für sich.

Beim Festwertverfahren wird im Kern unterstellt, daß sich Zugänge und Verbrauch (= Abgänge + A.) in etwa ausgleichen. In der Bilanz wird der Festwert deshalb konstant gehalten (keine A. und Abgänge gebucht), und Zugänge werden direkt im Jahr der Anschaffung bzw. Herstellung als Aufwand in der GuV gezeigt.

Gibt es Preissteigerungen, so führt die Festbewertung zu stillen Reserven und zur Substanzerhaltung des Unternehmens. In der kaufmännischen Praxis gab es früher die Gepflogenheit, sogenannte 'eiserne Bestände' mit einem Festwert anzusetzen, um eine Besteuerung und Ausschüttung von 'Schein-gewinnen' zu verhindern. Unter einem 'eisernen Bestand' sind diejenigen Mengeneinheiten zu verstehen, die ein Unternehmen praktisch immer halten muß, um einen reibungslosen Produktionsablauf zu sichern. Sowohl nach der steuerlichen Rechtsprechung als auch nach den GoB ist dies kein zulässiger Zweck der Festbewertung nach HGB. **Ziel** ist vielmehr, durch das Vereinfachungsverfahren mit vertretbarem Aufwand den Wertansatz zu schätzen, der sich auch bei einer Einzelbewertung ergeben hätte.

Da die Festbewertung als Vereinfachungsregel gilt, ist es konsequent, wenn das HGB die Zulässigkeit von der mögliche Fehlergröße durch Ungenauigkeit abhängig macht und das Verfahren auf VG mit einem **Gesamtwert von nachrangiger Bedeutung begrenzt**. Üblicherweise wird als Konkretisierung eine Grenze von 5% der Bilanzsumme genannt. Diese Bezugsgröße kann im Einzelfall problematisch sein, wenn Finanzanlagen und Grundvermögen in nennenswertem Umfang vorhanden sind.

Die der Festbewertung zugrundeliegende Fiktion konkretisiert das HGB, indem es das Verfahren davon abhängig macht, daß der **Bestand nach Art, Menge und Wert nur geringen Veränderungen unterliegt**. Werden festbewertete VG beim Ausscheiden durch andere ersetzt, so steht das dem Kriterium der geringen Veränderung dann nicht entgegen, wenn die Ersatzgüter zumindest wirtschaftlich und technisch funktionsgleich sind. Strukturänderungen des Bestandes aufgrund von Produktionsänderungen oder starken technischen Veränderungen können einer Festbewertung aber entgegenstehen.

Das Merkmal der geringen Wertänderungen läßt einen Festwert für VG nicht zu, die größeren Preisschwankungen ausgesetzt sind. Außerdem erfordert es, daß die ND und Altersstruktur der zusammengefaßten VG in etwa gleich sind.

Bei abnutzbaren VG des AV hat die erstmalige Festbewertung die fortgeführten AK/HK zugrunde zu legen. Wieviel Prozent der ursprünglichen Einstandswerte dann als Festwert zu bilanzieren sind, hängt unter anderem von den

Größen Altersstruktur, ND, A.-Verfahren etc. ab. Dieser Prozentsatz wird **durchschnittliche Wertigkeit** genannt (für typische Modelle werden in der Literatur 25% bis 50% ermittelt).

Ändern sich die genannten Einflußfaktoren deutlich, so ist zu prüfen, ob der Festwert beibehalten werden kann.

Ergeben sich für den Festwert im Zeitablauf Änderungen, so gelten folgende Regeln:

- Wertsteigerungen um mehr als 10% nach oben führen zu einer Anpassungspflicht des Festwertes. Dies erfolgt nicht durch Zuschreibung, sondern durch Aktivierung von künftigen Neuzugängen, bis der neue Festwert erreicht wird.
- Wertsteigerungen bis 10% können vernachlässigt werden.
- Wertminderungen sind immer zu berücksichtigen beim UV, beim AV nach Maßgabe des gemilderten NWP.

Zur Kontrolle der Festwerte **sollen alle drei Jahre körperliche Bestandsaufnahmen** durchgeführt werden. Steuerlich ist dies spätestens alle fünf Jahre zwingend (R 31 Absatz 4 Satz 3 EStR 1993).

Eine Voraussetzung enthält § 240 Absatz 3 HGB nicht, und dieses 'beredte Schweigen' des Gesetzgebers läßt den Umkehrschluß zu: **Die zusammengefaßten VG müssen nicht gleichartig sein**. In der Literatur wird aber, um eine willkürliche Zusammenfassung beliebiger VG (zum Beispiel Lampen, Bohrmaschinen, Schreibmaschinen und Autoreifen) zu verhindern, gefordert, daß die Zusammenfassung durch sachbezogene Argumente begründbar ist. Abgestellt wird auf einen Funktionszusammenhang. Büromöbel zum Beispiel dienen in ihrer Gesamtheit administrativen Zwecken, Hotelgeschirr in seiner Gesamtheit der Bewirtung von Gästen etc.

Eine solche Eingrenzung macht auch aus folgendem Grund Sinn: Abweichungen des tatsächlichen Wertes vom Festwert führen nach den oben genannten Regeln zu Anpassungen, und zwar auch innerhalb der Dreijahresfrist für die körperliche Inventur. Eine solche ist vielmehr auch zwischenzeitlich erforderlich, wenn der Kaufmann begründete Anhaltspunkte dafür hat, daß der Festwert nicht beibehalten werden kann. Solche Anhaltspunkte kann man gewinnen, wenn die zusammengefaßten VG durch Schlüsselgrößen indirekt kontrollierbar sind. Hat ein Unternehmen zum Beispiel seine Arbeiter mit je einem Werkzeugsatz ausgestattet und die Werkzeuge festbewertet, so ist die Anzahl der Arbeiter eine solche Schlüsselgröße.

2.3 Verbrauchsfolgeverfahren

2.3.1 Allgemeine Grundlagen

In § 256 Satz 1 HGB ist bestimmt, daß eine **bestimmte Verbrauchsfolge unterstellt** werden kann, soweit dies den **GoB entspricht**. Daraus ergibt sich zunächst, daß die Abgangsfolge nicht der Realität nachweislich entsprechen muß, eine Fiktion ist zulässig, soweit es den GoB entspricht. Davon ist nach herrschender Meinung auszugehen, wenn die tatsächliche Abgangsfolge nicht zwangsläufig der Fiktion widerspricht. Werden zum Beispiel Schüttgüter in einem Silo derart gelagert, daß Neuzugänge von oben aufgefüllt werden und Entnahmen von unten erfolgen, so kann die reale Abgangsfolge nicht der Regel Last in – first out (Lifo: die zuletzt angeschafften VG gelten als zuerst verbraucht) entsprechen. Nach herkömmlicher Ansicht wäre Lifo deshalb unzulässig (vgl. aber hierzu die neu entbrannte GoB-Diskussion unter Punkt 3.3).

Das Gesetz selbst führt als Kriterium für die Abgangsfiktion explizit den Zugangszeitpunkt auf, läßt aber auch eine sonstige bestimmte Abgangsfolge zu. Eine solche nicht willkürliche, sondern bestimmte Folge kann demnach grundsätzlich auch an den Einstandswert (Hifo, Lofo), an den Fremd- oder Konzernzugang (Kifo, Kilo) etc. anknüpfen.

Unstrittig ist, daß jede Verbrauchsfolge handels- und steuerrechtlich zulässig ist, wenn sie keine Fiktion darstellt, sondern der Realität entspricht. Werden also AB und Zugänge getrennt gelagert und die Abgänge nach einer bestimmten Reihung vorgenommen, so ist eine Anerkennung der Bewertung problemlos, da ein Identitätsnachweis geführt werden kann.

Im folgenden sind die Verbrauchsfolgeverfahren kurz vorgestellt, die die Abgangsfolge an den Zugangstermin (Lifo, Fifo = First in – first out) und an die Einstandswerte (Hifo, Lofo) binden. Die Auswirkungen auf Bilanz und GuV werden am obigen Beispiel aufgezeigt.

2.3.2 Das Lifo-Verfahren

Die Lifo-Fiktion unterstellt, daß die zuletzt zugegangenen VG (last in) zuerst abgegangen (first out) sind. Der EB von Gütern wird demnach mit den Einstandswerten der zuerst gekauften Güter bewertet. In der Erfolgsrechnung werden die neueren Werte der Aufwandsermittlung zugrunde gelegt.

In Zeiten steigender Preise führt Lifo zur niedrigstmöglichen Bestandsbewertung und entsprechend niedrigem Erfolgsausweis. Insofern dient es der Substanzerhaltung (zu den Auswirkungen auf den Bestand bei fallenden und schwankenden Preisen vgl. die Übersicht in Punkt 2.3.6).

Lifo kann, wie das gewogene Durchschnittsverfahren und sämtliche hier aufgeführten Verbrauchsfolgeverfahren als Periodenabrechnung am Ende des Jahres oder als gleitendes (permanentes) Verfahren durchgeführt werden.

Bei tendenziell steigenden Preisen und wechselnden Zu- und Abgängen führt Perioden-Lifo zu einem niedrigeren Bestandswert als permanentes Lifo, das die Abgangsfiktion nur auf die relativ billigen Bestände zum Abgangstermin bezieht.

Im Beispiel ergibt sich aufgrund der Datenkonstellation aber kein Unterschied. Beim Perioden-Lifo wird unterstellt, daß die Abgänge von 250 Stück erfolgten aus

• dem letzten (3.) Zugang	150 Stück zu	DM	15	DM	2.250
• dem vorletzten (2.) Zugang	100 Stück zu	DM	18	DM	1.800
(in der GuV als Aufwand verrechnet)				DM	4.050

Der EB besteht demnach aus:

• dem AB	100 Stück zu	DM	15	DM	1.500
• dem 1. Zugang	50 Stück zu	DM	16	DM	800
• dem verbleibenden Teil des 2. Zugangs	50 Stück zu	DM	18	DM	900
				DM	3.200

Da auch Lifo (wie alle anderen Verbrauchsfolgen) nur der Ermittlung der AK/HK dient, also die Bewertungsobergrenze für den Bestand fixiert, muß zwingend ein Vergleich mit dem Zeitwert erfolgen. Liegt dieser unter dem Lifo-Wert, ist eine zusätzliche A. zu buchen (strenges NWP).

2.3.3 Das Fifo-Verfahren

Es liegt schlicht eine umgekehrte Abgangsfolge-Fiktion vor, d.h. die zuerst angeschafften VG gelten als zuerst verbraucht, der EB wird mit aktuellen Werten bepreist. Bei steigenden Preisen führt Fifo zu einem relativ hohen Bestandswert (Niederstwertabgleich zwingend) und zu einer geringeren Aufwandsverrechnung.

Auch hier führen im Beispiel permanentes und Perioden-Fifo zum gleichen Ergebnis. Der Endbestand wird mit DM 3.150 bewertet, der Verbrauch mit DM 4.100.

2.3.4 Das Hifo-Verfahren

Hierbei gelten die am teuersten beschafften VG buchtechnisch als zuerst verbraucht, unabhängig von Zugangs- und Abgangszeitpunkten. Eine Verfeinerung als permanentes Hifo wäre möglich.

Unabhängig von der Preisentwicklung führt Hifo immer zu den niedrigstmöglichen Einstandswerten. Es wird deshalb auch die Ansicht vertreten, daß die Methode besonders dem Prinzip der kaufmännischen Vorsicht entspricht.

Hifo kann in Abhängigkeit von der Preisentwicklung und den jeweils vorhandenen Bestandsmengen zu erheblichen stillen Reserven führen. Daß diese nicht immer den Zwecken der Rechenschaftslegung entsprechen, ist weitgehend akzeptiert (siehe auch unten).

Im Beispiel führt Hifo zu einem Bestandswert von DM 3.000 (200 Stück zu DM 15/Stück) und einem Aufwand in der GuV von DM 4.250).

2.3.5 Das Lofo-Verfahren

Das Verfahren unterstellt, daß die am teuersten beschafften VG noch vorhanden sind, während die billigeren zuerst abgehen. Der EB ist immer mit dem höchstmöglichen Wert angesetzt, der Gewinnausweis entsprechend relativ hoch. Deshalb wird häufig behauptet, das Verfahren sei unzulässig, da es dem Prinzip der kaufmännischen Vorsicht nicht genüge.

Theoretisch ist dies meines Erachtens nicht zwingend: Aufgrund der Fiktion werden die AK/HK der Bestände geschätzt. Eine Überbewertung ist durch das strenge NWP ausgeschlossen.

Dabei ist aber das praktische Problem nicht zu verkennen, daß niedrige Zeitwerte oft schwer bestimmbar sind, eine Abwertungspflicht also aufgrund praktischer Probleme schwer nachweisbar ist.

Vor diesem Hintergrund gewinnt der Vorsichtsgedanke wieder an Gewicht.

Im Beispiel ergibt sich ein Bestandswert von DM 3.500 und ein Verbrauch (Aufwand) von DM 3.750.

2.3.6 Zusammenfassung der Ergebnisse und Hinweise zur praktischen Anwendung

Folgende Tabelle faßt die Ergebnisse des Beispiels zusammen:

	Bestandswert DM	**Aufwand DM**	**Summe DM**
1. Gewogener Durchschnitt	3.222	4.028	7.250
2. Gleitender gewogener Durchschnitt	3.190	4.060	7.250
3. Lifo	3.200	4.050	7.250
4. Fifo	3.150	4.100	7.250
5. Hifo	3.000	4.250	7.250
6. Lofo	3.500	3.750	7.250

Als Ergänzung ist noch eine Übersicht als Federmann (1992, S. 303) abgedruckt, die die Ergebnisse der verschiedenen Methoden bei unterschiedlichen Preisentwicklungen (steigend, schwankend, fallend) zeigt (siehe nächste Seite).

Aus dieser Übersicht geht zum Beispiel hervor, daß im (Standard-)Fall stetig steigender Preise Lifo und Hifo zum gleichen Ergebnis führen. Wenn es keine Preisdifferenzen gäbe, würden alle Verfahren zum gleichen Ergebnis führen. Weitere Zusammenhänge und Differenzen kann man sich leicht anhand der Graphik im unteren Bereich der Übersicht verdeutlichen.

Das Beispiel oben zeigt, daß die einzelnen Verfahren zu starken Bewertungsunterschieden führen können – die Bandbreite reicht von DM 3.000 bis DM 3.500 – und entsprechend große Gewinnänderungen verursachen. Deshalb stellt sich natürlich die Frage, welche Verfahren steuerlich zulässig sind.

Preisentwicklung	steigende Preise	schwankende Preise	fallende Preise
Bestands-entwicklung / Bewertungs-verfahren	Anf.-Best. 100 EH à 5.- = 500.- Zugang 50 EH à 8.- = 400.- Zugang 100 EH à 10.- = 1.000.- Abgang 100 EH Endbestand 150 EH	Anf.-Best. 100 EH à 5.- = 500.- Zugang 100 EH à 10.- = 1.000.- Zugang 50 EH à 8.- = 400.- Abgang 100 EH Endbestand 150 EH	Anf.-Best. 100 EH à 10.- = 1.000.- Zugang 50 EH à 8.- = 400.- Zugang 100 EH à 5.- = 500.- Abgang 100 EH Endbestand 150 EH
Lifo zuletzt beschaffte/hergestellte Güter werden zuerst veräußert/verbraucht	Abgang 100 EH à 10.- = 1.000.- Endbestand 150 EH à 6.- = 900.-	Abgang 50 EH à 8.- / 50 EH à 10.- = 900.- Endbestand 150 EH à 6.66 = 1.000.-	Abgang 100 EH à 5.- = 500.- Endbestand 150 EH à 9.33 = 1.400.-
Fifo zuerst beschaffte/hergestellte Güter werden zuerst veräußert/verbraucht	Abgang 100 EH à 5.- = 500.- Endbestand 150 EH à 9.33 = 1.400.-	Abgang 100 EH à 5.- = 500.- Endbestand 150 EH à 9.33 = 1.400.-	Abgang 100 EH à 10.- = 1.000.- Endbestand 150 EH à 6.- = 900.-
Hifo Güter mit den höchsten Anschaffungs-/Herstellungskosten werden zuerst veräußert/verbraucht	Abgang 100 EH à 10.- = 1.000.- Endbestand 150 EH à 6.- = 900.-	Abgang 100 EH à 10.- = 1.000.- Endbestand 150 EH à 6.- = 900.-	Abgang 100 EH à 10.- = 1.000.- Endbestand 150 EH à 6.- = 900.-
Vergleichswert bei **Periodendurchschnittsmethode**	150 EH à $\frac{1.900}{250}$ = 150 EH à 7.60 = 1.140.-	150 EH à 7.60 = 1.140	150 EH à 7.60 = 1.140.-
Stichtagswert	150 EH à 10.- = 1.500.-	150 EH à 8.- = 1.200	150 EH à 5.- = 750.-

Die schraffierte Fläche zeigt den wegen der Geltung des Niederstwertprinzips nicht ansetzbaren Wertbereich

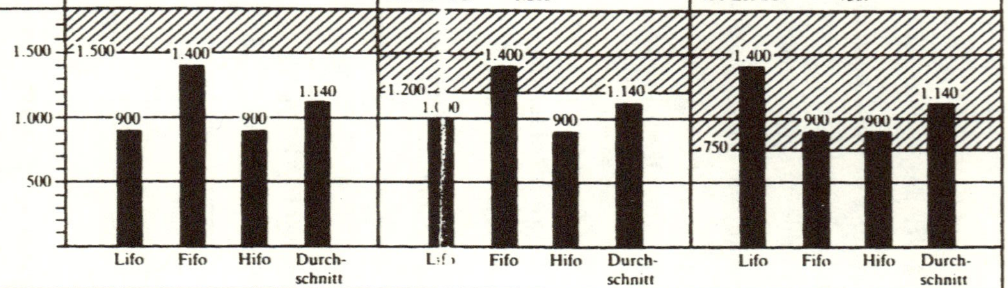

Sieht man von den Fällen ab, in denen eine bestimmte Verbrauchsfolge, zum Beispiel aufgrund der Lagertechnik, glaubhaft gemacht werden konnte (das Identitätsprinzip wird näherungsweise erfüllt), war steuerlich bis Ende 1989 allein der gewogene Durchschnitt akzeptiert. Eine Ausnahme bestand lediglich für bestimmte Metalle gemäß § 74a ESt DV. Die Verbrauchsfolgefiktionen haben deshalb praktisch keine größere Bedeutung erlangt, da in der Regel die Bestände für Handels- und Steuerbilanz nach unterschiedlichen Verfahren zu ermitteln wären. Zur Vermeidung von Doppelarbeiten wurde überwiegend auf den gewogenen Durchschnitt zurückgegriffen.

Im Rahmen des Steuerreform-Gesetzes 1990 wurde das Lifo-Verfahren auch steuerlich allgemein anerkannt (§ 6 Absatz 2a EStG). Dadurch wurden Spezialprobleme des Lifo aktuell, die im Rahmen der obigen einfachen Darstellung ausgeklammert wurden. Diese sind im folgenden Abschnitt aufzugreifen.

3. AUSGEWÄHLTE PROBLEME BEI DER ANWENDUNG DES LIFO-VERFAHRENS

3.1 Der Hintergrund der Steuerreform 1990 und einige betriebswirtschaftliche Überlegungen zum Sinn oder Unsinn von Lifo

Der neugeschaffene § 6 Absatz 1, Nr 2a Satz 1 EStG lautet wörtlich: „Steuerpflichtige, die den Gewinn nach § 5 ermitteln, können für den Wertansatz gleichartiger Wirtschaftsgüter des Vorratsvermögens unterstellen, daß die zuletzt angeschafften oder hergestellten Wirtschaftsgüter zuerst verbraucht oder veräußert worden sind, soweit dies den handelsrechtlichen Grundsätzen ordnungsmäßiger Buchführung entspricht und kein Bewertungsabschlag nach § 51 Absatz 1 Nr. 2 Buchstabe m vorgenommen wird."

Kommentiert wird diese Vorschrift durch die Finanzverwaltung in R 36a EStR 1993. Da § 5 Absatz 1 Satz 2 EStG greift (**umgekehrte Maßgeblichkeit**), setzt die steuerliche Wirksamkeit das Lifo-Verfahren in der HB zwingend voraus.

Der neue § 6 Absatz 1 Nr. 2a EStG wurde mit der ausdrücklichen Begründung versehen, daß damit dem Problem der Scheingewinnbesteuerung entgegengewirkt werden soll, die Unternehmenssubstanz soll auch bei Preissteigerungen erhalten bleiben. Ein einfaches Beispiel verdeutlicht das Problem: Ein Unternehmen kauft immer gleiche Mengen von gleichen Handelswaren ein, die AK sind in Zeile 1 aufgeführt. Zeile 2 enthält die zugehörigen Erlöse, wobei unterstellt wird, daß zum Bilanzstichtag alle Waren verkauft sind. Zeile 3 enthält den (Nominal-)Gewinn, Zeile 4 die mit 50% angesetzten Ertragsteuern und Zeile 5 die Finanzmittel nach Steuerabzug (Gewinnausschüttungen gibt es nicht).

in DM	Jahr 1	Jahr 2	Jahr 3
1. AK	100	130	150
2. Erlöse	150	170	180
3. Gewinne	50	40	30
4. Steuern	25	20	15
5. Finanzmittel	125	150	165

Das Tableau zeigt: Am Ende des Jahres 1 ist das Unternehmen bereits nicht mehr in der Lage, nach Begleichung der Steuern die identische Warenmenge zu den gestiegenen Preisen wiederzubeschaffen. Würden die Anteilseigner noch auf ihrem Recht auf Gewinnausschüttung bestehen, wäre das Reinvestitionsvolumen mengenmäßig noch geringer.

Da das Prinzip der Nominalrechnung weder im Handels- noch im Steuerrecht aufgegeben werden soll, wurden mit dem Lifo-Verfahren den Unternehmen ein Instrument an die Hand gegeben, bei steigenden Preisen stille Reserven zu bilden. Gewollte Unterbewertungen sollen die Substanzerhaltung sichern helfen. Diese Form der Subvention ist vielfach auf Kritik gestoßen:

- Bei KapGes mit fremdangestellten Managern werden die stillen Reserven der Entscheidungskompetenz der Anteilseigner entzogen, eine sanfte Form der (vielleicht nur temporären) Enteignung; dies paßt nicht in eine Marktwirtschaft.
- Die Subventionswirkung hängt vom Steuertarif ab.
- Da Unternehmen ihren Kapitalbedarf auch fremdfinanzieren, dürfte nur auf eine Netto-Substanzerhaltung abgestellt werden.
- Reinvestitionen können auch in nicht von Preissteigerungen betroffene Waren erfolgen. Warum sollten diese subventioniert werden?
- Subventionen könnten transparenter und wirkungsvoller auf direktem Weg gewährt werden.
- Schließlich führt die umgekehrte Maßgeblichkeit zu einer Deformation der Handelsbilanz.

Neben dieser eher ordnungspolitisch motivierten Einwänden gibt es auch methodenbezogene Kritik: So vertritt zum Beispiel Siegel (1991, S. 1942 f.) die Ansicht, daß Fifo die betriebswirtschaftlich sinnvollste Fiktion sei. Güter werden im Hinblick auf geplante Verwendungsmöglichkeiten beschafft. Deshalb entspricht die inhaltliche Verknüpfung von Beschaffung und Verwendung am ehesten der Abbildung betrieblicher Entscheidungsprozesse. Fraglich ist aber, ob dies tatsächlich der Aufgabe des JA entspricht. Orientiert man sich zum Beispiel am Kriterium der Ertragslage, so kann man auch argumentieren, daß die Erfolgsgrößen der GuV dann besonders aussagekräftig sind, wenn Aufwendungen und Erträge mit aktuellen Preisen bewertet sind. Demnach wäre die Lifo-Bewertung sinnvoll, allerdings mit der Konsequenz, daß die Vermögenslage zu schlecht dargestellt wird.

Ein zweiter Kritikpunkt betrifft die Manipulationsanfälligkeit des Erfolgsausweises: Durch gezielte Einkäufe kurz vor dem Bilanzstichtag führt Lifo bei gestiegenen Preisen unter bestimmten Bedingungen zu erheblichen Gewinnschmälerungen. Bei Fifo tritt dieser Effekt gar nicht auf, bei einer Bewertung zum gewogenen Durchschnitt nur (stark) vermindert.

Im nächsten Abschnitt wird anhand eines Beispiels aufgezeigt, wie der Lifo-Effekt (Legung und Erhaltung stiller Reserven) durch Verfeinerungen der Methoden vergrößert werden kann und welche Probleme dabei auftreten können.

3.2 Erweiterungen des einfachen Lifo-Modells

Ausgegangen wird von einem Automobilhändler, der zehn Pkw am Bilanzstichtag 1 auf Lager hat. Es handelt sich um Autos der Marke Trabant mit einem Gesamtwert von DM 100.000.

Bereits unter 2.3.2 wurde ausgeführt, wie sich bei Preissteigerungen ein relativ niedriger Bestandswert ergeben kann, wenn nach Lifo bewertet wird. Auch die Möglichkeit, durch **Perioden-Lifo** statt **permanentem Lifo** den Bestandswert möglichst niedrig zu halten, wurde schon angesprochen.

Eine Ausweitung des Effektes ergibt sich durch die auch steuerlich zulässige Methode, **Layer** (= Ableger) zu bilden (R 36a Absatz 3 EStR).

Grundsätzlich gibt es die Möglichkeit, bei einem Lageraufbau im 2. Jahr den Mehrbestand von zum Beispiel fünf Trabis mit dem AB von zehn Trabis zusammenzufassen. Haben die fünf neuen Trabi DM 55.000 gekostet, ergibt sich dann ein neuer EB von 15 Trabis mit einem Gesamtwert von DM 155.000 (= DM 10.333,33/Trabi). Abgänge in der Folgezeit würden, wenn vorher keine weiteren Zugänge erfolgt sind, zu diesem Wert bewertet.

Es ist aber auch zulässig, den Mehrbestand als gesonderten Layer zu führen und keinen Durchschnittswert zu bilden.

Geht in der Folge ein Trabi ab, so gilt er nach der Lifo-Fiktion als aus dem neuesten Mehrbestand entnommen. Er wird demnach mit DM 11.000 bewertet. Der AB von zehn Trabis zu DM 10.000/Stück kann also so lange erhalten bleiben, wie der EB an den kommenden Bilanzstichtagen nicht unter zehn Stück fällt.

Ein zusätzlicher Lifo-Effekt kann sich durch den Niederstwertabgleich ergeben. Ist der Zeitwert am Bilanzstichtag 2 auf DM 10.500/Trabi gefallen, so ergibt sich bei Lifo ohne Layer kein A.-Bedarf.

Sind die Layer gesondert geführt, erzwingt das strenge NWP aber eine Abwertung des mit DM 11.000/Trabi bewerteten Teilbestandes. Der neue Gesamtwert beliefe sich noch auf 10 x DM 10.000 + 5 x DM 10.500 = DM 152.500 (statt DM 155.000).

Der geschilderte Lifo-Effekt kann noch vergrößert werden, wenn statt **Einzel-Lifo** ein **Gruppen-Lifo** realisiert wird. Faßt der Autohändler nicht nur die Trabis zu einer Gruppe zusammen, sondern sämtliche Pkw, so ändert sich an seinem Bilanzwert nichts, wenn er fünf Trabis verkauft und fünf VW-Golf für DM 20.000/Stück zukauft. Der Bestand von zehn Kfz ist nach der Lifo-Fiktion mit den ursprünglichen AK anzusetzen. Als buchtechnisch abgegangen gelten die fünf VW-Golf.

Die Gruppenbildung kann also zu **Substitutionseffekten** führen, d.h. technisch bessere Nachfolgeprodukte übernehmen die ursprüngliche stille Reserve. Spezialisiert sich unser Autohändler im Laufe der Jahre auf Luxuskarossen, kann er im Extremfall später zehn Jaguar Limousinen mit dem (Trabi-)Wert von DM 100.000 bilanzieren – vorausgesetzt natürlich, daß zu keinem Stichtag vorher der Bestand zehn Stück unterschritten hat.

Erweitert der Händler seine zu einer Gruppe zusammengefaßten VG zusätzlich um Nutzfahrzeuge, zum Beispiel Lieferwagen, so kann er möglicherweise seine Lifo-Reserve durch **Kompensationseffekte** zusätzlich absichern. Hat er zu einem Bilanzstichtag nur noch acht Pkw auf Lager, so wäre im Ausgangsfall ein Abgang von zwei Trabis zu je DM 10.000 zu buchen. Eine spätere Bestandsaufstockung erfolgt zu höheren Werten. Hat er die Pkw mit Nutzfahrzeugen zusammengefaßt, so kann er die ursprüngliche stille Reserve erhalten, wenn er neben den acht Pkw noch mindestens zwei Nutzfahrzeuge lagert.

Der Vollständigkeit halber sei erwähnt, daß eine Layer-Bildung auch bei Gruppen-Lifo möglich ist.
Da der erwünschte Lifo-Effekt aber stark von der (erwarteten) Preisentwicklung abhängt und entsprechend nur unter der Annahme von Steigerungen voll wirksam wird, muß praktisch eine sehr sorgfältige Analyse der Erwartungen für die verschiedenen VG vorgenommen werden. Damit kann man versuchen, den Fall auszuschließen, daß in der Gruppe Teilbestände mit möglicherweise fallenden Preisen enthalten sind. Denn die Abgrenzung der Gruppen, auf die Lifo-Verfahren anzuwenden sind, unterliegen dem Grundsatz der Stetigkeit der Bewertungsmethode (§ 252 Absatz 1 Nr. 6 HGB).

Die letzten beiden Beispiele wurden absichtlich so extrem gewählt, um zwei Probleme deutlich zu machen:

1. Ist die vorgenommene Gruppenbildung überhaupt zulässig?
2. Wie sollen sogenannte **Strukturverschiebungen** erfaßt werden, d.h. mehr oder weniger gravierende Änderungen von Bestandszusammensetzungen?

Zur Gruppenbildung wurde unter 2.1 ausgeführt, daß sie an die Bedingungen der Gleichartigkeit und annähernden Gleichwertigkeit gebunden sein sollten, um Verzerrungen im JA zu vermeiden. Die Literatur zum Lifo-Verfahren zeigt, daß diese Ansicht bei weitem nicht von allen Autoren geteilt wird. Die Begründungen sind vielfältig. Vor dem Hintergrund der Entstehung von § 6 Absatz 1 Nr. 2a EStG wird aber häufig auf den angestrebten Zweck, möglichst umfassend stille Reserven bilden zu können, abgestellt. Insbesondere das Merkmal der Preisgleichheit wird deshalb als zu restriktiv für die Praxis abgelehnt.

In den EStR (R 36a Absatz 3) wird darauf abgehoben, daß erhebliche Preisunterschiede Anzeichen für Qualitätsunterschiede sind. Bestehen keine gravierenden Qualitätsunterschiede, so spielt der Preis mithin keine Rolle.

Für das Problem der Strukturverschiebung wird von vielen Seiten das **Indexverfahren** als adäquate Lösungsmöglichkeit angepriesen. Es handelt sich um ein relativ anspruchsvolles Rechenverfahren, das den Wertzuwachs innerhalb einer Gruppe in einen realen Vermögenszuwachs zum einen und in reine Preissteigerungen zum anderen aufspaltet. Das Verfahren ist steuerlich (noch?) nicht zulässig und wird überwiegend auch als handelsrechtlich unzulässig eingestuft. Insofern erübrigt sich eine weitere Darstellung.

3.3 Zur Vereinbarkeit von Lifo mit den GoB

Anläßlich der Diskussion um verschiedene Lifo-Varianten rückte auch die Frage ins Blickfeld, ob ein Überdenken der GoB aufgrund der Steuerreform erforderlich sei. Der Hintergrund ist, daß die übliche Interpretation der GoB den vielfach gewünschten steuerlichen Lifo-Effekt zu sehr eingrenzt. Einige Autoren würdigen bestimmte Lifo-Abwandlungen nur noch mit Blickrichtung auf Maximierung und Sicherung von stillen Reserven, um eine Scheingewinnbesteuerung möglichst zu vermeiden. Da Lifo aber nur im Rahmen der GoB anwendbar ist (§ 5 Absatz 1, § 6 Absatz 1 Nr. 2a Satz 1 EStG, § 256 Satz 1 HGB), muß die GoB-Konformität gleichwohl eingehalten sein.

Ausgangspunkt der Diskussion ist die Argumentation: Die Steuerreform soll Substanzerhaltung ermöglichen. Aufgrund der Maßgeblichkeit ist dies nur möglich, wenn die entsprechenden Lifo-Varianten auch in der Handelsbilanz angewandt werden. Folge: Substanzerhaltung ist auch ein Ziel der HB. Mit dieser Begründung werden insbesondere folgende Fälle als GoB-konform reklamiert:

- Die Lifo-Fiktion soll auch zulässig sein, wenn dies der realen Verbrauchsfolge eindeutig widerspricht (vgl. Punkt 3.3.1). Denn warum soll eine Scheingewinnbesteuerung in einigen Fällen verhindert werden und in anderen nicht? Handelt jemand mit schnell verderblichen Waren oder hat er bestimmte Lagertechniken, die Lifo ausschließen, müßte er Scheingewinne versteuern. Dies widerspricht dem Grundsatz der Gleichmäßigkeit der Besteuerung. In R 36a Absatz 2 EStR 1993 ist inzwischen eine Entscheidung zugunsten der handelsrechtlichen GoB nach konventionellem Verständnis fixiert.
- Möglichst große und auch heterogene Gruppen sollen zulässig sein, um den Vereinfachungs- und Steuererleichterungszweck zu erreichen.
- Das Merkmal der annähernden Preisgleichheit soll entfallen.

Als Ausgleich für mögliche Informationsdefizite wird auf die Anhangangabe gemäß § 284 Absatz 2 Nr. 4 HGB verwiesen, die aber nur KapGes betrifft.

Meines Erachtens geht diese Interpretation fehl. In § 256 HGB geht es einzig und allein um eine **Bewertungsvereinfachung**, nicht aber um die Vermeidung von Scheingewinnen. Unstrittig ist der Grundsatz der Wesentlichkeit ein GoB. Wie weit er reicht, ist aber in Abhängigkeit von anderen GoB und den JA-

Zwecken zu prüfen. Das wurde auch für den § 256 HGB bis zur Steuerreform so gesehen, und die oben genannten Fälle werden als GoB-widrig eingestuft.

Der Vereinfachungsgedanke stößt zum Beispiel an seine Grenzen, wenn der Grundsatz der Richtigkeit stark tangiert wird, wie im ersten Fall. Man kann auch nicht unterstellen, daß sich die Zwecke des handelsrechtlichen JA durch die Steuerreform geändert haben. Dies aus vier Gründen:

1. Das HGB dient auch der Abgrenzung zivilrechtlicher Ansprüche von Unternehmensbeteiligten. Eine Steuerreform kann aber kaum die Informationsrechte von Eigentümern aufheben.
2. Die Handelsbilanz hat auch die Aufgabe, Ausschüttungsansprüche von Eigentümern nach oben und unten zu begrenzen. Selbst wenn die Informationsrechte durch Anhangerläuterungen wieder gesichert wären, eine Ausschüttungsverkürzung bleibt.
3. Das HGB muß den Anforderungen der supranationalen 4. EG-Richtlinie entsprechen. Dies schließt eine Re-Interpretation der GoB aus.
4. Im EStG wird auf die handelsrechtlichen GoB verwiesen. Diese begrenzen in der vorliegenden Fassung den steuerlichen Gestaltungsspielraum. Weder aus Wortlaut noch Entstehungsgeschichte oder Zweck von § 6 Absatz 1 Nr. 2a EStG läßt sich etwas anderes herleiten.

Fazit:

Die Diskussion ist noch lange nicht abgeschlossen. Wie die bilanzierenden Unternehmen, die Finanzverwaltung und die Rechtsprechung sich entwickeln werden, ist noch offen. Es ist durchaus möglich, daß das praktische Primat der StB zu einer weiteren Entwertung der HB führt. Man kann aber schon heute darüber streiten, ob die verschiedenen Lifo-Varianten tatsächlich das Bilanzrecht und seine Anwendung vereinfacht haben.

D. WIEDERHOLUNGSFRAGEN

1. Erläutern Sie Inhalt und Bedeutung des Grundsatzes der Einzelbewertung für Buchhaltung und Bilanzerstellung. Halten Sie den GoB für ein adäquates Mittel, um die handelsrechtlichen JA-Zwecke zu erreichen?

2. Erläutern Sie das Verhältnis der Grundsätze 'Einzelbewertung' und 'Wirtschaftlichkeit' zueinander anhand ausgewählter Beispiele.

3. Welche der folgenden Behauptungen ist zutreffend (Begründung!)?

   Die unterschiedlichen Methoden zur Bewertung gleichartiger Vorräte

   a) schaffen dem Betrieb in Zeiten schwankender Preise einen bilanzpolitischen Spielraum,
   b) sind aufgrund des Maßgeblichkeitsprinzips in der Steuerbilanz immer dann zugelassen, wenn sie in der Handelsbilanz erlaubt sind,
   c) gestatten die Beeinflussung des Vermögens – nicht aber des Erfolgsausweises,
   d) erlauben es, den Erfolg möglichst niedrig und gleichzeitig das Vermögen möglichst hoch anzusetzen,
   e) dienen zur fiktiven Ermittlung der Anschaffungskosten,
   f) sind unter Beachtung des strengen NWP anwendbar,
   g) können gleichzeitig nebeneinander für verschiedene Vorratspositionen angewandt werden,
   h) können aufgrund ihrer Flexibilität gut für bilanzpolitische Maßnahmen genutzt werden

   (Aufgaben a-f in Aufgabe 3 aus Wöhe 1992, S. 501).

4. Ein Unternehmen will in Zeiten konstant steigender Preise möglichst hohe stille Reserven bilden.

   a) Sollte das Unternehmen seine Vorräte mit dem gewogenen Durchschnittswert oder mit dem gleitenden gewogenen Durchschnittswert ansetzen?

   b) Sollte das Unternehmen den AB in die Berechnung einbeziehen?

   c) Sollte nur der EB, nicht aber der Abgang zu gewogenen Durchschnittswerten angesetzt werden?

   d) Ist es überhaupt möglich, mit der Durchschnittsmethode stille Reserven zu legen?

5. Ein Unternehmen legt zum abgelaufenen GJ folgende Daten vor:
   AB: 50 Paar Socken zu DM 5 je Paar
   Zugänge: 10.03. (100 Paar zu je DM 5,20),
   17.06. (200 Paar zu je DM 5,10),
   05.09. (150 Paar zu je DM 6),
   11.11. (200 Paar zu je DM 5).
   Abgänge: 05.01. (20 Paar),
   20.03. (110 Paar),
   10.09. (350 Paar).

   Ermitteln Sie den EB und den Verbrauch der Periode nach dem gewogenen und dem gleitenden gewogenen Durchschnittswert. Welcher Wert ist höher und warum? Geben Sie bitte die zugehörigen Buchungssätze einschließlich der Kontenabschlüsse über Schlußbilanz- und GuV-Konto an.

6. Ein Kaufhaus hat im abgelaufenen Jahr eine Vielzahl kleiner Grundstücksparzellen zu ständig steigenden Preisen gekauft, um ein neues Einkaufszentrum auf der grünen Wiese zu errichten. Zur Finanzierung mußten einige nicht betriebsnotwendige Mietwohngrundstücke verkauft werden, wobei immer der gleiche Verkaufspreis realisiert wurde. Im Unternehmen denkt man darüber nach, wie man bei dieser Konstellation durch ein Verfahren der Sammelbewertung einen möglichst niedrigen Ertragsausweis darstellen kann. Helfen Sie bitte bei der Verfahrensauswahl.

7. Eine Meierei produziert und verkauft Milch (Frisch- und H-Milch mit verschiedenen Fettgehalten), verschiedene Quark- und Joghurtsorten und diverse Käsespezialitäten. Zum Bilanzstichtag liegen von jedem Produkt halbfertige und fertige Erzeugnisse in großen Mengen vor. Unter welchen Bedingungen und in welchem Umfang sind Sammelbewertungsverfahren zulässig? Welche Verfahren sind nicht möglich (Begründung!)?

8. Erläutern Sie Zwecke, Anwendungsvoraussetzungen und Technik der Festbewertung. Ist die Festbewertung steuerlich erlaubt? Dient sie in Zeiten fallender Preise der Substanzerhaltung?

9. Kann ein Hotel für das Geschirr und die Bettwäsche einen gemeinsamen Festwert ansetzen?

10. Ist die Festbewertung für Rohstoffe zulässig, die in einem Silo gelagert werden (Beschickung von oben, Entnahme von unten)?

11. Geben Sie die Buchungssätze zu folgenden Sachverhalten an:

    a) Eine Baufirma setzt für Gerüstteile zulässigerweise einen Festwert an. Im GJ wurden neue Gerüstteile für DM 200.000 eingekauft.
    b) Die Inventur im Folgejahr ergibt, daß der tatsächliche EB um 5% (= DM 40.000) über (unter) dem bisherigen Festwert liegt.

12. Zusatzfrage zu 11: In welcher GuV-Position vermuten Sie die laufenden (planmäßigen) A. auf die Gerüstteile?

13. Ein Industriebetrieb bewertet seine Bohrmaschinen zulässigerweise mit einem festen Wert. Bei Einzelbewertung wäre bei diesen Maschinen steuerlich eine ND von fünf Jahren zugrunde zu legen. Die Anlagenkartei enthält zusätzlich folgende Daten: AK, Stückzahl, Zugangstermine, A.-Pläne. Da das Management die Anweisung gegeben hat, unnötige Dateien zu löschen, vernichtet der Bilanzbuchhalter die Anlagekartei der festbewerteten Bohrmaschinen. Hat er einen Fehler gemacht?

14. Welche der in § 256 HGB genannten Sammelbewertungsverfahren sind bei in Silos (Beschickung von oben, Entnahme von unten) gelagerten Rohstoffen nach Handels- und Steuerrecht zulässig?

15. Welchen Einfluß auf den Gewinnausweis haben Lifo, Fifo, Hifo und Lofo bei konstant sinkenden Preisen? Führen die genannten Verfahren zu handels- und steuerrechtlich zulässigen Wertansätzen?

16. Verstößt die Lofo-Methode gegen das NWP?

17. Warum dient die steuerliche Zulässigkeit des Lifo-Verfahrens der Substanzerhaltung?

18. Halten Sie den gesetzgeberischen Weg, durch § 6 Absatz 1 Nr. 2a EStG die Substanzerhaltung von Unternehmen zu fördern, für sinnvoll?

19. Ein Interessenverband der Kaufmannschaft (GEFIU) hat zum Lifo-Verfahren folgende Thesen formuliert:

    a) Preisgleichheit ist keine notwendige Voraussetzung, um Lifo anzuwenden.
    b) Da Lifo eine Fiktion ist und Substanzerhaltung für alle Unternehmen wichtig ist, muß es für alle Branchen (also auch für den Salatkopfhändler) zulässig sein.

c) Da Lifo für alle Unternehmen, unabhängig von der Unternehmensstruktur und der Vielgestaltigkeit der VG des Vorratsvermögens, möglich sein soll, ist bei der Gruppenbildung nicht kleinlich zu verfahren (auch heterogene Gruppen sind zuzulassen).

d) Stellt sich bei Gruppen-Lifo heraus, daß für einen Teilbestand der Gruppe der Zeitwert am Bilanzstichtag unter dem Lifo-Wert liegt, so erzwingt das Imparitätsprinzip eine A. auf den Teilbestand; ansonsten würden Wertminderungen des Teilbestandes mit Werterhöhungen des übrigen Bestandes saldiert.

Welche Konsequenzen für den JA haben die Thesen? Halten Sie die Thesen für handelsrechtlich zutreffend?

20. Ein Unternehmen möchte möglichst wenig Gewinn im JA zeigen und überlegt, ob das Vorratsvermögen deshalb am besten nach der Lifo-Methode mit oder ohne Layerbildung zu bewerten ist. Welche Empfehlung würden Sie dem Unternehmen geben (Begründung!)?

21. Die (umgekehrte) Maßgeblichkeit führt zu einer deformierten HB, die ihren eigentlichen Zwecken kaum noch gerecht wird. Zeigen Sie anhand der aktuellen Diskussion zu verschiedenen Aspekten der Lifo-Methode auf, ob und warum diese Behauptung zutrifft oder nicht.

Kapitel 13: Das bilanzielle Eigenkapital

A. KURZINHALT

Eigentlich könnte alles ganz einfach sein: das EK ist der Saldo von Vermögen und Schulden. Die Behandlung dieses Postens ist trotzdem nicht so problemlos.

Der Begriff EK ist in verschiedenen Zusammenhängen bedeutsam: Sowohl gesellschaftsrechtliche Folgen als auch Einstufungen eines Unternehmens als kreditwürdig knüpfen an das EK an. Die Art der Finanzierung eines Unternehmens (Innen-, Außenfinanzierung) wirkt sich auf Höhe und Zusammensetzung des EK aus. Schwierig ist in diesem Zusammenhang, daß das bilanzielle EK nicht mit dem 'tatsächlichen' oder 'betriebswirtschaftlichen' EK gleichzusetzen ist (wie immer ein solches auch ermittelt werden soll).

Wie EK definiert werden soll, hängt vom Kontext (der konkreten Fragestellung) ab: Für die Feststellung, ob der Konkurstatbestand der Überschuldung vorliegt, ist EK anders zu messen als für die Entscheidung, ob ein Gläubiger einem Unternehmen einen Kredit einräumen kann, ohne ein allzu großes Ausfallrisiko zu tragen. Für die Frage, ob EK-Bestandteile an die Eigner ausgeschüttet weren dürfen und wer die Entscheidung darüber trifft, ist die Ermittlung und Untergliederung des EK von wesentlicher Bedeutung.

Der Grund besteht in gesetzlichen und ggf. gesellschaftsvertraglichen Regelungen, die eine freie Verfügung begrenzen. Das Bilanzrecht ist ein elementarer Baustein des Organisationsrechtes der Unternehmen (zum Beispiel Kapitalerhaltungs- und Erfolgsverteilungsgrundsätze).

Erschwerend kommt hinzu, daß es eine Reihe von Hybriden gibt: Posten, die - unter bestimmten Bedingungen – sowohl EK- als auch FK-Charakter haben.

In diesem Kapitel wird das sogenannte 'bilanzielle EK' im Vordergrund stehen: Aus welchen Bilanzposten besteht es? Welche Formen der EK-Änderung gibt es (Erfolge, Kapitalerhöhungen von außen, Kapitalherabsetzungen etc.)? Welche EK-Posten sind für welche Zwecke verfügbar? Wer darf diese Verfügungen treffen?

Zum Schluß dieses Kapitels werden zwei Aspekte aufgegriffen, die für deutsche KapGes von besonderer Bedeutung sind:

- der hohe Anteil der Innenfinanzierung am gesamten Finanzierungsvolumen und
- die im internationalen Vergleich recht geringe Ausstattung mit EK.

B. LEHRZIELE

Das Kapitel zur Bilanzierung und Bewertung des EK soll Sie in die Lage versetzen,

- zu begründen, warum das bilanzielle EK nicht ohne weiteres als Anspruch der Eigentümer auf bestimmte Vermögensteile zu interpretieren ist,
- zu erläutern, warum der Begriff EK in der Bilanz, im Insolvenzrecht und in Finanzierungsanalysen unterschiedlich abgegrenzt werden sollte,
- den EK-Ausweis in den Bilanzen von Nicht-KapGes zu skizzieren,
- zu erkennen, welche Bilanzposten direkt oder indirekt mit dem bilanziellen EK verknüpft sein können,
- darzulegen, welche Bedeutung die Regeln zur Kapitalaufbringung und Kapitalerhaltung für AG haben und wie diese aussehen,
- die Bilanzierungsregeln für das gezeichnete Kapital zu erläutern,
- die verschiedenen Formen der Erhöhung und Herabsetzung des Grundkapitals einer AG zu beschreiben,
- den Inhalt der Kapitalrücklagen zu umschreiben,
- den Inhalt der Gewinnrücklagen zu umschreiben,
- zu beurteilen, welche EK-Bestandteile frei verfügbar und welche zweckgebunden sind,
- die Kompetenzregelungen für die Ergebniserwendung im AktG zu erläutern,
- die Darstellungsvarianten der Ergebnisverwendung im JA zu beschreiben,
- darzulegen, welche Quellen der Innenfinanzierung es gibt,
- die Möglichkeiten der Selbstfinanzierung auszuführen,
- Gründe für die sinkende EK-Ausstattung deutscher Unternehmen anzugeben,
- die vielfach geäußerte Kritik an dieser Entwicklung zu analysieren.

C. INHALT

1. EINFÜHRUNG

Während die Aktivseite der Bilanz im wesentlichen die VG eines Unternehmens zeigt, also die Mittelverwendung, ist der Passivseite die Mittelherkunft zu entnehmen (von RAP und Sonderposten einmal abgesehen). Eine fundamentale Bedeutung hat dabei die Trennung von EK und FK, das in der Hauptsache aus Verbindlichkeiten und Rückstellungen besteht. Anhand der Kapitalstruktur soll erkennbar sein, wer wie viele Mittel für Investitionen zur Verfügung gestellt hat. Das Kapital stellt dabei eine abstrakte Größe dar, die Ansprüche unterschiedlicher Art auf das Vermögen repräsentieren, allerdings keine Ansprüche auf bestimmte VG oder gar Bruchteile daran. Dieser Kapitalbegriff bezieht sich also gerade nicht auf Größen wie Real- oder Sachkapital, sondern es handelt sich um einen **bilanziellen Kapitalbegriff.**

Formal ist das EK sehr einfach zu bestimmen: Zieht man vom Vermögen das FK ab, so entspricht der Saldo dem EK oder Reinvermögen. Das EK wird, so gesehen, auch nicht direkt bewertet, sondern es ist abhängig vom Ansatz und der Bewertung der VG und des FK. Es stellt einen fiktiven Betrag dar, der verbleiben würde, wenn

a) alle VG zum Stichtag versilbert und
b) mit dem Geld alle Schulden beglichen worden wären, wobei
c) VG und Schulden völlig zutreffend erfaßt und bewertet waren (d.h. zum Beispiel, es gab keine stillen Reserven oder stillen Lasten) und
d) keine Kosten für die Auflösung des Unternehmens und die Auflösung von Verträgen anfallen würden.

Diese restriktiven Bedingungen zeigen: Das EK ist eine höchst fiktive Größe. Deren Bestimmung ist aber nicht ganz so einfach, wie es auf den ersten Blick aussieht. Ursächlich sind unter anderem folgende Aspekte:

1. Es gibt unterschiedliche und umstrittene Definitionen von EK (und FK). Das liegt auch daran, daß der Begriff in verschiedenen Zusammenhängen benutzt wird und ihm unterschiedliche Funktionen zugeschrieben werden.

2. Das bilanzielle EK wird (zumindest bei KapGes) stark untergliedert, um die Aussagefähigkeit zu erhöhen. Die das EK betreffenden Posten können dabei sowohl auf der Aktiv- als auch auf der Passivseite auftreten. Sonderposten sind möglich (s.u.).
3. Die Passivseite der Bilanz soll Rückschlüsse auf die Art der Finanzierung des Unternehmens ermöglichen. Nicht selten werden Bonitätsurteile abgeleitet: Ein Unternehmen ist 'gesund finanziert' oder nicht; es gibt eine 'EK-Lücke' oder nicht etc.
   Ob solche Werturteile zutreffend oder zumindest plausibel sind, hängt zum Teil von subjektiven Einschätzungen ab. Begriffliche Unklarheiten und mangelhafte Gesetze haben verfehlte Denkweisen begünstigt.
4. Eine Finanzierungsanalyse setzt natürlich eine konkrete Fragestellung und eine zutreffende Höhe des EK-Ausweises in der Bilanz voraus. Aufgrund von stillen Reserven, Scheingewinnen etc. wird bezweifelt, daß der JA eine gute Datenbasis für (externe) Analysen darstellt. Unklar ist dann aber, wie das 'richtige', 'betriebswirtschaftliche' EK definiert und ermittelt werden soll.

Dieses Kapitel soll helfen, begriffliche und systematische Klarheit zu schaffen. Im ersten Schritt werden Begriffe und Funktionen von EK erläutert. Danach wird kurz der EK-Ausweis in der Bilanz von Nicht-KapGes skizziert, bevor ausführlich auf die EK-Bestandteile und deren Änderungen bei KapGes eingegangen wird. Hierbei werden die beiden Möglichkeiten der Außen- und Innenfinanzierung vorgestellt. Das Kapitel endet mit einer kurzen Diskussion der Gründe, warum die bilanzielle EK-Ausstattung deutscher Unternehmen so niedrig ist. Ein Grund besteht darin, daß es einige Bilanzposten gibt, die sowohl EK- als auch FK-Charakter haben. Diese werden im nächsten Kapitel behandelt.

2. DIE SCHWIERIGKEIT, EIGENKAPITAL ZU DEFINIEREN

Es sollen im folgenden einige Kriterien skizziert werden, die erlauben sollen, EK von FK zu trennen. Die Beispiele machen deutlich, daß eine zweckmäßige EK-Definition nur situationsabhängig möglich ist.

Besonders einfach sieht folgende Variante aus: EK ist das Kapital, das dem Unternehmen **von den Eigentümern zur Verfügung gestellt** wurde. Unbrauchbar ist diese Abgrenzung aus zwei Gründen: Einmal kann ein Eigentümer seinem

Unternehmen auch FK zur Verfügung stellen (zum Beispiel Darlehen gewähren), zum anderen können auch Personen, die gesellschaftsrechtlich keine Eigentümerposition haben (keine Mitgliedschaftsrechte erworben haben), bilanzielles EK schaffen (zum Beispiel Genußscheinkapital, s.u.).

EK kann auch nicht definiert werden mit Hilfe einer **Finanzierungs-** oder **Errichtungsfunktion** für das Unternehmen: Auch FK dient der Finanzierung, und ein Unternehmensaufbau ist selbstverständlich auch ohne EK möglich (es sei denn, es soll die Rechtsform der KapGes gewählt werden).

Die **Erfolgsabhängigkeit** der Kapitalbestandteile würde zwar häufig eine plausible Abgrenzung ermöglichen, aber nicht immer. Bei AG besteht für die ausgegebenen Anteile zum Beispiel keine Bedienungspflicht; Dividenden belasten das Unternehmen nur, wenn ein Bilanzgewinn ausgewiesen ist. Darlehensgeber werden in der Regel auch dann Zinsen verlangen, wenn die AG keine Gewinne macht. Sie haben Festbetragsansprüche. Gleichwohl gibt es (juristisch) eindeutige FK-Positionen, die erfolgsabhängig sind, zum Beispiel partiarische Darlehen und – je nach Ausstattung – Genußrechte.

Umgekehrt kann der Druck auf die Unternehmensleitung einer AG so groß sein, daß zwar nicht rechtlich, aber doch de facto eine Bedienungspflicht für EK vorliegt. In Verlustjahren müssen dann Gewinnrücklagen aufgelöst werden, um Dividenden zahlen zu können. Bei PersGes ist es durchaus üblich, daß nur die festen EK-Konten für die Erfolgsverteilung herangezogen werden, während die variablen EK-Konten fest verzinst werden.

Mit der Erfolgsabhängigkeit verknüpft ist die sogenannte **Ausschüttungssperrfunktion** des EK: Das in der Bilanz ausgewiesene EK bindet Vermögen, also Haftungssubstanz, im Unternehmen. Als Verzinsung des EK kommen nur Gewinne in Frage, also EK-Mehrungen. Haben Verluste das EK gemindert, so ist es später durch Gewinne aufzufüllen, bevor Ausschüttungen an die Eigner möglich sind. Diese Form des Gläubigerschutzes betrifft aber nicht alle Rechtsformen gleichermaßen, sondern ist an das Privileg der Haftungsbegrenzung gekoppelt. Persönlich unbegrenzt haftende Gesellschafter haben auch in Verlustperioden Entnahmerechte. Umgekehrt gilt: Bei weitem nicht alle EK-Bestandteile sind bei KapGes für Ausschüttungen gesperrt (s.u.).

Deshalb ist das Merkmal der **Dauerfinanzierung** untauglich für eine EK-Definition. Zwar wird EK in der Regel ohne Befristung zur Verfügung gestellt, aber auch FK kann dauernd einsetzbar sein. Andererseits kann EK durchaus auch kurzfristig entzogen werden (allerdings sind rechtsformabhängige Restriktionen zu beachten).

Ein regelmäßig genanntes Kriterium ist die sogenannte **Voraushaftungsfunktion** des EK. Verluste treffen zunächst das EK; erst wenn dieses aufgezehrt ist, wird die Gläubigerposition gefährdet. Im Konkursfall kann EK nicht als Forderung geltend gemacht werden. Zu beachten ist zunächst einmal, daß nicht das EK für Schulden haftet, sondern das Vermögen eines Unternehmens stellt die Haftungsmasse dar. Wie folgendes Beispiel zeigt, ist für Gläubiger die EK-Höhe im Insolvenzfall tatsächlich sehr wichtig. Die Bilanzen von Unternehmen A und Unternehmen B unterscheiden sich nur durch die Passivseite:

Unternehmen A			
AV	500	EK	100
UV	300	FK	700
	800		**800**

Unternehmen B			
AV	500	EK	400
UV	300	FK	400
	800		**800**

Werden die Unternehmen versilbert, um die Gläubiger zu befriedigen, so ergibt sich folgendes Bild (Annahme: Zufluß an liquiden Mitteln aus dem Verkauf der VG: 500):

Unternehmen A			
Liquide Mittel	500	FK	700
Lücke	200		
	700		**700**

Unternehmen B			
Liquide Mittel	500	FK	400
		Überschuß	100
	500		**500**

Unternehmen B stellt für Gläubiger demnach ein 'geringeres' Risiko dar. Bezweifelt werden muß aber, daß den Bilanzposten anzusehen ist, zu welchen Werten sie zu versilbern sind. Aus einer bestimmten Kapitalstruktur lassen sich deshalb nur begrenzt Rückschlüsse auf Gläubigergefährdungen ziehen. Hinzu kommt, daß zivilrechtlich und bilanziell als FK einzuordnende Bestandteile in Insolvenzverfahren wie EK behandelt werden können. Die Rechtsprechung zu EK-ersetzenden Gesellschafterdarlehen oder Rangrücktrittsvereinbarungen unterschiedlicher Art machen dies deutlich. EK ist deshalb nicht mit dem Begriff **Risikokapital** gleichzusetzen. Risikokapital ist das Kapital, das als Verlustpuffer dient, das gegenüber bestimmten Ansprüchen nachrangig ist. Deshalb kann auch ein Bankdarlehen aus der Sicht eines Lieferanten Risikokapital darstellen, wenn die Gläubigerbank vereinbart hat, in Insolvenzverfahren ihre Ansprüche erst dann geltend zu machen, wenn (alle) anderen Gläubiger (also auch der Lieferant) befriedigt wurden.

Selbst die im Falle der Unternehmensfortführung unstrittig FK darstellenden Jubiläums- oder Kulanzrückstellungen stellen im Insolvenzverfahren Risikokapital dar: Sie wirken wie EK, da die Ansprüche, die sie verkörpern, nicht zu Vermögensabflüssen führen.

Das bilanzielle EK wird zum Teil als **Risikokapital** bezeichnet, da es die Finanzierung besonders riskanter Investitionen ermöglicht, für die Gläubiger kein Kapital zur Verfügung stellen. Solche Investitionen beinhalten häufig auch große Gewinnchancen. Da Gläubiger in der Regel feste Zinsen vereinbaren, tragen sie bei solchen Investitionen hohe Ausfallrisiken, ohne auf der andere Seite entsprechende Gewinnchancen zu haben. Insofern wäre eine Finanzierung wenig lohnend. Zu beachten ist aber folgender Einwand: Wird EK in besonders riskante Geschäfte investiert, so kann dies die Insolvenzwahrscheinlichkeit für das gesamte Unternehmen erhöhen. Das gesamte Kapital ist insoweit Risikokapital, auch wenn die Gefahr von Ausfällen nicht alle Kapitalgeber gleich trifft. Deshalb ist ein höheres EK unter bestimmten Bedingungen nicht zwingend mit einer verbesserten Risikosituation für die Gläubiger verknüpft, auch wenn dies der Regelfall sein wird.

Inwieweit das Argument tragfähig ist, daß Unternehmen mit hohem EK rationaler und verantwortungsbewußter mit Kapital umgehen, da es auch um eigene Mittel geht, soll hier nur angerissen werden: Bei personalistisch orientierten Unternehmen, bei denen Eigentum und Geschäftsführung in einer oder wenigen Person/en vereinigt sind, mag dies zutreffen. Sind viele Eigentümer vorhanden und/oder sind Eigentum und Verfügungsgewalt getrennt, gilt dies nicht mehr. Es wird sogar argumentiert, daß in solchen Fällen die disziplinierende Kraft des Kreditmarktes fehlt und das angestellte Management sorgloser plane/ investiere (vgl. Kapitel 13).

Die Trennung von Eigentum und Verfügungsgewalt, die zum Beispiel für große Publikumsgesellschaften typisch ist, führt auch dazu, daß die mit der Kapitalhingabe verknüpften **Entscheidungs-, Informations- und Kontrollrechte** EK und FK nicht immer unterscheidbar machen. Selbstverständlich erwirbt ein Aktionär mit dem Kauf von Aktien Mitgliedschaftsrechte. Nur: es gibt verschiedene Aktiengattungen mit unterschiedlichen Rechten. Praktisch sind diese zudem oft wenig wert, wenn zum Beispiel Streubesitz vorliegt oder Minderheitenanteile an Konzernunternehmen gehalten werden. De facto haben Minderheitsgesellschafter oft eine Position, die dem Gläubigerstatus sehr nahe kommt. Umgekehrt können sich Gläubiger vertraglich starke Informations- und Kontrollrechte einräumen lassen und tun dies auch. Soweit es sich um Banken handelt, die über das Depotstimmrecht zusätzlich in der Eigentümerversammlung (Hauptversammlung) mitbestimmen können, ist ihr Einfluß trotz Gläubigerposition besonders groß.

Zum Schluß dieses Abschnitts sei noch eine Bemerkung zu einem verbreiteten Mißverständnis angefügt.
EK soll Konkurse verhindern, die durch **Zahlungsunfähigkeit** oder Überschuldung ausgelöst werden, wenn ein Unternehmen keine persönlich unbegrenzt haftenden Gesellschafter hat (vgl. § 92 AktG, § 64 GmbHG, §§ 130a, 177a HGB). Ob Zahlungsunfähigkeit vorliegt oder nicht, hängt von der Vermögenssituation ab, der Aktivseite der Bilanz. EK hat bestenfalls indirekte Bedeutung: Soweit eine EK-Ausstattung die Aufnahme oder Prolongation von Krediten oder die Aufnahme von neuem EK ermöglicht, kann es zur Vermeidung von Zahlungsschwierigkeiten vielleicht beitragen. Direkt hat EK aber nichts mit Zahlungsmitteln zu tun.

Von **Überschuldung** spricht man, wenn das FK größer als das Vermögen ist, also ein negatives EK vorliegt. Nur ist zu beachten, daß das EK, das für diesen Zweck ermittelt wird, nicht nach den Regeln des handels- oder steuerrechtlichen JA bewertet wird. Der Insolvenztatbestand 'Überschuldung' hat nichts mit dem JA zu tun. Zwar kann ein schlechter JA ein Grund sein zu prüfen, ob eine Konkursantragspflicht vorliegt, dazu wird aber dann eine Sonderbilanz nach vom JA abweichenden Bilanzierungs- und Bewertungsregeln erstellt. Im wesentlichen unterscheidet sich diese Sonderbilanz dadurch, daß stille Reserven (und Lasten) aufgelöst werden müssen.

Die Diskussion der Abgrenzungsprobleme des EK ist in gewisser Weise unbefriedigend, da keine eindeutigen Ergebnisse erzielt wurden. Es lassen sich zwar idealtypische Merkmale von EK und FK angeben (Erfolgsabhängigkeit, Verkörperung von Mitgliedschaftsrechten, Voraushaftung, keine vertraglichen Rückzahlungstermine etc.), eine präzise, allgemeingültige Definition liegt aber nicht vor. Im weiteren werden deshalb

- einige bilanziell unstrittige EK-Posten erläutert,
- einige Bilanzposten skizziert, die zumindest partiell EK-Charakter haben.

3. DER EIGENKAPITALAUSWEIS BEI NICHT-KAPITALGESELLSCHAFTEN

Das HGB enthält keine ausdrückliche Regelung, ob und ggf. wie das EK von Nicht-KapGes auszuweisen ist. Zu beachten sind jedenfalls die Grundsätze der Klarheit und Übersichtlichkeit. Castan (1990, S. 45) weist darauf hin, daß große Personenunternehmen in veröffentlichten Bilanzen das EK nur in einem Posten ausweisen. Dieses EK umfaßt den Saldo aus Einlagen, Entnahmen, Ergebnis, Ergebnisvortrag, positiven und negativen Kapitalkonten der einzelnen Gesellschafter. Der Bilanz kann somit noch nicht einmal der Jahreserfolg entnommen werden.

Grundsätzlich besteht die Möglichkeit, das oder die EK-Konten der Gesellschafter in einen variablen und einen konstanten Posten aufzuspalten. Zum Teil wird dem EK auch ein Privatkonto vorgeschaltet, auf dem Privatentnahmen und -einlagen gebucht werden. Die Trennung in konstante und variable Kapitalkonten hat häufig den Zweck, die Stimmrechte und Ergebnisbeteiligung der Gesellschafter im Zeitablauf konstant zu halten. Soweit Gesellschafter Gewinne stehenlassen oder ihnen Verluste zuzurechnen sind oder Privateinlagen/-entnahmen erfolgen, werden diese auf den variablen Kapitalkonten gebucht. Die konstanten Kapitalkonten bleiben unverändert. Sie bilden dann den Maßstab für die Stimmrechte und/oder die Erfolgsverteilung.

Soweit der Gesellschaftsvertrag eine entsprechende Regelung enthält, ist der Gesellschafter bezüglich der nichtentnommenen Gewinnbestandteile als Gläubiger anzusehen. Ein Ausweis als EK kommt dann nicht in Frage.

Eine Besonderheit ergibt sich bei der KG: Das Kapitalkonto des begrenzt haftenden Kommanditisten wird konstant in Höhe der Pflichteinlage bilanziert. Hat der Kommanditist seine Einlage noch nicht erbracht, ist eine ausstehende Einlage als Aktivposten zu bilanzieren oder vom EK-Posten offen abzusetzen. Die Einlage kann auch durch nichtentnommene Gewinne erbracht werden. Hat der Kommanditist seine Einlage erbracht (auch in Form nichtentnommener Gewinne), so ist seine Haftung grundsätzlich erloschen. Veränderungen dieses EK-Kontos setzen im Handelsregister einzutragende Vertragsänderungen oder Verluste voraus. Entsteht infolge von Verlusten ein negatives Kapitalkonto, muß der Kommanditist künftige Überschüsse zunächst zum Ausgleich verwenden, bevor Gewinnausschüttungen wieder möglich sind.

Bei der sogenannten stillen Gesellschaft (§§ 230 bis 237 HGB) wird die Einlage des stillen Gesellschafters als Verbindlichkeit passiviert. Sie geht in das Vermögen des Firmeninhabers über. Obwohl die Einlage des atypischen stillen Gesellschafters durchaus EK-Merkmale aufweisen kann, handelt es sich rechtlich und formal eindeutig um FK.

4. DER EIGENKAPITALAUSWEIS BEI KAPITAL-GESELLSCHAFTEN

4.1 Überblick über das bilanzielle Eigenkapital

In § 266 Absatz 3 HGB verwendet der Gesetzgeber den Begriff 'Eigenkapital'. Gleichwohl umfassen die dort genannten Posten nicht alle das EK betreffenden Aktiva/Passiva. Das Schema von Coenenberg (1993, 143) verdeutlicht, welche Bilanzposten darüber hinaus das EK betreffen können:

Aktivseite	Passivseite
A. Ausstehende Einlagen auf das gezeichnete Kapital - davon eingefordert (§ 272 Absatz 1, Satz 2HGB) - - - C. Umlaufvermögen II. Forderungen und sonstige Vermögensgegenstände 4. Eingeforderte ausstehende Einlagen auf das gezeichnete Kapitel (§ 272, Absatz 1 Satz 3 HGB) oder Eingeforderte Nachschüsse von Gesellschaften einer GmbH (§ 42, Absatz 2 GmbHG) III. Wertpapiere 2. Eigene Anteile - - - E. Nicht durch Eigenkapital gedeckter Fehlbetrag (§ 268 Absatz 3 HGB)	A. Eigenkapital I. Gezeichnetes Kapitel (§ 272 Absatz 1 HGB: s.a. § 152 Absatz 1 AktG; § 42, Absatz 1 GmbHG) II. Kapitalrücklage (§ 272 Absatz 2 HGB; s.a. § 152 Absatz 2 AktG) 1. Eingefordertes Nachschußkapital bei der GmbH (§ 42 Absatz 2 Satz 3 GmbHG) III. Gewinnrücklagen (§ 272 Absatz 3 HGB) 1. gesetzliche Rücklage (§ 150 AktG) 2. Rücklage für eigene Anteile (§ 272, Absatz 4 HGB) 3. satzungsmäßige Rücklagen 4. andere Gewinnrücklagen IV. Gewinnvortrag/Verlustvortrag (§ 266 Absatz 3 HGB) V. Jahresüberschuß/Jahresfehlbetrag (§ 266 Absatz 3 HGB) VI. Bilanzgewinn/Bilanzverlust – davon Ergebnisvortrag; gemäß § 268 Absatz 1 HGB (als Alternative zu IV. und V. oben) B. Sonderposten mit Rücklagenanteil, gemäß § 273 i.V.m. § 247 Absatz 3 HGB C. -

Der Inhalt der Einzelposten wird im weiteren besprochen. Für die Interpretation des bilanziellen EK sind neben der Höhe noch zwei weitere Aspekte besonders wichtig:

- Sind die EK-Bestandteile von außen aufgebracht worden, oder liegen selbsterwirtschaftete Mittel vor?
- Sind die EK-Bestandteile zweckgebunden oder kann frei über sie verfügt werden (also auch eine Auszahlung an Eigner erfolgen)?

Im Vordergrund der Ausführungen wird die AG stehen, da für diese Rechtsform besonders detaillierte Regelungen vorliegen. Für die ebenfalls haftungsbegrenzte GmbH sind zum Teil abweichende gesellschaftsrechtliche Bestimmungen zu beachten, zum Teil gelten analoge Regelungen.

Die gesamten Regelungen zur Bilanzierung des EK sind im Zusammenhang mit den Grundsätzen der Kapitalaufbringung und der Kapitalerhaltung zu sehen. Das Privileg der Haftungsbegrenzung für die Gesellschafter erfordert eine Sicherung der Gläubiger gegen unseriöses Geschäftsgebaren. Schutzbedürftig sind außerdem Gesellschafter, soweit sie keine Geschäftsführungsbefugnisse haben. Die Ergebnisverwendungsregeln sollen eine EK-Verzinsung ermöglichen, zumindest soweit Gewinne vorhanden sind.

Die Regelungen zur Kapitalaufbringung und -sicherung umfassen unter anderem:

- das Verbot der Unter-pari-Emission (§ 9 AktG), das Verbot der Befreiung von Einlageverpflichtungen und das Aufrechnungsverbot des § 66 AktG,
- die besonderen Regelungen bei Sacheinlagen und Sachübernahmen, die sicherstellen sollen, daß die nicht in Geld bestehenden Einlagen nicht überbewertet sind (§§ 27 ff. AktG),
- Vorbelastungshaftung der Gründer und Rechtsfolgen bei nicht erbrachter Einlage,
- Verbot der Einlagenrückgewähr und der Verzinsung (§ 57 AktG),
- Begrenzung des Erwerbs eigener Anteile (§§ 71 ff. AktG),
- Gewinnverwendungsregeln (§ 58 AktG), besonders Absatz 5: „Vor Auflösung der Gesellschaft darf unter die Aktionäre nur der Bilanzgewinn verteilt werden."
- Gewinnermittlungsregeln für KapGes im HGB bezwecken einen vorsichtigen, d.h. tendenziell zu niedrigen Gewinnausweis; damit werden die Ausschüttungsmöglichkeiten begrenzt.

Im Kern sollen diese Regeln sicherstellen, daß

1. zum Zeitpunkt der Gründung (oder Kapitalerhöhung) das garantierte EK als frei verfügbares Vermögen und damit als Haftungsmasse zur Verfügung steht. Ob dies eine betriebswirtschaftlich angemessene EK-Ausstattung ist oder nicht, spielt keine Rolle.
2. Die bei der Gründung vorhandene Haftungsmasse kann durch Verluste aufgezehrt werden. Das ist nicht zu verhindern. Es soll aber zumindest Sorge getragen werden, daß nicht zusätzlich Mittel an die Aktionäre ausbezahlt werden. Deshalb ist die Trennung von Kapital und Gewinn von fundamentaler Bedeutung: an die Eigner darf nur Gewinn verteilt werden (im Grundsatz). Ein Verbot der Einlagenrückgewähr (s.o.) macht nur Sinn, wenn es nicht durch weiche Gewinnermittlungsregeln unterlaufen werden kann.

4.2 Das gezeichnete Kapital

In § 272 Absatz 1 HGB heißt es: „Gezeichnetes Kapital ist das Kapital, auf das die Haftung der Gesellschafter für die Verbindlichkeiten der Kapitalgesellschaft gegenüber den Gläubigern beschränkt ist." Diese Formulierung ist zu Recht als mißverständlich kritisiert worden.

- Kapitalgesellschaften haften grundsätzlich unbeschränkt mit dem gesamten Gesellschaftsvermögen. Eine Begrenzung der Haftung auf VG, die dem gezeichneten Kapital rechnerisch entsprechen, gibt es nicht.
- Wenn Gesellschafter ihre Einlagen geleistet haben, haften sie gegenüber Gläubigern nicht für Gesellschaftsschulden.

Das gezeichnete Kapital der AG heißt Grundkapital und muß mindestens 100 TDM betragen (bei GmbH heißt es Stammkapital und muß mindestens 50 TDM betragen). Es stellt eine konstante EK-Position dar, die mit dem Nennbetrag angesetzt wird (§ 283 HGB). Änderungen setzen einen Beschluß der Hauptversammlung voraus (s.u.). Damit sollen Änderungen der Anteilsverhältnisse nur mit Zustimmung der (bisherigen) Eigentümer ermöglicht werden. Die Aktien der Gesellschaft haben einen Mindestnennbetrag von DM 50 oder einen höheren Nennbetrag, der auf volle Hundert DM lautet (§ 8 AktG). Es können Aktien unterschiedlicher Art herausgegeben werden, die sich insbesondere bezüglich der Stimmrechte, der Gewinnberechtigung und der Übertragbarkeit unterscheiden können.

Die übliche Stammaktie ist ein Inhaberpapier. Der Besitzer des Papiers kann die Aktionärsrechte ausüben. Dies sind vor allem: Stimmrechte, Dividendenrechte, Bezugsrechte für neue Aktien, das Recht auf Teilnahme an der Hauptversammlung und auf die Anfechtung von Beschlüssen der Hauptversammlung, das Recht auf Anteile am Liquidationserlös. Davon abweichend können Aktien

- als Namensaktien ausgestaltet sein: die Namen der Aktionäre sind im Aktienbuch eingetragen. Wird zusätzlich die Übertragung von der Zustimmung der Gesellschaft abhängig gemacht, handelt es sich um vinkulierte Namensaktien. Eine Vinkulierung erfolgt zum Beispiel, um den Eigentümerkreis beschränken zu können.
- als Vorzugsaktien ausgestaltet sein, wobei die Abweichung gegenüber den Stammaktien in verbesserten Dividenden- und/oder Liquidationsrechten bestehen können. Vorzugsaktien haben dafür zum Teil kein Stimmrecht. Dieses kann aber aufleben, wenn zum Beispiel die Vorzugsdividende mangels Gewinn nicht bedient werden kann.
- als Mehrstimmrechtsaktien ausgestaltet sein, soweit sie vor dem Inkrafttreten des AktG 1965 begeben wurden. Seither sind sie unzulässig (§ 12 Absatz 2 AktG). Insbesondere für Familien-AG stellten Mehrstimmrechtsaktien eine Möglichkeit dar, neue Aktionäre aufzunehmen, ohne die Hauptversammlungsmehrheit aufzugeben.

Das gezeichnete Kapital ist immer in voller Höhe auszuweisen, auch wenn die Gesellschafter ihre Einlage nicht in voller Höhe geleistet haben. Bei Bargründungen müssen die Aktionäre zumindest ein Viertel des Nennbetrages einzahlen. Wird ein Aufgeld (Agio) vereinbart, muß dieses ebenfalls einbezahlt werden. Sacheinlagen sind dagegen stets in voller Höhe zu erbringen (§ 36a AktG). Sind die Einlagen nicht in voller Höhe geleistet worden, so sind ausstehende Einlagen zu bilanzieren, wobei § 272 Absatz 1 HGB verschiedene Darstellungen erlaubt.

Beispiel: Das gezeichnete Kapital beträgt 500, die ausstehenden Einlagen 200. Von diesen sind 50 eingefordert:

Aktiva		**Variante 1**		**Passiva**
Ausstehende Einlagen		200	Gezeichnetes Kapital	500
(davon eingefordert	50)			

Aktiva		**Variante 2**		**Passiva**
Ausstehende Einlagen			Gezeichnetes Kapital	500
- eingefordert	50			
- nicht eingefordert	150			
		200		

Aktiva		**Variante 3**		**Passiva**
Forderungen und sonstige VG		Gezeichnetes Kapital	500	
..		./. nicht eingeforderte Einlagen	150	
Eingeforderte Einlagen	50	Eingefordertes Kapital		350

Die ausstehenden Einlagen stellen, wenn sie eingefordert werden, echte Forderungen der Gesellschaft gegenüber den Eigentümern dar. Soweit eine Einforderung nicht erfolgt und auch nicht geplant ist, stellen sie de facto einen aktiven Korrekturposten zum EK dar. Für Zwecke der JA-Analyse werden sie entsprechend saldiert.

Soll das gezeichnete Kapital verändert werden, bedarf es einer mehr oder weniger umständlichen Kapitalerhöhung oder Kapitalherabsetzung. Kapitaländerungen stellen Satzungsänderungen dar, für die eine Mehrheit von drei Vierteln der auf der Hauptversammlung abgegebenen Stimmen notwendig ist. Die Interessen von Eigentümern und Gläubigern sind zu schützen.

Das AktG stellt vier Varianten der Kapitalerhöhung zur Verfügung, die sich insbesondere dadurch unterscheiden, ob Mittel zufließen und ob ein Bezugsrecht für die Alt-Eigentümer besteht oder nicht.

Die **ordentliche Kapitalerhöhung gegen Einlagen** (§§ 182 bis 191 AktG) sieht vor, daß neue Aktien gegen Bar- oder Sacheinlagen begeben werden. Es fließen also Mittel zu. Um die Stimmrechtsverhältnisse nicht zu Lasten der bisherigen Aktionäre zu ändern, steht diesen im Regelfall ein Bezugsrecht zu. Da die neuen Aktien auf jeden Fall zu einem niedrigeren Preis als dem aktuellen Börsenkurs angeboten werden, soll das Bezugsrecht auch Vermögensnachteile für die Altaktionäre verhindern (eine Begebung zum Börsenkurs oder gar darüber scheitert, da es keinen ökonomischen Anreiz gäbe, neue Aktien zu erwerben).

Beispiel: **Börsenkurs der alten Stammaktien: DM 1.000/Stück. Es gibt bisher 500 Stück. Die Emission von 200 neuen Aktien soll für DM 800/ Stück erfolgen. Der Wert des Unternehmens steigt durch die Emission c.p. von 500 TDM auf 660 TDM. Der Wert der einzelnen Aktie sinkt von DM 1.000 (500 TDM : 500 Stück) auf ca. DM 943/Stück (660 TDM : 700 Stück). Diese sogenannte Kapitalverwässerung zu Lasten der alten Eigentümer wird vermieden, wenn sie einen Anspruch auf (anteiligen) Bezug der neuen Aktien haben.**

Die Emission der Aktien kann zwar von der Gesellschaft selbst durchgeführt werden, üblicherweise übernimmt aber eine Bank oder ein Bankenkonsortium diese Aufgabe. Die Kosten der Emission sind als Aufwand in der GuV zu buchen, sie können nicht die aufzubringenden Einlagen mindern.

Die **bedingte Kapitalerhöhung** (§§ 192 bis 201 AktG) ist nur für die in § 197 Absatz 2 AktG genannten Zwecke zulässig und auf 50% des Grundkapitals begrenzt. Diese Form der Kapitalerhöhung dient der Vorsorge, um Bezugs- oder Umtauschrechte erfüllen zu können. So haben Inhaber von Wandelschuldverschreibungen ein Anrecht darauf, statt Rückzahlung des Darlehens Aktien zu erhalten. Das Angebot zum Erwerb der Aktien geht bei der bedingten Kapitalerhöhung nie an die Alt-Aktionäre, das Bezugsrecht ist ausgeschlossen.

Das **genehmigte Kapital** (§§ 202 bis 206 AktG) schafft dem Vorstand Handlungsfreiheiten: Es handelt sich um eine von der Hauptversammlung genehmigte Ermächtigung, das Kapital zu einem frei wählbaren Zeitpunkt zu gestaltbaren Konditionen zu erhöhen. Damit kann ein für das Unternehmen günstiger Emissionszeitpunkt (zum Beispiel bei günstigem Börsenkurs) kurzfristig gewählt und das Volumen an den aktuellen Kapitalbedarf angepaßt werden.
Das Verfahren ist bei weitem nicht so schwerfällig wie die anderen Formen der Kapitalerhöhung. Es handelt sich aber nicht um eine Blankovollmacht: Das genehmigte Kapital ist auf 50% des Grundkapitals begrenzt, und die Ermächtigung darf für höchstens fünf Jahre eingeräumt werden (vgl. § 202 AktG). Die Ermächtigung durch die Eigentümer kann auch Emissionsbedingungen variabel halten: § 203 Absatz 2 AktG sieht sogar vor, daß der Vorstand über den Ausschluß des Bezugsrechtes entscheiden kann.

Die **Kapitalerhöhung aus Gesellschaftsmitteln** (§ 207 bis 220 AktG) stellt die einzige Form der Kapitalerhöhung dar, bei der keine Mittel von außen zufließen, es handelt sich um eine schlichte Umbuchung zwischen verschiedenen

EK-Posten; freie EK-Bestandteile (zum Beispiel andere Gewinnrücklagen) werden auf Grundkapital umgebucht. Durch diesen Vorgang entstehen zwar Mitgliedschaftsrechte neu, das Vermögen der Aktionäre ändert sich aber nicht. Die neuen Aktien, die sie anteilig erhalten, werden auch 'Gratisaktien' genannt.

Als Gründe für diese Form der Kapitalerhöhung werden unter anderem genannt:

- Erhöhung der Fungibilität der Aktien: Da das Gesamtvermögen der AG unverändert bleibt (von Transaktionskosten abgesehen) und auf eine größere Anzahl von Aktien entfällt, sinkt der Kurswert c.p. Dies erleichtert den Handel (speziell für Kleinanleger und Personen, die ein Aktienportefeuille diversifizieren wollen).
- Bei gleichem oder gar ermäßigtem Dividendensatz (Dividende: Nennbetrag der Aktie) können höhere Ausschüttungen vorgenommen werden. Dies soll falsche Rückschlüsse auf das verteilbare Volumen verhindern.
- Da Grundkapital nur durch eine Kapitalherabsetzung der AG entzogen werden kann, während zum Beispiel andere Gewinnrücklagen auch ausgeschüttet werden können, steigt c.p. die Kreditwürdigkeit der Gesellschaft. Sie bindet Vermögen dauerhaft an die AG.

Für die GmbH stellt eine Kapitalerhöhung ebenfalls eine Satzungsänderung dar, die eine Dreiviertel-Stimmenmehrheit der Gesellschafter erfordert (§ 53 Absatz 2 GmbHG). Die gesetzlichen Bestimmungen für die Erhöhung des Stammkapitals sind in den §§ 55 ff. GmbHG und im Gesetz über die Kapitalerhöhung aus Gesellschaftsmitteln zu finden.

Die Herabsetzung des gezeichneten Kapitals kann unterschiedlichen Zwecken dienen: der Freisetzung von Kapital (zum Beispiel Bar- oder Sachausschüttung an Gesellschafter, Befreiung von ausstehenden Einlagen) oder der (buchmäßigen) Sanierung. Eine Sanierung durch Herabsetzung des Kapitals (Kapitalschnitt) wird häufig mit einer anschließenden Kapitalerhöhung durch neue Mittelzuführung verknüpft. Dadurch sollen nur die Alt-Eigentümer an den bisherigen Verlusten beteiligt werden.

Das AktG sieht drei Formen der Kapitalherabsetzung vor:

1. Die **ordentliche Kapitalherabsetzung** (§§ 222 bis 228 AktG) ist nur auf der Grundlage eines entsprechenden Hauptversammlungsbeschlusses zulässig, wenn die Gläubiger gemäß § 225 geschützt werden; sie sind zu

befriedigen, oder ihnen ist eine Sicherheitsleistung einzuräumen; Rückzahlungen an Aktionäre sind erst nach einer Sperrfrist möglich.

2. Die **vereinfachte Kapitalherabsetzung** (§§ 229 bis 236 AktG) darf nur dem Ausgleich von Wertminderungen/Verlusten dienen oder um Beträge in die Kapitalrücklage einstellen zu können. Sie führt nicht zu einem Vermögensabfluß. Voraussetzung ist, daß keine freien Rücklagen zur Verlustdeckung herangezogen werden können. Eine Auflösung stiller Reserven wird dagegen nicht verlangt.

Beispiel:	Grundkapital per 01.01.01	100
	Gesetzliche Rücklage/Kapitalrücklage per 01.01.01	40
	Verlustvortrag per 01.01.01	52

Zunächst sind die Rücklagen bis auf 10% des (herabgesetzten) Grundkapitals aufzulösen:

per Rücklagen an Verlustvortrag: 32

Danach erfolgt die Herabsetzung des Grundkapital:

per Grundkapital an Verlustvortrag: 20

Das Grundkapital beträgt nunmehr 80, die gesetzliche Rücklage 8 (= 10% des Grundkapitals).

Da bei dieser Form der Kapitalherabsetzung keine Mittel an die Eigner ausgezahlt werden (es sei denn, der Verlustdeckungsbedarf wurde falsch eingeschätzt), sind die Gläubiger auch einfacher zu sichern. Das Hauptinstrument ist eine Dividendenbegrenzung (vgl. § 233 AktG).

3. Schließlich sieht das AktG die **Kapitalherabsetzung durch die Einziehung von Aktien** (§§ 237 bis 239 AktG) vor. Zu diesem Zweck kann die Gesellschaft auch eigene Anteile erwerben. Die Vorschriften über die ordentliche Kapitalherabsetzung sind zu beachten.

Beispiel: Die Bilanz einer AG sieht wie folgt aus (verkürzt):

Aktiva	**Bilanz**		**Passiva**
Anlagevermögen	3.000	Gezeichnetes Kapital	3.000
Umlaufvermögen	3.000	Rücklagen	1.000
Jahresfehlbetrag	500	Fremdkapital	2.500
	6.500		**6.500**

Das gezeichnete Kapital umfaßt 60 Aktien mit einem Nennbetrag von DM 50. Die AG erwirbt an der Börse 20 Aktien für DM 40/Stück (unter pari). Die erworbenen Aktien werden vernichtet. Dadurch vermindert sich das UV um 800. Nach der Kapitalherabsetzung ergibt sich:

Aktiva		**Bilanz**	**Passiva**
Anlagevermögen	3.000	Gezeichnetes Kapital	2.000
Umlaufvermögen	2.200	Rücklagen	700
		Fremdkapital	2.500
	5.200		**5.200**

Die EK-Abnahme ist an den Rücklagen und dem Jahresfehlbetrag erkennbar.

Für GmbH sieht das Gesetz eine Dreiviertel-Stimmenmehrheit der Gesellschafter vor (§ 53 GmbHG). Die Herabsetzung des Stammkapitals muß in den Gesellschaftsblättern dreimal angekündigt werden, Gläubiger sind zu befriedigen, oder ihnen sind Sicherheiten zu bestellen. Zu weiteren Voraussetzungen vgl. § 58 GmbHG.

Sämtliche Änderungen des gezeichneten Kapitals dürfen erst mit der Eintragung in das Handelsregister bilanziert werden.

4.3 Die Kapitalrücklagen

In § 272 Absatz 2 HGB wird umschrieben, welche EK-Bestandteile als Kapitalrücklage auszuweisen sind. Der Begriff 'Kapitalrücklage' ist ausgesprochen mißverständlich: Um Kapital handelt es sich auch bei anderen EK- und FK-Posten. Außerdem wird gerade nichts 'zurückgelegt', sondern die Vermögenswerte, die der Rücklage gegenüberstehen, können frei investiert werden. Nur die Rückzahlung an die Gesellschafter unterliegt ggf. Verfügungsbeschränkungen.

In die Kapitalrücklage einzustellen sind:

- Aufschläge bei der Ausgabe von Aktien (Agio),
- das Agio bei der Ausgabe von Schuldverschreibungen für Wandlungsrechte und Optionsrechte,
- Zuzahlungen von Gesellschaftern für die Gewährung von Vorzügen,
- die sogenannten anderen Zuzahlungen von Gesellschaftern in das EK.

Die Einstellungen und Entnahmen in die/aus den Kapitalrücklagen sind bereits bei der Aufstellung der Bilanz vorzunehmen (§ 270 Absatz 1 HGB). Bei sämtlichen Beträgen handelt es sich demnach um von außen aufgebrachte EK-Bestandteile (Außenfinanzierung). Diese sind streng zu trennen von den selbsterwirtschafteten Beträgen der Gesellschaft (Innenfinanzierung). Letztere werden als Gewinnrücklagen ausgewiesen. Sie sind als JÜ Erfolgsbestandteil gewesen (s.u.). Diese Unterscheidung zwischen Außen- und Innenfinanzierung deckt sich allerdings nicht mit der Unterscheidung zweckgebunden – frei verfügbar. Die Herkunft des EK hat aber Informationswert, da sie Rückschlüsse auf die Ertrags- und Selbstfinanzierungskraft (in der Vergangenheit) ermöglichen soll. Problematisch sind diesbezüglich die anderen Zuzahlungen gemäß § 272 Absatz 2 Nr. 4 HGB: Nicht jede Leistung des Gesellschafters wird „in das Eigenkapital" geleistet. Es sind auch Erfolgsbeiträge möglich, d.h. Zuzahlungen der Gesellschafter zur Ergebnisverbesserung, die ausdrücklich den Zweck verfolgen, als Ertrag über die GuV geleitet zu werden. Ob ein Erfolgs- oder Kapitalbeitrag auszuweisen ist, dürfte im wesentlichen vom Willen des die Zuzahlung leistenden Gesellschafters abhängen.

Die Verwendung der Kapitalrücklagen ist für AG in § 150 Absatz 3 und 4 AktG geregelt. Für Ausschüttungen gesperrt sind die Kapitalrücklagen gemäß § 272 Absatz 2 Nr. 1-3 HGB, während die anderen Zuzahlungen nach Nr. 4 jederzeit von dem den JA feststellenden Organ aufgelöst werden können. Die ausschüttungsgesperrten Kapitalrücklagen dürfen dagegen nur für die im AktG ausdrücklich genannten Zwecke, also insbesondere zur Deckung von Jahresfehlbeträgen oder zum Ausgleich von Verlustvorträgen, verwendet werden.

4.4 Die Gewinnrücklagen und die Ergebnisverwendungsrechnung

„Als Gewinnrücklagen dürfen nur Beträge ausgewiesen werden, die im Geschäftsjahr 0 der in einem früheren Geschäftsjahr aus dem Ergebnis gebildet worden sind" (§ 272 Absatz 3 HGB). Im Gliederungsschema für KapGes (§ 266 Absatz 3 HGB) ist der gesonderte Ausweis von vier Unterposten vorgesehen. Die Einstellungen (oder Entnahmen) aus den Gewinnrücklagen ändern nicht die GuV, sie sind JÜ-Verwendung.

Für die **gesetzliche Rücklage** wird in § 150 Absatz 1 und 2 AktG bestimmt, daß aus dem JÜ der 20. Teil einzustellen ist (wenn kein Verlustvortrag aus dem Vorjahr auszugleichen ist). Diese Zwangsdotierung muß so lange erfolgen, bis diese Rücklage zusammen mit den Kapitalrücklagen gemäß § 272 Absatz 2 Nr.

1 bis 3 HGB den zehnten Teil des Grundkapitals erreicht hat. Durch diese erzwungene Form der Innenfinanzierung soll die EK-Ausstattung im Gläubigerinteresse verbessert werden. Die Verwendung der gesetzlichen Rücklage unterliegt den gleichen Beschränkungen wie die Kapitalrücklagen nach § 272 Absatz 2 Nr. 1 bis 3 HGB (s.o.).
Für GmbH ist eine gesetzliche Rücklage nicht vorgesehen.

Satzungsmäßige Rücklagen können zweckgebunden sein (zum Beispiel Sozial-, Substanzerhaltungs-, Rationalisierungs-, Dividendenergänzungs-Rücklagen) oder nicht. Freiwillige Zuführungen sind nur auf der Basis von Satzungsänderungen mit der entsprechenden Mehrheit der Eigentümer möglich. Dies verhindert eine Verschiebung der Gewinnverwendungskompetenzen auf die Verwaltungsorgane zu Lasten der Eignerrechte. Da es keine gesetzliche Bestimmungen über die Verwendung dieser Rücklage gibt, greifen insoweit die Satzungsregelungen. Fehlen diese, entscheidet die Verwaltung frei.

Der Erwerb **eigener Aktien** ist für AG unzulässig. Werden eigene Aktien im Rahmen einer Neu-Emission gezeichnet, erhöht sich das EK, ohne daß Vermögen zufließt. Werden vorhandene Aktien aufgekauft, so beinhaltet dies eine Kapitalrückzahlung an die Aktonäre und verstößt damit gegen das Verbot der Einlagenrückgewähr. Macht die AG Verluste, wird sie doppelt betroffen, da der Wert der eigenen Aktien zusätzlich abnimmt. Im Konkursfall sind die eigenen Aktien wertlos, d.h. sie stellen kein Schuldendeckungspotential dar. Schließlich besteht die Gefahr, daß die Verwaltung sich unabhängig macht, wenn sie das Stimmrecht aus den eigenen Aktien auf der Hauptversammlung ausübt.
Zur Vermeidung und Begrenzung dieser Gefahren ist in den §§ 71 bis 71e AktG detailliert geregelt, in welchen Ausnahmefällen eigene Aktien erworben werden dürfen (zum Beispiel, um sie Arbeitnehmern der Gesellschaft anbieten zu können). Um den (unerwünschten) Erwerb eigener Aktien nicht attraktiv zu machen, ruhen die Rechte aus eigenen Anteilen.

Aus Gründen des Schutzes der Gläubiger ist zusätzlich eine gesonderte Rücklage für eigene Anteile zu bilden (§ 272 Absatz 4 HGB). Diese darf und muß aufgelöst werden, wenn die eigenen Anteile nicht mehr bilanziert sind oder abgeschrieben werden. Der Rücklage kommt – in Höhe des korrespondierenden Vermögenspostens – eine Ausschüttungssperrfunktion zu. Die Dotierung dieser Rücklage kann aus vorhandenen Gewinnrücklagen erfolgen, „soweit diese frei verfügbar sind“ (§ 272 Absatz 4 Satz 3 HGB). Diese Formulierung könnte ein Mißverständnis hervorrufen. Soweit kein verwendbarer JÜ oder

Gewinnvortrag vorliegt und keine verfügbaren Rücklagen bestehen, muß diese Rücklage für eigene Anteile gleichwohl gebildet werden. In diesem Sonderfall ist auch die gesetzliche Definition der Gewinnrücklagen in § 272 Absatz 3 Satz 1 HGB unzutreffend: Die Rücklage für eigene Anteile muß nicht aus dem Ergebnis gebildet werden.

Die **anderen Gewinnrücklagen** sind ein Sammelposten, der alle Beträge aufnimmt, die nicht innerhalb der anderen Komponenten gesondert zu erfassen sind. Die Dotierung dieser Rücklage stellt Ergebnisverwendung dar. Nicht als Ergebnisverwendung gelten dagegen die Zuführungen zu Rücklagen aufgrund gesetzlicher, vertraglicher oder satzungsmäßiger Vorgaben. Diese sind auf jeden Fall in der Bilanz darzustellen. Im übrigen bestehen Wahlrechte gemäß § 268 Absatz 1 HGB (s.u.).

Von entscheidender Bedeutung ist, wer den verfügbaren JÜ verwenden darf. Für AG enthält § 58 AktG eine sehr komplexe Kompetenzabgrenzung zwischen Vorstand/Aufsichtsrat einerseits und Hauptversammlung andererseits. Coenenberg (1993, S. 162) hat dazu die auf der folgenden Seite abgebildete Staffel entwickelt.

Demnach sind zwei Varianten zu unterscheiden:

1. Vorstand und Aufsichtsrat stellen den JA fest. Dies ist der Regelfall (§ 172 AktG). Sie können dann 50% der um einen Verlustvortrag und den Zuführungsbetrag zur gesetzlichen Rücklage gekürzten JÜ in die anderen Gewinnrücklagen einstellen. Die Satzung kann diese Quote höher festlegen, die Begrenzung aufgrund von § 58 Absatz 2 AktG ist aber zu beachten. Zusätzlich sind aus dem JÜ die satzungsmäßigen Rücklagen und die Rücklage für eigene Anteile zu speisen. Für den Fall, daß Wertaufholungen gemäß § 280 Absatz 1 HGB das Jahresergebnis erhöht haben, können Vorstand und Aufsichtsrat den darauf entfallenden EK-Anteil ebenfalls in die Gewinnrücklagen einstellen (§ 58 Absatz 2a AktG; für GmbH enthält § 29 Absatz 4 GmbHG eine entsprechende Regelung). Erst der danach verbleibende Restbetrag (zuzüglich eines eventuellen Gewinnvortrags) kann von der Hauptversammlung disponiert werden.
2. Stellt die Hauptversammlung den JA ausnahmsweise fest, kann sie mit einfacher Mehrheit mehr als 50% des JÜ thesaurieren. § 254 AktG regelt einen zu beachtenden Minderheitenschutz: es gibt unter bestimmten Umständen ein Anfechtungsrecht wegen fehlender Mindestdividende.

Jahresüberschuß

./. Verlustvortrag

= Bemessungsgrundlage 1

./. Pflichtdotierung der **Gesetzlichen Rücklage** (solange 5% der Bemessungsgrundlage 1, bis Gesetzliche Rücklage und Kapitalrücklage zusammen 10% des Grundkapitals erreicht haben)

= Bemessungsgrundlage 2 (korrigierter JÜ)

Fallunterscheidung

a) Hauptversammlung stellt JA fest:

./: Laut Satzungsbestimmung Einstellung von maximal 50% des korrigierten JÜ in die **Anderen Gewinnrücklagen**

b) Vorstand und Aufsichtsrat stellen JA fest:

./: Einstellung von maximal 50% des korrigierten JÜ in die **Anderen Gewinnrücklagen** immer möglich.

./. Laut Satzung mögliche zusätzliche Einstellung von mehr als 50% des korrigierten JÜ in die **Anderen Gewinnrücklagen** solange zulässig, bis diese 50% des Grundkapitals erreicht haben.

= Bemessungsgrundlage 3

./. Einstellung in die **Rücklagen für Eigene Anteile**

./: Einstellung in die **Satzungsmäßigen Rücklagen**

./. Einstellung desEigenkapitalanteils von
- Wertaufholungen im AV und UV
- steuerrechtlich abzugsfähige Rücklagen, die nicht unter die umgekehrte Maßgeblichkeit fallen in die **Anderen Gewinnrücklagen**

= Bemessungsgrundlage 4 (Bilanzgewinn)

\+ Gewinnvortrag

= Bemessungsgrundlage für den Gewinnverwendungsbeschluß der Hauptversammlung

Für die GmbH kann das den JA feststellende Organ den Überschuß frei verwenden, wenn nicht ein Verlust auszugleichen oder eine Zuführung zu einer Rücklage für eigene Anteile vorzunehmen ist. Die Gesellschafterversammlung ist bei der Verwendung nur durch gesellschaftsrechtliche Treuepflichten beschränkt. Andere Gewinnrücklagen können jederzeit durch Gesellschafterbeschluß ausgeschüttet oder in Stammkapital umgewandelt werden.

Gemäß § 170 AktG macht der Vorstand einen Ergebnisverwendungsvorschlag. Dieser kann vorsehen, daß ein größerer oder geringerer Anteil des JÜ thesauriert werden soll, als die obigen Kompetenzregeln vorsehen. So kann die Verwaltung zum Beispiel vorschlagen, den gesamten Überschuß zu thesaurieren, um Erweiterungsinvestitionen finanzieren zu können. Die Ergebnissteuern sind auf der Grundlage dieses Vorschlages zu ermitteln (§ 278 HGB). Da die Befolgung des Vorschlages nicht zwingend ist, die Hauptversammlung also noch davon abweichen kann, ist der Körperschaftsteueraufwand im JA und damit auch die Saldogröße JÜ eine noch vorläufige Größe. Der Körperschaftsteueraufwand hängt bekanntlich davon ab, ob Überschüsse thesauriert (KSt-Belastung ab 1994: 45%) oder ausgeschüttet wurden (KSt-Belastung: 36%). Weicht die nach der Feststellung des JA stattfindende Hauptversammlung von diesem Ergebnisverwendungsvorschlag ab, führt dies nicht zu einer Änderung des festgestellten JA (§ 174 Absatz 3 AktG). Die veränderte Steuerbelastung ist im neuen GJ zu erfassen.

Bereits oben wurde angedeutet, daß der JA vor, nach teilweiser oder nach vollständiger Gewinnverwendung aufgestellt werden darf (§ 268 Absatz 1 HGB). Diese unterschiedlichen Darstellungsvarianten sollen mit Hilfe eines einfachen Beispiels skizziert werden:

Für eine AG sei folgende Ergebnisverwendung geplant:

Jahresüberschuß	1.005
./. Verlustvortrag	100
./. Zuführung Gewinnrücklagen	400
= Bilanzgewinn	505
./. Dividende	500
= Gewinnvortrag	5

Die EK-Darstellung kann diese Verwendung in unterschiedlicher Weise umfassen (die Zahlen sind gegriffen):

1.	**Überhaupt nicht**		
	Eigenkapital		
	Gezeichnetes Kapital	5.000	
	Kapitalrücklage	1000	
	Gewinnrücklage	2.000	
	Verlustvortrag	- 100	
	Jahresüberschuß	1.005	8.905
2.	**Teilweise**		
	Eigenkapital		
	Gezeichnetes Kapital	5.000	
	Kapitalrücklage	1.000	
	Gewinnrücklage	2.400	
	Bilanzgewinn	505	8.905

Die Einstellung in die Gewinnrücklage und der Ausgleich des Verlustvortrages sind bereits bilanziell erfaßt. Der JÜ ist der Bilanz selbst nicht mehr zu entnehmen. Der Bilanzgewinn stellt den der Hauptversammlung angebotenen Betrag dar, über den sie frei verfügen kann.

3. Vollständig			
	Eigenkapital		
	Gezeichnetes Kapital	5.000	
	Kapitalrücklage	1.000	
	Gewinnrücklage	2.400	
	Gewinnvortrag	5	8.405
	Fremdkapital		
	Sonstige Verbindlichkeiten		500
			8.905

Bei dieser Variante wird die künftige Dividende als (kurzfristige) Verbindlichkeit gegenüber den Aktionären ausgewiesen. Die EK-Quote wird damit verändert.

Schließt eine GuV einer Periode mit einem Jahresfehlbetrag, so bedeutet dies nach dem Gesagten nicht, daß auch ein Bilanzverlust auszuweisen ist; nicht einmal die Ausschüttung einer Dividende ist damit ausgeschlossen. Voraussetzung ist aber, daß ein entsprechender Gewinnvortrag oder verwendbare Rücklagen (in der Regel andere Gewinnrücklagen) bestehen. Übersteigt der Verlust aber das EK, so ist auf der Aktivseite der Bilanz ein „nicht durch Eigenkapital gedeckter Fehlbetrag" gesondert auszuweisen (§ 268 Absatz 3 HGB). Aus formaler Sicht ergibt sich das aktivische EK schlicht als Saldo: VG-Schulden. Es handelt sich um einen Posten, der die Bilanz zum Ausgleich bringt, nicht aber um einen VG. Werden künftig Überschüsse erwirtschaftet, so ist mit diesen vorab dieser Fehlbetrag zu tilgen, bevor wiederum Ausschüttungen möglich sind. Diese bilanzielle Überschuldung hat, darauf sei ausdrücklich nochmals verwiesen, nichts mit dem Konkursgrund Überschuldung zu tun. Nur soweit das Unternehmen nicht über ausreichend stille Reserven verfügt, um die bilanzielle Überschuldung auszugleichen, liegt eine Unternehmensgefährdung im Sinne des Insolvenzrechts vor.

4.5 Zur Bedeutung der Innenfinanzierung für das Eigenkapital

Unter 'Innenfinanzierung' soll der Zufluß finanzieller Mittel ohne speziellen Finanzierungsakt verstanden werden. Die Außenfinanzierung erfolgt durch Kredite oder die Zuführung von EK durch Eigentümer. Für den Zeitraum von 1974 bis 1985 betrug das Innenfinanzierungsvolumen deutscher AG ca. 80% bis 90% der Bruttoinvestitionen. Es ist wesentlich bedeutsamer als das Außenfinanzierungsvolumen (vgl. Drukarczyk 1993, 253 ff.). Als **Quellen der Innenfinanzierung** kommen in Betracht:

1. die Finanzierung aus A.,
2. die Finanzierung aus Rückstellungen,
3. die Finanzierung aus Vermögensumschichtungen (Kapitalfreisetzung, Beispiel: Barverkauf einer Beteiligung),
4. die offene und die stille Selbstfinanzierung.

Zu den ersten beiden Punkten sei angemerkt: A. und Rückstellungsbildung führen nicht direkt zu Mittelzuflüssen, sondern stellen Aufwandsbuchungen dar. Eine indirekte Finanzierungswirkung haben sie (allerdings zeitversetzt), da sie c.p. die Steuerbelastung senken. Mit der Formulierung „Finanzierung aus Abschreibungen/Rückstellungen“ wird aber auf etwas anderes abgezielt. Es wird unterstellt, daß

- die verrechneten Beträge über die Umsatzerlöse verdient wurden und
- die Gegenwerte als Einzahlungen zugeflossen sind.

Wurden Umsätze auf Ziel getätigt, fand auch keine Innenfinanzierung statt.

Als **Selbstfinanzierung** wird die offene oder die verdeckte Verwendung von Gewinnen für das Unternehmen bezeichnet. Werden Teile des JÜ in Rücklagen eingestellt, liegt offene Selbstfinanzierung vor. Von stiller oder verdeckter Selbstfinanzierung spricht man, wenn Gewinne nicht ausgewiesen werden, sie werden quasi schon im Rahmen der Gewinnermittlung 'verwendet' (thesauriert). Dies erfolgt durch die Legung stiller Reserven: Entweder werden Aktiva gar nicht bilanziert oder zu niedrig bewertet; oder Schulden, die es tatsächlich nicht gibt, werden passiviert, oder sie werden zu hoch bewertet. Im Gegensatz zu den offenen Rücklagen sind diese stillen Rücklagen im JA nicht erkennbar und auch nicht versteuert (es sei denn, sie werden in der StB abweichend vom handelsrechtlichen JA nicht anerkannt).

Der Begriff 'stille Reserve' ist aber nicht eindeutig: Er kann als Differenz zwischen dem gewählten Buchwert und einem anderen zulässigen (ebenfalls möglichen) Buchwert verstanden werden. Ursachen für stille Reserven dieser Art sind Wahlrechte und Ermessensspielräume bei der Bilanzierung und Bewertung. Als stille Reserve wird andererseits auch die Differenz zwischen Buchwert und Zeitwert verstanden. Solche Reserven entstehen zum Teil zwangsläufig durch das Realisations- und Imparitätsprinzip (Zwangsreserven). Stille Reserven erhöhen bei Auflösung das bilanzielle EK. Es wird deshalb argumentiert, daß sie betriebswirtschaftlich zum EK gehören. Andererseits führt die Auflösung der Reserven zu Belastungen mit Ertragsteuer, so daß nur ein Teil der Reserven EK-Charakter hat. Erfolgt die Auflösung in Krisenzeiten, so trifft dies nicht automatisch zu, wenn trotz Realisierung der Reserven kein positiver JÜ entsteht und folglich keine Ertragsteuern anfallen.

Obwohl stille Reserven gegenüber den offenen Reserven durch Thesaurierung in der Regel den Vorteil haben, daß sie nicht versteuert sind, das Finanzierungsvolumen also entsprechend größer ist, werden sie auch kritisiert: Zum einen führen sie zu einer Verlagerung der Gewinnverwendungskompetenz von den Eignern auf die Verwaltung. Die Eigentümer entscheiden insoweit nicht mehr selbst darüber, ob sie Gewinn im Unternehmen investieren oder anderweitig besseren Verwendungsmöglichkeiten zuführen. Zum anderen beeinträchtigen stille Reserven die Erfüllung der Informationsaufgaben des JA: das Vermögen (und damit das EK) wird unzutreffend wiedergegeben, und die Legung und Auflösung stiller Reserven verfälschen den Einblick in die Ertragsentwicklung.

Demgegenüber ist die offene Selbstfinanzierung durch einbehaltene JÜ-Bestandteile direkt erkennbar. Die Thesaurierung ist für die Gesellschafter so lange rentabel, wie die Rendite, die mit den einbehaltenen Mitteln erwirtschaftet wird, größer als die Rendite in Alternativanlagen ist (oder allgemein: die Opportunitätskosten). Nicht selten stellt diese Finanzierungsform die einzige Möglichkeit für ein Unternehmen dar, Finanzmittelzu erhalten. Da diese Mittel klassische EK-Merkmale haben, sind sie für viele Unternehmen lukrativ: Es besteht weder eine Bedienungspflicht mit Zinsen, noch sind Rückzahlungen terminiert. Es besteht keine Zweckbindung, und zugleich wird die Kreditwürdigkeit des Unternehmens verbessert.

Als volkswirtschaftlicher Sicht werden aber auch Nachteile geltend gemacht: Soweit Sparer und Investor personell zusammenfallen, ist das auf den Kapitalmarkt gelangende Finanzierungsvolumen geringer. Die regulierende/disziplinierende Kraft des Kapitalmarktes fehlt; da diese Mittel für die Unternehmensleitung 'billig' sind, werden sie auch in Investitionen gelenkt, die keinen angemessenen Zins (inklusive Risikoprämie) erbringen. Dies kann zu einer unangemessenen Rentabilitätsprüfung für Investitionen verleiten.

Werden von einem Unternehmen JÜ ausgeschüttet, die von den Eigentümern danach in Form einer Kapitalerhöhung wieder zugeführt werden, so liegt formal eine Außenfinanzierung vor. Materiell ist eine etwas aufwendige Form der Innenfinanzierung vorgenommen worden. Interessant ist das Schütt-aus-hol-Zurück-Verfahren, wenn die Ertragsteuerbelastung der Gesellschaft über der der Gesellschafter liegt (von Transaktionskosten sei abgesehen). In Höhe dieser Steuerdifferenz erhöht sich das Finanzierungsvolumen. Da die Wiederanlage zu nicht frei verwendbaren EK-Bestandteilen führt (gezeichnetes Kapital, Kapitalrücklage), erhöht dies c.p. die Kreditwürdigkeit des Unternehmens.

5. FAZIT UND EINIGE ANMERKUNGEN ZUR 'MANGELHAFTEN EIGENKAPITALAUSSTATTUNG' DEUTSCHER UNTERNEHMEN

Das bilanzielle EK stellt – trotz detaillierter Aufgliederung im Falle von KapGes – eine reine Saldogröße dar, deren Größe von den Bilanzansatz- und Bewertungsentscheidungen für VG und Schulden abhängt. Da das EK und seine Änderungen sowohl für gesellschaftsrechtliche Kompetenzabgrenzungen als auch für die Analyse der Unternehmensfinanzierung relevant ist, wird der Begriff EK in verschiedensten Zusammenhängen und mit unterschiedlichen Inhalten belegt. Für viele Fragestellungen ist eine einfache und allgemeine Abgrenzung des EK vom FK nicht möglich. Auch die Definition der bilanziellen EK-Posten ist diesbezüglich eher formal. Für Nicht-KapGes ist der bilanzielle EK-Ausweis nicht ausdrücklich gesetzlich normiert. Für KapGes ist eine tiefe Untergliederung erforderlich. Von wesentlicher Bedeutung ist hierbei, daß erkennbar wird, ob das EK

- durch Innen- oder durch Außenfinanzierung aufgebracht wurde,
- im Unternehmen gebunden oder frei verfügbar ist für Ausschüttungen oder andere Zwecke.

Um den EK-Ausweis verstehen zu können, sind deshalb Kenntnisse aus dem Gesellschaftsrecht unabdingbar: die Grundzüge der Kapitalaufbringungs- und Kapitalerhaltungsregeln sowie die Kompetenzabgrenzungen für die Ergebnisverwendung. Die Ergebnisverwendung in Form der stillen und offenen Selbstfinanzierung wird zwar in der Praxis als notwendig und erwünscht bezeichnet. Aus verschiedenen Gründen ist hier aber auch Kritik anzumelden.

Seit vielen Jahren zeigen Statistiken einen deutlichen Trend: Die EK-Quote (Verhältnis EK zu Gesamtkapital) ist stark rückläufig, und zwar für alle Branchen und Rechtsformen. Im internationalen Vergleich schneiden deutsche Gesellschaften hier ebenfalls recht schlecht ab. Dies hat wiederholt Kritik hervorgerufen: Den Unternehmen müßte mehr (Risiko-)Kapital zur Verfügung gestellt werden, sie seien 'unterkapitalisiert', die Kreditwürdigkeit auf den internationalen Kredit- und Kapitalmärkten sei schlecht, das Insolvenzrisiko sei zu hoch etc. Tatsächlich wird eine zu geringe Ausstattung mit EK in Insolvenzstatistiken an prominenter Stelle als Ursache aufgeführt, und es gehört zu den gängigen Usancen im Kreditgewerbe, die EK-Quote als Kennzahl für Bonitätsurteile zu benutzen.

Das Für und Wider solcher Argumentationen kann hier nicht detailliert vorgestellt werden. Einige Aspekte sollen aber angerissen werden, um den Blick zu schärfen und nicht zu einer allzu oberflächlichen Beurteilung zu gelangen.

Zunächst einmal ist festzuhalten, daß der Gesetzgeber durchaus nicht schuldlos an dem erreichten Zustand ist. Das Steuerrecht zum Beispiel privilegiert eindeutig die Aufnahme von FK (bezüglich der Vermögens- und Gewerbekapitalsteuer). Zudem ist die Aufnahme von neuem EK nur durch die recht aufwendigen und teuren Verfahren der Kapitalerhöhung für AG möglich. Nicht börsennotierte Gesellschaften, zum Beispiel die am weitesten verbreitete GmbH, haben überhaupt keinen Zugang zum organisierten Kapitalmarkt. Dadurch ist natürlich die Suche nach geeigneten und willigen EK-Gebern erschwert.

Für Publikums-AG wird zum Teil behauptet, daß die starke Stellung der Verwaltung es für Kleinaktionäre uninteressant macht, Anteile zu erwerben. Hinzu kommt, daß deutsche KapGes im internationalen Vergleich nur eine relativ niedrige Umsatzrendite aufweisen. Trifft dies zu, ist eine Gläubigerposition ökonomisch attraktiver als der Erwerb von Anteilsrechten: Es lohnt sich nicht, eine sichere niedrige Verzinsung gegen eine unsichere niedrige Verzinsung einzutauschen.

Aber auch aus der Sicht der Eigentümer kann eine hohe Fremdverschuldung interessant sein: Solange die Gesamtrentabilität des eingesetzten Kapitals über den FK-Zinsen liegt, führt eine steigende Verschuldung zu einer steigenden EK-Rentabilität (leverage effect). Allerdings beinhaltet der Leverage- oder

Hebeleffekt auch ein beachtliches Risiko: Sinkt die unternehmensinterne Rendite unter das Niveau der FK-Zinsen, für die in der Regel eine erfolgsunabhängige Bedienung vereinbart ist, so belastet dies die EK-Rendite mit zunehmendem FK-Anteil auch zunehmend.

Unterstellt man einmal (optimistisch), daß der hohe FK-Anteil von deutschen KapGes auf eine gezielte Ausnutzung des Leverage-Effektes seitens der Unternehmer zurückzuführen ist, so stellt sich die Frage, warum Gläubiger in Deutschland höhere Risiken einzugehen bereit sind als zum Beispiel in den USA. Eine mögliche Antwort könnte lauten: Weil deutsche Unternehmen bessere Risiken darstellen, zum Beispiel weil sie gut diversifizierte Geschäftsbereiche haben. Ein anderer Grund wäre eventuell im Recht der Kreditsicherheiten zu sehen: Das deutsche Recht scheint diesbezüglich für Gläubiger gute Chancen zu bieten (vgl. Drukarczyk 1993, 185 f.). Wenn Kredite dinglich abgesichert sind, kann im Gegenzug eine höhere Verschuldung des Kreditnehmers hingenommen werden. In Konkurs- und Vergleichsverfahren ist deshalb immer wieder festzustellen, daß die verfügbare Haftungsmasse nach Geltendmachung der Sicherheiten sehr gering ist.

Schließlich ist auf ein grundsätzliches Argument hinzuweisen. Es ist aus verschiedenen Gründen zu bezweifeln, daß das bilanzielle EK mit dem 'tatsächlichen' oder 'betriebswirtschaftlichen' EK übereinstimmt. Die EK-Quote eines amerikanischen Unternehmens ist nur dann sinnvoll mit der eines deutschen Unternehmens vergleichbar, wenn die Bilanzierungs- und Bewertungsregeln vergleichbar sind. Dies ist nicht der Fall. So dürften deutsche Unternehmen in der Regel über höhere stille Reserven verfügen. Solange das Maßgeblichkeitsprinzip gilt, ist dies ökonomisch rational, da in der Regel steuersparend.

Eine weitere Störgröße können Scheingewinne (oder Scheinverluste) aufgrund unterschiedlicher Preisentwicklungen sein.

Letztlich ist darauf hinzuweisen, daß es eine ganze Reihe von Bilanzposten gibt, die formal/rechtlich FK darstellen oder eine Mischung aus EK/FK, die nicht innerhalb der bisher aufgeführten EK-Posten auszuweisen sind. Dies betrifft zum Beispiel Genußscheinkapital, Sonderposten mit Rücklageanteil, Gesellschafterdarlehen unter bestimmten Bedingungen etc. In Abhängigkeit von der Problemstellung kann es sinnvoll sein, diese Größen in die EK-Quote ganz oder teilweise einzubeziehen. Auf diese Aspekte wird im nächsten Kapitel eingegangen.

D. WIEDERHOLUNGSFRAGEN

1. Warum stellt das bilanzielle EK nur unter sehr restriktiven Annahmen Ansprüche der Eigentümer auf das Unternehmensvermögen dar?

2. Als typische Merkmale von EK, die eine Unterscheidung von FK ermöglichen, werden in der Literatur regelmäßig genannt: von Eigentümern zur Verfügung gestelltes Kapital, das nur erfolgsabhängig verzinst wird, einer Voraushaftung unterliegt und dauerhaft zur Verfügung steht.
   Diskutieren Sie, ob diese Kriterien eine saubere Trennung von EK und FK ermöglichen.

3. Was ist unter der sogenannten 'Ausschüttungssperrfunktion' des EK zu verstehen? Gibt es diese tatsächlich?

4. Warum ist eine Gleichsetzung von EK und Risikokapital unzutreffend?

5. EK schafft Mitgliedschaftsrechte, FK führt nicht zu Kontroll-, Informations- und Stimmrechten. Ist diese These in dieser Allgemeinheit zutreffend?

6. Das bilanzielle EK sollte möglichst hoch sein, da dies Insolvenzen wegen Zahlungsunfähigkeit oder Überschuldung verhindert. Haben sich bei diesem Argument etwa Fehler eingeschlichen?

7. Warum weisen PersGes in der Bilanz zum Teil konstante und variable EK-Konten gesondert aus?

8. Erläutern Sie, warum das EK bei KapGes auch Posten der Aktivseite betreffen kann.

9. Welche Regelungen zur Aufbringung und Erhaltung des Kapitals von AG kennen Sie? Welche Bedeutung kommt hierbei den Gewinnermittlungsregeln für den JA zu?

10. Erläutern Sie die Bilanzposten 'gezeichnetes Kapital' und 'ausstehende Einlagen auf das gezeichnete Kapital'.

11. Das AktG kennt vier Formen der Kapitalerhöhung, die sich unter anderem durch folgende Merkmale unterscheiden: ob Mittel zufließen oder nicht, ob die Eigner ein Bezugsrecht für die neuen Aktien haben oder nicht, ob die Hauptversammlung die Erhöhung festlegt oder die Verwaltung. Skizzieren Sie die verschiedenen Varianten der Kapitalerhöhung unter Zugrundelegung dieser Merkmale.

12. Warum ist das Bezugsrecht auf neue Aktien für die Eigentümer so wichtig? Warum ist ein Bezugsrecht manchmal trotzdem ausgeschlossen?
13. Welche Gründe machen eine Kapitalerhöhung aus Gesellschaftsmitteln attraktiv, obwohl diese – strenggenommen – nur zu einem Abfluß an Mitteln führt (für die Kosten)?
14. Welche Varianten der Kapitalherabsetzung sieht das AktG vor? Wie ist der Gläubigerschutz dabei realisiert?
15. Welche Beträge sind in die Kapitalrücklage einzustellen?
16. Wodurch unterscheiden sich Kapital- und Gewinnrücklagen?
17. Stehen Kapitalrücklagen immer dauerhaft zur Verfügung?
18. Welche Beträge sind in die Gewinnrücklage einzustellen?
19. Warum ist der Erwerb eigener Aktien vom Gesetzgeber als besonders gefährlich eingestuft worden? Welche Schutzmaßnahmen enthält das AktG für diesen Fall?
20. Welche Teile der Rücklagen sind frei verfügbar und welche unterliegen Zweckbindungen? Welcher Art sind diese Zweckbindungen?
21. Erläutern Sie (in groben Zügen) die Ergebnisverwendungsregelungen des AktG.
22. Eine AG weist einen Jahresfehlbetrag aus; außerdem ist ein Verlustvortrag aus dem Vorjahr zu berücksichtigen. Bedeutet dies, daß auf keinen Fall eine Dividende ausgeschüttet werden kann?
23. Für eine AG liegen folgende Daten vor: Gezeichnetes Kapital 500, ausstehende Einlagen 100, Jahresüberschuß 200, Verlustvortrag 50, den Gewinnrücklagen sollen 100 zugeführt werden, der Rest soll ausgeschüttet werden (so sieht es der Erfolgsverwendungsvorschlag der Verwaltung vor).
    Welche Darstellungsmöglichkeiten für das EK stellt das HGB zur Verfügung? Wie müßte der Bilanzausweis aussehen, um

    a) ein möglichst hohes,
    b) ein möglichst niedriges

    EK zu zeigen?
24. Stellt ein 'nicht durch Eigenkapital gedeckter Fehlbetrag' einen Vermögensposten dar?

25. Inwiefern kann davon gesprochen werden, daß A. eine Finanzierungsquelle sind?

26. Was versteht man unter offener/verdeckter Selbstfinanzierung?

27. Wie können stille Reserven definiert werden? Stellen Sie in voller Höhe EK dar?

28. Skizzieren Sie Vor- und Nachteile der verdeckten gegenüber der offenen Selbstfinanzierung.

29. Ist eine offene Selbstfinanzierung uneingeschränkt positiv zu beurteilen?

30. Nennen Sie mögliche Gründe, warum es für deutsche Unternehmen ökonomisch interessant sein kann, Investitionen mit FK statt mit EK zu finanzieren.

31. Nennen Sie mögliche Gründe, warum Kreditgeber deutschen Unternehmen FK zur Verfügung stellen, obwohl das bilanzielle EK relativ niedrig ist.

32. Ein Unternehmen verfügt über ein Vermögen von 100, das eine Redite von 10% erbringt. Für FK muß das Unternehmen Zinsen von 6% bezahlen. Wie hoch ist der JÜ, wenn das Unternehmen sein Vermögen a) zu 10% und b) zu 90% mit FK finanziert hat?
Wie hoch ist die EK-Rentabilität (JÜ/EK x 100) jeweils?

33. Wie sehen die Größen JÜ und EK-Rentabilität aus, wenn die Rendite des Gesamtvermögens nur 3% beträgt?

34. Kann dem Unternehmen aufgrund dieser Ergebnisse empfohlen werden, das Unternehmen möglichst hoch zu verschulden (den EK-Anteil möglichst gering zu halten bei gegebenem Gesamtkapitalbedarf)?

35. Kann davon ausgegangen werden, daß ein Unternehmen für eine solche Form der Finanzierungspolitik Gläubiger findet?

Kapitel 14: Sonderposten, Verbindlichkeiten, Rechnungsabgrenzungsposten, Eventualverbindlichkeiten

A. KURZINHALT

Dem Kapitel über das bilanzielle EK schließt sich zunächst eine Erörterung von Mischposten zwischen EK und FK an. Der Sonderposten mit Rücklageanteil (SOPO) als Ausfluß der Umkehrmaßgeblichkeit zeigt, auf welche Weise und in welchem Umfang Unternehmen (Steuer-)Subventionen zugute kommen. Dieser Sonderposten kann auf zwei Arten entstehen: als unversteuerte Rücklage oder durch passiven Ausweis von rein steuerrechtlichen A. (§ 254 HGB). Obwohl diese Form der indirekten A. gegenüber der direkten keine Ergebnisunterschiede aufweist, ist sie wesentlich aussagefähiger.

Genußrechte verkörpern unstrittig schuldrechtliche Ansprüche und stellen keine Mitgliedschaftsrechte dar. Trotzdem wird Genußrechtskapital in verschiedenen Gesetzen dem EK gleichgestellt. Im HGB fehlt eine ausdrückliche Regelung, so daß für den Ausweis die Ähnlichkeit mit EK oder FK entscheidend ist. Woran dies gemessen wird, wird kurz vorgestellt.

Für die Verbindlichkeiten enthält das HGB eine ganze Reihe von Ausweisregelungen. Diese tragen zum Beispiel den folgenden Kriterien Rechnung: Art der zugrundeliegenden GV, Gläubiger, Restlaufzeiten und Besicherung. Diese Differenzierungen sind für Bilanzanalysen sehr wichtig.

Bewertungsfragen sind im HGB dagegen stiefmütterlich behandelt worden. Es verwundert nicht, daß dies zu erheblichen Rechtsunsicherheiten geführt hat. Zum Beispiel ist strittig, ob es ein strenges oder gemildertes Höchstwertprinzip für Schulden gibt (analog dem NWP), ob es ein Abwertungswahlrecht gibt (analog dem Beibehaltungswahlrecht), ob Schulden abzuzinsen sind, ob der Stichtagswert oder der Wert zum Erfüllungszeitpunkt relevant ist etc.

Einige Bilanzposten stellen formal unstrittig Verbindlichkeiten dar, obwohl sie unter bestimmten Voraussetzungen EK-Qualitäten erlangen können. Durch EK-ersetzende Gesellschafterdarlehen und Rangrücktrittsvereinbarungen kann eine insolvenzrechtliche Überschuldung abgewendet werden. Ob dies auch eine Umgliederung in EK in der Handelsbilanz rechtfertigt, bleibt zu prüfen. Unter welchen Bedingungen der Forderungsverzicht eines Gläubigers eine (bilanzielle) Sanierung erlaubt, wird ebenfalls angerissen.

Den letzten Passivposten in der Bilanz stellen die passiven RAP dar. Im Regelfall handelt es sich hierbei im Verbindlichkeiten, die bestimmte Merkmale erfüllen.

Abschließend wird noch auf Verpflichtungen eingegangen, die nicht passivierungsfähig oder -pflichtig, sondern nur unter dem (Bilanz-)Strich zu vermerken sind. Es handelt sich um die sogenannten Eventualverbindlichkeiten gemäß § 251 HGB.

B. LEHRZIELE

Wenn Sie dieses Kapitel durchgearbeitet haben, sollten Sie

- mit der Wirkungsweise von Steuersubventionen, die an die Bilanz anknüpfen, vertraut sein,
- den Inhalt des SOPO erläutern können,
- angeben können, wie sich die Bildung und Auflösung einer Rücklage nach § 6 b EStG in der Buchhaltung niederschlägt,
- die Buchungen für die direkte oder indirekte Form der A. angeben können,
- begründen können, warum die indirekte Form der A. aussagefähiger, aber auch aufwendiger ist,
- die Vorteile von Genußrechten für Emittent (und Erwerber) sowie die Behandlung in der HB und StB darlegen können,
- die Merkmale von Verbindlichkeiten kennen,
- die Ausweisregelungen für Verbindlichkeiten skizzieren können,
- die Bewertungsprobleme von Verbindlichkeiten erläutern können,
- den Begriff 'EK-ersetzende Gesellschafterdarlehen' diskutieren können,
- angeben können, wie sich Schuldenerlaß- und Rangrücktrittsvereinbarungen auf die Bilanzierung von Schulden auswirken,
- den Inhalt von und die Anforderungen an passive Rechnungsabgrenzungsposten (PRAP) skizzieren können,
- die besondere Bedeutung PRAP für Leasingverträge erläutern können,
- die Vermerkpflichten für Haftungsverhältnisse beschreiben können.

C. INHALT

1. ÜBERBLICK

Auf der Passivseite der Bilanz sind Sonderposten möglich, die sowohl dem EK als auch dem FK zugeordnet werden können. Dazu zählt der SOPO, der aufgrund der Umkehrmaßgeblichkeit auch in HB Eingang gefunden hat. Hintergrund sind steuerliche Subventionsnormen, die es ermöglichen, Erträge steuerfrei zu stellen oder Aufwendungen zeitlich nach vorn zu verlegen.

Die Begebung von Genußrechtskapital ist eine wieder attraktiv gewordene Finanzierungsvariante. Je nach vertraglicher Ausgestaltung stellt es eine schlichte Verbindlichkeit oder sehr EK-ähnliches Kapital dar, das gesondert auszuweisen ist.

Danach geht es um Bilanzposten, die unstrittig FK darstellen: die Verbindlichkeiten. Für diese sieht das HGB recht differenzierte Ausweisregelungen vor. Völlig im Gegensatz dazu sind Bewertungsfragen fast gar nicht geregelt, obwohl Regelungsbedarf in beträchtlichem Maße besteht, wie die Diskussion ausgewählter Bewertungsaspekte zeigen wird.

Der letzte Posten auf der Passivseite heißt Rechnungsabgrenzungsposten (RAP). Er wird im Rahmen von JA-Analysen regelmäßig dem FK zugeordnet. Entsprechend wird er hier mit abgehandelt.

Die unter der Bilanz zu vermerkenden Eventualverbindlichkeiten bilden den Abschluß des Kapitels.

2. DER SONDERPOSTEN MIT RÜCKLAGEANTEIL

2.1 Inhalt und Wirkungsweise

In § 247 Absatz 3 HGB wird bestimmt: „Passivposten, die für Zwecke der Steuern vom Einkommen und vom Ertrag zulässig sind, dürfen in der Bilanz gebildet werden. Sie sind als Sonderposten mit Rücklageanteil auszuweisen und nach Maßgabe des Steuerrechts aufzulösen. Einer Rückstellung bedarf es insoweit nicht."

In § 273 HGB wird für KapGes verschärfend gefordert, daß der SOPO nur in den Fällen zulässig ist, für die Umkehrmaßgeblichkeit gilt. Da in § 5 Absatz 1

Satz 2 EStG diese nunmehr allgemein vorgeschrieben ist, stellt dies den Regelfall dar (vgl. Kapitel 2). Nur noch in Ausnahmefällen kommt der Restriktion in § 273 HGB Bedeutung zu. Die Bildung des SOPO richtet sich nach steuerrechtlichen (Subventions-)Normen, die den Zweck haben, den steuerrechtlichen Erfolgsausweis zu ändern: Bestimmte Erträge dürfen per Aufwandsbuchung neutralisiert werden; Gewinne werden, ohne Steuerbelastungen auszulösen, in den Passivposten gebucht. Daher rührt auch die übliche, aber ungenaue Bezeichnung 'steuerfreie Rücklagen'. Eigentlich handelt es sich um (noch) nicht versteuerte Rücklagen. Das Steuerrecht schreibt die Auflösung innerhalb bestimmter Fristen vor: Die entsprechende Erfolgserhöhung löst im Regelfall Steuerzahlungen aus. Deshalb wird argumentiert, der SOPO bestehe

- aus einem EK-Anteil und
- einem FK-Anteil in Höhe der geschätzten Steuerbelastung.

Einer Steuerrückstellung bedarf es aber nicht (§ 247 Absatz 3 Satz 3 HGB). Der SOPO ist dementsprechend zwischen dem EK und den Rückstellungen gesondert auszuweisen. Für Zwecke der JA-Analyse wird er oft hälftig auf das EK und das FK verteilt.

Zu beachten ist jedoch, daß die angestrebte Subventionswirkung – Liquiditäts- und Rentabilitätseffekte aufgrund späterer Steuerzahlungen – nicht zwingend eintritt. Erfolgt die Auflösung des SOPO zu einem Zeitpunkt, für den ein veränderter oder wegen der Progression abweichender Steuersatz gilt, so kann es neben Zinseffekten auch endgültig veränderte Steuerbelastungen oder -entlastungen geben. Für Unternehmen in der Krise, die nicht auszugleichende Fehlbeträge ausweisen, entfällt eine Nachversteuerung durch die Auflösung. Der SOPO stellt (im nachhinein) in voller Höhe EK dar. Deshalb geht m.E. auch die Begründung für die Umkehrmaßgeblichkeit und die damit verknüpfte Ausschüttungssperre fehl: In guten Zeiten muß zuviel thesauriert werden, da die Ertragsteuerbelastung auf jeden Fall unter 100% liegt; in schlechten Zeiten muß thesauriert werden, obwohl überhaupt keine Steuerbelastung folgt.

Neben den unversteuerten Rücklagen können KapGes die sogenannten steuerlichen Mehr-A. in die SOPO einstellen (§ 281 HGB). Diese Regelung ermöglicht es, die aus Subventionszwecken eingeräumten, rein steuerlichen A. (§ 254 HGB) als Wertberichtigung zu den entsprechenden VG zu passivieren. Alternativ ist eine direkte A. zulässig. Auch bei diesen Wertberichtigungen liegt handelsrechtlich und betriebswirtschaftlich kein Werteverzehr vor. Die Aufwandsvorverlagerung durch die entsprechenden Steuernormen verfolgt Zwecke, die den Informationsaufgaben des JA entgegenstehen.

Obwohl § 281 HGB nur für KapGes einschlägig ist, ist der herrschenden Meinung zuzustimmen, daß auch Nicht-KapGes die steuerlichen Mehr-A. passivisch ausweisen dürfen. Weder gibt es insoweit ein ausdrückliches Verbot noch stehen die GoB entgegen. Die Darstellung mit Hilfe des SOPO ist sogar aussagefähiger als eine direkte A.

Da beide Bestandteile des SOPO – die unversteuerten Rücklagen und die steuerlichen Mehr-A. – aus handelsrechtlicher Sicht Fremdkörper darstellen, sind im HGB Regelungen vorgesehen, um wenigstens die Informationsverzerrungen durch das Steuerrecht annähernd zu kompensieren. Diese betreffen allerdings nur KapGes. In Bilanz oder Anhang sind zum Beispiel die entsprechenden steuerrechtlichen Vorschriften anzugeben (§ 273 Satz 2, § 281 Absatz 1). Die Zuführungs- und Auflösungsbeträge des SOPO sind ebenso gesondert anzugeben wie die A., die im GJ allein nach steuerrechtlichen Vorschriften erfolgten, getrennt für das AV und das UV (§ 281 Absatz 2 HGB). Die Bildung und Auflösung des SOPO erfolgt zwingend über die GuV-Posten 'Sonstiger betrieblicher Aufwand', 'Sonstiger betrieblicher Ertrag' (§ 281 Absatz 2 Satz 2 HGB).

Schließlich verlangt § 285 Absatz 5 HGB, daß im Anhang das Ausmaß anzugeben ist, in dem diese rein steuerlich motivierten Aufwendungen/Erträge das Jahresergebnis beeinflußt haben, und das Ausmaß erheblicher künftiger Belastungen aus einer solchen Bewertung. Diese Vorschrift zielt darauf ab, steuerliche Ergebnisverzerrungen – auch für die Zukunft – transparent zu machen. Werden A. vorgezogen, so mindert dies das künftig als Aufwand zu verrechnende A.-Volumen. In späteren Jahren treten mithin steuerliche Mehrbelastungen ein, über deren Ausmaß zu berichten ist (die Belastung kann aber in Verlustjahren auch entfallen).

Da der Gesetzgeber beide Formen der Subvention häufig gewährt und ändert, ist eine vollständige Auflistung sämtlicher Steuernormen, die laufend aktualisiert werden müßte, hier nicht sinnvoll. Statt dessen sollen die typischen Merkmale und Probleme anhand einzelner Beispiele vorgestellt werden.

2.2 Unversteuerte Rücklagen

Rücklagen werden im Normalfall aus versteuerten Gewinnen gebildet, stellen also Gewinnverwendung dar. Abweichend hiervon sieht das Steuerrecht vor, daß bestimmte Rücklagen aus unversteuerten Mitteln dotiert werden dürfen. Billigkeitserwägungen oder die Gewährung von Investitionsanreizen sind die Motive (zum Beispiel Standort-, Export-, Branchen-, Umweltschutzförderung.) Die vielleicht bekannteste unversteuerte Rücklage ist die 6b-Rücklage, die etwas ausführlicher vorgestellt werden soll.

Bei VG des AV, die sich mehrere Jahre im Betriebsvermögen eines Kaufmannes befinden, können sich im Zeitablauf durch Wertsteigerungen erhebliche stille Reserven ansammeln. Scheiden die VG aus dem Betriebsvermögen aus, müßten die Veräußerungsgewinne voll versteuert werden. Zur Vermeidung unbilliger Härten und um volkswirtschaftlich erwünschte Umstrukturierungen und Rationalisierungen zu fördern, wurde 1964 der § 6b in das EStG eingeführt. Dieser ermöglicht es, den realisierten Veräußerungsgewinn auf ein Ersatzwirtschaftsgut zu übertragen. Die Nichtversteuerung des Gewinns soll eine Reinvestition erleichtern, indem ein Abfluß liquider Mittel an den Fiskus unterbleibt.

Die Regelung wurde zwischenzeitlich mehrfach geändert. Die wichtigsten aktuellen Bestimmungen sind:

- Veräußerungsgewinne könne zu 50% (zum Teil zu 100%) auf ganz genau im Gesetz definierte WG übertragen werden.
- Die Übertragung ist auch möglich, wenn WG im vorangegangenen Jahr angeschafft/hergestellt wurden. Im übrigen muß die Reinvestition in vier bzw. sechs Jahren erfolgen, oder der SOPO ist erfolgserhöhend aufzulösen.
- In die Rücklage kann der Veräußerungsgewinn auch nur teilweise eingestellt werden. Die Nachholung früher unterlassener Zuführungen ist im allgemeinen unzulässig. Eine vorzeitige (teilweise) Auflösung ist jederzeit möglich. Eine Übertragung auf ein Ersatzwirtschaftsgut kann unterbleiben, teilweise oder vollständig erfolgen.
- Scheitert eine Reinvestition, aus welchen Gründen auch immer, so ist für jedes volle Jahr, in dem die Rücklage bestanden hat, der Gewinn außerhalb der Bilanz um 6% des Rücklagenbetrages zu erhöhen. Die Ertragsteuern (Einkommen-/Körperschafts- und Gewerbeertragsteuer) sind entsprechend höher. In Abhängigkeit von der Dauer der Rücklagenbildung, dem Ertrag-

steuersatz und der Rendite, mit der die nicht abgeflossenen Steuern angelegt werden, kann dies die heutige Steuerentlastung später mehr als kompensieren. Auswirkungen auf Substanzsteuern hat der SOPO nicht.

Beispiel: Die X-AG verkauft in t_0 ein Grundstück für 3 Mio. DM, der Buchwert beträgt 0,5 Mio. DM. In t_4 wird ein Ersatzgrundstück für 4 Mio. DM erworben (von Transaktionskosten sei abgesehen). In t_0 ist zu buchen:

(1)	Bank	3 Mio.	an	Grundstück	0,5 Mio
				Sonstiger betrieblicher Ertrag	2,5 Mio
(2)	Sonstiger betrieblicher Aufwand		an	SOPO	2,5 Mio

Der Veräußerungsvorgang ist erfolgsneutral gebucht. Ohne die Buchung (2) würde der Abfluß von Ertragsteuern verhindern, daß ein vergleichbares Grundstück zu aktuellen Marktpreisen aus dem Verkaufserlös finanziert werden kann.

In t_4 wird gebucht:

(1)	Grundstück an Bank: (= Erwerb des neuen Grundstücks)	4,0 Mio.
(2)	SOPO an sonstigen betrieblichen Ertrag:	2,5 Mio.
(3)	Abschreibung Grundstück an Grundstück:	2,5 Mio.

Damit ist die stille Reserve in Höhe von 2,5 Mio. DM von dem alten auf das neue Grundstück übertragen worden. Der Ertrag aus der SOPO-Auflösung wird durch die A. neutralisiert. Der Wert von 1,5 Mio. DM stellt die AK für das neue Grundstück dar. Handelt es sich um ein Gebäude, das planmäßig abgeschrieben wird, ist das künftige A.-Volumen damit begrenzt. Die stille Reserve wird nach Maßgabe der verminderten planmäßigen A. erfolgswirksam aufgelöst. Handelt es sich um ein nicht abnutzbares Grundstück, wird die stille Reserve beim Ausscheiden aus dem Betriebsvermögen erfaßt.

Das Beispiel zeigt auch: die Steuersubvention kann lange Zeit Nachwirkungen auf den JA haben. Wird eine realisierte Reserve auf ein Gebäude übertragen, kann die folgende planmäßige A. 40 oder 50 Jahre lang unzutreffend (zu niedrig) sein. Dies könnte verhindert werden, indem vom Wahlrecht der indirekten Buchung rein steuerlicher A. Gebrauch gemacht wird (vgl. § 281 HGB; zur näheren Erläuterung siehe unten).

Ein zweiter Anwendungsfall ist in § 6d EStG geregelt. Mit dieser Vorschrift soll die regelmäßig risikobehaftete Übernahme von stillgelegten oder von der Stillegung bedrohter (Teil-)Betriebe durch mittelständische Unternehmen gefördert werden. Sie soll Dauerarbeitsplätze und die Wettbewerbsintensität erhalten. Die Rücklage darf in Höhe von 30% der AK gebildet werden. Sie ist spätestens vom sechsten auf ihre Bildung folgenden Jahr an mit jährlich mindestens einem Fünftel aufzulösen. Bei vorheriger Stillegung oder Veräußerung ist die Rücklage früher auszubuchen.

Unterliegt eine steuerfreie Rücklage ausnahmsweise nicht dem Gebot der Umkehrmaßgeblichkeit, können KapGes den SOPO in der HB nicht ausweisen (§ 273 HGB). Statt dessen ist eine Aufteilung in einen EK-Bestandteil (JÜ) und FK-Bestandteil (Steuerrückstellung) erforderlich. Der geschätzte EK-Anteil kann vor der Gewinnverwendung in die 'Anderen Gewinnrücklagen' eingestellt werden (§ 58 Absatz 2a AktG, I 29 Absatz 4 GmbHG). Die Gewinnverwendungskompetenz der Eigner wird zugunsten der Verwaltungsorgane beschränkt.

2.3 Steuerrechtliche Mehrabschreibungen

Nach § 281 HGB darf die Differenz zwischen den nur steuerrechtlich zulässigen A. gemäß § 254 HGB und den handelsrechtlich zulässigen A. nach § 253 HGB als SOPO ausgewiesen werden (im folgenden Bruttomethode, indirekte A. genannt) oder aktivisch bei dem entsprechenden VG abgesetzt werden (Nettomethode, direkte A.). Obwohl es sich um ein im Ergebnis erfolgsneutrales Ausweiswahlrecht handelt, unterscheiden sich die Varianten bezüglich ihrer Aussagefähigkeit deutlich.

Die genannte Regelung ist allerdings präzisierungsbedürftig:

- Was sind nur steuerrechtlich zulässige A.? Hierunter fallen m.E. nicht nur die erhöhten A. und Sonder-A. aus den diversen steuerlichen Subventionsnormen, sondern auch TW-A. und die stufendegressiven A. gemäß § 7 Absatz 4 und 5 EStG können hierunter fallen.
- Sind die über die handelsrechtlichen A. hinausgehenden rein steuerlich zulässigen Mehr-A. als Differenz zu den handelsrechtlich maximal möglichen oder für das Unternehmen normalen A. zu bestimmen (vgl. Kapitel 11)?

Im weiteren soll zunächst ein einfaches Beispiel für die Ausweisalternativen vorgestellt werden. Ein Unternehmen erwirbt in t_0 eine Maschine für 1.000. Die ND beträgt zehn Jahre; normalerweise wird linear abgeschrieben. Das Steuerrecht erlaubt in t_0 eine rein steuerliche Sonder-A. von 50% neben der linearen A. In den nächsten vier Jahren ist steuerlich jeweils eine A. von 10% vorzunehmen. Die folgende Tabelle enthält die entsprechenden Daten.

	Indirekte Abschreibung			**Direkte Abschreibung**	
Jahr	**Abschreibung**	**RBW**	**Sonderposten**	**AfA**	**RBW**
1	100	900	500	600	400
2	100	800	500	100	300
..					
5	100	500	500	100	0
6	100	400	400	0	0
7	100	300	300	0	0
8	100	200	200	0	0
9	100	100	100	0	0
10	100	0	0	0	0

Als SOPO ist, wie erkennbar, nur die steuerrechtliche Mehr-A. auszuweisen. Dieser SOPO kann für jedes Jahr als Saldo der RBW bestimmt werden.

Die Buchungen für das erste Jahr lauten:

(1) A. an Maschine 100.
Dies entspricht der planmäßigen handelsrechtlichen A.

(2) Sonstiger betrieblicher Aufwand an SOPO 500.
Damit ist die steuerliche Mehr-A. als offene Reserve erfaßt.

Alternativ wäre im Falle der direkten A. zu buchen:

(1*) A. an Maschine 600.

In den folgenden vier Jahren ergeben sich jeweils nur die Buchungen zur planmäßigen A. von 100. Danach ist die Maschine steuerlich auf 0 abgeschrieben. Da nunmehr die handelsrechtliche A. fortgeführt wird, ist der SOPO entsprechend aufzulösen (§ 281 Absatz 1 Satz 2 HGB).

Vom sechsten bis zum zehnten Jahr ergeben sich folgende Buchungen:

(1) A. an Maschine	100
(2) SOPO an sonstigen betrieblichen Ertrag	100

Per Saldo ist die Ergebniswirkung 0. Dies zeigt auch die typische Form der Subvention: Es handelt sich primär um Steuerstundungen. Das Beispiel zeigt aber auch, daß die Wirkungen der Subvention weit in die Zukunft reichen können. Wurde direkt abgeschrieben, sind ab dem sechsten Jahr keine A. mehr zu errechnen.

Abweichungen von diesem einfach gehaltenen Beispiel führen zu buchungstechnischen Problemen. Diese treten beispielsweise auf, wenn der abzuschreibende Ausgangswert in der HB und StB nicht gleich ist (zum Beispiel aufgrund unterschiedlicher HK-Begriffe) oder handelsrechtlich außerplanmäßige A. vorzunehmen sind und/oder ggf. in der Folge Zuschreibungen.

Der SOPO ist aufzulösen, wenn der entsprechende VG aus dem Unternehmen ausscheidet. An einem Beispiel soll kurz gezeigt werden, wie sich die Brutto- von der Nettomethode unterscheidet. Eine Maschine habe einen RBW (brutto) von 1.000, der SOPO betrage 500; der RWB nach der Nettomethode beträgt also 500.

Für den Verkaufspreis sollen vier alternative Preise angenommen werden:

Preis: 1.200	1. Kasse 1.200 an Maschine 1.000 Sonstiger betrieblicher Ertrag 200 2. SOPO an Sonstiger betrieblicher Ertrag 500	1. Kasse 1.200 an Maschine 500 Sonstiger betrieblicher Ertrag 700
Preis: 750	1. Kasse 750 Sonstiger betrieblicher Aufwand 250 an Maschine 1.000 2. SOPO an Sonstiger betrieblicher Ertrag 500	1. Kasse 750 an Maschine 500 Sonstiger betrieblicher Ertrag 250
Preis: 500	1. Kasse 500 Sonstiger betrieblicher Aufwand 500 an Maschine 1.000 2. SOPO an Sonstiger betrieblicher Ertrag 500	1. Kasse 500 Maschine 500
Preis: 300	1. Kasse 300 Sonstiger betrieblicher Aufwand 700 an Maschine 1.000 2. SOPO an Sonstiger betrieblicher Ertrag 500	1. Kasse 300 Sonstiger betrieblicher Aufwand 200 an Maschine 500

Während bei der indirekten Methode die 'normalen' handelsrechtlichen Veräußerungserfolge ersichtlich sind, ist das bei der direkten Methode nicht der Fall. Im dritten Beispiel berührt die Veräußerung die GuV gar nicht.

Insgesamt dürfte die Bruttomethode wesentlich aussagefähiger sein als die aktivische A. Diese führt zu einem – aus handelsrechtlicher Sicht – falschen Vermögensausweis. Dadurch ändern sich die Stuktur der Aktiva und die Bilanzsumme. Typische Kennziffern für JA-Analysen (zum Beispiel AV: EK; AV: UV) werden verfälscht. Wird der SOPO, wie üblich bei JA-Analysen, hälftig auf das EK und das FK verteilt, so ändert sich auch die Kapitalstruktur (Annahme: bei direkter A. erfolgt keine EK-Korrektur durch den Analysten). In der GuV wird die Aufwandsstruktur unzutreffend wiedergegeben, wenn über die handelsrechtlichen A. hinausgehende Aufwandsbuchungen als A.-Aufwand ausgewiesen wird (beim Umsatzkostenverfahren können die steuerlichen A. in verschiedenen Posten erfaßt sein, zum Beispiel den Nr. 2, 4, 5 gemäß § 275 Absatz 3 HGB). Erschwerend kommt hinzu, daß die Auflösung der stillen Reserve in der GuV nur bei der indirekten Methode zu entnehmen ist. Im Beispiel oben wurde ab dem sechsten Jahr bei der direkten Methode überhaupt kein (A.-)Aufwand mehr gebucht. Übliche Cash-flow-Analysen verlieren an Aussagewert.

Soweit direkt abgeschrieben wird, hat dies auch Einfluß auf das Anlagegitter gemäß § 268 Absatz 2 HGB. Dieses soll dem externen Bilanzleser unter anderem Rückschlüsse auf die Altersstruktur des AV, die Investitionspolitik und Wachstums- oder Schrumpfungsprozesse ermöglichen. Soweit stille Reserven durch zu hohe A. und/oder Übertragungen von unversteuerten Rücklagen das Anlagegitter beeinflussen, wird diese Analyse wesentlich erschwert (Kapitel 17).

Obwohl die Buchung über den SOPO aus Informationsgründen zu präferieren ist, soll nicht verschwiegen werden, daß dies gegenüber der direkten A. mit Mehrarbeit verbunden ist. Die Zuführungs- und Auflösungsbeträge zum SOPO müssen über die gesamte ND verfolgt werden. Sind mehrere VG betroffen, ist vielfach eine eigene Nebenbuchhaltung erforderlich. Zu beachten ist jedoch, daß

- durch EDV-Einsatz das Argument an Bedeutung verliert,
- die Anhangangaben gemäß § 285 Nr. 5 HGB – strenggenommen – eine solche Nebenrechnung sowieso erfordern,
- aus Gründen der Selbstinformation diese Nebenrechnung sinnvoll ist.

3. GENUSSRECHTSKAPITAL

Genußrechte stellen schuldrechtliche Vermögensansprüche an ein Unternehmen dar, keine Mitgliedschaftsrechte. Die Teilnahme an der Eigentümerversammlung, Stimmrechte, Bezugsrechte für neue Anteile, Informationsrechte etc. sind mit Genußrechten nicht verknüpft. Gleichwohl können sie Merkmale haben, die typisch für EK sind: Erfolgsabhängigkeit der Vergütung, Teilnahme am Liquidationserfolg, Rücktritt hinter andere Gläubigeransprüche etc. Da eine gesetzliche Definition fehlt, steht es den Vertragspartnern frei, Genußrechte flexibel auszugestalten. In der Praxis finden sich tatsächlich sehr unterschiedliche Varianten mit für Emittent und Erwerber spezifischen Vor- und Nachteilen. Soweit Genußrechte in Wertpapierform verbrieft sind, heißen sie auch Genußscheine.

Genußrechte werden auch begeben, ohne daß Aktiva beim Emittenten zugehen. Sie können ein aus künftigen Überschüssen zu zahlendes Entgelt für Gründungsaktivitäten, zu erbringende Dienstleistungen oder in das Unternehmen eingelegte Erfindungen darstellen. In diesen Fällen ist die Leistung an das Unternehmen nur schwer bewertbar oder gar nicht einlagefähig im Sinne der Regelungen zur Kapitalaufbringung. Ihnen fehlt die VG-Eigenschaft. Hier bietet sich das Genußrecht als Ersatz für Gesellschaftsanteile an: tragen die Erfindungen, Dienstleistungen etc. Früchte, sind Vergütungen aus den Überschüssen zu leisten. Führen sie nicht zu Überschüssen, gibt es keine Vergütung, das Risiko belastet den Emittenten nicht.

Genußrechte können auch als Gegenleistung für einen Schuldenerlaß (Sanierung) ausgegeben werden. Die Schuld ist dann zunächst erfolgswirksam auszubuchen. Nur wenn später Überschüsse erwirtschaftet werden, sind Vergütungen für die Genußrechte zu leisten. Erst mit Eintritt dieses Ereignisses sind wieder Passiva zu Lasten des Erfolges zu buchen.

In den bisher genannten Fällen führt die Ausgabe von Genußrechten **nicht** zu einem Passivposten. Dies ist anders, wenn im Gegenzug Aktiva (in der Regel Zahlungsmittel) zugehen: es handelt sich um einen erfolgsneutral darzustellenden Finanzierungsvorgang. Eine Buchung als Ertrag scheidet aus, da dies eine Ausschüttung an die Eigner ermöglichen würde.

Diese Form der Kapitalaufnahme hat aus verschiedenen Gründen an Attraktivität gewonnen. Dies liegt vor allem an der Möglichkeit, die Bedingungen flexibel zu gestalten, wobei insbesondere drei Aspekte relevant sind:

- Eine erfolgsabhängige Vergütung ist für den Emittenten interessant, da eine Liquiditätsbelastung von der Überschußsituation abhängt. Zugleich kann Genußkapital typische EK-Funktionen erfüllen. Es steht dauerhaft zur Verfügung und erhöht die Bonität, da es eine Voraushaftungsfunktion im Liquidations-/Verlustfall übernimmt.
- Typische EK-Funktionen werden verknüpft mit einer Gläubigerposition. Damit bieten Genußscheine ähnliche Vorteile wie stimmrechtslose Vorzugsaktien. Bei letzteren kann das Stimmrecht allerdings unter bestimmten Bedingungen aufleben. Dieses Risiko besteht bei Genußrechten nicht. Für Familiengesellschaften, die eine rein vermögensrechtliche Beteiligung von Mitarbeitern anstreben, ist diese Variante deshalb sehr interessant.
- Es kann wirtschaftlich klassische EK-Funktionen übernehmen, ohne steuerlich als EK zu gelten. Das heißt, die steuerlichen Privilegien von FK können realisiert werden. Es tritt keine Vermögensteuerbelastung ein, und das Genußkapital zählt nur hälftig zum Gewerbekapital. Die Vergütungen auf das Genußkapital gelten als Betriebsausgaben, gewerbesteuerlich sind sie nur hälftig dem Ertrag zuzuschlagen. Für ausländische Investoren kann sich ein zusätzlicher Vorteil im Vergleich zum Anteilserwerb ergeben, wenn sie nicht körperschaftsteuer-anrechnungsberechtigt sind.

Voraussetzungen, daß Genußkapital steuerlich als FK anerkannt wird, sind in § 8 Absatz 3 KStG genannt. Soweit es mit dem Recht auf Beteiligung am Gewinn und am Liquidationserlös verbunden ist, gilt es als EK. Eine erfolgsabhängige Vergütung ist dabei m.E. auch anzunehmen, wenn eine Mindestvergütung vereinbart ist.

Problematischer ist die Auslegung des zweiten Merkmals: Eine Beteiligung am Liquidationserlös erfordert nicht nur, daß im Liquidationsfall andere Gläubigeransprüche vorab zu bedienen sind. Es muß auch eine Teilnahme an den stillen Reserven gewährt werden. Eine Abfindung zum Nominalwert reicht nicht. Um eine Beteiligung am Liquidationserlös zu gewährleisten, muß eine vorherige Rückzahlung ausgeschlossen oder wirtschaftlich bedeutungslos sein. Dem Genußrechtsinhaber darf deshalb kein Kündigungsrecht zustehen, und eine vereinbarte Rückzahlung darf nicht vor Ablauf von 30 Jahren erfolgen.

Anders als im Steuerrecht können Kreditinstitute Genußkapital bereits dann als haftendes EK behandeln, wenn die Kriterien gemäß § 10 Absatz 5 KWG erfüllt sind. Das haftende EK ist von Bedeutung, da seine Höhe das Volumen der gesamten Kredite und Beteiligungen begrenzt. Genußrechtskapital kann demnach ein größeres Geschäftsvolumen ermöglichen. Eine ähnliche Regelung für Versicherungen enthält § 53c VAG.

Der Ausweis von Genußrechtskapital in der HB richtet sich nach der konkreten Ausgestaltung. Der HFA des IdW hat in einer Stellungnahme drei Kriterien aufgeführt, denen sämtlich entsprochen werden muß, wenn eine Bilanzierung als EK erfolgen soll:

- Langfristigkeit der Kapitalüberlassung, wobei ein vertraglicher Ausschluß der Kündbarkeit seitens des Kapitalgebers explizit nicht erforderlich ist. In Anlehnung an die Laufzeiten von begebenen Genußrechten dürften Mindestlaufzeiten von 15 bis 25 Jahren ausreichend sein. Um die Dauer des – eine Haftungsfunktion übernehmenden – Genußkapitals erkennen zu können, sind im Anhang Restlaufzeiten und frühestmögliche Kündigungs-/Rückzahlungstermine anzugeben.
- Nachrangigkeit im Vergleich zu allen anderen Gläubigern. Auf eine Teilnahme an den stillen Reserven kommt es im Gegensatz zu den steuerlichen Anforderungen ausdrücklich nicht an.
- Erfolgsabhängigkeit der Vergütung und Teilnahme am Verlust in voller Höhe. Aufgelaufene Verluste sind zunächst wiederaufzufüllen, bevor Ausschüttungen möglich sind. Eine gewinnunabhängige Mindestverzinsung läßt einen EK-Ausweis nicht zu.

(vgl. WPg 1994, 419 ff.)

Ist Genußkapital als FK zu bilanzieren, kommt ein Ausweis unter den 'Anleihen' oder ein Sonderposten (vgl. § 265 Absatz 5 Satz 2 HGB) in Betracht. Die Vergütung ist unter den 'Zinsen und ähnlichen Aufwendungen' in der GuV auszuweisen. Stellt Genußkapital EK dar, so ist es als Sonderposten zu bilanzieren. Die laufende Vergütung stellt gleichwohl Aufwand und nicht Gewinnverwendung dar. Ein Ausweis unter 'Aufwendungen aufgrund eines Teilgewinnabführungsvertrages' oder ein Sonderposten sind meines Erachtens möglich. Die Qualifikation als Aufwand ist insbesondere im Hinblick auf die Ergebnisverwendungskompetenzen wichtig (vgl. Kapitel 13).

4. VERBINDLICHKEITEN

4.1 Der Ausweis von Verbindlichkeiten

Zusammen mit den Rückstellungen bilden die Verbindlichkeiten das FK oder die Bilanzschulden. Zu den allgemeinen Passivierungsvoraussetzungen wird auf Kapitel 7 verwiesen. Verbindlichkeiten sind demnach zu passivieren, wenn folgende Kriterien vorliegen:

- eine wirtschaftliche Belastung: deshalb sind schwebende Geschäfte nicht bilanzierungsfähig, da aus dem gleichen Sachverhalt eine Gegenforderung besteht. Auch eine Verpflichtung zur Duldung oder Unterlassung einer Handlung stellt keine Belastung dar, selbst wenn sie ökonomisch für ein Unternehmen von Nachteil ist,
- eine Verpflichtung gegenüber Dritten: schließt ein Kaufmann keine Versicherung für bestimmte Risiken ab, kann er zum Beispiel keine Beträge für Selbstversicherung als Schuld passivieren,
- die Verpflichtung muß einzelbewertbar und bestimmt sein bezüglich Grund und Höhe ihres Bestehens, ungewisse Verbindlichkeiten sind als Rückstellung auszuweisen,
- die Verpflichtung muß rechtlich entstanden oder zumindest wirtschaftlich verursacht sein. Unerheblich ist dagegen, ob die Verpflichtung fällig ist oder nicht, ob sie vom Berechtigten geltend gemacht wird oder nicht und ob sie rechtlich zwangsweise durchsetzbar ist oder nicht. Auch verjährte Schulden sind zu passivieren, wenn der Kaufmann sie begleichen will.

Entscheidend für die Passivierungspflicht ist auch nicht, ob die Schuld auf eine Geld-, Sach- oder Dienstleistung gerichtet ist. Für Verbindlichkeiten sind Sachverpflichtungen zwar selten, aber möglich. Der Hauptanwendungsfall sind die erhaltenen Anzahlungen: Hier wird nicht eine Rückzahlung des Erhaltenen geschuldet, sondern eine Leistung. Bewertet wird diese Leistung aber nicht mit den (erwarteten) Kosten der Leistung, sondern mit dem erhaltenen Betrag. Der Vorgang bleibt erfolgsneutral – ein Ausfluß des Realisationsprinzips. Erhaltene Anzahlungen auf Vorräte dürfen als Verbindlichkeit passiviert oder offen von den Vorräten abgesetzt werden (§ 268 Absatz 5 HGB). Dies kann die Bilanzstrukturen erheblich beeinflussen. Voraussetzung für die Absetzung ist, daß die Anzahlungen auf vorhandene Vorräte entfallen.

Verbindlichkeiten können nach verschiedenen Merkmalen gegliedert werden, zum Beispiel nach der Art der zugrundeliegenden Geschäftsvorfälle, nach Gläubigern, Fristigkeit, Besicherung etc. Im HGB finden sich alle genannten Kriterien (nur für große KapGes). § 266 HGB trägt den ersten beiden Rechnung, die Restlaufzeiten sind gemäß § 268 Absatz 5 Satz 1 und § 285 Nr. 1a in Verbindung mit Nr. 2 anzugeben und die Sicherungsrechte gemäß § 285 Nr. 1b in Verbindung mit Nr. 2. Restlaufzeiten, die kürzer als ein Jahr sind oder länger als fünf Jahre, sind gesondert anzugeben. Die mittelfristigen Verbindlichkeiten können auch ohne freiwillige Angabe einfach ermittelt werden. Für die Darstellung im JA schlägt Baetge (1994, S. 350) vor, die geforderten Daten in einem Verbindlichkeitenspiegel zusammenzufassen.

	Gesamtbetrag		**Davon mit Restlaufzeit**			**davon gesichert**	**Art der Sicherheit**
	Vorjahr	**Aktuell**	**≤ 1 Jahr**	**>1 Jahr u. ≤ 5 Jahre**	**>5 Jahre**		
	DM	DM	DM	DM	DM	DM	
1. Anleihen, davon konvertibel							
2. Verbindlichkeiten gegenüber Kreditinstituten							
3. Erhaltene Anzahlungen auf Bestellungen							
4. Verbindlichkeiten aus Lieferungen und Leistungen							
5. Verbindlichkeiten aus der Annahme gezogener Wechsel und der Ausstellung eigener Wechsel							
6. Verbindlichkeiten gegenüber verbundenen Unternehmen							
7. Verbindlichkeiten gegenüber Unternehmen, mit denen ein Beteiligungsverhältnis besteht							
8. Sonstige Verbindlichkeiten, davon Steuern davon im Rahmen der sozialen Sicherheit							
Angaben gemäß § 266 Absatz 1 in Verbindung mit Absatz 3 C	§ 265 Abs. 2		§ 268 Abs. 5 Satz 1	freiwillig	§ 285 Nr. 1a i.V.m. Nr. 2	§ 285 Nr. 1b i.V.m. Nr. 2	

Für kleine und mittelgroße KapGes bestehen Erleichterungen. Sie können die einzelnen Verbindlichkeiten nach § 266 Absatz 1 HGB in verdichteter Form angeben. Für PersGes enthält das HGB keine explizite Vorschrift, so daß nach den allgemeinen GoB (Klarheit, Übersichtlichkeit) zu verfahren ist.

Da in § 266 Absatz 3 HGB verschiedene Kriterien für die Gliederung gleichzeitig zur Anwendung kommen, gibt es Überschneidungen. Verbindlichkeiten gegenüber Kreditinstituten oder aus Lieferungen und Leistungen können zugleich Verbindlichkeiten gegenüber verbundenen Unternehmen oder Unternehmen, mit denen ein Beteiligungsverhältnis besteht, sein. In diesen Fällen ist die Bestimmung über Mitzugehörigkeitsvermerke gemäß § 265 Absatz 3 HGB zu beachten. Im Zweifel verdient eine Zuordnung zu den Verbindlichkeiten gegenüber verbundenen Unternehmen den Vorrang. Der gesonderte Ausweis von Forderungen/Verbindlichkeiten gegenüber diesen Unternehmen und Beteiligungsgesellschaften soll den Grad der Unternehmensverflechtung – zumindest in Ansätzen – erkennbar machen.

4.2 Die Bewertung von Verbindlichkeiten

Das Gesetz selbst enthält zwei ausdrückliche Bewertungsnormen für Verbindlichkeiten (§ 253 Absatz 1 HGB):

- Verbindlichkeiten sind zu ihrem Rückzahlungsbetrag anzusetzen.
- Für den Sonderfall einer Rentenverpflichtung, für die eine Gegenleistung nicht mehr zu erwarten ist, wird der Barwert vorgeschrieben.

Die Bewertung mit dem Barwert trägt der Tatsache Rechnung, daß der wirtschaftliche Wert einer Rentenverpflichtung geringer ist als die Summe der Rentenbeträge. Durch die Abzinsung erfolgt eine Gleichstellung mit einer nominal niedrigeren, aber verzinslichen Verbindlichkeit. Obwohl Zinseffekte für die Bewertung einer Verpflichtung selbstverständlich bedeutsam sind, wird eine Berücksichtigung im Bilanzrecht in der Literatur zum Teil als bedenklich eingestuft. Auf diese Bedenken ist weiter unten noch einzugehen. Die Berechnung des Barwertes erfolgt nach versicherungsmathematischen Grundsätzen. Für den Zins wird eine Bandbreite von 3% bis 6% als GoB-konform allgemein akzeptiert.

Für den Regelfall sind Verbindlichkeiten mit dem Rückzahlungsbetrag anzusetzen. Zu Recht wurde darauf verwiesen, daß der Begriff mißverständlich ist: nicht alle Verbindlichkeiten sind auf Geldleistungen ausgerichtet, und es geht nicht immer darum, daß etwas 'zurück'-gezahlt wird (Beispiel: Verpflichtung, Schadenersatz zu leisten).

Ebenfalls nicht besonders hilfreich ist ein Blick in die entsprechende EStG-Regelung. In § 6 Absatz 1 Nr. 3 heißt es lapidar: „Verbindlichkeiten sind unter sinngemäßer Anwendung der Vorschriften der Nummer 2 anzusetzen." Dort wird die Bewertung der positiven Wirtschaftsgüter geregelt, die Bewertung zu AK/HK oder dem niedrigeren TW. Was aber sind AK oder gar HK einer Verbindlichkeit? In der Literatur wird deshalb versucht, den Wertansatz durch treffendere Bezeichnungen zu umschreiben, zum Beispiel Erfüllungsbetrag, Abschaffungs- oder Wegschaffungskosten.

Angesichts der dürren Vorgaben im Gesetz muß eine Konkretisierung auf den allgemeinen Bewertungsgrundsätzen basieren. Erstaunlich ist insbesondere, daß der Gesetzgeber nur für die Aktivseite sehr ausführliche Bewertungsregeln getroffen hat, die folgende Aspekte umfassen:

- Wie sieht der Zugangswert aus?
- Wie sehen die Folgebewertungen aus? Wann sind Ab- oder Zuschreibungen wahlweise oder zwingend vorzunehmen?

Es stellt sich die Frage, ob diese Regelungen analog auf Schulden zu übertragen sind.

Für die Zugangsbewertung wird in der Literatur auf das Realisationsprinzip zurückgegriffen, das eine erfolgsneutrale Einbuchung der Verbindlichkeit gewährleisten soll. Dies leuchtet für den Fall eines Zielkaufes sofort ein: Der Erwerb einer Maschine wird gebucht: per Maschine an Verbindlichkeit (aus Vereinfachungsgründen ohne MwSt). Für den Fall einer Kreditaufnahme mit einem Disagio ist die Erfolgsneutralität schon nicht mehr gewahrt, da der Schuldner das Disagio gemäß § 250 Absatz 3 HGB zwar aktivieren kann, aber nicht muß. Selbst wenn man dies als gesetzlich tolerierte Durchbrechung des Bewertungsprinzips akzeptiert, kann von Erfolgsneutralität in all jenen Fällen keine Rede mehr sein, in denen es keine Gegenleistung gibt (zum Beispiel Konventionalstrafen, Haftungsfälle etc.) oder die Gegenleistung nicht in einem aktivierbaren VG besteht (zum Beispiel Dienstleistungen).

Weber-Grellet (vgl. 1990, S. 168 f.) vertritt dagegen die Position, daß unverzinsliche (oder niedrig verzinsliche) Verbindlichkeiten (und Forderungen) mit dem Barwert anzusetzen sind (in der dritten Auflage 1993 distanziert sich Weber-Grellet ausdrücklich von dieser früheren Einschätzung [S. 177]). Ein Darlehen von 100 mit einer Laufzeit von 20 Jahren und einem Zins von 5,5 % würde beim Gläubiger zur Buchung

per Forderung	34	an	Geld	100
per Aufwand	66			

führen. Und der Schuldner müßte buchen:

per Geld	100	an	Verbindlichkeiten	34
		an	Ertrag	66

Sowohl die Aufnahme als auch die Gewährung des Darlehens wären somit erfolgswirksam. Es läge ein krasser Verstoß gegen das Realisationsprinzip vor. Beim Schuldner wird ein Zinsertrag von 66 gebucht, der erst in den nächsten 20 Jahren in Form von ersparten Zinsaufwendungen zeitanteilig wirksam wird. Als Ertrag im Sinne des Realisationsprinzips tritt der Zins gar nicht in Erscheinung.

Eine Abzinsung der Verbindlichkeiten wird aber in den Fällen gefordert, in denen ein Geschäft eine verdeckte Zinsvereinbarung enthält. Dies wird zum Beispiel angenommen, wenn für eine Verbindlichkeit aus Lieferung und Leistung keine Zinsen vereinbart werden und das Zahlungsziel atypisch lang ist (beispielsweise ein Jahr).

Beispiel: Es wird eine Maschine verkauft. Der Kaufpreis von 105 ist erst in einem Jahr fällig.
Hier wird unterstellt, daß bei Vereinbarung sofortiger Bezahlung der Kaufpreis niedriger ausgefallen wäre, zum Beispiel nur 100 betragen hätte. Erwerber und Verkäufer sind sich implizit darüber im klaren, daß neben dem Kauf ein Kreditgeschäft abgewickelt wird. Das Entgelt für diesen Kredit – der Zins – soll als zeitabhängige Vergütung entsprechend später erfolgswirksam werden. Beim Käufer wäre zu buchen (ohne MwSt):

per Maschine	100	an	Verbindlichkeiten	100

und die Bezahlung

per Verbindlichkeiten	100	an	Kasse	105
per Zinsaufwand	5			

Die implizit vereinbarten Finanzierungskosten von 5 gehören nach den Bestimmungen über die Zugangswerte nicht zu den AK der Maschine (vgl. Kapitel 9).
Der Verkäufer muß spiegelbildlich buchen:

per Forderung		an	Umsatzerlöse	100

Der Zahlungseingang wird als

per Kasse	105	an	Forderung	100
			Zinsertrag	5

gebucht. Der Ertrag wird erst mit der Realisation (Zeitablauf) erfolgswirksam.

Obwohl der Grundgedanke überzeugend ist, ist das Thema 'Abzinsung von Passiva' heiß umstritten. Zwei Gründe sind ursächlich:

- Der Phantasie, verdeckte Kreditvereinbarungen aufzufinden, sind praktisch kaum Grenzen gesetzt. Der BFH hat mit dieser Begründung zum Beispiel die Abzinsung von Gratifikationszusagen an Mitarbeiter gefordert.
- Abzinsungen werden immer häufiger auch dann gefordert, wenn unstrittig keine Kreditierung vorliegt. Allein die Tatsache, daß spätere Zahlungen wirtschaftlich weniger belasten als frühere, wird als ausreichende Begründung angesehen. Rückstellungen für ungewisse Verbindlichkeiten (zum Beispiel Prozeßrisiken) sollen genauso diskontiert werden wie Drohverlustrückstellungen oder Verbindlichkeiten, deren Auszahlungstermine in fernerer Zukunft liegen.

Das Problem der Abzinsung von Rückstellungen wird weiter unten noch ausführlicher aufgegriffen (vgl. Kapitel 15).

Der JA ist in DM aufzustellen (§ 244 HGB). Das bedeutet, daß Forderungen und Verbindlichkeiten, die auf fremde Währungen lauten, umzurechnen sind. Für Verbindlichkeiten ist zunächst der Briefkurs zum Zeitpunkt der Einbuchung relevant. Briefkurs ist der Kurs, zu dem die fremde Währung gekauft werden kann. Für erhaltene Anzahlungen ist dagegen der (niedrigere) Geldkurs entscheidend, zu dem die fremde Währung in DM umgetauscht werden kann. Schwierigkeiten bei der Bewertung treten aber bei schwankenden Währungskursen auf.

Beispiel: Ein Kaufmann muß per 30.06.02 eine Rechnung über 100 US-$ begleichen. Zum Zeitpunkt der Entstehung der Verbindlichkeit lag der Kurs bei DM 1,80 je US-$. Am 31.12.01 beträgt der Kurs

a) DM 1,60 je US-$,
b) DM 1,90 je US-$.

Die Verbindlichkeit wurde zunächst mit DM 180 eingebucht. Im Fall a) würde eine Bewertung zum Stichtagskurs zu einer Abwertung der Verbindlichkeit, also einem Ertrag, führen. Da dieser nicht realisiert ist, ist dies unzulässig.

Im Fall b) schlägt Moxter (1986, S. 61) eine Analogisierung der Regelung für die Bewertung von VG vor: Für Anlageverbindlichkeiten gelte ein gemäßigtes Höchstwertprinzip, für Umlaufverbindlichkeiten ein strenges Höchstwertprinzip. Das Höchstwertprinzip ist als Ausfluß des Imparitätsprinzips spiegelbildlich zum NWP für VG zu sehen. Demnach würde sich eine Aufwertungspflicht der Verbindlichkeit auf DM 190 ergeben, wenn sie kurzfristig ist oder eine voraussichtlich dauerhafte Kursveränderung vorliegt. Ist die Kursänderung nur vorübergehend, müßte bei langfristigen Verbindlichkeiten ein Wahlrecht vorliegen. Ob die verschärfende Regelung des § 279 Absatz 1 HGB für KapGes Bedeutung haben soll, bleibt bei Moxter offen. Seine Position stellt im übrigen nur eine Mindermeinung dar. Die herrschende Meinung geht von einem umfassenden strengen Höchstwertprinzip aus; für Moxters Differenzierungsvorschlag fehlt im Gesetz jede Stütze.

Wie wäre die Verbindlichkeit zum 31.12.01 zu bewerten, wenn damit gerechnet wird, daß zum Erfüllungstermin, dem 30.06.02, der Kurs auf DM 1,95 je US-$ steigen wird? Hier zeigt sich ein allgemeines Problem: Ist die Verpflichtung auf dem Preisniveau des Bilanzstichtages oder dem Preisniveau des Erfüllungstermins zu bewerten? Dies hat erhebliche Bedeutung für alle Sachleistungsverpflichtungen, zum Beispiel Garantieleistungen (vgl. hierzu auch die Erläuterungen zum Stichtagsprinzip, Kapitel 6). Nach der Rechtsprechung des BFH werden die erwarteten Kursänderungen als unbeachtliche wertbegründende Ereignisse des Folgejahres eingestuft. Ein Abweichen vom Stichtagskurs würde eine Ent-Objektivierung des JA-bewirken.

Dem zweiten Argument wird man kaum widersprechen können, dem ersten durchaus. Die Bewertung nach dem Imparitätsprinzip soll die folgenden Perioden verlustfrei halten. Dies gelingt grundsätzlich nur, wenn Schulden mit den 'Wegschaffungskosten', dem Erfüllungsbetrag, bewertet werden. Sonst würde die Kurssteigerung auf DM 1,95 DM je US-$ die GuV der Periode 02 belasten. Man kann die Kurssteigerung in 02 darüber hinaus auch als werterhellendes Ereignis interpretieren: Die Schuld über 100 US-$ steht fest und bleibt unverändert. Veränderungen treten nur bezüglich des zutreffenden Wertes in DM ein. Nur der Wissensstand über den schon zum Stichtag geltenden Erfüllungsbetrag (100 US-$) wird besser.

Ebenfalls im Zusammenhang mit Devisenpositionen im JA ist ein anderer GoB, der Einzelbewertungsgrundsatz, in die Diskussion geraten. Hat im oben genannten Beispiel der Kaufmann die Verbindlichkeit durch einen Terminkontrakt gegen Kursrisiken abgesichert, zum Beispiel zum Erfüllungstermin einen Einkauf von 100 US-$ zu DM 1,85 DM je US-$ kontrahiert, so ist dieser Kurs für die Bewertung relevant. Die zwei Geschäfte werden als Bewertungseinheit betrachtet. Man spricht von einer 'geschlossenen Position'. Voraussetzung für eine solche Zusammenfassung sind nach herrschender Meinung Währungs- und Betragsidentität sowie zeitlich Kongruenz.

Ein Folgeproblem der Abstinenz des Gesetzgebers, die Bewertung für Verbindlichkeiten umfassend zu regeln, stellt die Diskussion dar, ob die diesbezüglichen Regelungen für VG analog anwendbar sind, wenn nach Aufstokkung einer Verbindlichkeit nach dem Höchstwertprinzip in der Folge der Grund hierfür entfällt. Für Aktiva enthält § 253 Absatz 5 HGB ein Beibehaltungswahlrecht, das für KapGes gemäß § 280 HGB zu einem (partiellen) Wertaufholungsgebot wird. Angesichts der fehlenden gesetzlichen Regelung spricht meines Erachtens einiges dafür, das Wahlrecht der Aktivseite nicht auf die Schulden auszudehnen. Soweit der Gesetzgeber stille Reserven und unzutreffende Werte ausdrücklich zuläßt, ist das hinzunehmen. Dies rechtfertigt nicht über den Wortlaut hinausgehende Fehlinformationen. Demnach müßte eine Verbindlichkeit auf den Zugangswert abgewertet werden (Ertragsbuchung!), wenn der Grund für eine Aufstockung entfällt. Der Zugangswert darf aber nicht unterschritten werden.

4.3 Sonderfälle: Eigenkapitalersetzende Darlehen, Schuldenerlaß und Rangrücktritt

Verbindlichkeiten gegenüber Gesellschaftern sind in der Bilanz der GmbH in der Regel gesondert auszuweisen (§ 42 Absatz 3 GmbHG). Die Einschränkung auf den Regelfall wird man als Begrenzung auf wesentliche Beträge interpretieren können. Dieser Sonderausweis ist aus zwei Gründen wünschenswert: Einmal besteht die Möglichkeit, daß die Darlehensbeziehung nicht zu Marktkonditionen eingegangen wurde. Zum anderen ist die Verbindlichkeit im Falle des Konkurses oder Vergleiches eventuell als EK-ersetzendes Darlehen gemäß §§ 32 a f. GmbHG zu qualifizieren oder gemäß den Grundsätzen zu den §§ 30 und 31 GmbH.

Die Regelungen zu den EK-ersetzenden Gesellschafterdarlehen stellen spezielle Gläubigerschutzvorschriften dar. Grundsätzlich steht es den Gesellschaftern frei, ob sie ihr Unternehmen mit EK oder mit FK ausstatten. Über das gesetzlich definierte Mindestkapital hinaus gibt es keine Regelung, die eine Zuführung von EK erzwingt. FK hat für die Gesellschafter gegenüber einer EK-Zuführung häufig Vorteile, da sich die Beteiligungsrechte nicht ändern und steuerliche Privilegien bestehen. Risikovorteile in Insolvenzverfahren sollen die Gesellschafter aus dieser Finanzierungsentscheidung aber nicht haben, wenn die Darlehenshingabe in einer Situation erfolgt, in der ein ordentlicher Kaufmann EK zugeführt hätte (vgl. § 32a Absatz 1 GmbHG). Das Darlehen kann in diesem Fall nicht als Konkursforderung geltend gemacht werden. Ihm kommt insoweit eine klassische EK-Funktion zu (vgl. Kapitel 13). Außerhalb von Insolvenzverfahren können Gesellschafterforderungen aufgrund des §§ 30 f. GmbHG als EK-ersetzend qualifiziert werden, mit der Folge, daß sie nicht geltend gemacht werden können. Dabei spielt es keine Rolle, ob die Gesellschafterforderung auf einen Vertrag zurückgeht, der auch mit einem fremden Dritten möglich wäre, also Marktbedingungen genügt.

Der Ausweis dieser Gesellschafterdarlehen könnte auf den ersten Blick auch innerhalb des EK erfolgen, da sie einen Verlustpuffer darstellen und ausschüttungsgesperrt sind. Nach herrschender Meinung ist dies zu Recht nicht möglich: Zivilrechtlich handelt es sich unstrittig um FK; nach der Krise kann der Gesellschafter seine Forderung selbstverständlich geltend machen. Auch für das Innenverhältnis der Gesellschafter liegt kein EK vor. Zur Vermeidung von Fehlschlüssen ist eine Umgliederung in EK abzulehnen, da die Qualität als EK-ersetzend im Regelfall umstritten ist und ggf. erst ex post per Gerichtsentscheidung festgestellt wird. Aus Vorsichtsgründen soll ein Ausweis als EK unterbleiben. Insoweit ist die Vermeidung einer Überschuldung auf diesem Wege nicht möglich.

Eine Beseitigung der Überschuldung kann aber durch eine Rangrücktrittserklärung oder einen Forderungsverzicht herbeigeführt werden. Ein **Forderungsverzicht** führt grundsätzlich zu einer erfolgserhöhenden Ausbuchung beim Schuldner, wenn ein unbedingter Erlaßvertrag abgeschlossen wurde. Werden zusätzlich Besserungsabreden getroffen, ist zu beachten:

- Stellt die Abrede eine aufschiebende Bedingung dar (§ 158 Absatz 1 BGB), zum Beispiel, daß eine Begleichung und/oder Verzinsung der Verbindlichkeit nur aus späteren Gewinnen erfolgen soll, ist die Schuld auszubuchen. Erst mit dem Eintritt der Bedingung (Gewinnerzielung) wird eine neue Verbindlichkeit zu Lasten des JÜ eingebucht.
- Handelt es sich um eine auflösende Bedingung (§ 158 Absatz 2 BGB), zum Beispiel, daß das Schuldnerunternehmen saniert sein muß, so ist der Forderungserlaß nach Eintritt der auflösenden Bedingung zivilrechtlich als von Anfang an als nicht existent zu behandeln. Solange diese Bedingung nicht erfüllt ist, das Unternehmen also nicht saniert ist, darf die Verbindlichkeit nicht passiviert werden. Es liegt weder rechtlich noch wirtschaftlich nur eine Stundung vor.

- In allen Fällen, in denen der Forderungsverzicht materiell nur eine Stundung darstellt, also lediglich der Fälligkeitstermin verlegt wird, muß die Verbindlichkeit weiterhin passiviert werden.

Obwohl **Rangrücktrittsvereinbarungen** eine Überschuldung im Sinne des Insolvenzrechtes beseitigen können, führen sie handelsbilanziell nicht automatisch zu einer Umgliederung auf EK. Durch eine Rangrücktrittsvereinbarung verzichtet der Gläubiger darauf, seine Forderung im Konkurs vorab geltend zu machen; dies erfolgt erst nach Befriedigung der anderen Gläubiger. Nachrangige Verbindlichkeiten haben deshalb Risikokapital-Funktion. Wird der Rangrücktritt mit einem Gesellschafter-Gläubiger vereinbart, wird eine ähnliche Situation für die Gläubiger geschaffen wie mit dem § 32a und b GmbHG.

Es wird zum Teil die Ansicht vertreten, nachrangige Verbindlichkeiten müßten nicht passiviert werden, um den Sanierungserfolg nicht zu gefährden. Dem ist zu widersprechen. Unstrittig besteht die Verbindlichkeit weiterhin, und sie ist auch weiterhin zu verzinsen. Sie lebt im Gegensatz zu erlassenen Verbindlichkeiten nicht nur wieder auf, wenn künftig Gewinne anfallen, sondern sie ist aus Liquidationserlösen – wenn auch nachrangig – zu bedienen.

5. PASSIVE RECHNUNGSABGRENZUNGSPOSTEN

Für Einnahmen vor dem Bilanzstichtag, die Ertrag für eine bestimmte Zeit nach dem Stichtag darstellen, ist ein RAP zu bilden (vgl. § 250 Absatz 2 HGB, § 5 Absatz 5 Nr. 2 EStG). Die bereits erfolgten Einnahmen (Vermögenszugang) sind als noch nicht realisierte Erfolgsbeiträge zu erfassen; die Gegenleistung des Bilanzierenden steht noch aus. Erst wenn oder soweit er diese erbracht hat, kommt ein Ertragsausweis in Frage. Der Vermögenszugang muß deshalb durch einen Passivposten neutralisiert werden.

Da der Kaufmann keine Geld-, sondern eine Sach- oder Dienstleistung zu erbringen hat, haben PRAP viel mit erhaltenen Anzahlungen gemein. Von diesen unterscheiden sie sich zumeist durch das einengende Merkmal, daß ein Ertrag für eine bestimmte Zeit nach dem Stichtag vorliegen muß. Bei Anzahlungen ist zudem der fällige Gesamtbetrag nach der Leistungserstellung manchmal unbekannt.

RAP treten typischerweise bei Dauerschuldverhältnissen auf, bei denen Zahlungstermin und die zeitraumbezogene Gegenleistung nicht zusammenpassen. Die Einnahmen sind nach Maßgabe der bis zum Stichtag erbrachten und der danach zu erbringenden Gegenleistung abzugrenzen. Dies erfolgt in der Regel rein zeitanteilig.

Beispiel: **Am 01.11.01 wird die Miete für ein halbes Jahr im voraus vereinnahmt (DM 6.000). Die Buchung**

per Bank an Mietertrag 6.000

hätte zur Folge, daß auch die Mieten für die ersten vier Monate des Folgejahres bereits Erträge darstellen. Da dies gegen das Realisationsprinzip verstößt, sind diese Mieteinnahmen abzugrenzen:

per Mietertrag an PRAP 4.000.

Aus der typischerweise rein zeitraumbezogenen Aufteilung der Einnahmen wird zum Teil gefolgert, daß RAP nicht bewertet werden. Dies muß nicht zutreffen, wenn die zu erbringende Gegenleistung im Zeitablauf nicht gleichwertig ist, zum Beispiel, wenn der Vermieter in den ersten Perioden die Instandhaltungskosten des Wohnraumes tragen muß und danach der Mieter. Oder ein Lizenzgeber erbringt im ersten Jahr noch Personalschulungsleistungen, während er in den Folgeperioden nur noch die Nutzung des know how dulden muß.

RAP sind durch das Merkmal **bestimmte Zeit** charakterisiert. Was darunter zu verstehen ist, wird unterschiedlich gesehen. Die Folgen sind bemerkenswert, wie ein paar Beispiele zeigen sollen. Völlig unproblematisch ist der ganz einfache Fall oben: Die Ertragsrealisation ist kalendermäßig eindeutig bestimmt (durch den Mietvertrag und die Nutzungsüberlassung). Schwieriger sind folgende Varianten:

- Ein Kaufmann erhält einen Zuschuß zum Erwerb einer umweltfreundlichen Maschine. Diesen will er passiv abgrenzen (statt ihn von den AK der Maschine abzusetzen) und über die erwartete ND der Maschine erfolgswirksam auflösen. Hier ist die Zeit des Ertrages nicht mehr bestimmt, sondern bestenfalls bestimmbar. Grundlage ist eine höchst subjektive Schätzung der ND.
- Ein Kaufmann erhält einen Betrag von 100 TDM für das Versprechen, ein Wettbewerbsverbot bis zu seinem Lebensende zu berücksichtigen. Auch hier könnte man argumentieren, daß der Zeitraum der Leistungserbringung - die Einhaltung des Wettbewerbsverbotes – zumindest anhand statistisch-biometrischer Tabellen (Sterbetafeln) bestimmbar sei. Dies dürfte durch den Wortlaut des HGB zwar nicht mehr gedeckt sein, verhindert aber eine groteske Konsequenz. Wenn für das Wettbewerbsverbot eine Befristung von

beispielsweise fünf oder 30 Jahren vereinbart wird, muß eine passive Abgrenzung des Entgeltes erfolgen. Fehlt eine solche Befristung, muß der Kaufmann die Gegenleistung noch länger erbringen, zugleich aber die Einnahme im Zugangsjahr in voller Höhe als Ertrag ausweisen. Dies ist im Hinblick auf das Vorsichtsprinzip zwar bedenklich, aber nach derzeitigem Recht kaum zu vermeiden, da das Vorsichtsprinzip nicht ausreicht, den bindenden Wortlaut des § 250 HGB zu übergehen.

Anhand des Beispiels wird aber auch deutlich (Befristung vorausgesetzt): Ein RAP kann über viele Perioden hinausreichen und muß entsprechend anteilig aufgelöst werden. PRAP stellen auch nicht immer Verbindlichkeiten im Sinne des Bilanzrechtes dar. Das Wettbewerbsverbot stellt eine Verpflichtung zu einer Unterlassung dar, keine Schuld. Häufig werden PRAP aber Schuld-Charakter haben.

Soweit die Voraussetzungen des § 250 HGB vorliegen, besteht ein Passivierungsgebot. Ein Wahlrecht wird nur als Ausfluß des Wesentlichkeitsgebotes akzeptiert: Geringfügige Beträge von immer wiederkehrenden Leistungsbeziehungen brauchen nicht passiv abgegrenzt zu werden (beispielsweise jährliche Mieteinnahmen, die zum Teil das Folgejahr betreffen).

Leasing-Sachverhalte führen nicht nur bezüglich der Frage, wem ein geleaster VG bilanziell zuzurechnen ist, zu Problemen, sondern können auch Schwierigkeiten für eine zweckmäßige Periodisierung mit Hilfe von RAP (oder anderen Abgrenzungsposten) hervorrufen. Dies soll an zwei Beispielen demonstriert werden.

1. Typischerweise treten bei Leasinggesellschaften Anfangsverluste auf, da die A. auf den Leasinggegenstand und Zinsbelastungen aus der Refinanzierung zu Beginn besonders hoch sind (Annahme: die Bilanzierung des VG erfolgt wie üblich beim Leasinggeber). Zur Vermeidung schwankender Jahreserfolge könnte der Leasinggeber zum Beispiel mit dem Leasingnehmer im Zeitablauf abnehmende Leasingraten vereinbaren, so daß den hohen Aufwendungen in der Anfangsphase auch hohe Leasingerträge gegenüberstehen. Unterstellt man, daß diesen sinkenden Erträgen konstante Verpflichtungen zur Nutzungsüberlassung gegenüberstehen, ist diese Art der Erfolgsnivellierung mit dem Realisationsprinzip nicht vereinbar. Die hohen Leasingraten in der Anfangsphase müssen durch einen PRAP teilweise neutralisiert werden. Unter welchen Bedingungen und in

welchem Umfang eine solche Umperiodisierung erfolgen kann oder muß, ist noch umstritten.
Nicht weniger problematisch wäre auch eine Vereinbarung der Leasingparteien über stark steigende Raten. Dies könnte mit Rücksicht auf die Ertrags-/Finanzentwicklung des Leasingnehmers eine sinnvolle oder sogar notwendige Finanzierungsvariante sein, wenn zu Beginn noch mit schwachen Umsätzen der mit dem Leasinggut gefertigten Produkte zu rechnen ist.

2. Leasinggesellschaften refinanzieren sich zum Teil durch Forfaitierung der Leasingraten. Unter Forfaitierung versteht man den regreßfreien Verkauf der künftig erst fälligen Raten an ein Kreditinstitut. Das Vertragsverhältnis zwischen Leasinggeber und -nehmer wird davon nicht berührt. Der Forderungsverkauf kann auch künftige Erlöse des Leasinggebers aus dem Verkauf des Leasinggegenstandes umfassen.
Dem Zugang der liquiden Mittel beim Leasinggeber steht seine noch ausstehende Verpflichtung zur Nutzungsüberlassung gegenüber. Nur soweit er seinen vertraglichen Verpflichtungen in Zukunft nachkommt, werden die Leasingraten verdient. Der Vermögenszugang muß deshalb mit Hilfe eines PRAP neutralisiert werden.
Die Auflösung erfolgt während der Vertragsdauer nach der linearen oder progressiven Methode. Letztere führt zu laufend steigenden Entnahmen aus dem RAP, also zu steigenden Erträgen, da jeweils die Differenz der Barwerte der noch ausstehenden Leasingraten zwischen zwei Bilanzstichtagen aufgelöst wird. Damit wird der zugrundeliegenden Verzinsung Rechnung getragen: Für die erst später fällig werdenden Leasingraten wurde ein entsprechend länger abgezinstes Entgelt gezahlt.
Ein Vergleich der Forfaitierung mit einer fristen- und zinsgleichen Darlehensaufnahme zeigt, daß auch in diesem Fall – bei annuitätischer Tilgung – der Zinsanteil im Zeitablauf sinkt, d.h. spiegelbildlich der Überschuß des Leasinggebers steigt. Eine linear gleichbleibende Auflösung des RAP stellt demgegenüber nur eine grobe Vereinfachung dar, auf die höchstens bei unwesentlichen Beträgen zurückgegriffen werden darf.

6. HAFTUNGSVERHÄLTNISSE

Ist mit einer Inanspruchnahme für eingegangene Verpflichtungen nicht zu rechnen, so kann gleichwohl eine Angabe im JA erforderlich sein. KapGes müssen zum Beispiel im Anhang über sonstige finanzielle Verpflichtungen gemäß § 285 Nr. 3 HGB berichten (vgl. Kapitel 17).

Für alle Kaufleute regelt § 251 HGB die Vermerkpflicht für bestimmte Haftungsverhältnisse, auch 'Eventualverbindlichkeiten' genannt. Der Vermerk kann in einer Sammelangabe bestehen. KapGes müssen die Vorschrift über die Aufgliederung in § 268 Absatz 7 HGB beachten. Er erfolgt „unter der Bilanz" (§ 251 HGB) oder – bei KapGes – im Anhang. Daraus folgt, daß es sich ausdrücklich nicht um bilanzielles FK, sondern um eine Zusatzangabe handelt. Voraussetzung ist, daß das Risiko einer Inanspruchnahme so gering ist, daß ein Ausweis als Rückstellung für ungewisse Verbindlichkeiten oder gar Verbindlichkeiten nicht in Frage kommt. Rechnet der Kaufmann mit einer Inanspruchnahme, so muß ein entsprechender Passivposten in die Bilanz eingestellt werden.

Der Vermerk unter der Bilanz ist selbst dann zwingend erforderlich, wenn der Kaufmann überhaupt nicht mit einer wirtschaftlichen Belastung rechnet oder der Eventualverbindlichkeit eine vollwertige Rückgriffsforderung gegenübersteht (§ 251 Satz 2 HGB). Auch für einen von der öffentlichen Hand ausgestellten Wechsel ist ein Wechselobligo zu vermerken, wenn der Kaufmann aus der Übertragung haftet.

Das Gesetz nennt abschließend vier Gruppen von Haftungsverhältnissen:

- Verpflichtungen aus der Begebung und Übertragung von Wechseln (Wechselobligo). Gemeint sind hiermit die Verpflichtungen aus Artikel 9 Absatz 1 oder Artikel 15 Absatz 1 WG und nicht die Wechselverbindlichkeiten, bei der der Kaufmann selbst Schuldner ist: diese stehen in der Bilanz.
- Bürgschaftsverhältnisse verpflichten zu einem Einstehen für fremde Schulden.
- Gewährleistungsverträge umfassen nicht die Gewährleistungsverpflichtungen aus Gesetz oder allgemeinen Geschäftsbedingungen, sondern bürgschaftsähnliche Verpflichtungen. Allerdings kommen auch Gewährleistungen für eigene Leistungen in Frage. Eine Vermerkpflicht ist aber nur anzunehmen, wenn es sich um unübliche, nicht branchentypische Haftungsverhältnisse handelt.

- Haftungsverhältnisse aus der Bestellung von Sicherheiten für fremde Verbindlichkeiten, zum Beispiel Sicherungsübereignungen, Einräumung von Grundpfandrechten.

Die Eventualverbindlichkeiten sind mit dem vollen Betrag zu vermerken. Dies gilt auch dann, wenn es Mitbürgen gibt, die gesamtschuldnerisch haften. Die maximale Belastung ist relevant. Beim Einstehen für fremde Schulden ist dies die entsprechende Verbindlichkeit des Dritten, beim Wechselobligo die Wechselsumme. Ist der Wert eines Haftungsverhältnisses überhaupt nicht abzuschätzen, so ist eine entsprechende Angabe oder zumindest ein Wert von DM 1 anzugeben.

Für KapGes schreibt § 268 Absatz 7 HGB vor, daß Verpflichtungen gegenüber verbundenen Unternehmen gesondert anzugeben sind. Innerhalb eines Unternehmensverbundes wird die Kreditwürdigkeit von Tochterunternehmen häufig durch eine Mitverpflichtung der Konzernmutter hergestellt oder verbessert.

D. WIEDERHOLUNGSFRAGEN

1. Begründen Sie, warum der SOPO als Mischposten zwischen EK und FK bezeichnet wird.

2. Welche Steuerentlastungen treten bei einem Steuerpflichtigen ein, der eine unversteuerte Rücklage bilden darf?

3. Auf welche Weise werden die Folgen der Umkehrmaßgeblichkeit für die Bilanz und die GuV im JA sichtbar gemacht?

4. Erläutern Sie die wesentlichen Voraussetzungen für die Bildung einer 6b-Rücklage.

5. Ein Kaufman überlegt, ob er einen Veräußerungsgewinn in eine 6b-Rücklage einstellen soll oder nicht. Er hat nicht vor, eine Ersatzinvestition zu tätigen. Was muß er bei seiner Entscheidung berücksichtigen?

6. Ein Kaufmann hat einen stillgelegten Betrieb für 100 TDM erworben und bildet eine Rücklage gemäß § 6d EStG. Welche Buchungen sind bei der Bildung und Auflösung des SOPO vorzunehmen (unterstellen Sie, daß er den SOPO so spät wie möglich auflöst)?

7. Wie hoch ist der Barwert seiner Steuerersparnis, wenn er in allen Perioden hohe Überschüsse erzielt, die einer Steuerbelastung von 50% unterliegen? Der relevante Zins für die Barwertermittlung beträgt 10% (nach Steuern).

8. Erläutern Sie anhand eines selbstgewählten Beispiels, welche Buchungen vorzunehmen sind, wenn steuerliche Mehr-A. gemäß § 254 HGB direkt oder indirekt erfaßt werden.

9. Werden steuerliche A. nach der direkten Methode gebucht, sind Veräußerungserfolge beim Ausscheiden von VG nicht oder nur unzutreffend erkennbar. Ist diese Behauptung zutreffend? (Begründen Sie Ihre Ansicht.)

10. Welche Bedeutung hat die Wahl für die direkte oder indirekte A. für die Aussagefähigkeit von JA?

11. Erläutern Sie, welche typischen EK-Merkmale Genußkapital aufweisen kann. Welche Unterschiede gibt es zum 'echten' EK?

12. Welchen Anforderungen muß das Genußkapital genügen, um steuerrechtlich als FK akzeptiert zu werden? Ist dies erstrebenswert aus Sicht des Emittenten?

13. Wie ist das Genußkapital in der HB auszuweisen?

14. Erläutern Sie, welche Merkmale gegeben sein müssen, damit Verbindlichkeiten vorliegen.

15. Welche Ausweisregelungen für Verbindlichkeiten enthält das HGB? Halten Sie diese für zweckmäßig?

16. Mit welchem Wert sind Verbindlichkeiten in die Bilanz einzubuchen?

17. Was versteht man unter dem Höchstwertprinzip für Passiva?

18. Gilt dieses für alle Verbindlichkeiten? Gibt es ein Wertaufholungswahlrecht oder -gebot für Verbindlichkeiten, wenn der Grund für eine Aufstokkung der Verbindlichkeit entfallen ist?

19. Unter welchen Voraussetzungen dürfen oder müssen Verbindlichkeiten im JA abgezinst werden?

20. Halten Sie eine generelle Abzinsung von Forderungen und Verbindlichkeiten für wünschenswert? (Begründen Sie Ihre Ansicht.) Welche Buchungen wären zum Beispiel bei einer Kreditaufnahme vorzunehmen? Wie ist die Kreditbeziehung während der Laufzeit des Kredites und bei Tilgung in der Bh. darzustellen?

21. In welchen Fällen werden Gesellschafterdarlehen bei der GmbH als EK-ersetzend qualifiziert?

22. Stellen solche Darlehen bilanziell EK oder FK dar?

23. Welchen Anforderungen muß ein Forderungserlaß genügen, um eine Nicht-Bilanzierung beim Schuldner zu gewährleisten?

24. Ein in den Krise befindliches Unternehmen kommt mit dem Hauptgläubiger überein, daß die Schulden erlassen sind. Sie sind nur dann zu begleichen, wenn
    a) das Unternehmen wieder in die Gewinnzone kommt oder
    b) das Unternehmen liquidiert werden muß.

Kann die Verbindlichkeit ausgebucht werden?

25. Ein Unternehmen erläutert in seinem Anhang: „Mit unserem Hauptgläubiger, der X-Bank, haben wir eine Rangrücktrittsvereinbarung getroffen, wonach sie ihre Forderungen erst nach allen anderen Gläubigern im Konkurs geltend machen wird. Da dies eine Ausbuchung der Verbindlichkeit nicht rechtfertigt, haben wir eine Umgliederung auf die anderen Gewinnrücklagen vorgenommen.“ Ist diese Bilanzierungsvariante zulässig und/oder aussagefähig?

26. In welchen Fällen sind PRAP zu bilden?

27. Welchen Zwecken dienen PRAP? Sind RAP Schulden?

28. Ein Kaufmann vermietet ein Gewerbeobjekt für zwei Jahre. Am 01.01.01 ist die erste Mietrate in Höhe von 500 TDM fällig, am 01.01.02 die zweite Rate in Höhe von 100 TDM. GJ ist das Kalenderjahr. Welche Buchungen sind beim Vermieter vorzunehmen (die Bezahlung erfolgt jeweils erst einen Monat verspätet per Banküberweisung)?

29. Die Bilanz einer Leasinggesellschaft weist (vereinfacht) nur noch folgende Posten aus:

Aktiva	**Bilanz zum ..**		**Passiva**
Maschinen	50.000.000	EK	30.000
UV	20.000	RAP	49.990.000
	50.020.000		**50.020.000**

Können Sie erklären, wie diese eigenartige Bilanz zustande gekommen ist?

30. Welche buchhalterischen Besonderheiten sind in den Folgeperioden zu erwarten?

Kapitel 15: Die Bilanzierung und Bewertung von Rückstellungen

A. KURZINHALT

Zusammen mit den Verbindlichkeiten bilden Rückstellungen das bilanzielle Fremdkapital. Von diesen unterscheiden sie sich durch das Merkmal der Ungewißheit und die Tatsache, daß Rückstellungen auch für sogenannte Innenverpflichtungen zulässig sind. Sie sind deshalb konzeptionell wesentlich schwerer zu fassen als andere Bilanzposten. Zunächst sollen einige eher theoretische Erörterungen helfen, die vielfältigen Diskussionen über Rückstellungen auf einige Grundmuster zurückzuführen.

Nachdem die drei Rückstellungsgruppen (für ungewisse Verbindlichkeiten, drohende Verluste und Innenverpflichtungen) ausführlicher dargestellt sind, runden ein paar Anmerkungen zur Buchungstechnik und zur Abwicklung von Rückstellungen den Abschnitt über die Bilanzierung dem Grunde nach ab. Im dritten Abschnitt geht es dann um Bewertungsfragen. Angesichts der etwas dürren gesetzlichen Regelung, sind die allgemeinen Bewertungsgrundsätze hier von besonderer Bedeutung. Ähnlich wie bei den Bilanzansatzfragen ergibt sich auch hier eine erhebliche Bandbreite an Ansichten, welche Wertansätze zweckmäßig oder notwendig sind.

Im vierten Abschnitt werden einige steuerliche Besonderheiten angerissen.

Der fünfte Abschnitt soll exemplarisch anhand zweier besonders umstrittener und aktueller Anwendungen deutlich machen, welche Sachverhalte im Zusammenhang mit Rückstellungen stehen können. Der Bereich der Umweltschutzverpflichtungen, und hier besonders das Problem der Altlastenrückstellung, macht nochmals die Bedeutung der theoretischen Grundlagen und deren Umsetzung deutlich. Der Personalbereich wurde gewählt, da hierzu besonders umstrittene BFH-Urteile vorliegen und volumenmäßig bedeutsame Rückstellungen (zum Beispiel für Pensionen) diskutiert werden.

Ein kurzes Fazit beendet das Kapitel.

B. LEHRZIELE

Das Kapitel über die Rückstellungen soll Sie in die Lage versetzen

- Rückstellungen von anderen Passivposten abzugrenzen;
- die handelsrechtlichen Rückstellungsgründe anzugeben;
- Rückstellungen mit Hilfe der statischen und dynamischen Bilanztheorie zu begründen;
- die wichtigsten Merkmale von Verbindlichkeitsrückstellungen zu erläutern;
- zu begründen, warum die Rückstellungsbildung zum Teil in Konkurrenz zu einer A. stehen kann;
- die Konzeption der Drohverlustrückstellung zu erläutern;
- den zeitlichen und sachlichen Saldierungsbereich der Drohverlustrückstellung abzugrenzen;
- das Passivierungswahlrecht für Aufwandsrückstellungen kritisch zu würdigen;
- die buchungstechnische Darstellung der Bildung und Auflösungen Rückstellungen darzustellen;
- die allgemeine Bewertungsregeln für Rückstellungen zu skizzieren;
- die Bedeutung statistischer Grundlagen zu erörtern,
- kritisch zu würdigen, ob ein Ansparen von Rückstellungen zweckmäßig und zulässig ist;
- die Meinungen über die Bewertung von Rückstellungen zu Voll- oder Teilkosten zu referieren;
- die Bedeutung des Stichtags- und des Nominalprinzips für Rückstellungen zu würdigen;
- die Diskussionsschwerpunkte der Rückstellungsabzinsung nachzuzeichnen;
- die steuerlichen Besonderheiten der Rückstellungsbildung darzulegen;
- die Voraussetzungen für eine Altlastenrückstellung in HB und StB zu erläutern;
- die bilanzielle Behandlung von Anpassungsverpflichtungen zu skizzieren;
- die Bilanzansatz- und Bewertungsregeln für Pensionsrückstellungen anzugeben;
- die Zulässigkeit/Notwendigkeit von Drohverlustrückstellungen im Personalbereich zu analysieren;
- zur Zulässigkeit von Aufwandsrückstellungen für Personalausgaben Stellung zu nehmen.

C. INHALT

1. ZWECKE UND INHALTE VON RÜCKSTELLUNGEN

Rückstellungen bilden zusammen mit den Verbindlichkeiten das bilanzielle FK. Sie haben mit Verbindlichkeiten einige Gemeinsamkeiten, aber es gibt auch bedeutsame Unterschiede (vgl. Kapitel 14).

a) Es muß eine wirtschaftliche Belastung (Verpflichtung) vorliegen. Im Gegensatz zu den Verbindlichkeiten sind auch sogenannte Innenverpflichtungen, das sind 'Verpflichtungen des Kaufmanns gegen sich selbst', rückstellungsfähig oder -pflichtig.

b) Sie müssen rechtlich voll entstanden oder wirtschaftlich verursacht sein (siehe unten).

c) Sie müssen einzelbewertbar, greifbar und quantifizierbar sein. Im Gegensatz zu den Verbindlichkeiten sind sie aber durch das Merkmal der Ungewißheit geprägt. Das heißt Rückstellungen sind ungewisse, nur zu schätzende Passiva. Dabei kann sich die Ungewißheit auf den Grund und/oder auf die Höhe der Rückstellung beziehen. Wann ein Risiko konkret genug ist, um eine Rückstellung zu begründen, ist deshalb oft schwer zu entscheiden.

d) Während Verbindlichkeiten uneingeschränkt passivierungspflichtig sind, bestehen für Rückstellungen zum Teil Bilanzansatzwahlrechte.

Es dürfte keinen Bilanzposten geben, der Praxis, Rechtsprechung und Fachliteratur ähnlich stark beschäftigt hat, wie die Rückstellungen. Einige der Ursachen seien kurz angerissen.

Zunächst ist völlig umstritten – und zwar heute mehr denn je – auf welchen theoretischen Grundlagen die Rückstellungen basieren: statische und dynamische Bilanztheorie werden als Deutungsmuster vorgeschlagen und das Realisations- und Imparitätsprinzip werden, mit verschiedenen Interpretationen unterlegt, als 'theoretische Rechtfertigung' bemüht. Dies ist aber bei weitem kein akademischer Streit, da von dieser Einordnung ganz entscheidend abhängt, ob überhaupt, wann und mit welchem Wert Rückstellungen zu buchen sind.

Diese Unklarheiten, das Merkmal der Ungewißheit und die Tatsache, daß sogar Innenverpflichtungen erfaßt werden, ermöglichen in weitem Umfang Bilanzpolitik. Da Rückstellungen volumenmäßig höchst bedeutsam sind, gewinnt dieses Argument an Gewicht: so ist dem Monatsbericht der Deutschen Bundesbank (November 1994) zu entnehmen, daß die Innenfinanzierung durch Rückstellungszunahmen in den letzten Jahren deutlich wichtiger war als die Außenfinanzierung durch Kapitalzuführungen der Eigner bei KapGes.

	1991	**1992**	**1993**
Finanzierung durch Rückstellungen	58,9 Mrd. DM	45,8 Mrd. DM	11,0 Mrd. DM
Kapitalzuführung	21,6 Mrd. DM	26,4 Mrd. DM	11,5 Mrd. DM
Rückstellungen insgesamt	**579,5 Mrd. DM**	**624,8 Mrd. DM**	**638,0 Mrd. DM**

Da die Innenfinanzierung zum großen Teil steuerfrei und ohne Zustimmung von Eignern möglich ist, ist sie für JA-Ersteller naturgemäß 'interessant'.

Tatsächlich könnten Rückstellungen noch wesentlich interessanter sein, wenn nicht der BFH in teilweise sehr fiskalischer Auslegung des Bilanzrechts die Bildung und Bewertung von Rückstellungen begrenzen würde. Das mag angesichts der öffentlichen Haushaltslage verständlich sein, bleibt aber unbefriedigend, da es die Erfüllung der eigentlichen JA-Zwecke gefährdet.

Ursächlich für die wachsende Bedeutung ist unter anderem die Entwicklung in diversen Rechtsbereichen. So sehen sich Unternehmen wechselnden und häufig auch zunehmenden Risiken und Verpflichtungen gegenüber, die eine bilanzielle Vorsorge notwendig machen. Musterbeispiel sind Änderungen im Bereich des Umweltschutzes, der Produkthaftung, arbeitsrechtliche Rahmenbedingungen etc.

Unklarheiten und Unsicherheiten bei der Bilanzierung und Bewertung von Rückstellungen können zu höchst bedenklichen Konsequenzen führen (die im weiteren anhand typischer Beispiele belegt werden):

- Ertragsstarke Unternehmen schaffen sich erhebliche stille Reserven durch eine Überstrapazierung des Vorsichtsgedankens. Tatsächlich sind der Phantasie bei der Entdeckung möglicher Gefahren kaum Grenzen gesetzt.

- Nicht minder problematisch ist es, wenn ertragsschwache Unternehmen umgekehrt Rückstellungen nicht passivieren, die 'eigentlich' erforderlich sind. Ertragslage und Schuldendeckungsfähigkeit werden geschönt.
- Steuerliche Besonderheiten und Einflüsse beeinträchtigen die Erfüllung handelsbilanzieller Aufgaben, soweit eine Einheitsbilanz erstellt wird oder Handels- und Steuerbilanz klaffen ohne Not auseinander.

Das HGB enthält für Rückstellungen folgende Regeln. In § 249 Absatz 1 und 2 sind die Gründe genannt, für die Rückstellungen gebildet werden müssen oder dürfen. In Absatz 3 wird ergänzt, daß für andere Zwecke keine Rückstellungen möglich sind. Mit dem abschließenden Katalog sollte eine exzessive Bilanzpolitik verhindert werden. Demnach sind durch § 249 abgedeckt: Rückstellungen für

- ungewisse Verbindlichkeiten,
- drohende Verluste aus schwebenden Geschäften,
- Gewährleistungen ohne rechtliche Verpflichtung (Kulanz),
- unterlassene Abraumbeseitigung, die im Folgejahr nachgeholt wird,
- unterlassene Instandhaltung, die innerhalb von drei Monaten nachgeholt wird,
- unterlassene Instandhaltung, die nach dieser Frist, aber vor Ablauf des Folgejahres nachgeholt wird,
- bestimmte Aufwendungen gemäß § 249 Absatz 2.

Für die beiden zuletzt genannten Rückstellungen besteht ein Passivierungswahlrecht, im übrigen Passivierungspflicht.

Außer in § 249 HGB sind handelsrechtlich noch zwei Sonderbestimmungen bedeutsam:

- § 274 Absatz 1 bestimmt für KapGes, daß eine Rückstellung für latente Steuern zu bilden ist (vgl. hierzu Kapitel 8). Diese dürfte aber auch für Nicht-KapGes relevant sein, da sie im wesentlichen auch durch § 249 Absatz 1 Satz 1 erfaßt wird.
- Artikel 28 Absatz 1 EGHGB erlaubt, Pensionsrückstellungen für sogenannte Alt-Zusagen nicht zu passivieren (vgl. Kapitel 7).

Zur Bewertung der Rückstellungen enthält das HGB in § 253 Absatz 1 den wenig informativen Hinweis, daß nur der Betrag zu passivieren ist, der „nach vernünftiger kaufmännischer Beurteilung notwendig ist".

In der Bilanz großer und mittelgroßer Unternehmen werden Rückstellung in solche für Pensionen und ähnliche Verpflichtungen, für Steuern und Sonstiges untergliedert (§ 266 Absatz 3 HGB). Rückstellungen sind im Anhang zu erläutern, wenn sie einen nicht unerheblichen Umfang haben und in der Bilanz nicht gesondert ausgewiesen werden, sondern in den 'Sonstigen Rückstellungen' enthalten sind. Zusätzlich sind nicht passivierte Pensionsverpflichtungen im Anhang zu vermerken (Artikel 28 Absatz 2 EGHGB).

Damit zeigt das HGB aus zwei Gründen ein unbefriedigendes Bild: Zum einen fehlt eine plausible Systematik für die Rückstellungsarten und zum anderen ist insbesondere die Bewertungsvorschrift dürftig.

Im weiteren werden die Rückstellungen in drei Gruppen unterschieden:

1. Rückstellungen für ungewisse Verbindlichkeiten,
2. Rückstellungen für drohende Verluste aus schwebenden Geschäften (RdV),
3. Aufwandsrückstellungen: dieser Begriff ist zwar mißverständlich, soll aber in Anlehnung an den Sprachgebrauch in der Literatur übernommen werden. Mißverständlich ist die Bezeichnung, da Rückstellungen immer per Aufwandsbuchung gebildet werden. Diese Gruppe umfaßt alle Rückstellungen für Innenverpflichtungen.

Oben wurde bereits auf Unterschiede zwischen Rückstellungen und Verbindlichkeiten hingewiesen. Nunmehr soll kurz auf das Verhältnis zu anderen Passivposten eingegangen werden:

- Trotz des ähnlichen Namens sind Rückstellungen im Grundsatz streng von den Rücklagen zu trennen, die zum EK gehören. Durch das Zulassen von Rückstellungen für Innenverpflichtungen ist die theoretisch saubere Abgrenzung zum FK allerdings zumindest problematisch geworden. Da keine Verpflichtung gegenüber Dritten vorliegen, werden diese zumindest wirtschaftlich in die Nähe von Rücklagen gerückt.
  Unterschiede ergeben sich aber aus drei Gründen. Rückstellungen dürfen immer nur für konkrete Einzelrisiken gebildet werden, während Rücklagen grundsätzlich nicht zweckgebunden sind (Ausnahme: Rücklage für eigene Anteile). Außerdem werden Rückstellungen aufwandswirksam gebucht (stellen eine Gewinnminderung dar) und Rücklagen außerhalb der GuV gebildet (Gewinnverwendung). Schließlich dürfen Rückstellungen nur aufge-

löst werden, wenn der Grund hierfür entfallen ist (§ 249 Absatz 3 HGB) und für die Rücklagenverwendung gelten die oben genannten Regeln (S. 385 ff.). Neben den Aufwandsrückstellungen können Abgrenzungsprobleme zum EK auftreten, wenn überhöhte Rückstellungen bilanziert werden. Diese stillen Reserven sind aber regelmäßig nicht erkennbar.
Im Rahmen von JA-Analysen werden die Pensionsrückstellungen (siehe unten) verschiedentlich als 'wirtschaftliches' EK behandelt. Außer der Tatsache, daß diese Rückstellung häufig langfristig als Finanzierungsquelle zur Verfügung steht, spricht für diese Sichtweise meines Erachtens nichts.

- Der SOPO enthält steuerlich legitimierte offene Reserven, die noch nicht versteuert werden. In Höhe der künftig zu erwartenden Ertragsteuerbelastung beinhaltet der SOPO also eine Steuerrückstellung.

- In Artikel 20 Absatz 3 der 4. EG-Richtlinie heißt es: „Rückstellungen dürfen keine Wertberichtigung zu Aktivposten darstellen." Damit ist für alle Kaufleute geklärt, daß Risiken, die VG betreffend nicht durch Rückstellungen zu erfassen sind, sondern durch A. Demnach führt das Ausfallrisiko von Forderungen oder das Verwertungsrisiko von Rohstoffen nicht zu Rückstellungen. Ausnahmen von diesem Grundsatz können zum Beispiel bei Instandhaltungs- und Altlastenrückstellungen auftreten (siehe unten).

- Keinerlei Berührungspunkte ergeben sich zu den passiven RAP (§ 250 Absatz 2 HGB), die grundsätzlich nicht mit Ungewißheit behaftet sind, während die RAP der Ertragsperiodisierung dienen, sorgen Rückstellungen für die möglichst zutreffende Aufwandszuordnung.

- Eventualverbindlichkeiten (vgl. § 251 HGB) sind noch nicht so wahrscheinlich wie Rückstellungen, d.h. das Risiko, daß eine Vermögensbelastung besteht oder droht, ist noch sehr gering. Insofern ist es möglich, daß aus einer Eventualverbindlichkeit aus einem Bürgschaftsverhältnis im Zeitablauf eine Rückstellung wird, weil die Gefahr einer Inanspruchnahme steigt. Ist die Inanspruchnahme gewiß, ist die Rückstellung in eine Verbindlichkeit umzugliedern.

2. SYSTEMATISCHE GRUNDLAGEN

2.1 Bilanztheoretische Aspekte

Die statische Bilanztheorie stellt als zentralen JA-Zweck die Information über die Schuldendeckungsfähigkeit heraus: durch Gegenüberstellung sämtlicher VG und Schulden zum Stichtag soll dies erreicht werden. Bilanzansatz und Bewertung erfolgen unter der Annahme der Unternehmensfortführung. Auch Statiker unterstellen keine Zuschlagung oder Einzelveräußerung per Stichtag. Zu den vollständig zu erfassenden Schulden zählen auf jeden Fall die Rückstellungen für ungewisse Verbindlichkeiten. Für den Kaufmann liegt ein **Erfüllungsrückstand** vor.
Die Drohverlustrückstellung wird demgegenüber als **Verpflichtungsüberschuß** interpretiert. Im Regelfall sind schwebende Geschäfte aufgrund des Realisationsprinzips bilanzunwirksam. Nur für den Fall, daß Leistung und Gegenleistung aus einem schwebenden Geschäft unausgeglichen sind und der Kaufmann mit einem drohenden Verlust rechnen muß, ist dieser Verpflichtungsüberhang zu passivieren. Er belastet das Nettovermögen, und der Kaufmann kann sich dieser Belastung nicht mehr einseitig entziehen. Bilanziell ergäbe sich die gleiche Vermögensbelastung, wenn die Ansprüche und Verpflichtungen aus dem schwebenden Geschäft vollständig (brutto) bilanziert würden.

Demgegenüber wird von der herrschenden Meinung angenommen, daß die Innenverpflichtungen mit der statischen Bilanzkonzeption nicht vereinbar ist, da keine unvermeidbaren Verpflichtungen gegenüber Dritten vorliegen, also keine Schulden. Kessler (1992) vertritt dagegen die Ansicht, daß auch Aufwandsrückstellungen eine Reinvermögensbelastung im statischen Sinne darstellen, da der Kaufmann unter der Fortführungsprämisse die entsprechenden Ausgaben nicht verhindern kann. Zur Vermeidung zu hoher Ausschüttungen (und Erfolgssteuern) seien diese Rückstellungen passivierungspflichtig (Kapitalerhaltung).

Die Dynamische Bilanztheorie ist an der Ermittlung eines vergleichbaren Periodenerfolges orientiert. Ausgaben und Einnahmen müssen deshalb periodisiert, also der zutreffenden Periode zugeordnet werden. Bilanzposten (Aktiva und Passiva) stellen, so gesehen, einen Verrechnungs- oder Schwebeposten dar. Ausgaben für Maschinen werden nicht aktiviert, um das Vermögen zutreffend darzustellen, sondern um durch die Verrechnung periodischer A. den richtigen Erfolg zu ermitteln. Rückstellungen werden passiviert, um die künftigen Ausgaben den Erträgen gegenüberzustellen, denen sie zuzuordnen

sind. Garantieleistungen sind, so gesehen, durch die vergangenen Umsätze verursacht. Eine Nichtpassivierung würde ein zu gutes Periodenergebnis zeitigen.
Das Beispiel zeigt auch, daß Verbindlichkeits- und Drohverlustrückstellungen statisch und dynamisch interpretiert werden können. Die Innenverpflichtungen sind nach herrschender, aber nicht unumstrittener, Ansicht nur dynamisch begründbar. Eine Periodisierung von Ausgaben ohne Schuldcharakter (gegenüber Dritten) durch Rückstellung gilt als Musterfall eines reinen Verrechnungspostens.

Diese knappen Ausführungen verdecken allerdings ein beachtliches Problem, da sie nur begrenzt der Vielfalt an Literaturansichten Rechnung tragen. So herrscht noch nicht einmal Einigkeit darüber, welche Literaturposition als statisch oder dynamisch einzuordnen ist. Moxter beispielsweise reklamiert für sich selbst, ein Statiker zu sein, während andere ihn als fast lupenreinen Dynamiker im klassischen Sinne ansehen (vgl. unter anderem Oberbrinkmann 1990). Diese begrifflichen Widersprüche reflektieren letztlich Uneinigkeiten über erstrebte und gesetzlich legitimiert JA-Zwecke.

Es ist deshalb nicht verwunderlich, daß die GoB, die für die Bildung und Bewertung von Rückstellungen herangezogen werden, sich inhaltlich deutlich unterscheiden. So führt zum Beispiel Siegel (1994, S. 1 ff.) Rückstellungen auf ein (klassisch statisch interpretiertes) Imparitätsprinzip zurück, während Groh (1988) und Moxter die Verbindlichkeitsrückstellungen auf das Imparitätsprinzip und die Drohverlustrückstellung auf das Imparitätsprinzip gründen. Dem Realisationsprinzip wird dabei eine allgemeine Periodisierungsfunktion zugeschrieben, die am Kriterium der Umsatzalimentierung orientiert ist.
Leffson (1987, S. 299 ff.) und ihm folgend Baetge (1994, S. 58 f.) haben eine ähnliche Aufwandsperiodisierung mit den Abgrenzungsgrundsätzen der Sache und der Zeit nach gefordert. Dies 'paßt' zur o.g. dynamischen JA-Aufgabe. Auf weitere Unterschiede wird anhand konkreter Fälle und Einzelfragen eingegangen.

2.2 Die Bildung von Verbindlichkeitsrückstellungen

Voraussetzung ist zunächst einmal, daß eine Verpflichtung gegenüber einem Dritten vorliegt, also eine **Fremdverpflichtung**. Als Dritte kommen Vertragspartner, Geschädigte etc., aber auch die öffentliche Hand in Frage. Das HGB differenziert hier genausowenig wie bei der Grundlage der Verpflichtungen. Diese können auf Verträge, gesetzliche Bestimmungen, aber auch rein faktische Zwänge zurückgehen. Entscheidend ist nur, daß sie aus der Sicht des Bilanzierenden nicht vermeidbar sind, ohne negative Folgen gewärtigen zu müssen. Auf die Einklagbarkeit solcher Ansprüche kommt es deshalb nicht an. Kulanzrückstellungen sind genauso passivierungspflichtig wie Garantie- oder Steuerrückstellungen. Es wird dabei sogar nicht einmal vorausgesetzt, daß ein eventuell Berechtigten seine möglichen Ansprüche schon kennt. Es ist vielmehr aus Sicht des Bilanzierenden zu prüfen, ob er mit einer gewissen Wahrscheinlichkeit mit einer Inanspruchnahme später rechnen muß. Dabei genügt nicht, daß nur eine entfernte, äußerst geringe Gefahr besteht. Zwar sind Rückstellungen dem Grunde und/oder der Höhe nach ungewiß, aber sie sind auf das kaufmännisch Vernünftige und Notwendige zu begrenzen (wie immer dies auch konkretisiert wird).

Besonders schwierig und umstritten ist die Frage, zu welchem Zeitpunkt eine Rückstellung einzubuchen ist. In der Literatur werden verschiedene Varianten vorgeschlagen:

1. Wenn die Verpflichtung rechtlich entstanden ist.
2. Wenn die Verpflichtung wirtschaftlich verursacht ist.
3. Wenn 1. oder 2. vorliegt.

Problemlos sind erkennbar alle Fälle, bei denen **rechtliches Entstehen** und **wirtschaftliche Verursachung** zeitlich zusammenfallen. Dies ist zum Beispiel bei Garantiefällen, Steuerrückstellungen, Haftungsfällen etc. gegeben. Kontrovers wurden dagegen Sachverhalte diskutiert, bei denen die beiden Merkmale auseinderfallen. Die Unterschiede beginnen dabei mit der Auslegung des Begriffes der wirtschaftlichen Verursachung. Diese kann so interpretiert werden, daß der Prozeß der rechtlichen Voll-Entstehung soweit fortgeschritten ist, daß sich der Kaufmann der Verpflichtung mit großer Wahrscheinlichkeit nicht mehr entziehen kann. Diese an formaljuristischen Kriterien orientierte Interpretation spiegelt deutlich statisches Gedankengut wider. Demnach läge die wirtschaftliche Verursachung niemals nach der rechtlichen Voll-Entstehung. Der BFH hat die sinngemäß wie folgt formuliert: Die Tatbestandsmerkmale, deren Rechtsfolge die Verbindlichkeit ist, sind im wesentlichen vor dem Stichtag verwirklicht. Die Ereignisse, die zur Verpflichtung führen, sind dem abgelaufenen Jahr zuzurechnen. Diese Auslegung hat den Nachteil, sehr allgemein zu sein, und führte zu einer sehr kasuistischen Rechtsprechung: Es hängt naturgemäß vom Einzelfall ab, welche Tatbestandsmerkmale als 'die wesentlichen' gelten.

Moxter u.a. greifen dagegen auf das Realisationsprinzip im Sinne der Umsatzalimentierung zurück: Rückstellungen stellen Nachleistungen für bereits realisierte Erträge dar. Dies kann dazu führen, daß die wirtschaftliche Verursachung zeitlich nach dem rechtlichen Entstehen liegt. So entsteht die Verpflichtung zur Wiederauffüllung einer Kiesgrube mit Beginn des Aushubs. Die Erträge (Umsätze) liegen dagegen (auch) in späteren Perioden. Werden die Ausgaben für die Ausfüllverpflichtung nach Maßgabe der Erträge periodisiert, ist zu Beginn des Aushubs gar keine oder eine geringe Rückstellung zu bilden, obwohl die entsprechende Pflicht rechtlich voll entstanden ist (zur Kritik an dieser Argumentationsweise vergleiche ausführlich S. 458 ff.). Dies zeigt, daß das Realisationsprinzip auch rückstellungsbegrenzend wirken kann im Vergleich zu einer statisch orientierten Auslegung (vgl. unter anderem Herzig 1994, S. 227 ff.).

Oben wurde als allgemeines Rückstellungsmerkmal unter anderem das Vorliegen einer wirtschaftlichen Belastung hervorgehoben. Da schwebende Verträge regelmäßig ausgeglichen oder für den Kaufmann vorteilhaft sind, werden die vertraglichen Verpflichtungen nicht bilanziert, da sie keine Netto-Belastung darstellen. Wie aber soll verfahren werden, wenn einerseits gewisse oder ungewisse Verpflichtungen bestehen, diesen aber zugleich gewisse oder ungewisse Ausgleichs- oder Rückgriffsansprüche gegenüberstehen? Dies ist zum Beispiel gegeben, wenn ein Unternehmen für einen Schadensfall haftet und selbst Ansprüche an ein Versicherungsunternehmen hat. Der BFH mußte einen anderen Fall entscheiden: ein Bauunternehmer hatte als Generalunternehmen für Garantieleistungen einzustehen, denen Rückgriffsrechte gegen Subunternehmer gegenüberstanden. Analytisch gibt es folgende Möglichkeiten der bilanziellen Behandlung:

1. Passivierung einer Rückstellung für ungewisse Verbindlichkeiten und Aktivierung des Gegenanspruchs als Forderung.
2. Passivierung einer Rückstellung und Nichtbeachtung der Rückgriffsmöglichkeiten.
3. Passivierung einer Rückstellung in Höhe der Wertdifferenz zwischen eigener Leistungspflicht und Rückgriffsmöglichkeit.

Die erste Variante scheitert am Realisationsprinzip, das nur relativ sichere Positionen als Aktivenzugänge erlaubt. Es gibt bilanzrechtlich keine ungewissen Forderungen. Dies bedeutet: solange das Versichungsunternehmen oder der Subunternehmer das Rückgriffsrecht nicht akzeptiert hat, liegt kein Aktivum vor.

Die zweite Variante führt offenbar zumindest dann zu unsinnigen Ergebnissen, wenn die Rückdeckung nur deshalb ungewiß ist, weil die zugrundeliegende Verpflichtung des Kaufmanns selbst unsicher ist. Ist mit einem hohen Maß an Sicherheit von einer vollständigen und vollwertigen Rückgriffsmöglichkeit auszugehen, so wäre die dritte Variante zweckmäßig. Nur insoweit liegt eine wirtschaftliche Last vor. Problematisch ist hierbei zweierlei:

- Wann sind die Rücksgriffsrechte sicher genug, damit die Verrechnung nicht gegen das Vorsichtsprinzip verstößt?
- Beinhaltet dies nicht einen Verstoß gegen das Vollständigkeits- und Saldierungsverbot des § 246 HGB? Das Argument, ein Verstoß gegen das Saldierungsverbot könne begrifflich schon deshalb nicht vorliegen, weil die Versicherungsanwartschaft (oder ein ähnliches Recht) kein Aktivum sei, erscheint etwas formal.

Die auch hier für zweckmäßig gehaltene Verrechnung stellt im übrigen keinen Fall einer Drohverlustrückstellung dar, da kein schwebendes Geschäft bewertet wird (vgl. unten).

Ob eine Rückstellung zu bilden ist, weil eine Belastung vorliegt, ist auch in den Fällen fraglich, in denen die späteren Ausgaben nach den üblichen Regelungen des HGB zu Herstellungsaufwand führen. Im Bereich der Altlastensanierung ist hier zum Beispiel an Spundwände, Drainagerohrleitungen, Oberflächenabdichtungen etc. zu denken. Überwiegend wird hierzu die Ansicht vertreten, daß keine Rückstellung zu bilden ist, soweit künftig aktivierbare VG angeschafft oder hergestellt werden. Der Aufwand für diese ist künftig in Form von A. zu verrechnen. Wird zugleich heute eine Rückstellung gebucht, würde der Aufwand doppelt erfaßt.

Greift man auf das Realisationsprinzip im Sinne von Moxter zurück, wäre dieses Ergebnisse zutreffend, wenn die Herstellung der Erzielung künftiger Erträge dient. Die Ausgaben haben keinen Bezug zu vergangenen Erträgen, eine Rückstellung ist nicht zulässig. Ist dagegen nicht mit künftigen Erträgen zu rechnen, da der hergestellte VG ausschließlich der Beseitigung alter Schäden dient (zum Beispiel das Ausbreiten von Schadstoffen verhindern soll), so müßte eine Rückstellung passiviert werden. Dies kommt einer vorgezogenen Voll-A. des noch zu erstellenden, 'wertlosen' VG gleich. Da diese Differenzierung auf Prognosen basiert, führt sie zu einer Ent-Objektivierung der JA.

Aus statischer Sicht fordert Crezelius (1992, S. 1362 ff.) auf jeden Fall eine Passivierung, da ein vollständiger Schuldenausweis heute nicht davon abhängen kann, ob die späteren Ausgaben zu Herstellungs- oder Erhaltungsaufwand führen. Siegel (1993, S. 327) vertritt – ebenfalls als Statiker – eine Gegenposition: soweit die Ausgaben zu VG führen, fehlt es an einer wirtschaftlichen Belastung heute. Den späteren Ausgaben stehen Aktivenzugänge in gleicher Höhe gegenüber. Eine vermittelnde Position hat der Gesetzgeber in § 17 Absatz 2a DM-BilanzG eingeschlagen: Rückstellungen sind auch zu bilden, wenn die Durchführung der Maßnahmen zu AK/HK und diese im Zeitpunkt des Zuganges voll abzuschreiben sind. Dann sind die Aktivenzugänge gerade nicht werthaltig, es liegt eine wirtschaftliche Last vor. Dieses Ergebnis deckt sich im übrigen mit der dynamischen Variante der Vorverlagerung der A., die oben angesprochen wurde.

Eingangs wurde behauptet, Rückstellungen stellten keine Wertberichtigungen für Aktiva dar. Gerade im Bereich der Altlasten wird gegen diese Regel zum Teil verstoßen. Ist ein Grundstück zum Beispiel durch Schadstoffe kontaminiert, so kann dem auf zwei Arten Rechnung getragen werden:

- A. des Grundstückes oder
- Passivierung einer Rückstellung.

Dies ist nicht notwendig ein reines Ausweisproblem, wie das folgende Beispiel von Rautenberg (1993, S. 267) zeigt. Dabei werden verschiedene Konstellationen von Zeit-, Buchwert und Sanierungsausgaben unterstellt:

	Zeitwert	Buchwert
a) Grundstück ohne Altlast	1.000	1.000
Erwartete Ausgaben	400	400
Zeitwert nach A. (= Buchwert)	600	600
Abschreibung	400	400
b) Grundstück ohne Altlast	1.000	700
Erwartete Ausgaben	400	-
Zeitwert nach A. (= Buchwert)	600	600
Abschreibung		100
c) Grundstück ohne Altlast	1.000	1.000
Erwartete Ausgaben	1.200	1.200
Zeitwert nach A. (= Buchwert)	0	0
Abschreibung	1.000	1.000

Bei den Beispielen b) und c) wird deutlich, daß eine A. auf den niedrigeren Stichtagswert nicht ausreicht, um die vollen Sanierungsausgaben aufwandswirksam werden zu lassen. Im Fall b) erfolgt eine Saldierung mit den vorhandenen stillen Reserven in Höhe von 300 (Differenz von Zeit- und Buchwert) und im Fall c) übersteigen die Ausgaben den Wert des Grundstückes. Weitgehende Einigkeit besteht in der Literatur inzwischen, daß die vollen Sanierungsausgaben aufwandswirksam werden müssen. Im Fall c) könnte dies durch eine zusätzlich Rückstellung von 200 gewährleistet werden. Im Fall b) müßte entweder auf 300 abgeschrieben werden, was durch § 253 HGB nicht gedeckt ist, oder ebenfalls eine Rückstellung gebildet werden. Darüber hinaus besteht Einigkeit, daß eine Doppelerfassung der Ausgaben in Form einer A. und zugleich als Rückstellung unzutreffend ist. Insofern verbleibt es bei einem Ausweisproblem.

Hierbei kollidieren zwei Pflichten: der Zwang zum vollständigen Schuldenausweis, einschließlich der erwarteten Sanierungsausgaben einerseits und das Gebot, VG zutreffend zu bewerten. Selbstverständlich kann eine Überbewertung von VG zu Fehlschlüssen über die Haftungssubstanz führen. Umgekehrt kann ohne Rückstellung die Pflicht zur künftigen Sanierung dem JA nicht entnommen werden. Zum Teil wird die Altlast auch nicht als Wertminderung des Grundstückes angesehen, sondern als selbständiges negatives Wirtschaftsgut. Die Sanierungspflicht kann zivilrechtlich und öffentlich-rechtlich ja vom Grundstückseigentum losgelöst sein. Am Zweckmäßigsten wäre natürlich eine umfassende Berichterstattung im Anhang: die Informationsverluste von Bilanz und GuV könnten leicht behoben werden.

Soweit der A.-Weg gewählt wird (also keine Rückstellungen gebildet werden), sind noch folgende Fragen zu klären:

1. Handelt es sich um eine vorübergehende oder dauerhafte Wertminderung im Sinne der §§ 253 Absatz 2; 279 Absatz 1 HGB?
2. Wie sind die Sanierungsmaßnahmen zu erfassen? Sind Zuschreibungen oder Nachaktivierungen zwingend? Oder kann auch Erhaltungsaufwand vorliegen?

Die Diskussion über den Ausweis und die Folgebehandlung von erwarteten Sanierungsausgaben ist derzeit noch in vollem Gange.

2.3 Die Bildung von Rückstellungen für drohende Verluste aus schwebenden Geschäften

Drohverlustrückstellungen setzen ein schwebendes Geschäft voraus. Ein solches wird angenommen, wenn der zur Sach- oder Dienstleistung Verpflichtete Vertragsteil seine vereinbarten Leistungen noch nicht oder nicht vollständig erbracht hat. Verschiedentlich wird auch darauf abgestellt, daß beide Parteien ihre Leistungen noch nicht erbracht haben. Dies ist meines Erachtens unzutreffend: erfolgte die Bezahlung vor der Leistungserbringung, muß der Empfänger buchen 'per Bank an Verbindlichkeit (erhaltene Auszahlung)'. Droht ihm aus der Abwicklung des Geschäftes danach ein Verlust, so muß dies durch eine Rückstellung berücksichtigt werden. Ein ggf. anzuschreibendes Aktivum hat er durch die Vorauszahlung nicht erhalten. Der Beginn des Schwebezustandes fällt regelmäßig mit einem Vertragsabschluß zusammen. Ein bindendes Angebot des Kaufmanns genügt ebenfalls, da er es dann nicht mehr in der Hand hat, den Verlust abzuwenden; er ist wirtschaftlich verursacht.

Voraussetzung für eine Rückstellung ist demnach, daß das Verfügungsgeschäft noch nicht (endgültig) abgewickelt ist und ein Verlust droht. Der Wert der erhaltenen oder noch ausstehenden Gegenleistung muß niedriger sein als die eigene Leistung des Bilanzierenden. Zu passivieren ist nur ein Verpflichtungsüberhang, also eine Saldogröße. Dieser Grundsatz klingt allerdings einfacher als er ist. Das hängt unter anderem auch damit zusammen, daß grundsätzlich jegliches Vertragsverhältnis drohende Verluste beinhalten kann (zum Beispiel Miet-, Arbeits-, Beschaffungs-, Absatzgeschäfte) und daß auch sogenannte Dauerschuldverhältnisse erfaßt werden. Von Dauerschuldverhältnissen spricht man, wenn ein Vertrag auch nach der Erbringung von Leistungen weiterbesteht. Die erbrachten Teil-Leistungen sind dabei als endgültig abrechenbar, also realisiert anzusehen. Weitere selbständige Teil-Leistungen stehen noch aus. Nur für den noch ausstehenden Teil können Verluste drohen. Risiken des abgewickelten Zeitraumes können aber zu Rückstellungen für ungewissen Verbindlichkeiten führen (zum Beispiel für Garantieleistungen auf die bisher gelieferten Mengen eines Sukzessiv-Lieferungsvertrages). Da Dauerschuldverhältnisse wie Pacht-, Leasing- oder Arbeitsverhältnisse zum Teil noch 10 oder 20 Jahre schweben, können die entsprechenden Verluste beachtliche Größenordnungen erreichen.

Bei Dauerschuldverhältnissen kann die Verlustermittlung grundsätzlich auf zwei Arten erfolgen:

- Mit der **Gesamtheitsbetrachtung** wird darauf abgestellt, ob ein bestimmtes schwebendes Geschäft von Beginn an verlustträchtig war. Läßt das Gesamtgeschäft keinen Verlust erwarten, so ist keine Rückstellung zu bilden.
- Die **Restlaufzeitbetrachtung** stellt dagegen nur darauf ab, ob die noch offene Abwicklung des Geschäftes einen Verlust erwarten läßt. Unbeachtlich ist es deshalb, wenn in der Vergangenheit hohe Gewinne erzielt wurden, da diese nicht mehr in den Saldierungsbereich des Verlustes fallen. Einen typischen Anwendungsfall stellen Service-Verträge für Anlagen dar. Zu Beginn der Anlagennutzung treten kaum Störungen auf, während in späteren Jahren mit stärkerer Inanspruchnahme zu rechnen ist. Bei konstanten Vergütungen können nach Gewinnperioden auch Verlustjahre auftreten.

Erstaunlich ist, daß der BFH in verschiedenen Urteilen beide Deutungen verwendet (vgl. Kessler 1992, S. 270 ff.). Verständlich ist dies aus mehreren Gründen nicht. Zunächst ist die Gesamtheitsbetrachtung mit dem Wortlaut von § 249 Absatz 1 Satz 1 HGB unvereinbar. Das liegt auch nicht an einem sprachlichen Versehen des Gesetzgebers, sondern allein am angestrebten Zweck der Rückstellung. Sie soll die künftigen Perioden verlustfrei stellen, d.h. aus der Restabwicklung erwartete Verluste sollen die künftigen Erfolgsrechnungen nicht mehr belasten. Treten die erwarteten Verluste später tatsächlich ein, so werden sie durch die Auflösung der insoweit nicht mehr benötigten Rückstellung kompensiert. Eine Einbeziehung der abgelaufenen Perioden verbietet sich aber noch aus einem anderen Grund: die während dieser Zeit erzielten Gewinne sind buchmäßig realisiert und bereits voll versteuert. Die gleichen Gewinne können aber nicht nochmals in die Besteuerungsgrundlagen eingehen.

Für den Fall, daß die Restabwicklung insgesamt keine Verluste erwarten läßt, aber zunächst mit Verlust- und danach erst mit Gewinnperioden gerechnet wird, halten Adler/Düring/Schmaltz (vgl. 1987, § 249 Tz. 91) gleichwohl eine Rückstellung für geboten. Unter dem Aspekt einer Ausschüttungsbegrenzung mag dies überlegenswert sein. Dies stellt aber meines Erachtens eher ein Liquiditätsproblem dar, denn für die Restabwicklung droht insgesamt eben kein Verlust. Wenn im Folgejahr ein Verlust entsteht, muß er im Zweifel vorgetragen und durch spätere Gewinne, die ja annahmegemäß erwartet werden, ausgeglichen werden.

Aber nicht nur die zeitliche Abgrenzung des Saldierungsbereiches ist nicht einfach, die sachliche Dimension ist noch wesentlich komplexer. Dies soll anhand eines aktuellen Falles erläutert werden, dem sogenannte Apothekenfall. Ein Apotheker mietete in einem seinem Gewerbe benachbarten Gebäude Räume an, die er für 20½ Jahre an einen Arzt weitervermietete. Der eigene Mietzins übersteigt das mit dem Arzt vereinbarte Entgelt für die Praxisräume. Deshalb begehrte der Apotheker eine Rückstellung für drohende Verluste für die gesamte Mietzeit.

Festzuhalten ist zunächst, daß die Tatsache, daß ein Verlustgeschäft bewußt abgeschlossen wird, unstrittig keinerlei Bedeutung für eine etwaige Rückstellungsbildung hat. Zu prüfen war aber, ob aus dem schwebenden Geschäft überhaupt ein Verlust droht, denn hierbei sind alle positiven und negativen Komponenten zu berücksichtigen. Als positive Komponente kommen hierbei nicht nur selbständig bilanzierbare VG in Betracht, sondern auch von der anderen Vertragspartei zu erbringende sonstige Leistungen und Vorteile, sonst würde aus einem schwebenden Vertrag mit einem Anwalt oder Steuerberater regelmäßig ein Verlust drohen, da deren Beratungsleistungen selten aktivierbar sind.

Als positive Komponente im Apothekenfall kommt der erworbene Standortvorteil in Betracht: Der Apotheker überläßt die Räume natürlich nicht aus reinem Altruismus zu günstigen Konditionen, sondern weil er sich Umsätze durch den Arzt erhofft. Fraglich ist, ob dieser Vorteil zum 'schwebenden Geschäft' mit dem Arzt gehört. Dies betrifft den Grundsatz der Einzelbewertung. Es muß bestimmt werden, was als Bewertungseinheit anzusehen ist.

Nach herrschender Meinung kommt eine Zusammenfassung mehrerer Verträge in Frage. Ein schwebendes Geschäft umfaßt nicht notwendig nur einen Vertrag. Vorauszusetzen ist aber, daß die Vorteile aus einem Geschäft mehr oder weniger zwangsläufig mit dem Verlustvertrag verknüpft sind. Eine solche Verbindung wird zum Beispiel durch Sicherungsgeschäfte wie Optionen und andere Terminkontrakte hergestellt. Ein Verkaufskontrakt für Aktien begrenzt zum Beispiel den Abwertungsbedarf für diese Aktien auf den vereinbarten Basispreis. Sinkt der Börsenkurs unter diesem Wert, so kann der Verlust durch Ausüben der Verkaufsoption verhindert werden.

Im Apothekenfall ist die Verknüpfung des Standortvorteils mit dem verlustbringenden Vermietungsgeschäft wesentlich schwächer: So hängen die künftigen Apothekenumsätze unter anderem von der Tüchtigkeit des Arztes, der Entwicklung der Konkurrenz und von demographischen und politischen Randbedingungen ab. Sie sind keinesfalls quasi-sicher. Eine Einbeziehung in den

Saldierungsbereich wäre ein krasser Verstoß gegen den Einzelbewertungsgrundsatz und das Verbot, unrealisierte Gewinne auszuweisen (oder: mit Aufwendungen zu saldieren). Eine Aufweichung dieser GoB würde häufig zu JA führen, die realistischer in dem Sinne sind, daß sie die wirtschaftliche Lage und Entwicklung eines Unternehmens zutreffender abbilden. Es würde aber auch zu einer Ent-Objektivierung führen: JA sollen in den durch die GoB gesetzten Grenzen informieren. Dies hat mit der 'echten' Vermögens- oder Ertragslage oft wenig gemein.

Oben wurde behauptet, daß drohende Verluste sowohl aus Absatz- als auch aus Beschaffungsgeschäften resultieren können. Für Beschaffungsgeschäfte ist dies begründungsbedrüftig, da aus diesen allein regelmäßig keine Verluste drohen. Auf die entsprechenden Begründungen für die Bemessung von A. für VG wegen gesunkener Marktpreise (S. 314 ff.) wird verwiesen.
Auch für Rückstellungen gilt: eine imparitätische Bilanzierung läßt sich theoretisch sauber nur auf Absatzpreis zurückführen. Sinken die Beschaffungspreise, so führt dies zunächst einmal nur zu entgehenden Gewinnen oder Opportunitätskosten. Aus rein pragmatischen Gründen wird eine Rückstellung aber auch für Beschaffungsverträge befürwortet, da konkreten Beschaffungskontrakten in der Regel keine bestimmten Absatzverluste zugeordnet werden können.

2.4 Die Bildung von Aufwandsrückstellungen

Diese Gruppe von Rückstellungen umfaßt reine Innenverpflichtungen, d.h. erwartete Ausgaben, denen keine Verpflichtungen gegenüber Dritten zugrunde liegen, sondern nur wirtschaftliche Notwendigkeiten für eine zielorientierte Unternehmensfortführung. Liegen Verbindlichkeiten und interne Notwendigkeiten zugleich vor, muß auf jeden Fall eine Rückstellung gebildet werden. Das Wahlrecht für die meisten Aufwandsrückstellungen wird durch das Gebot des vollständigen Schuldenausweises dominiert.

Aufwandsrückstellungen sollen anhand eines typischen Musterfalles vorgestellt werden, dem berühmten Hubschrauberfall: Ein Unternehmen muß seinen Hubschrauber nach einer bestimmten Anzahl von Flugstunden einer Betriebsinspektion unterziehen. Diese ist ca. alle vier Jahre notwendig, um die Flugsicherheit zu gewährleisten. Selbst wenn es sich um eine gesetzlich vorgeschriebene Inspektion handelt, scheidet eine Rückstellung für ungewisse Verbindlichkeiten aus, da die Verpflichtung vom Kaufmann abgewendet werden kann. Es kommt aber die Möglichkeit in Frage, die Rückstellung gemäß § 249 Absatz 2 HGB ratierlich anzusparen. Im Gesetz wurden folgende Voraussetzungen genannt:

- Es muß sich um ihrer Eigenart nach genau umschriebene Aufwendungen handeln. Es muß also um konkreten Vorsorgebedarf gehen und nicht um allgemeine, nicht einzeln bewertbare Risiken.
- Diese müssen wahrscheinlich oder sicher, aber bezüglich Höhe oder Zeitpunkt ungewiß sein. Diese Voraussetzung ist im Fall auch gegeben.
- Diese Aufwendungen müssen dem abgelaufenen oder einem früheren GJ zuzuordnen sein.

Ob diese Voraussetzung erfüllt ist, wird kontrovers diskutiert. Orientiert man sich am Modell der Umsatzalimentierung, so könnte die Begründung für diese Rückstellung lauten: durch die absolvierten Flugstunden wird die Inspektion erforderlich. Die späteren Ausgaben gehören deshalb zu den Erträgen der Flugperioden. Der Verschleiß der Vergangenheit ist die Ursache der Ausgaben.

Umgekehrt kann auch argumentiert werden: Die Inspektion erfolgt ausschließlich, um weiterfliegen zu können, die Ausgaben haben keinen Bezug zur Vergangenheit, sondern alimentieren künftige Erträge. Dies wird schon dadurch deutlich, daß niemand den Kaufmann hindern kann, den Hubschrauber nicht mehr zu nutzen und die Inspektion zu unterlassen. Dies tangiert nicht den Grundsatz der Unternehmensfortführung, da dieser auf das gesamte Unternehmen zu beziehen ist.

Wie auch immer diese Argumente bewertet werden: Unstrittig ist, daß der Gesetzgeber den Absatz 2 in § 249 HGB genau für diese Art von Sachverhalten vorgesehen hat: Bestimmte Aufwendungen, die stoßweise anfallen, sollen periodisiert, d.h. über mehrere Jahre verteilt werden können (zum Beispiel Ausgaben für die Ausbaggerung von Kanälen oder Häfen, die Ausmauerung von Hochöfen, Wartung von Flugzeugen, Generalüberholungen). Damit wird den Unternehmen ein bilanzpolitisches Instrument an die Hand gegeben, um Vorsorge für konkrete künftige Ausgaben zu treffen, die sonst nur über offene oder stille Reserven möglich wäre. Die eindeutige Abgrenzung zwischen Rückstellung und Rücklagen wird teilweise verwischt.

Aus den Gesetzesmaterialien sind folgende Zwecke der Aufwandsrückstellung zu entnehmen:

- Es soll eine Erfolgsglättung bewirkt werden, um Vergleichbarkeit im dynamischen Sinne herzustellen. Stoßweise anfallende Generalüberholungen sollen jährlichen Teil-Überholungen gleichgestellt werden.
- Die Vorsorge soll Unternehmen nicht überfordern. Deshalb ist ein ratierlicher Ansparprozeß möglich, und die Rückstellungsbildung kann wahlweise unterbleiben.
- Steuerausfälle für den Staat sollten vermieden werden. Da die Rückstellung in Form eines Wahlrechtes kodifiziert wurde und Passivierungswahlrechte nach dem BFH-Beschluß von 1969 (vgl. Kapitel 2) die steuerliche Anerkennung versagt wird, führt die Rückstellungsdotierung nicht zu Steuerentlastungen.
- Eine Gleichbehandlung mit Unternehmen in anderen EG-Ländern, die diese Rückstellung ebenfalls bilden dürfen, sollte erreicht werden.

Sämtliche Ziele sind nur bedingt erreichbar. Dies soll anhand eines einfachen Beispiels gezeigt werden. Die AK einer Anlage betragen 10 Mio. DM, die ND zehn Jahre. Der A.-Satz für die degressive A. sei 30%, die Ertragsteuerbelastung wird mit 50% angesetzt. Nach fünf Jahren ist eine Generalüberholung in Höhe von 5 Mio. DM notwendig. Eine Aktivierung dieser Ausgaben als HK ist nicht möglich/notwendig (vgl. Kapitel 9). Die folgende Tabelle enthält vier Varianten: lineare A. mit und ohne Rückstellung und degressive A. mit und ohne Rückstellung. Unterstellt ist jeweils ein Überschuß vor A., Rückstellungszuführung, Überholungsausgaben und Ertragsteuern von 20 Mio. DM (= Ü).

Mißt man die Zielerreichung Erfolgsglättung an der jeweiligen Zeile JÜ, so wird ersichtlich, daß nicht ohne weiteres die Rückstellungsbildung zu einem 'besseren', informativen Bild führt. Die steuerliche Nichtanerkennung ist hierfür verantwortlich. Deshalb kann auch nicht einfach unterstellt werden, daß den Unternehmen die Vorsorge ermöglicht wird, um im fünften Jahr die angestrebte Maßnahme durchführen zu können. Die Rückstellungsbildung muß aus voll versteuerten Überschüssen erfolgen. Ertragsschwache Unternehmen werden dies nicht verkraften können. Dadurch fehlt gerade für die Unternehmen ein Anreiz zur Vorsorge, die diese am dringendsten bräuchten. Die Gleichbehandlung innerhalb der EG ist ebenfalls nicht gewahrt, da zum Beispiel in Belgien die entsprechende Rückstellung steuerlich wirksam ist.

		1	2	3	4	5	6	7	8	9	10
1. Lineare Abschreibung Keine Rückstellung	Ü	20	20	20	20	20	20	20	20	20	20
	- Abschreibung	1	1	1	1	1	1	1	1	1	1
	- Überholung	-	-	-	-	5	-	-	-	-	-
	- Ertragsteuern	9,5	9,5	9,5	9,5	7	9,5	9,5	9,5	9,5	9,5
	= JÜ	**9,5**	**9,5**	**9,5**	**9,5**	**7**	**9,5**	**9,5**	**9,5**	**9,5**	**9,5**
2. Lineare Abschreibung mit Rückstellung	Ü	20	20	20	20	20	20	20	20	20	20
	- Abschreibung	1	1	1	1	1	1	1	1	1	1
	- Rückstellungserhöhung	1	1	1	1	1	-	-	-	-	-
	- Ertragsteuern	9,5	9,5	9,5	9,5	7	9,5	9,5	9,5	9,5	9,5
	= JÜ	**8,5**	**8,5**	**8,5**	**8,5**	**11**	**9,5**	**9,5**	**9,5**	**9,5**	**9,5**
3. Degressive Abschreibung Keine Rückstellung	Ü	20	20	20	20	20	20	20	20	20	20
	- Abschreibung	3	2,1	1,47	1,03	0,72	0,50	0,35	0,25	0,17	0,40
	- Überholung	-	-	-	-	5	-	-	-	-	-
	- Ertragsteuern	8,5	8,95	9,26	9,49	7,14	9,75	9,82	9,87	9,91	9,8
	= JÜ	**8,5**	**8,95**	**9,26**	**9,49**	**7,14**	**9,75**	**9,82**	**9,87**	**9,91**	**9,8**
4. Degressive Abschreibung mit Rückstellung	Ü	20	20	20	20	20	20	20	20	20	20
	- Abschreibung	3	2,1	1,47	1,03	0,72	0,50	0,35	0,25	0,17	0,40
	- Rückstellungserhöhung	1	1	1	1	1	-	-	-	-	-
	- Ertragsteuern	8,5	8,95	9,26	9,49	7,14	9,75	9,82	9,87	9,91	9,8
	= JÜ	**7,5**	**7,95**	**8,27**	**8,48**	**11,14**	**9,75**	**9,82**	**9,87**	**9,91**	**9,8**

Anmerkung: Die Ertragsteuerbelastung bei den Varianten 1 und 2 und den Varianten 3 und 4 ist jeweils gleich, da die Rückstellungsbildung keinen steuerlichen Aufwand darstellt. Das Beispiel vernachlässigt, daß Unterschiede der JÜ zinsbringend angelegt werden können. Zinseffekt (nach Steuern) können die Entwicklung durchaus modifizieren.

Soweit ein Unternehmen die Bildung einer Aufwandsrückstellung in Vorperioden unterlassen hat, können diese auch nachgeholt werden. Verschärfend wird zum Teil gefordert, daß dann aber

- eine vollständige Nachholung vorzunehmen ist und
- die Rückstellung in den Folgejahren weiter voll dotiert wird.

Dies sei durch das Gebot der Methodenstetigkeit (§ 252 Absatz 1 Nr. 6 HGB) erzwungen. Hierüber läßt sich trefflich streiten: einmal kann diese Rückstellungsbildung auch als Bilanzansatz- und nicht als eine Bewertungsfrage aufgefaßt werden. Zum anderen ist auch im zweiten Fall fraglich, ob eine Bewertungsmethode vorliegt.

Ebenfalls zu den Aufwandsrückstellungen zählen die **Rückstellungen für im GJ unterlassene Instandhaltungsmaßnahmen und Abraumbeseitigungen,** die im Folgejahr nachgeholt wird. Bezüglich der Instandhaltungsrückstellung enthält das HGB eine Differenzierung: soweit die Nachholung vor Ablauf der ersten drei Monate des Folgejahres durchgeführt wird, besteht ein Passivierungsgebot, im übrigen ein Passivierungswahlrecht. Diese Unterscheidung ist nur vor dem Hintergrund der BFH-Rechtsprechung verständlich, die eine steuerliche Anerkennung von der Einhaltung dieser Frist abhängig macht. Ein handelsrechtliches Wahlrecht hätte aufgrund des o.g. BFH-Beschlusses möglicherweise zu einem Verbot für die Steuerbilanz geführt.

Historisch wird die Instandhaltungsrückstellung mit dem Argument der Vereinfachung begründet: es sollte vermieden werden, daß zunächst eine A. vorzunehmen ist, da der entsprechende VG durch die Unterlassung einer Wertminderung unterliegt. Wird die Maßnahme durchgeführt, wäre eine Aufwertung erforderlich. Zur Vermeidung dieser Schwankungen im Vermögensausweis sei die Rückstellung geeignet. Völlig überzeugend ist diese Argumentation nicht. Weder muß der Instandhaltungsbetrag genau der Differenz zwischen Buch- und Zeitwert entsprechend (wenn etwa stille Reserven vorhanden sind), noch wäre nach Durchführung der Maßnahme eine Zuschreibung zwingend. Das hängt davon ab, ob Herstellungsaufwand vorliegt oder ggf. das Wertaufholungsgebot gemäß § 280 Absatz 1 HGB greift (das es früher gar nicht gab). Außerdem ist die steuerliche Anerkennung von A. an anderen Bedingungen geknüpft als die Rückstellungsbildung.

2.5 Buchungstechnische Grundlagen und Rückstellungsauflösungen

Die Bildung von Rückstellungen erfolgt prinzipiell mittels Aufwandsbuchungen. Soweit die zutreffende Aufwandsart bekannt ist, sollte diese auch zugrunde gelegt werden. Problemlos ist dies bei der Steuerrückstellung. Garantiearbeiten, Instandhaltungsmaßnahmen etc. sind diesbezüglich schwieriger einzuschätzen. Soweit keine konkreten Anhaltspunkte für den Anteil von Personal-, Material-, A.-Aufwand etc. vorliegen, werden die Rückstellungen gegen das Konto sonstiger betrieblicher Aufwand gebucht. Pensionsrückstellungen werden regelmäßig über den Personalaufwand gespeist. Dies ist nicht zwingend: der enthaltene Zinsanteil kann auch als Zinsaufwand gebucht werden. Er belastet dann das Finanz- und nicht das Betriebsergebnis (vgl. Kapitel 16).

Die Auflösung der Rückstellung darf und muß erfolgen, soweit der Grund hierfür entfallen ist (§ 249 Absatz 3 HGB). Entfällt zum Beispiel die Ungewißheit einer Verbindlichkeit, erfolgt eine Umgliederung zu den Verbindlichkeiten. Entfällt der Grund für die Rückstellung, zum Beispiel weil ein Prozeß wider Erwarten erfolgreich abgeschlossen wird, so ist die Auflösung als sonstiger betrieblicher Ertrag zu buchen. Wird eine Rückstellung in Anspruch genommen, so sind zwei Varianten möglich:

a) Die Bildung der Rückstellung erfolgte zuvor unter Inanspruchnahme der konkreten Aufwandsarten (Personal-, Materialaufwand etc.). Die entsprechenden Ausgaben und Verbräuche werden direkt gegen die Rückstellung gebucht.

b) Die Bildung erfolgte zu Lasten des sonstigen betrieblichen Aufwands. Die Inanspruchnahme kann dann über die konkreten Aufwandsarten erfolgen. Dann muß aber die Rückstellung als sonstiger betrieblicher Ertrag ausgebucht werden, um die Erfolgsneutralität zu erreichen. Dies ist insofern irreführend, als die Abwicklung dieser Rückstellung buchtechnische 'Erträge' bewirkt, obwohl sie zutreffend geschätzt worden war. Dem könnte man entgehen, indem die Inanspruchnahme direkt gegen die Rückstellung gebucht wird. Der Nachteil liegt allerdings auf der Hand: obwohl Garantiearbeiten zum Beispiel zu Personalausgaben geführt haben, zeigt die GuV keinen Personalaufwand, sondern eben nur sonstigen betrieblichen Aufwand.

Entfällt der Grund für eine Drohverlustrückstellung, weil der Verlust eingetreten oder nicht mehr zu erwarten ist, so wird sie ebenfalls als sonstiger betrieblicher Ertrag aufgelöst. Selbst bei eingetretenem Verlust wird so das laufende Jahr verlustfrei gehalten.

Im Steuerrecht ergeben sich zum Teil aufgrund gesetzlicher Vorgaben zwingende Auflösungen (zum Beispiel Patentverletzungs-, Jubiläumsrückstellungen; vgl. Kapitel 15). Handelsrechtlich ist dies bedeutungslos. Hier kann es nur darauf ankommen, ob der Grund für die Rückstellung entfallen ist oder nicht. Handels- und Steuerbilanz fallen dann zwingend auseinander.

Soweit Rückstellungen wahlweise gebildet werden, zum Beispiel gemäß § 249 Absatz 2 HGB, greift gleichwohl das Auflösungsverbot in Absatz 3.

3. DIE BEWERTUNG VON RÜCKSTELLUNGEN

3.1 Grundlagen

In § 253 Absatz 1 HGB wird lediglich bestimmt, daß Rückstellungen nur in Höhe des Betrages anzusetzen sind, der nach vernünftiger kaufmännischer Beurteilung notwendig ist. Selbstverständlich gelten außerdem die GoB, also insbesondere das Vorsichtsprinzip in all seinen Ausprägungen, der Einzelbewertungs- und der Fortführungsgrundsatz sowie das Stichtagsprinzip und das Stetigkeitsgebot.

Die Begrenzung auf das kaufmännisch Vernünftige stellt eine stark interpretationsbedürftige Formel dar. Deutlich wird dadurch zunächst nur, daß eine willkürliche Bewertung ausscheidet, der Bilanzierende seinen Wertansatz also belegen/begründen können muß. Was als nachvollziehbar, plausibel, begründet gilt, hängt vom Sachverhalt ab, für den die Rückstellung gebildet wird. Für einige Rückstellungen gibt es eine fast sichere Bewertungsgrundlage. Dies betrifft zum Beispiel die Rückstellung für noch nicht genommenen Urlaub und die Gewerbesteuerrückstellung.

In anderen Fällen können aufgrund von Erfahrungen und statistischen Erhebungen Bewertungen belegt werden. Dies betrifft insbesondere Pensions- und Jubiläumsverpflichtungen, aber auch Gewährleistungs- oder Kulanzrückstellungen etc. Verfügt ein Bauunternehmen durch entsprechende Aufzeichnungen über die Information, daß in der Vergangenheit durchschnittlich im Wert von x% der abgesetzten Häuser eines bestimmten Typs Garantieleistungen zu erbringen waren, kann für den getätigten Jahresumsatz eine entsprechend hohe Rückstellung ermittelt werden, auch wenn die Anzahl und Höhe der bisher gemeldeten Garantieansprüche noch geringer ist. Bei mehrjährigen Garantiefristen, wie sie im Baugewerbe üblich sind, muß das Bewertungsverfahren allerdings nach Laufzeiten und erwarteten Schadenshäufigkeiten differenziert werden. Bewertungserheblich ist zudem, inwieweit verschiedene/ähnliche Produkte zu einer Gruppe zusammengefaßt werden können, um den Rückstellungsbetrag zu ermitteln. Da der Schluß von vergangenen Erfahrungen auf künftige Inanspruchnahmen sowieso gewagt ist, macht es recht wenig Sinn, hier kleinlich zu verfahren. Dies ist auch vor dem Hintergrund zu sehen, daß durch eine Zusammenfassung zu Risikokollektiven die Grundgesamtheit größer wird und damit die statistischen Prognosen auf eine bessere Grundlage gestellt werden. Ein gegenläufiger Effekt wird durch die zunehmende Heterogenität innerhalb der Gruppe hervorgerufen.

Es kann sogar zulässig sein, auf Statistiken zurückzugreifen, die nicht nur das einzelne Unternehmen betreffen. Dies ist zum Beispiel zweckmäßig, wenn bestimmte Risiken für eine Vielzahl von Unternehmen oder eine ganze Branche einigermaßen homogen sind (zum Beispiel bei Versicherungen). Pensionsrückstellungen stellten den bekanntesten Anwendungsfall dar: Grundlage ist regelmäßig die allgemeine deutsche Sterbetafel, also Daten, die nicht unternehmensspezifisch sind. Selbst für Großunternehmen dürfte es viel zu aufwendig sein, unternehmensbezogene Sterbe- oder Invaliditätsstatistiken zu erstellen.

Die Bewertung von Gesamtheiten (Risikokollektiven) tangiert den allgemeinen Grundsatz der Einzelbewertung. Zu beachten ist, daß die Pauschalbewertung nicht nur aufgrund des Wesentlichkeitsgrundsatzes zulässig ist, wie zum Beispiel die Gruppenbewertungsverfahren für Vorräte (vgl. Kapitel 12). Pauschalbewertungen sind aufgrund statistischer Gesetzmäßigkeiten häufig zuverlässiger als Einzelbewertungen. Außerdem wird auch im Fall der Pensionsrückstellung insofern 'einzeln' bewertet, als für jeden Berechtigten der Rückstellungsbetrag zu ermitteln ist.

Liegen weder zuverlässige Informationen noch statistische Grundlagen vor, muß der erforderliche Betrag geschätzt werden, wobei dem Vorsichtsprinzip besondere Bedeutung zukommt. Dies bedeutet nicht, daß bei Vorgabe eines Schätzintervalls automatisch der höchste Wert der allein zulässige ist. Reicht die Bandbreite der erwarteten Kosten für einen schwebenden Prozeß von 10 TDM bis 100 TDM, so kann aber auch nicht der Durchschnitts- oder der

Erwartungswert ohne weiteres angesetzt werden. Die Bewertung mit dem Erwartungswert setzt nämlich gerade einen risikoneutralen Bewerter voraus, trägt also dem Vorsichtsprinzip nicht Rechnung. Welcher Risikozuschlag zum Erwartungswert 'vorsichtig' und zugleich 'kaufmännisch vernünftig' ist, kann allgemein nicht bestimmt werden. Feste Prozentsätze sind sicher keine Lösung, da subjektive Einflüsse bereits die Intervallgrenzen und Eintrittswahrscheinlichkeiten prägen.

Ebenso wie für die Verbindlichkeiten (vgl. Kapitel 14) hat der Gesetzgeber Fragen der Folgebewertung nicht explizit geregelt. Für Verbindlichkeiten wird von der herrschenden Meinung unter Hinweis auf das Realisationsprinzip der Höchstwertansatz verlangt. Dies trägt dem Vorsichtsprinzip Rechnung: Bevor die Wertminderung der Verbindlichkeit als Ertrag ausgebucht werden darf, muß sie sicher sein (zum Beispiel durch Erfüllung). Für Rückstellungen schlägt Moxter eine analoge Behandlung vor, da es wirtschaftlich keinen Grund gibt, Verbindlichkeiten anders zu behandeln als ungewisse Verbindlichkeiten (vgl. Moxter 1989, S. 945 ff.). Dies kann aber mit der Vorschrift, nur den notwendigen Betrag zurückzustellen, kollidieren. Verbessert sich zum Beispiel während des Folgejahres der Wissensstand über relevante Bewertungssachverhalte, so gibt es meines Erachtens keinen Grund, am höheren Zugangswert der Rückstellung festzuhalten. Dies räumt auch Moxter ein, verlangt aber eine weitgehende Sicherheit, bevor er eine anteilige Auflösung von Rückstellungen zulassen will. Die Anforderungen an die Sicherheit oder Endgültigkeit einer Wertminderung dürfen meines Erachtens aber nicht höher sein als für den Bilanzansatz selbst. Sobald der Grund für eine Rückstellung entfallen ist, ist sie aufzulösen (§ 249 Absatz 3 HGB). Dies liegt meines Erachtens auch vor, wenn die Wahrscheinlichkeit einer Inanspruchnahme zwischenzeitlich auf ein so geringes Maß gesunken ist, daß eine Weiterführung der Rückstellung nicht geboten ist. Das bedeutet nicht, daß diese Wahrscheinlichkeit Null betragen muß. Sinnvoll wäre eine Orientierung an dem Grenzwert, der auch für die Bildung der Rückstellung zugrunde gelegt wird.

3.2 Zur Zulässigkeit von Ansparmodellen für Rückstellungen

Ein besonderes, aber durchaus nicht seltenes Bewertungsproblem kann auftreten, wenn die rechtliche Entstehung einer Verpflichtung vor der wirtschaftlichen Verursachung liegt (siehe oben S. 442 f.). Dies allerdings nur, wenn der Begriff wirtschaftliche Verursachung mit Umsatzalimentierung oder Ertragserzielung gleichgesetzt wird. Das Problem soll anhand eines (extremen) Beispiels von Reinhard (vgl. 1987, S. 21 ff.) erläutert werden.

Betreiber von Kernkraftwerken sind nach dem AtomG rechtlich von Beginn der Inbetriebnahme an zur Entsorgung der später stillzulegenden Anlage verpflichtet. Für ein 1300-MW-KKW betragen die geschätzten Entsorgungskosten rund 450 Mio. DM (Stand: Preisniveau 1985). Der Stillegungszeitraum wird von Reinhard mit 42 Jahren angegeben, 30 Jahre davon in Form eines sicheren Einschlusses. Strittig ist, ob dieser Gesamtbetrag von Beginn an in voller Höhe zurückzustellen ist oder während der geschätzten ND von 19 Jahren angespart werden darf oder muß. Während dieser Nutzungszeit wird Energie produziert und abgesetzt. Eine ertragsproportionale Aufwandsverteilung erfordert deshalb eine zeitanteilige Aufstockung der Rückstellung.
Am Ende des fünften Jahres muß die Rückstellung dann 5/19 von 450 Mio. DM betragen, also 118 Mio. Der entsprechende Zuführungsbetrag ist als Differenz zum Rückstellungswert am Ende des Vorjahres zu bestimmen (in Reinhards Beispiel: 91 Mio. DM). Wie ersichtlich, entspricht der Saldo von 27 Mio. DM für das fünfte Jahr nicht dem Betrag, der sich bei linearer Verteilung ergäbe (450/19 = 23,6).

Ursächlich ist, daß die Rückstellung jeweils zum Preisniveau des Bilanzstichtages berechnet wird. Steigen die Entsorgungskosten, so sind die zu niedrig bemessenen Zuführungsbeträge aus den Vorperioden nachzuholen. Dies entspricht auch dem Bewertungsvorgaben in R 38 Absatz 2 EStR 1993.

Diese Form des Ansparens wird begründet mit dem Zweck, vergleichbare Periodenerfolge zu ermitteln. Für Energieversorger sei dies darüber hinaus für die Strompreiskalkulation notwendig. Außerdem wären bei einer Sofort-Rückstellung in voller Höhe Konkurse wegen Überschuldung nicht auszuschließen.

Bilanztheoretisch ist die gezeigte Verfahrenspraxis allerdings bedenklich. Die Gleichsetzung von 'wirtschaftlich verursacht' mit 'ertragsproportional' führt zu Kollisionen mit dem Gebot des vollständigen Schuldenausweises (§ 246 Absatz 1 HGB). Die Schuldendeckungsfähigkeit wird bewußt falsch gezeigt. Dem kann meines Erachtens auch nicht die going-concern-Annahme entgegengehalten werden; in der Regel werden wohl die gesamten Rückstellungsbeträge während der ND 'verdient'. Das rechtfertigt aber nicht, sichere zukünftige Ausgaben (für die Entsorgung) mit unsicheren künftigen Erträgen zu saldieren. Ab Beginn der Nutzung hat sich die Risikosituation des Unternehmens schlagartig verändert, da die Entsorgungsverpflichtung uneingeschränkt besteht. Für Ertragsprognosen über den Zeitraum von 15 bis 20 Jahren kann kaum von Sicherheit gesprochen werden. Unklar bleibt bei der an Erträgen orientierten Rückstellungsansammlung zudem, wie verfahren werden soll, wenn in einem Jahr keine Umsätze anfallen. Abnutzbares AV wird auch planmäßig abgeschrieben, wenn es nicht (voll) genutzt wird. Werden die Rückstellungen analog gleichverteilt, ist der Grundgedanke der Umsatzalimentation aus pragmatischen Gründen aufgeweicht.

Eine Rechtfertigung der Ansparmethode wurde in der Literatur durch Verweis auf den oben genannten Hubschrauber-Fall versucht. Auch dort dient das Ansparen für die Inspektion einer Aufwandsglättung. Zum Hubschrauber-Fall gibt es allerdings zwei gravierende Unterschiede: die Ausgaben für die Inspektion kann der Kaufmann vermeiden. Die Entsorgungsausgaben für das KKW sind aber nicht zu verhindern. Deshalb handelt es sich im einen Fall um eine freiwillige Aufwandsrückstellung, im anderen um eine passivierungspflichtige Verbindlichkeitsrückstellung.

Die Folgen einer Rückstellungdotierung in voller Höhe mögen unerwünscht sein, sie sind meines Erachtens aber unvermeidbar. Informationsbeeinträchtigungen bezüglich der Ertragslage könnten durch Anhangangaben behoben werden. Konsequenzen für die Zahlungsbemessungsaufgabe der JA (Ausschüttungen, Steuern) bleiben. Nicht stichhaltig sind dagegen die Verweise auf die Strompreiskalkulation und eine mögliche Insolvenz: Wenn JA tatsächlich für Zwecke genutzt werden, für die sie nicht geschaffen wurden, so erlaubt dies nicht, gegen das HGB zu verstoßen.

Die Alternative Ansammlung oder Voll-Reservierung stellt sich neben dem genannten Beispiel auch für Rekultivierungs-, Auffüllungs-, Aufforstungsverpflichtungen etc. Typisch ist, daß die rechtlichen Pflichten für entsprechende Maßnahmen schneller entstehen als Umsätze erzielt werden. Das Kriterium der Umsatzalimentierung führt zu einer Ent-Objektivierung des JA. Außerdem müßte eindeutig bestimmt werden, ob die Zuführungen zur Rückstellung nach Maßgabe der Umsätze oder der Produktionsmengen erfolgen soll, da Produktion und Absatz nicht synchron verlaufen müssen.

Das o.g. Beispiel von Reinhard unterstellt, daß die Rückstellungen mit dem **Preisniveau** des jeweiligen Bilanzstichtages anzusetzen sind. Bei steigenden Preisen führt dies zu steigenden Zuführungsbeträgen, da im Zeitablauf für immer mehr Vorjahre Nachholungen erforderlich werden. Außerdem wurde stillschweigend unterstellt, daß auch Ausgaben in ferner Zukunft mit dem Nominalwert anzusetzen sind, eine Abzinsung unterblieb. Ob der Faktor Zeit bei der Bewertung von Rückstellungen damit zweckmäßig und zutreffend erfaßt wurde, soll im weiteren untersucht werden. Vorab ist auf das vorgelagerte Bewertungsproblem einzugehen, ob Rückstellungen zu Voll- oder Teilkosten anzusetzen sind.

3.3 Die Bewertung zu Voll- oder Teilkosten

Soweit ein Kaufmann zu einer Sach- oder Dienstleistung verpflichtet ist und diese selbst erbringen will, stellt sich die Frage, wie diese Verpflichtung zu bewerten ist. Dazu wird regelmäßig auf den HK-Begriff gemäß § 255 Absatz 2 und 3 HGB Bezug genommen und mit verschiedenen Argumenten eine Bewertung zu Voll- oder Teilkosten befürwortet. Obwohl eine Analogisierung der Bewertungsregeln der VG für Passiva durchaus nicht selbstverständlich ist, soll diese Grundsatzentscheidung nach der herrschenden Meinung übernommen werden. Unstrittig ist, daß auch für Passiva grundsätzlich nur pagatorische Kosten relevant sein können. Kalkulatorische Größen und Gewinnbestandteile sind auszuschließen.

Bedeutsam ist die Entscheidung für verschiedendste Rückstellungen:

- Ungewisse Verbindlichkeiten: Bewertung von Garantie-, Kulanzleistungen,
- Drohverluste: ein noch herzustellendes Produkt soll vertragsgemäß für 100 TDM übereignet werden. Der Kaufmann rechnet mit variablen HK in Höhe von 60 TDM und Vollkosten von 130 TDM. Dieses Beispiel zeigt, daß es streng genommen nicht um eine reine Bewertungsfrage geht. Bilden die variablen Kosten das zutreffend Referenzmaß, ist der Ansatz einer Rückstellung gar nicht möglich,
- Innenverpflichtungen: Instandhaltungsmaßnahmen, Generalüberholungen durch eigenes Personal und mit vorhandenem Material.

Das Problem soll zunächst für die Drohverlustrückstellung analysiert werden, wobei unterstellt wird, daß das Imparitätsprinzip dem Zweck der verlustfreien Bewertung dient. Zugrunde gelegt wird zudem die Trennung in variable und fixe Kosten (= Aufwendungen) und nicht die Unterscheidung in Einzel- und Gemeinkosten (vgl. hierzu Kapitel 9).

Die wohl herrschende Meinung und die steuerrechtliche Rechtsprechung verlangt den Ansatz von Vollkosten (Selbstkosten). Das entsprechende Wahlrecht für die VG gemäß § 255 Absatz 2 und 3 HGB wird als nicht übertragbar betrachtet. Auf der Aktivseite führt ein Ansatz mit Teilkosten zu einer Unterbewertung, die im Hinblick auf das Vorsichtsprinzip problemlos sei. Auf der Passivseite würde ein Teilkostenansatz zu niedrige Schulden bedeuten, und das wird als Verstoß gegen das Vorsichtsprinzip angesehen.

Zu beachten ist, daß ein schwebendes Geschäft grundsätzlich nur variable Kosten bedingt. Anteilige, zugeschlüsselte Fixkosten fallen auch ohne dieses Geschäft an. Die Zurechnung erfolgt nach dem Durchschnitts- oder Tragfähigkeitsprinzip, aber nicht nach dem Prinzip der Kostenverursachung. Deshalb kann bezweifelt werden, daß diese Fixkosten etwas mit dem einzeln zu bewertenden Geschäft zu tun haben.

Prüft man die Frage des Kosteneinbezugs am Zweck der Kapitalerhaltung, so rechtfertigt dies ebenfalls nur eine Bewertung zu variablen Kosten. Werden mehr als die einzelgeschäftlichen variablen Kosten zurückgestellt, so wird die Folgeperiode um Fixkosten entlastet, die unabhängig von dem betrachteten Geschäft anfallen. Dies führt zu einer Rückstellung für allgemeine Risiken wie Kapazitätsauslastung, richtigen Ressourceneinsatz etc.

Kessler (1992, S. 453) hat die Fixkosteneinrechnung unter anderem damit begründet, daß das konkrete schwebende Geschäft den Kaufmann hindert, Fixkosten abzubauen. Dem liegt ein Mißverständnis zugrunde: Soweit Kosten von der Ausbringungsmenge abhängen, handelt es sich gerade nicht um fixe, sondern um variable Kosten. Die (kurzfristige) Abbaufähigkeit ist ja gerade ein Definitionsmerkmal von variablen Kosten. Zuzugeben ist allerdings, daß die Trennung in fixe und variable Kosten praktisch mit erheblichen Problemen behaftet sein kann.

Teilt man das hier vertretene Ergebnis, daß für Drohverluste nur variable Kosten zurückzustellen sind, so muß noch geprüft werden, ob dies auch für die anderen Rückstellungsarten gelten soll. Soweit Verbindlichkeitsrückstellungen mit dem Imparitätsprinzip begründet werden, ergeben sich keine Unterschiede. Greift man hierzu auf das Realisationsprinzip im Sinne einer Umsatzalimentierung zurück, fällt die Entscheidung schwerer. Eine Zurechnung der anteiligen Fixkosten ist jedenfalls nicht auf das Prinzip der Aufwandsverursachung zurückzuführen. Die Einbeziehung hätte eher den Charakter einer 'Bewertungshilfe' für die Passivseite.

Unverständlich, da unsystematisch, ist jedenfalls die BFH-Rechtsprechung zur Rückstellung für JA-Kosten. Da grundsätzlich ein Vollkostenansatz gefordert wird, ist es nicht einleuchtend, daß diese Rückstellung ausnahmsweise nur die externen Kosten und die einzeln zurechenbaren internen Kosten umfassen soll.

3.4 Die Berücksichtigung von Kostensteigerungen nach dem Stichtag und Probleme der Abzinsung

Rückstellungen werden auch gebildet für Verpflichtungen, die erst in ferner Zukunft zu Auszahlungen führen. Fraglich ist deshalb,

- ob und wie Kostensteigerungen/Preissteigerungen nach dem Bilanzstichtag zu behandeln sind (analog: Kosten-/Preissenkungen) und
- ob diese Rückstellungen abzuzinsen sind, da sie wirtschaftlich aufgrund des späteren Abganges eine geringere Belastung darstellen.

Ein Beispiel von Kessler (vgl. 1992, S. 471) verdeutlicht die Relevanz dieser Fragen: Für eine Entfernungsverpflichtung, die in 20 Jahren zu erfüllen ist, ergibt sich bei einem Abzinsungssatz von 6% und jährlichen Kostensteigerungen von 4% ein Maximalwert der Rückstellung (einschließlich Kostensteigerung, ohne Abzinsung), der siebenmal so hoch ist wie der Wert ohne Kostensteigerung/mit Abzinsung. In der Literatur wurde zum Teil vorgeschlagen, nicht abzuzinsen und zugleich erwartete Kostensteigerungen außer acht zu lassen. Diese gegenläufigen Effekte würden sich in etwa ausgleichen, so daß dies zwar nicht theoretisch sauber, aber pragmatisch vertretbar ist. Aus systematischen Gründen und weil die behauptete Kompensation selbstverständlich auch ausbleiben kann, sollen die Probleme gesondert behandelt werden.

Für die Berücksichtigung von Preiseffekten nach dem Stichtag werden verschiedene Vorschläge gemacht:

1. Die Rückstellung ist zum erwarteten Preisniveau des Erfüllungstermins anzusetzen: Es macht keinen Sinn, die Faktoreinsatzmengen des Erfüllungstermins zugrunde zu legen und diese mit dem heutigen Preisniveau zu bewerten. Die Wegschaffung/Abschaffung der Schuld erfordert das Aufbringen des vollen Erfüllungsbetrages.

2. Das Preisniveau des Stichtages ist entscheidend, eine nachträgliche Anpassung an Veränderungen unterbleibt. Diese Ansicht ist abzulehnen, da im Falle von Preissteigerungen Schulden bewußt unterbewertet bleiben. Dies verstößt gegen das Höchstwertprinzip.

3. Das Preisniveau des Stichtages ist entscheidend, aber Veränderungen sind einzubeziehen, wenn sie hinreichend sicher sind. Dies wäre anzunehmen, wenn bis zur JA-Erstellung Tariferhöhungen oder sonstige Preisänderungen eingetreten sind. Diese Ansicht stellt einen Kompromiß dar, da wohl unterstellt wird, daß das spätere Preisniveau eigentlich beachtlich wäre, aber Objektivierungserfordernisse einer entsprechenden Bewertung entgegenstehen.

4. Das Preisniveau des Stichtages ist entscheidend, wobei nachträgliche Anpassungen an zwischenzeitliche Änderungen notwendig sind. Diese, von der Steuerrechtsprechung und -verwaltung präferierte Lösung (R 38 Absatz 2 EStR 1993) ermöglicht, daß zum Erfüllungstermin der Rückstellungsbetrag auf das dann geltende Preisniveau angehoben wurde und trägt dem Objektivierungsgedanken Rechnung.

Die zuletzt genannte Ansicht wird regelmäßig mit dem Stichtags- und dem Nominalprinzip begründet. Das Stichtagsprinzip ist aber auf verschiedene Weise zu deuten: Es sind die Preise des jeweiligen Stichtages relevant oder die künftigen Preise aus der Sicht des Stichtages (vgl. Kapitel 6). Auch das Nominalprinzip ist nicht eindeutig. Für Geldsummenschulden, deren DM-Betrag von Beginn an unveränderlich feststeht, ist es zweifelsfrei anzuwenden. Für die Geldwertschulden, bei denen der letztlich aufzubringende DM-Betrag erst im Zeitablauf konkretisiert wird, hilft das Prinzip nicht. Die Anpassung an veränderte Preisverhältnisse gehört von Anfang an zum Inhalt der Verpflichtung. Da Rückstellungen regelmäßig nicht durch frühere Erfüllung abgelöst werden können, sind die Wertverhältnisse des jeweiligen Bilanzstichtages unerheblich.

Stellt man auf den Zweck der verlustfreien Bewertung ab, so wird deutlich, daß nur das Preisniveau zum Erfüllungstermin entscheidend sein kann. Preissteigerungen zwischen der erstmaligen Rückstellungsbildung und der späteren

Inanspruchnahme würden sonst künftige Erfolgsrechnungen belasten. Die pagatorische Basis des JA wird durch das vorgeschlagene Verfahren im übrigen nicht verlassen. Problematisch ist allerdings die Entobjektivierung der Bewertung, insbesondere, wenn der Erfüllungstermin in ferner Zukunft liegt. Die Alternative, ein konstantes Preisniveau zu unterstellen ist zwar einfacher, aber in der Regel auch fast mit Sicherheit falsch. Sicher ermittelbare und falsche Werte sind nicht wünschenswerter als unsichere, tendenziell zutreffende.

Die Frage der **Abzinsung** kann unter zwei völlig getrennten Aspekten erörtert werden:

1. Sind Rückstellungen (wie die Verbindlichkeiten) abzuzinsen, um sie mit dem Barwert (= Zeitwert) am Stichtag auszuweisen, da nur insoweit eine wirtschaftliche Belastung besteht?
2. Sollen bei Drohverlustrückstellungen die erwarteten Leistungen und Gegenleistungen des schwebendes Geschäfts abgezinst werden, um sie vergleichbar zu machen?

Zur ersten Frage kann auf die Ausführungen zu den Verbindlichkeiten verwiesen werden. Eine Abzinsung von Rückstellungen kann deshalb in Frage kommen, wenn

- der Kaufmann sich durch frühere Zahlung eines niedrigeren Betrages von der künftigen Verpflichtung befreien kann oder
- ein offenes oder verdecktes Zinsgeschäft vorliegt.

Dies wird vom BFH zum Beispiel im Falle einer Jubiläumsrückstellung angenommen. Verpflichtet sich ein Unternehmen, zum Beispiel durch eine Betriebsvereinbarung, an Mitarbeiter beim Erreichen eines bestimmten Dienstalters eine Jubiläumszahlung zu leisten, so stellt nach herrschender Meinung diese Leistung ein Entgelt für die vorausgegangenen Leistungen dar. Es handelt sich um kontinuierlich erarbeitete, erst später fällige Lohnbestandteile. Deshalb ist diese Rückstellung auch kontinuierlich anzusparen. Fraglich ist aber, ob zusätzlich eine Abzinsung erforderlich ist. Zunächst ist festzustellen, daß auf jeden Fall kein Rentenfall im Sinne von § 253 Absatz 1 HGB vorliegt und eine schlichte Übertragung der Handhabung von Pensionsrückstellungen auf Jubiläumsleistungen nicht ohne weiteres möglich ist. Es muß also die GoB-Konformität einer Abzinsung geprüft werden.

Die betriebswirtschaftliche Betrachtung des Sachverhaltes ist eindeutig: Sind Auszahlungen erst wesentlich später fällig, ist ihr heutiger Wert niedriger als der Erfüllungsbetrag. Aus der Investitionstheorie ist bekannt, daß zinslos verfügbares Kapital reinvestiert werden kann und Zinserträge bringt. Deshalb wird auf den Gegenwartswert abgezinst. Die Reinvestitionsprämisse macht aber auch die Problematik einer bilanziellen Abzinsung deutlich:

- Die zurückgestellten Beträge müssen zu Beginn der Periode reinvestiert werden und der gewählte Zins muß zumindest erwirtschaftet werden. Eine Kassenhaltung oder Ausschüttung darf nicht erfolgen. Schon hieran ist der Verstoß gegen das Realisationsprinzip erkennbar: erwartete Zinserträge werden mit Rückstellungen saldiert.
- Auch das Kriterium der Umsatzalimentierung versagt: bei konstantem Zinssatz nimmt der Zinsaufwand bei Ansparprozessen im Zeitablauf zu. Eine Abzinsung würde bedeuten, daß die ständig steigende Zinsbelastung durch ständig steigende Umsätze gedeckt wird. Die bilanzielle Antizipation erwarteter Umsatzsteigerungen ist grotesk.
- Da bestimmten Zinsträgern (Passiva) keine konkreten Investitionen (Aktiva) zurechenbar sind, können auch die Erträge aus bestimmten Investitionen nicht einer bestimmten Rückstellung zugeordnet werden. Die Saldierung stellt einen Verstoß gegen den Einzelbewertungsgrundsatz dar und führt zu einer willkürlichen, nicht objektivierten Bewertung.
- Da zumindest der Abzinsungssatz verdient werden muß, zeigt sich, daß auch das Ziel einer verlustfreien Bewertung nicht erreicht wird: in Höhe des jährlichen Zinsaufwandes wird die GuV belastet.

Diese Bedenken sind zum Teil von der Finanzrechtsprechung geteilt worden. Die Abzinsung der Jubiläumsrückstellung wird damit begründet, daß ein verdecktes Zinsgeschäft vorliegt. Nach den üblichen Regeln für Gesamtgeschäfte erfolgt eine entsprechende Aufteilung in ein Leistungs- und ein Kreditgeschäft. Die Abzinsung stellt dann keinen Verstoß gegen das Realisationsprinzip dar, sondern der zeitanteilig entstehende Zinsaufwand wird zutreffend erfaßt. Die bilanzielle Darstellung kann grundsätzlich auf zwei Arten erfolgen:

- Kürzung der Rückstellung oder
- Passivierung des vollen Erfüllungsbetrages und aktive Rechnungsabgrenzung des künftigen Zinsaufwandes.

In der Diskussion über das entsprechende BFH-Urteil wurde aber unter anderem bezweifelt, daß ein verdecktes Darlehensgeschäft zwischen Arbeitgeber und Arbeitnehmer vorliegt. Der Arbeitnehmer hat in der Regel keinerlei Einflußmöglichkeiten auf Höhe, Konditionen oder Fälligkeit der Jubiläumszuwendung. Er kann auch keine vorherige Auszahlung unter Abzug eines Zinsbetrages realisieren. Auch der Arbeitgeber wird eine entsprechende Vereinbarung regelmäßig kaum als Kreditvertrag ansehen. Offenbar hängt die bilanziell zutreffende Behandlung davon ab, was unter einem Kreditgeschäft zu verstehen ist. Sind darunter wechselseitige Konsensualverträge zu verstehen, scheidet eine Abzinsung aus, da Jubiläumszuwendungen in der Regel einseitige Leistungen des Unternehmens sind, auf die der Mitarbeiter kaum Einfluß hat. Wird unter einem Kreditgeschäft dagegen eine Kapitalüberlassung oder die Erbringung einer Leistung unter Hinausschiebung der Gegenleistung verstanden (vgl. Kessler 1992, S. 507 ff.), so wäre die Abzinsung erforderlich. Der Mitarbeiter erbringt laufende Leistungen und erhält einen Teil des Entgeltes im Nachhinein.

Die **Abzinsung von Erfolgsbeiträgen einer Drohverlustrückstellung** wird unter anderem damit begründet, daß Leistungen und Gegenleistungen, die zeitlich auseinanderfallen vergleichbar gemacht werden müssen. Da eine Zinsvereinbarung regelmäßig ausscheidet, soll der Barwertsaldo danach wieder aufgezinst werden, um den o.g. Verstoß gegen das Realisationsprinzip zu vermeiden. Mißt man diesen Vorschlag am erstrebten Zweck, der verlustfreien Bewertung, so läßt sich einfach zeigen, daß er häufig nicht erreicht wird. In den Fällen, in denen zunächst Gewinn- und danach Verlustperioden (bezogen auf das Einzelgeschäft) auftreten, wird zu wenig zurückgestellt (vgl. Kühnberger 1990.). Dies kann nur vermieden werden, wenn weder Ansprüche noch Gegenleistung abgezinst werden.

Eine andere Variante bestünde darin, die erwarteten Ansprüche und Verpflichtungen getrennt zu bewerten unter Anwendung der allgemeinen Bewertungsregeln. Dies könnte bedeuten: Verbindlichkeiten sind nicht abzuzinsen; Forderungen sind bei Unverzinslichkeit mit dem Barwert anzusetzen. Auch dies würde dem Imparitätsprinzip Rechnung tragen.

Zum Abschluß dieses Abschnittes noch eine Anmerkung zur Bewertung der sogenannte **Aufwandsrückstellungen**. Soweit diese nur wahlweise gebildet werden, stellen Unterbewertungen durch unzutreffende Abzinsung oder Außerachtlassen künftiger Kostensteigerungen keinen Verstoß gegen das Imparitätsprinzip dar. Da die Nicht-Passivierung oder eine Bewertung mit zu niedrigen

Zwischenwerten nach herrschender Meinung zulässig ist, wäre der zu niedrige Bilanzwert so oder so erreichbar und zulässig. Für den Höchstwert spielen dagegen Fragen des Preisniveaus, der Abzinsung und des Einbezuges anteiliger Fixkosten eine bedeutsame Rolle.

4. RÜCKSTELLUNGEN IN DER STEUERBILANZ

Aufgrund der Maßgeblichkeit der HB für die StB ist § 249 HGB auch für die steuerliche Gewinnermittlung von Bedeutung. Es sind allerdings einige steuerliche Vorbehalte zu beachten:

- § 5 Absatz 3 EStG begrenzt die Rückstellungsbildung für Patentrechtsverletzungen.
- § 5 Absatz 4 EStG schränkt die Bildung von Jubiläumsrückstellungen ein.
- § 6a EStG regelt Besonderheiten für die Bildung und Bewertung von Pensionsrückstellungen. Das Wahlrecht zur Passivierung ist aber zumindest für die sogenannten Neu-Zusagen durch das handelsrechtliche Passivierungsgebot aufgehoben.
- Der BFH-Beschluß aus 1969 interpretiert das Gesetz so, daß Passivierungswahlrechte in der Handelsbilanz zu steuerlichen Ansatzverboten führen. Ein großer Teil der sogenannte Aufwandsrückstellungen ist deshalb steuerlich irrelevant.

Die gesetzlichen Vorbehalte verschärfen die Anforderungen für die Rückstellungsbildung gegenüber § 249 HGB. Ursächlich sind zum Teil Objektivierungsinteressen (zum Beispiel Schriftform für Pensions- und Jubiläumszusagen), die verständlich sind, aber auch rein fiskalische Interessen, die in Literatur und Praxis auf scharfe Kritik gestoßen sind.

Zu beachten ist, daß Handels- und Steuerbilanz zwingend auseinanderfallen müssen, wenn die steuerlichen Voraussetzungen für die Bildung und Auflösung von Rückstellungen strenger sind als im Handelsrecht. Keinesfalls ist eine 'schleichende Anpassung' an steuerliche Vorgaben zulässig. So würde eine Nicht-Passivierung von handelsrechtlich gebotenen Jubiläumsrückstellungen gegen § 246 Absatz 1 HGB verstoßen und gravierende Rechtsfolgen auslösen (zum Beispiel Nichtigkeit des JA gemäß § 256 Absatz 1 Nr. 1 AktG, Strafbarkeit wegen Verletzung der Buchführungspflicht gemäß §§ 283 Absatz 1, 283b Absatz 1 StGB etc.).

Soweit kein ausdücklicher steuerlicher Vorbehalt greift, richten sich die Bilanzierung und die Bewertung der Rückstellungen ausschließlich nach den handelsrechtlichen Grundsätzen.

5. ZWEI BRISANTE ANWENDUNGSBEREICHE

5.1 Rückstellungen für Umweltschutzverpflichtungen

5.1.1 Rückstellungen für ungewisse Verbindlichkeiten

Das gestiegene Umweltbewußtsein und ein besserer Wissensstand über Umweltbeeinträchtigungen führen zu zunehmenden Ansprüchen gegen Unternehmen. Ohne Anspruch auf Vollständigkeit seien einige potentielle Grundlagen zusammengefaßt:

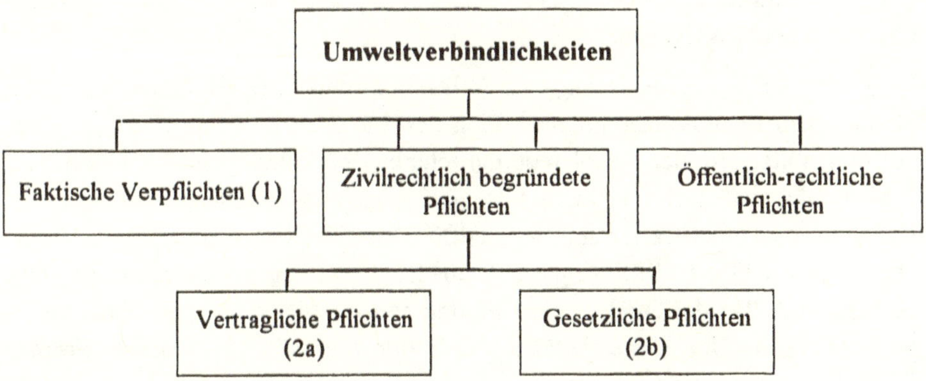

Zu (1):

Analog den Kulanzrückstellungen kommt es hier auf eine rechtliche Verpflichtung nicht an. Der öffentliche Druck durch Umweltverbände, Bürgerinitiativen, Presse etc. kann ein Unternehmen bewegen, auch ohne Rechtsgrund umweltschützende oder -verbessernde Maßnahmen durchzuführen.

Zu (2a):

Hierunter kann zum Beispiel die vertragliche Verpflichtung eines Herstellers zur Rücknahme und Beseitigung abgenutzter VG fallen. Alte Autos oder PC stellen aktuelle Beispiele dar.

Zu (2b):

Das BGB enthält in § 1004 Absatz 1 einen zivilrechtlichen Abwehranspruch, der zum Beispiel zu einer Pflicht führen kann, Geräuschbelästigungen durch Maschinen zu mindern. § 823 Absatz 1 BGB enthält eine Regelung, die verschuldensunabhängig Schadenersatzansprüche begründen kann, zum Beispiel für Schäden infolge einer unsachgemäßen Vernichtung von Industrieabfällen. Schließlich führen eine ganze Reihe von Gesetzen zu einer Gefährdungshaftung für Betreiber von umweltgefährdenden Anlagen (zum Beispiel der chemischen Industrie, Kernkraftwerke etc.). Einschlägig sind hier das UmwelthaftungsG, das WasserhaushaltsG etc.

Zu (3):

Öffentlich-rechtliche Pflichten sind einmal im allgemeinen Polizei- und Ordnungsrecht verankert und daneben in einer Reihe von Einzelgesetzen wie dem AtomG, Abfallgesetz (AbfG), Technische Anleitung Luft (TA Luft), Wasserhaushaltsgesetz (WHG) etc.

Die bedeutsamste Rückstellung für öffentlich-rechtliche Pflichten stellt die äußerst umstrittene Altlastenrückstellung dar. Für **Altlasten** enthielten die DM-Eröffnungsbilanzen der Treuhandunternehmen Rückstellungen in Höhe von 45 Mrd. DM (vgl. Groh 1993, S. 98). In Deutschland werden die Kosten für die Sanierung von Altlasten mit bis zu 400 Mrd. DM veranschlagt (vgl. Kühnberger/Faatz 1993, S. 98). Angesichts dieses Volumens ist es natürlich nicht überraschend, daß der BFH wenig Neigung zeigte, Rückstellungen ohne weiteres zuzulassen. Um sicherzustellen, daß nur hinreichend konkrete Fremdverbindlichkeiten passiviert werden, wird insbesondere verlangt, daß folgende Bedingungen erfüllt sind:

- Es muß eine Verfügung oder sonstige Auflage der zuständigen Behörde vorliegen oder es muß sich eine Verpflichtung unmittelbar aus dem Gesetz ergeben.
- In sachlicher Hinsicht ist ein inhaltlich genau bestimmtes Handeln vorgesehen.
- Das Handeln muß innerhalb eines bestimmten Zeitraums erfolgen, wobei zum Teil sogar die Nähe zum betreffenden Wirtschaftsjahr gefordert wird.
- Das Nichthandeln muß sanktionsbewährt sein.

Diese Bedingungen werden in der Literatur vehement kritisiert: Sie verlangen ein Übermaß an Konkretisierungen und schaffen ein Sonderrecht für öffentlich-rechtliche Pflichten. So kann zum Beispiel das Vorliegen eines Verwaltungsakts der Ordnungsbehörde kaum mit § 249 HGB begründet werden. Unstrittig sind Rückstellungen für zivilrechtliche Ansprüche selbst dann zwingend zu passivieren, wenn sie dem potentiell Berechtigten noch nicht einmal bekannt sind (siehe oben) Groh (1993, S 1835) rechtfertigt das Erfordernis damit, daß der Verwaltungsakt rechtsgestaltend wirkt und erst damit die Pflicht zur Sanierung entsteht. Dem ist entschieden zu widersprechen. Die Altlast ist der Rückstellungsgrund. Ist von einer solchen auszugehen, so ist sie zu beseitigen. Daß die entsprechenden Gesetze ausfüllungsbedürftige Begriffe und Programmsätze enthalten, steht dem nicht entgegen, sondern entspricht der Situation in den meisten Rechtsbereichen. Es käme wohl kaum jemand auf die Idee, eine Steuerrückstellung vom Zugang eines Steuerbescheides abhängig zu machen.

Die weitergehenden Anforderungen in sachlicher und zeitlicher Hinsicht finden ebenfalls keine Stütze im Gesetz. Speziell im Altlastenbereich tragen sie den praktischen Gegebenheiten kaum Rechnung. Selbst wenn sicher ist, daß eine Altlast vorliegt, bestehen regelmäßig verschiedene Sanierungsmöglichkeiten. Diese hängen unter anderem von der Sanierungsphilosophie ab. So kann die Sanierung einer Altlast bedeuten:

- Es wird ein Zaun um ein verseuchtes Grundstück gezogen.
- Es erfolgen Maßnahmen, die dafür sorgen, daß bestimmte Schwellenwerte an Schadstoffen nicht überschritten werden.
- Das Grundstück wird vollständig dekontaminiert.

Sieht man von trivialen Fällen ab, so muß festgestellt werden, daß die Technologien im Bereich der Altlastensanierung bei weitem noch nicht so ausgereift sind, daß ein inhaltlich bestimmtes, zeitlich abgegrenztes Handeln quasi zwangsläufig daraus folgt. Selbstverständlich kann von einem Unternehmen, das eine Altlastenrückstellung nach pflichtgemäßem Ermessen gebildet hat, verlangt werden, daß es in der Folgezeit Maßnahmen zur Beseitigung ergreift. Eine Selbstanzeige bei der Ordnungsbehörde, um einen Verwaltungsakt zu bekommen, und detaillierte Sanierungspläne sind dagegen nicht erforderlich. So berechtigt das Interesse an der Begrenzung von Rückstellungen auf ein vernünftiges, notwendiges Maß auch ist, die Anforderungen des § 249 HGB dürfen nicht durch die Rechtsprechung verschärft werden.

Etwas weniger problembehaftet ist die Diskussion, ob **Anpassungsverpflichtungen** für Altanlagen passivierungspflichtig sind. Genügt eine Altanlage zum Beispiel nicht den Anforderungen der TA Luft, so muß sie nach einer Übergangszeit umgerüstet oder stillgelegt werden. Die Übergangsfrist ist auf das Gebot der Verhältnismäßigkeit der Mittel im öffentlichen Recht zurückzuführen. Neue Anlagen müssen der TA Luft sofort entsprechen. Die TA Luft als Verwaltungsvorschrift entfaltet zwar keine unmittelbare Rechtswirkung. Sie kann aber als 'antizipiertes Sachverständigengutachten' verstanden werden, die das Bundes-Immissionsschutzgesetz (BImSchG) konkretisiert. Deshalb wird zum Beispiel von Loose (vgl. 1993, S. 129 f.) eine Passivierung als ungewisse Verbindlichkeit verlangt. Die Pflicht zur Anpassung an die TA Luft ist rechtlich voll entstanden, auf eine ggf. spätere wirtschaftliche Verursachung kommt es nicht an. Der Kaufmann kann sich wegen der going-concern-Annahme der Pflicht auch nicht entziehen.

Die Gegenansicht kann auf zwei Arten begründet werden: Mit der Formel von der Umsatzalimentierung wird darauf abgezielt, daß die Altanlage umgerüstet wird, um künftig weiter genutzt zu werden. Greift man auf eher statische Grundlagen zurück, so kann eine fehlende wirtschaftliche Nettobelastung des Vermögens angeführt werden. Führt eine Umrüstung der Altanlage zu künftigen Mindergewinnen, wäre dies kein Rückstellungsgrund. Führt sie tatsächlich zu Verlusten, so kann der Kaufmann diese verhindern und die Anlage stillegen. Dies ist in der Regel kein Widerspruch zur Annahme der Unternehmensfortführung, die sich auf das Gesamtunternehmen bezieht.

5.1.2 Andere Rückstellungen

Drohverlustrückstellungen sind meines Wissens im Bereich der Umweltschutzverpflichtung wenig bedeutsam. Regelmäßig fehlt es an einem schwebenden Geschäft, wenn solche Pflichten zu wirtschaftlichen Belastungen führen.

Aufwandsrückstellungen kommen dagegen für wiederkehrende Umweltschutzausgaben in Betracht. Zu denken ist hier zum Beispiel an Sicherheitsmaßnahmen. Diese sind analog dem Hubschrauber-Fall (vgl. Kapitel 15) passivierungsfähig.

5.2 Rückstellungen für Personalausgaben

5.2.1 Rückstellungen für ungewisse Verbindlichkeiten

Die bei weitem bedeutsamste Rückstellung ist für Pensionsverpflichtungen zu bilden. Nach Angaben der Deutschen Bundesbank (Monatsbericht vom November 1994) geht es für deutsche Unternehmen 1993 um ein Volumen von 256,5 Mrd. DM (Vorjahr 249,1 Mrd. DM). Erfaßt sind hier nur die unmittelbaren Versorgungszusagen, bei denen die Unternehmen selbst Träger der Versorgung sind. Wird die betriebliche Altersversorgung über eine Unterstützungs- oder Pensionskasse, eine Direktversicherung oder Höherversicherung in der gesetzlichen Rentenversicherung abgesichert, scheiden Pensionsrückstellungen aus. Die jährlichen Beiträge an die unmittelbaren Träger der Versorgung sind als laufender Personalaufwand zu erfassen.

Pensionsverpflichtungen sind grundsätzlich passivierungspflichtig, da es sich um ungewisse Verbindlichkeiten gegenüber den Berechtigten handelt. Da in Deutschland bis zur HGB-Änderung 1985 jedoch nur ein Passivierungswahlrecht gegeben war, bestimmt Artikel 28 Absatz 1 EGHGB, daß sogenannte Altzusagen, die vor dem 1.1.1987 eingeräumt wurden, auch weiterhin nicht passiviert werden müssen. Dies gilt auch für spätere Erhöhungen dieser Zusagen. Über die Deckungslücke muß im Anhang berichtet werden (Artikel 28 Absatz 2 EGHGB).

Die Bewertung erfolgt mit dem Barwert, d.h. dem abgezinsten Gegenwartswert der Verpflichtung. Das bedeutet, daß zum erwarteten Eintrittstermin des Versorgungsfalles (= Erreichen der Altersgrenze) der Barwert der dann fälligen Leibrente passiviert sein muß. Der Aufbau der Rückstellung erfolgt während der aktiven Beschäftigungszeit des Berechtigten. Dies ist notwendig, da die Altersversorgung eindeutig als Entgelt für die Arbeitsleistung anzusehen ist und nicht als Fürsorgeleistung des Arbeitgebers während des Rentenalters. Die Rückstellung wird demnach über die Aktivenzeit angespart, wobei unterschiedliche Bewertungsverfahren möglich sind.

Allen gemeinsam ist, daß die jährlichen Zuführungsbeträge mit zunehmendem Alter des Berechtigten steigen, da die Zinsen auf den jeweils zu Beginn eines Jahres erreichten Wert des Anspruches mit diesem steigen. Die gebräuchlichste Bewertungsmethode dürfte das steuerlich vorgeschriebene Teilwertverfahren sein (vgl. § 6a EStG, R 41 EStR 1993). Der steuerlich zulässige Wert für den Zinssatz ist derzeit auf 6% festgelegt (vgl. § 6a Absatz 3 Satz 3 EStG). Handelsrechtlich dürften auch niedrigere Zinssätze (zum Beispiel ab 3%) in Frage kommen. Dies führt zu wesentlich höheren Rückstellungsbeträgen. Ohne auf die Vielzahl von steuerlichen, arbeitsrechtlichen und versicherungstechnischen Problemen detailliert einzugehen, die von erheblicher Bedeutung für die Bewertung der Rückstellung sein können, seien einige wichtige Einflußfaktoren genannt. Ob und in welchem Umfang diese wirksam werden, hängt von der konkreten Ausgestaltung des unternehmensspezifischen Versorgungswerkes ab.

- Die biometrischen Grundlagen (Sterbe- und Invalidisierungswahrscheinlichkeiten) müssen der gestiegenen Lebenserwartung der Berechtigten Rechnung tragen. Werden zu kurze Lebensdauern unterstellt, ist die Rückstellung zu gering dotiert.
- Die Bestimmung der Altersgrenze muß den jeweiligen Arbeitsverträgen und Pensionierungsgewohnheiten Rechnung tragen.
- Die Fluktuation von Begünstigten vor Erreichen der Altersgrenze ist mit Ausscheidewahrscheinlichkeiten einzubeziehen. Zu beachten ist, daß erworbene Ansprüche des Begünstigten nach zehn Jahren unverfallbar sind, wenn noch einige zusätzliche Erfordernisse erfüllt sind (vgl. §§ 1 ff. Betr.AVG). Das heißt, die bis dahin entstandenen Verpflichtungen des Unternehmens sind weiter zu passivieren (und aufzuzinsen).
- Soweit eine Hinterbliebenenrente für den Ehegatten des Begünstigten zugesagt wurde, müssen die Wahrscheinlichkeit, verheiratet zu sein und die Altersunterschiede der Ehegatten einbezogen werden.
- Bemißt sich der Rentenanspruch nach dem Entgelt zum Termin des Ausscheidens des Begünstigten (Dynamik), so führen Gehaltserhöhungen zu Aufstockungen der Pensionsrückstellung. Nach R 41 Absatz 19 EStR 1993 sind Erhöhungen nach dem Stichtag allerdings nur zu berücksichtigen, wenn Ausmaß und Zeitpunkt des Eintritts bereits zum Bilanzstichtag feststehen.
- Das gleiche gilt für die Aufstockung der Pensionsrückstellung für Begünstigte, die bereits Altersrenten beziehen. Nach § 16 Betr.AVG ist die Rentenhöhe während der gesamten Dauer der Leistungserbringung an die Entwicklung der Lebenshaltungskosten anzupassen.

Schon diese Beispiele zeigen, daß Pensionsrückstellungen, die nach den anerkannten Regeln der Versicherungsmathematik zu bewerten sind, ein besonderes Problem darstellen. Es wird regelmäßig ein Sachverständigengutachten erforderlich sein. Außerdem wird deutlich, daß die Höhe der späteren Versorgungsleistungen auch von externen Faktoren abhängt, die von Unternehmen selbst nicht kontrolliert werden können. Pensionszusagen können große finanzielle Risiken beinhalten, die erst im Laufe der Jahr(zehnt)e erkennbar werden. Ein Sachverständigengutachten ist regelmäßig schon deshalb notwendig, weil der Pensionssicherungsverein (PSV) von seinen (Zwangs-)Mitgliedern ein solches verlangt. Der PSV deckt die Ansprüche der Begünstigten, wenn ein Unternehmen insolvent wird. Er refinanziert sich durch ein Umlageverfahren, d.h. die Aufwendungen für eingetretene Ausfälle durch Insolvenzen werden jährlich ermittelt und von den Mitgliedern als Beitrag erhoben. Steuerlich werden Rückstellungen für PSV-Beiträge erst mit Zugang der Beitragsbescheide zugelassen. Handelsrechtlich geht die herrschende Meinung davon aus, daß die wirtschaftliche Ursache für den PSV-Beitrag nicht der entsprechende Bescheid ist, sondern die früher liegende Insolvenz von Unternehmen. Dem ist meines Erachtens zuzustimmen: Mit dem Konkursantrag eines Unternehmens ist die Verpflichtung zur Absicherung der Begünstigten eine unabwendbare Belastung.

Ähnlichkeiten mit Pensionsrückstellungen weisen Vorruhestands- und Jubiläumsrückstellungen auf. Demgegenüber werden Abfindungen und **Sozialplanrückstellungen** angespart und sind auch im Regelfall nicht abzuzinsen (siehe oben). Wann für einen Sozialplan (gemäß §§ 111 f. Betr.VerfG.) eine Rückstellung gebildet werden muß, ist umstritten. Wenn der Betriebsrat von einer entsprechenden Betriebsänderung bis zum Bilanzstichtag noch nicht unterrichtet wurde, so wird von der Finanzverwaltung zumindest verlangt (vgl. R 31c Absatz 3 EStR 1993), daß

- der Betriebsrat vor Aufstellung oder Feststellung der Bilanz unterrichtet wird und
- der Entschluß oder die wirtschaftliche Notwendigkeit zur Betriebsänderung vor dem Stichtag liegen.

Während die zweite Bedingung problemlos ist, fehlt für die erste ein Anhaltspunkt in § 249 HGB. Die Unterrichtung des Betriebsrates ist zwar ein Indikator für die Wahrscheinlichkeit einer Inanspruchnahme. Diese kann aber schon vor einer solchen Unterrichtung so groß sein, daß eine Rückstellung zwingend geboten ist.

5.2.2 Rückstellungen für drohende Verluste aus Arbeitsverhältnissen

Arbeitsverhältnisse sind typische schwebende Verträge. Rückstellungen für diese sind aus zwei Gründen mit besonderen Problemen verknüpft. Einmal aufgrund der häufig langen Restlaufzeiten und damit zusammenhängend dem Volumen der eventuell drohenden Verluste, zum anderen, weil die Ermittlung und Bewertung von Leistung und Gegenleistung aus dem Vertrag schwierig ist.

Einen aktuellen Fall hat der BFH 1993 entscheiden (vgl. DB 1993, S. 962): Ein Unternehmen bildete deutlich über den eigenen Bedarf hinaus Lehrlinge aus. Hintergrund war eine sozialpolitische Diskussion, in der kritisch auf die soziale Verantwortung der Wirtschaft für die Jugend hingewiesen wurde. Das Unternehmen ermittelte, daß die Erträge aus der Lehrlingsausbildung die entsprechende Vergütung nicht deckten und begehrte daraufhin eine Drohverlustrückstellung. Dem wurde entgegen gehalten, daß das Unternehmen den Saldierungsbereich für den Verlust unzutreffend abgegrenzt habe. Dem **schwebenden Ausbildungsverhältnis** seien alle Vor- und Nachteile zuzuordnen. Ein solcher Vorteil wurde in der Möglichkeit erblickt, daß das Unternehmen aus der Vielzahl der Ausgebildeten die Besten auswählen und in ausschließende Arbeitsverhältnisse übernehmen kann (Selektionsvorteil). Dieser 'Vorteil' dürfte aber kaum dem schwebenden Geschäft direkt zurechenbar sein, da der Anschlußvertrag noch viel zu ungewiß ist. Gerade die besten Abgänger haben auch bei der Konkurrenz Chancen auf Arbeitsverhältnisse. Wie dieser Vorteil bewertet werden soll, wenn er einmal als gegeben unterstellt wird, bleibt offen. Der BFH hat aber noch einen zusätzlichen Vorteil aus dem Ausbildungsverhältnis entdeckt: 'die Ansehenssicherung oder -erhöhung', die durch die Ausbildungsleistungen erlangt wird. Dies ist zwar kein Bestandteil der Leistungspflichten der Lehrlinge, sondern eher eine Investition in den Firmenwert, aber scheinbar zurechenbar. Woraus der Vorteil konkret bestehen soll, ist allerdings nicht direkt erkennbar: Daß ein Autokäufer oder Bankkunde überhaupt die Zahl der Lehrstellen eines Vertragspartners kennt, ist fraglich.

Nicht einfacher stellt sich die Bewertung von sogenannte **Verdienstsicherungsklauseln** dar. Rationalisierungsmaßnahmen sind häufig nur durchführbar, wenn vertraglich zugesichert wird, daß die Vergütung der Mitarbeiter auch dann nicht gesenkt wird, wenn sie nach der Maßnahme eine weniger anspruchsvolle Tätigkeit ausüben. Auch in einem solchen Fall könnte überlegt werden, ob aus dem Arbeitsverhältnis ein Verlust droht. Während die Bewertung der Leistung des Unternehmens relativ problemlos ist (die Vergütung), ist die Gegenleistung nur schwer faßbar. Im Regelfall wird es nicht möglich sein,

den Beitrag eines konkreten Mitarbeiters zu Erträgen konkret zu bestimmen, es besteht ein unlösbares Zurechnungsproblem.
Als Alternative bietet es sich an, das tatsächliche Gehalt mit dem Gehalt zu vergleichen, das für die ausgeübte Tätigkeit am Arbeitsmarkt zu zahlen wäre. Eine solche Orientierung am Beschaffungsmarkt ist allerdings nur pragmatisch zu rechtfertigen, da sie strenggenommen dem Opportunitätskostendenken entspringt und zu einer Rückstellung für entgehende Gewinne führen kann.
Da diese pragmatische Einstellung bei der Bewertung von VG akzeptiert wird (vgl. Kapitel 11), sollte man erwarten, daß dies auch für den Rückstellungsbereich im allgemeinen und Arbeitsverhältnisse im besonderen gilt. Dem ist nicht so. Ballwieser (vgl. 1989, S. 966 f.) verweist darauf, daß bei Arbeitnehmern kein aktivierungsfähiger VG vorliegt und deshalb eine Analogie erst zu begründen ist. Außerdem sei die Ermittlung einer vergleichbaren Arbeitsleistung aufgrund der Individualität jedes Menschen schwierig. Unstrittig sind persönliche Merkmale wie Zuverlässigkeit, Sorgfalt etc. schwer objektivierbar.

Für die übliche Vermutung der BFH-Rechtsprechung, daß Arbeitsleistungen bis auf extreme Ausnahmefälle stets ausgeglichen sind, reicht dies meines Erachtens trotzdem nicht aus. Die Objektivierungsanforderungen dürfen im Rückstellungsbereich nicht so hoch veranschlagt werden, daß das Vorsichtsprinzip ausgehöhlt wird. Knobbe-Keuk (vgl. 1989, S. 130 f.) hat eine Drohverlustrückstellung für Arbeitsverhältnisse mit Schwerbehinderten, älteren Arbeitnehmern (wegen nachlassender Kräfte und zunehmender Krankheit), Frauen (wegen höheren Krankheitsrisiken und möglicher Schwangerschaften) etc. abgelehnt, da dem Arbeitgeber diese Folgelasten eines Arbeitsverhältnisses beim Abschluß des Vertrages bereits bekannt sind: „Er bringt damit [mit dem Vertragsabschluß]zum Ausdruck, daß die Arbeitsleistung des Arbeitnehmers nicht nur den zu zahlenden Tariflohn wert ist, sondern mehr, zumindest soviel mehr, daß er spätere Folgelasten in Kauf nehmen kann."

Diese Begründungen überzeugen nicht: Auch die bewußte Inkaufnahme von Verlustgeschäften steht der Rückstellungspflicht nicht entgegen. Ergibt sich die Unausgewogenheit des Vertrages erst nach dem Ablauf einiger Perioden, so ist allein das Verhältnis von Leistung und Gegenleistung für die Restlaufzeit des Vertrages relevant (vgl. Kapitel 15).

5.2.3 Aufwandsrückstellungen

Hierzu sind insbesondere **Qualifikations- oder Umsetzungsmaßnahmen** diskutiert worden, die in mehrjährigen Zyklen anfallen. Ähnlich wie bei Großreparaturen soll eine Nivellierung im Zeitablauf durch die Rückstellung erreicht werden.
Analog wären F&E-Ausgaben, Werbemaßnahmen etc. rückstellungsfähig, soweit sie in der Vergangenheit unterlassen, also 'angespart' wurden.

In aller Regel ist in den genannten Fällen nach herrschender Meinung keine, auch keine freiwillige, Rückstellung möglich. Da der Vergangenheitsbezug der entsprechenden Ausgaben kaum plausibel gemacht werden kann, ist dem zuzustimmen. Mitarbeiterqualifikation, Werbung etc. dienen künftiger Ertragserzielung und haben wenig mit vergangenen Umsätzen zu tun. Selbst wenn Schulungsmaßnahmen zeitlich aufgeschoben wurden, da Personal für die Ertragserzielung gebunden war, kommt eine Rückstellung nicht in Betracht. Dieser Zusammenhang ist nicht objektivierbar, und die Trennung von Erhaltung der Qualifikation zur Weiterqualifikation der Mitarbeiter dürfte nicht durchführbar sein. Es besteht die generelle Gefahr, daß künftige Investitionsausgaben zurückgestellt werden. Bei aktivierbaren VG wird dies durch eine Begrenzung auf Erhaltungsaufwendungen etwas objektiviert. Bei Personalausgaben, die bestenfalls den Firmenwert ändern, fehlt eine solche Bremse. Da die Aufwandsrückstellungen insgesamt nur schwer mit den allgemeinen Bilanzierungsprinzipien vereinbar sind und eine steuerliche Anerkennung ausscheidet, sollte eine ausufernde Auslegung des § 249 Absatz 2 HGB vermieden werden.

6. FAZIT

Rückstellungen können statisch oder dynamisch begründet werden, also im Hinblick auf einen möglichst vollständigen Schuldenausweis in der Bilanz oder orientiert am Modell einer periodengerechten, vergleichbaren Erfolgsermittlung. Entsprechend wird das Realisationsprinzip sehr verschieden interpretiert und als Grundlage für die Rückstellungsbildung herangezogen oder abgelehnt. Eine Gruppe von Autoren bezieht diesen GoB grundsätzlich nur auf Erträge und streitet jegliche Relevanz für den Aufwandsbereich ab. Andere interpretieren ihn als (tendenziell) allgemeines Periodisierungskriterium, das eine Aufwandszuordnung zu realisierten Erträgen verlangt. Folgt man dieser Auslegung, so kann dies dazu führen, daß rechtlich voll entstandene Verpflichtungen nicht passiviert werden, da sie noch nicht wirtschaftlich verursacht sind im Sinne von vergangenen Umsätzen zuordenbar.

Rückstellungen tangieren aber auch andere GoB auf grundsätzliche Art: So ist die Anwendung des Einzelbewertungsgrundsatzes umstritten, wenn es um die Frage geht, ob und wann Rückdeckungsansprüche mit ungewissen Verbindlichkeiten zu saldieren sind oder wenn es um die sachliche Abgrenzung des Saldierungsbereiches drohender Verluste geht. Regelmäßig kollidiert hier das Interesse an einer möglichst einfachen, objektivierten Rechnungslegung, die durch eine strenge/formale Orientierung am Einzelbewertungsgrundsatz erreicht wird, mit dem Interesse, die Vermögens- und Erfolgslage möglichst zutreffend abzubilden.

Das Stichtags- und das Nominalprinzip sind von besonderer Relevanz für die Frage, ob und ggf. unter welchen Bedingungen Preisänderungen oder Zinsen bei der Bewertung von Rückstellungen beachtlich sind.

Das Imparitätsprinzip spielt sowohl bei Fragen der Bilanzierung als auch der Bewertung eine Rolle. Aus Sicht der statischen Bilanztheorie dient es dazu, daß das Schuldendeckungspotential eines Unternehmens ersichtlich wird und künftige Perioden verlustfrei gestellt werden. Was genau unter 'verlustfrei' zu verstehen ist, ist nicht eindeutig, wie die Bewertungsfragen zeigen: Sind Rückstellungen abzuzinsen? Soll eine Bewertung zu Voll- oder Teilkosten erfolgen? etc.

Insgesamt sind Rückstellungen demnach ein idealer 'Testfall' für diverse GoB und deren Auslegung.
Daneben sind sie aber auch finanzwirtschaftlich bedeutsam: Sie stellen eine wichtige Innenfinanzierungsquelle dar (soweit sie durch Erträge gedeckt sind? Sind sie überhöht, so werden stille Reserven zu Lasten der Gewinnansprüche von Anteilseignern gelegt und Steueransprüche des Staates werden verkürzt. Ob diese Form der Zwangs-Thesaurierung im Interesse der Eigner und Gläubiger ist, hängt vom Einzelfall ab, auf jeden Fall stellt sie eine Fehlinformation dar.

Aus ökonomischer Sicht wurde von Elschen die Zweckmäßigkeit von Rückstellungen für Umweltschutzverbindlichkeiten in Zweifel gezogen, wenn das Ziel lautet, daß der Umweltschutz verbessert werden soll (vgl. 1993, S. 1097 ff.). Die Zulässigkeit von Rückstellungen führt zu steuerlichen Entlastungen und verbilligt damit die Nachsorge. Eine sinnvolle Umweltpolitik sollte eher auf die Vermeidung von Umweltschäden ausgerichtet sein als auf die spätere Beseitigung, weil die Vorsorge unterblieb. Diese Art einer ökonomischen Instrumentalisierung des JA ist äußerst hilfreich, um gesetzliche Regelungen kritisch auf ihre Zweckmäßigkeit hin zu analysieren. Gleichwohl liefern sie bestenfalls Anhaltspunkte für erstrebenswerte Rechtsänderungen, weniger aber für die Auslegung des geltenden Rechts.

D. WIEDERHOLUNGSFRAGEN

1. Erläutern Sie die wichtigsten Unterschiede und Gemeinsamkeiten von Verbindlichkeiten und Rückstellungen.

2. Warum sind Rückstellungen für Bilanzersteller, JA-Adressaten und Finanzverwaltung von überragender Bedeutung?

3. Skizzieren Sie die handelsrechtlichen Bilanzierungs- und Bewertungsregeln für Rückstellungen.

4. Welche Unterschiede bestehen zwischen Rückstellungen und Rücklagen?

5. Welche Bedeutung haben Rückstellungen für die statische und dynamische Bilanztheorie?

6. Welche Bedeutung hat das Kriterium der 'Umsatzalimentierung' für den Rückstellungsbereich?

7. Diskutieren Sie die verschiedenen Möglichkeiten für die Festlegung des Zeitpunktes einer Rückstellungsbildung (rechtliches Entstehen, wirtschaftliche Verursachung). Welche Konzeption halten Sie für zweckmäßiger?

8. Erörtern Sie das Rückstellungsmerkmal der wirtschaftlichen Belastung. Ist eine solche anzunehmen, wenn
   a) den ungewissen Verbindlichkeiten werthaltige Rückgriffsrechte gegenüberstehen?
   b) die späteren Ausgaben zu Herstellungskosten im Sinne von § 255 Absatz 2 HGB führen?

   Wenn ein Grundstück durch eine Altlast verseucht ist, gibt es drei Möglichkeiten, dies zu berücksichtigen.
   a) A. auf das Grundstück vornehmen,
   b) Rückstellung für Altlastensanierung bilden,
   c) beide Maßnahmen ergreifen.

9. Welcher Variante geben Sie den Vorzug (Begründung!)? Wie wirkt sie sich auf Bilanz und GuV aus?

10. Wie sind schwebende Geschäfte im JA abzubilden?

11. Was versteht man unter Gesamtheits- und Restlaufzeitbetrachtung? Welche zeitliche Abgrenzung des Verlustbereiches der Drohverlustrückstellung ist zutreffend?

12. Was versteht man unter einem schwebenden Geschäft?

13. Wie kann der Saldierungsbereich eines schwebenden Geschäftes sachlich abgegrenzt werden?

14. Eine Brauerei schließt mit einer Gaststätte zwei Verträge: Zum einen gewährt sie ein Darlehen zu einem Zinssatz, der unter den eigenen Refinanzierungskosten liegt. Zum anderen schließt sie einen Bierliefervertrag mit einer Mindestabnahmemenge ab. Für den Darlehensvertrag will die Brauerei eine Drohverlustrückstellung bilden. Das Finanzamt lehnt dies ab, da der Kredit- und Bierlieferungsvertrag wirtschaftlich eine Einheit bilden und aus der Abwicklung hieraus kein Verlust droht. Wer hat warum Recht?

15. Begründen Sie, warum aus schwebenden Beschaffungsgeschäften (keine) Verluste drohen können.

16. Begründen Sie, warum Aufwandsrückstellungen zur dynamischen und nicht zur statischen Bilanzkonzeption passen.

17. Welche Zwecke sollen durch die Bildung von Aufwandsrückstellungen erreicht werden? Gelingt dies?

18. Warum sind Aufwandsrückstellungen bilanzpolitisch von besonderer Bedeutung?

19. Instandhaltungsrückstellungen sind ein Ersatz für A. auf die nicht instandgesetzten VG! Halten Sie diese These für uneingeschränkt zutreffend?

20. Ein Kaufmann möchte für folgende Zwecke Rückstellungen bilden:

    1. Eine Pensionszusage DM 1.000, davon Zinsanteil DM 60,

    2. Kosten der JA-Prüfung
       erwartetes Wirtschaftsprüferhonorar DM 10.000 zuzüglich 15% USt
       erwartete Kosten für das eigene Buchhaltungspersonal DM 5.000,

    3. eine Steuerrückstellung in Höhe von DM 5.000,

    4. einen Schadenersatzprozeß DM 10.000.

    Geben Sie bitte die zugehörigen Buchungssätze an.

21. Wie ist die Abwicklung der Rückstellung zu buchen, wenn die angenommenen Rückstellungsbeträge zutreffend geschätzt werden (ohne 1.)?

22. Zu 3. ergeht ein Steuerbescheid über (a) DM 3.000, (b) DM 7.000. Wie wären die Sachverhalte buchhalterisch zu erfassen?

23. Erläutern Sie, welche allgemeinen Anforderungen das HGB an die Bewertung von Rückstellungen stellt.

24. Welche Bedeutung kommt statistischen Aufzeichnungen für die Bewertung von Rückstellungen zu? Welcher Konflikt besteht hierbei zwischen dem Bedarf, möglichst homogene Risiken zusammenzufassen und zugleich möglichst große Grundgesamtheiten zu haben?

25. Für stoßweise anfallende Ausgaben wird zum Teil gefordert, daß die entsprechenden Rückstellungen im Zeitablauf kontinuierlich angespart werden, obwohl die Ausgabenverpflichtung bereits rechtlich voll entstanden ist. Wie kann ein solcher Vorschlag begründet werden? Ist die Begründung stichhaltig?

26. Ein Unternehmen gewinnt Kies. Das erwartete Abbauvolumen beträgt 100 Einheiten. Die Kiesgrube muß anschließend für zehn Geldeinheiten wieder aufgefüllt werden. Am Ende des ersten Jahres liegen folgende Angaben vor: Fördermenge 15 Einheiten, davon abgesetzt 5. Eine Auffüllung zum Stichtag würde Ausgaben von vier Geldeinheiten notwendig machen. Welcher Betrag ist zurückzustellen (Begründung!)?

27. Für welche Rückstellungen kann der § 255 Absatz 2 HGB von Bedeutung sein? Gilt das Bewertungswahlrecht auch für die Passivseite? Begründen Sie Ihre Ansicht.

28. Ein Kaufmann muß Garantieleistungen erbringen, für die er folgende Kosten plant: Materialeinzelkosten 100, Fertigungseinzelkosten 100. Die Gemeinkostenzuschläge betragen jeweils 100%. Die Hälfte der Gemeinkosten sind zugleich Fixkosten (Annahme: Kosten = aufwandsgleiche Größen). Zeigen Sie anhand dieses Beispiels

    a) wie die Rückstellung eingebucht und bei Inanspruchnahme ausgebucht wird,
    b) welcher Wertansatz (welche Wertansätze) mit dem Grundsatz der verlustfreien Bewertung vereinbar ist.

29. Ein Kaufmann bildet für eine Großanlage eine Garantierückstellung. Folgende Daten liegen vor: Zum Preisniveau am Bilanzstichtag (31.12.01) wäre eine Bewertung von 100 zutreffend. Ab dem 01.04.02 tritt eine bereits vereinbarte Lohnerhöhung in Kraft, die Ausgaben von ca. 110 für die Garantiearbeiten erwarten läßt. Realistischerweise werden die Leistungen aber erst im Herbst zu erbringen sein. Der Kaufmann muß damit rechnen, daß er dann 120 für die Arbeiten ausgeben muß.

    a) Mit welchem Wert ist die Rückstellung per 31.12.01 zu bewerten?
    b) Welche Kriterien spielen für die Bestimmung des Wertes eine Rolle (GoB, Objektivierung etc.)?

30. Zeigen Sie anhand eines selbstgewählten Beispiels den Unterschied zwischen einer Geldsummenschuld und einer Geldwertschuld auf. Für welche Zwecke ist diese Differenzierung notwendig?

31. Ein Kaufmann muß eine Rückstellung für Garantieleistungen bilden, die voraussichtlich erst in vier Jahren zu erbringen sind.

    a) Wie kann begründet werden, daß diese Rückstellung abzuzinsen ist auf den Gegenwartswert?
    b) Wie kann begründet werden, daß eine Abzinsung nicht zulässig ist?

32. Unter welchen Bedingungen sind Passiva abzuzinsen? Wie kann eine Abzinsung im JA dargestellt werden? Welche Buchungen ergeben sich im Folgejahr?

33. Gilt für die Bilanzierung und Bewertung von Rückstellungen das Maßgeblichkeitsgebot? Gibt es steuerliche Vorbehalte? Welche Bedeutung haben diese für die Handelsbilanz?

34. Erläutern Sie, welche Voraussetzungen erfüllt sein müssen, damit der BFH eine Rückstellung für Altlasten zuläßt. Warum wurde die BFH-Ansicht in der Literatur stark kritisiert?

35. Ein Unternehmen betreibt eine Großanlage, die aktuellen Sicherheitsstandards nicht mehr genügt. Obwohl die Anlage nur rechtswidrig betrieben werden kann, erhält das Unternehmen eine behördliche Genehmigung mit der Auflage, die Sicherheit bis zum Ablauf von zwei Jahren durch Umrüstung herzustellen. Ist eine Rückstellung für ungewisse Verbindlichkeiten geboten?

36. Warum sind Pensionsrückstellungen für deutsche Unternehmen so bedeutsam?

37. Wie sind Pensionsrückstellungen zu bewerten? Welche Einflußfaktoren für die Höhe der Rückstellung sind zu beachten?

38. Geben Sie Beispiele für ungewisse Verbindlichkeiten für Personal an.

39. Ein Kaufmann möchte eine Rückstellung bilden, weil ein Teil seiner Mitarbeiter in der abgelaufenen Periode den Jahresurlaub noch nicht (vollständig) genommen hat. Die Bewertung soll mit dem anteiligen Bruttogehalt (einschließlich Weihnachts- und Urlaubsgeld) erfolgen. Ist dies zulässig oder geboten?

40. Welche besonderen Probleme sind bei der Bildung und Bewertung von Drohverlustrückstellungen für schwebende Arbeitsverhältnisse zu berücksichtigen?

41. Ein Produktionsunternehmen begehrt eine Drohverlustrückstellung für Arbeitnehmer über 55 Jahre: Da die körperlichen Kräfte und die Belastbarkeit abgenommen habe, stehen Leistungen der Mitarbeiter und Vergütung nicht mehr in einem angemessenen Verhältnis.

a) Ist eine Rückstellung zulässig oder gar geboten?

b) Wie könnte die Höhe des drohenden Verlustes ermittelt werden?

42. Ein Unternehmen fertigt Großanlagen in einer stark innovativen Branche. Erfahrungsgemäß müssen ca. alle vier Jahre die Mitarbeiter der Bereiche Forschung und Entwicklung durch besondere Schulungen, Überstunden etc. auf den neuesten Stand gebracht werden. Während des 'Normalgeschäftes' ist es nicht möglich, dies zu erreichen. Ist es zulässig, eine Rückstellung ratierlich über die vier Jahre anzusparen?

43. Ändert sich etwas, wenn infolge dieser Investitionen in das Humankapital regelmäßig Patente und andere immaterielle Vermögensgegenstände durch die F&E-Abteilung produziert werden (die aber dem Aktivierungsverbot gemäß § 248 Absatz 2 HGB unterliegen)?

Kapitel 16: Die Gewinn- und Verlustrechnung

A. KURZINHALT

Die GuV gehört bei allen Vollkaufleuten unstrittig zum JA. Im Gegensatz zur zeitpunktbezogenen Stichtagsaufnahme von Vermögen und Kapital in der Bilanz stellt sie die zeitraumbezogenen EK-Mehrungen (Erträge) und EK-Minderungen (Aufwendungen) einer Periode dar. Sie soll einen Überblick über die Ertrags- (genauer: Erfolgs-)Lage eines Unternehmens vermitteln.

Im ersten Abschnitt werden theoretisch mögliche Gestaltungsprinzipien einer Erfolgsrechnung skizziert, um anschließend die konkreten HGB-Regelungen vor diesem Hintergrund darzustellen. Vor- und Nachteile der HGB-GuV sollen dadurch besser verständlich und kritisierbar sein. Es wird deutlich gemacht, daß das HGB weit hinter dem betriebswirtschaftlich Möglichen (und vielleicht auch Wünschenswerten) zurückbleibt, da die GuV

- möglichst einfach (ohne ausgefeilte Kostenrechnung) erstellbar sein soll,
- den verständlichen Geheimhaltungsinteressen der Bilanzierenden Rechnung tragen soll,
- auch das Ergebnis politischer Verhandlungen ist, mit der Folge, daß Gestaltungsprinzipien vermischt wurden (was theoretisch und praktisch zu Problemen führt),
- auch auf gewachsene Rechnungslegungstraditionen im Inland und (EU-) Ausland Rücksicht nehmen soll.

Im zweiten Abschnitt werden die HGB-Regelungen für die GuV von KapGes erläutert. Gemäß § 275 Absatz 1 Satz 1 HGB können diese Unternehmen die GuV nach dem sogenannten Gesamtkostenverfahren (GKV) (§ 275 Absatz 2 HGB) oder dem Umsatzkostenverfahren (UKV) (§ 275 Absatz 3 HGB) erstellen. Obwohl beide Verfahren zum gleichen Saldo (JÜ/JF) führen, unterscheiden sie sich in wichtigen Punkten:

- Sie beziehen sich auf ein unterschiedliches Mengengerüst, d.h. beim GKV werden Erträge und Aufwendungen auf die im GJ produzierten Mengen abgestimmt, beim UKV auf die abgesetzten Mengen. Unterschiede ergeben sich also, wenn Produktions- und Absatzmenge auseinanderfallen (zum Beispiel Lagerauf- oder -abbau).
- Die Aufwendungen werden beim GKV nach Arten gegliedert, beim UKV zum Teil nach Funktionsbereichen (Kostenstellen).
- Während die Konten der FiBu problemlos zu einer GuV nach dem GKV zusammengefaßt werden können, ist beim UKV zumindest eine einfache Kostenstellenrechnung erforderlich, zum Teil wird sogar eine Kostenträgerstückrechnung (Kalkulation) als notwendig angesehen.

Ein Vergleich der Aussagefähigkeit der beiden GuV-Formate beendet den Abschnitt.

Im letzten Abschnitt wird die GuV von Nicht-KapGes abgehandelt. Da ausdrückliche gesetzliche Bestimmungen weitgehend fehlen, ist auf die GoB zurückzugreifen.

B. LEHRZIELE

Das Kapitel über die Erfolgsrechnung soll Sie in die Lage versetzen,

- den Stellenwert und die Zusammenhänge von Bilanz und GuV zu bestimmen,
- verschiedene mögliche Formate und Gliederungsprinzipien einer Erfolgsrechnung zu erläutern und deren Vor- und Nachteile abzuwägen,
- das Grundproblem einer periodengerechten Erfolgsermittlung darzustellen und die prinzipiellen Lösungsmöglichkeiten in Form einer Produktions- und Umsatzrechnung zu skizzieren,
- Kriterien für eine aussagefähige Erfolgsspaltung zu benennen,
- die systematischen Grundsatzentscheidungen des Gesetzgebers bezüglich der GuV gemäß § 275 Absätze 2 und 3 HGB zu erläutern,
- die Grobstrukturen der GuV nach § 275 Absätze 2 und 3 HGB darzustellen und zu zeigen, inwieweit der Gesetzgeber den Aufbau konsequent/inkonsequent realisiert hat,
- Inhalt, Bedeutung und Erkennbarkeit außerordentlicher und periodenfremder Erfolge in den HGB-Schemata zu diskutieren,
- zu erklären, ob das Ergebnis vor Steuern bei den GuV gemäß § 275 HGB gezeigt wird,
- den Umfang des Postens Bestandsveränderungen gemäß § 275 Absatz 2 HGB zu erläutern,
- den Inhalt der wichtigsten Aufwandsarten der GuV nach dem GKV zu erläutern,
- zu begründen, warum GuV-Posten, die in den Absätzen 2 und 3 des § 275 HGB die gleiche Benennung haben, unterschiedliche Inhalte haben können,
- die Aufwandsstruktur beim UKV kritisch zu kommentieren,
- die Konsequenzen der unterschiedlichen HK-Begriffe für die GuV nach dem UKV darzulegen,
- zwischen den Vor- und Nachteilen des UKV und GKV kritisch abzuwägen,
- anzugeben, welchen Anforderungen eine GuV von Nicht-KapGes genügen muß.

C. INHALT

1. THEORETISCHE GRUNDLAGEN UND GESTALTUNGS-MÖGLICHKEITEN

Die GuV gehört bei allen Kaufleuten zum JA (§ 242 Absatz 3 HGB), bei KapGes ist dieser um einen sogenannten 'Anhang' zu erweitern (§ 264 Absatz 1 Satz 1 HGB).

Für KapGes bestimmt § 264 Absatz 2 Satz 1 HGB, daß der JA ein den tatsächlichen Verhältnissen entsprechendes Bild der Vermögens-, Finanz- und Ertragslage vermitteln soll. Während die Vermögenslage und eingeschränkt die Finanzlage primär aus der Bilanz ersichtlich sein sollen, dient die GuV vorwiegend der Darstellung der Ertrags-, genauer Erfolgslage. Unter 'Erfolgslage' kann man dabei zweierlei verstehen: Darstellung von Höhe und Quellen des Periodenerfolges oder Ermittlung von Daten für eine Erfolgsprognose. Diese zukunftsorientierte Variante der Erfolgslage kann aus dem handelsrechtlichen JA allerdings nur sehr eingeschränkt ersehen werden.

Die GuV läßt aber – ebenfalls eingeschränkt – auch Rückschlüsse auf die Finanzlage zu, soweit die Zahlungswirksamkeit der verrechneten Aufwendungen und Erträge plausibel abschätzbar ist.

Zwischen Bilanz und GuV besteht, bedingt durch die Technik der Doppik, ein rechnungstechnischer Zusammenhang. In der Bilanz als zeitpunktbezogener Bestandsgrößenrechnung wird der Erfolg durch einen Reinvermögensvergleich (unter Einbezug von Privateinlagen und -entnahmen) ermittelt. Die GuV als zeitraumbezogene Stromgrößenrechnung ermittelt den gleichen Erfolg als Saldo von Erträgen und Aufwendungen. Jede den Periodenerfolg ändernde Buchung auf Aufwands- oder Ertragskonten zieht automatisch eine Gegenbuchung auf Bestandskonten nach sich. So gesehen ist die GuV nichts anderes als eine aufgefächerte Darstellung der EK-Änderungen einer Periode, ein schlichtes Unterkonto zum EK-Konto.

Aus der Systematik der Doppik folgt deshalb, daß in der GuV eine von der Bilanz losgelöste Bewertungsproblematik grundsätzlich nicht besteht. Aufwendungen/Erträge sind abhängig von Ansatz und Bewertung der Aktiva und Passiva.

In der Betriebswirtschaftslehre gibt es eine noch immer nicht abgeschlossene langjährige Diskussion, ob für die externe Rechnungslegung die Bilanz oder die GuV entscheidend ist oder sein soll. Die beiden Extrempositionen wurden durch die statische und die dynamische Bilanztheorie markiert.

Während nach den Vorstellungen der statischen Bilanztheoretiker die stichtagsbezogene Gegenüberstellung von Vermögen und Kapital im Vordergrund steht und die GuV quasi als Nebenprodukt anfällt, legen Dynamiker das Hauptaugenmerk auf die periodengerechte Erfolgsermittlung, die aus der GuV erkennbar ist. Die Bilanz wird als stichtagsbezogenes (Zufalls-)Ergebnis mit geringem Informationsgehalt angesehen, die weder Zeitwerte noch Liquidationswerte enthält. Der periodengerechte Erfolg im Zeitablauf soll die wirtschaflich relevanten Informationen über das Auf und Ab eines Unternehmens geben. Nach Ansicht der Statiker ist gerade dies nicht möglich, da die Zielgröße 'periodengerechter Erfolg' der handelsrechtlichen GuV gerade nicht zu entnehmen ist. Dem HGB selbst ist keine Dominanz von Bilanz oder GuV zu entnehmen, sie sind gleichrangig eingeordnet. Die Auslegung der einzelnen Rechnungslegungsvorschriften und Wunschvorstellungen de lege ferenda sind gleichwohl statisch oder dynamisch geprägt.

Bevor auf die konkreten HGB-Regelungen eingegangen wird, soll vorab skizziert werden, wie eine GuV-Rechnung grundsätzlich konzipiert werden kann. Dazu werden einige Gestaltungsprinzipien vorgestellt und deren Vor- und Nachteile kurz angesprochen.

1. Kontoform / Staffelform

Die GuV von KapGes ist gemäß § 275 Absätze 2 und 3 HGB in der Staffelform vorgeschrieben. Die Kontoform, bei der die Erträge und Aufwendungen auf zwei Seiten eines Kontos eindeutig getrennt gegenübergestellt werden, ist demnach unzulässig.

Als Vorzug der Staffelform wird häufig angeführt, daß aussagefähige Zwischensummen einfach gezogen werden können, um schnell einen kurzen Überblick über ein Unternehmen zu erhalten. Bei diesem Argument ist aber zu beachten:

- Zwischensummen sind nur dann zweckmäßig, wenn sie sinnvolle Aufwands- und Ertragskomponenten enthalten, die aufgrund des Gliederungsschemas eindeutig abgegrenzt sind. Typische Zwischensummen wie die Gesamtleistung oder das Rohergebnis sind zum Beispiel von durchaus zweifelhaftem Informationswert, da sie heterogene Posten umfassen. Beim Gliederungsschema gemäß § 275 Absatz 3 HGB wird das Rohergebnis zudem durch Zuordnungsprobleme bei der Abgrenzung der HK beeinflußt (siehe unten).

- Die Summen aller Aufwendungen und Erträge sind nicht direkt erkennbar.
- Der Ermittlungsaufwand der Zwischensummen, die die GuV in Staffelform enthält oder einfach ermöglicht, ist auch beim Kontenformat nicht besonders hoch. Im Rahmen einer sorgfältigeren JA-Analyse dürfte das Format kaum Einfluß auf den Arbeitsaufwand haben.

2. Bruttorechnung / Nettorechnung

Eine GuV kann sämtliche Ertrags- und Aufwandsarten unsaldiert enthalten (Bruttorechnung) oder mehr oder weniger umfangreiche Saldierungen (Nettorechnung). Durch zweckmäßige Verrechnungen kann eine GuV durchaus an Einfachheit und Übersichtlichkeit gewinnen. Dies geht aber zu Lasten der Richtigkeit und Vollständigkeit. Es ist nahezu unbestritten, daß die Brutto-Darstellung, selbst wenn sie unübersichtlicher sein sollte als eine verkürzte Nettorechnung, wesentlich aussagefähiger ist. In § 246 Absatz 2 HGB ist dem im Grundsatz Rechnung getragen. Aufwendungen und Erträge dürfen nicht saldiert werden. Allerdings enthält § 276 HGB für kleine und mittelgroße KapGes weitreichende Saldierungsmöglichkeiten.

3. Primärprinzip / Sekundärprinzip

Eine nach dem Primärprinzip konstruierte GuV enthält Erträge und Aufwendungen so gegliedert, wie sie durch die Beziehungen des Unternehmens zur Umwelt direkt anfallen, zum Beispiel Umsatzerlöse, Zinserträge, Löhne und Gehälter, Materialaufwand etc. Dies entspricht weitgehend den üblichen Aufwandsarten, die direkt aus den Konten der Finanzbuchhaltung zu entnehmen sind. Die GuV nach § 275 Absatz 2 HGB ist am Primärprinzip ausgerichtet. Eine GuV kann aber auch nach dem Sekundärprinzip strukturiert werden, d.h. die primären Aufwandsarten werden nach bestimmten Merkmalen umgruppiert. Als Gliederungsmerkmal bieten sich zum Beispiel bestimmte Unternehmens- oder Funktionsbereiche an. Das GuV-Schema nach § 275 Absatz 3 HGB sieht zum Beispiel die Funktionsbereiche Herstellung, Verwaltung, Vertrieb und Sonstiges vor (für die Strukturierung der Aufwendungen; Erträge können dagegen nicht bestimmten Bereichen zugeordnet werden, sie sind in der Regel durch das Zusammenwirken der Funktionen verursacht).

Eine allgemeine Überlegenheit eines der beiden Gliederungsprinzipien ist meines Erachtens nicht zu begründen, da beide zu Informationsdefiziten führen: beim Primärprinzip fehlen Angaben zu den Aufwendungen der einzelnen Funktionsbereiche, beim Sekundärprinzip sind die Aufwandsarten (zum Beispiel Löhne und Gehälter, Zinsen, A.) nicht erkennbar. Bezüglich Klarheit und Übersichtlichkeit dürfte es ebenfalls keine grundsätzliche Dominanz geben. Im Hinblick auf eine möglichst willkürfreie Rechnungslegung kann das Sekundärprinzip allerdings einen Nachteil aufweisen, da die Zurechnung der Aufwandsarten zu den Kostenstellen (Funktionsbereichen) immer mehr oder weniger willkürliche Schlüsselungen erfordert. Gemildert wird die eventuell unscharfe Bereichsabgrenzung durch das Stetigkeitsgebot.

Im HGB sind beide Gliederungsprinzipien vorgesehen, zum Teil sogar innerhalb eines GuV-Schemas (besonders: § 275 Absatz 3 HGB). Auf weitere Details wird weiter unten eingegangen.

4. Gesamterfolgsrechnung / Spartenerfolgsrechnung

Die handelsrechtliche GuV zeigt die Aufwands- und Ertragskomponenten, die zum Gesamterfolg geführt haben, gegliedert nach Aufwandsarten oder Unternehmensbereichen. Dies entspricht auf der Ebene der Kostenrechnung einer Kostenarten- und Kostenstellenrechnung.

Eine der Kostenträgerrechnung analoge Strukturierung der GuV ist dagegen handelsrechtlich nicht vorgesehen. Weder die Erträge noch die Aufwendungen werden nach Produkten/Produktgruppen/Sparten getrennt ausgewiesen. Eine Aufgliederung könnte auch nach Absatzgebieten (Inland/Ausland zum Beispiel) oder Vertriebswegen (Direktvertrieb, Maklergeschäft etc.) erfolgen. Eine so aufgegliederte Erfolgsrechnung wäre zwar unübersichtlicher als die vorgeschriebene Gesamterfolgsrechnung, aber auch wesentlich aussagefähiger. Selbst der Nachteil, daß Aufwendungen und Erträge zum Teil nur mittels strittiger Schlüsselungen zurechenbar sind, würde diesen Vorteil nicht ausgleichen.

Zu beachten ist aber das Geheimhaltungsinteresse an vertraulichen Informationen in einer Wettbewerbswirtschaft. Weder der Konkurrenz noch Kunden, Lieferanten, Mitarbeitern etc. soll Einblick in die Kalkulationsstruktur der einzelnen Sparten/Produkte gewährt werden. Dies bleibt der (internen) Kostenrechnung vorbehalten. Eine sehr rudimentäre Segmentberichterstattung enthält derzeit nur § 285 Nr. 4 HGB: die Umsatzerlöse (und nur diese) sind unter bestimmten Voraussetzungen nach Tätigkeitsbereichen und Absatzmärkten aufzugliedern (vgl. Kapitel 17).

5. Produktionsrechnung / Umsatzrechnung

Soll mit der GuV ein periodengerechter Erfolg ermittelt werden, so müssen Aufwendungen und Erträge auf die gleiche Basis bezogen werden. Wird in einer Periode mehr (weniger) produziert als abgesetzt, erfolgt also Lageraufoder -abbau, kann die GuV sich am Mengengerüst der produzierten oder der abgesetzten Produkte orientieren. Im ersten Fall spricht man von einer Produktions- oder Gesamtkostenrechnung, im zweiten Fall von einer Umsatz- oder Umsatzkostenrechnung. Beide Varianten sieht das HGB wahlweise vor (§ 275 Absätze 2 und 3 HGB). Jede KapGes kann sich frei für eines der Verfahren entscheiden, ist dann aber durch das Stetigkeitsgebot gebunden (Ausnahme: der erstmalige Übergang zum UKV ist immer möglich).

Die prinzipiellen Unterschiede der beiden Verfahren sollen an einem stark verkürzten Beispiel verdeutlicht werden: In zwei aufeinanderfolgenden Perioden werden jeweils 100 Stück produziert, im ersten Jahr aber nur 80 Stück abgesetzt und 20 Stück auf Lager genommen. Im zweiten Jahr werden 120 Stück verkauft (Lagerabbau).

GuV t_1	
Aufwand der Periode für 100 produzierte Stück	Ertrag der Periode für 80 abgesetzte Stück

Eine GuV für t_1 in dieser Form würde Aufwand und Ertrag auf unterschiedliche Mengen beziehen. Deshalb muß entweder der Ertrag dem Aufwand (Produktionsrechnung, GVK gemäß § 275 Absatz 2 HGB) oder der Aufwand dem Ertrag angepaßt werden (UKV gemäß § 275 Absatz 3 HGB).

Die Erfolgsrechnungen nach dem GKV und dem UKV in t_1 und t_2 sehen dann wie folgt aus:

GKV	
GuV t_1	
Aufwand für 100 produzierte Stück	Ertrag für 80 abgesetzte Stück und 20 Stück Bestandserhöhung, bewertet zu HK

UKV	
GuV t_1	
Aufwand für die Produktion von 80 Stück	Ertrag für 80 abgesetzte Stück

GKV	
GuV t_2	
Aufwand für 100 produzierte Stück der Periode und für 20 Stück der Vorperiode (Lagerabgang zu HK bewertet)	**Ertrag für 120 abgesetzte Stück**

UKV	
GuV t_2	
Aufwand für die Produktion von 120 Stück (100 aus der Periode, 20 aus der Vorperiode, bewertet zu HK)	**Ertrag für 120 abgesetzte Stück**

Beide Verfahren führen immer zum gleichen Periodenerfolg: In t_1 enthält die GuV nach dem UKV sowohl die Aufwendungen als auch die Erträge für die auf Lager produzierten 20 Stück nicht (jeweils mit HK bewertet).

Eine prinzipielle Überlegenheit eines der beiden Verfahren ist meines Erachtens nicht begründbar, da man sowohl den Umsatz als auch die Leistungserstellung mit guten Gründen als 'den' Leistungsindikator rechtfertigen kann. Auf Vor- und Nachteile der im HGB konkretisierten Varianten wird weiter unten eingegangen.

6. Periodenprinzip / Zahlungswirksamkeitsprinzip

Die handelsrechtliche Erfolgsrechnung beruht auf Erträgen und Aufwendungen, also periodisierten Größen (§ 252 Absatz 1 Nr. 5 HGB). Eine Einzahlungs-/Auszahlungsrechnung wäre zwar einfacher zu erstellen, hätte aber kaum Aussagewert im Hinblick auf die Ertragskraft eines Unternehmens. Allerdings ist der Informationsgehalt der GuV abhängig von zwei Bedingungen:

- Die Abgrenzung der Größen Ertrag und Aufwand muß möglichst eindeutig sein. Während dies aufgrund des Realisationsprinzips für die Erträge noch angenommen werden kann, ist die Zuordnung von Aufwendungen zu bestimmten Perioden häufig problematisch.
- Eine Erfolgsspaltung sollte möglich sein, wobei unterschiedliche Kriterien zur Anwendung kommen können. Ein mögliches Beispiel enthält die folgende Übersicht:

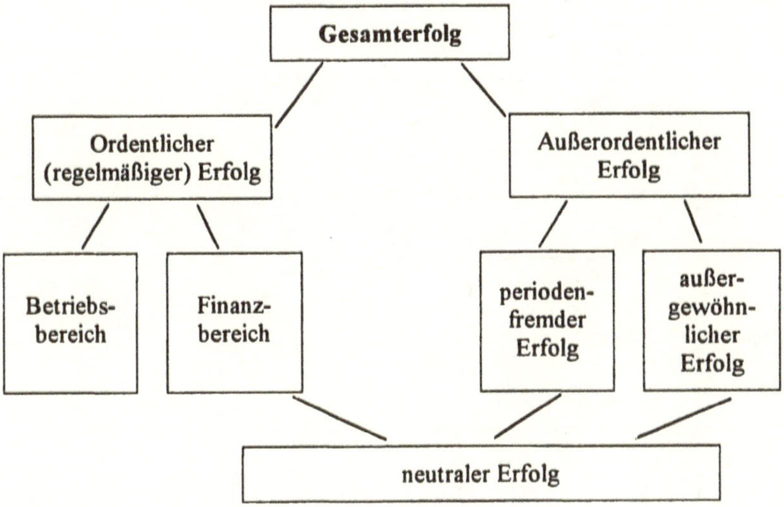

Es ist sofort einleuchtend, daß die Aussagefähigkeit einer GuV steigt, wenn der Beitrag der unterschiedlichen Erfolgskomponenten erkennbar gemacht wird. Dies ist insbesondere im Hinblick auf die Abschätzung künftiger Erfolge interessant, wenn atypische/nicht nachhaltige Bestandteile eliminiert werden können.

Eine weitere Möglichkeit besteht darin, Aufwendungen/Erträge auszusondern, die aus Beziehungen zu verbundenen Unternehmen oder Beteiligungsunternehmen resultieren. Aufgrund der rechtlichen und wirtschaftlichen Verflechtungen von Unternehmen in Deutschland sind diese Angaben besonders wichtig. Ein Unternehmen, das (fast) ausschließlich für den eigenen Konzernbedarf tätig ist, ist anders zu bewerten als ein Unternehmen, das seine Umsätze mit unverbundenen Unternehmen erzielt. Außerdem ist die Höhe von Aufwendungen und Erträgen bei unverbundenen Unternehmen Ergebnis der Marktlage (oder: der Einschätzung der Marktlage durch die Vertragsparteien), während bei Konzernunternehmen auch die Preisfestlegung durch die Konzernspitze entscheidend sein kann.

Diese exemplarischen Ausführungen zeigen eine Vielfalt möglicher GuV-Konzeptionen. Kombinationen sind möglich, so daß sich theoretisch insgesamt folgende Alternativen ergeben (wobei kein Anspruch auf Vollständigkeit besteht; denkbar wäre zum Beispiel eine zusätzliche Untergliederung in Einzel- und Gemeinerträge, Einzel- und Gemeinaufwendungen):

	1. Kontoform	**2. Netto-rechnung**	**3. Sekundär-prinzip**	**4. Sparten-erfolgs-rechnung**	**5. Umsatz-rechnung**	**6. Zahlungswirk-samkeitsprin-zip (mit/ ohne Möglichkeit der Erfolgs-spaltung)**
1. Staffelform	x	1.2	1.3	1.4	1.5	1.6
2. Brutto-rechnung	2.1	x	2.3	2.4	2.5	2.6
3. Primär-prinzip	3.1	3.2	x	3.4	3.5	3.6
4. Gesamt-erfolgs-rechnung	4.1	4.2	4.3	x	4.5	4.6
5. Produktions-rechnung	5.1	5.2	5.3	5.4	x	5.6
6. Perioden-prinzip (mit/ ohne Mög-lichkeit der Erfolgs-spaltung)	6.1	6.2	6.3	6.4	6.5	x

Das HGB enthält in § 275 Absätze 2 und 3 HGB zwei Formate für die Erfolgsrechnung von KapGes. Demnach kann jede KapGes frei wählen zwischen

- einer GuV, die als Produktionsrechnung nach dem Primärprinzip gegliedert ist,
- einer GuV, die als Umsatzrechnung nach dem Primär- und dem Sekundärprinzip gegliedert ist.

Beide Varianten sind in Staffelform und im Grundsatz als Bruttorechnung vorgeschrieben (Ausnahme: von relativ unbedeutenden Saldierungsmöglichkeiten abgesehen, verletzt die Erleichterungsregel des § 276 HGB das Bruttoprinzip). Sie stellen eine Gesamterfolgsrechnung nach dem Periodenprinzip dar, wobei eine Erfolgsspaltung zum Teil möglich ist. Für das einmal gewählte Format gilt das Stetigkeitsgebot.

Die betriebswirtschaftliche Aussagefähigkeit der HGB-GuV bleibt damit sicher hinter den Anforderungen zurück, die theoretisch möglich sind. Insbesondere die Vermischung/Aufweichung einzelner Prinzipien wirkt störend. Immerhin erlaubt das HGB aber eine GuV nach dem Umsatzprinzip, eine Alternative, die vor dem 01. Januar 1986 in Deutschland unzulässig war. Mit der HGB-Regelung waren schließlich nicht nur inländische widerstreitende Interessen zu regeln, sondern es war auch Rücksicht auf Rechnungslegungstraditionen im EU-Ausland zu nehmen.

Für die Erfolgsrechnung enthält das HGB neben den Bestimmungen in den §§ 275 ff. HGB folgende Vorgaben:

- § 243 Absätze 1 und 2 HGB: GoB-Entsprechung und Klarheit/Übersichtlichkeit,
- § 246 Absätze 1 und 2 HGB: Vollständigkeitsgebot und Saldierungsverbot,
- § 265 Absätze 1 bis 8 HGB: Gebot der Gliederungsstetigkeit, Pflicht zur Angabe von Vorjahreszahlen, Einfügung von Sonderposten etc.

Im weiteren werden die Erfolgsrechnungen nach dem GKV und dem UKV detaillierter vorgestellt und anschließend verglichen. Die GoB, die den Mindestumfang und das Format der GuV von Nicht-KapGes fixieren, werden danach behandelt.

2. DIE GuV DER KAPITALGESELLSCHAFTEN

2.1 Die GuV nach dem Gesamtkostenverfahren (§ 275 Absatz 2 HGB)

Das Schaubild auf der folgenden Seite zeigt die Strukturen der GuV nach dem UKV und dem GKV. Zu beachten ist, daß die Gliederungsschemata in § 275 HGB unvollständig sind. Für einzelne Posten, wie die (außerplanmäßigen) A. gemäß den §§ 253 Absatz 2 Satz 3; 253 Absatz 3 Satz 3 HGB oder die Einstellungs-/Auflösungsbeträge des Sonderposten mit Rücklagenanteil (§ 281 Absatz 2 HGB), enthält das HGB die Verpflichtung zu einem gesonderten Ausweis.

Staffelform „Gesamtkosten-/Umsatzkostenverfahren" und Teilergebnisse

(aus: Schildbach 1992, S. 226)

Gesamtkostenverfahren (§ 275 Abs. 2 HGB)

1. Umsatzerlöse
2. Erhöhung oder Verminderung des Bestands an fertigen und unfertigen Erzeugnissen
3. andere aktivierte Eigenleistungen
4. sonstige betriebliche Erträge
5. Materialaufwand
   a) Aufwendungen für Roh-, Hilfs- und Betriebsstoffe und für bezogene Waren
   b) Aufwendungen für bezogene Leistungen
6. Personalaufwand
   a) Löhne und Gehälter
   b) soziale Abgaben und Aufwendungen für Altersversorgung und für Unterstützung, davon für Altersversorgung
7. Abschreibungen
   a) auf immaterielle Vermögensgegenstände des Anlagevermögens und Sachanlagen sowie auf aktivierte Aufwendungen für die Ingangsetzung und Erweiterung des Geschäftsbetriebs
   b) auf Vermögensgegenstände des Umlaufvermögens, soweit diese die in der Kapitalgesellschaft üblichen Abschreibungen überschreiten
8. sonstige betriebliche Aufwendungen
9. Erträge aus Beteiligungen, davon aus verbundenen Unternehmen
10. Erträge aus anderen Wertpapieren und Ausleihungen des Finanzanlagevermögens, davon aus verbundenen Unternehmen
11. sonstige Zinsen und ähnliche Erträge, davon aus verbundenen Unternehmen
12. Abschreibungen auf Finanzanlagen und auf Wertpapiere des Umlaufvermögens
13. Zinsen und ähnliche Aufwendungen, davon an verbundene Unternehmen
14. Ergebnis der gewöhnlichen Geschäftstätigkeit
15. außerordentliche Erträge
16. außerordentliche Aufwendungen
17. außerordentliches Ergebnis
18. Steuern vom Einkommen und vom Ertrag
19. sonstige Steuern
20. Jahresüberschuß/Jahresfehlbetrag

Teilergebnisse:

- **Rohergebnis**
- **(Betriebsergebnis)**
- **Ergebnis der gewöhnlichen Geschäftstätigkeit**
- **(Finanzergebnis)**
- **außerordentliches Ergebnis**

Umsatzkostenverfahren (§ 275 Abs. 3 HGB)
(Reihenfolge geringfügig verändert)

1. Umsatzerlöse
2. Herstellungskosten der zur Erzielung der Umsatzerlöse erbrachten Leistungen
3. Bruttoergebnis vom Umsatz
6. sonstige betriebliche Erträge
4. Vertriebskosten
5. allgemeine Verwaltungskosten
7. sonstige betriebliche Aufwendungen
8. Erträge aus Beteiligungen, davon aus verbundenen Unternehmen
9. Erträge aus anderen Wertpapieren und Ausleihungen des Finanzanlagevermögens, davon aus verbundenen Unternehmen
10. sonstige Zinsen und ähnliche Erträge, davon aus verbundenen Unternehmen
11. Abschreibungen auf Finanzanlagen und auf Wertpapiere des Umlaufvermögens
12. Zinsen und ähnliche Aufwendungen, davon an verbundene Unternehmen
13. Ergebnis der gewöhnlichen Geschäftstätigkeit
14. außerordentliche Erträge
15. außerordentliche Aufwendungen
16. außerordentliches Ergebnis
17. Steuern vom Einkommen und vom Ertrag
18. sonstige Steuern
19. Jahresüberschuß/Jahresfehlbetrag

Bevor ausgewählte Posten der Schemata erläutert werden, soll die Grobstruktur des GKV vorgestellt werden.

	Betriebsergebnis (Posten 1 – 8)
+/-	Finanzergebnis (Posten 9 – 13)
=	Ergebnis der gewöhnlichen Geschäftstätigkeit (Posten 14)
+/-	Außerordentliches Ergebnis (Posten 15 – 17)
+/-	Steuern (Posten 18 – 19)
=	Jahresüberschuß/Jahresfehlbetrag (Posten 20)

Die GuV endet mit der Größe JÜ/JF, die ggf. erforderliche Erfolgsverwendungsrechnung wird am Ende dieses Unterabschnittes behandelt.

Wichtig für die Aussagefähigkeit der GuV ist die konzeptionelle Untergliederung folgender Bereiche:

1. Die Steueraufwendungen werden erst am Ende der GuV ausgewiesen, so daß das **Vor-Steuer-Ergebnis** erkennbar ist. Die Trennung in die ergebnisabhängigen Steuern (Posten 18) und die sonstigen Steuern (Posten 19) erhöht die Übersichtlichkeit. Aufgrund der Kenntnis des Ertragsteueraufwandes (KSt, GewErtrSt) kann der steuerliche Gewinn annähernd abgeschätzt werden. Die weitergehende Aufgliederung der Ertragsteuern auf das außerordentliche und das ordentliche Ergebnis ermöglicht zusätzliche Erkenntnisse (vgl. § 285 Nr. 6 HGB).

   Allerdings können die Ergebnissteuern durch Steuernachzahlungen oder -erstattungen für Vorperioden beeinflußt sein, also durch periodenfremde Einflüsse.

   Die Abgrenzung der sonstigen Steuern (VSt, GewKapSt, Grundsteuer, Kfz-St, Mineralölsteuer etc.) ist ebenfalls nicht eindeutig, da diese Steuerarten – mit durchaus beachtlichen Beträgen – auch unter den Sonstigen betrieblichen Aufwendungen (Posten 8) gezeigt werden dürfen. Dies entspricht zwar einer international weitverbreiteten Praxis, läßt aber das Ergebnis vor Steuern nicht mehr erkennen.

2. Die Aussonderung des **außerordentlichen Erfolges** soll eine externe Erfolgsspaltung erleichtern. Als 'außerordentlich' gelten Aufwendungen und Erträge, die außerhalb der gewöhnlichen Geschäftstätigkeit anfallen (§ 277 Absatz 4 Satz 1 HGB). Die Kriterien für die Festlegung von außer-

ordentlichen Posten sind in der Literatur noch umstritten. Klar ist, daß nur periodenfremde Erfolge nicht automatisch außerordentlich sind. Erträge aus dem Eingang abgeschriebener Forderungen, aus Zuschreibungen, aus der Auflösung überhöhter Rückstellungen, aus dem Verkauf von AV, aus Währungsentwicklungen etc. sind in der Regel genausowenig außerordentlich wie die entsprechenden Aufwendungen. Daraus folgt, daß eine Erfolgsspaltung eine Aussonderung periodenfremder Erfolge nicht leisten kann. Wesentliche periodenfremde Posten sind zwar im Anhang zu erläutern (vgl. § 277 Absatz 4 Satz 3 HGB), die diesbezügliche Berichtspraxis deutscher Unternehmen ist jedoch eher zurückhaltend.

Außerordentliche Erfolge sind auf jeden Fall anzunehmen, wenn artmäßig völlig ungewöhnliche Sachverhalte auftreten. Typische Beispiele aus der Literatur sind: Abwicklungsaufwendungen aus einer Teil-Betriebsaufgabe, Schuldenerlaß im Rahmen eines Sanierungsverfahrens, Enteignungen etc. Entscheidend für die Außerordentlichkeit sind hierbei die spezifischen Unternehmensverhältnisse. Das häufig genannte Zusatzerfordernis, daß es sich um betragsmäßig wesentliche Posten handeln muß, entspricht zwar der internationalen Praxis und dürfte auch der Generalnorm des § 264 Absatz 2 HGB gerecht werden, ist aber durch den Wortlaut des § 277 Absatz 4 HGB nicht gedeckt. Auch dem Kriterium der Seltenheit eines Ereignisses kommt höchstens eine Hilfsfunktion zur Beurteilung der Außerordentlichkeit zu. So mag es selten sein, daß eine Backwarenfabrik gebrauchtes AV verkauft oder an der Börse spekuliert. Außerordentlich sind daraus resultierende Erträge und Aufwendungen deshalb trotzdem nicht.

Diese enge Abgrenzung der außerordentlichen Posten macht deutlich, daß in den meisten Erfolgsrechnungen entsprechend Leerposten auftauchen werden. Eine umfassende Erfolgsspaltung, insbesondere die Aussonderung periodenfremder Größen, ist nicht möglich, es sei denn, das HGB schreibt zusätzlich einen gesonderten Ausweis in GuV oder Anhang vor. So bestimmt zum Beispiel § 277 Absatz 4 Satz 3 HGB, daß Erträge und Aufwendungen, die einem anderen GJ zuzurechnen sind, hinsichtlich ihres Betrages und ihrer Art im Anhang zu erläutern sind, soweit sie wesentlich sind. Selbst wenn eine Konkretisierung des unbestimmten Begriffes 'wesentlich' übereinstimmend möglich wäre, ist damit noch lange nicht geklärt, welche Posten periodenfremd sind.

Zwei Beispiele sollen das Problem verdeutlichen:

a) Eine Maschine wurde für 500 TDM gekauft und bisher linear abgeschrieben, wobei eine ND von zehn Jahren unterstellt wird.

- Am Ende des achten Jahres (Restbuchwert 100 TDM) wird die Maschine für 150 TDM verkauft.
- Am Ende des achten Jahres erfolgt eine außerplanmäßige A., da die Rest-ND voraussichtlich nur noch ein Jahr beträgt.

Sind Buchgewinn und außerplanmäßige A. periodenfremd? Zum einen könnte man argumentieren, sie resultierten aus Ereignissen des GJ: der Buchgewinn sei ein Erfolg des Verhandlungsgeschicks und der Marktlage des Jahres. Die veränderte ND-Prognose gehe auf das bessere Wissen aus dem Jahr über veränderte Einsatzmöglichkeiten der Anlage zurück. Genausogut könnte man aber auch die Meinung vertreten, daß diese Ereignisse nur deutlich machten, daß die frühere Prognose über den Einsatz und die Wertminderung unzutreffend gewesen seien und nun im nachhinein korrigiert würden (durch periodenfremde Posten).

b) Eine Prozeßkostenrückstellung von 200 TDM wird aufgelöst, da der Prozeß im laufenden Jahr (überraschend) gewonnen wurde. Den Abwicklungsgewinn kann man wiederum als periodenbezogen interpretieren, da das Urteil ein Ereignis des GJ war. Oder man nimmt Aperiodizität an, weil die Schätzung der Vorperiode im nachhinein falsch war.

3. Eine weitere für die externe Erfolgsanalyse wichtige Unterscheidung betrifft die Aufwendungen/Erträge, die aus **Beziehungen zu verbundenen Unternehmen und Beteiligungsunternehmen** entstanden sind. Diese Größen sind aber nur bei den das Finanzergebnis betreffenden Posten mit einem Davon-Vermerk anzugeben, während zum Beispiel Umsatzerlöse aus Verkäufen an verbundene Unternehmen genausowenig erkennbar werden wie Buchgewinne aus Anlageverkäufen an verbundene Unternehmen oder Aufwendungen für konzernintern bezogene Dienstleistungen (zum Beispiel EDV-, Beratungsleistungen).

4. Das **Ergebnis aus der gewöhnlichen Geschäftstätigkeit** soll im Grundsatz den 'normalen', d.h. einen vielleicht als nachhaltig interpretierbaren Erfolg vor Steuern kenntlich machen. Aufgrund der recht engen Definition des außerordentlichen Erfolges und der Einbeziehung von sonstigen Steuern kann man aber weder Nachhaltigkeit unterstellen noch Steuerfreiheit.

Die weitergehende Aufgliederung in das **Betriebs-** und das **Finanzergebnis** ist im Kern zu begrüßen. Für die Beurteilung der Ertragskraft eines Unternehmens und eine mögliche Trendextrapolation für die Zukunft spielt es natürlich eine große Rolle, wie der Erfolg aus der 'eigentlichen' Betriebstätigkeit aussieht und welche Teile des Erfolges auf Finanzanlagen, Kredite etc. zurückgehen.

Allerdings ist die Trennung von Betriebs- und Finanzbereich nicht konsequent gelungen: Personal-, Material-, Miet- und sonstiger Aufwand, der den Finanzbereich betrifft, wird zum Beispiel im Betriebsergebnis ausgewiesen. Umgekehrt betrifft der Zinsaufwand für ein Darlehen zur Finanzierung einer Fabrikhalle den Betriebsbereich, erscheint aber im Finanzergebnis. Außerdem können sich wirtschaftlich sehr ähnliche Sachverhalte unterschiedlich in der GuV niederschlagen. Erwirbt eine Gesellschaft zum Beispiel sämtliche Anteile an einem Konkurrenzunternehmen, sind die ausgeschütteten Gewinne dieser Unternehmung im Finanzergebnis enthalten. Werden statt dessen sämtliche Aktiva und Passiva des Konkurrenzunternehmens gekauft, gehen die betrieblichen Erfolge dieses Teilbetriebes in das Betriebsergebnis des Erwerbers ein.

Die Erfolge aus dem Verkauf von Wertpapieren des UV und von Finanzanlagen werden ebenfalls im sonstigen betrieblichen Ertrag/Aufwand gezeigt und nicht im Finanzergebnis (siehe unten).

Ohne allzu sehr auf Details einzugehen, sollen **einige wichtige Posten** der GuV nach dem GKV kurz erläutert werden:

Die **Umsatzerlöse** (UE) umfassen die Erlöse aus

- dem Verkauf von typischen Erzeugnissen und Waren,
- dem Verkauf typischer Dienstleistungen,
- der Vermietung oder Verpachtung typischer Erzeugnisse

im Rahmen der gewöhnlichen Geschäftstätigkeit (§ 277 Absatz 1 HGB).

Erlösschmälerungen (Preisnachlässe, Skonti u.ä.) und Umsatzsteuer sind abzusetzen. Da der Posten UE für die Beurteilung der Marktstellung und Größe des Unternehmens ebenso wichtig ist wie für die Bildung von Kennziffern für eine JA-Analyse (zum Beispiel Materialaufwand: UE, UE: Mitarbeiteranzahl etc.), ist eine möglichst eindeutige Abgrenzung notwendig.

Zur Bestimmung der 'gewöhnlichen Geschäftstätigkeit' kommt es dabei auf das Gesamtbild der Verhältnisse an. Die satzungsmäßige Fixierung des Gesellschaftszweckes kann hierbei zwar Anhaltspunkte liefern, dürfte aber häufig nicht ausreichen. Wichtig ist, daß

- Erträge aus Nebengeschäften (Vermietung von Wohnräumen an Mitarbeiter, Verpachtung von Kantinen etc.) und
- Erlöse aus dem Verkauf von AV

nicht zu den UE zählen, sondern zu den sonstigen betrieblichen Erträgen. Sonst könnte ein Automobilhersteller rückläufige Erlöse aus dem Absatz von Autos durch den Verkauf nicht betriebsnotwendiger Maschinen oder Grundstücke kompensieren. Die negative Entwicklung des Kerngeschäftes wäre nicht erkennbar.

Die **Bestandsveränderungen** beinhalten Lagerzu- und -abgänge der Periode (= Mengenänderungen), bewertet mit den HK und Wertänderungen der Bestände, soweit es sich um übliche A. oder Zuschreibungen handelt (§ 277 Absatz 2 HGB). Es wird sich also häufig um eine Saldogröße handeln, wenn (Teil-)Bestände an fertigen und unfertigen Erzeugnissen in einer Periode zu- und abgehen und A. oder Zuschreibungen vorgenommen werden.

Zu erfassen sind im Posten 2 aber nur die für die KapGes üblichen A., während die unüblichen A. für das gesamte UV gesondert in Posten 7b auszuweisen sind. Eine gesetzliche Definition von 'üblichen' A. fehlt, es kommt auf die konkreten Umstände des bilanzierenden Unternehmens an.

Zu beachten ist, daß die A. nach § 253 Absatz 3 Satz 3 HGB (auf den nahen Zukunftswert) genauso üblich sein können wie A. nach dem NWP oder die (selten möglichen) steuerlichen A. gemäß § 254 HGB.

Die **anderen aktivierten Eigenleistungen** umfassen im wesentlichen die Erträge für selbsterstellte Anlagen, aktivierte Großreparaturen und Aufwendungen für die Ingangsetzung und Erweiterung des Geschäftsbetriebes (§ 269 HGB). Obwohl formal ein Ertrag ausgewiesen wird, liegt dem keine Absatzleistung zugrunde, so daß der Posten materiell als Stornierung der Herstellungsaufwendungen für die VG (oder BH) zu interpretieren ist.

Der Sammelposten **Sonstige betriebliche Erträge** beinhaltet alle Erträge aus der gewöhnlichen Geschäftstätigkeit, die nicht einem anderen GuV-Posten zuzurechnen sind (also: nicht UE, nicht dem Finanzbereich). Deshalb sollte meines Erachtens eine Zuordnung von Steuererstattungen zur Aufwandsart Steuern erfolgen und nicht zu den Sonstigen betrieblichen Erträgen. Dieser Posten ist naturgemäß schon sehr heterogen und sollte nicht unnötig groß werden.

Angesichts der häufig beachtlichen Größenordnung dieser Erträge (und analog der Sonstigen betrieblichen Aufwendungen) ist eine Interpretation schwierig, zumal die Erläuterungen im Anhang in der Regel sehr spärlich sind. Dies ist besonders unbefriedigend, weil der Posten wichtige periodenfremde Erträge (zum Beispiel aus der Auflösung von Rückstellungen, aus dem Eingang ausgebuchter Forderungen) oder atypische Erträge (zum Beispiel aus Anlagenverkäufen, Kursgewinnen, Zuschreibungen etc.) enthalten kann. Nachhaltigkeit dieser Erfolgskomponenten, bilanzpolitische Einflüsse oder Zahlungswirksamkeit sind deshalb kaum einzuschätzen.

Der Posten **Materialaufwand** trägt genaugenommen einen falschen Namen, da auch bezogene Handelswaren und Leistungen hierunter fallen und nicht nur RHB. Auch hier sind sowohl mengen- als auch wertmäßige (= A.) Abgänge von Material/Waren zu zeigen. Die Ermittlung kann mit oder ohne Inventur erfolgen. Im zweiten Fall werden Abgänge unterjährig erfaßt (zum Beispiel aufgrund von Materialentnahmescheinen) und ein buchhalterischer Soll-Endbestand ermittelt. Der Abgleich mit dem Inventarergebnis kann zu Inventurdifferenzen führen (zum Beispiel unkontrollierte Abgänge), die ebenfalls in den Posten 5 eingehen, aber intern wenigstens erkennbar sind. Werden dagegen die laufenden Abgänge nicht gebucht, wird der Endbestand nur auf der Basis der Inventur ermittelt, der Materialaufwand also erst ex post ermittelt, wobei Inventurdifferenzen gar nicht auftreten können. Ein buchhalterischer Sollbestand fehlt.

Der Materialaufwand des Verwaltungs-, Vertriebsbereiches etc. kann sowohl hier als auch beim Sonstigen betrieblichen Aufwand (Posten 8) erfaßt werden.

Der **Personalaufwand** beinhaltet Löhne und Gehälter einschließlich der Sozialversicherungsbeiträge und Steuern, die vom Arbeitgeber zu tragen sind. Auch Sachleistungen sind hier auszuweisen, soweit sie Lohn- und Gehaltscharakter haben (zum Beispiel verbilligte Werkswohnungen). Die Aufwendungen für Altersversorgung enthalten die Zuführungen zu den Pensionsrückstellungen, Zuweisungen an Unterstützungkassen, Pensionszahlungen (die nicht gegen eine Pensionsrückstellung gebucht werden). Der Aufwand für die jährliche Aufzinsung der Pensionsrückstellung kann beim Personalaufwand oder beim Zinsaufwand in Posten 13 ausgewiesen sein.

Der Posten **Abschreibungen** ist etwas unsystematisch untergliedert und enthält nicht alle A. So sind A. auf das UV nur auszuweisen, wenn sie unüblich sind (und nicht zugleich außerordentlich). A. auf das AV sind dagegen vollständig erfaßt, wenn es sich nicht um

- A. auf Finanzanlagen (Posten 12) oder
- rein steuerliche A. handelt, die indirekt über den Sonderposten mit Rücklagenanteil (Posten 8) gebucht werden (vgl. Kapitel 14).

Beide Größen sind dem JA zu entnehmen, so daß für das AV die gesamten A. ermittelt werden können.

Die **Sonstigen betrieblichen Aufwendungen** stellen wiederum einen Sammelposten für verschiedene Aufwendungen dar: Buchverluste, Rückstellungszuführungen (zum Teil), Mieten, Bürokosten, JA-Kosten, Versicherungen, Rechtsberatung, übliche Forderungs-A., Zuführungen zum Sonderposten mit Rücklagenanteil etc. Auch dieser Posten ist wegen unzureichender Erläuterungen im Anhang oft schwer interpretierbar, obwohl er eine beträchtliche Größenordnung erreichen kann.

Die in das **Finanzergebnis** einfließenden Posten 9 bis 13 beinhalten im wesentlichen

- laufende Erträge (Zinsen, Dividenden, Zuschreibungen bei Zerobonds etc.),
- laufende Aufwendungen (Zinsen, A., Disagio etc.) und einmalige Aufwendungen für Kreditaufnahmen (Provisionen, Bereitstellungszinsen etc.),
- A. auf Finanzanlagen.

Buchgewinne/-verluste aus dem Abgang von Wertpapieren des UV oder von Finanzanlagen können sowohl im Sonstigen betrieblichen Aufwand/Ertrag (Posten 4/8) als auch im Finanzergebnis enthalten sein. Im ersten Fall enthält das Finanzergebnis überwiegend nur die laufenden Aufwendungen und Erträge und ist deshalb unvollständig.

Da die weiteren GuV-Posten (außerordentliche Größen und Steuern) bereits angesprochen wurden (siehe oben), erübrigt sich eine weitere Erläuterung.

Das GuV-Schema des HGB muß von AG nach dem Posten JÜ/JF ergänzt werden, um die Überleitung zum Bilanzgewinn/Bilanzverlust zu zeigen (§ 158 Absatz 1 AktG). Diese Aufgliederung kann in der GuV selbst oder im Anhang vorgenommen werden. Sie umfaßt folgende Posten:

1. Gewinnvortrag/Verlustvortrag aus dem Vorjahr,
2. Entnahmen aus der Kapitalrücklage,
3. Entnahmen aus Gewinnrücklagen,
4. Einstellungen in die Gewinnrücklagen,
5. Bilanzgewinn/Bilanzverlust

(die Posten 3. und 4. sind ggf. zusätzlich in die Unterposten gemäß § 266 HGB aufzugliedern).

Die Darstellung kann mit vollständiger/teilweiser oder ohne Ergebnisverwendung erfolgen (vgl. § 268 Absatz 1 HGB). Im letzten Fall entfällt eine Überleitungsrechnung. Ansonsten sind der Ergebnisvortrag und die Rücklagenbewegungen aufzufächern, um den Bilanzgewinn/-verlust zu zeigen (vgl. zur Kompetenzregelung für die Ergebnisverwendung bei AG Kapitel 13). Für GmbH ist eine Überleitungsrechnung nicht gefordert.

2.2 Die GuV nach dem UKV (§ 275 Absatz 3 HGB)

Die Ergebnisrechnung nach § 275 Absatz 3 HGB hat eine dem GKV formal ähnliche Grobstruktur:

	Betriebsergebnis (Posten 1 – 7)
+/-	Finanzergebnis (Posten 8 – 12)
=	Ergebnis der gewöhnlichen Geschäftstätigkeit (Posten 13)
+/-	Außerordentliches Ergebnis (Posten 14 – 16)
+/-	Steuern (Posten 17 und 18)
=	Jahresüberschuß/Jahresfehlbetrag (Posten 19)

Trotz der ähnlichen Grobstruktur gibt es wesentliche Unterschiede zum GKV:

1. Die in das Betriebsergebnis einfließenden Aufwandskomponenten sind nach Funktionsbereichen (Sekundärprinzip) gegliedert und nicht nach Aufwandsarten (Primärprinzip).
2. Erträge und Aufwendungen beziehen sich in der Regel auf abweichende Mengengerüste (bei Bestandsänderungen, aktivierten Eigenleistungen).
3. Ab Posten 8 des UKV stimmen die Postenbezeichnungen mit denen des GKV (Posten 9 bis 20) überein. Zu beachten ist aber, daß das Finanzergebnis, das außerordentliche Ergebnis, die Steuern und die gleichlautenden Posten Sonstige betriebliche Erträge/Aufwendungen aus dem Betriebsergebnis erheblich differieren können.

Die Ursache für diese möglichen Differenzen liegt in der Vermischung von Primär- und Sekundärprinzip beim Gliederungsschema in § 275 Absatz 3

HGB. Während für das Betriebsergebnis die Aufwendungen nach Funktionsbereichen zu gliedern sind, sind ab Posten 8 die einzelnen Ertrags- und Aufwandsarten zu zeigen. Da der Gesetzgeber nicht festgelegt hat, welches Prinzip Vorrang hat, kommt es zu ungelösten Zuordnungsproblemen:

- Zinsaufwendungen, die zum Beispiel den Herstellungs- oder Verwaltungsbereich betreffen, können als Funktionsbereichsaufwendungen ausgewiesen werden (Vorrang des Sekundärprinzips) oder als Teil des Finanzergebnisses (Vorrang des Primärprinzips).
- Genauso können Steueraufwendungen, die einen Funktionsbereich betreffen, im Betriebsergebnis oder unter den Steuerposten erfaßt werden.

Ohne aussagefähige Erläuterungen im Anhang ist die GuV nach dem UKV deshalb schwer interpretierbar. Allerdings sollte man das UKV nicht schon deshalb als wenig informativ abtun: auch beim GKV gibt es eine ganze Reihe von Zuordnungsproblemen.

Im weiteren sollen ausgewählte GuV-Posten des UKV kurz erläutert werden, soweit sich wesentliche Unterschiede zum GKV ergeben. Es erfolgt eine Begrenzung auf Komponenten des Betriebsergebnisses, obwohl auch die folgenden Posten aus dem gerade genannten Grund vom GKV abweichen können.

Der Posten UE stimmt mit dem gleichnamigen Posten 1 des GKV überein, die Bestandsänderungen und die anderen aktivierten Eigenleistungen fehlen systembedingt. Der Posten 2 heißt statt dessen 'Herstellungskosten der zur Erzielung der Umsatzerlöse erbrachten Leistungen'. Außerdem sind die Verwaltungs-, Vertriebs- und die Sonstigen betrieblichen Aufwendungen (und Erträge) auszuweisen.

Diese Gliederung beinhaltet zwei grundsätzliche Probleme:

1. Da eine gesetzliche Definition der einzelnen Funktionsbereiche fehlt und eine Zurechnung der einzelnen Aufwandsarten in der Regel nur mittels Schlüsselung möglich ist, kann die entsprechende Zuordnung bei unterschiedlichen Unternehmen höchst unterschiedlich sein. Einflüsse aus der gewachsenen Organisationsstruktur, der spezifischen Kostenrechnung und bilanzpolitischer Art sind möglich. So kann es dem erwünschten Firmenimage dienlich sein, Verwaltungsaufwendungen niedrig zu halten, um nicht den Verdacht einer ineffizienten Bürokratie aufkommen zu lassen. Im Extremfall könnte der überwiegende Teil der Gesamtaufwendungen dem Herstellungsbereich zugeordnet werden, so daß die anderen Aufwands-

bereiche nur noch unwesentliche Beträge zeigen. Chmielewicz (1990, S. 41) spricht von der Gefahr eines 'Gliederungsverzichtes'.

2. Der Posten 2 enthält ebenso wie § 255 Absätze 2 und 3 HGB den Begriff der HK, ohne daß Klarheit herrscht, ob eine Identität anzunehmen ist. Obwohl der Wortlaut dies nahelegt, wird auf die unterschiedliche Stellung des Begriffs im HGB verwiesen: Während § 255 HGB die Bewertung von Beständen in der Bilanz betrifft, also eine erfolgsbeeinflussende Bewertungsfrage regelt, geht es in § 275 HGB um eine erfolgsneutrale Gliederungsfrage.

In der Literatur werden nahezu alle möglichen Kombinationen mit unterschiedlichen Argumenten vertreten:

a) Die HK müssen in Bilanz und GuV gleich abgegrenzt werden,

b) Bilanz und GuV sind unabhängig voneinander zu sehen und in der GuV

   ba) kann das Schema des § 255 HGB frei ausgeschöpft werden,
   bb) sind immer Vollkosten im Sinne des § 255 HGB anzusetzen,
   bc) sind immer Vollkosten anzusetzen, aber ohne Bindung an § 255 HGB.

Selchert (vgl. 1986, S. 2398 ff.) hat die unterschiedlichen Konsequenzen verschiedener Kombinationen an einem (extremen) Beispiel deutlich gemacht. Für den Fall eines Bestandsaufbaues wird dieses modifiziert wiedergegeben.

Daten:	Jahresproduktion	10.000 Stück
	AB	0
	EB	2.500 Stück
	Einzelkosten/Stück	20
	Gemeinkosten/Stück	80
	HK/Stück	100
	Umsatzerlös/Stück	105

Fall 1: HK in Bilanz und GuV zu Vollkosten

Bestand Fertigerzeugnisse in der Bilanz:

2.500 Stück x DM 100	250.000
HK in der GuV	750.000
Umsatzerlöse	787.500

In diesem Fall hält Selchert die GuV für aussagefähig, da die Gegenüberstellung der UE und der zugehörigen Vollkosten das Bruttoergebnis vom Umsatz (Posten 3) zutreffend zeigt und die Bestandserhöhung den vollen Herstellungsaufwand neutralisiert.

Fall 2: **HK in der Bilanz zu Einzel- und in der GuV zu Vollkosten**

Bestand Fertigerzeugnisse in der Bilanz:

2.500 Stück x 20	50.000
HK in der GuV	750.000
Umsatzerlöse	787.500
Sonstiger betrieblicher Aufwand: 2.500 Stück x 80	200.000

Während das Bruttoergebnis vom Umsatz mit Fall 1 übereinstimmt, enthält der Sonstige betriebliche Aufwand die nicht aktivierte Gemeinkosten, die auf den Lagerbestand entfallen. Diese nicht erfolgsneutrale Buchung der HK des Endbestandes mag die Aussagefähigkeit der GuV mindern; sie betrifft aber in gleichem Maße die GuV nach GKV.
Als Variante stellt Selchert den Ausweis der Gemeinkosten der nicht abgesetzten Produkte (= 200.000) bei den HK im Posten 2 vor. Den UE von 787.500 stehen in der GuV dann HK von 950.000 gegenüber, das Bruttoergebnis vom Umsatz wird negativ. Obwohl dieses Verfahren nach Selchert in der angelsächsischen Praxis zulässig ist, dürfte es mit dem HGB unvereinbar sein: der Posten 2 stellt auf die HK der abgesetzten Produkte ab.

Fall 3: **HK in Bilanz und GuV zu Einzelkosten**

Bestand Fertigerzeugnisse in der Bilanz	50.000
HK in der GuV	150.000
Umsatzerlöse	787.500
Sonstiger betrieblicher Aufwand	800.000

Dieses Beispiel macht deutlich, warum der Posten Sonstiger betrieblicher Aufwand wesentlich von dem gleichnamigen Posten des GKV abweichen kann: sämtliche Gemeinaufwendungen der Funktionsbereiche können hier enthalten sein, und zwar sowohl für die abgesetzten Produkte als auch für die nur zu Teilkosten bewerteten Lagerbestände.

Fall 4: **HK in Bilanz zu Voll- und in der GuV zu Einzelkosten**

Bestand Fertigerzeugnisse in der Bilanz	250.000
HK in der GuV	150.000
Umsatzerlöse	787.500
Sonstiger betrieblicher Aufwand	600.000

Die Konseqenzen der vier Fallgestaltungen beim Bestandsabbau können auf einfache Art verdeutlicht werden, so daß eine Darstellung verzichtbar ist. Es wurde aber klar, daß die GuV nach dem UKV zu teilweise schwer interpretierbaren Resultaten führen kann, insbesondere wenn der Bereich der HK eng abgegrenzt und der Sammelposten Sonstiger betrieblicher Aufwand relativ groß wird.

Der Posten **Vertriebskosten** umfaßt sämtliche Aufwendungen der Periode, da eine Kürzung für nicht abgesetzte Produkte nicht in Frage kommt: Nach § 255 Absatz 2 Satz 6 HGB sind sie nicht aktivierungsfähig. Dem Vertriebsbereich sind insbesondere Aufwendungen für Werbeaktionen, Reise- und Vertreterkosten, Messekosten, Kosten der Auslieferungslager etc. zuzurechnen.

Auch die **allgemeinen Verwaltungskosten** beinhalten die gesamten Aufwendungen des GJ, soweit nicht eine Einbeziehung in die HK gemäß § 255 Absatz 2 HGB in Frage kommt. Hierzu gehören beispielsweise Kosten der Geschäftsführung, der Personalabteilung, der Rechts-, Steuer- und Rechnungswesenabteilung, der Sozialeinrichtungen etc. Hierbei wird von mir unterstellt, daß über § 255 HGB hinausgehende Verwaltungskosten nicht in Position 2 erfaßt werden dürfen (vgl. oben).

2.3 Analyse der Vor- und Nachteile der GuV-Varianten

Da gemäß HGB zwei völlig verschieden konzipierte GuV wahlweise zulässig sind, ist es nicht verwunderlich, daß in der Literatur eine ausführliche Diskussion über die Vorziehenswürdigkeit eines der Verfahren entbrannt ist. Ein Überblick über die vorgetragenen Argumente macht nochmals exemplarisch Stärken und Schwächen beider Verfahren deutlich:

1. Vergleichbarkeit gestört?

Festzuhalten ist zunächst, daß die Wahlmöglichkeit des § 275 HGB ex definitione die Vergleichbarkeit zwischen Unternehmen, die verschiedene Formate zugrunde legen, stört. Selbst gleich bezeichnete GuV-Posten haben jeweils verschiedene Inhalte, so daß eine vollständige Überleitung einer GuV nach dem UKV in eine GuV nach dem GKV (oder umgekehrt) extern nicht möglich ist. So differieren die Sonstigen betrieblichen Erträge/Aufwendungen, die Zwischensumme Rohergebnis (die beim UKV immer größer als beim GKV sein dürfte, da die Position 2 – HK – mehr enthält als den Materialaufwand nach Posten 5 des GKV), aber auch die Aufwandsarten nach dem Betriebsergebnis können auseinanderfallen, wenn beim UKV eine Dominanz des Sekundärprinzips unterstellt wird. Diesen Nachteil kann man aber keinem der Verfahren zurechnen.

Das UKV wurde ausdrücklich mit dem Ziel in das HGB aufgenommen, die internationale Vergleichbarkeit deutscher Unternehmen mit ausländischen Wettbewerbern zu ermöglichen. Weltweit ist das UKV wesentlich weiter verbreitet als das GKV, besonders in England und den USA. Allerdings weichen die Bilanzierungs- und Bewertungstraditionen, also auch die Definitionen von Aufwand und Ertrag, in den verschiedenen Ländern deutlich voneinander ab. Eine internationale Vergleichbarkeit ist deshalb nur in sehr eingeschränktem Maße gegeben.

Vergleichbarkeit kann aber gefordert werden

- zwischen deutschen Unternehmen, die das gleiche Verfahren anwenden (externer Vergleich),
- zwischen den GuV eines Unternehmens im Zeitablauf (interner Vergleich).

Anhänger des GKV gehen davon aus, daß das UKV für beide Vergleichsarten unterlegen ist. Begründet wird die Unmöglichkeit eines externen Vergleichs vorwiegend mit der fehlenden gesetzlichen Abgrenzung der einzelnen Funktionsbereiche beim UKV. Es kann nicht einfach unterstellt werden, daß zum Beispiel der Herstellungs- und der Verwaltungsbereich bei zwei Unternehmen identisch definiert werden. Dies liegt zum einen daran, daß die Kostenstellengliederungen differieren können und auf die unternehmensspezifischen Erfordernisse und Traditionen zugeschnitten sind. Zum anderen können sich selbst bei gleicher Organisationsstruktur Unterschiede ergeben, weil einzelne Aufwandsarten aus den Posten 10, 11, 12 oder 17 den Funktionsbereichen anteilig zugerechnet werden oder nicht (siehe oben). Zwar wird darauf verwiesen, daß es in der Kostenrechnungstheorie durchaus plausible und hinreichend präzise Abgrenzungskriterien für die Funktionsbereiche gibt, es ist aber nicht anzunehmen, daß die Unternehmenspraxis diese (einheitlich) anwendet. Insofern ist die zwischenbetriebliche Vergleichbarkeit tatsächlich beim UKV nur begrenzt gegeben.

Der Stellenwert dieses Argumentes ist allerdings im Kontext zu sehen:

- Auch das GKV eröffnet Gestaltungsspielräume, die Postenzuordnungen sind nicht immer eindeutig. Dies stört ebenfalls die externe Vergleichbarkeit.
- Auch in Ländern, in denen traditionell das UKV Anwendung findet, gibt es externe JA-Analysen in Form von Betriebsvergleichen. Daß die dabei verwendeten Kennziffern von den in Deutschland üblichen abweichen, ist unstrittig. Daß die Ergebnisse dieser Analysen schlechter sind als die in Deutschland, läßt sich dagegen kaum begründet behaupten.

Im Rahmen eines Zeitvergleichs kann meines Erachtens keine Dominanz eines der Verfahren behauptet werden. Selbst bei unscharf definierten Funktionsbereichen bindet eine einmal gewählte Abgrenzung ein Unternehmen im Grundsatz auch für die Zukunft (vgl. § 265 HGB).

2. Zusätzliche Informationsinstrumente erforderlich?

Die GuV nach dem GKV läßt sich aus den Konten der laufenden FiBu problemlos ableiten, wenn einer der gängigen Kontenrahmen der Bf. zugrunde liegt. Die Darstellung nach dem UKV erfordert dagegen die Umgliederung eines Teils der Aufwandsarten auf die gesetzlich vorgeschriebenen Funktionsbereiche. Demnach ist eine zumindest sehr grobe Kostenstellenrechnung erforderlich, ein ausgefeilter Betriebsabrechnungsbogen ist meines Erachtens nicht zwingend.

Unstrittig kann dies zu einem buchhalterischen Mehraufwand führen, wenn ein Unternehmen über keine (ausgebaute) KoRe verfügt. Eine für die Zwecke der GuV-Darstellung ausreichende Kostenstellenrechnung dürfte aber bei den meisten Unternehmen vorliegen, so daß diese Zusatzbelastung nicht bedeutsam sein dürfte. Bei vielen Gesellschaften ist sogar anzunehmen, daß sie für interne Zwecke die entsprechenden Daten sowieso ermitteln. Die externe GuV nach dem UKV kann dann für diese Zwecke weiter aufgegliedert und modifiziert werden (zum Beispiel Segmentierung nach Produktgruppen, Kostenauflösung in variable und fixe Bestandteile). Damit kann sich eine durchaus erwünschte Angleichung von externem und internem Berichtswesen ergeben. Außerdem müssen viele Unternehmen eine GuV nach dem UKV erstellen, auch wenn sie für die eigenen JA das GKV wählen, da ausländische Mutterunternehmen solche Erfolgsrechnungen verlangen.

Es wird auch argumentiert, daß das UKV eine laufende Nachkalkulation erfordert: Die unfertigen und fertigen Erzeugnisse sind unterjährig zu erfassen und zu bewerten, um den abgesetzten Produkten die für die Herstellung, Verwaltung etc. angefallenen Aufwendungen direkt zurechnen zu können. Demgegenüber reicht es beim GKV aus, am Periodenende mittels Inventur die Endbestände an fertigen und unfertigen Erzeugnissen zu ermitteln und diese mit den HK zu bewerten. Im Extremfall, wenn alle produzierten Erzeugnisse im gleichen Jahr abgesetzt werden, ist überhaupt keine Nachkalkulation erforderlich.

Meines Erachtens beinhaltet diese Argumentation keinen Nachteil des UKV:

- Eine laufende Nachkalkulation ist für viele Unternehmen aus Eigeninteresse schon Bestandteil des Rechnungswesens, ein Mehraufwand liegt nicht vor. Werden Bestandszu- und -abgänge nicht laufend gebucht, so fehlt ein wichtiges Kontrollinstrument für die Prüfung der Inventurergebnisse: der Soll-

Bestand laut Bf.: unkontrollierte Abgänge, Fehlmengen und Inventurfehler bleiben unerkannt.

- Theoretisch setzt das UKV keine laufende Nachkalkulation voraus. Es ist genauso wie beim GKV möglich, für den Bilanzstichtag die Bestände durch Inventur zu ermitteln und nur für diese eine Bewertung zu HK vorzunehmen. Werden alle produzierten Erzeugnisse im gleichen Jahr abgesetzt, so ist auch hierbei der gesamte Herstellungsaufwand des Jahres unkorrigiert im Posten 2 auszuweisen. Mehrarbeit gegenüber dem GKV entsteht nicht. Vorausgesetzt wird hierbei, daß die Aufwendungen bereits unterjährig den einzelnen Funktionsbereichen zugeordnet werden.

3. Wichtige Erfolgskomponenten und Zwischensummen fehlen!

Als Nachteil des UKV wird häufig angeführt, daß die GuV-Posten 2 und 3 des GKV, also die Bestandsänderungen und die anderen aktivierten Eigenleistungen, fehlen. Diese werden zusammen mit den Umsatzerlösen auch als Gesamtleistung einer Periode bezeichnet. Dieser Einwand ist vordergründig, soweit er die Bestandsänderungen betrifft. Diese können problemlos aus der Bilanz ersehen werden, da bei KapGes zu den entsprechenden GJ-Zahlen auch die Vorjahreszahlen anzugeben sind (§ 265 Absatz 2 HGB). Deshalb dürfte auch die häufig geäußerte Ansicht, das UKV sei bei langfristiger Auftragsfertigung nicht sinnvoll anwendbar, kaum haltbar sein. Die entsprechenden Erträge des GKV-Schemas (= Bestandserhöhungen) können der Bilanz entnommen werden.

Die anderen aktivierten Eigenleistungen sind hingegen nicht erkennbar. Ob deshalb eine Pflicht zur Erläuterung im Anhang anzunehmen ist, wenn es sich um wesentliche Beträge handelt, ist zumindest umstritten.

Fraglich ist aber meines Erachtens durchaus, ob der Wegfall der Größe Gesamtleistung als Informationsverlust anzusehen ist. Diese Größe ist heterogen zusammengesetzt, da sie Umsatzerlöse enthält, die zu Absatzpreisen bewertet sind und die anderen Posten zu HK, die auch noch für verschiedene Bestände und Eigenleistungen unterschiedlich bemessen sein können.

Die Interpretation der gesamten Produktion einer Periode als Ertrag ist durchaus problematisch. So ist der Aufbau von Beständen in einer Marktwirtschaft nicht unbedingt als positiv anzusehen, der Absatz steht eigentlich im Vordergrund. Das Realisationsprinzip (vgl. Kapitel 4) stellt auf den Umsatzakt ab. Bestandserhöhungen und aktivierte Eigenleistungen werden im GKV-Schema zwar als Erträge gezeigt, inhaltlich sind sie aber eher als Stornierung der anteiligen HK zu sehen, also ein 'Fremdkörper' in der GuV (selbst wenn er informativ ist).

Demgegenüber zeigt das UKV in Übereinstimmung mit dem Realisationsprinzip die Marktleistung des Unternehmens. Die Zwischensumme 3 beim UKV (Bruttoergebnis vom Umsatz) stellt eine besser interpretierbare Zahl dar als die Gesamtleistung beim GKV. Dies gilt auf jeden Fall, wenn der Posten 2 (HK der abgesetzten Leistungen) im Zeitablauf konstant abgegrenzt wird.

Das Fehlen wichtiger Aufwandsarten beim UKV ist ein immer wieder beklagter Mangel. Besonders wichtig sind die für eine externe Analyse zentralen Größen Materialaufwand, Personalaufwand und A. Für KapGes enthält § 285 Nr. 8 HGB die Verpflichtung, die Material- und Personalaufwendungen im Anhang anzugeben, und zwar nach herrschender Meinung in dem Umfang, wie sie bei Anwendung des GKV zu zeigen wären. Es sind also die Material- und Personalaufwendungen der sogenannten Gesamtleistung auszuweisen.

Die Kenntnis der Größe A. ist für die JA-Analyse wichtig, da sie Anhaltspunkte für die Selbstfinanzierungskraft eines Unternehmens liefert. Die A. des AV (einschließlich der Bilanzierungshilfe gemäß § 269 HGB) kann bei KapGes aber auch dem Anlagegitter (vgl. § 268 Absatz 2 HGB) entnommen werden. Wurden steuerliche Sonder-A. nach § 254 HGB vorgenommen und (indirekt) über den Sonderposten mit Rücklagenanteil gebucht, sind sie in GuV oder Anhang gesondert bei den Sonstigen betrieblichen Aufwendungen zu vermerken (§ 281 HGB).

Nicht erkennbar bleiben demnach beim UKV die A. auf das UV. Diese sind aber auch beim GKV nur zum Teil ersichtlich. Nur die für KapGes unüblichen A. sind in Posten 7b gesondert zu zeigen. Die üblichen A., die in der Regel den größten Teil der gesamten A. umfassen, sind in den Bestandsänderungen und dem Materialaufwand in nicht erkennbarer Höhe enthalten. A. auf Forderungen sind im Posten 8 – Sonstiger betrieblicher Aufwand – und A. auf Wertpapiere des UV im Posten 12 enthalten, jeweils ohne Sonderausweis. Damit reduziert sich der Informationsverlust des UKV auf die unüblichen A. auf UV.

Dem steht als Vorteil die Aufgliederung der Aufwendungen nach Funktionsbereichen gegenüber, die nicht weniger aufschlußreich für eine Aufwandsanalyse sein dürfte als eine Gliederung nach Aufwandsarten. Da die wichtigsten Aufwandsarten dem JA auch bei Anwendung des UKV zu entnehmen sind, ist das GKV insoweit dem UKV eher unterlegen.

4. Heterogene Aufwands- und Ertragskomponenten?

Nicht eingegangen wird im weiteren auf die Posten Sonstige betriebliche Erträge/Aufwendungen, die bei beiden Verfahren höchst heterogen sind, auch wenn sie sich inhaltlich unterscheiden.

Beim UKV wird als Nachteil häufig moniert, daß beim Abbau von Lagerbeständen Erträge und Aufwendungen nicht kongruent abgebildet werden. Die Umsatzerlöse werden durch den Absatz der Periode bestimmt. Der Aufwand, der diesen Erträgen gegenübergestellt wird, besteht dagegen aus

- den GJ-Aufwendungen für die produzierten und abgesetzten Produkte,
- den Aufwendungen aus der (den) Vorperiode(n) für die früher hergestellten und im GJ abgesetzten Produkte. Dieser Aufwand enthält nur die aktivierungsfähigen/-pflichtigen HK-Elemente gemäß § 255 Absätze 2 und 3 HGB.

Damit enthält die GuV sowohl zu Vollkosten als auch zu Teilkosten (eigentlich: Aufwendungen) bewertete Komponenten. Dies ist unstrittig wenig informativ, da eine Zuordnung der beiden Teilgrößen zu den zugehörigen Umsätzen (Produkte aus dem GJ oder dem/den Vorjahr/en) nicht möglich ist.

Dieses Manko ist aber beim GKV ebenfalls nicht ganz beseitigt. Den Umsatzerlösen wird ebenfalls der gesamte GJ-Aufwand für die erstellten und abgesetzten Produkte gegenübergestellt und Aufwand aus Vorperioden (bewertet zu HK) in der Position 2 (als Bestandsminderung). Hier können zwar der GJ- und der Vorjahresaufwand direkt der GuV entnommen werden (beim UKV muß die Bestandsabnahme aus der Bilanz ermittelt werden), aber eine Zuordnung zu den Umsatzbestandteilen erfolgt nicht. Kommt noch dazu, daß der Posten 2 eine Saldogröße ist, weil sowohl Bestände an fertigen und unfertigen Erzeugnissen auf- als auch abgebaut werden, ist das GKV noch undurchschaubarer als das UKV.

Viel gewichtiger erscheint mir dagegen ein in der Literatur kaum beachtetes Problem zu sein: Beim UKV enthalten die Funktionsbereiche Verwaltung, Vertrieb und Sonstiges (genauso wie die Posten 8 ff.) die Aufwendungen des GJ für die erstellten und nicht für die abgesetzten Produkte. Dies gilt zumindest für die Vertriebs- und sonstigen Aufwendungen, für die Verwaltungsaufwendungen insoweit, als sie nicht in die HK der aktivierten Bestände und Eigenleistungen einbezogen werden. Die Aufwendungen des Funktionsbereiches Herstellung beziehen sich dagegen auf die abgesetzten Produkte (unabhängig von der Produktionsperiode). Bei nennenswertem Lageraufbau oder -abbau kann die Aufwandsstruktur dadurch erheblich verzerrt sein.

Fazit

Sowohl das UKV als auch das GKV haben Stärken und Schwächen. Welches Verfahren überlegen ist, läßt sich pauschal kaum entscheiden. Mehr Klarheit setzt meines Erachtens voraus, daß zunächst einige Erfahrungen mit Analysen von Erfolgsrechnungen nach dem UKV vorliegen, das in Deutschland noch relativ ungewohnt ist. Erst wenn solche Erfahrungen den Analysen traditioneller GKV-Erfolgsrechnungen gegenübergestellt werden, ist eine fundierte Beurteilung möglich. Interessanterweise scheint es in Deutschland eine Tendenz zu geben, daß große KapGes zunehmend auf das UKV umstellen. Die erstmalige Umstellung vom GKV auf das UKV unterliegt nicht dem Stetigkeitsgebot.

3. DIE GuV DER NICHT-KAPITALGESELLSCHAFTEN

Da die HGB-Regelungen zur Gliederungsstetigkeit (§ 265 HGB) und die GuV-Schemata des § 275 HGB für Nicht-KapGes formal nicht gelten und dies seitens des Gesetzgebers auch ausdrücklich so gewollt war, gelten ausschließlich die handelsrechtlichen GoB. Die Bestimmungen für KapGes können zwar eine Orientierungshilfe für die GuV von Nicht-KapGes bieten, aber nicht ohne weiteres als GoB angesehen werden. Entscheidend sind deshalb vor allem die (allgemeinen) GoB Klarheit/Übersichtlichkeit, Vollständigkeit und Saldierungsverbot.

Die Konkretisierung dieser GoB muß aber den zum Teil durchaus unterschiedlichen Zwecken der Rechnungslegung von KapGes und Nicht-KapGes Rechnung tragen. Während KapGes die GuV veröffentlichen müssen und den Gesellschaftern in der Regel als einzige Informationsquelle über ihr Unternehmen vorliegen, dient die GuV von Nicht-KapGes im Normalfall den Aufgaben Dokumentation und Selbstinformation. Eine erweiterte Zwecksetzung kann sich in zwei Fällen ergeben:

- Im Konkursfall dient die GuV dem Nachweis eines ordnungsgemäßen Geschäftsgebarens, erlangt also eine öffentliche Funktion.
- Gesellschafter von PersGes haben vertraglich keine Einblicksrechte in die Bf.-Unterlagen, sondern erhalten nur die JA der Gesellschaft (vgl. §§ 118, 166 HGB). In diesem Fall sind die Informationsbedürfnisse der nichtgeschäftsführenden Mitgesellschafter aufgrund der Haftungsregelungen eher umfassender als bei Gesellschaftern einer KapGes.

Es kommt deshalb auf den Einzelfall an, wie detailliert die GuV einer Nicht-KapGes auszusehen hat.

Bezüglich der Form ist wohl ein Wahlrecht zwischen Konto- und Staffelformat anzunehmen, da hieran keine gravierenden Vor- oder Nachteile gekoppelt sind.

Zwingend ist dagegen eine Ertrags-/Aufwandsrechnung, die eine dopppelte Bf. für Vollkaufleute automatisch beinhaltet. Die gemäß § 4 Absatz 3 EStG für Freiberufler und Kleingewerbetreibende zulässige Einnahmen-Ausgaben-Rechnung entspricht dagegen nicht den GoB.

Da KapGes frei zwischen dem GKV und dem UKV wählen dürfen, ist kein Grund ersichtlich, dieses Wahlrecht Nicht-KapGes nicht zuzugestehen. Da ein Anhang nur von KapGes zu erstellen ist, kann das UKV aber zu Informationsverlusten führen: die Aufwandsarten Material-, Personalaufwand und A. sind ohne zusätzliche Erläuterung dem JA nicht zu entnehmen. Ob man die Verpflichtung zu einer solchen formlosen Erläuterung als GoB ansehen kann, ist umstritten.

Die Grobstruktur der GuV nach § 275 HGB ist auch für Nicht-KapGes bindend. Die GuV hat die ausschließliche Aufgabe, die Erfolgsquellen zu zeigen (die Saldogrößen Gewinn/Verlust können auch aus zwei aufeinanderfolgenden Bilanzen ersehen werden). Die Aufgliederung in das Betriebs-, Finanz-, außerordentliche Ergebnis kann meines Erachtens als Mindestmaß der Erfolgsspaltung angesehen werden. Da die starren GuV-Schemata des § 275 HGB aber nicht gelten, sind Abweichungen folgender Art möglich:

- Ausweis periodenfremder oder besonders wichtiger Posten (zum Beispiel Bucherfolge aus dem Verkauf von AV, Erfolge aus der Abwicklung von Rückstellungen, Zuschreibungen, A. auf das UV).
- Die Benennungen dürfen im Rahmen der Klarheit/Übersichtlichkeit geändert werden. Aufgrund der weiten Verbreitung der gängigen Kontenrahmen und des Zuschnittes von Buchführungs-Software auf die GuV für große KapGes dürften begriffliche Abweichungen aber eher selten sein. Das bedeutet jedoch nicht, daß Nicht-KapGes einzelne Aufwands- und Ertragskonten nicht abweichend von § 275 HGB zusammenfassen dürfen (siehe unten).
- Aufwendungen/Erträge aus Rechtsverhältnissen der Gesellschaft zu Gesellschaftern (Geschäftsführungsvergütungen, Mietaufwendungen etc.) sollten aufgrund ihrer besonderen Bedeutung für die Mitgesellschafter gesondert gezeigt werden.

Grundsätzlich gilt für alle Kaufleute das Saldierungsverbot (§ 246 Absatz 2 HGB) und die Pflicht, artverschiedene Erfolgskomponenten möglichst getrennt auszuweisen. Zinsaufwendungen dürften deshalb zum Beispiel grundsätzlich nicht mit Zinserträgen saldiert und A. auf AV nicht mit Material- oder Personalaufwand zusammengefaßt werden. Gegen Saldierungen/Zusammenfassungen dürften jedoch keine Bedenken bestehen, wenn es sich um geringfügige Posten handelt und die Übersichtlichkeit der GuV steigt.

Fraglich ist allerdings, ob die sehr weitreichende Saldierungsmöglichkeit für kleine und mittelgroße KapGes (§ 276 HGB) auch für Nicht-KapGes zulässig ist. § 276 HGB beinhaltet einen gesetzlich sanktionierten Verstoß gegen das Saldierungsverbot. Eine vergleichbare Regelung fehlt für Nicht-KapGes. Eine Schlechterstellung von PersGes ist diesbezüglich aber zumindest pauschal schwer zu rechtfertigen. Bei kleinen/mittelgroßen PersGes, bei denen Gesellschafterinteressen nicht tangiert werden, dürften meines Erachtens keine schärferen Regelungen als für KapGes gelten.

D. WIEDERHOLUNGSFRAGEN

1. Die GuV ist eine unbedeutende Nebenrechnung zur Erläuterung der EK-Änderung einer Periode; für externe Adressaten ist ausschließlich die Bilanz entscheidend/informativ! Halten Sie diese These für zutreffend?
2. War der Gesetzgeber gut beraten, in § 275 Absatz 1 HGB die GuV in Staffelform vorzuschreiben?
3. Erläutern Sie die Begriffe Brutto- und Nettorechnung. Sind die GuV gemäß § 275 HGB reine Brutto- oder reine Nettorechnungen?
4. Sollte die GuV als Aufwandsarten-, Aufwandsstellen- oder Aufwandsträgerrechnung aufgebaut sein? Begründen Sie bitte Ihre Ansicht. Welche Konzeption liegt dem HGB zugrunde?
5. Die handelsrechtliche GuV ist eine reine Gesamterfolgsrechnung, die wesentlich informativere Spartenerfolgsrechnung ist nicht vorgeschrieben. Halten Sie dies für wünschenswert/zweckmäßig?
6. Erläutern Sie die Grundstruktur einer Produktions- und einer Umsatzrechnung.
7. Skizzieren Sie, welche GuV-Posten in § 275 HGB außerordentliche und periodenfremde Posten enthalten können. Geben Sie bitte Beispiele an.
8. Was ist eine Erfolgsspaltung?
9. Warum sind Aufwendungen/Erträge aus Beziehungen zu verbundenen Unternehmen für eine externe Erfolgsspaltung wichtig? Sind diese Posten aus einer GuV nach § 275 HGB zu ersehen?
10. Erläutern Sie die wichtigsten Teilergebnisse einer GuV nach § 275 Absatz 2 HGB. Sind diese aussagefähig im Hinblick auf die Erfolgslage?
11. Kann die Steuerquote (= gesamte Steuerbelastung eines Unternehmens in Relation zur gesamten Wertschöpfung) aus einer GuV nach dem GKV ersehen werden? Begründen Sie ihre Ansicht.
12. Grenzen Sie den Begriff 'Umsatzerlöse' von anderen Erträgen ab. Gehören zum Beispiel die regelmäßig anfallenden Verkaufserlöse für gebrauchte Anlagen und die Erlöse aus dem Verkauf automatisch anfallender Neben-/ Zwischenprodukte der 'eigentlichen' Herstellung dazu? Warum ist eine präzise Begriffsabgrenzung überhaupt erforderlich?

13. Der Posten 'Bestandsänderungen' beinhaltet ein inhomogenes Konglomerat verschiedener Komponenten. Halten Sie diese Behauptung für zutreffend?

14. Bestandserhöhungen führen zu einem erhöhten Betriebsergebnis beim GKV, während sie beim UKV das Betriebsergebnis nicht ändern! Ist diese These zutreffend?

15. Skizzieren Sie, welchen Inhalt der Posten 'Materialaufwand' beim GKV hat und wie er ermittelt werden kann.

16. Die A. einer Periode sind beim GKV direkt der GuV zu entnehmen, beim UKV sind sie aus dem JA überhaupt nicht erkennbar! Ist diese Behauptung richtig? In welchem GuV-Posten von § 275 Absatz 3 HGB sind die unüblichen A. auf VG des UV enthalten?

17. Welchen Inhalt hat das sogenannte 'Finanzergebnis' beim GKV und beim UKV?

18. Erläutern Sie die wichtigsten Teilergebnisse einer GuV nach § 275 Absatz 3 HGB. Sind diese aussagefähig im Hinblick auf die Erfolgslage?

19. Welche Funktionsbereiche müssen für eine GuV gemäß § 275 Absatz 3 HGB abgegrenzt werden? Geben Sie typische Beispiele an.

20. Ein Unternehmen produziert in der Periode 1 100 Stück eines Produktes, der Anfangsbestand war 0. Es fallen Einzelkosten von DM 100 und Gemeinkosten von DM 100 (je Stück) an. In Periode 1 konnten 30 Stück für je DM 120 abgesetzt werden. Im abgelaufenen Jahr (Periode 2) wurden erneut 100 Stück mit den gleichen Kosten produziert. Es konnten 170 Stück für DM 120 verkauft werden.
    Wie schlagen sich diese Sachverhalte in Bilanz und GuV (nach dem UKV) nieder, wenn in Bilanz und GuV mit dem gleichen oder einem unterschiedlichen HK-Begriff bewertet wird.
    Ist eine unterschiedliche Begriffsfassung überhaupt zulässig? Oder wünschenswert?

21. Unter dem Gesichtspunkt der Vergleichbarkeit ist eine GuV nach dem GKV immer der Vorzug vor einer GuV nach dem UKV zu geben! Ist diese Ansicht zutreffend?

22. Welche Anforderungen an das betriebliche Rechnungswesen ergeben sich für ein Unternehmen, wenn es seine GuV vom GKV auf das UKV umstellen will? Ergibt sich ein Mehraufwand, der den Verzicht auf eine solche Umstellung stets rechtfertigt?

23. Kleine und mittelgroße KapGes dürfen die GuV mit der Saldogröße 'Rohergebnis' beginnen (§ 276 HGB). Dieses ist beim GKV immer größer als beim UKV. Beweisen Sie diese Behauptung.

24. Das Fehlen der 'Gesamtleistung' und wichtiger Aufwandsarten beim UKV führt dazu, daß es weniger informativ als das GKV ist! Ist das die volle Wahrheit?

25. Die GuV nach dem UKV enthält innerhalb einzelner Aufwands- und Ertragsposten Komponenten aus verschiedenen Perioden, die mit verschiedenen Werten angesetzt sein können. Zeigen Sie dies an typischen Beispielen auf. Ist dies ein Nachteil, den eine GuV nach dem GKV nicht aufweist?

26. Welche Mindestanforderungen sind an die GuV einer PersGes zu stellen? Sind diese immer geringer als bei KapGes?

Kapitel 17: Der Anhang und der Lagebericht

A. KURZINHALT

Der JA von KapGes umfaßt neben Bilanz und GuV einen Anhang (§ 264 Absatz 1 Satz 1 HGB). Alle drei Bestandteile zusammen müssen unter Beachtung der GoB ein den tatsächlichen Verhältnissen entsprechendes Bild der Vermögens-, Finanz- und Ertragslage vermitteln (§ 264 Absatz 2 Satz 1 HGB). Da Bilanz und GuV auch wegen der GoB kein (wie auch immer interpretiertes) realistisches Bild der Unternehmenslage vermitteln, ist zu klären,

- wie die Einblicksforderung zu interpretieren ist und
- welche Bedeutung dem Anhang hierbei zukommt.

Nach gängiger Ansicht dient der Anhang dazu, Bilanz/GuV zu entlasten. Er soll außerdem wichtige Informationen für die Interpretation von Bilanz/GuV und Ergänzungen enthalten. Diese Funktionen werden anhand ausgewählter Angabepflichten konkretisiert. Die sogenannte Korrekturfunktion des Anhangs wird nicht vertieft behandelt: diese ist nur in Ausnahmefällen bedeutsam, wenn sonst ein den tatsächlichen Verhältnissen entsprechendes Bild des Unternehmens nicht vermittelt wird.

Obwohl der Anhang wichtige Informationen enthält, sind die Pflichtangaben im großen und ganzen an Bilanz/GuV orientiert und verbessern deren Aussagewert ohne grundsätzlich Defizite zu beheben. KapGes müssen zum JA noch einen Lagebericht erstellen, der inhaltlich nicht durch die GoB, Steuereinflüsse oder Ausschüttungsüberlegungen geprägt ist. In ihm ist die wirtschaftliche Entwicklung der Gesellschaft für das abgelaufene Jahr, für die Zeit nach dem Bilanzstichtag und für die Zukunft darzustellen. Dieser Bericht ist formfrei und in großem Umfang subjektiv. Ursächlich ist einmal, daß die wirtschaftliche Entwicklung von vielen Faktoren abhängen kann, also eine Auswahl und Gewichtung in der Darstellung erfolgen muß. Zum anderen werden Prognosen verlangt, die bei ungewisser Zukunft notwendig persönlich gefärbt sind.

Während für den Anhang relativ detaillierte Vorgaben bestehen, unter welchen Bedingungen die Berichtspflichten nicht greifen, fehlen für den Lagebericht entsprechende gesetzliche Vorgaben. Ein Problem wird ausführlich diskutiert: Entfällt die Informationspflicht, wenn die Information geeignet ist, dem Unternehmen Schaden zuzufügen? Konkreter: muß ein Unternehmen über eine Krise berichten, wenn dadurch eine (heimliche) Sanierung beeinträchtigt oder unmöglich gemacht wird?

Zum Abschluß des Kapitels wir noch kurz auf die Publizitätsregeln eingegangen.

B. LEHRZIELE

Dieses Kapitel soll mit den die Bilanz und GuV ergänzenden Informationsinstrumenten vertraut machen. Es soll Sie in die Lage versetzen,

- den Inhalt und die Reichweite der Generalnorm zum JA erläutern zu können,
- die Bedeutung der GoB für den Anhang darlegen zu können,
- die Funktionen des Anhangs zu umschreiben,
- Aufbau und Inhalt des Anlagegitters zu erläutern,
- die sogenannte Interpretationsfunktion des Anhangs zu präzisieren und mit Beispielen zu unterlegen,
- wichtige Bilanz und GuV ergänzende Angaben des Anhangs zu skizzieren,
- Vor- und Nachteile einer Segmentberichterstattung zu diskutieren,
- die wichtigsten Berichtspflichten infolge der Umkehrmaßgeblichkeit darstellen zu können,
- anzugeben, welche sonstigen finanziellen Verpflichtungen vermerkpflichtig sind,
- die Grenzen für die Publizitätspflichten im Anhang zu beschreiben,
- die wichtigsten Aufgaben des Lageberichts zu erklären,
- die zentralen Berichtsgrundsätze für eine ordnungsgemäße Lageberichterstattung zu erläutern,
- die für den Lagebericht wesentlichen Berichtsinhalte angeben zu können,
- die Grenzen der Lageberichtserstattung kritisch zu diskutieren,
- die Prüfungs- und Publizitätsregeln des HGB zu umreißen.

C. INHALT

1. DER ANHANG

1.1 Die Bedeutung der Generalnorm für den Jahresabschluß

Bei KapGes besteht der JA aus Bilanz, GuV und Anhang (§ 264 Absatz 1 Satz 1 HGB), wobei allen drei Informationsquellen formal der gleiche Rang eingeräumt wurde. Empirische Untersuchungen, ob auch die JA-Benutzer eine gleiche Bedeutung beimessen, fehlen meines Wissens. Es gibt aber die Vermutung, daß Bilanz und GuV praktisch bedeutsamer sind, da sie wichtige Zahlen in vertrauter Form – und damit sofort erkennbar – enthalten. Der Anhang ist demgegenüber wenig formalisiert und interessierende Informationen müssen erst mehr oder weniger mühsam herausgesucht werden.

In § 264 Absatz 2 Satz 1 HGB wird bestimmt, daß der JA „unter Beachtung der Grundsätze ordnungsmäßiger Buchführung ein den tatsächlichen Verhältnissen entsprechendes Bild der Vermögens-, Finanz- und Ertragslage zu vermitteln“ hat. Diese Generalnorm geht auf die 4. EG-Richtlinie zurück. Besonders die Briten legen größten Wert darauf, daß dieses Gebot des ‘true and fair view’ (so die englische Fassung) in das EG-Recht verbindlich aufgenommen wird. In § 264 Absatz 2 Satz 2 HGB wird außerdem verlangt, daß im Anhang „zusätzliche Angaben“ zu machen sind, wenn „besondere Umstände“ dazu führen, daß der JA ein den tatsächlichen Verhältnissen entsprechendes Bild nicht vermittelt. Diese Regelung hat Interpretationsprobleme hervorgerufen. Es sind zumindest drei Hauptströmungen zu identifizieren:

1. Die Generalnorm wird als sognanntes ‘overriding principle’ angesehen, also als eine allgemeine Vorschrift, die den Einzelvorschriften des HGB und den nicht kodifizierten GoB vorgeht. Dies entspricht dem britischen Bilanzverständnis und war wohl auch Zweck der EG-Regelung.

2. Die Generalnorm hat lediglich eine Hilfsfunktion bei strittigen Auslegungsfragen, sie erlaubt und erzwingt aber keinesfalls ein Abweichen vom HGB (einschließlich GoB). In der Begründung zum Regierungsentwurf des HGB heißt es: „Die Generalklausel steht nicht in dem Sinne über der gesetzlichen Regelung, daß sie es erlauben würde, den Inhalt und Umfang des Jahresabschlusses in Abweichung von den gesetzlichen Vorschriften zu bestimmen.“ Damit ist, entsprechend dem in Deutschland traditionellen Rechtsverständnis, die Generalnorm kein ‘overriding principle’. Sie führt

insbesondere nicht dazu, daß die Ausübung von Wahlrechten oder Ermessensentscheidungen, die das HGB einräumt, in irgendeiner Weise begrenzt wird, weil eine bestimmte Wahlrechtsausübung der Generalnorm besser entspricht.

3. Die Generalnorm soll gewährleisten, daß im Zeitablauf Entwicklungstendenzen des Unternehmens erkennbar werden: der Einblick in die relative Vermögens-, Finanz- und Ertragslage ist zu vermitteln. Da Bilanz und GuV dies nur eingeschränkt erreichen können, sie primär am Ziel der vorsichtigen Gewinnermittlung ausgerichtet sind, kommt dem Anhang für die Informationsaufgabe besondere Bedeutung zu. Unabhängig von steuerlichen Aspekten und Ausschüttungsüberlegungen werden Informationen bereitgestellt. Diese Form der Arbeitsteilung wird in der Literatur auch als Abkoppelungsthese bezeichnet.

Die theoretische Diskussion hierzu ist sicher noch nicht abgeschlossen. Aufgrund der bisherigen Entwicklung kann aber die praktische Umsetzung des 'true and fair view'-Gebotes in das deutsche Recht wie folgt skizziert werden:

- Die Generalnorm ist kein dominierendes overriding principle, wie es das EG-Recht eigentlich vorschreibt.
- Dieser Verstoß gegen das EG-Recht ist vor dem Hintergrund, daß auch im Herkunftsland der Generalnorm Unklarheit über ihren Inhalt herrscht, wenig schädlich (vgl. Streim 1994, S. 393 ff.).
- Was unter Vermögens-, Finanz- und Ertragslage zu verstehen ist, wird durch die Einzelnormen des HGB fixiert. Die 'tatsächliche' Vermögenslage eines Unternehmens wird also zutreffend dargestellt, wenn umfangreicher Immobilienbesitz mit historischen AK völlig unterbewertet bilanziert wird (im Vergleich zu Zeitwerten). Die Ertragslage wird durch Realisations- und Imparitätsprinzip den tatsächlichen Verhältnissen entsprechend abgebildet etc.
- Die Ausübung von Wahlrechten und Ermessensentscheidungen wird nicht eingeschränkt. Zum Teil wird eine mißbräuchliche oder irreführende Entscheidung des Bilanzierenden als unzulässig angesehen. Völlig unklar ist aber, wann eine bestimmte Maßnahme mißbräuchlich oder irreführend ist.
- Nur in Ausnahmefällen kann ein Unternehmen verpflichtet sein, zusätzliche Angaben zu machen, wenn der Einblicksforderung nicht genügt wird. Beispielsweise, wenn

- Erfolge zum großen Teil aus Hochinflationsländern stammen ('Scheinerfolge'),
- Ungewöhnliche, rein bilanzpolitisch motivierte Maßnahmen Bilanz und GuV verfälschen (zum Beispiel sale-and-lease-back-Gestaltungen),
- langfristige Fertigung zu diskontinuierlichen Erfolgsrealisationen führen,
- das going-concern-Prinzip nach dem Bilanzstichtag aufgegeben wird oder ein wesentlicher Betriebsteil stillgelegt werden soll etc. (vgl. Lange 1991, S. 371).

Technisch wurden die Anhangvorschriften wie folgt umgesetzt:

- in den §§ 284, 285 finden sich konzentriert umfangreiche Angabepflichten,
- des weiteren sind im HGB an verschiedenen Stellen insgesamt 27 weitere Informationspflichten kodifiziert,
- AktG, GmbHG etc. enthalten rechtsformabhängig zusätzliche Vorgaben.

Der Anhang besteht demnach aus einer Fülle von Einzelangaben, die mehr oder weniger stark an Posten der Bilanz und GuV orientiert sind, zum Teil aber auch echte Zusatzinformationen darstellen. Vollständigkeit des Anhangs kann praktisch nur gewährleistet werden, wenn eine der umfangreichen Checklisten (wie sie in jedem HGB-Kommentar zu finden ist) benutzt wird.

Da der Anhang zum JA der KapGes gehört, gelten für ihn auch die allgemeinen GoB, insbesondere das Gebot der Klarheit und Übersichtlichkeit (§ 243 Absatz 2 HGB). Der Anhang ist deshalb deutlich erkennbar vom Lagebericht und ggf. zusätzlichen Berichtsteilen abzugrenzen. Der Anhang sollte des weiteren durch eine systematische Gliederung strukturiert werden, um die Lesbarkeit zu verbessern. Von Adler/Düring/Schmaltz (1987, § 284 Rn 29) stammt zum Beispiel der nachfolgende Vorschlag:

I. Allgemeine Angaben zu Bilanzierungs- und Bewertungsmethoden und Grundlagen für die Umrechnung in DM.

II. Erläuterung der Bilanz und Gewinn- und Verlustrechnung

1. Bilanz	1. und 2. in der Reihenfolge der Posten
2. Gewinn- und Verlustrechnung	

3. Gegebenenfalls erforderliche zusätzliche Angaben nach § 264 Absatz 2 Satz 2.

III. Sonstige Angaben

1. Haftungsverhältnisse und sonstige finanzielle Verpflichtungen
2. Angaben zu Vorratsaktien und eigenen Aktien, genehmigtem Kapital und dergl.
3. Mitarbeiter
4. Bezüge, Vorschüsse, Kredite und Haftungsverhältnisse von bzw. gegenüber Organmitgliedern
5. Beziehungen zu verbundenen Unternehmen und Beteiligungen
6. Andere Angaben

IV. Namen der Organmitglieder.

Die Einhaltung des Stetigkeitsgebotes wird in der Literatur zum Teil verlangt, obwohl § 265 Absatz 1 HGB ausdrücklich nur Bilanz und GuV erwähnt. Das Wort 'insbesondere' und das Gebot der Klarheit/Übersichtlichkeit legen diese Deutung nahe. Zumindest muß verlangt werden, daß Änderungen im Zeitablauf nicht willkürlich erfolgen.

Den Grundsätzen der Klarheit/Übersichtlichkeit kann außerdem nur Rechnung getragen werden, wenn die für die Lage des Unternehmens wichtigen Informationen nicht durch eine Vermischung mit einer Vielzahl unwichtiger Informationen untergehen. Dies ist auch Ausfluß des Wesentlichkeitsgrundsatzes. Die praktische Umsetzung verlangt aber subjektive Entscheidungen: welche Informationen sind wesentlich oder unwesentlich? Wann leidet die Verständlichkeit der Darstellung? Wie detailliert müssen Sachverhalte aufbereitet werden? Wie ist der Empfängerhorizont zu bestimmen (professioneller Finanzanalyst oder gebildeter Zeitungsleser)? Wie auch immer die Konkretisierung aussehen mag: prinzipiell ist es zulässig, in den Anhang freiwillige Zusatzangaben aufzunehmen. Da für diese Mehr-Informationen keine gesetzlichen Vorgaben bestehen, ist die Grenze zwischen erstrebenswerter Mehr-Publizität und Informationsüberfrachtung schwer zu ziehen.

In den gesetzlichen Vorschriften werden verschiedene Formen der Anhangangaben vorgesehen. Bedeutsam ist dabei vor allem, ob damit Zahlenangaben oder eher qualitative Umschreibungen verlangt werden. Als Interpretationshilfe wird deshalb ein kleines Glossar vorgestellt:

'Angabe = 1. Oberbegriff für alle Arten der Anforderung an eine Berichterstattung im Anhang

2. verbaler oder zahlenmäßiger Hinweis auf Tatsachen, Daten, Namen und dergl.

Aufgliederung = zahlenmäßige Segmentierung einer Größe

Ausweis = zahlenmäßige Nennung von Beträgen

Begründung = verbale Offenlegung der Motive oder Ursachen'

(WP-Handbuch 1992, Bd. I, S. 375).

In der Literatur gibt es eine Reihe von Vorschlägen, wie die Vielzahl der Angaben systematisiert werden kann. In Anlehnung an Kupsch (1988, Rn. 9 ff.) wird im weiteren eine funktionsanalytische Systematik unterstellt und mit Beispielen versehen. Eine vollständige Darstellung aller notwendigen oder möglichen Anhangangaben wird nicht angestrebt.

1.2 Systematisierung von Anhangangaben

1.2.1 Vorüberlegungen

Das HGB räumt dem Bilanzierenden an vielen Stellen ein Wahlrecht ein, Informationen in Bilanz/GuV oder in den Anhang aufzunehmen. Dadurch können Bilanz/GuV von Detailangaben entlastet werden, die Lesbarkeit des JA steigt (**Entlastungsfunktion**). Die Berichtspraxis deutscher KapGes zeigt, daß von dieser Möglichkeit in großem Umfang Gebrauch gemacht wird. Die publizierten Bilanzen und Erfolgsrechnungen umfassen wesentlich weniger Posten als zum Beispiel nach dem AktG 1965. Diese Praxis kann allerdings bei eiligen Lesern zu Nachteilen führen: werden nur Bilanz/GuV zur Kenntnis genommen, gehen Informationen unter. Das sollte meines Erachtens aber nicht überbewertet werden: JA-Analysen sind grundsätzlich eine zeitraubende Tätigkeit und sollten nicht so eilig vorgenommen werden, daß der Anhang nicht zur Kenntnis gelangt.
Dies gilt schon deshalb, weil der Gesetzgeber dem Bilanzierenden eine Vielzahl von Wahlrechten einräumt. Damit der JA-Adressat erkennen kann, wie diese ausgeübt werden, enthält der Anhang eine Reihe von Angaben. Diese liefern Hinweise auf die Bilanzpolitik und machen Bilanz/GuV verständlich (**Interpretationsfunktion**).

Das HGB hat dem Grundsatz der Vergleichbarkeit aufeinanderfolgender JA einen zentralen Stellenwert zuerkannt. Soweit Stetigkeitsunterbrechungen vorliegen, soll der Anhang zusätzliche Informationen hierüber enthalten. Um – in Grenzen – auch die Vergleichbarkeit zwischen verschiedenen Unternehmen herzustellen, sind zudem einige Beträge im Anhang anzugeben, mit deren Hilfe der Adressat erkennen kann, wie Bilanz/GuV auch hätten aussehen können.

Da Bilanz/GuV bestimmten Konstruktionsprinzipien (GoB) unterliegen und stark vom Steuerrecht geprägt sind, kann die tatsächliche Lage des Unternehmens systembedingt nur eingeschränkt abgebildet werden. Im Anhang sind diverse Einzelangaben zu machen, um einige dieser Defizite zu beheben (**Ergänzungsfunktion**).

Andere Informationsdefizite sind nur zu beheben, wenn der JA ohne zusätzliche Angaben aufgrund besonderer Umstände keinen Einblick in die tatsächliche Lage vermittelt (siehe oben). Eine solche Korrekturfunktion des Anhangs ist aber nur unter 'besonderen Umständen' relevant. Im Gegensatz zu den anderen Angaben enthält das Gesetz keinerlei konkrete Hinweise darauf, wann dies anzunehmen ist. Unstrittig ist jedoch, daß mit Korrekturfunktion nicht gemeint ist, daß falsche Angaben in Bilanz und GuV mit Hilfe des Anhangs korrigiert werden könnten. Bilanz/GuV müssen selbst richtig im Sinne des HGB sein. Auf die Ausnahmetatbestände wird nicht weiter eingegangen.

1.2.2 Angaben zur Erfüllung der Entlastungsfunktion

Dieser rein technischen Funktion tragen zum Beispiel folgende Regeln Rechnung:

- In Bilanz oder Anhang sind die Vorschriften anzugeben, nach denen ein SOPO gebildet wurde (§ 273 Satz 2 HGB).
- Nach § 265 Absatz 3 Satz 1 HGB ist ein Mitzugehörigkeitsvermerk in Bilanz oder Anhang zu machen, wenn dies für einen klaren/übersichtlichen JA erforderlich ist.
- Bilanz- und GuV-Posten können zusammengefaßt werden, wenn bestimmte Voraussetzungen vorliegen; sie sind dann im Anhang gesondert auszuweisen (§ 265 Absatz 7 HGB).
- Verbindlichkeiten sind in Bilanz oder Anhang bezüglich Restlaufzeiten und Besicherung aufzugliedern (§ 285 Nr. 2 HGB).

Den wichtigsten Anwendungsfall stellt meines Erachtens das sogenannte **Anlagegitter** gemäß § 268 Absatz 2 HGB dar. Dieses zeigt in einem Tableau die Entwicklung der einzelnen Posten des AV im Zeitablauf. Das HGB verlangt folgende Mindestangaben: AK/HK, Zugänge, Abgänge, Umbuchungen, Zuschreibungen des GJ, kumulierte A. Die GJ-A., der Buchwert am Ende des GJ und am Ende des Vorjahres können ebenfalls integriert werden. In der Praxis werden Anlagegitter in verschiedenen Formen publiziert. Eine mögliche Darstellung sieht so aus:

Bilanzposten	**1 AK/ HK**	**2 Zugang**	**3 Abgang**	**4 Zu-schrei-bungen**	**5 Kumu-lierte Ab-schrei-bungen**	**6 Buch-wert GJ**	**7 Buch-wert VJ**	**8 Ab-schrei-bung GJ**
I. Immaterielle VG 1. 2.								
II. Sachanlagen 1. 2. 3. Andere Anlagen, BGA	5.000	1.000	800	200	3.500	2.500	2.000	500

Zu den einzelnen Spalten sei angemerkt:

- In Spalte 1 werden die ursprünglichen Zugangswerte festgehalten und zwar für alle VG (und BH), die zu Beginn des Jahres vorhanden waren, selbst wenn sie bereits völlig abgeschrieben waren.
- In der Spalte 2 und der Spalte 3 werden mengenmäßige Änderungen erfaßt, während Zu- und Abschreibungen des GJ rein wertmäßige Änderungen darstellen. Die Zugänge werden mit AK/HK (ggf. vermindert, um Zuschüsse oder übertragene Stille Reserven) erfaßt. Die Abgänge werden mit ihren historischen Einstandswerten vermerkt. Die Restbuchwerte zum Zeitpunkt des Ausscheidens können nur indirekt bestimmt werden.

- Eine Umbuchungsspalte wurde nicht aufgenommen: diese enthält Posten, die zeilenweise umgegliedert werden (zum Beispiel wenn aus Anlagen im Bau ein fertiges Gebäude wurde).
- Die Zuschreibungen des GJ sind gesondert zu zeigen. Die entsprechenden Beträge aus dem VJ. werden mit den kumulierten A. saldiert.
- Die Spalte 5 enthält grundsätzlich alle planmäßigen und außerplanmäßigen A. Ausnahmsweise sind folgende A. nicht erfaßt:
  - die rein steuerlichen Mehr-A., die in Ausübung des Wahlrechtes in § 281 Absatz 1 HGB als SOPO indirekt erfaßt werden,
  - die A. des GJ, für die umstritten ist, ob sie neben dem Sonderausweise in Spalte 8 auch in den kumulierten A. enthalten sein müssen.

  Scheidet ein VG während des Jahres aus, so sind die darauf entfallenden A. nicht mehr aufzuführen.

Das Anlagegitter stellt für JA-Analysen eine Vielzahl relevanter Daten zur Verfügung. Dies soll kurz angerissen werden:

- Das Investitions- und Desinvestitionsverhalten ist an den Zu- und Abgängen erkennbar.
- Da Zuschreibungen in der Regel aufgrund eines Wahlrechtes erfolgen, zeigen sie, daß ein Unternehmen (freiwillige) Ergebnis- und Vermögensverbesserungen vornimmt.
- Die Entwicklung der GJ.-A. kann Anhaltspunkte für die A.-Politik enthalten. Da diese Spalte planmäßige und außerplanmäßige A. enthält, die möglicherweise zwingend vorzunehmen waren, muß anhand der anderen Anhangangaben geprüft werden, ob überhaupt bilanzpolitische Entscheidungen möglich waren. Dies ist nur in Grenzen erkennbar.
- Aus dem Verhältnis von kumulierten A. zu den historischen Zugangswerten soll ein Rückschluß auf die Altersstruktur der Anlagen möglich sein. Ein zwischenbetrieblicher Vergleich kann hierbei durch eine ganze Reihe von Faktoren gestört sein. VG wurden fremdbeschafft oder selbsterstellt, mit Voll- oder Teilkosten bewertet, es erfolgten außerplanmäßige A. oder (in den VJ.) Zuschreibungen, es wird linear oder degressiv abgeschrieben, die Gj.-A. und rein steuerliche A. sind enthalten oder nicht etc.

Durch sorgfältige Analyse der anderen Anhangangaben kann das Vorliegen solcher Einflüsse ansatzweise erkannt werden, eine quantitative Entschlüsselung ist regelmäßig unmöglich.

1.2.3 Angaben zur Erfüllung der Interpretationsfunktion

Erläuterungen im Anhang sind grundsätzlich nur vonnöten, wenn der Bilanzersteller überhaupt Entscheidungsspielräume hat. Die Angabe, daß erworbene VG zu AK eingebucht werden, ist deshalb nicht erforderlich, da sich diese Information aus dem HGB direkt ergibt und die Folgen sich in der Bilanz niedergeschlagen haben. Der Anhang soll Informationen liefern, die nicht schon aus Bilanz/GuV ersichtlich sind. Relevant sind deshalb vor allem Wahlrechte und deren Konsequenzen für den JA. Im Anhang sind unter anderem folgende Angaben zu machen:

- Die Grundlagen der Währungsumrechnung von JA-Posten sind anzugeben (§ 284 Absatz 2 Nr. 2 HGB).
- Es ist anzugeben, ob Fremdkapitalzinsen in die HK einbezogen werden (§ 284 Absatz 2 Nr. 5 HGB).
- Bei Anwendung von Gruppenbewertungsverfahren (vgl. §§ 240, 256 HGB) sind ggf. Unterschiedsbeträge zu Börsen-/Marktpreisen am Abschlußstichtag anzugeben, wenn sie erheblich sind (§ 284 Absatz 2 Nr. 4 HGB). Zu denken ist hier zum Beispiel an eine deutliche Unterbewertung bei Vorräten aufgrund der Lifo-Bewertung.
- Soweit sogenannte Alt-Pensionszusagen nicht passiviert werden, ist die unterlassene Rückstellung im Anhang betragsmäßig anzugeben (Artikel 28 Absatz 2 EG HGB).
- Die angewandten Bilanzierungs- und Bwertungsmethoden sind anzugeben (§ 284 Absatz 2 Nr. 1 HGB). Wichtig an dieser Norm ist, daß sie sich nur auf Methoden bezieht und nicht auf fallweise Bilanzierungs- oder Bewertungsentscheidungen. Als berichtspflichtige Bewertungsmethode kommen die HK-Ermittlung, Verfahren der planmäßigen A. etc. in Frage. Bilanzierungsmethoden dürften praktisch seltener sein, da einige Aktivierungs-/Passivierungswahlrechte eher Einzelfallcharakter haben (zum Beispiel BH, erworbene Firmenwerte). Für eine Methode kann die Disagio-Aktivierung oder die (Nicht-)Bildung von Kann-Rückstellungen in Frage kommen.

- In § 284 Absatz 2 Nr. 3 HGB wird zusätzlich verlangt, daß über Abweichungen von den Bilanzierungs- und Bewertungsmethoden zu berichten ist. Diese sind darüber hinaus zu begründen und deren Einfluß auf die Vermögens-, Finanz- und Ertragslage ist gesondert darzustellen. Erfaßt werden also nicht nur Methodenänderungen im Sinne des § 252 Absatz 1 Nr. 6 HGB, sondern unstrittig auch Bilanzierungsmethoden. Liegen mehrere Änderungen gleichzeitig vor, so kann über deren Einfluß insgesamt berichtet werden. Heben sich die Wirkungen auf die Ertragslage zum Beispiel gegenseitig auf, entfällt eine Angabepflicht. Wie genau über mögliche Einflüsse zu berichten ist, wird überwiegend so umschrieben: Zahlenangaben sind nicht notwendig, die Intensität muß erkennbar sein. Formulierungen wie unerheblicher, wesentlicher, vernachlässigbarer Einfluß auf die Ertragslage genügen demnach. Ergibt sich ein Einfluß, muß jedenfalls die Richtung erkennbar sein (Ertragsverbesserung oder -verringerung).

Diese Erläuterungspflichten sind prinzipiell wichtig für JA-Adressaten, da bilanzpolitische Entscheidungen zumindest in der Tendenz erkennbar sind. Sie gehen in den meisten Fällen aber nicht so weit, daß diese Entscheidungen durch Externe 'rückgängig' gemacht und ein alternativer JA erstellt werden kann. Dies wird vom Gesetz so umfassend auch nicht verlangt. Völlig ungenügend ist jedoch die häufig anzutreffende Praxis, nur den Gesetzeswortlaut als Erläuterung aufzuführen. Auch der Hinweis, daß in die HK Gemeinkosten einbezogen werden, ist unzureichend. Es ist nicht erkennbar, ob alle oder nur ein Teil des Bewertungsspielraumes nach oben ausgeschöpft wurde. Ebenso ist meines Erachtens der pauschale Hinweis, daß der jeweils steuerlich günstigste Wert angesetzt wurde, unzulänglich: es ist zum einen erkennbar, was für das betreffende Unternehmen steuerlich am günstigsten ist. Zum anderen ist nicht erkennbar, welche steuerlichen Erleichterungen oder Wahlmöglichkeiten überhaupt anwendbar waren.

1.2.4 Angaben zur Erfüllung der Ergänzungsfunktion

Für externe Adressaten sind diese Angaben häufig sehr wichtig, da sie partiell 'Systemmängel' von Bilanz und GuV aufheben. Aus der Vielzahl von Angaben sollen drei besonders wichtige herausgegriffen werden:

a) Angaben zu den Umsatzerlösen,
b) Angaben zu steuerlichen Einflüssen,
c) Angaben zu sonstigen finanziellen Verpflichtungen.

zu a):

In § 285 Nr. 4 HGB wird verlangt, daß Umsatzerlöse aufzugliedern sind, wenn sie bestimmten Kriterien genügen. Das Gesetz nennt die Merkmale verschiedene Tätigkeitsbereiche (zum Beispiel Produktgruppen, strategische Geschäftsfelder), geographische bestimmte Märkte (zum Beispiel Inland, EG, USA) und Organisation des Verkaufs (zum Beispiel eigener Vertrieb, Maklergeschäft, Privatkunden, gewerbliche Kunden). Hintergrund ist, daß ein nach Branchen und Regionen stark diversifiziertes Unternehmen anderen wirtschaftlichen Randbedingungen unterliegt als ein homogenes Unternehmen. Verschiedene Sparten haben unterschiedliche Wachstumschancen, Innovationszyklen, Wettbewerbsverhältnisse etc. für verschiedene Regionen kommen Währungs-, Exportrisiken, politische und soziale Faktoren etc. in Betracht. Sollen die Entwicklungschancen und -risiken eines so diversifizierten Unternehmens eingeschätzt werden, ist eine entsprechende Segment-Berichterstattung vonnöten. Nur sehr rudimentär ist eine solche im HGB vorgeschrieben: die Gesamtgröße Umsatzerlöse ist entsprechend aufzugliedern. Weiterführende Informationen, zum Beispiel über Personal, Investitionen, Kosten, Ergebnisse etc. werden dagegen nicht verlangt, auf freiwilliger Basis aber teilweise publiziert. Als Gründe für diese Zurückhaltung werden genannt:

- Detaillierte Segment-Angaben können zu Wettbewerbsnachteilen führen.
- Eine ausgefeilte Aufgliederung verlangt in großem Umfang eine Zurechnung von Erträgen und Aufwendungen auf die Grundlage von Schlüsseln.
- Die entsprechenden Rechengrößen sind häufig durch unternehmensinterne Verrechnungspreise geprägt, die anhand verschiedenster Kriterien festgelegt werden können.

- Die Abgrenzung von Tätigkeitsbereichen und Regionen erfolgt unternehmensindividuell (vgl. Baumann 1987, S. 4).

Diese Einschränkungen erschweren eine einfache und objektivierte Segmentberichterstattung, ein Unternehmensvergleich ist kaum möglich. Zu beachten ist trotz aller Skepsis jedoch: Bei stetiger Berichterstattung ist ein Zeitvergleich möglich, und es handelt sich jedenfalls um zusätzlich Informationen. Soweit diese nicht mißbräuchlich oder irreführend aufbereitet werden, vergrößern sie das Wissen über das Unternehmen. Es kann auch nicht behauptet werden, daß eine Aufwands-/Ertragsschlüsselung per se willkürlich ist. In der KoRe werden vergleichbare Probleme seit Jahrzehnten mehr oder weniger gut gelöst.

zu b):

An vielen Stellen in den vorangegangenen Kapiteln waren steuerliche Einflüsse auf Bilanz/GuV angesprochen worden. Die Umkehrmaßgeblichkeit wurde als 'störender' Einfluß auf den handelsrechtlichen JA eingestuft. Ohne die Ergebnisbeeinträchtigungen in Bilanz/GuV korrigieren zu können – nur diese sind für den ausschüttbaren Erfolg und die Steuerbelastung relevant -, sind eine Reihe von Anhangangaben vorgeschrieben, um zumindest Informationsverzerrungen sichtbar zu machen. Insgesamt sind folgende steuerrechtliche Sachverhalte berichtspflichtig (Haeger 1992, S. 546):

Gegenstand der Angabe/Erläuterung	Vorschrift	Ort der Angabe/ Erläuterung
Angabe der steuerrechtlichen Vorschriften, nach denen unversteuerte Rücklagen gebildet wurden	§ 273 Satz 2	Bilanz oder Anhang
Angabe der steuerrechtlichen Vorschriften, nach denen Abschreibungen oder Wertberichtigungen im Sinne von § 254 vorgenommen wurden	§ 281 Absatz 1 Satz 2	Bilanz oder Anhang
Angabe der Aufwendungen und Erträge aus der Bildung und Auflösung des Sonderpostens mit Rücklageanteil	§ 281 Absatz 2 Satz 2	GuV oder Anhang
Angabe und hinreichende Begründung des Betrages der im Geschäftsjahr allein nach steuerrechtlichen Vorschriften vorgenommenen Abschreibungen, getrennt nach Anlage- und Umlaufvermögen	§ 281 Absatz 2 Satz 1	Bilanz, GuV oder Anhang

Gegenstand der Angabe/Erläuterung	Vorschrift	Ort der Angabe/ Erläuterung
Angabe und hinreichende Begründung des Betrages der im Geschäftsjahr allein aus steuerrechtlichen Gründen unterlassenen Zuschreibungen	§ 280 Absatz 3	Anhang
Angabe des Ausmaßes der Ergebnisbeeinflussung durch unversteuerte Rücklagen, steuerrechtliche Abschreibungen und unterlassene Zuschreibungen	§ 285 Nr. 5 Halbsatz 1 i. V. m. § 288 Satz 1*	Anhang
Angabe des Ausmaßes erheblicher künftiger Belastungen aus unversteuerten Rücklagen, steuerrechtlichen Abschreibungen und unterlassenen Zuschreibungen	§ 285 Nr. 5 Halbsatz 2 i. V. m. § 288 Satz 1*	Anhang
* mittelgroße und große Kapitalgesellschaften		

Als Zusatzinformation ist insbesondere die Angabe gemäß § 285 Nr. 5 HGB wichtig: Demnach sind Ergebnisbeeinflussungen aufgrund der Umkehrmaßgeblichkeit für das abgelaufene und künftige Jahre anzugeben (letzere nur, wenn sie wesentlich sind). Ein kurzes Beispiel soll die Berechnungsmethode verdeutlichen: ein Unternehmen verkauft ein Gebäude und erzielt einen Veräußerungsgewinn in Höhe von 5 Mio. DM, der in eine Rücklage gemäß § 6 b EStG eingestellt wird. Im Folgejahr wird eine Ersatzinvestition getätigt. Die AK betragen 10 Mio. DM, die 6b-Rücklage wird zu 100% übertragen. Das Gebäude wird in der Folge über 40 Jahre linear abgeschrieben. Der Jahresgewinn von Steuern und Abschreibungen betragen konstant 6 Mio. DM. Die Ertragsteuern werden konstant mit 50% veranschlagt. Demnach ergibt sich (in TDM):

		t_1	t_2	t...	t_{40}
	Jahresgewinn vor Steuern	6.000,00	6.000,00	...	6.000,00
./.	tatsächliche Abschreibung	5.125,00	125,00	...	125,00
	Jahresgewinn vor Steuern	875,00	5.875,00	...	5.875,00
./.	Ertragsteuern	437,50	2.937,50	...	2.937,50
	Jahresüberschuß	437,50	2.937,50	...	2.937,50

Die Vergleichsrechnung sieht wie folgt aus (in TDM):

		t_1	t_2	t...	t_{40}
./.	Jahresgewinn vor Steuern fiktive Abschreibung ohne Steuereinfluß (10 Mio. DM : 40)	6.000,00 250,00	6.000,00 250,00	... ...	6.000,00 250,000
./.	Jahresgewinn vor Steuern Ertragsteuern	5.750,00 2.875,00	5.750,00 2.875,00	... ...	5.750,00 2.875,00
	Jahresüberschuß	2.875,00	2.875,00	...	2.875,00

Im laufenden Jahr t_1 wurde das Jahresergebnis um rund 2,4 Mio. DM zu gering ausgewiesen. Entsprechend der Logik der steuerlichen Subventionsnorm wird in den nächsten 39 Jahren der JÜ entsprechend zu hoch ausgewiesen. Es ergeben sich künftige steuerliche Mehrbelastungen, die berichtspflichtig sind, soweit sie wesentlich sind. Bereits anhand dieses einfachen Beispiels lassen sich eine ganze Reihe von Anwendungsproblemen erkennen:

- Da steuerlichen Entlastungen regelmäßig spätere Belastungen gegenüberstehen, müssen die Differenzrechnungen ggf. über lange Zeiträume fortgeschrieben werden.
- Nimmt ein Unternehmen mehrere Steuervergünstigungen in Anspruch, ist oft eine Nebenrechnung erforderlich. Soweit sich Steuereffekte gegenläufiger Art im wesentlichen kompensieren, gibt es keine berichtspflichtigen Einflüsse.
- Für die künftigen Belastungen mit Ertragsteuern sind allein die künftigen Steuersätze relevant. Da diese von Gewinnsituation und Thesaurierungspolitik abhängen, sind nur pauschale Schätzungen möglich.
- Er stellt sich die Frage, ob künftige Belastungen nominal oder abgezinst anzugeben sind.
- An welcher Bezugsgröße die Wesentlichkeit gemessen werden soll und ab welcher (prozentualen oder absoluten) Änderung sie vorliegt, muß bestimmt werden.
- Wenn über das 'Ausmaß' der Ergebnisbeeinflussung zu berichten ist, stellt sich die Frage, ob auch verbale Angaben schon genügen. Nach herrschender Meinung genügt es, wenn die Größenordnung erkennbar wird (zum Beispiel: Der JÜ wäre ohne steuerliche Einflüsse rund ein Drittel größer als ausgewiesen).
- Soweit außer den Ertragsteuern noch andere ergebnisabhängige Konsequenzen (zum Beispiel Tantiemen) gegeben sind, ist deren Einfluß auf das Ergebnis ebenfalls zu berücksichtigen, wenn Wesentlichkeit vorliegt.

zu c):

Im Anhang ist der Gesamtbetrag der sonstigen finanziellen Verpflichtungen anzugeben, die

- nicht in der Bilanz erscheinen und
- nicht als Eventualverbindlichkeiten gemäß § 251 HGB unter der Bilanz anzugeben sind und
- für die Beurteilung der Finanzlage von Bedeutung sind (§ 285 Nr. 3 HGB).

Voraussetzung ist also zunächst einmal, daß weder Bilanzschulden (Verbindlichkeiten oder Rückstellungen) noch Eventualverbindlichkeiten vorliegen. Es sind nur darüber hinausgehende Verpflichtungen angabepflichtig. Nicht erfaßt sind nicht-finanzielle Verpflichtungen, also zum Beispiel solche für Sach- oder Dienstleistungen.

In Frage kommen hier insbesondere finanzielle Verpflichtungen aus schwebenden Verträgen, die (sieht man vom Sonderfall der Drohverlustrückstellung einmal ab) aufgrund des Realisationsprinzips nicht zu bilanzieren sind. Es können aber kaum alle schwebenden Geschäfte angabepflichtig sein, wie eine einfache Überlegung zeigt. Für schwebende Arbeitsverhältnisse besteht zum Beispiel regelmäßig eine finanzielle Verpflichtung für die Zeit nach dem Bilanzstichtag. Diesen stehen zwar auch Rechte gegenüber, nämlich auf die Arbeitsleistung der Mitarbeiter, aber das ist unbeachtlich, da es ausschließlich um die finanziellen Pflichten geht. Für die Bewertung dieser Verpflichtung gibt es zwei Möglichkeiten:

- Es wird, wie für den JA insgesamt üblich, eine unbegrenzte Unternehmensfortführung unterstellt. Da das Gesetz keinen Zeithorizont vorgibt, müßten Zahlungsverpflichtungen für mehrere Jahre summiert angegeben werden. Eine für Adressaten offenbar sinnlose Information.
- Es wird unter der Annahme der Unternehmensaufgabe ermittelt, welche Zahlungen an Mitarbeiter noch zu leisten sind (bis zum Ablauf fiktiver Kündigungsfristen, Abfindungen etc.) Wird das Unternehmen nicht tatsächlich liquidiert, wäre diese ebenfalls eine sinnlose Angabe.

Entscheidend für die Angabepflicht ist die Relevanz für die Beurteilung der Finanzlage. Der Grundsatz der Wesentlichkeit und seine Konkretisierung ist hier von grundlegender Bedeutung. Finanzielle Verpflichtungen, mit denen jeder rechnet, sind deshalb unbeachtlich. Angabepflichtig sind dagegen

Beträge, mit denen ein JA-Leser nicht rechnen kann, die aber für die Beurteilung der Finanzlage wichtig sind. Zum Teil wird die Ansicht vertreten, daß branchenübliche Verpflichtungen nicht angabepflichtig sind. Adler/Düring/Schmaltz (vgl. 1987, § 185 Tz. 47) haben dem zu Recht widersprochen. Es kommt nur auf die Bedeutung für die Finanzlage an, also, ob es sich um erhebliche Beträge handelt. Branchenüblichkeit kann für die Bestimmung der Erheblichkeit mit herangezogen werden, ist aber kein selbständiges Kriterium für die Angabepflicht.

Wann eine finanzielle Verpflichtung erheblich ist, hängt vom Einzelfall ab. Entscheidend ist, was unter dem Begriff Finanzlage zu verstehen ist. Eine durchaus plausible Orientierung gewinnt man durch die Frage, inwieweit durch die finanziellen Verpflichtungen der künftige finanzielle Spielraum eingeengt wird. Ist eine Verpflichtung aus einem schwebenden Vertrag so groß, daß ein beachtlicher Teil der in Zukunft erwarteten Einnahmeüberschüsse oder des vorhandenen Kreditrahmens dadurch gebunden ist, wäre eine Angabe notwendig. Das bedeutet aber auch, daß

- eine betragsmäßig hohe Verpflichtung, die aber auf mehrere Jahre verteilt zu Auszahlungen führen wird, unwesentlich ist,
- eine große Verpflichtung, deren Finanzierung aus dem cash flow, durch EK-Aufnahme oder durch eine Bank gesichert ist, unwesentlich sein kann. Zu berücksichtigen ist hierbei, daß die Inanspruchnahme des Kredites die weitere Verschuldungsfähigkeit beeinträchtigen kann,
- bei angespannter Finanzlage bereits niedrigere Verpflichtungen berichtspflichtig sind,
- die Summe der sonstigen finanziellen Verpflichtungen relevant ist, nicht die einzelnen Beträge.

Soweit diese nicht unumstrittene Orientierung am finanziellen Spielraum zugrunde gelegt wird, sind die entsprechenden Angaben als 'außergewöhnlich' und 'bedenklich' sofort erkennbar. Das kann (un-)erwünschte Reaktionen seitens der Adressaten hervorrufen. Verstärkt werden kann dies dadurch, daß lediglich ein Gesamtbetrag für alle finanziellen Verpflichtungen zusammen anzugeben ist.

Beispiel: **Eine GmbH mit einer Bilanzsumme von 10 Mio. DM und einem EK von 4 Mio. DM hat eine Fabrik für eine Jahresmiete von 600 TDM p.a. geleast. Die Restlaufzeit des Vertrages beträgt 20 Jahre.**

Die unkommentierte Angabe einer finanziellen Verpflichtung von 12 Mio. DM wäre offenbar irreführend (aber wohl zulässig). Erwünscht könnte dann zum Beispiel folgende Reaktion der Gesellschafter sein: Verzicht auf Ausschüttungen, EK-Erhöhung. Unerwünscht wären zu erwartende negative Einschätzungen der Bonität der GmbH. Das bedenkliche Bild könnte natürlich durch freiwillige Zusatzangaben auch wieder korrigiert werden. Angaben zu jährlichen Belastungen, zu erwarteten Umsätzen oder Erfolgschancen etc. würden eine 'realistischere' Einschätzung der Finanzlage ermöglichen.

Neben Verpflichtungen aus schwebenden Verträge, kommen auch solche gegenüber der Öffentlichen Hand (zum Beispiel für Umweltschutzauflagen, die noch nicht zu Rückstellungen führten) oder gegenüber Geschädigten (zum Beispiel Haftungs- oder Deliktfälle) in Frage. Auch bürgschaftsähnliche Pflichten, die nicht unter § 251 HGB fallen, sind üblich (zum Beispiel 'weiche' Patronatserklärungen, die keine einklagbaren Pflichten beinhalten, sondern eher 'moralische' Bindungen schaffen). Schließlich können sogenannte Innenverpflichtungen angabepflichtig sein, denen sich der Kaufmann nicht ohne größeren Schaden entziehen kann. Instandhaltungsmaßnahmen, laufende Investitionsvorhaben etc. sind typische Beispiele. Wird auf die Bildung von Kann-Rückstellungen gemäß § 249 Absatz 2 HGB verzichtet, kann deshalb eine Anhangangabe erforderlich sein.

1.3 Grenzen der Berichtspflicht

In den §§ 286 bis 288 HGB sind ausdrückliche Ausnahmen von den zuvor erörterten Berichtspflichten geregelt. Ohne auf Details einzugehen, sind folgende Aspekte wichtig:

- Soweit es für das Wohl der Bundesrepublik Deutschland oder eines ihrer Länder erforderlich ist, besteht ein Verbot der Berichterstattung (vgl. auch Abschnitt 2.3 unten).
- Soweit Angaben nach vernünftiger kaufmännischer Beurteilung geeignet sind, der KapGes oder einem Unternehmen, an dem sie mindestens den fünften Teil der Anteile besitzt, einen erheblichen Nachteil zuzufügen, können sie unterbleiben. Dies gilt für die Aufgliederung der Umsatzerlöse gemäß § 285 Nr. 4 HGB) und bestimmte Angaben zu Beteiligungen (§ 286 Absatz 3 Nr. 2 HGB).

- Die Angaben zu Beteiligungen können auch entfallen, wenn sie von untergeordneter Bedeutung sind (§ 286 Absatz 3 Nr. 1 HGB). Um den Anhang zu entlasten, können die Informationen aber auch bei Wesentlichkeit in einer gesonderten Auflistung hinterlegt werden. Auf den Ort der Hinterlegung ist im Anhang hinzuweisen (§ 287 HGB). Diese Regelung könnte dazu genutzt werden, den Anhang von einer Vielzahl unwichtiger Informationen zu entlasten und nur über wichtige Beteiligungen zu berichten. Die Praxis, sämtliche Beteiligungsangaben gesondert zu hinterlegen (und damit der Kenntnisnahme weitgehend zu entziehen) ist leider verbreitet (und zulässig).
- In § 288 HGB werden Erleichterungen für kleine und mittelgroße KapGes eingeräumt. Diese sollen vor Wettbewerbsnachteilen durch zuviel Information schützen und die Kosten der Berichterstattung geringer halten.

Neben diesen ausdrücklichen Regelungen können sich Berichtsgrenzen auch aufgrund der allgemeinen GoB ergeben: ein den tatsächlichen Verhältnissen entsprechendes Bild der KapGes wird zum Beispiel nicht vermittelt, wenn wichtige Informationen in einer Flut von unwichtigen Angaben 'versteckt' werden. Den Grundsätzen der Wesentlichkeit und der Klarheit/Übersichtlichkeit kommt hier große Bedeutung zu.

2. DER LAGEBERICHT

2.1 Lageberichtsfunktionen und Berichtsgrundsätze

Der JA hat vorrangig eine Zahlungsbemessungs- und Informationsaufgabe. Insbesondere die erstere führt dazu, daß das gemäß § 264 Absatz 2 Satz 1 HGB zu vermittelnde Bild des Unternehmens durch die GoB und eine Vielzahl von Einzelangaben dominiert wird. Der JA, als eine überwiegend vergangenheitsbezogene Abrechnung, die möglichst einfach und nachprüfbar ausgestaltet sein muß, kann nur sehr begrenzt die Informationsbedürfnisse der Berichtsempfänger befriedigen. KapGes sind deshalb verpflichtet, zusätzlich einen Lagebericht zu erstellen, der primär als Informationsinstrument gedacht ist und die unzureichenden JA-Informationen ergänzen soll. Er soll insbesondere Entscheidungshilfen für Gesellschafter, Gläubiger etc. liefern, die zukunftsbezogene Informationen benötigen. Statt vieler Einzelangaben (wie im JA) soll ein Gesamtbild der Lage und Entwicklung des Unternehmens gezeichnet werden. Der Lagebericht enthält deshalb regelmäßig keine Angaben zu einzelnen JA-

Posten. Er bietet dem Vorstand Gelegenheit, ein persönliches Urteil über das Unternehmen und die wichtigsten Einflußfaktoren für seine wirtschaftliche Entwicklung zu geben.

Da er nicht den gleichen Restriktionen wie der JA unterliegt (Buchhaltungstechnik, GoB), ist er auch für weniger gut vorgebildete Adressaten lesbar. Es kann umfassend über ökonomische, soziale, rechtliche und technische Aspekte informiert werden, über die der JA nur indirekt und zum Teil nur durch aufwendige JA-Analysen entschlüsselbar, Angaben enthält.

Zahlungsbemessungsfunktion kann dem Lagebericht indirekt zukommen, da er zum Beispiel wichtige Begründungen für eine angestrebte Gewinnthesaurierung enthalten kann (zum Beispiel Angabe von Scheingewinnen oder negativen Entwicklungen nach dem Bilanzstichtag).

In § 289 Absatz 1 HGB wird bestimmt, daß der Lagebericht zumindest den Geschäftsverlauf und die Lage der Gesellschaft darzustellen hat, so daß ein den tatsächlichen Verhältnissen entsprechendes Bild vermittelt wird. Eine Bindung an die GoB, wie in § 264 Absatz 2 HGB, fehlt. In Absatz 2 wird gefordert, daß der Lagebericht auch auf weitere konkretisierte Berichtsfelder eingehen soll (Forschung und Entwicklung, voraussichtliche Entwicklung etc.). Diese werden als sonstige Angaben bezeichnet.

Die gesetzliche Regelung hat Interpretationsprobleme hervorgerufen, die unter dem Begriffspaar Statik-Dynamik diskutiert werden. Eine Gruppe von Autoren legen die Begriffe Lage und Geschäftsverlauf in Absatz 1 so aus, daß damit eine stichtagsbezogene status-quo-Betrachtung gemeint ist (Statik). Der Absatz 2 enthält darüber hinausgehende Informationspflichten, die auch zukunftsbezogen sind. Die dynamische Interpretation gesteht Absatz 2 dagegen nur deklaratorische Bedeutung zu und versteht als 'Lage der KapGes' eine sowieso schon Prognosen umfassende Darstellung. Ob zum Beispiel eine Anlage eine Fehlinvestition war oder nicht, hängt natürlich auch von künftigen Entwicklungen ab.

Egal welche Position auch vertreten wird: Unstrittig enthält der Lagebericht Prognosen und muß die wichtigsten Entwicklungsfaktoren für das Unternehmen darstellen. Da die Entwicklung der Vergangenheit und der Zukunft von vielen Faktoren abhängen kann und deren Einflüsse/Wechselwirkungen häufig kaum quantifizierbar sind, ist der Lagebericht stark von subjektiven Einschätzungen geprägt. Gerade deshalb ist es besonders wichtig zu fixieren, welche Anforderungen an diesen wenig standardisierbaren Berichtsteil zu stellen sind. Das HGB enthält hierzu nur sehr allgemeine Hinweise:

- Zentral ist die Bindung an die tatsächliche Lage (§ 289 Absatz 1).
- In § 317 Absatz 1 Satz 3 HGB wird darüber hinaus bestimmt, daß der Lagebericht im Einklang mit dem JA stehen muß und die sonstigen Angaben (gemäß § 289 Absatz 2) keine falsche Vorstellung von der Lage des Unternehmens erwecken.

Offenbar sind diese Vorgaben wenig operational. Es wird deshalb in der Literatur gefordert, daß Grundsätze einer gewissenhaften und getreuen Rechenschaft gelten sollen. Hierzu gibt es zwar Vorschläge, die Berichtspraxis der Unternehmen zeigt aber, daß diese keineswegs allgemein akzeptiert sind. Neben informativen, wohlstrukturierten Lageberichten, sind in Deutschland ausgesprochen viele inhaltsleere und unvollständige Berichte zu finden, die mehr oder weniger offensichtlich selbst hinter den Mindestanforderungen des HGB zurückbleiben.

Besondere Bedeutung für den Lagebericht kommt den Grundsätzen der **Klarheit und Übersichtlichkeit** zu. Diese verlangen zunächst eine eindeutige Trennung des Lageberichts vom JA und ggf. weiteren, freiwillig publizierten Berichtsteilen. Dies ist besonders vor dem Hintergrund der differenzierten Anforderungen an die Prüfung durch unabhängige Wirtschaftsprüfer zu sehen. Es muß für Adressaten ohne weiteres erkennbar sein, ob Berichtsteile umfassend (JA), etwas eingeschränkter (Lagebericht) oder gar nicht geprüft wurden. Um die Lesbarkeit zu erleichtern, bietet es sich an, den Lagebericht zu untergliedern und Überschriften einzuführen.

Die Trennung von Information und werblichen Darstellungen ist teilweise schwierig. Gerade deshalb ist es wichtig, daß der Lagebericht nicht zu einem PR-Instrument verkommt. Der Grundsatz der **Wesentlichkeit** soll gewährleisten, daß wichtige Informationen nicht in einer Fülle unwesentlicher und/ oder werblicher Angaben untergehen.

Stetigkeit in der Darstellung und – inhaltlich – bei den Beurteilungskriterien, Prognoseverfahren etc. verbessern ebenfalls die Lesbarkeit der Berichte. Ohne Grund sollte nicht von einer bewährten Berichtspraxis abgewichen werden. Allerdings hat dieser Grundsatz bei weitem nicht die gleiche Bedeutung wie für den JA.

Anwendungsprobleme bringt insbesondere das **Vollständigkeitsgebot** mit sich, da allgemein nicht bestimmt werden kann, welche Faktoren und Entwicklungen die wichtigsten für die Lage eines Unternehmens sind. Gleichwohl muß verlangt werden, daß der Lagebericht **richtig** in dem Sinne ist, daß er keine falschen Tatsachenbehauptungen enthält und dem subjektiven Wissensstand des Erstellers entspricht. Die Forderung, daß der Lagebericht 'im Einklang' mit dem JA stehen soll (s. o.), kann hier eingeordnet werden: werden im JA Auslandsforderungen als riskant abgeschrieben, paßt dies kaum zu einer Lageberichtsdarstellung über die erfreuliche Entwicklung des Auslandsgeschäftes (vgl. Sieben 1987, S. 597). Zeigt der JA zutreffend eine angespannte Lage des Unternehmens, so soll dieser Eindruck nicht durch einen zu optimistisch gefärbten Lagebericht wieder aufgehoben werden.

Die 'Einklang'-Forderung greift aber immer dann nicht, wenn die Berichtsobjekte des Lageberichts kein inhaltliches Pendant im JA haben. Forschungs- und Entwicklungserfolge schlagen sich zum Beispiel im JA nicht unbedingt sichtbar nieder (vgl. § 248 Absatz 2 HGB). Außerdem sind Konstellationen denkbar, in denen die Forderung inhaltsleer oder unsinnig ist, wie folgendes Beispiel zeigt: Ein Unternehmen zeigt im JA eine schlechte Ertragslage, da dies bilanzpolitisch erwünscht ist (zum Beispiel um Steuern zu sparen). Außerdem wurden umfassende Werbe- und Instandhaltungsmaßnahmen durchgeführt und in das nicht bilanzierbare Humankapital wurde kräftig investiert. Der JA sieht also insgesamt wenig erfreulich aus. Es kann dann kaum sinnvoll sein, wenn der Lagebericht mit diesem schlechten und falschen Eindruck vom Unternehmen in Einklang sehen, ihn bestätigen soll. Sinnvoll ist einzig und allein, daß er das vom JA indizierte Bild korrigiert.

Die Bedeutung des **Vorsichtsprinzips** für den Lagebericht ist meines Erachtens zweifelhaft, obwohl es zum Teil angeführt wird, um eine zu optimistische Berichterstattung auszuschließen. Die Übertragung vom JA ist meines Erachtens bedenklich, da der Lagebericht bestenfalls sehr mittelbar der Kapitalerhaltung dienen kann, indem Ausschüttungserwartungen beeinflußt werden. Auschüttungs- und Steueransprüche richten sich dagegen allein am JA aus.

2.2 Berichtsfelder

Gemäß § 289 Absatz 1 HGB ist die wirtschaftliche Entwicklung des abgelaufenen GJ darzulegen. Absatz 2 verlangt, daß zusätzlich auf Vorgänge von besonderer Bedeutung, die nach dem Schluß des GJ eingetreten sind (Nr. 1) und auf die voraussichtliche Entwicklung des KapGes (Nr. 2) eingegangen werden soll. Das Wort 'soll' wird ganz überwiegend als 'müssen, es sei denn, es gibt nichts wesentliches zu berichten' interpretiert. Für alle drei Berichtsteile (für das abgelaufene Jahr, den Nachtrags- und den Prognosebericht) können grundsätzlich die gleichen Berichtsfelder relevant sein. Neben gesamtwirtschaftlichen und branchenbezogenen Informationen, kommen zum Beispiel sämtliche Funktionsbereiche eines Unternehmens in Betracht: Beschaffung, Produktion, Absatz (Auftragseingänge), Investitionen, Finanzierung, Personal etc. (vgl. das ausführliche Schema aus Stobbe 1988, S. 308).

Auf den Bereich F&E soll gemäß § 289 Absatz 2 Nr. 3 HGB eingegangen werden. Für viele Unternehmen ist dieser Bereich besonders bedeutsam, da die künftige Konkurrenzfähigkeit stark von den heutigen F&E-Leistungen abhängt. Prinzipiell kann auf zwei Arten berichtet werden. Entweder es werden Angaben zum Input (Personalzahlen, Ausgaben, Ausstattungen etc.) oder zum Output (Patentanmeldungen, Ergebnisse etc.) gemacht. Die erste Variante scheint weniger informativ: aus einer Zunahme der F&E-Ausgaben um 20% resultiert natürlich keineswegs automatisch eine entsprechend verbesserte Wettbewerbsposition. Wird über den Output berichtet, so besteht allerdings die Gefahr, daß Wettbewerbsvorteile gegenüber der Konkurrenz verloren gehen. Gerade in diesem Sektor haben Unternehmen ein starkes Geheimhaltungsbedürfnis. Andererseits ist nicht zu verkennen, daß eine Berichterstattung über technische Verbesserungen im Bereich der Sicherheit von Autos oder ähnliches auch aus PR-Gründen für ein Unternehmen wünschenswert sein können.

Seit 1993 ist zusätzlich über bestehende Zweigniederlassungen zu berichten (§ 289 Absatz 2 Nr. 4). Dies soll die geographische Verbreitung erkennen lassen (über die Umsatzaufgliederung im Anhang hinaus) und eine Gleichbehandlung mit den Informationspflichten über rechtlich selbständige Tochtergesellschaften anstreben. Welche Angaben zu den Zweigniederlassungen sinnvollerweise zu fordern sind und wie der Begriff genau zu fassen ist, wurde bisher noch wenig diskutiert. Praktische Erfahrungen fehlen noch weitgehend.

Nicht vorgeschrieben, aber auf freiwilliger Basis möglich, sind Kapitalflußrechnungen, Wertschöpfungsrechnungen, Sozial- und Umweltberichte. Ob eine Nebenrechnung zu Scheinerfolgen freiwillig oder zwingend ist, ist umstritten. Soweit Scheinerfolge in wesentlichem Umfange vorliegen, spricht vieles für eine Pflicht: der JA wird durch die GoB, speziell das Nominalprinzip geprägt. Die tatsächliche Erfolgslage des Unternehmens ist nur mit Hilfe einer publizierten Nebenrechnung erkennbar.

Zusammenfassendes Raster zum Inhalt des Lageberichts

		Wirtschaftsbericht (31.12.1986) - Verlauf des letzten Geschäftsjahres bis zum Bilanzstichtag -	Nachtragsbericht - Vorgänge bis zur Aufstellung des Lageberichtes (30.04.1987) -	Prognosebericht - voraussichtliche Entwicklung bis Anfang 1989 -
1.	Gesamtwirtschaftliche Entwicklung			
2.	Branchen-Entwickung			
3.	Beschaffung - Rohstoffe - Lieferanten a) Zubehör b) eingehende Produkte c) Dienstleistungen			
4.	Produktion - Umfang - Produktionstechniken/ Verfahren - Bestände			
5.	Absatzbereich - Umsatz - Auftragseingang			
6.	Investitionen			
7.	Finanzierung			
8.	Tochtergesellschaften			
9.	Beteiligungen			
10.	Rechtliche Verhältnisse (Verträge)			
11.	Besonders günstige/ ungünstige Faktoren			
12.	Risiken (Währung/Prozesse)			
13.	Personal- und Sozialwesen			
14.	Forschung und Entwicklung - Produkte - Verfahrenstechniken			
15.	Umweltschutz			
16.	Besonderes			
17.	Gesamtbeurteilung			

2.3 Berichtsgrenzen

Aus verschiedendsten Gründen kann es zweckmäßig sein, im Lagebericht Informationen nur begrenzt zur Verfügung zu stellen:

1. wenn das Wohl der Bundesrepublik Deutschland und ihrer Länder dies erfordern,
2. wenn das Wohl der publizitätspflichtigen Unternehmen dies erfordert,
3. weil größenabhängige Differenzierungen Sinn machen,
4. weil der Lageberichtersteller bestimmte Risiken vermeiden will.

Im Gegensatz zum Anhang (vgl. § 286 HGB) gibt es zumindest im Gesetz selbst aber keine Stütze für die Zulässigkeit von Informationsbegrenzungen. Gleichwohl wird unstrittig der unter 1. genannte Grund als Informationsgrenze akzeptiert.

Wesentlich schwieriger sind die andere Gründe einzuschätzen, insbesondere die Inanspruchnahme einer **unternehmensbezogenen Schutzklausel.** Unstrittig kann die Berichterstattung über eine Krise die Sanierungschancen eines Unternehmens drastisch verschlechtern. Das Problem der self-fullfilling prophecy ist durchaus real. Dies rechtfertigt aber keineswegs eine Schönung des Lageberichts, der eine Schutzfunktion für Externe hat. Der Gesetzgeber hat – in Kenntnis des Problems – eine Schutzklausel nicht kodifiziert. Dieses 'beredte Schweigen' ist eindeutig. Es kann auch nicht argumentiert werden, daß eine Sanierung oder eine Verzögerung der Insolvenz per sé wünschenswert sei. Dies liegt zwar regelmäßig im Interesse der Unternehmensleitung, aber nicht ohne weiteres dem Interesse der anderen Unternehmensbeteiligten, wie folgende Beispiele zeigen:

1. Neugläubiger schmälern die Verteilungsmasse für Altgläubiger.
2. Neugläubiger lassen sich Sicherheiten einräumen zu Lasten der Altgläubiger.
3. Sicherheiten der Altgläubiger werden wertlos (Eigentumsvorbehalt erlischt durch Weiterverkauf).
4. Neue Kredite werden in Unkenntnis der Lage zu billig/ungesichert gewährt.
5. Effektivere Vermögensverwertung unterbleibt.
6. Dolose Handlungen werden wahrscheinlicher.
7. Durch riskante Neuinvestitionen steigt das gesamte Unternehmensrisiko.

Trotzdem verbleibt dem Lageberichtersteller ein Spielraum zur Abwendung von negativen Konsequenzen. So kann durch eine Vergröberung der Information die Chance von Sanierungsverhandlungen erhalten werden. Neben der Darstellung von Problemen, kann die Unternehmensleitung auch auf die ergriffenen oder möglichen Gegenmaßnahmen, auf sonstige Chancen etc. eingehen.

Die Frage, ob größenabhängig Differenzierungen notwendig oder zumindest zulässig sind, ist insbesondere aktuell geworden, weil auch die Vielzahl kleiner und mittelgroßer GmbH. von § 289 HGB erfaßt werden. Baetge/Fischer/Pasket (vgl. 1989, S. 22 ff.) haben neben der Größe des Unternehmens auch die Art als wichtiges Unterscheidungsmerkmal für die erforderliche Berichtstiefe hervorgehoben. Kleine oder sehr einfach strukturierte Unternehmen würden Wettbewerbsnachteile erleiden, wenn sie genauso detailliert berichten müßten wie große oder hochkomplexe Unternehmen. Berichtet ein Ein-Spartenunternehmen ausführlich über seine F&E-Anstrengungen, so kann die Konkurrenz dies einfacher zuordnen, als wenn ein Mehr-Sparten-Unternehmen die entsprechenden Angaben macht. Bezüglich der Art des Unternehmens genügen bei einfachen Unternehmen weniger Informationen, um ein den tatsächlichen Verhältnissen entsprechendes Bild zu zeichnen. Insofern handelt es sich streng genommen um eine Gleichbehandlung und nicht um Differenzierung nach der Art des Unternehmens.

Anders ist meines Erachtens der Vorschlag einer rein größenabhängigen Unterscheidung zu sehen (bei gleicher Komplexität der berichtspflichtigen Unternehmen). Das Argument des Konkurrenzschutzes darf hier nicht überbewertet werden: kleine KapGes müssen den Lagebericht nämlich gar nicht publizieren und mittelgroße unterliegen nur der Registerpublizität (vgl. §§ 325 f. HGB). Außerdem zeigen informationsökonomische Analysen, daß eine Mehrinformation durchaus im Interesse des Publizierenden liegen kann (vgl. Ewert/Wagenhofer 1992, S. 297 ff.). Praktisch wird es gleichwohl und berechtigterweise rein größenabhängig Unterschiede geben, schon weil entsprechendes ökonomisches Wissen in wesentlich größerem Umfang vorhanden sein wird (speziell was den Prognose- und Entwicklungsbereich angeht). Hohe Informationskosten im Vergleich zum Informationsnutzen der Adressaten führen in Verbindung mit dem Wesentlichkeitsgrundsatz zu anderen Berichtsanforderungen. Ein Großunternehmen mit ausgebauter Planungsrechnung verfügt schon über die Informationen, die ein Kleinunternehmen nur für eine detaillierte Lageberichterstattung beschaffen müßte.

Edzard Reuter hat auf ein weiteres Problem hingewiesen, das den Berichtsersteller betrifft: aus der Zukunft wird im Zeitablauf einmal Vergangenheit und deshalb können sich Prognosen später als unzutreffend herausstellen (1987, S. 440). Allgemeiner läßt sich das Problem so formulieren: je unbestimmter/nichtssagender/allgemeiner eine Prognose ist, desto weniger läuft die Unternehmensleitung Gefahr, daß ihr im Nachhinein Fehlprognosen vorgehalten werden. Im Extremfall: hat eine Prognose gar keinen Informationsgehalt, kann sie sich niemals als falsch herausstellen. Da die Zukunft ungewiß ist, dürften deshalb Intervallprognosen gegenüber Punktprognosen vorziehenswürdig sein: sie lassen die Unsicherheit erkennen und spiegeln keine (unerreichbare) Scheingenauigkeit wider. Andererseits darf dies nicht dazu führen, daß die Unternehmensleitung aus Risikoscheu nur noch Allgemeinplätze publiziert. Mit zunehmendem Informationsgehalt steigt logisch die Chance einer Fehlprognose. Der Berichtende kann aber auch deutlich machen, daß er sein Unternehmen und das Umfeld kennt und beurteilen kann. Außerdem lösen Fehlprognosen zunächst einmal Erklärungsbedarf und nicht Vorwürfe aus. Viele Entwicklungen sind nicht vorhersehbar, das ist auch nicht vorzuwerfen. Deshalb ist es zweckmäßig und notwendig, daß neben der eigentlichen Prognose, die Prognosebasis erläutert wird, also die zugrunde gelegten Annahmen (zum Beispiel über Konjunktur-, Zins-/Währungsentwicklung etc.). Erst dadurch werden Prognosen für Adressaten verständlich und sie können (ex post) verteidigt/angegriffen werden.

3. DIE PUBLIZITÄTSREGELN

Der JA und Lagebericht von großen und mittelgroßen KapGes ist von unabhängigen Wirtschaftsprüfern zu prüfen (§ 316 Absatz 1 HGB). Die Prüfungspflicht dient der Sicherung einer Mindestqualität des JA für nicht geschäftsführende Gesellschafter, die laut AktG/GmbHG wesentlich geringere Informations- und Kontrollrechte haben als Gesellschafter von Pers.Ges. Für Gläubiger ist die unabhängige Prüfung aufgrund des Haftungsprivilegs der KapGes notwendig. Die Prüfung soll die Ordnungsmäßigkeit der genannten Informationsträger sichern, also die Einhaltung von Gesetz und ggf. zusätzlichen Bestimmungen in Satzung oder Gesellschaftsvertrag (§ 317 Absatz 1 HGB). Die Prüfung bietet bestenfalls eine Gewähr dafür, daß die Buchführung ordnungsgemäß ist und der JA daraus ordnungsgemäß entwickelt wurde. Nicht Prüfungsgegenstand sind

- die Qualität der Geschäftsführung
- die wirtschaftliche Leistungsfähigkeit des Unternehmens
- die Aufdeckung von Delikten.

Selbstverständlich können entsprechende Sachverhalte Einfluß auf JA und Lagebericht haben (zum Beispiel Rückstellungen sind notwendig, die going concern-Annahme ist fraglich etc.). Insofern werden sie indirekt und unvollständig mit-geprüft. Der Prüfer hat das Ergebnis seiner Prüfung in Form eines Testats zu vermerken, das er mit Einschränkungen oder Zusätzen verstehen kann oder muß. Gibt es gravierende Einwendungen, ist der Bestätigungsvermerk zu versagen (§ 322 HGB). Ein uneingeschränkt testierter JA und Lagebericht stellt allerdings kein Urteil über die Bonität oder Leistungsfähigkeit dar.

Kleine GmbH und Nicht-KapGes können sich einer entsprechenden Prüfungspflicht freiwillig oder vertraglich unterwerfen. Dies ist insbesondere im Hinblick auf die Kreditwürdigkeit und den Schutz von nicht geschäftsführenden Gesellschaftern eine verbreitete Praxis.

Für die prüfungspflichtigen KapGes hat ein Verstoß gegen die Pflicht weitreichende Folgen: der JA kann von den Gesellschaftsorganen nicht festgestellt werden (§ 316 Absatz 1 Satz 2 HGB). Er entfaltet deshalb keine Rechtswirkung und ist keine Grundlage für Gewinnausschüttungen.

Soweit die gesetzlich geforderten Unterlagen erstellt und geprüft sind, sind sie in Abhängigkeit von Rechtsform und Größe abgestuften Offenlegungspflichten unterworfen (§§ 325 ff. HGB):

- Nicht-KapGes: für diese bestehen nach HGB keine Publizitätspflichten für Bilanz und GuV. Davon unberührt bleiben vertragliche oder faktische Zwänge starken Vertragspartnern oder Gesellschaftern Einblick zu gewähren (zum Beispiel Kreditinstituten bei Kreditanträgen).

- Kleine KapGes unterliegen der sogenannte **Registerpublizität**, d.h. sie haben einen verkürzten JA (und einige zusätzliche Unterlagen, aber keinen Anhang oder Lagebericht) beim Handelsregister einzureichen, das jedermann zugänglich ist. Auf den Ort der Hinterlegung ist im Bundesanzeiger hinzuweisen. Die praktische Informationswirkung ist gering: Interessenten, die nicht in der Nähe des zuständigen Handelsregisters leben, werden selten die notwendigen Informationskosten aufwenden, um den JA einsehen zu können. Hinzu kommt, daß der verkürzte JA sowieso wenig informativ und häufig nicht geprüft ist. Viele Unternehmen kommen außerdem der Hinterlegungspflicht gleich gar nicht nach.

- Auch mittelgroße KapGes unterliegen der Registerpublizität. Sie müssen aber neben dem (verkürzten) JA inklusive Anhang auch den Bestätigungsvermerk des Abschlußprüfers, den Lagebericht und einige weitere Unterlagen einreichen. Auch hier ist die Publizitätswirkung de facto oft gering.
- Große KapGes unterliegen der **Bundesanzeiger-** und der **Registerpublizität:** JA, Lagebericht, Bestätigungsvermerk und weitere Unterlagen sind im Bundesanzeiger zu veröffentlichen und beim Handelsregister zu hinterlegen.

Für Unternehmen, die dem PublG unterliegen, Genossenschaften, Kreditinstitute, Versicherungen, kommunale Eigenbetriebe etc. bestehen in jeweiligen Spezialgesetzen zusätzlich Publizitätsregeln, auf die nicht eingegangen wird. Ebenso werden die rechtsform- und größenabhängigen Fristenregelungen des HGB ausgeklammert.

D. WIEDERHOLUNGSFRAGEN

1. Skizzieren Sie mögliche Funktionen der Generalnorm zum JA.
2. Welche praktischen Konsequenzen hat die Generalnorm des § 264 Absatz 2 HGB in Deutschland?
3. Geben Sie beispielhaft Sachverhalte an, die zusätzliche Berichtspflichten gemäß § 264 Absatz 2 Satz 2 HGB auslösen.
4. Ein Unternehmen schreibt das abnutzbare Anlagevermögen bisher grundsätzlich linear ab. Da sich die Ertragsaussichten verschlechtert haben wird überlegt, ob künftig degressiv abgeschrieben werden muß oder darf. Ist ein Methodenwechsel zulässig oder gar vorgeschrieben, um der Forderung nach dem Einblick in die tatsächliche Ertragslage gerecht zu werden? Sind zusätzliche Anhangangaben erforderlich, wenn weiterhin linear abgeschrieben wird?
5. Welche Bedeutung haben die Grundsätze der Klarheit und Übersichtlichkeit für den JA?
6. Warum ist die Prüfung der Einhaltung des Vollständigkeitsgebotes im Anhang schwierig?
7. Was versteht man unter der Entlastungs-, Interpretations- und Ergänzungsfunktion des Anhangs?
8. Eine AG unterläßt in Bilanz und GuV eine Abschreibung auf den gesunkenen Börsenkurs von Wertpapieren des Umlaufvermögens. Der entsprechende Betrag wird statt dessen im Anhang angegeben. Genügt die AG den gesetzlichen Pflichten?
9. Welche Angaben enthält das sogenannte Anlagegitter?
10. Wodurch unterscheiden sich Zugänge von Zuschreibungen?
11. Entsprechen die im Anlagegitter erfaßten Abschreibungen den in der GuV ausgewiesenen Beträgen (Gesamtkostenverfahren unterstellt)?
12. Wie kann die Altersstruktur des AV aus dem Anlagegitter abgelesen werden? Geht das überhaupt zuverlässig?
13. Welche Informationen aus dem Anlagegitter sind wichtig für die Beurteilung von Investitions- und Desinvestitionsverhalten?

14. Welche konkreten Pflichtausgaben im Anhang tragen der Interpretationsfunktion Rechnung?

15. a) Ein Unternehmen hat bisher ein Disagio bei Kreditaufnahmen immer direkt als Aufwand gebucht. Im Gj. wird erstmals ein Disagio in Höhe von 100 TDM aktiviert (§ 250 Absatz 3 HGB).
    b) Bisher wurden Gemeinkosten durch pauschale Zuschläge auf Einzelkosten verrechnet, um die Herstellungskosten für Bestandserhöhungen zu ermitteln. Ein neues Kostenerfassungs- und -abrechnungssystem erlaubt erstmals eine sehr viel genauere Zuordnung der Gemeinkosten. Die HK der Bestandsänderung des abgelaufenen Jahres vermindern sich deshalb um 100 TDM.
    1. Ergeben sich Berichtspflichten für a) oder b) im Anhang?
    2. Ändert sich an der Antwort etwas, wenn a) und b) gleichzeitig realisiert werden?

16. Erläutern Sie das Für und Wider einer publizierten Segmentberichterstattung.

17. Welche Konsequenzen hat der deutsche Gesetzgeber aus den Argumenten gezogen? Ist die HGB-Regelung im Hinblick auf die JA-Aufgaben zweckmäßig?

18. Ein Unternehmen hat folgende Sachverhalte in Bilanz und GuV realisiert:
    a) In t_1 wurde eine steuerfreie Rücklage in Höhe von 300 TDM gebildet. Diese wird in den drei Folgeperioden linear aufgelöst.
    b) Im Jahre t_3 wird auf eine mögliche Zuschreibung in Höhe von 500 TDM verzichtet.
    c) In t_2 wird eine Anlage für 600 TDM erworben. Es wird eine steuerliche Sonderabschreibung in Anspruch genommen. In t_1 werden 300 TDM abgeschrieben, in den drei Folgejahren jeweils 100 TDM. Normalerweise schreibt das Unternehmen linear ab (ND vier Jahre).

    Welche Berichtspflichten für den Anhang ergeben sich? Zusatzangabe: der ausgewiesene JÜ beträgt jeweils 100 TDM, die Ertragsteuerbelastung beträgt konstant 40%.

19. Werden durch diese Angaben die Folgen der Umkehrmaßgeblichkeit für den JA vollständig korrigiert?

20. Welche Entscheidungsspielräume hat der JA-Ersteller bezüglich der Informationspflicht gemäß § 285 Nr. 5 HGB?

21. Welche Kriterien sind heranzuziehen, um zu prüfen, ob eine sonstige finanzielle Verpflichtung im Sinne von § 285 Nr. 3 HGB vorliegt?

22. Welche Erleichterungen zu Angaben über Beteiligungen räumt das HGB den JA-Erstellern ein?

23. Welche Aufgaben soll der Lagebericht gemäß § 289 HGB erfüllen?

24. Warum gelten für den Lagebericht die GoB nicht?

25. Warum ist beim Lagebericht die Gefahr besonders groß, daß er zu Public-Relations-Zwecken mißbraucht wird?

26. Welchen allgemeinen Anforderungen muß die Lageberichterstattung genügen?

27. Welche Bedeutung kommt folgenden Grundsätzen für die Lageberichterstattung zu: Klarheit/Übersichtlichkeit, Vollständigkeit, Vorsicht, Wesentlichkeit, Richtigkeit, Vergleichbarkeit?

28. Welche Berichtsfelder schreibt das HGB ausdrücklich vor?

29. Diskutieren Sie Vor- und Nachteile einer unternehmensbezogenen Schutzklausel für die Lageberichterstattung. Wessen Interessen hat der HGB-Gesetzgeber Vorrang eingeräumt?

30. Gibt es einen Grundsatz ordnungsmäßiger Lageberichterstattung, der es kleineren und einfach strukturierten Unternehmen erlaubt, den Lagebericht inhaltlich knapper zu halten als großen und komplexen Unternehmen?

31. Welche Risiken trägt eine Unternehmensleitung bei der Lageberichterstattung? Wie kann sie diesen Risiken begegnen?

32. Welche Bedeutung kommt der Prüfungspflicht von JA und Lagebericht für KapGes zu?

33. Skizzieren Sie die Offenlegungspflichten des HGB.

34. Was versteht man unter Registerpublizität? Ist die Registerpublizität für kleine KapGes eine ausreichende Form der Information für Gläubiger?

Kapitel 18: Grundlagen der Bilanzpolitik

A. KURZINHALT

Dieses abschließende Kapitel ist einigen Aspekten von JA-Politik gewidmet. Es rundet die vorhergehenden Ausführungen ab, da eine konkrete JA-Erstellung bilanzpolitische Entscheidungen ermöglicht und/oder verlangt. Außerdem beinhaltet es eine zusammenfassende Wiederholung wichtiger Teile früherer Kapitel.

Nach einer kurzen Begriffsklärung wird im zweiten Abschnitt ein theoretischer Bezugsrahmen (die Principal-Agent-Theorie) vorgestellt, der in der Literatur häufig verwendet wird, um die verschiedenen wirtschaftlichen Interessen am handelsrechtlichen JA darzustellen und das praktische Bilanzierungsverhalten zu erklären. Dabei wird gezeigt, daß der JA als Organisationsmittel zur Verteilung von Informationen und Zahlungsansprüchen zwischen den möglicherweise konfligierenden Ansprüchen der Beteiligten interpretiert werden kann.

In Abschnitt 3 werden kurz typische Ziele von Bilanzpolitik referiert, und in Abschnitt 4 wird gezeigt, welche konkreteren Subziele für eine optimale Steuerbilanzpolitik formuliert werden können. Die daraus resultierenden Folgen für die Handelsbilanz werden erörtert und an der gängigen These vom Primat der Steuerbilanzpolitik Zweifel geltend gemacht.

Abschnitt 5 enthält einen systematischen Grundriß des bilanzpolitischen Instrumentariums. Dabei sind einmalige von laufend einsetzbaren Maßnahmen zu unterscheiden und Maßnahmen, die die nachträgliche Abbildung von Geschäftsvorfällen im JA betreffen, von sogenannten sachverhaltsgestaltenden Maßnahmen, die zur Realisierung bestimmter Geschäftsvorfälle vor dem Bilanzstichtag ergriffen werden, um bilanzpolitisch erwünschte Wirkungen zu erzielen.

Der Frage nach den möglichen Grenzen für Bilanzpolitik wird ebenso nachgegangen wie der Frage, ob und inwieweit Bilanzpolitik für externe JA-Verwender erkennbar ist. Dies kann allerdings nur auf einer sehr allgemeinen Ebene behandelt werden, da eine fundierte Beurteilung die Kenntnis der analytischen Verfahren voraussetzen würde.

Im abschließenden sechsten Abschnitt wird noch kurz auf zentrale Probleme einer rationalen Bilanzpolitik eingegangen.

B. LEHRZIELE

Ein Kapitel mit der Überschrift 'Bilanzpolitik' muß relativ komplex sein, da sie einiges voraussetzt und beinhaltet: Es muß Klarheit über die Grundzüge der handels- und steuerrechtlichen Bilanzierung und Bewertung bestehen, und die Regeln der Maßgeblichkeit und umgekehrten Maßgeblichkeit müssen bekannt sein.

Des weiteren ist eine Einordnung in die gesamte Unternehmenspolitik und den Verwendungskontext von HB und StB erforderlich. Erst vor diesem Hintergrund läßt sich sinnvoll über bilanzpolitische Ziele, Mittel und vielleicht auch Konsequenzen sprechen.

Im einzelnen sollten Sie nach der Durcharbeitung des Kapitels in der Lage sein,

- die Zusammenhänge zwischen Bilanzpolitik und anderen Unternehmenspolitiken zu skizzieren,
- den Begriff 'Bilanzpolitik' abzugrenzen,
- das Grundproblem der Principal-Agent-Beziehung zu erörtern,
- Adressaten des JA zu benennen und deren Interessen darzustellen,
- zu begründen, warum zwischen angestellten Managern und Kapitaleignern Konflikte bestehen,
- zu begründen, warum zwischen Eignern (speziell bei haftungsbegrenzten Unternehmen) und Gläubigern Konflikte bestehen,
- darzulegen, warum das Verhältnis Staat-Unternehmen als Principal-Agent-Verhältnis gesehen werden kann,
- zu erläutern, warum Eigentümer heterogene Interessen haben können,
- zu begründen, inwiefern der handelsrechtliche JA als Organisationsmittel zur Kompetenzabgrenzung zwischen Principal und Agent interpretiert werden kann,
- darzulegen, warum der JA ein geeignetes Mittel für diese Kompetenzabgrenzungen sein kann,
- zu diskutieren, ob diese Funktion des JA die Forderung nach einem Verbot von Bilanzpolitik rechtfertigt,
- typische Ziele von Bilanzpolitik zu nennen und zu erörtern, ob diese Ziele den handelsrechtlichen JA-Zwecken widersprechen,

- zu zeigen, warum Bilanzpolitik als mehrperiodisches Planungssystem interpretiert werden sollte,
- konkrete Ziele von Steuerbilanzpolitik unter verschiedenen Annahmen zu formulieren,
- zu erläutern, warum eine optimale Steuerbilanzpolitik in der Praxis zugunsten von pragmatischen Lösungsansätzen nicht verfolgt wird,
- zu zeigen, welche Folgen die Verknüpfung von HB und StB für bilanzpolitische Zwecke hat, wenn man das Primat der Steuerbilanz unterstellt,
- die These vom Primat der StB zu relativieren und Folgen für Eigner und Gläubiger aufzuzeigen,
- zu erörtern, mit welchen einmaligen Entscheidungen bilanzpolitische Ziele erreicht werden können,
- die wichtigsten handelsrechtlichen Wahlrechte zu nennen,
- exemplarisch aufzuzeigen, warum Bilanzpolitik auch ohne Wahlrechte und Ermessensspielräume möglich ist,
- die Rolle von Ermessensspielräumen für die Bilanzpolitik zu diskutieren,
- die Grenzen konventioneller Bilanzpolitik zu erläutern,
- zu begründen, warum Methoden der sachverhaltsgestaltenden Bilanzpolitik für deutsche Unternehmen zunehmend interessanter werden und zu erläutern, was darunter zu verstehen ist,
- einige typische Sachverhaltsgestaltungen zu benennen und deren Konsequenzen für den JA aufzuzeigen,
- Grenzen solcher bilanzpolitischen Maßnahmen zu diskutieren,
- das Spannungsfeld zwischen Bilanzanalyse und Bilanzpolitik darzustellen.

C. INHALT

1. BEGRIFFLICHE GRUNDLAGEN

Das Wort 'Bilanzpolitik' deutet auf zweierlei hin: Zum einen setzt der Bestandteil 'Politik' voraus, daß es Handlungs- oder Gestaltungsmöglichkeiten im Hinblick auf eigene Ziele gibt, wobei auch die Ziele selbst wählbar sind; zum anderen, daß die 'Bilanz' als Objekt dieser gestaltenden Maßnahmen eingesetzt wird.

Der zweite Aspekt verkürzt das Problem: Praktisch geht es um den gesamten JA (bei KapGes: Bilanz, GuV und Anhang) und den Lagebericht. Der überkommene Terminus 'Bilanzpolitik' steht deshalb im folgenden für die genannten Rechnungslegungsinstrumente insgesamt.

Der **Begriff Bilanzpolitik** wird in Übereinstimmung mit der Standardliteratur definiert

- als zielbewußte Ausnutzung
- legaler oder für legal gehaltener Handlungsmöglichkeiten, die HGB und GoB gewähren,
- zur Veränderung der vom JA abhängigen, ohne Beeinflussung sonst entstehender Zahlungen und/oder
- zur Beeinflussung der Sicht der Informationsadressaten auf die Unternehmen.

Bilanzpublizität kann man deshalb durchaus als **Public-Relations-Instrument** ansehen, also als eine Form der Öffentlichkeitsarbeit. Da an den JA Steuerbelastungen und Gewinnverwendungsentscheidungen anknüpfen, betrifft Bilanzpolitik auch den Steuer- und Finanzierungsbereich. Sämtliche Bereiche unterliegen nicht autonom einer unabhängigen Zwecksetzung, so daß in der Regel davon ausgegangen wird, daß die Teil-Politiken in die (übergeordnete) gesamte Unternehmenspolitik eingebunden sind. Dabei wird Bilanzpolitik häufig als begleitende, subsidiäre Teil-Politik interpretiert. Erfordert zum Beispiel die Sortiments-Politik die Anschaffung einer Spezialmaschine, so beschränkt sich der bilanzpolitische Spielraum nur noch auf die Abbildung im JA (zum Beispiel Festlegung der A.-Methode). Will ein Unternehmen an die

Börse gehen, so sind die JA (so weit möglich) so zu gestalten, daß ein günstiger Emissionskurs erreicht werden kann etc.

Allerdings ist diese Sichtweise von Bilanzpolitik als nachgeordneter Bereich nicht immer treffend. So kann zum Beispiel die Vorteilhaftigkeit eines Leasingvertrages entscheidend davon abhängen, wie er bilanziell zu erfassen ist: Erfolgt eine Bilanzierung beim Leasingnehmer, so kann eine Investition dadurch unrentabel werden und wird unterlassen. Oder: eine Spezialmaschine kann gekauft oder geleast werden – mit völlig unterschiedlichen Konsequenzen für die Finanzierungskosten.

Als **Trägerin der Bilanzpolitik** kommt in erster Linie die Unternehmensleitung in Frage, Bilanzpolitik ist 'Chef-Sache'. Dies ergibt sich zum einen aus dem Gesetz (zum Beispiel § 245 HGB: Der Kaufmann unterzeichnet den JA), zum anderen aus dem Stellenwert für das gesamte Unternehmen und seine Entwicklung.

Später wird zu zeigen sein, daß mit dieser Feststellung aber noch nicht viel gewonnen ist: Es ist sowohl unklar, wessen bilanzpolitische Zwecke letztlich maßgebend sind als auch, welche konkreten Zwecke die jeweiligen Interessenten verfolgen. Außerdem ist offen, welche bilanzpolitischen Möglichkeiten eingesetzt werden oder werden sollten und welche Wirkung damit bei Bilanzlesern tatsächlich erzielt werden.

Im folgenden soll zunächst der Kontext von Rechnungslegung und Bilanzpolitik anhand eines einfachen Falles dargestellt werden, bevor auf konkrete Ziele und Instrumente eingegangen wird.

Zum Abschluß werden praktische und theoretische Probleme einer rationalen Bilanzpolitik diskutiert.

2. DAS KONFLIKTFELD JAHRESABSCHLUSS

Hier soll aufgezeigt werden,

- welche Interessen von Unternehmensbeteiligten eine externe Rechnungslegung überhaupt erforderlich machen,
- warum dies notwendigerweise zu Konflikten führt,
- warum eine gesetzliche Regelung zweckmäßig ist,
- warum gleichwohl Bilanzpolitik zumindest als notwendiges Übel, vielleicht auch als wirtschaftliche Notwendigkeit zulässig ist.

Beispiel: Fünf Stammtischbrüder (A, B, C, D und E) vereinbaren nach dem Konsum einiger Biere, daß sie gemeinsam ein lukrativ erscheinendes Geschäft eröffnen wollen: Die Zucht der selten gewordenen heimischen Gelbbauchunken und der Vertrieb an Eigenheimbesitzer mit Biotümpeln scheint ihnen eine bisher unentdeckte, aber erfolgversprechende Marktlücke zu sein.

Da alle einen erlernten Beruf haben, den sie auch künftig ausüben wollen, besteht die erste Grundsatzentscheidung darin, daß sie einen angestellten Manager finden müssen, der das Geschäft für sie führt. Dies empfiehlt sich auch schon deshalb, weil sie weder von Unkenzucht noch von Betriebswirtschaftslehre oder Recht allzuviel wissen.

Ein professioneller Manager hat also Spezialisierungsvorteile.

Die Position der Fünf beschränkt sich damit auf eine Geldgeberstellung ohne Belastung durch das Alltagsgeschäft.

Die zweite Grundsatzentscheidung zielt darauf ab, daß alle fünf kein existenzielles Risiko durch das Unternehmen eingehen wollen, sondern eine Haftungsbegrenzung auf einen bestimmten Kapitalbetrag wünschen. Sie wählen deshalb die Rechtsform der AG für ihr Unternehmen.

Unterstellt, ein kompetenter Manager kann gefunden werden, die AG wird gegründet, und das Geschäft läuft gut an, gibt es in Bälde einige zusätzliche Interessenten an der AG: Personal wurde eingestellt, Lieferbeziehungen zu Fruchtfliegenzüchtern (Fliegen als Futtermittel) aufgebaut, desgleichen ein Vertriebsnetz, Banken haben Kredite gewährt etc. Außerdem hat der Staat ein Interesse an der Besteuerung der AG und an deren wirtschaftlichen Wohlverhalten im Hinblick auf diverse Ziele (Beschäftigung, Wettbewerb, Konjunktur etc.)

Schon bei diesem sehr einfachen Sachverhalt lassen sich einige Probleme vorstellen, die in der Literatur häufig unter dem Stichwort **Principal-Agent-Beziehung** diskutiert werden. Gemeint ist damit, daß ein Auftraggeber (Principal) einen Beauftragten (Agenten) damit betraut, seine Interessen wahrzunehmen, und der Agent über einen Informationsvorsprung verfügt.

Weiterhin unterstellt die Agency-Theory in ihren Modellen regelmäßig, daß zwischen Principal und Agent Zielkonflikte bestehen oder bestehen können und alle Beteiligten 'opportunistisch' sind, also im Eigeninteresse handeln. Die Schwierigkeit für den Principal besteht in der Hauptsache darin, daß er die Tätigkeit des Agenten nicht direkt beobachten und kontrollieren kann.

Einige typische Konflikte seien exemplarisch dargestellt:

1. Manager-Eigentümer-Konflikt

Da die Eigentümer Kapital zur Verfügung stellen, das der Manager in ihrem Sinn verwalten und investieren soll, ohne daß er selbst ein Kapitalrisiko trägt, liegt es nahe, daß die Kompetenzen des Managers begrenzt werden müssen und dieser Rechenschaft legen muß. Es ist nämlich nicht selbstverständlich, daß der angestellte Manager die gleichen Ziele verfolgt wie die Eigentümer. Annahmegemäß verfügen die Eigentümer aber weder über die erforderliche Sachkompetenz zur direkten Kontrolle des Managers noch wollen sie sich auf das Alltagsgeschäft einlassen; sie sind also in gewisser Weise vom Manager abhängig.

Gleichwohl haben sie de jure die Möglichkeit, ihre Interessen durch Personalentscheidungen (Abberufung des Managers), Zustimmungsrechte bei bestimmten, definierten Entscheidungen des Managements, Verkauf ihrer Anteile oder Entnahme von Mitteln aus der AG zu wahren.

Es ist also plausibel anzunehmen, daß die Eigentümer eine möglichst umfassende Kontrolle des Managements wünschen. Dabei ist aber zu beachten, daß eine detaillierte Kontrolle der Mittelverwendung durch das Management a) sehr teuer wäre und b) von den Eigentümern nicht geleistet werden kann.

Üblicherweise wird angenommen, daß Eigentümer an einer Maximierung ihrer Entnahmemöglichkeiten aus dem Unternehmen interessiert sind. Demgegenüber können Manager andere Ziele verfolgen. Trivial, aber nicht weltfremd, mag das Interesse von Managern an einer luxuriösen Büroausstattung, attraktiven Sekretärinnen/Sekretären oder interessanten 'Dienst'-Reisen sein (consumption on the job).

Außerdem streben Manager, so legen es zumindest viele empirische Untersuchungen nahe, nach einer Minimierung externer Kontrollen (zum Beispiel durch Eigner). Das kann sich zum Beispiel in dem Ziel niederschlagen, möglichst viele Mittel im Unternehmen zu halten (Thesaurierung von Gewinnen).

Damit erreicht das Management einige Vorteile: Die finanzielle Ausstattung des Unternehmens ist besser und damit das Risiko geringer, den eigenen Arbeitsplatz durch Insolvenz zu verlieren. Können stille Rücklagen gebildet werden, hat das Management außerdem die Möglichkeit, diese Reserven in schlechten Jahren aufzulösen. Verluste durch Fehlentscheidungen treten nicht nach außen in Erscheinung und müssen gegenüber den Eignern nicht vertreten werden. Das kann personelle Konsequenzen verhindern und eine ungestörte Weiterbeschäftigung ohne kritische Fragen oder gar Sonderprüfungen ermöglichen.

Da Eigentümer es aber auf Dauer kaum hinnehmen werden, wenn alle Mittel im Unternehmen verbleiben, müssen Manager das Ziel einer Vollthesaurierung relativieren. Statt dessen wird häufig das Ziel der Dividendenkontinuität oder eine Orientierung der Dividende an Ausschüttungen bei vergleichbaren Gesellschaften verfolgt. Dadurch wird dieser Teil des Mittelabflusses für das Management planbar.

Tatsächlich ist empirisch belegt, daß Gewinnglättung bei managerkontrollierten Unternehmen häufiger ist als bei eigentümerkontrollierten Unternehmen (Eigner sind selbst Manager).

Bekanntlich bestimmt das AktG, daß an Aktionäre vor Auflösung der Gesellschaft nur der Bilanzgewinn verteilt werden darf (§ 58 Absatz 5 AktG). Der Bilanzgewinn hängt mehr oder weniger direkt vom erzielten JÜ oder früheren Überschüssen ab (die recht komplexe Systematik des AktG hierzu braucht an dieser Stelle nicht weiter zu interessieren).

Das Problem liegt damit auf der Hand: Da der JA die Ausschüttungsansprüche der Eigentümer begrenzt und vom Management erstellt wird, kann dieses auch versucht sein, den JA durch bilanzpolitische Maßnahmen zu beeinflussen. Gelingt es dem Management auf diese Weise, Gewinne zu thesaurieren, die eigentlich der Verwendungsentscheidung der Eigner unterliegen, kommt dies wirtschaftlich einer Enteignung gleich. Die Eigentümer entscheiden nicht darüber, ob sie ihr Geld in die Unternehmung investieren oder es in möglicherweise rentablere Projekte einbringen oder auch schlicht für konsumtive Zwecke ausgeben.

Eine Rechtfertigung/Begründung des angestellten Managements, warum eine Investition des Kapitals in das Unternehmen für die Eigentümer (wirtschaftlich) sinnvoll ist, und zwar nach Maßgabe der Ziele dieser Eigentümer, entfällt.

In einer Marktwirtschaft, bei der nach der reinen Lehre die Höhe der Gewinne für eine optimale Kapitalallokation sorgen soll, ist dies offensichtlich problematisch.

2. Eigentümer-Gläubiger-Konflikt

Nicht weniger problematisch ist das Verhältnis von Eigentümern zu Gläubigern (zur Vereinfachung wird – wie üblich – unterstellt, daß der das Unternehmen leitende Manager ausschließlich die Interessen der Eigner verfolgt).

Gläubiger stellen der AG Kapital zur Verfügung, wie die Eigentümer auch, allerdings ohne Mitgliedschaftsrechte oder über den vereinbarten Zins hinausgehende Ertragschancen zu erwerben. Der Schuldendienst (Zins und Tilgung) ist auch zu leisten, wenn die AG keinen Gewinn erzielt. Jedoch sind die Gläubigeransprüche auf das Gesellschaftsvermögen begrenzt. Der Principal ist in diesem Fall der Gläubiger, der dem Eigentümer (Agent) Kapital zur Verfügung stellt und in der Regel weniger Informationen über die Investitionen und deren Chancen/Risiken hat als der Eigner.

Bei dieser Konstellation werden unter anderem folgende Agency-Probleme diskutiert:

Durchführung einer riskanten Investitionspolitik: Unterstellen wir, die AG erhält von einer Bank einen Kredit zur Finanzierung einer Ersatzinvestition. Da die Eigner nur noch wenig Kapital in der AG haben, wählen sie nach Abschluß des Kreditvertrages eine wesentlich risikoreichere Investition, die aber entsprechend höhere Gewinnchancen bietet. Dies kann dem Risikokalkül der Bank zuwiderlaufen, aber für die Eigner rational sein.

Ist die Investition erfolgreich, erhält die Bank die vereinbarten Zinsen und den Tilgungsbetrag, der überschießende hohe Gewinn fließt an die Eigner. Ist es eine Fehlinvesttion, verlieren die Eigner den geringen Anteil ihres verbliebenen Kapitals, die Bank möglicherweise alles.

Das **Unterinvestitionsproblem** stellt darauf ab, daß unter bestimmten Bedingungen die Eigner Investitionen unterlassen, selbst wenn sie rentabel sind (einen positiven Kapitalwert haben). Das liegt vor, wenn die Eigentümer die Anschaffungsinvestition finanzieren müssen, die Erträge aber überwiegend oder völlig Gläubigern zustehen (zum Beispiel um ältere Kredite zu bedienen). Dies gilt bei niedrigrentierlichen Investitionen, deren Redite nicht über den Schuldendienst hinausgeht.

Ebenfalls nachteilig für Gläubiger sind fremdfinanzierte **Ausschüttungen** an Eigner: Nimmt eine AG neben bestehenden Schulden weitere Kredite auf, die an Eigner ausgeschüttet werden, so entwertet dies die Position der Alt-Gläubiger. Das verbleibende Haftungsvermögen ist zur Befriedigung der alten und neuen Kreditgeber aufzuteilen (von dinglichen Sicherungen u.ä. sei hier abstrahiert).

Schließlich können **bestehende Investitionsprogramme** liquidiert werden, zum Beispiel Anlagevermögen wird versilbert, und der Liquidationserlös fließt an die Eigner. Wenn später der Kredit vereinbarungsgemäß zur Tilgung fällig wird, ist kaum noch Haftungsmasse vorhanden.

Mit diesen Agency-Problemen ist der Kontext von Rechnungslegung aber bei weitem nicht umfassend berücksichtigt. Zur Verdeutlichung sollen noch drei

Komplexe aufgegriffen werden, ohne daß damit eine vollständige Problemskizze vorliegt:

1. Wie Sie schon mühselig lernen mußten, knüpft die steuerliche Gewinnermittlung im Grundsatz an die handelsrechtliche Rechnungslegung an (§ 5 Absatz 1 EStG: **Maßgeblichkeit und umgekehrte Maßgeblichkeit**). Da Steuerzahlungen in der Regel nicht im Interesse der Eigner/Manager liegen, die Besteuerungsgrundlagen von der steuerpflichtigen AG aber selbst deklariert werden, liegt es auf der Hand, daß eine Gestaltung in Form von Bilanzpolitik im Interesse des Bilanzerstellers ist.
   Soweit legale Möglichkeiten bestehen, ist es rational (und auch zum Nutzen der Gläubiger), die Besteuerungsgrundlagen 'Gewinn' und 'Vermögen' möglichst so anzusetzen, daß die Steuerbelastung minimiert wird. Aufgrund der Verknüpfung von Handels- und Steuerbilanz erzwingt dies häufig, daß die handelsrechtliche Rechnungslegung weitgehend nach steuerlichen Kriterien und Erfordernissen erstellt wird.
   Auch das Verhältnis Fiskus-Eigentümer kann als Principal-Agent-Beziehung interpretiert werden. Principal wäre der Fiskus, der es dem Steuerpflichtigen (Agenten) überläßt, die Steuerbemessungsgrundlagen 'Gewinn' und 'Vermögen' selbst zu deklarieren (= ermitteln) und damit die Steuerschuld an den Fiskus zumindest indirekt festzulegen.

2. Bisher wurde unterstellt, daß die **Eigner eine homogene Gruppe sind** und gleiche Ziele verfolgen. Dies vereinfacht die Realität stark. So kann der Aktionär A Interesse daran haben, daß die AG keine Dividende ausschüttet, da er

   - keine lukrative Alternativanlage außerhalb der AG hat,
   - das Investitionsprogramm und die erwartete Rendite seiner Risikoneigung entspricht,
   - aus anderen Quellen hohe laufende Einkünfte hat und keine zweckmäßige Verwendung der Dividende sieht,
   - in diesem Jahr aufgrund der hohen Einkünfte einen hohen Einkommensteuersatz hat und die Dividende lieber in späteren Jahren ausbezahlt haben will, wenn sein Steuersatz niedriger ist,
   - hofft, daß seine Miteigentümer ihm ihre Anteile billig verkaufen werden

   etc.

Bei Aktionär B können die Interessen gerade gegenläufig sein. Die AG kann aber nicht die Gewinnverteilung für die Aktionäre unterschiedlich festlegen (§§ 53a und 60 AktG). Wessen Ziele sich im JA letztlich stärker niederschlagen, hängt dann von den individuellen Einflußmöglichkeiten ab.

3. Zu berücksichtigen ist, daß die AG ihren **JA auch publizieren** muß. Damit dient er nicht nur der möglicherweise erwünschten Information der oben genannten Gruppen, sondern ist auch der sicher unerwünschten Konkurrenz zugänglich. Aus Gründen des Konkurrenzschutzes sind Informationsbarrieren notwendig, eine Voll-Transparenz (was immer das auch sein mag) ist in einer Wettbewerbswirtschaft unangemessen.

Nach den bisherigen Ausführungen ist festzuhalten: **Es gibt Verteilungskonflikte um Informationen und Geld** (Dividende, Steuern, Thesaurierung). Dabei kann man aber nicht einfach annehmen, daß der Principal naiv und machtlos ist. Am Beispiel des Eigner-Gläubiger-Konfliktes wird dies deutlich: Eine Bank, die einen Kreditantrag bearbeitet, kennt natürlich die oben genannten Risiken und kann versuchen, diese zu minimieren: Kreditsicherheiten, Mitsprache- und Kontrollrechte, hohe Zinsen etc. sind Möglichkeiten, um dem Ausfallrisiko Rechnung zu tragen.

Damit wird natürlich der Kredit verteuert, denn diese Dinge verursachen Kosten, die von einem oder beiden Vertragspartnern zu tragen sind. Deshalb liegt es nahe, auch im Interesse der Eigner, das berechtigte Mißtrauen der Gläubiger durch selbstauferlegte Restriktionen zu zerstreuen. In Frage kommen zum Beispiel die Beschränkungen von Entnahmen aus dem Unternehmen und die Gewährung von Informationsrechten.

Offensichtlich sind Information und Ermittlung eines ausschüttungsfähigen Gewinns genau die Funktionen, die der handelsrechtliche JA erfüllen soll. Es bietet sich also an, den JA als Mittel zur Vermeidung oder Senkung der oben genannten **(Transaktions-)Kosten** zu benutzen. Tatsächlich verpflichtet § 18 KWG Kreditinstitute dazu, sich bei Krediten von insgesamt mehr als DM 100.000 den JA des Kreditnehmers offenlegen zu lassen.

Die Anknüpfung an den öffentlich-rechtlich vorgeschriebenen und normierten JA bietet weitere Vorteile:

- Da der JA durch HGB und GoB standardisiert ist, müssen die Vertragspartner nicht jeweils individuell und damit teuer eine bestimmte Informationsverteilung und Ausschüttungsbegrenzung aushandeln.

- Standardisierte Informationsinstrumente sind für den Agenten leichter zu erstellen und für viele Zwecke gleichzeitig einsetzbar. Ihre Interpretation ist ebenfalls in Grenzen standardisierbar (zum Beispiel Schemata von Kreditinstituten für Bilanzanalysen), und Vergleiche im Zeitablauf oder mit anderen Unternehmen sind möglich.
- Eine hoheitliche Festsetzung von Rechenschaftspflichten schützt zudem auch wirtschaftlich schwache Adressaten, die in individuellen Verhandlungen keine Informationsrechte oder Ausschüttungsgrenzen aushandeln könnten.

Wenn der handelsrechtliche JA als gesetzlich vorgeschriebenes Instrument zur Lösung von Verteilungskonflikten (Informationen, Geld) betrachtet wird, liegt folgender Schluß nahe: eine solche Form der Rechenschaft macht nur Sinn, wenn der zur Rechenschaft Verpflichtete bei der Darstellung keinen Einfluß auf das Ergebnis JA hat. Oder: in dem Maße, wie Bilanzpolitik seitens des Agenten möglich ist, werden die oben genannten Vorteile einer Senkung der Transaktionskosten nicht erreicht. Eine Bank könnte einen manipulierten JA kaum sinnvoll nutzen, um ihr Kreditrisiko abzuschätzen.

Der naheliegende Gedanke an ein **Verbot von Bilanzpolitik** ist aber selbst höchst problematisch und kann nicht als optimale und vor allem praktikable Lösung angesehen werden:

1. Die Kriterien Objektivierbarkeit/Nachprüfbarkeit führen in praxi zu Rechnungslegungsgrundsätzen, die einen stark eingeschränkten Informationswert des JA zur Folge haben. So wäre eine Unternehmensbewertung nach dem Ertragswertverfahren oder ein Finanzplan sicher informativer als ein JA, der durch GoB wie Einzelbewertung, Stichtagsprinzip, Vergangenheitsbezug, Realisations- und Imparitätsprinzip etc. geprägt ist.
2. Eine vollständige Regelung aller denkbaren (auch der künftigen) Abbildungsregeln für Sachverhalte ist unmöglich. Dies ist ja auch der Grund, warum die GoB ausdrücklich nicht abschließend im HGB kodifiziert wurden.
3. Einige bilanzpolitische Maßnahmen, die sogenannte 'sachverhaltsgestaltende Bilanzpolitik vor dem Stichtag', erzielen gerade ihre erwünschte Wirkung durch strikte Anwendung der definierten GoB. So kann ein Bauunternehmen zum Beispiel die Übergabe eines fertiggestellten Objektes kurz vor dem Bilanzstichtag vornehmen oder die Bauabnahme um wenige Tage auf einen Termin nach dem Stichtag verschieben. Das insoweit

eindeutige Realisationsprinzip führt dann dazu, daß der Ertrag wie gewünscht im alten oder im neuen Jahr stattfindet (zu weiteren Maßnahmen siehe unten).

4. Annahmegemäß hat der rechnunglegende Agent Informationsvorteile gegenüber dem Principal. Bei umfassend definierten JA-Regeln kann er sein Wissen möglicherweise gar nicht voll zur Verfügung stellen.
5. Die postulierten JA-Zwecke sind unpräzise formuliert und oft widersprüchlich. So führt bei steigenden Preisen eine Vorratsbewertung nach dem Lifo-Verfahren zu einer aktuellen Darstellung der Ertragslage, aber zu einer verfälschten Wiedergabe der Vermögenslage. Eine Wertaufholung führt zu einem realistischeren Vermögensausweis, aber auch zu einem periodenfremden Ertrag in der Erfolgsrechnung etc.
6. Neuere kapitalmarkttheoretische Untersuchungen belegen, daß unter bestimmten Bedingungen ein Mehr an Informationen und eine Einschränkung von Bilanzpolitik zu Nachteilen für alle Beteiligten führen können. Da die Begründungen formal und theoretisch sehr anspruchsvoll sind, wird auf eine weitere Erläuterung verzichtet.
7. Das aktuelle Bilanzrecht ist, historisch gewachsen und in politischen Aushandlungsprozessen unterschiedlich starken Einflüssen unterlegen. Es ist keinem theoretischen (reinen) Modell verpflichtet und tendenziell deshalb kasuistisch, heterogen und widersprüchlich.

Fazit

Der handelsrechtliche JA legt Mindestpflichten für den Informationsumfang und den Erfolgsausweis fest, läßt aber Bilanzpolitik zu. Es gibt gute Gründe anzunehmen, daß der Bilanzersteller entsprechende Gestaltungsmöglichkeiten nutzt.

3. TYPISCHE ZIELE VON BILANZPOLITIK

In der Literatur findet sich eine Vielzahl von Zielen, Sub-Zielen und Nebenbedingungen, an denen Bilanzpolitik tatsächlich ausgerichtet ist oder ausgerichtet sein sollte. Die wichtigsten seien kurz angesprochen (ohne Anspruch auf Vollständigkeit).

Darüber hinaus sind diese Ziele zum Teil nicht unabhängig voneinander und zum Teil widersprüchlich.

1. Substanzerhaltung

   In Zeiten steigender Preise führt eine Nominalrechnung, wie sie in HGB und EStG vorgeschrieben ist, zwangsläufig zu Scheingewinnen. Werden diese versteuert und/oder ausgeschüttet, wird die Unternehmenssubstanz auf Dauer ausgehöhlt.
   Bilanzpolitik in Form der Legung stiller Reserven wird häufig mit Hinweis auf die Erhaltung des Unternehmens begründet (zum Beispiel Lifo-Verfahren bei der Vorratsbewertung).

2. Selbstfinanzierung

   Dieses Ziel deckt sich teilweise mit der Substanzerhaltung. Eine Unternehmung unterliegt einer Vielzahl von Risiken. Einen Teil dieser Risiken kann das Unternehmen durch Versicherungen (zum Beispiel Feuer-, Betriebsunterbrechungs-, Computerversicherungen) abdecken. Andere Risiken werden durch eine Art 'Selbstversicherung' abgedeckt werden müssen.
   Mittel sind **offene oder stille Rücklagen**. Offene Rücklagen bedeuten Gewinnverwendung im Rahmen der gesellschaftsrechtlichen Entscheidungskompetenzen. Sie haben in der Regel den Nachteil, daß sie aus versteuerten Gewinnen zu finanzieren sind (Ausnahme: steuerfreie Rücklagen, zum Beispiel § 6b EStG). Manchmal wird auch argumentiert, sie seien gegenüber stillen Reserven nachteilig, weil sie erkennbar sind und falsche Vorstellungen vom entnahmefähigen Gewinn wecken.
   Die Geldgier des unverständigen Aktionärs führt zu für die Gesellschaft schädlichen, weil zu hohen Dividendenansprüchen. Das würde zugleich die Vorteile der stillen Reserven ausmachen: Zum einen sind sie steuerfrei, zum anderen tauchen sie gar nicht als Überschuß im JA auf und stehen auch nicht zur Disposition.

Meines Erachtens sind stille Reserven sehr problematisch: Die Ausführungen zum Eigner-Manager-Konflikt haben schon deutlich gemacht, daß stille Reserven die Eigentumsrechte der Aktionäre beeinträchtigen und möglicherweise eine zweckmäßige Kapitalallokation durch Falschinformation verhindern können.
In erster Linie dienen stille Reserven dem Bilanzersteller. Aktionäre nur als irrationale Wirtschaftssubjekte abzuqualifizieren, scheint billige Polemik zu sein; das Management hätte allerdings Begründungszwänge für Thesaurierungsvorschläge.
Außerdem kann die Auflösung stiller Reserven auch still erfolgen, mit der Konsequenz, daß eine Verschlechterung der Ertragslage nicht erkennbar wird (Verlustverschleierungspotential). Gerade in schlechten Zeiten führt die Realisierung stiller Reserven zum Abfluß an liquiden Mitteln (Steuern, ggf. sogar Dividenden).

Der Vollständigkeit halber sei nochmals angemerkt: Stille Reserven entstehen nicht nur durch Bilanzpolitik, sondern Realisationsprinzip, Imparitätsprinzip, Einzelbewertungsgrundsatz etc. führen häufig zwangsläufig zu stillen Reserven. Solche Zwangsreserven werden hier aber nicht beachtet.

3. Steuerersparnis

Die Verknüpfung von HB und **StB** führt im allgemeinen dazu, daß eine unabhängige Gestaltung beider Instrumente nur in Grenzen möglich ist. Da Steuern Zahlungen des Unternehmens an den Staat ohne konkrete Gegenleistung sind (vgl. § 3 AO), haben die Unternehmensbeteiligten, soweit sie rein finanzielle Ziele verfolgen, ein übereinstimmendes Interesse an der Minimierung der Steuerbelastung. Die Bilanzpolitik kann sich dabei sowohl auf die Ertragsteuern (ESt, KSt, GewESt) als auch auf Substanzsteuern (VSt, GewKapSt), seltener auch auf Verkehrssteuern (USt zum Beispiel) beziehen (vgl. hierzu auch den folgenden Abschnitt 4).

4. Rufpolitik

Mit diesem Zweck soll eine gezielte Verhaltensbeeinflussung von Informationsempfängern erreicht werden. Wenn wir uns zum Beispiel an die Eigner-Manager-Beziehung erinnern, kann damit unter anderem gemeint sein: Ausweis eines zufriedenstellenden Gewinns der Unternehmung, um personelle Konsequenzen oder Mißtrauen der Eigner zu vermeiden. Plant das Management größere Investitionen, die selbst finanziert werden sollen, bietet sich zum Beispiel die Legung stiller Reserven an. Umgekehrt kann es vor einer geplanten Emission von Aktien oder Anleihen zweckmäßig sein, durch einen hohen Gewinnausweis Ertragstärke zu signalisieren. Das Image eines 'erfolgreichen' Unternehmens kann für Werbung, Motivation von Mitarbeitern und Vertriebsabteilungen/Maklern als wünschenswert angesehen werden etc.

5. Flexibilität

Manchmal wird auch das Ziel **Flexibilität** genannt. Damit ist gemeint, daß Bilanzpolitik berücksichtigen muß, daß sich die wirtschaftliche Lage des Unternehmens oder Umweltbedingungen ändern können. Eine Bilanzpolitik ist dann flexibel, wenn genügend Manövriermasse und Gestaltungsmöglichkeiten vorhanden sind, um unter veränderter Zielsetzung entsprechend reagieren zu können.
Flexibilität ist selbstverständlich auch als Nebenbedingung in das bilanzpolitische Kalkül einzubeziehen statt als selbständige Zielgröße. Auf die damit zusammenhängenden Probleme wird unter Punkt 6.2 näher eingegangen.

4. STEUERBILANZPOLITIK UND HANDELSBILANZPOLITIK: PRÄZISIERUNG VON ZIELEN UND INTERDEPENDENZEN

4.1 Das Primat steuerlicher Zielsetzungen

In der Praxis hat sich herausgebildet, daß im Vordergrund der Überlegungen häufig steuerliche Aspekte stehen. Wegen der Verknüpfung von Handels- und Steuerbilanz führt dies dazu, daß eine autonome Handelsbilanzpolitik nur eingeschränkt möglich ist. Vor allem kleinere und mittlere Unternehmen nutzen den Vorteil, eine Einheitsbilanz zu erstellen.

Im folgenden werden exemplarisch einige Ansätze zur Steuerbilanzpolitik im Hinblick auf die Ertragsteuerbelastung referiert (in Anlehnung an Haberstock 1991, S. 255 ff., und Brönner/Bareis 1991, S. 24 ff.). Ausgangspunkt der vorgestellten Modelle ist die Tatsache, daß sich bilanzpolitische Entscheidungen heute auch auf die Steuerbelastung in der Zukunft auswirkten. **Daraus folgt, daß eine Steuerbilanzplanung nur als mehrperiodische Planung optimale Ergebnisse liefern kann.**

1. Relativ einfach ist das Problem, wenn der **Steuersatz konstant** ist und keine Nebenbedingungen zu beachten sind. Das Ziel der Minimierung der Steuerbelastung wird erreicht,

   - wenn möglichst wenig Steuern und
   - wenn diese möglichst spät zu zahlen sind.

   Je weniger und je später liquide Mittel aus dem Unternehmen fließen, desto größer ist der Anteil der Eigner. Schon die Verlagerung eines Steuerzahlungstermins führt zu Zinsvorteilen: Entweder können Mittel zinsbringend angelegt oder Zinsen für Fremdkapital eingespart werden.

2. Schwieriger ist der Fall schwankender, insbesondere **progressiver Steuertarife**. Diese sind vor allem für die ESt typisch. Das einfachste Modell folgt dem **Vogtschen Gesetz der Normallinie**. Dabei wird unterstellt, daß die Steuerbelastung minimiert wird, wenn der Gewinn und damit der Grenzsteuersatz im Zeitablauf konstant sind.

   $$G1 = G2 = G3 .. = Gn$$

   Ein Beispiel verdeutlicht das Prinzip:

Gewinn 1990	DM	130.000	Steuern 1990	DM	46.046	
Gewinn 1991	DM	0	Steuern 1991	DM	0	DM 46.046
oder						
Gewinn 1990	DM	65.000	Steuern 1990	DM	16.188	
Gewinn 1991	DM	65.000	Steuern 1991	DM	16.188	DM 32.367

   Vogt geht davon aus, daß der Gesamtgewinn im Planungszeitraum eine feste Größe ist. Zur Zielerreichung Steuerminimierung sind dann zwei Schritte erforderlich:

   - **optimale Gewinnausweisreihe definieren** (hier: G1 = G2),
   - die **bilanzpolitische Manövriermasse** (= Summe aller Gestaltungsmöglichkeiten) durchgehen, um den 'natürlichen Einkommensanfall' an die optimale Reihe anzupassen.

   Das Vogtsche Modell ist allerdings nicht geeignet, eine optimale Steuerplanung zu ermöglichen, da es Zinseffekte völlig ausklammert und den Gesamtgewinn als Datum voraussetzt. Der Gesamtgewinn ist aber selbst planungsabhängig, da die Steuerzahlungen den Bestand an liquiden Mitteln beeinflussen und damit Zinsgewinne oder ersparte Zinskosten zu beachten sind.

3. Marettek formuliert als Zielfunktion deshalb die **Steuerbarwertminierung**. Die Steuerplanung wird als Investitionsrechnung nach der Kapitalwertmethode durchgeführt. Bei konstanten Steuersätzen impliziert dies eine maximale Aufwandsvorverlagerung, um zinslose Steuerkredite zu erhalten, die zinsbringend angelegt werden können. Bei der Barwertmethode ist aber zu beachten, daß die erzielten Zinsgewinne selbst steuerpflichtig sind. Der verwendete Kalkulationszinsfuß ist also als Nettozinssatz nach Steuern zu ermitteln.
   Bei progressiven Tarifen wird der Zinsvorteil dadurch begrenzt, daß spätere höhere Gewinne einem höheren Grenzsteuersatz unterliegen. Eine maximale Aufwandsvorverlagerung führt deshalb in der Regel zu nicht optimalen Steuerbelastungen. In Abhängigkeit vom Nettokalkulationszins und dem Progressionsverlauf ist eine progressiv steigende Gewinnlinie dann optimal:
   $$G1 < G2 < G3 .. < Gn.$$

4. Heigl legt seinem Modell die Annahme zugrunde, daß die Eigner nur interessiert, welche Gewinne nach Steuern sie erhalten. Erhalten sie Gewinne früher, können sie diese zinsbringend anlegen. Bei progressiven Tarifen ist eine maximale Gewinnvorverlagerung aber nicht mehr optimal, da die hohen Grenzsteuersätze zu Beginn zu beachten sind. Eine wiederum von Zins und Progressionsverlauf abhängige, **progressiv fallende Linie** ist dann optimal:
   $$G1 > G2 > G3 > .. > Gn.$$
   Bei konstanten Tarifen ist eine maximale Gewinnvorverlagerung nach Heigl optimal.

   Das Konzept von Heigl ist allerdings mit einem großen Mangel behaftet: Der bilanzielle Überschuß ergibt sich als Saldo von Erträgen und Aufwendungen. Werden durch bilanzpolitische Maßnahmen Erträge vor- und Aufwendungen nachverlagert, wird ein hoher Gewinn ausgewiesen. Es kann aber nicht unterstellt werden, daß in gleichem Maße liquide Zuflüsse in den früheren Planungsperioden entsprechend zugeflossen sind, um Gewinnausschüttungen und Steuerzahlungen leisten zu können.

5. Die Modelle von Marettek und Heigl haben zwei Konstruktionsmängel: Zum einen wird der Netto-Kalkulationszins (nach Steuern) planungsunabhängig als konstant definiert. Bei progressiven Tarifen ist aber der Steuersatz und damit der Zins nach Steuern erst durch das Planungsmodell

bestimmt und variabel. Zum anderen wird der erwartete Gesamtgewinn planungsunabhängig als gegeben vorausgesetzt (siehe oben).
Haberstock schlägt zur Vermeidung dieser Mängel deshalb ein **Vermögensendwertmodell** vor, das den Vermögensendwert zum Planungshorizont für die Eigner maximiert. Der Vermögensendwert wird maximiert, wenn die Zahlungsüberschüsse (nach Steuern) maximiert und vorverlagert werden. Dies wird durch niedrige und späte Steuerzahlungen erreicht. Steuerbarwertminimierung und Vermögensendwertmaximierung sind insoweit äquivalent.

Zur Vermeidung von Mißverständnissen sei angemerkt: Auch bei KapGes spielen progressive ESt-Tarife eine wichtige Rolle für die Steuerplanung, auch wenn der KSt-Satz konstant ist, denn Gewinnausschüttungen sind beim Eigner dessen individuellem ESt-Satz unterworfen (Steuerehrlichkeit vorausgesetzt). Umfaßt die Bilanzpolitik (auch) die Interessen der Eigner, werden die Modelle entsprechend schwieriger.

6. Soll eine solche Zielsetzung in konkrete Planungsmodelle umgesetzt werden, so erfordert dies Planvorgaben: Ein Zeitraum ist zu fixieren, die erwarteten Erträge und Aufwendungen sowie die bilanzpolitische Manövriermasse und ihr Einsatz sind zu planen. Außerdem ist ein konstanter oder variabler Kalkulationszinsfuß zu definieren. Da der Einsatz der bilanzpolitischen Maßnahmen heute auch Folgewirkungen in der Zukunft zeitigt (zum Beispiel Sonder-A. auf eine neue Maschine heute führen zu verminderten planmäßigen A. in den späteren Perioden; Grundsatz der Bewertungsstetigkeit etc.), ist die Planung ein höchst komplexes Problem. Es kann auf zwei Arten gelöst werden:

- durch ein **sukzessives, iteratives Planungsmodell**, d.h. ein schrittweises Anpassen an eine optimale Planung,
- durch **simultane Planungsmodelle** in Form der linearen Programmierung oder computergestützter Simulationsmodelle.

Es ist sofort einsichtig, daß die Simultanmodelle sehr aufwendig sein können, insbesondere, wenn zusätzliche Parameter (künftige Steuersätze, veränderte Rechtsprechung, alternative Ertrags- und Aufwandsschätzungen etc.) eingehen. In der Praxis dominieren deshalb die einfacheren sukzessiven Planungsmodelle, oder es werden sogar noch einfachere Verfahren angewandt.

4.2 Folgen für die Handelsbilanzpolitik

Optimiert ein Unternehmen seine Bilanzpolitik im Hinblick auf rein steuerliche Zwecke, so schränkt dies den handelsbilanziellen Spielraum zwar entscheidend ein, läßt aber noch Gestaltungsspielräume offen. Dies betrifft insbesondere die Fälle, für die der Maßgeblichkeitsgrundsatz (§ 5 Absatz 1 EStG) nicht greift.

Bekanntlich werden **Aktivierungswahlrechte** in der Regel steuerlich nicht akzeptiert. Das heißt, ein Unternehmen kann ohne Steuerfolgen für die Handelsbilanz autonom festlegen, ob ein Disagio oder ein entgeltlich erworbener Firmenwert aktiviert wird oder nicht. Auch die Aufwendungen für die Ingangsetzung und Erweiterung des Geschäftsbetriebes (§ 269 HGB) können unabhängig von der Steuerbilanz aktiviert werden.

Umgekehrt werden handelsrechtliche **Passivierungswahlrechte** zu Passivierungsverboten für die Steuerbilanz. Insbesondere die Kann-Rückstellungen (§ 249 Absatz 1 Satz 3 und Absatz 2 HGB) erlauben insoweit Handelsbilanzpolitik.

Auch explizite **steuerliche Bewertungsvorbehalte** lassen handelsbilanziell Wahlmöglichkeiten. Zu denken ist etwa an Pensionsrückstellungen, die gemäß § 6a Absatz 3 EStG mit 6% abzuzinsen sind, während das HGB keinen verbindlichen Zinssatz vorgibt. Auch Hifo- oder Fifo-Verfahren zur Vorratsbewertung gemäß § 256 HGB fallen hierunter, oder die Ermittlung von HK gemäß § 255 Absätze 2 und 3 HGB.
In diesen Fällen muß das Unternehmen allerdings auf den Vorteil der Einheitsbilanz verzichten: **HB und StB fallen zwingend auseinander**.

Als weitere Freiräume für die Informationspolitik bleiben Inhalt und Form von **Anhang und Lagebericht** der KapGes oder die Form der GuV (§ 275 Absatz 2 oder Absatz 3 HGB). Sie sind für die Ermittlung der Steuerbemessungsgrundlagen irrelevant.

Aus dem Gesagten könnte man gleichwohl folgern, daß die Handelsbilanzpolitik nur eine subsidiäre Rolle spielt. Dies ist vor dem Hintergrund des gesamten Kontextes von Bilanzpolitik (siehe Abschnitt 2) nicht unbedingt einleuchtend. Neben steuerlichen Zielen wurden dort noch wesentlich mehr abweichende Ziele als relevant skizziert. Empirische Arbeiten zum Bilanzierungsverhalten von Unternehmen scheinen auch eine differenzierte Praxis zu belegen:

- In managerkontrollierten Unternehmen dominieren Ziele wie Gewinnausweisglättung und Dividendenkontinuität. Dies würde bedeuten, daß insoweit in Kauf genommen wird, daß Bilanzpolitik steuerlich suboptimal ist, also auch vornehmlich zu Lasten der Eigner und Gläubiger betrieben wird.
- In eigentümerkontrollierten Unternehmen dominieren steuerbilanzpolitische Kriterien.
- In Krisenzeiten dominiert für Unternehmen die Kreditwürdigkeit als Ziel, d.h. Steuernachteile werden (bewußt) hingenommen, um bei Geldgebern als solvent zu gelten. Die Notwendigkeit, neue Kredite zu erhalten oder laufende Kredite nicht gekündigt zu bekommen, überwiegt.
- Nicht wenige, insbesondere kleinere, Unternehmen betreiben Bilanzpolitik nur ad hoc und scheuen den Planungsaufwand.

Diese Aussagen sind allerdings nicht als durchgängig zutreffende, gesicherte Erkenntnisse zu verstehen, sondern als mehr oder weniger plausible Tendenzaussagen.

5. ZUR SYSTEMATIK BILANZPOLITISCHER INSTRUMENTE

5.1 Einmalige und laufend einsetzbare Instrumente

Entscheidungen über bilanzpolitische Maßnahmen können ihrer Natur nach einmalig sein (konstitutive Entscheidungen) oder laufend getroffen werden.

Die **konstitutiven Entscheidungen** betreffen zum Beispiel die Rechtsform, da Personen- und KapGes unterschiedlich besteuert werden und unterschiedlich strengen Rechnungslegungs- und Veröffentlichungspflichten unterliegen. Im Grundsatz wird die Haftungsbegrenzung der KapGes durch eine geringere Flexibilität und strengere Rechenschaftspflichten erkauft.

Auch die **Wahl des Standortes** ist bedeutsam, da zum Beispiel die Gewerbesteuerhebesätze regional differenziert sind. Deutlich wird dies auch bei der Frage, ob Tochtergesellschaften im In- oder Ausland angesiedelt wurden.

Mit der Festsetzung des **Bilanzstichtages** hat ein Unternehmen einen weiteren Gestaltungsspielraum. Dieser kann zum Beispiel bei Saisonbetrieben vor dem Hauptgeschäft liegen. Dadurch werden einmal die Inventurarbeiten erleichtert, zum anderen der Erfolg des Hauptgeschäftes erst später gezeigt. Mit der Wahl des Stichtages ist der **Erstellungstermin für den JA** noch nicht determiniert.

Bekanntlich sind werterhellende Informationen nach dem Stichtag einzubeziehen. In Abhängigkeit von der Unternehmensentwicklung und der Interessenlage ist dann eine frühe oder späte Erstellung des JAs vorteilhaft.

Bei Personengesellschaften und Einzelunternehmen kommt noch die Abgrenzung des **gewillkürten Betriebsvermögens** hinzu. Ein (miß-)erfolgversprechendes Wertpapierpaket oder eine Immobilie kann in den JA aufgenommen werden oder auch nicht. Eine spätere Entnahme oder Einlage ist – steuerlich zumindest – nur zum Teilwert möglich (§ 6 Absatz 1 Nr. 4 und 5 EStG).

Demgegenüber gibt es eine Reihe von Entscheidungen über bilanzpolitische Maßnahmen, die immer wieder getroffen werden können. Hierzu gehören diverse Bilanzierungs- und Bewertungswahlrechte, die Ausübung von Ermessensentscheidungen etc.

Restriktionen sind aber auch hierbei zu beachten: Zum einen begrenzen Entscheidungen heute zugleich auch den späteren Spielraum (zum Beispiel Aufwandsvorverlagerung durch Sonder-A.), zum anderen limitieren der Stetig keitsgrundsatz und das Willkürverbot künftige Änderungen.

5.2 Konventionelle Bilanzpolitik nach dem Stichtag und sachverhaltsgestaltende Bilanzpolitik vor dem Stichtag

5.2.1 Möglichkeiten und Grenzen konventioneller Bilanzpolitik

5.2.1.1 Einführung

Konventionelle Bilanzpolitik beschränkt sich darauf, die zum Bilanzstichtag vorliegenden Verhältnisse abzubilden, das **Mengengerüst des JA** liegt unbeeinflußbar vor. Handlungsspielraum für Bilanzpolitik ergibt sich dann aus folgenden Gründen:

- Es gibt **Wahlrechte**, also zumindest zwei Alternativen, wie ein realisierter Sachverhalt abgebildet werden kann. Wahlmöglichkeiten können sich auf die Bilanzierungsfähigkeit (Aktivierungs- und Passivierungswahlrechte), auf die Bewertung oder den Ausweis beziehen.
- In einigen Fällen sieht das Gesetz zwar keine Wahlrechte vor, es besteht aber **Rechtsunsicherheit** darüber, ob und wie ein bestimmter Sachverhalt abzubilden ist. Gibt es konkurrierende Vorschläge in Literatur und/oder Rechtsprechung, eröffnen sich dem Bilanzersteller Gestaltungsmöglichkeiten.

- Ein beachtlicher Spielraum ergibt sich schließlich durch die sogenannten **Ermessensentscheidungen**. Da auch hier keine gesetzlichen Wahlrechte vorliegen, spricht man auch von unechten Wahlrechten. Diese ergeben sich häufig dadurch, daß der Bilanzersteller **Prognosen** treffen muß über künftige Entwicklungen. Zwar ist der JA im Grundsatz vergangenheitsorientiert, erfordert aber an vielen Stellen solche Prognosen.

Diese drei Politikfelder werden im folgenden detaillierter behandelt.

5.1.1.2 Wahlrechte

Da Wahlrechte bereits ausführlich in früheren Kapiteln bearbeitet wurden, genügt hier eine kurze Auffächerung (vgl. Siegel 1986, S. 418 f.).

Bilanzierungswahlrechte nach HGB
Aktivierung des derivativen Firmenwerts (§ 255 Absatz 4 Satz 1)
Rückstellung für unterlassene Instandhaltungsmaßnahmen bei Nachholung innerhalb des vierten bis zwölften Monats nach dem Bilanzstichtag (§ 249 Absatz 1 Satz 3)
Aufwandsrückstellungen nach § 249 Absatz 2
Bildung eines SOPO mit Rücklagenanteil (§ 247 Absatz 3; § 273)
Aktivierung von Ingangsetzungs- oder Erweiterungsaufwendungen (nur in KapGes; § 269)
Bilanzierung aktivischer latenter Steuern (nur in KapGes; § 274 Absatz 2)

Bewertungswahlrechte nach HGB
Anwendung von Verbrauchsfolgeverfahren (§ 256)
Einbeziehung von Gemeinkosten bei der Ermittlung der HK (§ 255 Absatz 2 Sätze 3 und 4)
Einbeziehung von Fremdkapitalzinsen als Quasi-HK § 255 Absatz 3 Satz 2)
Aktivierung eines derivativen Firmenwerts (§ 255 Absatz 4 Sätze 2 und 3)
Aktivierung von Ingangsetzungs- oder Erweiterungsaufwendungen (nur in KapGes; § 269)
Aktivierung bestimmter Vertriebseinzelkosten als RAP (§ 250 Absatz 1 Satz 2)
Aktivierung und A. eines Disagio/Damnum (§ 250 Absatz 3)

Darstellungswahlrechte
Hierunter fallen zum Beispiel die Form der GuV, Gliederungswahlrechte für den JA, speziell den Anhang etc.

Neben diesen expliziten Wahlrechten des HGB gibt es eine Reihe von Wahlrechten, die nicht ausdrücklich kodifiziert sind, zum Beispiel Wahl der A.-Methode (linear, degressiv etc.), Ermittlung von Zeitwerten (zum Beispiel vom Absatz- oder Beschaffungsmarkt etc.).

5.1.1.3 Rechtsunsicherheit

In vielen Bereichen des Bilanzrechts besteht trotz intensiver Diskussion über viele Jahre eine erhebliche Unsicherheit, ob und wie einzelne Sachverhalte zu bilanzieren und zu bewerten sind. Teilweise gibt es dafür 'objektive Gründe', wenn zu einem Problem noch keine eindeutige oder herrschende Meinung existiert, sich also noch kein GoB herausgebildet hat. Teilweise liegt aber auch nur eine 'subjektive Rechtsunsicherheit' des Bilanzerstellers vor, die dieser zumindest theoretisch beheben könnte. Deshalb wurde Bilanzpolitik einleitend so definiert, daß auch für legal gehaltene Maßnahmen eingeschlossen wurden.

Einige Beispiele sollen deutlich machen, wie wenig eindeutig das Bilanzrecht ist.

- Unklarheiten können schon bei der Frage auftreten, was ein (einzelverkehrsfähiger) VG ist und damit der Aktivierungspflicht unterliegt. Ursächlich ist häufig die kasuistische Rechtsprechung der Finanzgerichte und die problematische Gleichsetzung von Wirtschaftsgut und VG.
- Selbst wenn die Aktivierungspflicht im Grundsatz geklärt ist, stellt sich manchmal die Frage, was als Bewertungseinheit, als ein VG, zu betrachten ist. Das abstrakte Merkmal 'Funktionseinheit' ist selbst interpretationsbedürftig.
- Grundsätzliche Fragen, wann vom Grundsatz der Einzelbewertung abgewichen werden darf oder sollte, sind ebenfalls strittig. Zu denken ist etwa an die Voraussetzungen für die Anwendung des Lifo-Verfahrens für Vorratsvermögen. So wird zum Teil gefordert, daß Lifo völlig unabhängig von der realen Verbrauchsfolge und für wert- und artmäßig heterogene Gruppen zulässig sein soll, um steuerliche Vorteile möglichst umfassend realisieren zu können. Zum Teil wird auch eine Beachtung der überkommenen GoB gefordert.
- Ebenfalls den Einzelbewertungsgrundsatz betrifft die Frage, unter welchen Bedingungen mehrere Rechtsgeschäfte zu einer Bilanzierungseinheit zusammengefaßt werden dürfen. Dies betrifft zum Beispiel die sogenannten

'geschlossenen Terminpositionen', bei denen zwei oder mehrere Kontrakte abgeschlossen werden, um Zins- oder Devisenrisiken auszuschließen. Offen ist dann, ob für einzelne Verträge A. oder Rückstellungen erforderlich oder zulässig sind, obwohl die Risiken weitgehend abgesichert sind.

- Bei langfristigen Rückstellungen und Verbindlichkeiten ist strittig, ob eine Abzinsung vorzunehmen ist. Vornehmlich von der Finanzverwaltung und -rechtsprechung wird eine Abzinsung gefordert und zum Teil mit verdeckten Kreditgeschäften begründet. Andere Lehrmeinungen sehen darin einen Verstoß gegen das Nominal- und Realisationsprinzip und befürworten eine Abzinsung nur in den gesetzlich normierten Ausnahmefällen (Pensionsrückstellungen, bestimmte Rentenverpflichtungen; vgl. § 253 Absatz 1 HGB).
- Seit über 20 Jahren ist in Literatur und Praxis umstritten, ob bei langfristiger Auftragsfertigung die HK abweichend von § 255 Absätze 2 und 3 HGB angesetzt werden dürfen oder sollen oder ob sogar Teilgewinnrealisierungen vorzunehmen sind. Selbst das eiserne Realisationsprinzip ist also umstritten.
- Als letztes sei auf die vielen ungelösten Bilanzierungsfragen bei ungewöhnlichen Rechtsgestaltungen verwiesen. Diese zeichnen sich dadurch aus, daß ein bestimmtes wirtschaftliches Ergebnis nicht auf dem rechtlich einfachsten (Vertrags-)Wege erreicht wird, sondern durch komplexe, oft neuartige Gestaltungen. Für neuartige Vertragstypen gibt es in der Regel noch keine gefestigten GoB, so daß eine eindeutige Regelung fehlt. Neben den altbekannten, aber bei weitem nicht abschließend geregelten Leasing-Beziehungen gehören ein Teil der sogenannten sachverhaltsgestaltenden bilanzpolitischen Maßnahmen (vgl. hierzu Punkt 5.2.2) und eine Vielzahl neuartiger Finanzierungsinstrumente dazu (zum Beispiel Swaps, Optionen, Euronote-Fazilitäten).

5.2.1.4 Ermessensspielräume

Das kaufmännische Ermessen kommt immer zum Tragen, wenn abzugrenzen ist, wann der Grundsatz der Wesentlichkeit (Materiality) Vereinfachungen erlaubt. Das HGB enthält eine Fülle von Anwendungsfällen, die sowohl Bewertungsfragen (Anwendung von Gruppenbewertungsverfahren, Abgrenzungen von direkten und Gemeinkosten etc.) als auch Ausweis- und Erläuterungsfragen umfassen. Letztere wurden bei der Behandlung des Anhangs besprochen.

Während man diese Fälle vielleicht auch unter die Überschrift 'Rechtsunsicherheit' subsumieren könnte, gilt das nicht mehr für die vielen Anwendungsfälle von Prognosen. Da die Erwartungen über künftige Umweltzustände und die Risikoneigung des Bilanzerstellers nicht als wahr oder falsch, sondern höchstens als plausibel bzw. nicht plausibel bewertet werden können, fällt eine Standardisierung durch gesetzliche Vorgaben besonders schwer. Die Gesetzesformulierungen 'vernünftige kaufmännische Beurteilung' oder 'es ist vorsichtig zu bewerten' machen dies deutlich.

Eine kurze Durchsicht der Bilanzposten zeigt, wie häufig vom Bilanzersteller Prognosen gefordert werden:

- Beim abnutzbaren Sachanlagevermögen muß zunächst die betriebsgewöhnliche ND geschätzt werden. In der Folge sind die fortgeführten Einstandswerte mit eventuell niedrigeren Zeitwerten zu vergleichen. Bei Wertminderungen muß beurteilt werden, ob diese dauerhaft oder nur vorübergehend sind (zum Beispiel liegt eine kurzfristige Produktionseinschränkung vor, oder hat sich die Nachfrage nach bestimmten Produkten auf Dauer verschoben?) Welcher Veräußerungserlös kann im Extremfall für die gebrauchte Anlage noch erzielt werden?
- Nicht einfacher ist die Beurteilung unrentabler Beteiligungen. Dabei kommt es auf den 'inneren Wert', also den Ertragswert der Beteiligungsgesellschaft, an. Dieser ist als kapitalisierter Zukunftsertrag zu ermitteln, setzt also Prognosen über Einnahmen und Ausgaben voraus. Soll eine Beteiligung veräußert werden, hängt der erzielbare Preis darüber hinaus vom Verhandlungsgeschick der Vertragsparteien und den Erwartungen und Möglichkeiten des potentiellen Käufers ab.
- Forderungen, insbesondere langfristige, setzen eine Prognose über die künftige Zahlungsfähigkeit und -willigkeit des Schuldners voraus. Obwohl das Problem auch inländische Schuldner betrifft, wird die Schwierigkeit der Bewertung besonders bei Auslandsforderungen deutlich, man denke nur an Auslandsengagements in Südamerika, Polen oder den GUS-Staaten. Neben der Bonität sind bei Forderungen in Fremdwährungen noch Kursrisiken abzuschätzen.
- Eine verlustfreie Bewertung der Vorräte setzt die Kenntnis künftig erzielbarer Preise und der davon abzuziehenden, noch anfallenden Kosten (zum Beispiel für Lager, Vertrieb) voraus. Gängigkeitsabschläge implizieren die Prognose, daß bestimmte Produkte künftig nicht oder nur schwer absetzbar sind.

- Die Rückstellungen für ungewisse Verbindlichkeiten und Drohverluste setzen ex definitione Prognosen über das Ob einer Schuld und das Wie-Hoch voraus. Nur in einigen Fällen gibt es versicherungsmathematische (Pensionsrückstellungen) oder statistische Grundlagen (Garantierückstellungen) für die Schätzung. Aber selbst die Anwendung dieser Methoden setzt die Annahme voraus, daß die künftige Entwicklung ohne Brüche an die Vergangenheit anknüpft.
- Die wichtigste, wenn auch häufig einfache, Prognose muß der Bilanzersteller schon vor Beginn der JA-Erstellung treffen: Er muß entscheiden, ob die Annahme der Unternehmensfortführung zutrifft oder rechtliche/tatsächliche Gegebenheiten entgegenstehen (§ 252 Absatz 1 Nr. 2 HGB). Besonders schwierig ist diese Entscheidung, wenn ein Krisenunternehmen Sanierungsmaßnahmen eingeleitet hat und deren Erfolg noch offen ist. Der Erfolg solcher Sanierungen hängt ja auch häufig noch davon ab, daß die Krise möglichst verschwiegen wird.
  Neben der Schwierigkeit, eine Insolvenzwahrscheinlichkeit numerisch zu bestimmen, herrscht in Theorie und Praxis weitgehend Uneinigkeit darüber, ab welcher Wahrscheinlichkeit die Annahme aufzugeben ist und wie kurz die erwartete Insolvenz bevorstehen muß.
  Ist die Annahme, daß aufgegeben wird, so sind sämtliche VG bezüglich ihrer Veräußerungserlöse zum künftigen Liquidationszeitpunkt abzuschätzen. Mögliche Konventionalstrafen, Sozialplanrückstellungen etc. sind zu prognostizieren.

Fazit

Angesichts des recht umfassenden Instrumentariums für Bilanzpolitik stellt sich natürlich die Frage, ob die Entscheidungen jeweils völlig frei getroffen werden können und voll zur Wirkung kommen.

Auf vier mögliche Restriktionen ist hinzuweisen:

1. Der Grundsatz der (Bewertungs-)Stetigkeit ist zu beachten.
2. Ein Teil der bilanzpolitischen Maßnahmen ist extern erkennbar, zum Beispiel weil Erläuterungspflichten für den Anhang bestehen. Im Rahmen von Bilanzanalysen können die Einflüsse dieser Maßnahmen auf den JA korrigiert und der Informationswert des JA erhöht werden. Zahlungsansprüche, die an den JA anknüpfen, sind aber nicht korrigierbar.

Die externe Erkennbarkeit ist jedoch nicht in allen Fällen gewährleistet, und vielen Entscheidungen des JA-Erstellers ist nicht anzusehen, ob sie bilanzpolitisch motiviert oder gesetzlich vorgeschrieben sind. Eine außerplanmäßige A. oder eine größere Rückstellung kann zur Bilanzbeeinflussung eingesetzt oder durch die vorsichtigen HGB-Regeln erzwungen worden sein. Ob und in welchem Umfang ein Bilanzanalytiker solche Beträge korrigieren soll, ist dann nicht eindeutig bestimmbar.

3. Für KapGes bestimmt § 264 Absatz 2 Satz 1 HGB, daß der JA unter Beachtung der GoB ein den tatsächlichen Verhältnissen entsprechendes Bild der Vermögens-, Finanz- und Ertragslage zu vermitteln hat. Seit Jahrzehnten ist im Bilanzrecht umstritten, ob diese Generalnorm (früher ähnlich in § 149 Absatz 1 Satz 2 AktG) den bilanzpolitischen Spielraum begrenzt oder nicht. Die Bandbreite reicht bis zu zwei Extrempositionen:

   a) Die Generalnorm ist eine reine Leerformel, die Einhaltung der einzelnen GoB (Einzelbewertung, Realisationsprinzip etc.) reicht zur Erstellung eines ordnungsgemäßen JA aus. Mit Ausnahme von willkürlichen Maßnahmen ist Bilanzpolitik uneingeschränkt zulässig.

   b) Die Generalnorm ist immer zu beachten, d.h. jede bilanzpolitische Entscheidung ist nur in Übereinstimmung mit dem Einblick in die tatsächlichen Verhältnisse zulässig.

   Obwohl die Ansicht zu b) theoretisch und rechtssystematisch meines Erachtens zutreffend ist, führt sie praktisch zu erheblichen Problemen. Es ist nämlich völlig ungeklärt, was unter der tatsächlichen Vermögens-, Finanz- und Ertragslage genau zu verstehen ist. Die Bindung an HGB und GoB macht beispielsweise deutlich, daß mit 'Vermögenslage' nicht die Bewertung zu Zeitwerten gefordert wird (zum Beispiel werden Immobilien auch dann zu Einstandswerten bilanziert, wenn der Marktpreis wesentlich gestiegen ist). Außerdem ist zu beachten, daß der Einblick in die tatsächliche Vermögenslage manchmal eine andere Bilanzierung erfordert als der Einblick in die tatsächliche Ertragslage.

   Die handelsrechtlichen JA-Zwecke sind also nicht widerspruchsfrei. Erschwert wird das Problem durch die Folgen der umgekehrten Maßgeblichkeit.

4. Steuerrecht und Rechtsprechung der Finanzgerichte engen den Spielraum zum Teil ein. Will ein Unternehmen eine Einheitsbilanz erstellen, schlägt dies auch auf die Handelsbilanzpolitik durch.

5.2.2 Sachverhaltsgestaltende Bilanzpolitik

5.2.2.1 Begriff und Motive der sachverhaltsgestaltenden Bilanzpolitik

Im Gegensatz zur vorstehend behandelten konventionellen Bilanzpolitik, die sich auf die Abbildung gegebener Sachverhalte im JA beschränkt, verändern die Sachverhaltsgestaltungen die abzubildenden Realitäten **vor dem Bilanzstichtag**. Dadurch wird der JA in einem wesentlich erweiterten Umfang beeinflußbar.

Bevor einzelne Maßnahmen erörtert werden, sollen einige Gründe genannt werden, die die Attraktivität solcher Instrumente in den letzten Jahren rapide ansteigen ließ.

In der Bilanzpolitik wurde bis vor wenigen Jahren regelmäßig unterstellt, daß sie der Legung stiller Reserven dient, also Gewinne versteckt werden. Der als dominant erachtete Gläubigerschutz schien gewährleistet.

Das wurde aber in dem Maße problematischer, wie Unternehmen versuchten, Bilanzpolitik zur Schönung von Vermögens-, Finanz- und Ertragslage zu betreiben. HGB und GoB setzen solchen Möglichkeiten bei konventioneller Nachstichtags-Politik relativ enge Grenzen (zum Beispiel NWP, Realisationsprinzip etc.)

Ein zweites Problem stellte die gegenüber dem früheren Recht stärkere Normierung des JAs durch das HGB infolge des Bilanzrichtlinien-Gesetzes vom 19. Dezember 1985 dar. Einige Wahlmöglichkeiten wurden gestrichen, andere neu eröffnet, aber insgesamt wurden die Informationspflichten zumindest für KapGes verschärft (Anhang). Zudem drohte der Grundsatz der Bewertungsstetigkeit restriktiv zu wirken.

Die zunehmende Internationalisierung der Wirtschaft führte auch zu einer Orientierung an international üblichen Maßnahmen, speziell in den USA. Die dort schon lange praktizierten Sachverhaltsgestaltungen erweitern den bilanzpolitischen Spielraum erheblich.

Schließlich führte die zunehmende rechtliche und wirtschaftliche Verflechtung zu einer weiteren Verbreitung, da solche Maßnahmen zwischen verbundenen Unternehmen oft viel einfacher durchführbar sind.

Ein weiterer Grund kann darin gesehen werden, daß deutsche Unternehmen eine – im internationalen Vergleich – sehr niedrige Eigenkapitalausstattung haben (zumindest, wenn man Bilanzzahlen zugrunde legt) und gleichzeitig einen hohen absoluten Kapitalbedarf. Da die Bonität häufig durch die EK-Quote (EK zu Gesamtkapital) abgeschätzt wird, besteht die Gefahr, als nicht kreditwürdig eingestuft zu werden. Dies hat in der Regel eine Verteuerung der Kreditkosten zur Folge. Deshalb sind auch solche Gestaltungen besonders interessant, die zu einer erhöhten buchmäßigen Kreditwürdigkeit führen, ohne daß tatsächlich zusätzliches Eigenkapital aufgebracht werden muß.

Nun sind solche Sachverhaltsgestaltungen auch in Deutschland schon lange bekannt:

- Vorverlagerung von Anlagekäufen vor den Bilanzstichtag, um noch zusätzliche A. geltend machen zu können,
- kurzfristiger Ersatz von Bank- durch Lieferantenkredite, um die Gewerbesteuer zu mindern,
- Wahrnehmung bestimmter steuerlicher Subventionen (zum Beispiel Sonder-A., steuerfreie Rücklagen, Investitionszulagen etc.) durch Realisierung der steuerlich subventionierten Sachverhalte etc.

Allerdings haben Ausmaß und Komplexität der Methoden in den letzten Jahren stark zugenommen. Häufig geht es dabei darum, ob der zum Teil ungewöhnlichen zivilrechtlichen Gestaltung für den JA zu folgen ist (die Buchung folgt der Rechtslage) oder ob die wirtschaftliche Betrachtungsweise eine davon abweichende Bilanzierung als zweckmäßiger erscheinen läßt.

5.2.2.2 Ausgewählte Anwendungsmöglichkeiten

Vornehmlich im Bankensektor waren **Pensionsgeschäfte** als Instrument der Kreditsicherung schon seit längerem zu finden. Der Anwendungsbereich geht aber viel weiter. Von Pensionsgeschäften spricht man, wenn jemand (= Pensionsgeber) ihm gehörende VG entgeltlich auf einen anderen (= Pensionsnehmer) überträgt, mit der Bedingung, daß eine Rückübertragung zu einem im voraus bestimmten oder noch zu bestimmenden Zeitpunkt gegen Rückzahlung des Entgeltes oder eines anderen vorab vereinbarten Preises erfolgt.

Dabei werden echte Pensionsgeschäfte – der Pensionsnehmer muß zurückübertragen – und unechte Pensionsgeschäfte – der Pensionsnehmer hat nur ein Rückübertragungsrecht – unterschieden. Diese Unterscheidung kann durch Optionen, Rückandienungsrechte und Preisgestaltungen aufgeweicht werden.

In der Literatur wird überwiegend die Ansicht vertreten, daß bei einem unechten Pensionsgeschäft der VG beim Pensionsnehmer, dem juristischen Eigentümer, zu bilanzieren ist. Bei echten Pensionsgeschäften ist die Zurechnung umstritten.

Unbeschadet dieser Diskussionen scheint in der Praxis überwiegend beim Pensionsnehmer bilanziert zu werden. Welche Vorteile dies für den Pensionsgeber haben kann, zeigt ein einfaches Beispiel: Wertpapiere mit einem Buchwert von fünf Millionen DM werden für zehn Millionen DM (= Zeitwert) verkauft; die Rückübertragung soll ebenfalls zu zehn Millionen DM erfolgen.

- Zunächst zeigt der Pensionsgeber liquide Mittel von zehn Millionen DM in seiner Bilanz, verbessert also seine Liquiditätslage.
- Seine vertikale und horizontale Bilanzstruktur ändert sich.
- Er realisiert stille Reserven von fünf Millionen DM, seine Ertragslage wird aufgebessert.
- Nach dem Rückkauf stehen die Wertpapiere mit zehn Millionen DM zu Buche; dies entspricht wirtschaftlich einer unzulässigen Zuschreibung. Das Vermögen wird hoch bewertet, und zugleich steigt die Möglichkeit, künftige A. vorzunehmen.

Sale and Lease back-Gestaltungen haben für den Verkäufer den Vorteil, daß auch betriebsnotwendige VG veräußert werden können, ohne die künftige Nutzungsmöglichkeit aufzugeben. Bilanziert der Leasinggeber (= juristischer Eigentümer), können sich für den Verkäufer folgende Wirkungen ergeben:

- Zufluß an liquiden Mitteln,
- Realisierung stiller Reserven,
- höhere EK-Quote,
- günstigere Vermögensstruktur,
- die Leasingraten können vertraglich konstant, steigend oder fallend vereinbart werden, je nach Gewinnerwartungen des Leasingnehmers,
- bei Rückkaufoptionen kann de facto eine Zuschreibung realisiert werden
- etc.

Wesentlich einfacher und flexibler sind solche und ähnliche Maßnahmen im **Konzernverbund** zu realisieren. Obwohl die Konzernunternehmen rechtlich selbständig sind, werden sie wirtschaftlich oft einheitlich geleitet. Ein natürlicher Interessengegensatz wie bei unverbundenen Unternehmen ist nicht ohne weiteres zu unterstellen, so daß fast beliebige Verträge zugunsten oder zuungunsten von Vertragsparteien möglich sind. Gleichwohl sind Rechtsgeschäfte zwischen Konzerngliedern nach den gleichen Grundsätzen zu bilanzieren, wie zwischen völlig unverbundenen Unternehmen. Die Flexibilität im Konzernverbund ist offensichtlich größer. So könnte das oben genannte Pensionsgeschäft schlicht als Kaufvertrag ausgestattet werden. Die Rückübertragung wird vertraglich nicht fixiert, sondern bei Bedarf zu erwünschten Konditionen durchgeführt.

Einige weitere Beispiele sollen einen Eindruck von den vielfältigen Möglichkeiten geben.

- **Ausgründung** einer Abteilung, wobei für die Hingabe von AV beispielsweise Anteile an der neuen Gesellschaft gewährt werden. Damit ändern sich die Bilanzierungsnormen, da Beteiligungen nicht planmäßig abzuschreiben sind. Zusätzlich können steuerliche Konsequenzen auftreten, da Beteiligungen für die Substanzsteuern gemäß dem ertragswertbeeinflußten 'Stuttgarter Verfahren' bewertet werden und nicht mit den AK.

- Lagert man eine Forschungs- und Entwicklungsabteilung als selbständiges Konzernglied aus, so kann das Aktivierungsverbot für selbsterstellte immaterielle VG des AV (§ 248 Absatz 2 HGB) umgangen werden. Patente, Erfindungen etc. werden vom rechtlich selbständigen Unternehmen gekauft und sind mit den Anschaffungskosten ansetzbar.
  Je nach dem Ziel der bilanziellen Behandlung ergeben sich aber zusätzliche Wahlmöglichkeiten. Einmal können mit dem Forschungsunternehmen Dienstverträge gemäß § 611 BGB abgeschlossen werden; Ausgaben werden dann direkt als Aufwand der Periode erfaßt. Zum anderen können Werkverträge gemäß § 631 BGB abgeschlossen werden, durch die eine Aktivierung der erworbenen fertigen Ergebnisse möglich ist. Diese Behandlung wäre erfolgsneutral.

- Das Wertaufholungsgebot nach HGB kann, zumindest bei nicht betriebsnotwendigem Vermögen, umgangen werden, indem die abgewerteten Wirtschaftsgüter zu Buchwerten verkauft werden. Entfällt der Grund für die außerordentliche A., so darf das belieferte Konzernunternehmen keine Zuschreibung über seine Anschaffungskosten hinaus vornehmen.

- Durch konzerninterne Verkäufe können stille Reserven zumindest bis zur Höhe des Zeitwertes, soweit dieser überhaupt eindeutig feststellbar ist, realisiert werden. Diese Ertragskosmetik kann bei angespannter Lage zu

einem zusätzlichen Mittelabfluß führen, da die aufgelösten Reserven zu versteuern sind.
Handelsrechtlich ist aber wohl davon auszugehen, daß ein Verkauf von nicht betriebsnotwendigem AV relativ unerheblich als Vorstufe zum Verkauf an Externe zu akzeptieren ist.
Bei betriebsnotwendigen Gegenständen ist dagegen erstens zu prüfen, ob der Preis stimmt, und zweitens, ob ein Übergang des wirtschaftlichen Eigentums vorliegt.
Die Frage, ob die Transaktion 'ernsthaft gewollt' ist, macht im Konzern keinen Sinn, da immer gewollt ist, was die Konzernleitung bestimmt.

Solche Gestaltungen werden auch nicht dadurch unproblematisch, daß ein Konzernabschluß zu erstellen ist, der die entsprechenden Einflüsse eliminiert. Alle Zahlungsansprüche knüpfen an die JA der rechtlich selbständigen Konzernunternehmen an; daneben sind die Regelungen des HGB zur Erstellung von Konzernabschlüssen mit einer Vielzahl von Wahlrechten und Unklarheiten durchsetzt.

Schließlich ist zu beachten, daß der Konzernabschluß bestenfalls über die Lage der Einheit 'Konzern' informiert, aber nicht über die wirtschaftliche Entwicklung der einzelnen Konzernglieder.

5.2.2.3 Grenzen sachverhaltsgestaltender Bilanzpolitik

Nach den bisherigen Ausführungen, die einen Einblick in die Möglichkeiten des Bilanzerstellers geben sollten, drängt sich natürlich die Frage auf, ob denn die angestrebten Bilanzierungsweisen zulässig sind oder ob es Grenzen gibt.

Häufig wird darauf hingewiesen, es gäbe quasi natürliche Grenzen durch **ökonomische Randbedingungen**. Einerseits kann Bilanzpolitik Geld kosten, zum Beispiel, wenn ein Grundstück mit stillen Reserven veräußert wird; andererseits sollen die ökonomischen Interessen von fremden Vertragspartnern einer willkürlichen Rechtsgestaltung entgegenstehen. Schließlich würde die Manövriermasse dadurch begrenzt, daß eine Veräußerung betriebsnotwendiger VG den Betriebsablauf stören würde.

Alle drei Gründe können durchaus zutreffen. Es ist aber nicht zu verkennen, daß die Aufgabe der Nutzungsmöglichkeit keinesfalls erforderlich ist: Sale and Lease back-Gestaltungen und Pensionsgeschäfte können so ausgestaltet sein, daß keinerlei störende Nutzungsbegrenzungen auftreten.

Auch die wirtschaftlichen Interessengegensätze sind keine automatische Bremse: Warum sollte ein Pensionsnehmer nicht einen überhöhten Preis für eine Beteiligung bezahlen, wenn der Rückkaufpreis entsprechend hoch ist und der Pensionsgeber über eine einwandfreie Bonität verfügt? Im Konzernverbund kann ein solcher Interessengegensatz sowieso nicht unterstellt werden.

Schließlich zum Kostenargument: Der Abschnitt über die Agency-Probleme sollte deutlich gemacht haben, daß der Bilanzersteller – durchaus rational – opportunistische Ziele verfolgen kann, auch wenn die Mittel (Bilanzpolitik) etwas kosten. Erstellt ein angestelltes Management den JA im eigenen Interesse, so tragen die Eigner die Kosten.

Eine weitere Restriktion könnte sich aus § 42 AO ergeben, der den **Mißbrauch von rechtlichen Gestaltungsmöglichkeiten** im Steuerrecht regelt: Bei Mißbrauch entsteht der Steueranspruch so, wie er bei einer den wirtschaftlichen Vorgängen angemessenen rechtlichen Gestaltung entsteht.

Auch § 39 Absatz 2 AO, der eine vom Zivilrecht abweichende Zurechnung von WG beim **wirtschaftlichen Eigentümer** regelt, kann den angestrebten Bilanzierungen entgegenstehen. Neben dem Problem, daß diese Normen selbst größte Interpretationsprobleme hervorrufen und bei neuartigen Vertragsgestaltungen nicht ohne weiteres einen einfachen Durchgriff mittels der 'wirtschaftlichen Betrachtungsweise' erlauben, ist zu beachten, daß die steuerlichen Kriterien die handelsrechtliche Behandlung im JA nicht festlegen. Üblicherweise ist der Gestaltungsraum im Steuerrecht enger.

Als häufigstes Argument wird aber auf die **Generalnorm** des § 264 Absatz 2 Satz 1 HGB verwiesen, die Forderung nach dem tatsächlichen Einblick. Greift man auf dieses Argument zurück, handelt man sich die unter Punkt 5.1.1.4 angesprochenen Schwierigkeiten ein.

Bei der Analyse sachverhaltsgestaltender Bilanzpolitik treten zwei Probleme zusätzlich auf:

1. Man müßte begründen, daß es einen GoB gibt, der erzwingt, daß rechtlich unterschiedlich gestaltete GV mit gleichem wirtschaftlichen Kern identisch zu bilanzieren sind. Dies würde neben juristischen Methodenproblemen praktisch zu erheblicher Rechtsunsicherheit führen.
2. Man müßte Grundsätze dafür entwickeln, wann bestimmte Sachverhalte einen gleichen wirtschaftlichen Kern besitzen. Die bisherigen Lösungsversuche hierzu stimmen nicht gerade optimistisch. Praktisch wird die Last der Entwicklung von GoB von den Finanzgerichten und den Wirtschafts-

prüfern zu tragen sein. Restriktionen werden damit eher als Reaktion auf Mißbräuche induktiv entwickelt werden.

5.3 Der Wettlauf zwischen Hase und Igel oder Bilanzersteller und Bilanzanalytiker

Es wurde schon angedeutet, daß zwar die Zahlungsbemessungsaufgabe des gestalteten JA im nachhinein nicht mehr korrigiert werden kann, aber die Beeinflussung durch Informationen kann verhindert werden, wenn ein Bilanzanalytiker die vorgenommenen Maßnahmen kennt. Ein Bilanzanalytiker, der weiß, daß in einem Jahr stille Reserven von x DM gelegt wurden, kann diese problemlos dem Jahresergebnis zuschlagen.

Aus dem Kapitel zum Anhang wissen wir aber, daß dies in der Regel nur begrenzt möglich ist und durch sachverhaltsgestaltende Maßnahmen noch erheblich erschwert wird. Gleichwohl müssen externe Adressaten häufig auf öffentlich verfügbare Informationen, also JA, zurückgreifen, da sie keine weitergehenden Informationsquellen haben. Deshalb haben Analytiker zunehmend verfeinerte Analyseinstrumente entwickelt, um unbeeinflußte Meßgrößen über die Vermögens-, Finanz- und Ertragslage an die Hand zu bekommen. Hierzu haben Wissenschaft und Praxis (vor allem: Kreditinstitute) eine Vielzahl von Kennziffern und Kennziffersystemen propagiert.

Nun ist einleuchtend, daß ein Bilanzersteller sich auf erwünschte Kennziffern einstellen kann, wenn er sie kennt. Er kann durch Bilanzpolitik Kreditwürdigkeit selbst herstellen. Dies hätte zur Folge, daß der nicht-naive Analytiker seine Kennziffern ändern, modifizieren, verfeinern müßte, um dem Risiko, getäuscht zu werden, zu begegnen.
Man kann sicher darüber streiten, wer bei diesem Wechselspiel die besseren Karten hat, klar ist jedenfalls, daß die Ergebnisse von Bilanzanalysen nur sehr begrenzt Aufschluß über die tatsächliche Vermögens-, Finanz- und Ertragslage geben können.

Die Frage, die anknüpft, ist aber dann: Warum verlassen sich Investoren wie Banken auf Kennziffern, wenn sie wissen, daß diese 'produziert' werden können? Das erstaunt um so mehr, als seit den 60er Jahren am Aussagegehalt der praktisch noch immer verwendeten Kennziffern beißende Kritik geübt wurde.

Will man nicht auf das wenig plausible Argument zurückgreifen, Banken seien naiv und irrational, bieten sich meines Erachtens zwei mögliche Erklärungen an:

- Die verwendeten Kennziffern haben die Funktion von Spielregeln. Die Herstellung dieser Kennziffern durch den Bilanzpolitiker kosten Geld. Wer sich diese Investition (oder: diesen Luxus) nicht leisten kann, dem geht es schlecht. Allein dadurch hätten Kennziffern Signalwirkung. Diese Signalwirkung wäre noch stärker, wenn die geforderten Kennziffern für gute Unternehmen billig und für schlechte Unternehmen teuer wären. Deren Probleme wäre vielleicht im Zeitablauf für externe Analytiker erkennbar, wenn zum Beispiel stille Reserven aufgelöst werden müssen.
- Die verwendeten Kennziffern wirken indirekt wie eine Ausschüttungssperre, d.h. sie erzwingen eine Selbstfinanzierung durch das Unternehmen. Mittel, die nicht ausgeschüttet werden, stehen als Haftungsmasse den Gläubigern zur Verfügung. Das wäre zumindest aus Sicht der Fremdkapitalgeber wünschenswert.

6. FAZIT: PROBLEME EINER RATIONALEN BILANZPOLITIK

6.1 Zielkonflikte

Da der handelsrechtliche JA ein Vielzweckinstrument ist und die Zwecke der Bilanzersteller nicht immer vereinbar sind, fällt es schwer, eine rationale Zielabwägung in einem entscheidungslogischen Kalkül abzubilden. So kann der Zweck 'Steuerminimierung' nur schwerlich vereinbart werden mit dem Zweck, als 'erfolgreiches' Unternehmen mit guter Bonität zu erscheinen.

Gelingt es durch Bilanzpolitik, den JÜ auf 0 zu senken, um keine Ertragsteuern zahlen zu müssen, so kann dies gleichzeitig unerwünschte Signalwirkung (Ertragschwäche) bei Eignern und Kreditoren haben. Selbstverständlich wäre ein solches Ergebnis Fachleuten prinzipiell erklärbar, aber der JA richtet sich an einen weiten Adressatenkreis. Eine Aufklärung aller relevanten Adressaten verursacht selbstverständlich Kosten.

Zunehmend gehen zumindest Großunternehmen dazu über, im für Seuern und Ausschüttungsansprüche irrelevanten Konzernabschluß das Bild einer ertrags- und finanzstarken Wirtschaftseinheit zu pflegen, während der JA der einzelnen Konzernglieder durch steuertaktische und andere Überlegungen geprägt wird.

6.2 Komplexität

Unter Abschnitt 4.1 wurde schon begründet, daß eine rationale Bilanzpolitik eine mehrjährige, höchst komplexe Planung voraussetzt, da Entscheidungen heute auch künftige Folgen implizieren. Als Stichworte seien genannt: Selbstbindung durch das Stetigkeitsgebot, Planung der erwarteten Gewinne und der Manövriermasse sowie Kontrolle der (vielleicht unbeeinflußbaren) Auflösung stiller Reserven.

Ein zweites Problem besteht darin, daß nur nicht erkennbare Bilanzpolitik die erwünschte Informationswirkung entfalten kann. Außerdem ist vorauszusetzen, daß der Bilanzersteller die Verhaltenswirkungen seines JA hinreichend gut abschätzen kann. Dies ist durchaus zweifelhaft. Die neuere Kapitalmarktforschung konnte zum Beispiel zeigen, daß bei effizientem Kapitalmarkt Bilanzpolitik nur im Kopf des Bilanzpolitikers Wirkung zeigt, Kapitalmarktteilnehmer (Eigner, Gläubiger) aber nicht getäuscht werden können, da sie sich am Börsenkurs orientieren, der sich unabhängig vom JA einstellt. Allerdings kann man füglich bezweifeln, daß der Kapitalmarkt in Deutschland effizient ist.

Schließlich sei angemerkt, daß ein bilanzpolitisch gestalteter JA als Informations- und Steuerungsinstrument für die Unternehmensleitung entwertet ist. Wer sich also nicht selber beeinflussen und in die Irre leiten lassen will, muß seine wirtschaftliche Entwicklung durch zusätzliche Rechnungslegungsinstrumente abbilden, zum Beispiel eine Kostenrechnung.

D. WIEDERHOLUNGSFRAGEN

1. Warum ist eine von anderen Unternehmensbereichen autonome Bilanzpolitik praktisch kaum vorstellbar?

2. Kann man daraus folgern, daß Bilanzpolitik nur noch bezüglich der Abbildung von in anderen Unternehmensbereichen getroffenen Zweck-Mittel-Entscheidungen möglich ist?

3. Erläutern Sie den Begriff 'Bilanzpolitik'.

4. Begründen Sie, warum die Trennung von Eigentum und Verfügungsmacht zu Principal-Agent-Relationen führt.

5. Geben Sie typische Beispiele für solche Relationen an, ohne auf die Beispiele im Text zurückzugreifen.

6. Haben Eigentümer ein berechtigtes Mißtrauen gegenüber angestellten Managern?

7. Warum ist es bei einer Publikums-AG für die Eigner nicht möglich, ihr Mißtrauen durch laufende, scharfe Kontrollen der Manager zu zerstreuen?

8. Gilt das gleiche für mittelständische GmbH?

9. Diskutieren Sie das bilanzpolitische Ziel der Dividendenglättung vor dem Hintergrund der möglichen Eigner-Manager-Konflikte.

10. Kann ein angestellter Manager Bilanzpolitik ausschließlich an den Zwecken der Eigner ausrichten?

11. Ist die Legung stiller Reserven mittels Bilanzpolitik zum Nutzen der Eigner?

12. Dienen stille Reserven dem Gläubigerschutz?

13. Interpretieren Sie typische Eigner-Gläubiger-Konflikte als Principal-Agent-Beziehung.

14. Erörtern Sie weitere berechtigte Interessen am JA, die Einfluß auf die Bilanzpolitik haben können.

15. Der JA dient der Information und der Festlegung von Zahlungsansprüchen. Er ist ein notwendiges, geeignetes und billiges Mittel zur Lösung von Agency-Problemen. Halten Sie diese These für zutreffend? Begründen Sie Ihre Meinung.

16. Diskutieren Sie am Beispiel JA die These, daß Rechenschaft nur dann sinnvoll ist, wenn der zur Rechenschaft Verpflichtete keinen Einfluß auf den Inhalt der Rechnungslegung selbst hat.

17. Erläutern Sie die bilanzpolitischen Ziele Substanzerhaltung, Finanzierung, Steuerminimierung, Ansehen des Unternehmens und Flexibilität.

18. Vogt hat ein einfaches Modell für eine optimale Steuerbilanzpolitik bei progressiven Steuertarifen entwickelt. Skizzieren Sie das Modell. Führt es tatsächlich zu optimalen Ergebnissen?

19. Die Planungsabteilung liefert Ihnen als Unternehmensleiter/-in folgende Plandaten: Gesamtgewinn vor Steuern in den nächsten beiden Jahren DM 200.000. Die Verteilung auf die beiden Jahre kann beliebig gestaltet werden. Ihre Steuerbelastung beträgt konstant 60% des Gewinns, der Kalkulationszinsfuß nach Steuern beträgt 10%.
Sie beauftragen einen Steuerberater damit, den für Sie optimalen Gewinnausweis in den beiden Jahren zu ermitteln.

Er rechnet drei Alternativen vor:

	Jahr 1	**Jahr 2**
Erstens:		
Gewinn vor Steuern	0 DM	200.000 DM
Steuern	0 DM	120.000 DM
Gewinn nach Steuern	0 DM	80.000 DM
Zweitens:		
Gewinn vor Steuern	100.000 DM	100.000 DM
Steuern	60.000 DM	60.000 DM
Gewinn nach Steuern	40.000 DM	40.000 DM
Zinsen	0 DM	4.000 DM
Drittens:		
Gewinn vor Steuern	200.000 DM	0 DM
Steuern	120.000 DM	0 DM
Gewinn nach Steuern	80.000 DM	0 DM
Zinsen	0 DM	8.000 DM

Da demnach am Ende des Jahres 2 bei Alternative 3 ein Überschuß von DM 88.000 nach Steuern erzielt würde (DM 80.000 im Jahr 1 und DM 8.000 Zinsen im Jahr 2), hält er die Alternative 3 für optimal. Hat Ihr Steuerberater gute Arbeit geleistet?

20. Warum ist Steuerminimierung zweckmäßigerweise als mehrjähriges Planungskalkül zu formulieren?

21. Welche Folgen hat eine optimale Steuerbilanzpolitik für andere mögliche bilanzpolitische Ziele?

22. Teilen Sie folgende Auffassung: In der Praxis spielt nur Steuerbilanzpolitik eine Rolle, Handelsbilanzpolitik ist ein Kopfgeburt von Theoretikern? Begründen Sie Ihre Ansicht.

23. Da Sie eine gute Geschäftsidee haben, wollen Sie ein erfolgversprechendes Unternehmen gründen. Welche bilanzpolitischen Entscheidungsparameter legen Sie gleich zu Beginn fest?

24. Erläutern Sie beispielhaft Bilanzierungs-, Bewertungs- und Ausweiswahlrechte nach HGB.

25. Inwiefern ermöglicht Rechtsunsicherheit in Bilanzierungsfragen Bilanzpolitik?

26. Grenzen Sie die Begriffe 'Wahlrecht' und 'Ermessensspielraum' voneinander ab.

27. Ein wichtiger Kritikpunkt zur Aussagefähigkeit von JA bezieht sich auf die Vergangenheitsorientierung: Er gibt nur Rechenschaft über das zurückliegende Jahr. Gleichzeitig hat dies den Vorteil, daß Spekulationen über die Zukunft den JA nicht beeinflussen. Ist dies die volle Wahrheit oder nur die halbe?

28. Erläutern Sie, welche Grenzen das HGB konventioneller Bilanzpolitik setzt.

29. Welche Vorteile bietet die sachverhaltsgestaltende Bilanzpolitik dem JA-Ersteller?

30. Welche Rolle spielt die Abgrenzung von juristischem und wirtschaftlichem Eigentum für die sachverhaltsgestaltende Bilanzpolitik? Erläutern Sie dies an selbstgewählten Beispielen.

31. Warum sind sachverhaltsgestaltende Maßnahmen im Konzernverbund einfacher zu realisieren?

32. Das Institut der Wirtschaftsprüfer hatte vor einigen Jahren einen Arbeitskreis eingerichtet, der sich mit dem Problem der Zulässigkeit sachverhaltsgestaltender Bilanzpolitik befaßte. Der Arbeitskreis wurde ergebnislos aufgelöst. Können Sie sich vorstellen, warum?

33. Diskutieren Sie kritisch die wichtigsten Probleme einer rationalen Bilanzpolitik.

LITERATUR

Adler/Düring/Schmaltz: Rechnungslegung und Prüfung der Unternehmen, 5. Auflage, Band 1, Stuttgart 1989, Kommentar zu § 264 HGB

Baetge, J./Ballwieser, W.: Zum bilanzpolitischen Spielraum der Unternehmensleitung; in: BFuP 1977, S. 199-215

Baetge, J./Ballwieser, W.: Probleme einer rationalen Bilanzpolitik; in: BFuP 1978, S. 511-530

Baetge, J./Fischer, T.R./Paskert, D.: Der Lagebericht, Stuttgart 1989

Bähr, G./Fischer-Winkelmann, W.F.: Buchführung und Jahresabschluß, 3. Auflage, Wiesbaden 1990

Baetge, J./Apelt: Bedeutung und Ermittlung der Grundsätze ordnungsmäßiger Buchführung (GoB); in: HdJ I/2, 2. Auflage, Köln 1992

Baetge, J. (Hg.): Bilanzanalyse und Bilanzpolitik, Düsseldorf 1989

Baetge, J.: Grundsätze ordnungsgemäßer Buchführung; in: Küting, K./Weber, C.-P. (Hg.): Handbuch der Rechnungslegung, 3. Auflage, Stuttgart 1990

Baetge, J.: Bilanzen, 3. Auflage, Düsseldorf 1994

Baetge, J. (Hg.): Rückstellungen in der Handels- und Steuerbilanz, Düsseldorf 1991

Ballwieser, W./Böcking, H./Drukarczyk, J./Schmidt, R.H.: Bilanzrecht und Kapitalmarkt, Festschrift zum 65. Geburtstag von A. Moxter, Düsseldorf 1994

Ballwieser, W./Haeger, R.: Das Bilanzierungsverhalten mittelgroßer Kapitalgesellschaften; in: ZfbF, Sonderheft 2/91, S. 107-123

Ballwieser, W.: Bilanzielle Vorsorge zur Bewältigung des personellen Strukturwandels; in: ZfbF 11/1989, S. 955-973

Ballwieser, W.: Grundsätze ordnungsmäßiger Buchführung; in: Beck'sches Handbuch der Rechnungslegung, B 105, München 1989

Ballwieser, W.: Das Anschaffungs- und Höchstwertprinzip für Schulden; in: Moxter, A. (Hg.): Rechnungslegung: Entwicklungen bei der Bilanzierung und Prüfung von Kapitalgesellschaften, Festschrift für Karl-Heinz Forster, Düsseldorf 1992, S. 46-62

Ballwieser, W.: Grundsätze der Aktivierung und Passivierung; in: Beck'sches Handbuch der Rechnungslegung, B 130, München 1992

Bareis, P./Elschen, R./Siegel, T./Sigloch, J./Streim, H.: Lifo. Jahresabschlußziele und Grundsätze ordnungsmäßiger Buchführung; in: DB 25/1993, S. 1249-1252

Beater, A.: Zur Abgrenzung von Herstellungs- und Erhaltungsaufwand bei Softwareumstellungen; in: DStR 1990, S. 201-203

Beck'scher Bilanzkommentar: Der Jahresabschluß nach Handels- und Steuerrecht, 2. Auflage, München 1990, bearb. von W.D. Budde/H. Klemm/M. Pankow, M. Sarx

Beisse, H.: Zum Verhältnis von Bilanzrecht und Betriebswirtschaftslehre; in: StuW 1984, S. 1-14

Beisse, H.: Die Generalnorm des neuen Bilanzrechts und ihre steuerliche Bedeutung; in: Mellwig, W./ Moxter, A./Ordelheide, D. (Hg.): Handelsbilanz und Steuerbilanz, Wiesbaden 1989, S. 15-31

Beisse, H.: Rechtsfragen der Gewinnung von GoB; in: BFuP 1990, S. 499-514

Beisse, H.: Grundsatzfragen der Auslegung des neuen Bilanzrechts; in: BB 1990(a), S. 2007-2012

Benne, J.: Einzelbewertung und Bewertungseinheit; in: DB 1991, S. 2601-2610

Bieg, H.: Zur Eigenkapitalausstattung der Unternehmungen in der Bundesrepublik Deutschland; in: John, G. (Hg.): Besteuerung und Unternehmenspolitik, Festschrift für G. Wöhe, München 1989, S. 24-48

Biener, H.: Fragen zum Bilanzrichtlinien-Gesetz; in: Mellwig, W./Moxter, A./Ordelheide, D. (Hg.): Handelsbilanz und Steuerbilanz, Wiesbaden 1989, S. 157-179

Biergans, E.: Die einkommen- und körperschaftsteuerliche Behandlung der Einlagen von originären immateriellen Wirtschaftsgütern, Nutzungsrechten und Nutzungen; in: DStR 1989, S. 367-374

Biergans, E.: Einkommensteuer und Steuerbilanz, 5. Auflage, München/Wien 1990

Bitz, M./Schneeloch, D./Wittstock: Der Jahresabschluß, München 1991

Bleckmann, A.: Die Richtlinie im Europäischen Gemeinschaftsrecht und im Deutschen Recht; in: HURB, Köln 1986, S. 11-28

Böcking, H.: Bilanzrechtstheorie und Verzinslichkeit, Wiesbaden 1988

Bonner Handbuch Rechnungslegung, Bonn 1987, hg. von M. Hofbauer/P. Kupsch

Bormann, M.: Software-Bilanzierung, Hamburg 1990

Brandl, R.: Zur Begründbarkeit handelsrechtlicher Rechnungslegungsnormen, Frankfurt/M. u.a. 1987

Brezing, K.: Lifo-Verfahren im Steuerrecht; in: StBJb 1990/91, S. 51-65

Bröker, E.W.: Erfolgsrechnung im industriellen Anlagengeschäft, Wiesbaden 1993

Brönner, H./Bareis, P.: Die Bilanz nach Handels- und Steuerrecht, 9. Auflage, Stuttgart 1991

Buchner, R.: Buchführung und Jahresabschluß, 3. Auflage, München 1991

Busse von Colbe: Die neuen Rechnungslegungsvorschriften aus betriebswirtschaftlicher Sicht; in: WPG 1987, S. 117-126

Busse von Colbe (Hg.): Lexikon des Rechnungswesens, 3. Auflage, München/Wien 1994

Castan, E.: Rechnungslegung der Unternehmung, 3. Auflage, München 1990

Chmielewicz, K.: Gesamt- und Umsatzkostenverfahren der Gewinn- und Verlustrechnung im Vergleich; in: DBW 1990, S. 27-45

Christiansen, A.: Steuerliche Rückstellungsbildung, Bielefeld 1993

Christiansen, A.: Das Erfordernis der wirtschaftlichen Verursachung ungewisser Verbindlichkeiten vor dem Hintergrund der Rechtsprechung des Bundesfinanzhofes. Versuch einer kritischen Analyse; in: BFuP 1/1994, S. 25-38

Clemm, H.: Bilanzpolitik und Ehrlichkeits-('true and fair view')Gebot; in: WPg 1989, S. 357-366

Clemm, H.: Die Scheingenauigkeit der steuerlichen Gewinnermittlung. Konsequenzen für Gesetzgebung, Verwaltung, Rechtsprechung und Steuerpflichtige; in: Mellwig, W./Moxter, A./ Ordelheide, D. (Hg.): Handelsbilanz und Steuerbilanz, Wiesbaden 1989, S. 57-72

Coenenberg, A.G.: Instrumente der Gewinnregulierungspolitik deutscher Aktiengesellschaften – Eine empirische Untersuchung; in: Der Wirtschaftsprüfer im Schnittpunkt nationaler und internationaler Entwicklungen; Festschrift für Karl von Wysocki, Düsseldorf 1985, S. 111-128

Coenenberg, A.G./Hille: Latente Steuern; in: Handbuch des Jahresabschlusses in Einzeldarstellungen, Abt. I/13, Köln 1987

Coenenberg, A.G.: Jahresabschluß und Jahresabschlußanalyse, 13. Auflage, Landsberg am Lech 1992

Coenenberg, A.G.: Jahresabschluß und Jahresabschlußanalyse, 14. Auflage, Landsberg am Lech 1994

Commandeur/Commandeur: Die Inanspruchnahme handelsrechtlicher Bilanzierungshilfen – Ein Mittel zur Verhinderung eines Konkurses wegen Überschuldung? in: DB 1988, S. 661-664

Crezelius, G.: Bilanzrecht, 2. Auflage, Köln 1985

Crezelius, G.: Zur Bildung von Rückstellungen für Umweltschutzmaßnahmen; in: DB 1992, S. 1353-1363

Crezelius, G.: Rückstellungen bei Umweltschutzmaßnahmen, Stuttgart 1993

Dörner, D.: Wann und für wen empfiehlt sich das Umsatzkostenverfahren? in: WPg 1987, S. 154-159

Dörner, D.: Aufwandsrückstellungen – Möglichkeiten und Grenzen der Bilanzpolitik; in: WPg 8/1991, S. 225-229, und 9/1991, S. 264-271

Drukarczyk, J.: Finanzierung, 6. Auflage, Stuttgart/Jena 1993

Drukarczyk, J.: Theorie und Politik der Finanzierung, 6. Auflage, München 1993 (a)

Dziadkowski, D.: Bilanzhilfsposten (Bilanzierungshilfen) und Bewertungshilfen im künftigen Handelsbilanzrecht; in: BB 1982, S. 1336-1345

Dziadkowski, D.: Wider die Aushöhlung der Grundsätze ordnungsmäßiger Buchführung durch Kodifizierung einer totalen Umkehrmaßgeblichkeit; in: DB 1989, S. 437-439

Egner, H.: Gliederung der Gewinn- und Verlustrechnung; in: Beck'sches Handbuch der Rechnungslegung, B 300, München 1992

Egner, H.: Gegenüberstellung Gesamtkosten- und Umsatzkostenverfahren; In: Beck'sches Handbuch der Rechnungslegung, B 310, München 1992

Eilers, S.: Rückstellungen für Altlasten und Umweltschutzverpflichtungen, München 1993

Ellerich, M.: Zwecke des handelsrechtlichen Jahresabschlusses; in: Küting, K./Weber, C.-P. (Hg.): Handbuch der Rechnungslegung, 3. Auflage, Stuttgart 1991

Elschen, R.: Rückstellungen bei Umweltschutzmaßnahmen als Maßnahmen gegen den Umweltschutz? in: DB 22/1993, S. 1097-1103

Emmerich, G./Naumann, K.-P.: Zur Behandlung von Genußrechten im Jahresabschluß von Kapitalgesellschaften; in: Die WPg 20/1994, S. 677-689

Euler, R.: Zur Verlustantizipation mittels des niedrigeren beizulegenden Wertes und des Teilwertes; in: ZfbF 3/9191, S. 191-212

Ewert, R./Wagenhofer, A.: Unternehmenspublizität und Konkurrenzwirkungen; in: ZfB 1992, S. 297-324

Ewert, R.: Bilanzielle Publizität im Lichte der Theorie vom gesellschaftlichen Wert öffentlich verfügbarer Information; in: BFuP 1989, S. 245-263

Falterbaum, H./Beckmann, H.: Buchführung und Bilanz, 14. Auflage, Achim 1992

Federmann, R.: Außerordentliche Erträge und Aufwendungen in der GuV-Rechnung; in: BB 1987, S. 1071-1078

Federmann, R.: Bilanzierung nach Handels- und Steuerrecht, 9. Auflage, Berlin 1994

Fey, G.: Die Angabe bestehender Zweigniederlassungen im Lagebericht nach § 289 Abs. 2 Nr. 4 HGB; in: DB 1994, S. 485-487

Förschle, G./Kropp, M.: Mindestinhalt der Gewinn- und Verlustrechnung für Einzelkaufleute und Personenhandelgesellschaften; in: DB 1989, S. 1037-1046 und 1096-1099

Forster, K.H.: Bewertungsstetigkeit – Was sie ist und was sie nicht ist; in: Gross, G. (Hg.): Der Wirtschaftsprüfer im Schnittpunkt nationaler und internationaler Entwicklungen. Festschrift für Karl von Wysocki, Düsseldorf 1985, S. 29-43

Freidank, C.: Entscheidungsmodelle der Rechnungslegungspolitik, Stuttgart 1990

Funk, J.: Festwerte in der Handelsbilanz – ein überholtes Instrument vereinfachender Bilanzierung? in: Gross, G. (Hg.): Der Wirtschaftsprüfer im Schnittpunkt nationaler und internationaler Entwicklungen, Festschrift für Klaus von Wysocki, Düsseldorf 1985, S. 73-89

Gail, W./Greth, M./Schumann, R.: Die Maßgeblichkeit der Handelsbilanz für die Steuerbilanz in den Mitgliedstaaten der Europäischen Gemeinschaft; in: DB 1991, S. 1389-1400

GEFIU: Anwendung der Lifo-Methode im handelsrechtlichen Jahresabschluß; in: DB 1990, S. 1977-1979

Gimpel-Kloos, B.: Die Ausübung nationaler Wahlrechte im Hinblick auf die Zielsetzungen der 4. EG-Richtlinie, Heidelberg 1990

Glanegger, P.: Anschaffungs- und Herstellungskosten bei Grundstücken und Gebäuden; in: DB 1987, S. 2115-2120 und S. 2173-2176

Glaubig, J.: Grundsätze ordnungsmäßiger Bilanzierung für Dauerrechtsverhältnisse, Frankfurt/M. u.a. 1993

Groh, M.: Verbindlichkeitsrückstellung und Verlustrückstellung: Gemeinsamkeiten und Unterschiede; in: BB 1988, S. 27-33

Groh, M.: Der Erfolgsmaßstab beim Tausch; in: Knobbe-Keuk/Klein/Moxter: Handels- und Steuerrecht, Festschrift für Döllerer, Düsseldorf 1988, S. 157-167

Groh, M.: Die wirtschaftliche Betätigung im rechtlichen Sinne; in: StuW 1989, S. 227-231

Groh, M.: Abzinsung von Rückstellungen? in: Mellwig, W./Moxter, A./Ordelheide, D. (Hg.): Handelsbilanz und Steuerbilanz, Wiesbaden 1989, S. 119-126

Groh, M.: Altlastenrückstellungen: Trügerische Hoffnungen? in: DB 37/1993, S. 1833-1837

Gross, G.: Zur Berücksichtigung rückwirkender Vereinbarungen in Kaufverträgen im Jahresabschluß; in: Moxter, A. (Hg.): Rechnungslegung: Entwicklungen bei der Bilanzierung und Prüfung von Kapitalgesellschaften. Festschrift für Karl-Heinz Forster, Düsseldorf 1992, S. 254-268

Großfeld, B.: Bilanzrecht, 2. Auflage, Heidelberg 1990

Gruber, T.: Der Bilanzansatz in der neueren BFH-Rechtsprechung, Stuttgart 1991

Haberstock, L.: Steuerbilanz und Vermögensaufstellung, 3. Auflage, Hamburg 1991

Haeger, B.: Zur buchungstechnischen Problematik des Sonderpostens mit Rücklageanteil, in: DB 23/1989, S. 1145-1152

Haeger, B.: Zur Aufhebung des strengen Wertzusammenhangs im Steuerrecht; in: DB 1990, S. 541-547

Haeger, R.: Berichterstattung über Steuertatbestände; in: Offe, H. (Hg.): Praxis der GmbH-Rechnungslegung. Von der Buchführung zum Jahresabschluß, Herne/Berlin 1992, S. 545-563

Hänselmann, H.: Rangrücktritt versus Forderungsverzicht mit Besserungsabrede; in: BB 22/1993, S. 1552-1557

Hartmann-Wendels, T.: Rechnungslegung der Unternehmen und Kapitalmarkt aus informationsökonomischer Sicht, Heidelberg 1991

Hartung, W.: Ist die deutsche Herstellungskostenobergrenze richtlinienkonform? in: BB 1992, S. 2392-2395

Havermann, H.: Der Aussagewert des Jahresabschlusses; in: Wpg 198, S. 612-617

Heinen, E.: Handelsbilanzen, 12. Auflage, Wiesbaden 1986

Helmrich, H.: Europäische Rechtssetzung und die Aufgabe des nationalen Gesetzgebers; in: Baetge, J. (Hg.): Das neue Bilanzrecht – ein Kompromiß divergierender Interessen? Düsseldorf 1985, S. 14-37

Herzig, N./Gasper, R.: Die Lifo-Methode in der Handels- und Steuerbilanz; in: DB 1991, S. 557-565

Herzig, N.: Die rückstellungsbegrenzende Wirkung des Realisationsprinzips; in: Raupach, A./ Uelner, A. (Hg.): Ertragsbesteuerung: Zurechnung, Ermittlung, Gestaltung. Festschrift für L. Schmidt zum 65. Geburtstag, München 1993, S. 209-226

Herzig, N.: Das magische Dreieck der Umweltschutzbilanzierung; in: Ballwieser, W. u.a. (Hg.): Bilanzrecht und Kapitalmarkt, Düsseldorf 1994, S. 227-255

Hilke, W.: Bilanzpolitik, 3. Auflage, Wiesbaden 1991

Hörtig, J./Puderbach, J.: Vorratsbewertung nach der Lifo-Methode; in: DB 1991, S. 977-983

IdW (Institut der Wirtschaftsprüfer): Entwurf einer Verlautbarung des Sonderausschusses Bilanzrichtlinien-Gesetz (SABI): Zur Steuerabgrenzung im Einzelabschluß; in: FN 1986, S. 410 f.

IdW (Institut der Wirtschaftsprüfer): WP-Handbuch 1992, Band 1, 10. Auflage, Düsseldorf 1992

IdW (Institut der Wirtschaftsprüfer) (Hg.): WP-Handbuch der Unternehmensbesteuerung, 2. Auflage, Düsseldorf 1994

IdW (Institut der Wirtschaftsprüfer) (Hg.): Fachgutachten, Stellungnahmen, Düsseldorf, Stand September 1994:

- SABI 1/1987, Problem des Umsatzkostenverfahrens, S. 21-25
- SABI 1/1987, Zum Grundsatz der Bewertungsstetigkeit (§ 252 Absatz 1 Nr. 6) und zu den Abgaben bei Abweichungen von Bilanzierungs- und Bewertungsmethoden (§ 284 Absatz 2 Nr. 3 HGB), S. 27-30
- HFA 1/1994, Zur Behandlung von Genußrechten im Jahresabschluß von Kapitalgesellschaften, S. 269-277

Jüttner, U.: GoB-System, Einzelbewertungsgrundsatz und Imparitätsprinzip, Frankfurt/M. u.a. 1993

Kamann, E.: Stichtagsprinzip und zukunftsorientierte Bewertung, Köln 1988

Karrenbauer, M.: Die Abschreibung im Einkommen- und Bilanzsteuerrecht, Stuttgart 1993

Kessler, H.: Rückstellungen und Dauerschuldverhältnisse, Stuttgart 1992

Kilger, W.: Flexible Plankostenrechnung, 7. Auflage, Opladen 1977

Kloock, J./Sieben, G./Schildbach, T.: Kosten- und Leistungsrechnung, 4. Auflage, Düsseldorf 1987

Knobbe-Keuk, B.: Bilanz- und Unternehmenssteuerrecht, 7. Auflage, Köln 1989

Knop, W./Küting, K.: Kommentierung zu § 255 HGB; in: Küting, K./Weber, C.-P.: Handbuch der Rechnungslegung, 3. Auflage, Stuttgart 1991

Knop, W.: Erläuterung zu § 240 HGB; in: Küting, K./Weber, C.-P. (Hg.): Handbuch der Rechnungslegung, 2. Auflage, Stuttgart 1987

Knop, W.: Kommentierung zu §§ 240 f. HGB; in: Küting, K./Weber, C.-P. (Hg.): Handbuch der Rechnungslegung, 3. Auflage, Stuttgart 1990

Köhlertz, K.: Die Bilanzierung von Leasing, München 1989

Köhlertz, K.: Die Bilanzierung von Leasing, München 1989

Krümmel, H.-J.: Pagatorisches Prinzip und nominelle Kapitalerhaltung; in: Moxter, A. (Hg.): Rechnungslegung: Entwicklungen bei der Bilanzierung und Prüfung von Kapitalgesellschaften, Festschrift für Karl-Heinz Forster, Düsseldorf 1992, S. 308-320

Kruse, H.W.: Grundsätze ordnungsmäßiger Buchführung – Rechtsnatur und Bestimmung, Köln 1970

Kudert, S.: Offene Fragen bei den Aufwendungen für die Ingangsetzung und Erweiterung des Geschäftsbetriebs im Sinne des § 269 HGB; in DB 1992, S. 437-443

Kühnberger, M./Stachuletz, R.: Kritische Anmerkungen zu einigen neueren Entwicklungen in der Bilanzpolitik; in: DBW 1986, S. 356-372

Kühnberger, M./Faatz, U.: Zur bilanziellen Behandlung von Altlasten; in: BB 1993, S. 98-107

Kühnberger, M.: Wirtschaftsprüfer im Widerstreit der Interessen, Spardorf 1985

Kühnberger, M.: Zur Bildung von Drohverlustrückstellungen bei Versicherungsunternehmen; in: VW 1990, S. 695-703 und S. 840-845

Kühnberger, M.: Buchhaltung – Von der Buchführung zum Jahresabschluß, München/Wien 1993

Kupsch, P.: Einheitlichkeit und Stetigkeit der Bewertung gemäß § 252 Absatz 1 Nr. 6 HGB; in: DB 1987, S. 1101-1105 und S. 1157-1161

Kupsch, P.: Der Anhang, HdJ IV/4, Köln 1988

Kußmaul, H.: Sind Nutzungsrechte Vermögensgegenstände bzw. Wirtschaftsgüter? in: BB 1987, S. 2053-2065

Küting, K./Weber, C.-P. (Hg.): Handbuch der Rechnungslegung, 3. Auflage, Stuttgart 1990

Küting, K./Kessler, H.: Eigenkapitalähnliche Mittel in der Handelsbilanz und im Überschuldungsstatus; in: BB 30/1994, S. 2103-2114

Küting, K.: Aktuelle Probleme bei der Ermittlung der handelsrechtlichen Herstellungskosten; in: BB 1989, S. 587-596

Lang, J.: Grundsätze ordnungsmäßiger Buchführung I und II; in: HURB, Köln 1986, S. 221-246

Lange, C.: Zur Publizitätspflicht 'zusätzlicher Angaben' im Anhang; in: Die WPg 13/1991, S. 369-376

Langenbeck, J.: Abschreibungsmethoden und Abschreibungspolitik. Von der Aufwandsverteilung zur Investitionsfinanzierung; in: Offe (Hg.): Praxis der GmbH-Rechnungslegung. Sonderfragen der Bilanzierung, Herne/Berlin 1994, S. 425-448

Larenz: Methodenlehre der Rechtswissenschaft, 5. Auflage, Berlin u.a. 1983

Leffson, U.: Bedeutung und Ermittlung der Grundsätze ordnungsmäßiger Buchführung; in: Handbuch des Jahresabschlusses in Einzeldarstellungen, Abteilung I/2, Köln 1984

Leffson, U.: Die Erfassungs- und Bewertungsprinzipien des Handelsrechts; in: HdJ I/7, Köln 1984

Leffson, U.: Transnationale Einflüsse auf das deutsche Bilanzrecht; in: Gross, G. (Hg.): Der Wirtschaftsprüfer im Schnittpunkt nationaler und internationaler Entwicklungen. Festschrift für Karl von Wysocki, Düsseldorf 1985, S. 1-16

Leffson, U.: Der Ausweis des Außerordentlichen nach dem HGB; in: WPg 1986, S. 433-436

Leffson, U.: Die Grundsätze ordnungsmäßiger Buchführung, 7. Auflage, Düsseldorf 1987

Leffson, U.: Das Gebot der Stetigkeit im europäischen Bilanzrecht; in: WPg 1988, S. 441-446

Loose, M.: Rückstellungen für Umweltverbindlichkeiten, Köln 1993

Luik: Das Going-Concern-Prinzip im deutschen Bilanzrecht; in: Gross, G. (Hg.): Der Wirtschaftsprüfer im Schnittpunkt nationaler und internationaler Entwicklungen, Festschrift für Klaus von Wysocki, Düsseldorf 1985, S. 61-72

Mayer-Wegelin, E.: Erläuterung zu § 256 HGB; in: Küting, K./Weber, C.-P. (Hg.): Handbuch der Rechnungslegung, 2. Auflage, Stuttgart 1987

Mayer-Wegelin, E.: Zum Anwendungsbereich der Lifo-Methode bei der Bewertung von Vorräten; in: DB 1989, S. 937-940

Mayer-Wegelin, E.: Die praktische Anwendung der Lifo-Verfahren nach § 256 HGB; in: DB 1991, S. 2256-2262

Meilicke, H.: Zur Bedeutung der richtlinienkonformen Auslegung für das deutsche Steuerrecht; in: BB 1992, S. 969-975

Mellwig, W./Moxter, A./Ordelheide, D. (Hg.): Handelsbilanz und Steuerbilanz, Band 2, Wiesbaden 1989

Mellwig, W.: Bilanzrechtsprechung und Betriebswirtschaftslehre; in: BB 1983, S. 1613-1620

Meyer-Arndt, L.: Die Zuständigkeit des Europäischen Gerichtshofes für das Bilanzrecht; in: BB 23/1993, S. 1623-1627

Milde, H.: Dividendenhöhe als Signal? in: WiSt 1990, S. 334-339

Moxter, A.: Die handelsrechtlichen Grundsätze ordnungsmäßiger Buchführung und das neue Bilanzrecht; in: ZGR 2/1980, S. 254-276

Moxter, A.: Bilanzlehre, Band 1: Einführung in die Bilanztheorie, 3. Auflage, Wiesbaden 1984

Moxter, A.: Das System der handelsrechtlichen Grundsätze ordnungsmäßiger Bilanzierung; in: Gross, G. (Hg.): Der Wirtschaftsprüfer im Schnittpunkt nationaler und internationaler Entwicklungen. Festschrift für Klaus von Wysocki, Düsseldorf 1985, S. 17-28

Moxter, A.: Das System der handelsrechtlichen Grundsätze ordnungsmäßiger Bilanzierung; in: Gross, G. (Hg.): Der Wirtschaftsprüfer im Schnittpunkt nationaler und internationaler Entwicklungen, Düsseldorf 1985 (a), s. 17-28

Moxter, A.: Bilanzlehre, Band 2: Einführung in das neue Bilanzrecht, 3. Auflage, Wiesbaden 1986

Moxter, A.: Selbständige Bewertbarkeit als Aktivierungsvoraussetzung; in: BB 1987, S. 1846-1851

Moxter, A.: Aktivierungspflichtige Herstellungskosten in Handels- und Steuerbilanz; in: BB 1988, S. 937-945

Moxter, A.: Rückstellungen für ungewisse Verbindlichkeiten und Höchstwertprinzip; in: BB 14/1989, S. 945-949

Moxter, A.: Beschränkung der gesetzlichen Verlustantizipation auf die Wertverhältnisse des Abschlußstichtags? in: Herzig (Hg.): Betriebswirtschaftliche Steuerlehre und Steuerberatung, Festschrift für Gerd Rose, Wiesbaden 1991, S. 166-174

Moxter, A.: Bilanzrechtsprechung, 2. Auflage, Tübingen 1985

Moxter, A.: Bilanzrechtsprechung, 3. Auflage, Tübingen 1993

Müller: Das Stetigkeitsprinzip im neuen Bilanzrecht; in: BP 1987, S. 1629-1637

Münzinger, R.: Bilanzrechtsprechung der Zivil- und Strafgerichte, Wiesbaden 1987

Naumann, K.-P.: Rechtliches Entstehen und wirtschaftliche Verursachung als Voraussetzung der Rückstellungsbilanzierung; in: WPg 1991, S. 525-536

Nordmeyer, A.: Anschaffungs- und Herstellungskosten nach neuem Recht; in: Baetge (Hg.): Bilanzanalyse und Bilanzpolitik, Düsseldorf 1989, S. 215-241

Oberbrinkmann, F.: Statische und Dynamische Interpretation der Handelsbilanz, Düsseldorf 1990

Otte, H. (Hg.): Praxis der GmbH-Rechnungslegung. Von der Buchführung zum Jahresabschluß, Herne/Berlin 1992

Otte, H. (Hg.): Praxis der GmbH-Rechnungslegung. Sonderfragen der Bilanzierung, Herne/Berlin 1994

Ordelheide, D.: Anschaffungskosten; in: Beck'sches Handbuch der Rechnungslegung (B 162), München 1992

Ordelheide, D.: Anschaffungskosten; in: Beck'sches Handbuch der Rechnungslegung (B 163), München 1992a

Ordelheide, D.: Zum Verbot der Aktivierung von Vertriebskosten in den Herstellungskosten gemäß § 255 Absatz 2 Satz 6 HGB; in: Moxter, A. (Hg.): Entwicklungen bei der Bilanzierung und Prüfung von Kapitalgesellschaften, Düsseldorf 1992b, S. 508-517

Perridon, L./Steiner, M.: Finanzwirtschaft der Unternehmung, 6. Auflage, München 1991

Pfleger, G.: Die neue Praxis der Bilanzpolitik, 4. Auflage, Freiburg i.Br. 1991

Raab, M.: Die 'vernünftige kaufmännische Beurteilung' als Bewertungstechnologie bei der Erstellung handelsrechtlicher Jahresabschlüsse: ein Beitrag für einen Weg zur Auslegung von § 253 Absatz 4 HGB, Frankfurt/M. u.a. 1991

Rautenberg, H.G.: Die bilanzielle Behandlung von Altlasten – Rückstellung oder Teilwertabschreibung? in: WPg 1993, S. 265-277

Reige, J.: Zur Nutzung ausgewählter handelsrechtlicher Wahlrechte; in: BB 1990, S. 664-667

Reinhard, H.: Rückstellungen für die Entsorgung von Kernkraftwerken; in: Baetge, J. (Hg.): Rechnungslegung und Prüfung nach neuem Recht, Düsseldorf 1987, S. 11-37

Reintges, H.: Steuerliche Herstellungskosten und neues Handelsrecht; in: Mellwig, W./Moxter, A./ Ordelheide, D. (Hg.): Handelsbilanz und Steuerbilanz, Wiesbaden 1989, S. 73-86

Richter, H.: Bilanzhilfsposten in Handelsbilanz und Steuerbilanz; in: StuW 1988, S. 149-157

Richter, M.: Das Sachanlagevermögen; in: Handbuch des Jahresabschlusses in Einzeldarstellungen, Abt. II/1, Köln 1990

Riebel, P.: Die Fragwürdigkeit des Verursachungsprinzips im Rechnungswesen; in: Layer/Strebel (Hg.): Rechnungswesen und Betriebswirtschaftspolitik, Berlin 1969, S. 49-64

Rogler, S.: Herstellungskosten beim Umsatzkostenverfahren; in: BB 1992, S. 1459-1463

Rogler, S.: Vermittelt das Umsatzkostenverfahren ein besseres Bild der Ertragslage als das Gesamtkostenverfahren? in: DB 1992, S. 749-752

Rürup, L.: Die Erfolgsrechnung; in: Handbuch des Jahresabschlusses in Einzeldarstellungen, Abteilung IV/1, Köln 1987

Schildbach, T.: Jahresabschluß und Markt, Berlin/Heidelberg 1986

Schneeloch, D.: Bewertungsstetigkeit in Handels- und Steuerbilanz; in: WPg 1987, S. 405-417

Schildbach, T.: Ingangsetzungsaufwendungen und latente Steuern; in: DB 1988, S. 57-61

Schneeloch, D.: Abschreibungen und Zuschreibungen; in: Die WPg 23/1988, S. 661-672

Schneeloch, D.: Herstellungskosten in Handels- und Steuerbilanz; in: DB 1989, S. 285-292

Schildbach, T.: Die Vorräte; in: Handbuch des Jahresabschlusses in Einzeldarstellungen, Abt. II/4, Köln 1990

Schneeloch, D.: Die Grundsätze der Maßgeblichkeit; in: DStR 1990, S. 51-61

Schneeloch, D.: Bilanzpolitik und Grundsätze der Maßgeblichkeit; in: DStR 1990, S. 96-104

Schildbach, T.: Der handelsrechtliche Jahresabschluß, 3. Auflage, Herne/Berlin 1992

Schneeloch, D.: Besteuerung und betriebliche Steuerpolitik, Band 1: Betriebliche Steuerpolitik, München 1994

Schneeloch, D.: Besteuerung und betriebliche Steuerpolitik, Band 2: Betriebliche Steuerpolitik, München 1994

Schneider, D.: Betriebswirtschaftslehre, Band 2: Rechnungswesen, München 1994

Schneider, D.: Rechtsfindung durch Deduktion von Grundsätzen ordnungsmäßiger Buchführung aus gesetzlichen Jahresabschlußzwecken? in: StuW 1983, S. 141-160

Schülen W.: Grundsätze ordnungsmäßiger Buchführung. Quellen und Auslegungskompetenzen; in: 50 Jahre Wirtschaftsprüferberuf, Düsseldorf 1981, S. 71-82

Schulze zur Wiesch, D.W.: Bilanzpolitik durch Sachverhaltsgestaltung. Tendenzen und Grenzen; in: 50 Jahre Wirtschaftsprüferberuf, Düsseldorf 1981, S. 61-70

Schulze-Osterloh, J.: Herstellungskosten in der Handels- und Steuerbilanz; in: StuW 1989, S. 242-249

Schweitzer/Küpper: Systeme der Kostenrechnung, 4. Auflage, Landsberg am Lech 1986

Selchert, F.W.: Herstellungskosten im Umsatzkostenverfahren; in: DB 1986, S. 2397-2400

Selchert, F.W.: Der Anhang als Instrument der Informationspolitik, Stuttgart 1987

Selchert, F.W.: Das Realisationsprinzip – Teilgewinnrealisierung bei langfristiger Auftragsfertigung; in: DB 1990, S. 797-805

Sieben, G.: Offene Fragen bei der Erstellung und Prüfung des Lageberichts; in: Havermann (Hg.): Bilanz- und Konzernrecht, Festschrift für R. Goerdeler, Düsseldorf 1987, S. 581-600

Siegel, T.: Grundsatzprobleme der Lifo-Methode und des Indexverfahrens; in: DB 1991, S. 1941-1948

Siegel, T.: Der Sonderposten mit Rücklageanteil und die Sonderrücklage; in: HdJ III/4, Köln 1992

Siegel, T.: Grundsätze der Bewertung; in: Beck'sches Handbuch der Rechnungslegung, B 160, München 1992

Siegel, T.: Umweltschutz im Jahresabschluß; in: BB 5/1993, S. 326-336

Siegel, T.: Das Realisationsprinzip als allgemeines Periodisierungsprinzip? in: BFuP 1/1994, S. 1-24

Söffing, G.: Der Stetigkeitsgrundsatz in steuerrechtlicher Sicht; in: DB 1987,S. 2598-2603

Söffing, G.: Herstellungskosten nach dem Vorentwurf einer EG-Gewinnermittlungsrichtlinie; in: DB 1990, S. 1293-1296

Stachuletz, R./Kühnberger, M.: Materiality – Grundsatz aus der Sicht der betriebswirtschaftlichen Prüfungslehre; in: DBW 1987, S. 401-413

Stobbe, T.: Der Lagebericht; in: BB 1988, S. 303-311

Stobbe, T.: Ist der Maßgeblichkeitsgrundsatz bei der Zurechnung des wirtschaftlichen Eigentums anwendbar? in: BB 1990, S. 518-525

Streim, H.: Grundzüge der handels- und steuerrechtlichen Bilanzierung, Stuttgart u.a. 1988

Streim, H.: Die Generalnorm des § 264 Absatz 2 HGB. Eine kritische Analyse; in: Ballwieser, W. u.a. (Hg.): Bilanzrecht und Kapitalmarkt, Düsseldorf 1994, S. 391-406

Süchting, J.: Finanzmanagement, 5. Auflage, Wiesbaden 1991

Tanski, J.S./Kurras, K-P./Weitkamp, J.: Der gesamte Jahresabschluß, 3. Auflage, München/Wien 1991

Tertel, H.-J.: Zur Behandlung öffentlicher Investitionszuschüsse und Investitionszulagen im Jahresabschluß einer Kapitalgesellschaft. IdW-Stellungnahme HFA 1/1984 richtungsweisend? in: DStR 1990, S. 17-24 und S. 71-74

Tiedchen, S.: Der Vermögensgegenstand im Handelsbilanzrecht, Köln 1991

Tipke, K./Lang, J.: Steuerrecht, 13. Auflage, Köln 1991

Tipke, K.: Auslegung unbestimmter Rechtsbegriffe; in: HURB, Köln 1986, S. 1-11

Uhlig, A.: Grundsätze ordnungsmäßiger Bilanzierung für Zuschüsse, Düsseldorf 1989

Veit, K.-R.: Der derivative Firmenwert als Bilanzierungshilfe; in: DB 1989, S. 1093-1096

Veit, K.-R.: Die Funktionen von Bilanzierungshilfen; in: DB 1992, S. 101-104

Veit, K.-R.: Zur Aktivierung von Ausgaben für Grundlagenforschung; in: DB 1992,S. 641-645

Wagner, F.W./Hawlitzky, J.: Zum Einfluß der Umkehrung des Maßgeblichkeitsprinzips auf Investitionsförderung und Gewinnverwendung; in: DBW 1991, S. 309-321

Weber, H.K.: Betriebswirtschaftliches Rechnungswesen, Band 1: Bilanz und Erfolgsrechnung, 3. Auflage, München 1988

Weber-Grellet, H.: Bilanzsteuerrecht, Münster 1990

Wiedmann, H.: Die Bewertungseinheit im Handelsrecht; in: Ballwieser, W. u.a. (Hg.): Bilanzrecht und Kapitalmarkt, Düsseldorf 1994, S. 453-482

Woerner, L.: Der schwebende Vertrag im Gefüge der Grundsätze ordnungsmäßiger Bilanzierung – Vollständigkeitsgebot, Vorsichtsprinzip, Realisationsprinzip; in: Mellwig, W./Moxter, A./ Ordelheide, D. (Hg.): Handelsbilanz und Steuerbilanz, Wiesbaden 1989, S. 33-55

Wöhe, G.: Bilanzierung und Bilanzpolitik, 8. Auflage, München 1992

Wohlgemuth, M.: Der Grundsatz der Einheitlichkeit der Bewertung; in: Gross, G. (Hg.): Der Wirtschaftsprüfer im Schnittpunkt nationaler und internationaler Entwicklungen. Festschrift für Klaus von Wysocki, Düsseldorf 1985, S. 45-60

Wohlgemuth, M.: Die Herstellungskosten in der Handels- und Steuerbilanz; in: HdJ I/10, Köln 1984

Wohlgemuth, M.: Die Anschaffungskosten in der Handels- und Steuerbilanz; in: HdJ I/9, 2. Auflage, Köln 1988

Zieger, M.: Gewinnrealisierung bei langfristiger Fertigung, Wiesbaden 1990

A

B

D

E

F

G

H

I

J

K

R

S

T

Ü

U

W

Z

www.ingramcontent.com/pod-product-compliance
Lightning Source LLC
LaVergne TN
LVHW091039021026
849161LV00002BA/204